"十三五"江苏省高等学校重点教材

（编号：2019-1-018）

工科数学

（第六版）

◎主　编　杨　军　盛秀兰
◎主　审　陶书中

南京大学出版社

图书在版编目(CIP)数据

工科数学 / 杨军，盛秀兰主编. -- 6 版. -- 南京 ：
南京大学出版社，2022.2(2024.8 重印)
ISBN 978-7-305-25430-7

Ⅰ. ①工… Ⅱ. ①杨… ②盛… Ⅲ. ①高等数学—高
等职业教育—教材 Ⅳ. ①O13

中国版本图书馆 CIP 数据核字(2022)第 032064 号

出版发行 南京大学出版社
社　　址 南京市汉口路 22 号　　　　邮　编 210093

书　　名 工科数学
GONGKE SHUXUE
主　　编 杨　军　盛秀兰
责任编辑 刘　飞　　　　编辑热线 025-83592146

照　　排 南京南琳图文制作有限公司
印　　刷 南通印刷总厂有限公司
开　　本 787 mm×1092 mm　1/16　印张 20.75　字数 550 千
版　　次 2022 年 2 月第 6 版　2024 年 8 月第 3 次印刷
ISBN 978-7-305-25430-7
定　　价 56.00 元

网址：http://www.njupco.com
官方微博：http://weibo.com/njupco
官方微信号：njupress
销售咨询热线：(025) 83594756

第六版前言

本书第一版在2011年7月被评为江苏省高等学校精品教材，第四版在2019年11月被评为“十三五”江苏省高等学校重点教材，并于2020年11月被评为“十三五”职业教育国家规划教材，第六版在2023年6月转为“十四五”职业教育国家规划教材。为贯彻党的二十大精神中关于教育要落实立德树人的根本任务，推进职普融通、产教融合、科教融汇，优化职业教育类型定位等育人要求，响应高职数学课程教学的不断改革，以及职业教育中工科专业学生的特点及未来实际需求，我们修订了本书。在修订过程中，我们始终遵循“数学为基，工程为用”的原则，力求做到“深化概念、强化运算、淡化理论、加强应用”。

本书的设计理念是“从专业中来，到专业中去”，即从专业课程中的实际问题精选与数学有关的案例或模型，将案例所涉及的数学知识加工整理成若干数学模块，再用案例驱动数学模块内容，最后将所学数学知识应用于解决实际问题。具体做到以下几个方面：

1. 抓住知识点，注意数学知识的深度和广度。基础知识和基本理论以“必需、够用”为度，把重点放在概念、方法和结论的实际应用上。多用图形、图表表达信息，多用有实际应用价值的案例、示例促进对概念、方法的理解；对基础理论不做论证，必要时只作简单的几何解释。

2. 强化系统性，力争从体系、内容、方法上进行改革，有所创新。将教材的结构、体系进一步优化，强调数学思想方法的突出作用，强化与实际应用联系较多的基础知识和基本方法。加强基础知识的案例教学，力求突出在解决实际问题中应用数学思想方法，揭示重要的数学概念和方法的本质。新增思政案例模块，着眼于提高学生的数学素质，培养学生的睿智、细致、创新的品格和家国情怀。

3. 突出实践性，注重数学建模思想、方法的渗透。通过应用实例介绍数学建模过程，从而引入数学概念。专门设计了一章数学实验，以培养学生运用计算机及相应的数学软件求解数学模型的能力。

4. 注重复合性，采用“案例驱动”的教学模式。教材体系突出与各工科专业紧密结合，体现数学知识专业化，工程问题数学化，尽可能应用数学知识解释工程应用中的现象，并用数学方法解决实际问题，实现“教、学、做”一体的教学改革精神。

5. 加大训练，增加课堂练习的力度。采用“三讲一练”的方式(即按照数学教学规律，采用讲练结合的方式)，加强学生应用创新能力的培养。本书针对不同专业的需求，共设计了十三个模块，部分模块以学生扫二维码学习的形式出现在教材中。在每一节前增加了学习目标，每一节后配备了类型合理、深度和广度适中的习题。同时为适应高职学生专转本的需求，每一章后增加了真题练习，便于学生了解专转本考试的题型与深度；每章还新增了小结内容，包括重难点介绍、知识点概览、疑难解析与例题分析，更方便学生自学。另外，还编写了专门与本书配备的案例与习题练习册，单独出版，方便学生在做课堂练习时使用。

6. 以学生为主体，以教师为主导。在内容处理上便于组织教学，在保证教学要求的同时，让教师比较容易组织教学内容，学生也比较容易理解，并能让学生积极主动地参与到教学中，从而使学生在知识、能力、素养方面均有较大的提高。

参与本书编写的人员有陆峰(第一章、第六章、第十二章)，盛秀兰(第二章、第三章、第九章)，杨军(第七章、第八章、第十一章)，俞金元(第四章、第五章)，秦泽(第十章)，凌佳(第十三章)，全书由盛秀兰、杨军统稿，定稿。江苏食品药品职业技术学院党委书记陶书中教授主审。

为了加快实现高职教育与远程开放教育的深度融合，本书增设了若干知识点的教学视频资料，以满足广大读者自学的需求。在此，特别感谢叶惠英副教授、王洁老师对本书提供的建议，以及徐薇副教授、张洁副教授等许多教学一线的教师提供高质量的教学视频资料。本书的出版得到江苏城市职业学院教育学院、教务处以及南京大学出版社的大力支持，在此谨表示衷心感谢！

限于编者水平，加上时间仓促，书中难免有不当之处，敬请广大师生和读者批评指正。

编　者

目　录

---

*表示选学内容,可扫二维码学习。

第一章　函数、极限与连续

本章将介绍集合、函数、极限和函数连续性等基本概念以及它们的一些性质，这些内容都是学习本课程必需的基本知识.

第一节　函　　数

学习目标

1. 理解集合概念，掌握集合运算.
2. 理解函数的概念，了解分段函数，能熟练地求函数的定义域和对应法则.
3. 了解函数的主要性质(单调性、奇偶性、周期性和有界性).
4. 熟练掌握基本初等函数的解析表达式、定义域、主要性质和图形.
5. 理解复合函数、初等函数的概念.
6. 能够建立实际问题中的函数关系式.

现实世界中，存在着各种各样不断变化着的量，它们之间相互依存，相互联系. 函数就是对各种变量之间的相互依存关系的一种抽象. 微积分学的研究对象是函数. 函数概念是数学中的一个基本而重要的概念. 1837 年，德国数学家狄利克雷(Dirichlet，1805—1859)提出现今通用的函数定义，使函数关系更加明确，从而推动了数学的发展和应用.

一、集合与区间

1. 集合的概念

引例：

① 一个书柜的书；

② 一间教室里的全体学生；

③ 全体实数.

上述几个例子中体现了数学中的一个基本概念——集合.

(1) 集合(简称集)

具有某种共同属性的事物的总体，称为**集合**. 常用大写拉丁字母 $A,B,C,\cdots$ 表示. 组成集合的事物称为集合的**元素**. 常用小写拉丁字母 $a,b,c,\cdots$ 表示. a 是集合 M 的元素表示为 $a\in M$(读作 a 属于 M). a 不是集合 M 的元素表示为 $a\notin M$(读作 a 不属于 M).

一个集合中，若只有有限个元素，称为**有限集**；不是有限集的集合称为**无限集**.

(2) 子集

若 $x\in A$，必有 $x\in B$，则称 A 是 B 的**子集**，记为 $A\subset B$(读作 A 包含于 B)或 $B\supset A$(读作 B 包含 A).

如果集合 A 与集合 B 互为子集，即 $A\subset B$ 且 $B\subset A$，则称**集合 A 与集合 B 相等**，记作 $A=B$(或 $B=A$).

若 $A\subset B$ 且 $A\neq B$，则称 A 是 B 的**真子集**，记作 $A\subsetneqq B$.

不含任何元素的集合称为**空集**，记作$\varnothing$. 规定空集是任何集合的子集.

(3) 集合的表示

① 列举法：把集合的全体元素一一列举出来.

例如 $A=\{a,b,c,d,e,f,g\}$.

② 描述法：若集合 M 是由具有某种性质 P 的元素 x 的全体所组成，则 M 可表示为

$$M=\{x\mid x\text{ 具有性质 }P\}.$$

例如 $M=\{(x,y)\mid x,y\text{ 为实数},x^2+y^2=1\}$.

对于数集，我们在表示数集的字母的右上角，标上“ * ”来表示该数集内排除 0 的集，标上“+”来表示该数集内排除 0 与负数的集.

(4) 几个常用的数集

N 表示所有自然数构成的集合，称为自然数集.

$\mathbf{N}=\{0,1,2,\cdots,n,\cdots\}$；$\mathbf{N}^*=\{1,2,\cdots,n,\cdots\}$.

Z 表示所有整数构成的集合，称为整数集.

$\mathbf{Z}=\{\cdots,-n,\cdots,-2,-1,0,1,2,\cdots,n,\cdots\}$.

Q 表示所有有理数构成的集合，称为有理数集.

$\mathbf{Q}=\left\{\dfrac{p}{q}\mid p\in\mathbf{Z},q\in\mathbf{N}^*\text{ 且 }p\text{ 与 }q\text{ 互质}\right\}$.

R 表示所有实数构成的集合，称为实数集. $\mathbf{R}^*$ 为排除 0 的实数集，$\mathbf{R}^+$ 表示全体正实数.

2. 集合的运算

(1) 集合运算的种类

集合的基本运算有以下几种：并集、交集、差集.

给定两个集合 A,B，可定义下列运算(如图 1.1)：

并集：$A\cup B=\{x\mid x\in A\text{ 或 }x\in B\}$.

交集：$A\cap B=\{x\mid x\in A\text{ 且 }x\in B\}$.

差集：$A\backslash B=\{x\mid x\in A\text{ 且 }x\notin B\}$.

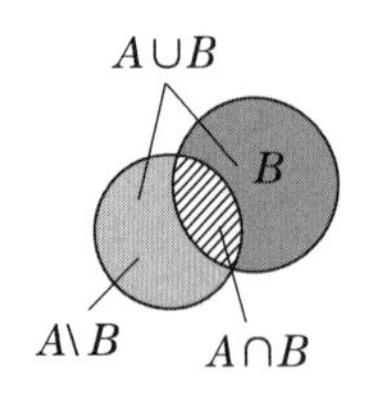

图 1.1

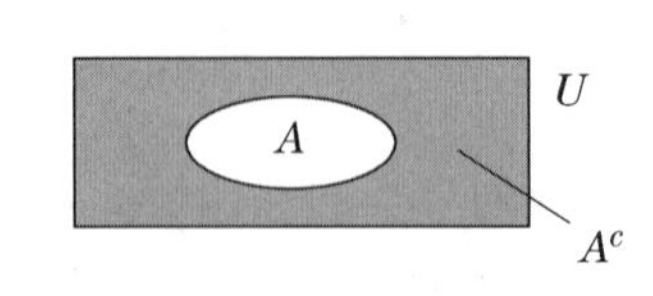

图 1.2

设 A 是一个集合，U 是包含 A 的全集，把 $U\backslash A$ 称为 A 的**余集**或**补集**(如图 1.2)，记作 $\mathbf{A}^c$.

(2) 集合运算的法则

设 A、B、C 为任意三个集合，则有下列法则成立：

① 交换律：$A\cup B=B\cup A$，$A\cap B=B\cap A$.

② 结合律：$(A\cup B)\cup C=A\cup(B\cup C)$，$(A\cap B)\cap C=A\cap(B\cap C)$.

③ 分配律：$(A\cup B)\cap C=(A\cap C)\cup(B\cap C)$，$(A\cap B)\cup C=(A\cup C)\cap(B\cup C)$.

④ 对偶律：$(A\cup B)^C=A^C\cap B^C$，$(A\cap B)^C=A^C\cup B^C$.

以上这些法则都可以根据集合相等的定义验证.

3. 区间和邻域

(1) 有限区间

设 a 和 b 都是实数，且 $a<b$，称数集 $\{x|a<x<b\}$ 为**开区间**，记为 (a,b)，即

$$(a,b)=\{x|a<x<b\}.$$

类似地有

$[a,b]=\{x|a\leqslant x\leqslant b\}$ 称为**闭区间**；

$[a,b)=\{x|a\leqslant x<b\}$ 和 $(a,b]=\{x|a<x\leqslant b\}$ 称为**半开区间**.

其中 a 和 b 称为区间 (a,b)、$[a,b]$、$[a,b)$、$(a,b]$ 的**端点**，$b-a$ 称为**区间的长度**.

从数轴上看，这些有限区间是长度为有限的线段. 闭区间 $[a,b]$ 与开区间 (a,b) 在数轴上分别如图 1.3(a) 与图 1.3(b) 所示.

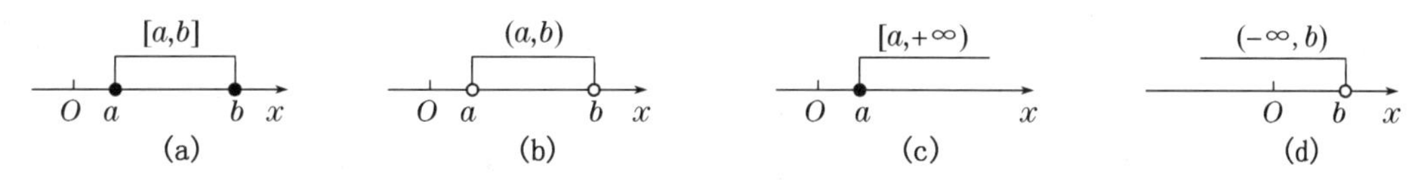

图 1.3

(2) 无限区间

引进记号 $+\infty$（读作正无穷大）及 $-\infty$（读作负无穷大），可类似地表示**无限区间**：

$$[a,+\infty)=\{x|a\leqslant x\}；(-\infty,b)=\{x|x<b\}；(-\infty,+\infty)=\{x||x|<+\infty\}.$$

区间 $[a,+\infty)$ 和 $(-\infty,b)$ 在数轴上分别如图 1.3(c) 与图 1.3(d) 所示.

(3) 邻域

以点 a 为中心的任何开区间称为点 a 的**邻域**，记作 $U(a)$.

设 δ 是一正数，则称开区间 $(a-\delta,a+\delta)$ 为点 a 的 δ 邻域，记作 $U(a,\delta)$，即

$$U(a,\delta)=\{x|a-\delta<x<a+\delta\}=\{x||x-a|<\delta\}.$$

其中点 a 称为**邻域的中心**，δ 称为**邻域的半径**，如图 1.4(a).

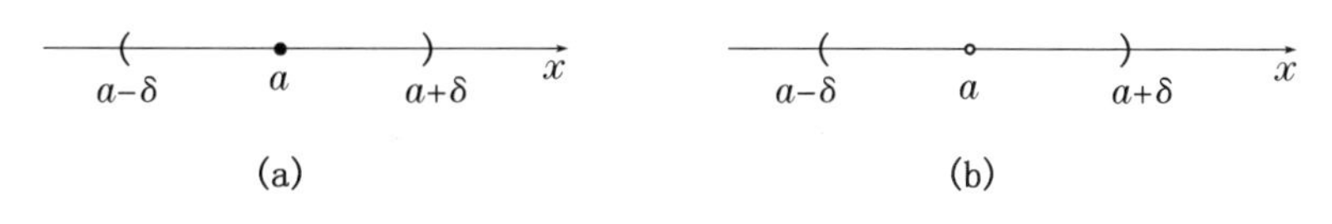

图 1.4

(4) 去心邻域

点 a 的 δ 邻域去掉中心后，称为点 a 的**去心 $\boldsymbol{\delta}$ 邻域**，记作 $\mathring{U}(a,\delta)$，如图 1.4(b)，即

$$\mathring{U}(a,\delta)=\{x|0<|x-a|<\delta\}.$$

二、函数

微课

1. 函数的概念

在考察某些自然现象或社会现象时，往往会遇到几个变量. 这些变量并不是孤立地变化的，而是存在着某种相互依赖关系.

案例 1.1（**自由落体运动方程**） 在自由落体运动中，物体下落的距离 S 随下落时间 t 的变化而变化，下落距离 S 与时间 t 之间的函数关系为：

$$S=\frac{1}{2}gt^2,$$

其中 g 为重力加速度，$g=9.8\ \mathrm{m/s^2}$.

案例 1.2（**气温变动**） 某气象站测得某天早上 6 时至晚上 10 时的气温如表 1.1 所示.

表 1.1

时间(h)	6	8	10	12	14	16	18	20	22
温度(℃)	12.1	14.3	17	18.5	20.5	16.8	16.3	15.2	12

从表中我们可以了解当天 6 时至 22 时的气温变化情况.

案例 1.3（**股票曲线**） 股票在某天的价格和成交量随时间的变化常用图形表示，图 1.5 为某一股票在某天的走势图.

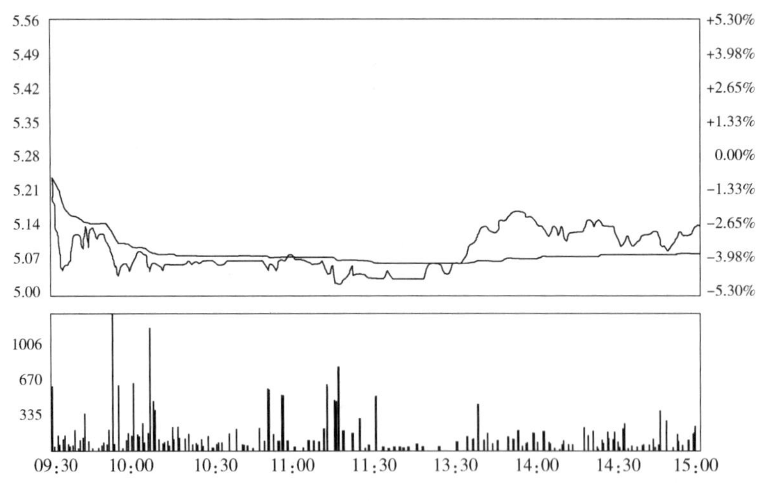

图 1.5

从股票曲线，可以看出这只股票当天的价格和成交量随时间的波动情况.

定义 1.1 设 x 和 y 是两个变量，D 是一个给定的数集. 如果对于每一个数 $x\in D$，变量 y 按照一定的法则总有确定的数值与之对应，则称 y 是 x 的**函数**，记作 $y=f(x)$，其中 x 为**自变量**，y 为**因变量**. 数集 D 称为函数 $f(x)$ 的**定义域**. 当 x 取遍 D 内的各个数值时，对应的函数值的全体组成的数集称为函数 $f(x)$的**值域**,记为 $f(D)$.

如果自变量在定义域内任取一个数值,对应的函数值只有唯一的一个,称这种函数为**单值函数**;否则,如果有多个函数值与之对应,就称为**多值函数**.没有特别说明时,本书讨论的函数都是指单值函数.

从函数定义可以看出,构成函数的两个要素是定义域和对应法则.如果两个函数的定义域相同,对应法则也相同,那么这两个函数就是相同的,否则就是不同的.

【例 1.1】 求函数 $y=\dfrac{1}{\ln(x+2)}+\sqrt{4-x^2}$的定义域.

解 函数的定义域是满足不等式组

$\begin{cases}x+2>0,\\ x+2\neq 1,\\ 4-x^2\geqslant 0\end{cases}$的 x 值的全体.解此不等式组,得其定义域为:

$$D=\{x\mid -2<x\leqslant 2,且\ x\neq -1\}或\ D=(-2,-1)\cup(-1,2]$$

【例 1.2】 已知函数 $f\left(\dfrac{1}{x}-1\right)=\dfrac{1}{x^2}-1$,求 $f(x)$.

解 令$\dfrac{1}{x}-1=t$,则$\dfrac{1}{x}=t+1$,代入得

$$f(t)=(t+1)^2-1=t^2+2t.$$

所以 $f(x)=x^2+2x$.

2. 函数的表示法

表示函数的主要方法有三种:解析法(公式法)、表格法、图形法.

(1) 解析法

用数学式子表示函数的方法叫作**解析法**.如 $y=f(x)$,其中 y 是因变量,f 为对应法则,x 是自变量.其优点是便于数学上的分析和计算,本书主要讨论用解析式表示的函数,如案例 1.1 表示自由落体运动的路程与时间的函数关系式 $s=\dfrac{1}{2}gt^2$.

(2) 表格法

用表格形式表示函数的方法叫作**表格法**.它是将自变量所取的值和对应的函数值列为表格,其优点是直观、精确.如案例 1.2 气象站测量的某天不同时间的气温.

(3) 图形法

以图形表示函数的方法叫作**图形法**.其优点是直观形象,且可看到函数的变化趋势,如案例 1.3 某一股票在某天的走势图.

3. 函数的几种特性

(1) 函数的有界性

设函数 $f(x)$的定义域为 D,数集 $X\subset D$.如果存在数 K_1,使对任意 $x\in X$,有 $f(x)\leqslant K_1$,则称函数 $f(x)$在 X 上**有上界**,而称 K_1 为函数 $f(x)$在 X 上的一个**上界**.图形特点是 $y=f(x)$ 的图形在直线 $y=K_1$ 的下方.

如果存在数 K_2,使对任一 $x\in X$,有 $f(x)\geqslant K_2$,则称函数 $f(x)$在 X 上**有下界**,而称 K_2

为函数 $f(x)$ 在 X 上的一个**下界**. 图形特点是函数 $y=f(x)$ 的图形在直线 $y=K_2$ 的上方.

如果存在正数 M，使对任一 $x\in X$，有 $|f(x)|\leqslant M$，则称函数 $f(x)$ 在 X 上**有界**. 图形特点是函数 $y=f(x)$ 的图形在直线 $y=-M$ 和 $y=M$ 之间.

如果这样的 M 不存在，则称函数 $f(x)$ 在 X 上**无界**. 函数 $f(x)$ 无界，就是说对任何正数 M，总存在 $x_1\in X$，使 $|f(x_1)|>M$.

例如：

① 函数 $f(x)=\sin x$ 在 $(-\infty,+\infty)$ 上是有界的，即 $|\sin x|\leqslant 1$.

② 函数 $f(x)=\dfrac{1}{x}$ 在开区间 $(0,1)$ 内是无上界的，或者说它在 $(0,1)$ 内有下界，无上界，而它在 $(1,2)$ 内是有界的.

(2) 函数的单调性

设函数 $y=f(x)$ 的定义域为 D，区间 $I\subset D$. 如果对于区间 I 上任意两点 x_1 及 x_2，当 $x_1<x_2$ 时，恒有

$$f(x_1)<f(x_2)\ (\text{或 } f(x_1)>f(x_2)),$$

则称函数 $f(x)$ 在区间 I 上是**单调增加**(或**单调减少**)的.

单调增加和单调减少的函数统称为**单调函数**.

例如：函数 $y=x^2$ 在区间 $(-\infty,0]$ 上是单调减少的，在区间 $[0,+\infty)$ 上是单调增加的，但在 $(-\infty,+\infty)$ 上不是单调的.

(3) 函数的奇偶性

设函数 $f(x)$ 的定义域 D 关于原点对称(即若 $x\in D$，则 $-x\in D$).

如果对于任一 $x\in D$，有 $f(-x)=f(x)$，则称 $f(x)$ 为**偶函数.**

如果对于任一 $x\in D$，有 $f(-x)=-f(x)$，则称 $f(x)$ 为**奇函数.**

偶函数的图形关于 y 轴对称，奇函数的图形关于原点对称.

例如：$y=x^2$，$y=\cos x$ 都是偶函数，$y=x^3$，$y=\sin x$ 都是奇函数，$y=\sin x+\cos x$ 是非奇非偶函数.

(4) 函数的周期性

设函数 $f(x)$ 的定义域为 D. 如果存在一个正数 l，使得对于任意 $x\in D$ 有 $(x\pm l)\in D$，且 $f(x\pm l)=f(x)$，则称 $f(x)$ 为**周期函数**，l 称为 $f(x)$ 的**周期**(一般指最小正周期).

周期函数的图形特点：在函数的定义域内，每个长度为 l 的区间上，函数的图形有相同的形状.

4. 分段函数

案例 1.4(**矩形波的函数表示**) 图 1.6 为一个周期为 2π 的矩形波图形，它在区间 $[-\pi,\pi)$ 内的解析式为：$f(t)=\begin{cases}0, & -\pi\leqslant t<0,\\ A, & 0\leqslant t<\pi.\end{cases}$

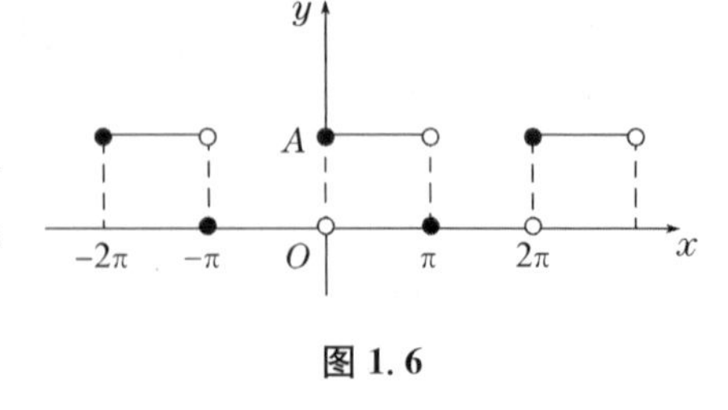

图 1.6

案例 1.5(**出租车收费标准**) 某城市出租车收费标准为：5 km 以内收费 10 元，超过 5 km 至 15 km 的部分每千米加收 1.2 元，超过15 km的部分每千米加收 1.8 元. 这样出租车

载客的收费 f 与行驶千米数 s 的函数关系可表示为：

$$f(s)=\begin{cases}10, & 0<s\leqslant 5,\\ 10+1.2(s-5), & 5<s\leqslant 15,\\ 22+1.8(s-15), & s>15.\end{cases}$$

这两个函数的特点是其由多个表达式构成，在工程实践及日常生活中常常会遇到此类函数. 在定义域的不同子集上用不同解析式表示的函数称为**分段函数**.

下面介绍几种特殊的分段函数：

(1) 符号函数(如图 1.7)

$$y=\operatorname{sgn}x=\begin{cases}-1, & x<0,\\ 0, & x=0,\\ 1, & x>0.\end{cases}$$

图 1.7

(2) 取整函数(如图 1.8)

设 x 为任意实数，称不超过 x 的最大整数为取整函数，记为 $y=[x]$，即若 $n\leqslant x<n+1$，则 $[x]=n$，其中 n 为整数，因此其数学表达式为：

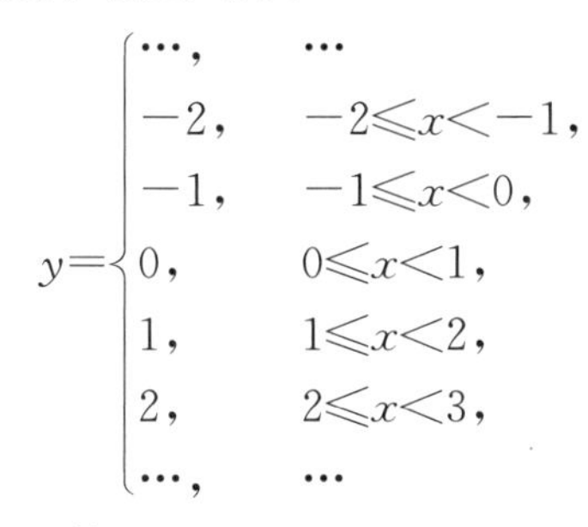

$$y=\begin{cases}\cdots, & \cdots\\ -2, & -2\leqslant x<-1,\\ -1, & -1\leqslant x<0,\\ 0, & 0\leqslant x<1,\\ 1, & 1\leqslant x<2,\\ 2, & 2\leqslant x<3,\\ \cdots, & \cdots\end{cases}$$

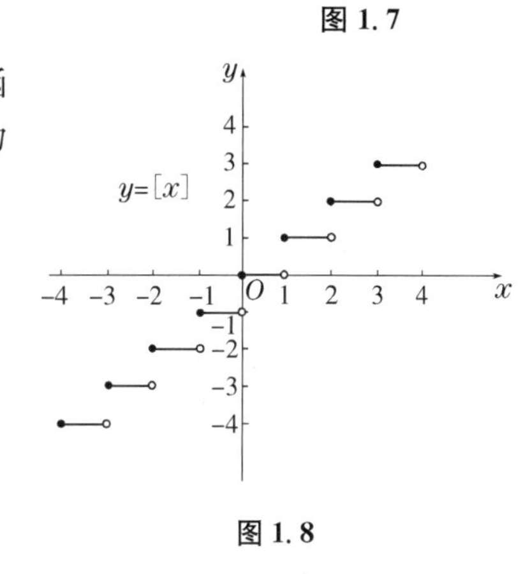

图 1.8

(3) 特征函数

$$y=\chi_A=\begin{cases}1, & x\in A,\\ 0, & x\notin A.\end{cases}$$

其中 A 是数集，此函数常用于计数统计.

注意：分段函数是一个整体，不是几个函数，分段函数的图形应分段作出，求函数值 $f(x_0)$ 要先判断 x_0 所在的范围，再用对应的法则求函数值.

【例 1.3】(**旅馆定价**) 一旅馆有 200 间房间，如果定价不超过 100 元/间，则可全部出租. 若每间定价每高出 10 元，则会少出租 4 间. 设每间房间出租后的服务成本费为 20 元，试建立旅馆一天的利润与房价间的函数关系.

解 设旅馆的房价为 x 元/间，旅馆一天的利润为 y 元.

若 $x\leqslant 100$，则旅馆出租 200 间，利润为：

$$y=200(x-20).$$

若 $x>100$，则旅馆少出租 $4(x-100)/10$ 间，出租了 $200-4(x-100)/10$ 间，利润为：

$$y=[200-4(x-100)/10](x-20).$$

综上分析，旅馆利润与房价之间的函数为：

$$y=\begin{cases}200(x-20), & x\leqslant 100,\\ [200-4(x-100)/10](x-20), & x>100.\end{cases}$$

5. 反函数与复合函数

案例 1.6(**商品销售**) 已知某种商品的价格(即单价)为 m,如果要想用该商品的销售量 x 来计算该商品销售总收入 y,那么 x 是自变量,y 是因变量,其函数关系为:

$$y=mx.$$

反过来,如果想以这种商品的销售总收入来计算其销售量,就必须把 y 作为自变量,把 x 作为因变量,并由函数 $y=mx$ 解出 x 关于 y 的函数关系

$$x=\frac{y}{m}.$$

这时称 $x=\frac{y}{m}$ 为 $y=mx$ 的反函数,$y=mx$ 为直接函数.

一般,设函数 $y=f(x)$ 在 D 上是一一对应的,值域为 $f(D)$,对任意的 $y\in f(D)$,有唯一的 $x\in D$,使得 $f(x)=y$,若把 y 看作自变量,x 视为因变量,所得到的一个新的函数,称为函数 $y=f(x)$ 的**反函数**,记为 $x=f^{-1}(y)$.

通常把 $y=f(x)$,$x\in D$ 的反函数记成 $y=f^{-1}(x)$,$x\in f(D)$.

例如,函数 $y=-\sqrt{x-1}(x\geqslant1)$ 的反函数是 $x=y^2+1(y\leqslant0)$,习惯上改写为 $y=x^2+1(x\leqslant0)$.

相对于反函数 $y=f^{-1}(x)$ 来说,原来的函数 $y=f(x)$ 称为**直接函数**. 把函数 $y=f(x)$ 和它的反函数 $y=f^{-1}(x)$ 的图形画在同一坐标平面上,这两个图形关于直线 $y=x$ 是对称的(如图 1.9). 这是因为如果 $P(a,b)$ 是 $y=f(x)$ 图形上的点,则有 $b=f(a)$. 按反函数的定义,有 $a=f^{-1}(b)$,故 $Q(b,a)$ 是 $y=f^{-1}(x)$ 图形上的点;反之,若 $Q(b,a)$ 是 $y=f^{-1}(x)$ 图形上的点,则 $P(a,b)$ 是 $y=f(x)$ 图形上的点. 而 $P(a,b)$ 与 $Q(b,a)$ 是关于直线 $y=x$ 对称的(即直线 $y=x$ 是线段 PQ 的垂直平分线).

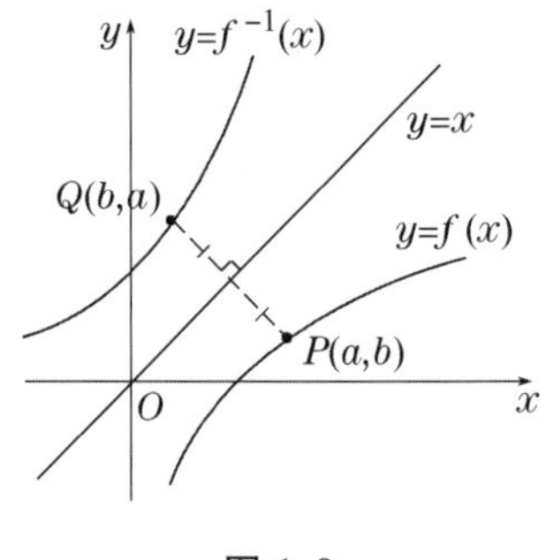

图 1.9

定理 1.1 如果直接函数 $y=f(x)$,$x\in D$ 是单调增加(或减少)的,则存在反函数 $y=f^{-1}(x)$,$x\in f(D)$,且该反函数也是单调增加(或减少)的.

案例 1.7 自由落体运动物体的动能 E 是速度 v 的函数:$E=f(v)=\frac{1}{2}mv^2$(m 为物体的质量),而速度 v 又是时间 t 的函数:$v=\varphi(t)=gt$.

通过中间变量 v 的联系,动能 E 也是时间 t 的函数,即将 $v=\varphi(t)$ 代入 $E=f(v)$ 中得到一个由 $E=f(v)$ 经过中间变量 $v=\varphi(t)$ 复合而成的关于 t 的函数:

$$E=f[\varphi(t)]=\frac{1}{2}m(gt)^2=\frac{1}{2}mg^2t^2.$$

一般,设函数 $y=f(u)$ 的定义域为 D_1,函数 $u=g(x)$ 在 D 上有定义且 $g(D)\subset D_1$,则由下式确定的函数 $y=f[g(x)]$,$x\in D$ 称为由函数 $u=g(x)$ 和函数 $y=f(u)$ 构成的**复合函数**,它的定义域为 D,变量 u 称为**中间变量**.

函数 g 与函数 f 构成的复合函数通常记为 $f\circ g$,即 $(f\circ g)(x)=f[g(x)]$.

函数 g 与 f 能构成复合函数 $f\circ g$ 的条件是:函数 g 在 D 上的值域 $g(D)$ 必须含在 f 的

定义域 D_1 内，即 $g(D)\subset D_1$. 否则，不能构成复合函数.

例如，函数 $y=f(u)=\arcsin u$ 的定义域为 $[-1,1]$，函数 $u=g(x)=2\sqrt{1-x^2}$ 在 $D=\left[-1,-\frac{\sqrt{3}}{2}\right]\cup\left[\frac{\sqrt{3}}{2},1\right]$ 上有定义，且 $g(D)\subset[-1,1]$，则函数 g 与 f 可构成复合函数 $y=\arcsin 2\sqrt{1-x^2}$，$x\in D$；但函数 $y=\arcsin u$ 和函数 $u=2+x^2$ 不能构成复合函数，这是因为对任一 $x\in\mathbf{R}$，$u=2+x^2$ 均不在 $y=\arcsin u$ 的定义域 $[-1,1]$ 内.

6. 初等函数

在自然科学与工程技术中，常见的函数大都是初等函数，构成初等函数的元素是常数和基本初等函数.

(1) 基本初等函数

幂函数、指数函数、对数函数、三角函数和反三角函数，统称为**基本初等函数**.

① 幂函数

形如 $y=x^{\mu}$（μ 为常数）的函数叫作**幂函数**. 定义域随 μ 值的不同而不同. 例如 $y=x$，$y=x^3$ 的定义域为 $(-\infty,+\infty)$；$y=\sqrt{x}$ 的定义域为 $[0,+\infty)$. 常见的幂函数的图像如图 1.10 所示.

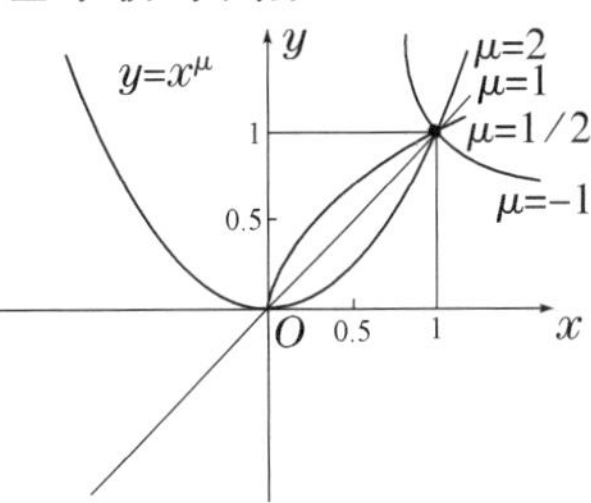

图 1.10

② 指数函数

形如 $y=a^x$（a 为常数且 $a>0$，$a\neq 1$）的函数叫作**指数函数**，其定义域为 $(-\infty,+\infty)$，值域为 $(0,+\infty)$.

当 $a>1$ 时，$y=a^x$ 在 $(-\infty,+\infty)$ 是单调增加的，例如 $y=2^x$；

当 $0<a<1$ 时，$y=a^x$ 在 $(-\infty,+\infty)$ 是单调减少的，例如 $y=\left(\frac{1}{2}\right)^x$，其图像如图 1.11 所示，它们的图形关于 y 轴对称，且都过 $(0,1)$ 点.

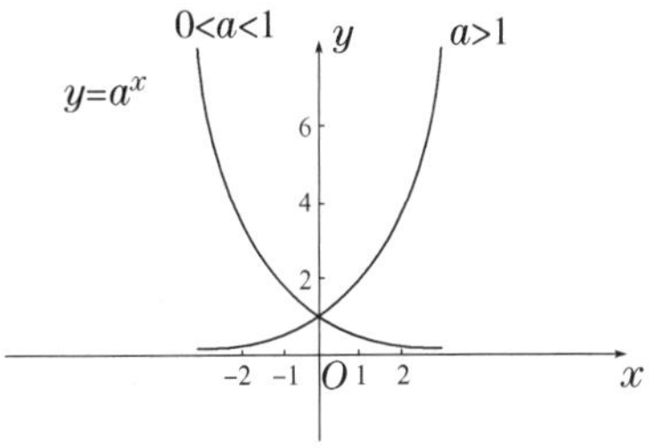

以常数 $\mathrm{e}=2.718\,281\,8\cdots$ 为底的指数函数 $y=\mathrm{e}^x$ 是工程中常用的指数函数.

图 1.11

③ 对数函数

形如 $y=\log_a x$（a 为常数且 $a>0$，$a\neq 1$）的函数叫作**对数函数**. 其定义域为 $(0,+\infty)$，值域为 $(-\infty,+\infty)$.

当 $a>1$ 时，$y=\log_a x$ 在 $(0,+\infty)$ 上是单调增加的，如 $y=\log_2 x$；

当 $0<a<1$ 时，$y=\log_a x$ 在 $(0,+\infty)$ 上是单调减少的，如 $y=\log_{\frac{1}{2}} x$，其图像如图 1.12 所示，它们的图形关于 x 轴对称，且都过 $(1,0)$ 点.

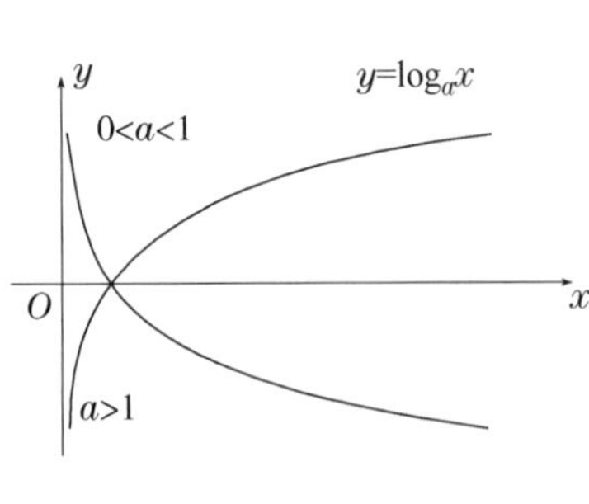

图 1.12

以常数 e 为底的对数函数，称为**自然对数函数**，记作 $y=\ln x$.

④ 三角函数与反三角函数

三角函数包括正弦函数 $y=\sin x$、余弦函数 $y=\cos x$、正切函数 $y=\tan x$、余切函数 $y=$

$\cot x$、正割函数 $y=\sec x=\dfrac{1}{\cos x}$、余割函数 $y=\csc x=\dfrac{1}{\sin x}$，如图 1.13 所示. 这些函数大家在中学数学中已很熟悉，这里就不再多作介绍了.

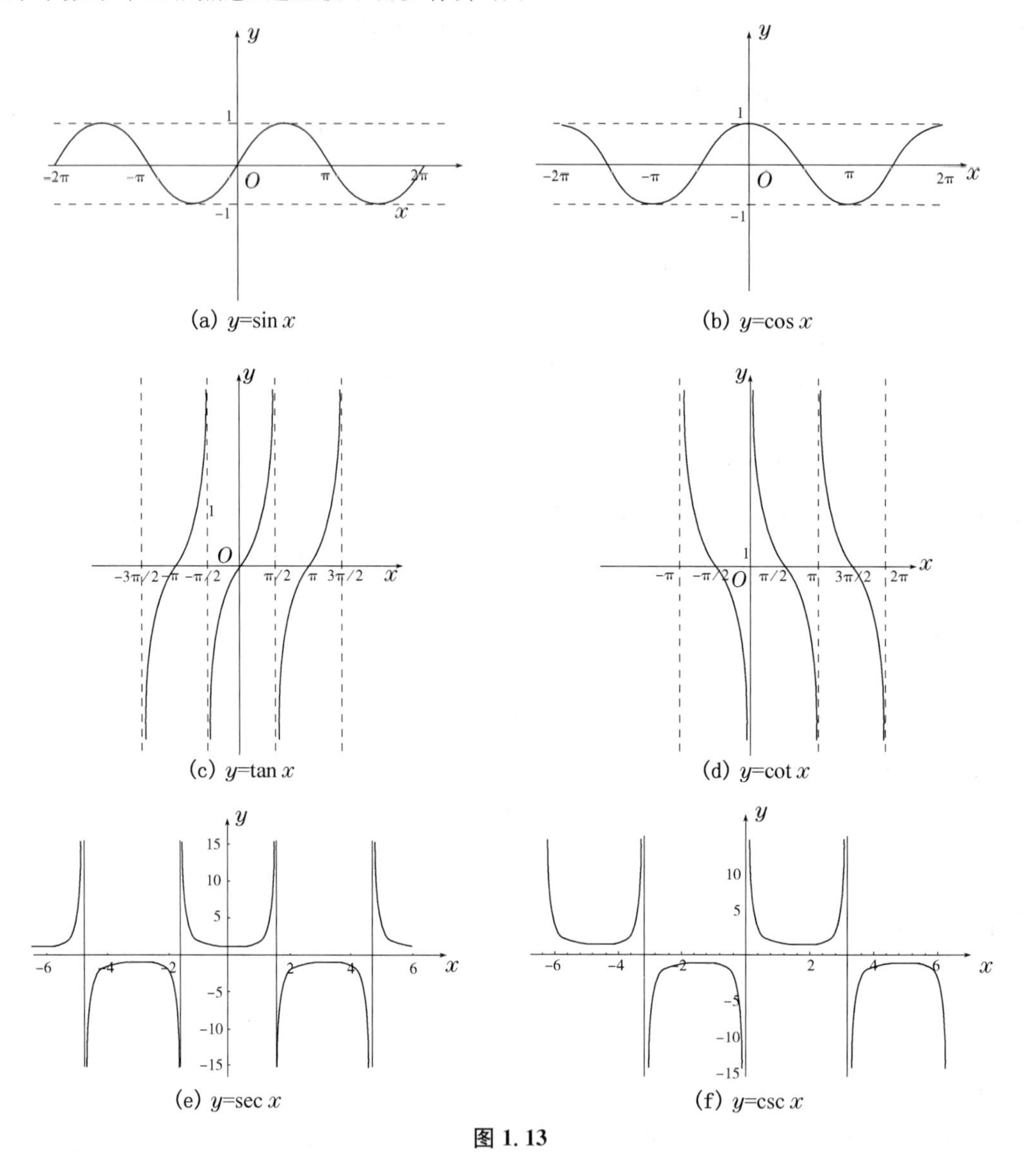

(a) $y=\sin x$　(b) $y=\cos x$

(c) $y=\tan x$　(d) $y=\cot x$

(e) $y=\sec x$　(f) $y=\csc x$

图 1.13

三角函数的反函数为**反三角函数**. 常用的反三角函数有四种，见表 1.2. 图形见图 1.14.

表 1.2　常见的四种反三角函数

名称	定义域	值域	奇偶性	增减性
反正弦函数 ($\arcsin x$)	$[-1,1]$	$\left[-\frac{\pi}{2},\frac{\pi}{2}\right]$	奇函数	单调增函数
反余弦函数 ($\arccos x$)	$[-1,1]$	$[0,\pi]$	非奇非偶函数	单调减函数
反正切函数 ($\arctan x$)	$(-\infty,+\infty)$	$\left(-\frac{\pi}{2},\frac{\pi}{2}\right)$	奇函数	单调增函数
反余切函数 ($\operatorname{arccot} x$)	$(-\infty,+\infty)$	$(0,\pi)$	非奇非偶函数	单调减函数

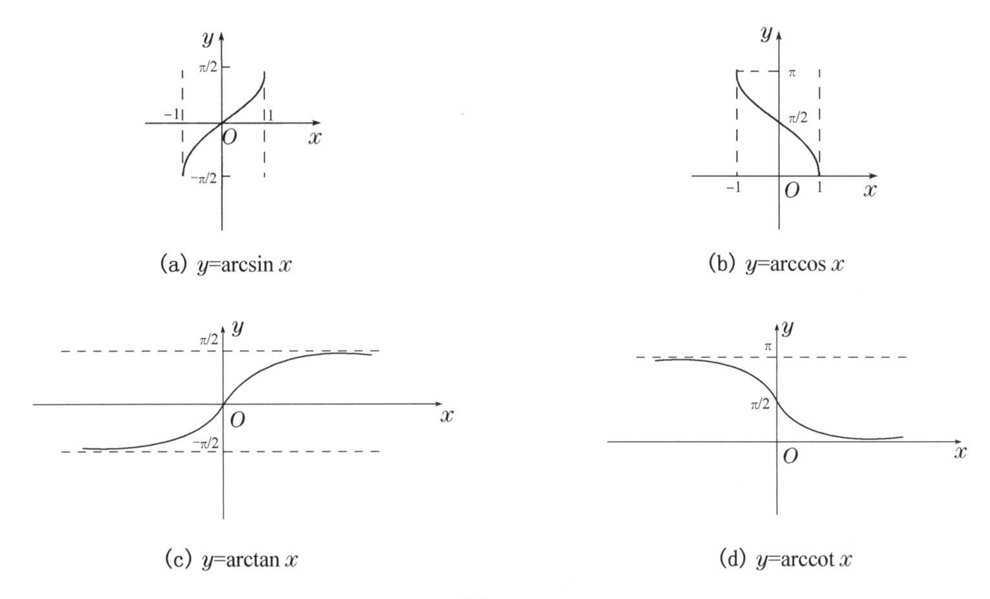

(a) $y=\arcsin x$　(b) $y=\arccos x$

(c) $y=\arctan x$　(d) $y=\operatorname{arccot} x$

图 1.14

（2）初等函数

由常数和基本初等函数经过有限次的四则运算和有限次的函数复合步骤所构成，并可用一个式子表示的函数，称为**初等函数**.

例如 $y=\sqrt{1-x^2}$，$y=\sin^2 x$，$y=\sqrt{\cot\dfrac{x}{2}}$等都是初等函数. 在本课程中所讨论的函数绝大多数都是初等函数.

7. 函数关系式的建立

为解决实际问题，常常要把问题量化，找出问题中变量的关系，建立数学模型，即确定目标函数，再利用相关的数学知识解决这些问题.

【例 1.4】　为贯彻落实党的“二十大”报告提出的“推动经济社会发展绿色化、低碳化是实现高质量发展的关键环节”，某单位在国家科研部门的支持下，加快产业结构调整优化，进行技术攻关，采用了生产新工艺，能把 CO_2 转化为一种可利用的化工产品. 已知该单位每月处理量最少为 400 吨，最多为 600 吨，月处理成本 y 元与月处理 x 吨的函数关系可以表示为 $y=\dfrac{1}{2}x^2-200x+80\,000$，且每处理一吨 CO_2 能得到可利用的化工产品的价值为 100 元. 现求

（1）该单位每月处理量为多少吨时，才能使每顿的平均处理成本最低？

（2）该单位每月能否获利？如果获利，求出最大利润；如果不获利，则国家目前每月至少需要补贴多少元才能使该单位不亏损？

解　（1）欲求 CO_2 的每吨平均成本，则由已知函数关系式 $y=\dfrac{1}{2}x^2-200x+80\,000$，两边同除以 x 得

$$\frac{y}{x}=\frac{1}{2}x+\frac{80\,000}{x}-200\geqslant 2\sqrt{\frac{1}{2}x\cdot\frac{80\,000}{x}}-200=200$$

当且仅当$\frac{1}{2}x=\frac{80\ 000}{x}$，即 $x=400$ 时，才能使每吨的最低平均处理成本为 200 元.

(2) 设该单位每月获利为 Q，则

$$Q=100x-y=100x-\left(\frac{1}{2}x^2-200x+80\ 000\right)=-\frac{1}{2}x^2+300x-80\ 000$$

$$=-\frac{1}{2}(x^2-600x)-80\ 000=-\frac{1}{2}(x-300)^2-35\ 000$$

因 $x\in[400,600]$，则在 $x=400$ 时，Q 有最大值为 $-40\ 000$，因此该单位不能获利，国家每月需要补贴 40 000 元才能持平.

【例 1.5】 某水渠横截面是等腰梯形，如图 1.15 所示，底边宽 2 m，边坡 1∶1(即倾角为 45°). $ABCD$ 称为过水截面. 试建立过水截面的面积 S 与水深 h 的函数关系式.

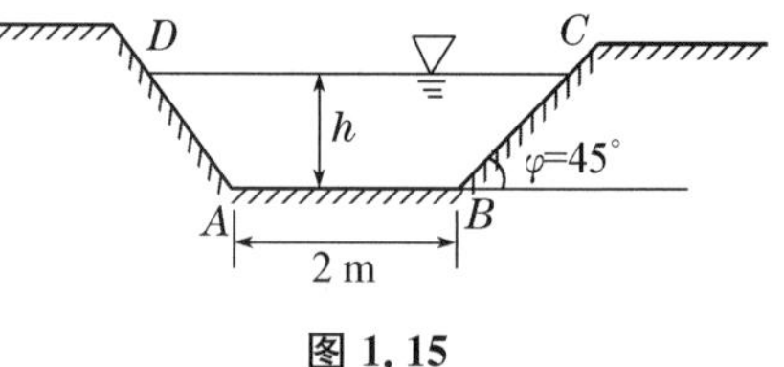

图 1.15

解 显然过水截面是一个等腰梯形，其面积随水深 h 与上底 DC 而变化. 由题意知上底 DC 与 h 有关，DC 的长度等于 $2+2h$，所以过水截面的面积为：

$$S=\frac{1}{2}(2+2+2h)\cdot h=2h+h^2(0<h<+\infty).$$

习题 1.1

1. 用区间表示适合下列不等式的变量 x 的变化范围.

(1) $|x|<5$； (2) $|x-3|\leqslant\frac{1}{6}$；

(3) $|x|>10$； (4) $0<|x-1|<0.01$.

2. 设 $A=\{x|3<x<5\}$，$B=\{x|x>4\}$，求：(1) $A\cup B$；(2) $A\cap B$.

3. 下列各对函数是否相同，为什么？

(1) $f(x)=\lg x^2$，$g(x)=2\lg x$；

(2) $f(x)=x$，$g(x)=\sqrt{x^2}$；

(3) $f(x)=\sqrt[3]{x^4-x^3}$，$g(x)=x\sqrt[3]{x-1}$；

(4) $f(x)=\sqrt{1-\cos^2 x}$，$g(x)=\sin x$.

4. 求下列函数的定义域.

(1) $y=\sqrt{3x-x^2}$； (2) $y=\frac{2x}{x^2-3x+2}$；

(3) $y=\lg(5-x)+\arcsin\frac{x-1}{6}$； (4) $y=\begin{cases}-x, & -1\leqslant x\leqslant 0,\\ \sqrt{3-x}, & 0<x<2.\end{cases}$

5. 讨论下列函数的奇偶性.

(1) $y=a^x-a^{-x}(a>0)$； (2) $y=\lg(x+\sqrt{1+x^2})$；

(3) $y=\sin x-\cos x+1$； (4) $y=\frac{1}{1+x^2}\cos x$.

6. 指出下列函数由哪些函数复合而成?

(1) $y=\ln(\tan x)$;　　(2) $y=e^{x^3}$;

(3) $y=\cos(e^{\sqrt{x}})$;　　(4) $y=\sqrt{\ln\sqrt{x}}$;

(5) $y=\tan(x^2+1)$;　　(6) $y=\arctan\dfrac{x-1}{x+1}$.

7. 设函数 $f(x)=\begin{cases}2x, & 0\leqslant x\leqslant 1,\\ x^2, & 1<x\leqslant 2,\end{cases}$ $g(x)=\ln x$,求 $f[g(x)]$,$g[f(x)]$.

8. 某厂生产某种产品 1 600 吨,定价为 150 元/吨,销售量在不超过 800 吨时,按定价出售;超过 800 吨时,超出部分按定价 8 折出售. 试求销售收入与销售量之间的函数关系.

9. 要设计一个容积为 $V=200\pi(\mathrm{m}^3)$ 有盖圆柱形油桶,已知上盖单位面积造价是侧面的一半,而侧面单位面积造价又是底面的一半,设上盖单位面积造价为 a(元/m^2),试将油桶总造价 p 表示为油桶半径 r 的函数.

10. 有一抛物线拱形桥,跨度为 20 m,高为 4 m,选择适当的坐标系,把拱形上点的纵坐标 y 表示成横坐标 x 的函数.

第二节　极限及其运算

学习目标

1. 了解极限的概念,知道函数极限的描述性定义,会求左右极限.

2. 了解无穷小量的概念,了解无穷小量的运算性质及其与无穷大量的关系,以及无穷小量的比较等关系.

3. 掌握极限的四则运算法则.

4. 掌握两个重要极限.

5. 掌握一些常用的求极限的方法.

十九世纪以前,人们用朴素的极限思想计算了圆的面积或某些不规则物体的体积等. 十九世纪之后,柯西以物体运动为背景,结合几何直观,引入了极限概念. 后来,维尔斯特拉斯给出了形式化的数学语言描述. 极限概念的创立,是微积分严格化的关键,它奠定了微积分学的基础.

一、数列的极限

微课

首先来研究一种特殊的函数,它是以正整数集 $\mathbf{N}^*$ 为定义域的函数,$x_n=f(n)$,$n\in\mathbf{N}^*$,称为**数列**,记作$\{x_n\}$.

案例 1.8(**循环数**)　观察循环数列 0.9,0.99,0.999,0.999 9,…,$\sum\limits_{k=1}^{n}9\times\dfrac{1}{10^k}$,…的变化趋势,可以看出,随着项数 n 的无限增大,此数列无限接近于 1.

案例 1.9(**弹球模型**)　一只球从 100 m 处掉下,每次弹回的高度为上次高度的$\dfrac{2}{3}$. 这样下去，用球第 1，2，…，n，…次的高度来表示球的运动规律，则得数列 $100, 100\times\frac{2}{3}$，$100\times\left(\frac{2}{3}\right)^2$，…，$100\times\left(\frac{2}{3}\right)^{n-1}$，…研究该数列的变化趋势，可以看出，随着次数 n 的无限增大，数列无限接近于 0.

案例 1.10（**圆面积的计算**） 我国古代魏末晋初的杰出数学家刘徽（约 225—295 年）创造了"割圆术"，成功地推算出圆周率和圆的面积.

下面介绍一下"割圆术"求圆面积的作法和思路：

先作圆的内接正三边形，把它的面积记作 A_1，再作内接正六边形，其面积记作 A_2，再作内接正十二边形，其面积记作 A_3，…，照此下去，把圆的内接正 $3\times 2^{n-1}$（$n=1,2,\cdots$）边形的面积记作 A_n，这样得到一数列：

$$A_1, A_2, A_3, \cdots, A_n, \cdots$$

当边数 n 无限增大时，正多边形的面积 A_n 就无限接近于圆的面积.

定义 1.2 对于数列 $\{x_n\}$，如果当 n 无限增大时，数列的通项 x_n 无限地接近于某一确定的常数 a，则称常数 a 是数列 $\{x_n\}$ 的**极限**，或称数列 $\{x_n\}$ **收敛**于 a. 记为 $\lim\limits_{n\to+\infty} x_n = a$. 如果数列没有极限，就说数列是**发散**的.

对无限接近的刻画：x_n 无限接近于 a 等价于 $|x_n - a|$ 无限接近于 0.

数列极限的几何解释：一般地，若 $\lim\limits_{n\to+\infty} x_n = a$，可将常数 a 和数列的通项 x_n 在数轴上用它们的对应点表示出来，对 a 的任一个取定的邻域 $U(a,\varepsilon)$，当 n 无限增大时，数列的项 x_n 最终（从某项 x_N 以后的项）都要落到邻域内（如图 1.16）.

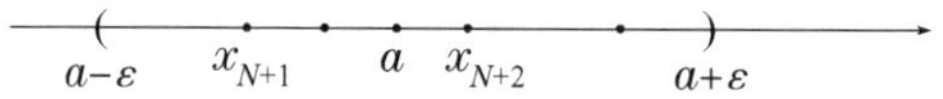

$a-\varepsilon$ x_{N+1} a x_{N+2} $a+\varepsilon$

图 1.16

【例 1.6】 利用数列极限的定义，讨论下列数列的极限.

(1) $1, \frac{5}{2}, \frac{5}{3}, \frac{9}{4}, \frac{9}{5}, \cdots, \frac{2n+(-1)^n}{n}, \cdots$

(2) $2, 4, 8, \cdots, 2^n, \cdots$

(3) $1, -1, 1, \cdots, (-1)^{n+1}, \cdots$

解 (1) 该数列的通项 $x_n = \frac{2n+(-1)^n}{n}$，通项 x_n 与 2 的距离 $|x_n - 2| = \frac{1}{n}$，当项数 n 无限增大时，$|x_n - 2|$ 无限逼近于零，即通项 x_n 无限逼近于 2，因此 $\lim\limits_{n\to+\infty} \frac{2n+(-1)^n}{n} = 2$.

(2) 当项数 n 无限增大时，该数列的通项 x_n 也无限增大，不可能逼近一个常数项，从而 $\lim\limits_{n\to+\infty} x_n$ 不存在.

(3) 在数列 $1, -1, 1, \cdots, (-1)^{n+1}, \cdots$ 中，奇数项总是 1，偶数项总是 -1，因此通项 x_n 不可能逼近一个常数项，从而 $\lim\limits_{n\to+\infty} x_n$ 不存在.

收敛数列的性质：

定理 1.2（**极限的唯一性**） 收敛数列 $\{x_n\}$ 不能收敛于两个不同的极限.

定理证明从略.

事实上,如果数列$\{x_n\}$有两个极限:$\lim\limits_{n\to+\infty}x_n=a$,$\lim\limits_{n\to+\infty}x_n=b$,且$a\neq b$,则这时在数轴上看,当通项$x_n$变化到一定"时刻"后,$x_n$既要与点$a$无限接近,又要与另外一点$b$无限接近,这显然是不可能的,可见,数列的极限是唯一的.

定理 1.3(收敛数列的有界性)　如果数列$\{x_n\}$收敛,那么数列$\{x_n\}$一定有界.

定理证明从略.

这就是说,数列有界是数列收敛的必要条件,而不是充分条件,即有界数列未必收敛,无界数列必发散,发散数列未必无界.

上述数列极限的两个性质对以下函数极限同样成立.

微课

二、函数的极限

如果把数列极限中的函数$f(n)$的定义域(N^*)以及自变量的变化过程($n\to+\infty$)等特殊性撇开,我们就可以得到函数极限的一般概念.

1. $x\to\infty$时函数的极限

案例 1.11(**水温的变化趋势**)　将一盆 80℃的热水放在一间室温恒为 20℃的房间里,水的温度T将逐渐降低,随着时间t的推移,水温会越来越接近室温 20℃.

案例 1.12(**函数的变化趋势**)　考察函数$y=\frac{1}{x}$在$x\to+\infty$和$x\to-\infty$时的变化情况(如表 1.3):

表 1.3

x	1	10	100	1 000	10 000	100 000	1 000 000	…
$f(x)=\frac{1}{x}$	1	0.1	0.01	0.001	0.000 1	0.000 01	0.000 001	…
x	−1	−10	−100	−1 000	−10 000	−100 000	−1 000 000	…
$f(x)=\frac{1}{x}$	−1	−0.1	−0.01	−0.001	−0.000 1	−0.000 01	−0.000 001	…

可以从表中观察出:当$x\to+\infty$时,$f(x)=\frac{1}{x}$与 0 无限接近;当$x\to-\infty$时,$f(x)=\frac{1}{x}$也与 0 无限接近.

从上述两个问题中看到:当自变量的绝对值逐渐增大时,相应的函数值接近于某一个常数.

定义 1.3　若函数$f(x)$当自变量x的绝对值无限增大时,函数$f(x)$的值无限趋近于某个确定的常数A,则称A为**函数$f(x)$当$x\to\infty$时的极限**,记作$\lim\limits_{x\to\infty}f(x)=A$或$f(x)\to A$($x\to\infty$).

注意:$x\to\infty$表示x既取正值且无限增大(记为$x\to+\infty$),同时又取负值且绝对值无限增大(记为$x\to-\infty$),故称为双边的.

有时x的变化趋向是单边的,即$x\to+\infty$或$x\to-\infty$.

定义 1.4　设函数$f(x)$在$(a,+\infty)$内有定义,当x无限增大时,对应的函数值$f(x)$无限趋近于某个确定的常数 A，则称常数 A 为**函数 $f(x)$ 当 $x\to+\infty$ 时的极限**，记作

$$\lim_{x\to+\infty} f(x)=A \text{ 或 } f(x)\to A(x\to+\infty).$$

类似地，可以给出 $x\to-\infty$ 时的极限的定义.

【例 1.7】 讨论 $f(x)=\arctan x$ 当 $x\to\infty$ 时的极限.

解 由图 1.14(c)反正切函数的图像可知：

$$\lim_{x\to+\infty}\arctan x=\frac{\pi}{2},\ \lim_{x\to-\infty}\arctan x=-\frac{\pi}{2}.$$

由于当 $x\to+\infty$ 和 $x\to-\infty$ 时，$f(x)=\arctan x$ 不是无限趋于同一个确定的常数，所以 $\lim\limits_{x\to\infty}\arctan x$ 不存在.

一般有结论：双边极限存在的充分必要条件是两个单边极限存在且相等，即

$$\lim_{x\to\infty}f(x)=A \Leftrightarrow \lim_{x\to+\infty}f(x)=\lim_{x\to-\infty}f(x)=A.\text{（记号“}\Leftrightarrow\text{”表示等价）}$$

2. $x\to x_0$ 时函数的极限

案例 1.13（**人影长度**） 考虑一个人沿直线走向路灯的正下方时其影子的长度. 若目标总是灯的正下方那一点，灯与地面的垂直高度为 H. 由日常生活知识知道，当此人走向目标时，其影子长度 y 越来越短，当人越来越接近目标(即 $x\to0$)其影子的长度 y 越来越短，逐渐趋于 0(即 $y\to0$)(如图 1.17).

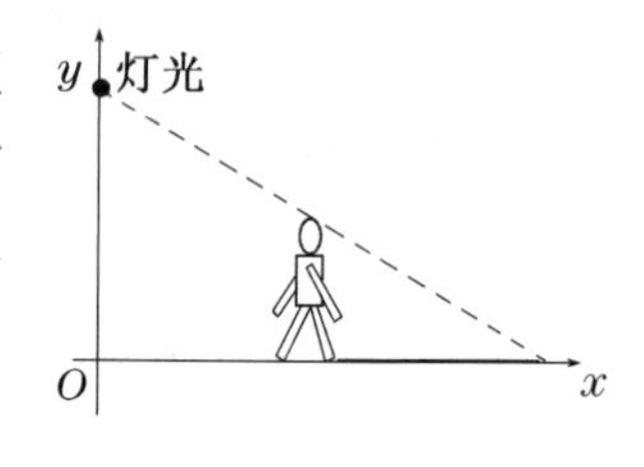

图 1.17

这一案例中，自变量无限接近某一点(即 $x\to0$)时，相应函数也无限地接近某一确定的值 0(即 $y\to0$).

定义 1.5 设函数 $f(x)$ 在点 x_0 的某个去心邻域内有定义，如果在自变量 $x\to x_0$ 的变化过程中，函数值 $f(x)$ 无限接近确定的常数 A，则称 A 是**函数 $f(x)$ 当 $x\to x_0$ 时的极限**，记作 $\lim\limits_{x\to x_0}f(x)=A$ 或 $f(x)\to A(x\to x_0)$.

说明：在定义中，“设函数 $f(x)$ 在点 x_0 的某个去心邻域内有定义”反映我们关心的是函数 $f(x)$ 在点 x_0 附近的变化趋势，而不是 $f(x)$ 在 x_0 这一孤立点的情况. $\lim\limits_{x\to x_0}f(x)$ 是否存在，与 $f(x)$ 在点 x_0 有没有定义或函数取什么数值都没有关系.

【例 1.8】 求 $\lim\limits_{x\to1}(2x-1)$.

解 当 $x\to1$ 时，$(2x-1)$ 以 1 为极限，即 $\lim\limits_{x\to1}(2x-1)=1$.

在这里，函数 $f(x)=2x-1$ 在点 $x=1$ 处有定义，且当 $x\to1$ 时，$f(x)$ 的极限值恰好是 $f(x)$ 在 $x=1$ 处的值，即 $\lim\limits_{x\to1}f(x)=f(1)$.

【例 1.9】 求 $\lim\limits_{x\to2}\dfrac{x^2-4}{x-2}$.

解 函数 $f(x)=\dfrac{x^2-4}{x-2}$ 的图像是“挖掉”点(2，4)的直线 $y=x+2$，如图 1.19，当 $x\neq2$ 时，$f(x)=x+2$，则

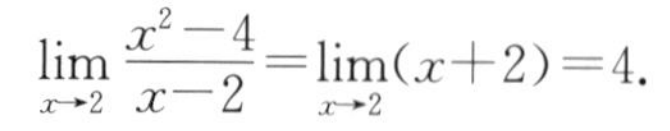

$$\lim_{x\to2}\frac{x^2-4}{x-2}=\lim_{x\to2}(x+2)=4.$$

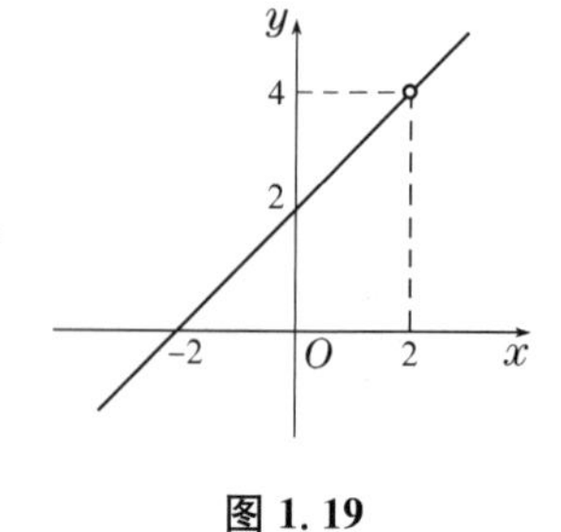

图 1.19

极限 $\lim\limits_{x\to 2}f(x)$存在，但不等于 $f(x)$在点 $x=2$ 处的值（函数在$x=2$处没有定义）.

3. 单侧极限

案例 1.14（**矩形波形曲线分析**）　如图1.18，设周期为 2π 的矩形波在区间$[-\pi,\pi)$内的函数为

$$f(x)=\begin{cases}0, & -\pi\leqslant x<0,\\ A, & 0\leqslant x<\pi,\end{cases}\quad (A\neq 0)$$

问函数 $f(x)$在 $x=0$ 处的极限是多少？

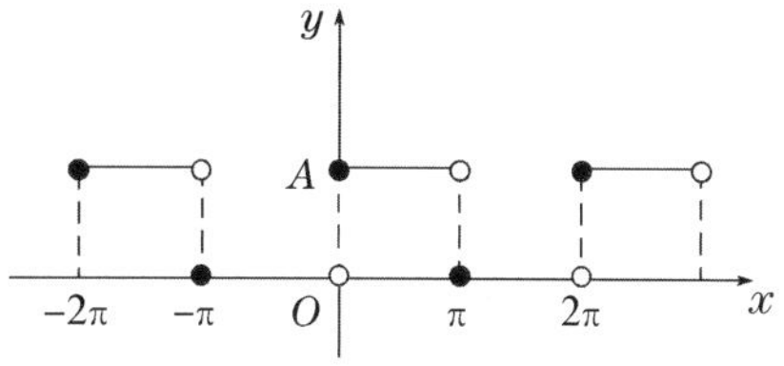

图 1.18

在函数极限的定义中，x 趋近于 x_0 的方式是任意的，此函数为分段函数，在 $x=0$ 的左右两侧，函数 $f(x)$的表达式不同，此时只能先对 $x=0$ 左右两侧分别进行讨论.

定义 1.6　设函数 $f(x)$在点 x_0 的某个左（右）邻域内有定义，如果 x 从 x_0 的左（右）侧趋于 x_0 时，$f(x)$无限地接近确定的常数 A，那么数 A 称为**函数 $f(x)$在点 x_0 处的左（右）极限**，记作 $\lim\limits_{x\to x_0^-}f(x)$或 $f(x_0^-)$（$\lim\limits_{x\to x_0^+}f(x)$或 $f(x_0^+)$）.

根据 $x\to x_0$ 时函数 $f(x)$的极限定义和左、右极限的定义，可以证明：函数 $f(x)$当 $x\to x_0$ 时极限存在的充要条件是 $f(x)$在点 x_0 处的左极限和右极限各自存在且相等，即

$$f(x_0^-)=f(x_0^+)=A \Leftrightarrow \lim_{x\to x_0}f(x)=A.$$

案例 1.14 中函数 $f(x)$在 $x=0$ 的左极限为 0，右极限为 A，且 $A\neq 0$，所以函数 $f(x)$在 $x=0$ 处极限不存在.

利用函数极限的定义可以考察某个常数 A 是否为 $f(x)$在 x_0 处的极限，而不是用来求函数 $f(x)$在 x_0 处的极限的常用方法. 但可以验证：基本初等函数在其各自的定义域内每点处的极限都存在，且等于该点处的函数值.

【例 1.10】　设函数 $f(x)=\begin{cases}x+1, & x<0,\\ x^2, & 0\leqslant x\leqslant 1,\\ 1, & x>1,\end{cases}$求函数在 $x=0$ 和 $x=1$ 处的极限.

解　因为

$$\lim_{x\to 0^-}f(x)=\lim_{x\to 0^-}(x+1)=1,$$
$$\lim_{x\to 0^+}f(x)=\lim_{x\to 0^+}x^2=0,$$

$\lim\limits_{x\to 0^-}f(x)\neq\lim\limits_{x\to 0^+}f(x)$，所以 $\lim\limits_{x\to 0}f(x)$不存在.

因为

$$\lim_{x\to 1^-}f(x)=\lim_{x\to 1^-}x^2=1,$$
$$\lim_{x\to 1^+}f(x)=\lim_{x\to 1^+}1=1,$$

$\lim\limits_{x\to 1^-}f(x)=\lim\limits_{x\to 1^+}f(x)$，所以 $\lim\limits_{x\to 1}f(x)=1$.

三、无穷小与无穷大

1. 无穷小

案例 1.15（**洗涤效果**） 在用洗衣机清洗衣物时，清洗次数越多，衣物上残留的污渍就越少. 当洗涤次数无限增大时，衣物上的污渍趋于零.

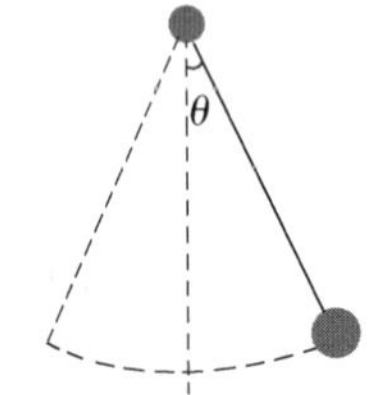

图 1.20

案例 1.16（**单摆运动**） 单摆离开铅直位置的偏度可以用角 θ 来度量，如图 1.20 所示. 这个角可规定当偏到一方（如右方）时为正，而偏到另一方（如左方）为负. 如果让单摆自己摆，则由于机械摩擦力和空气阻力，振幅就不断地减小. 在这个过程中，角 θ 越来越小，趋向于零.

在对许多事物进行研究时，常遇到事物数量的变化趋势为零.

定义 1.7 在自变量某一变化过程中，变量 X 的极限为零，则称 X 为自变量在此变化过程中的**无穷小量**（简称**无穷小**），记作 $\lim X=0$，其中，lim 可表示 $n\to\infty$；$x\to x_0$，$x\to\infty$等.

注意：无穷小是个变量（函数），它在自变量某一变化过程中，其绝对值可以任意小，要多小就多小. 零这个常数作为无穷小是特殊情形，因为如果 $f(x)\equiv 0$，其绝对值可以任意小，或者说，常数零在自变量的任何一个变化过程中，极限总为零，因此零是可以作为无穷小的唯一的常数.

例如：因为 $\lim\limits_{x\to-\infty}\dfrac{1}{\sqrt{1-x}}=0$，故函数 $y=\dfrac{1}{\sqrt{1-x}}$是 $x\to-\infty$时的无穷小.

又例如：因为 $\lim\limits_{x\to\infty}\dfrac{1}{x}=0$，故函数 $y=\dfrac{1}{x}$是 $x\to\infty$时的无穷小.

定理 1.4（**无穷小与函数极限的关系**） 在自变量 x 的某一变化过程中，函数 $f(x)$具有极限 A 的充要条件是 $f(x)=A+\boldsymbol{\alpha}$，其中 $\boldsymbol{\alpha}$ 是自变量 x 在同一变化过程中的无穷小.

定理证明从略.

例如：因为$\dfrac{1+x^3}{2x^3}=\dfrac{1}{2}+\dfrac{1}{2x^3}$，而 $\lim\limits_{x\to\infty}\dfrac{1}{2x^3}=0$，所以 $\lim\limits_{x\to\infty}\dfrac{1+x^3}{2x^3}=\dfrac{1}{2}$.

无穷小的代数性质：

性质 1.1 有限个无穷小之和仍是无穷小.

性质 1.2 有界变量与无穷小之积仍是无穷小.

性质 1.3 常数与无穷小之积是无穷小.

性质 1.4 有限个无穷小之积仍是无穷小.

【例 1.11】 求极限 $\lim\limits_{x\to\infty}\dfrac{\arctan x}{x}$.

解 当 $x\to\infty$时，分子和分母的极限都不存在. 若把$\dfrac{\arctan x}{x}$视为 $\arctan x$ 与$\dfrac{1}{x}$的乘积，由于$\dfrac{1}{x}$是当 $x\to\infty$时的无穷小，而$|\arctan x|<\dfrac{\pi}{2}$是有界变量，因此根据有界变量与无穷小之积仍是无穷小可得：$\lim\limits_{x\to\infty}\dfrac{\arctan x}{x}=\lim\limits_{x\to\infty}\dfrac{1}{x}\cdot\arctan x=0$.

2. 无穷大

定义 1.8　在自变量的某一变化过程中，变量 x 的绝对值 $|X|$ 无限增大，就称 X 为自变量在此变化过程中的**无穷大量**（简称**无穷大**），记为 $\lim X=\infty$，其中，lim 可表示 $n\to\infty$；$x\to x_0$，$x\to\infty$ 等.

注意：这里 $\lim x=\infty$ 只是沿用了极限符号，并不意味着变量 X 存在极限，无穷大（∞）不是数，不可与绝对值很大的数混为一谈. 无穷大是指绝对值可以任意变大的变量.

例如：因为 $\lim\limits_{x\to 0}\dfrac{1}{x}=\infty$，故函数 $y=\dfrac{1}{x}$ 为当 $x\to 0$ 时的无穷大.

又例如：因为 $\lim\limits_{x\to\frac{\pi}{2}}\tan x=\infty$，故函数 $y=\tan x$ 为当 $x\to\dfrac{\pi}{2}$ 时的无穷大.

3. 无穷小与无穷大的关系

定理 1.5　在自变量的同一变化过程中：

(1) 如果 X 为无穷大，则 $\dfrac{1}{X}$ 为无穷小；

(2) 如果 $X\neq 0$ 且 X 为无穷小，则 $\dfrac{1}{X}$ 为无穷大.

定理证明从略.

据此定理，关于无穷大的问题都可转化为无穷小来讨论.

四、极限的运算

微课

1. 极限的四则运算法则

案例 1.17　用列表法或图形法讨论较复杂的函数的极限，不仅工作量大，而且还不一定准确，如求 $\lim\limits_{x\to 0}\left(x^2-\dfrac{\cos x}{10\ 000}\right)$，表 1.4 列出了函数 $y=x^2-\dfrac{\cos x}{10\ 000}$ 在 $x=0$ 处附近取值时的函数值.

表 1.4

x	± 0.5	± 0.1	± 0.01	$\to$	0
$x^2-\dfrac{\cos x}{10\ 000}$	0.249 91	0.009 90	0.000 000 005	$\to$	?

我们可能会估计 $\lim\limits_{x\to 0}\left(x^2-\dfrac{\cos x}{10\ 000}\right)=0$，但这个结果是错误的. 因此，我们需要研究函数极限的运算法则. 以下在同一式子中考虑自变量的同一变化过程，其主要定理如下：

定理 1.6　如果 $\lim f(x)=A$，$\lim g(x)=B$，那么

(1) $\lim[f(x)\pm g(x)]=\lim f(x)\pm\lim g(x)=A\pm B$；

(2) $\lim[f(x)\cdot g(x)]=\lim f(x)\cdot\lim g(x)=A\cdot B$；

(3) $\lim\dfrac{f(x)}{g(x)}=\dfrac{\lim f(x)}{\lim g(x)}=\dfrac{A}{B}\ (B\neq 0)$.

定理证明从略.

推论 1 常数可以提到极限号前,即 $\lim[Cf(x)]=C\lim f(x)$

推论 2 若 $\lim f(x)=A$,且 n 为正整数,则 $\lim[f(x)]^n=[\lim f(x)]^n=A^n$.

【例 1.12】 求 $\lim\limits_{x\to 2}\dfrac{x^3-1}{x^2-5x+3}$.

解 运用定理及其推论可得:

$$\lim_{x\to 2}\frac{x^3-1}{x^2-5x+3}=\frac{\lim\limits_{x\to 2}(x^3-1)}{\lim\limits_{x\to 2}(x^2-5x+3)}=\frac{\lim\limits_{x\to 2}x^3-\lim\limits_{x\to 2}1}{\lim\limits_{x\to 2}x^2-5\lim\limits_{x\to 2}x+\lim\limits_{x\to 2}3}$$

$$=\frac{(\lim\limits_{x\to 2}x)^3-1}{(\lim\limits_{x\to 2}x)^2-5\cdot 2+3}=\frac{2^3-1}{2^2-10+3}=-\frac{7}{3}.$$

【例 1.13】 求 $\lim\limits_{x\to 3}\dfrac{x-3}{x^2-9}$.

分析:所给函数的特点是:当 $x\to 3$ 时,分子、分母的极限都为零,但它们都有趋向 0 的公因子 $x-3$;当 $x\to 3$ 时,可约去 $x-3$ 这个为零的公因子.

解 $\lim\limits_{x\to 3}\dfrac{x-3}{x^2-9}=\lim\limits_{x\to 3}\dfrac{x-3}{(x-3)(x+3)}=\lim\limits_{x\to 3}\dfrac{1}{x+3}=\dfrac{\lim\limits_{x\to 3}1}{\lim\limits_{x\to 3}(x+3)}=\dfrac{1}{6}$.

【例 1.14】 求 $\lim\limits_{x\to 1}\dfrac{2x-3}{x^2-5x+4}$.

分析:所给函数的特点是:当 $x\to 1$ 时,分子的极限不为零,分母的极限为零,因此不能直接运用商的极限运算法则.对于这类题目应先计算其倒数的极限,再运用无穷大与无穷小的关系得出结果.

解 $\lim\limits_{x\to 1}\dfrac{x^2-5x+4}{2x-3}=\dfrac{1^2-5\cdot 1+4}{2\cdot 1+3}=0$,根据无穷大与无穷小的关系得

$$\lim_{x\to 1}\frac{2x-3}{x^2-5x+4}=\infty.$$

【例 1.15】 求 $\lim\limits_{x\to\infty}\dfrac{3x^3+4x^2+2}{7x^3+5x^2-3}$.

解 所给函数的特点是:当 $x\to\infty$时,分子和分母都趋于无穷大,因此不能直接运用商的极限运算法则.对于这类题目先用 x^3 去除分子及分母,然后求极限:

$$\lim_{x\to\infty}\frac{3x^3+4x^2+2}{7x^3+5x^2-3}=\lim_{x\to\infty}\frac{3+\dfrac{4}{x}+\dfrac{2}{x^3}}{7+\dfrac{5}{x}-\dfrac{3}{x^3}}=\frac{3}{7}.$$

【例 1.16】 求 $\lim\limits_{x\to\infty}\dfrac{3x^2-2x-1}{2x^3-x^2+5}$.

解 先用 x^3 去除分子及分母,然后求极限:

$$\lim_{x\to\infty}\frac{3x^2-2x-1}{2x^3-x^2+5}=\lim_{x\to\infty}\frac{\dfrac{3}{x}-\dfrac{2}{x^2}-\dfrac{1}{x^3}}{2-\dfrac{1}{x}+\dfrac{5}{x^3}}=\frac{0}{2}=0.$$

【例 1.17】 求 $\lim\limits_{x\to\infty}\dfrac{2x^3-x^2+5}{3x^2-2x-1}$.

解　因为 $\lim\limits_{x\to\infty}\dfrac{3x^2-2x-1}{2x^3-x^2+5}=0$，所以

$$\lim_{x\to\infty}\frac{2x^3-x^2+5}{3x^2-2x-1}=\infty.$$

上述三个函数，当自变量趋于无穷大时，其分子、分母都趋于无穷大，这类极限称为"$\dfrac{\infty}{\infty}$"型极限，对于它们不能直接运用商的运算法则，而应采用分子分母同除自变量 x 的最高次的方法求极限.

一般，当 $a_n\neq0$，$b_n\neq0$，m 和 n 为非负整数时，有

$$\lim_{x\to\infty}\frac{a_nx^n+a_{n-1}x^{n-1}+\cdots+a_0}{b_mx^m+b_{m-1}x^{m-1}+\cdots+b_0}=\begin{cases}0, & n<m,\\ \dfrac{a_n}{b_n}, & n=m,\\ \infty, & n>m.\end{cases}$$

此结果可作为公式使用，但要注意只适用于 $x\to+\infty$，$x\to-\infty$ 和 $x\to\infty$ 的情形.

【例 1.18】　求 $\lim\limits_{x\to2}\left(\dfrac{x^2}{x^2-4}-\dfrac{1}{x-2}\right)$.

分析：此例也称"$\infty-\infty$"型极限，一般处理的方法为通分，再运用前面介绍过的求极限的方法计算.

解　$\lim\limits_{x\to2}\left(\dfrac{x^2}{x^2-4}-\dfrac{1}{x-2}\right)=\lim\limits_{x\to2}\dfrac{x^2-x-2}{x^2-4}=\lim\limits_{x\to2}\dfrac{(x-2)(x+1)}{(x+2)(x-2)}=\lim\limits_{x\to2}\dfrac{x+1}{x+2}=\dfrac{3}{4}$.

2. 复合函数的极限法则

定理 1.7　设函数 $y=f(u)$ 与 $u=\varphi(x)$ 满足以下两个条件：

(1) $\lim\limits_{u\to a}f(u)=A$；

(2) 当 $x\neq x_0$ 时，$\varphi(x)\neq a$，且 $\lim\limits_{x\to x_0}\varphi(x)=a$，

则 $\lim\limits_{x\to x_0}f[\varphi(x)]=\lim\limits_{u\to a}f(u)=A$.

定理证明从略.

若 $f(u)$ 是基本初等函数，a 又是 $f(u)$ 的定义域内的点，则 $\lim\limits_{x\to x_0}f[\varphi(x)]=f(a)$，即 $\lim\limits_{x\to x_0}f[\varphi(x)]=f[\lim\limits_{x\to x_0}\varphi(x)]$（在第三节有了连续函数的概念后，此式只要 $f(u)$ 在 a 点连续即成立）.

【例 1.19】　求 $\lim\limits_{x\to3}\sqrt{\dfrac{x^2-9}{x-3}}$.

解　$y=\sqrt{\dfrac{x^2-9}{x-3}}$ 是由 $y=\sqrt{u}$ 与 $u=\dfrac{x^2-9}{x-3}$ 复合而成的.

因为 $\lim\limits_{x\to3}\dfrac{x^2-9}{x-3}=6$，所以 $\lim\limits_{x\to3}\sqrt{\dfrac{x^2-9}{x-3}}=\lim\limits_{u\to6}\sqrt{u}=\sqrt{6}$.

【例 1.20】　求 $\lim\limits_{x\to0}\dfrac{x^2}{1-\sqrt{1+x^2}}$.

分析：根据复合函数的极限运算法则知，分子和分母均为零，因此，需先将分母有理化，

约去关于 x 的公因子，再运用前面介绍过的求极限的方法计算.

解 $\lim\limits_{x\to 0}\dfrac{x^2}{1-\sqrt{1+x^2}}=\lim\limits_{x\to 0}\dfrac{x^2(1+\sqrt{1+x^2})}{1-(1+x^2)}=-\lim\limits_{x\to 0}(1+\sqrt{1+x^2})=-2.$

五、两个重要极限

对这两个重要极限不作证明，仅用列表法来给出函数的变化趋势.

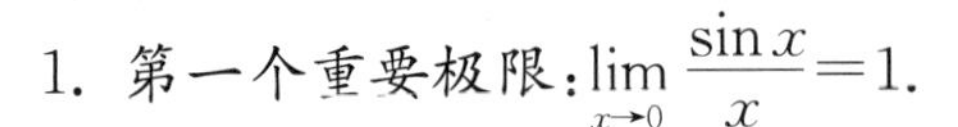
1. 第一个重要极限：$\lim\limits_{x\to 0}\dfrac{\sin x}{x}=1.$

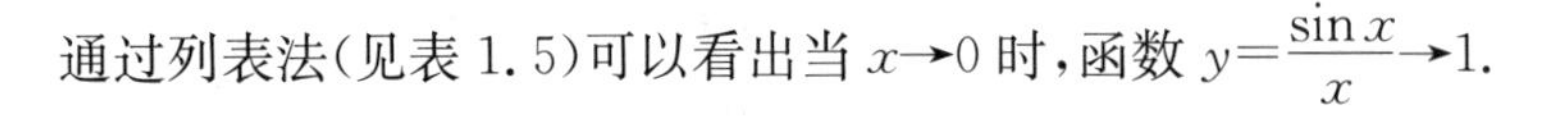
通过列表法(见表 1.5)可以看出当 $x\to 0$ 时，函数 $y=\dfrac{\sin x}{x}\to 1.$

表 1.5

x	± 1	± 0.5	± 0.1	± 0.01	…
$\dfrac{\sin x}{x}$	0.841 471	0.958 85	0.998 33	0.999 98	…

【例 1.21】 求 $\lim\limits_{x\to 0}\dfrac{\tan x}{x}$.

解 $\lim\limits_{x\to 0}\dfrac{\tan x}{x}=\lim\limits_{x\to 0}\dfrac{\sin x}{x}\cdot\dfrac{1}{\cos x}=\lim\limits_{x\to 0}\dfrac{\sin x}{x}\cdot\lim\limits_{x\to 0}\dfrac{1}{\cos x}=1.$

【例 1.22】 求 $\lim\limits_{x\to 3}\dfrac{\sin(x^2-9)}{x-3}$.

解 $\lim\limits_{x\to 3}\dfrac{\sin(x^2-9)}{x-3}=\lim\limits_{x^2-9\to 0}\dfrac{\sin(x^2-9)}{x^2-9}\lim\limits_{x\to 3}(x+3)=1\times 6=6.$

【例 1.23】 求 $\lim\limits_{x\to 0}\dfrac{1-\cos x}{x^2}$.

解 $\lim\limits_{x\to 0}\dfrac{1-\cos x}{x^2}=\lim\limits_{x\to 0}\dfrac{2\sin^2\dfrac{x}{2}}{x^2}=\dfrac{1}{2}\lim\limits_{x\to 0}\dfrac{\sin^2\dfrac{x}{2}}{\left(\dfrac{x}{2}\right)^2}=\dfrac{1}{2}\lim\limits_{x\to 0}\left(\dfrac{\sin\dfrac{x}{2}}{\dfrac{x}{2}}\right)^2=\dfrac{1}{2}\cdot 1^2=\dfrac{1}{2}.$

2. 第二个重要极限：$\lim\limits_{x\to\infty}\left(1+\dfrac{1}{x}\right)^x=\mathrm{e}$ (或 $\lim\limits_{x\to 0}(1+x)^{\frac{1}{x}}=\mathrm{e}$).

通过列表法(见表 1.6)可以看出当 $x\to\infty$ 时，函数 $y=\left(1+\dfrac{1}{x}\right)^x\to\mathrm{e}.$

表 1.6

x	1	2	5	10	100	1 000	10 000	100 000	100 000 000	…
$\left(1+\dfrac{1}{x}\right)^x$	2	2.25	2.488	2.594	2.705	2.717	2.718 15	2.718 28	2.718 281 82	…

【例 1.24】 求 $\lim\limits_{x\to\infty}\left(1-\dfrac{1}{x}\right)^x$.

解 令 $t=-x$，则 $x\to\infty$ 时，$t\to\infty$. 于是

$$\lim_{x\to\infty}\left(1-\frac{1}{x}\right)^{x}=\lim_{t\to\infty}\left(1+\frac{1}{t}\right)^{-t}=\lim_{t\to\infty}\frac{1}{\left(1+\frac{1}{t}\right)^{t}}=\frac{1}{\mathrm{e}}.$$

或
$$\lim_{x\to\infty}\left(1-\frac{1}{x}\right)^{x}=\lim_{x\to\infty}\left(1+\frac{1}{-x}\right)^{-x\cdot(-1)}=\left[\lim_{x\to\infty}\left(1+\frac{1}{-x}\right)^{-x}\right]^{-1}=\mathrm{e}^{-1}=\frac{1}{\mathrm{e}}.$$

【例 1.25】 求 $\lim\limits_{x\to0}\dfrac{\ln(1+x)}{x}$.

解 $\lim\limits_{x\to0}\dfrac{\ln(1+x)}{x}=\lim\limits_{x\to0}\ln(1+x)^{\frac{1}{x}}=\ln[\lim\limits_{x\to0}(1+x)^{\frac{1}{x}}]=\ln\mathrm{e}=1.$

【例 1.26】 求 $\lim\limits_{x\to0}\dfrac{\mathrm{e}^{x}-1}{x}$.

解 令 $u=\mathrm{e}^{x}-1$，则 $x=\ln(1+u)$，当 $x\to0$ 时 $u\to0$，所以

$$\lim_{x\to0}\frac{\mathrm{e}^{x}-1}{x}=\lim_{u\to0}\frac{u}{\ln(1+u)}=1.$$

【例 1.27】 设某人以本金 A_0 元进行一项投资，投资的年利率为 r.

如果以年为单位计算复利(即每年计息一次，并把利息加入下年的本金，重复计息)，则 t 年后，资金总额将变为 $A_0(1+r)^{t}$(元)；

如以月为单位计算复利(即每月计息一次，并把利息加入下月的本金，重复计息)，则 t 年后，资金总额将变为 $A_0\left(1+\dfrac{r}{12}\right)^{12t}$(元)；

以此类推，如以天为单位计算复利，则 t 年后，资金总额将变为 $A_0\left(1+\dfrac{r}{365}\right)^{365t}$(元)；

一般地，若以 $\dfrac{1}{n}$ 年为单位计算复利，则 t 年后，资金总额将变为 $A_0\left(1+\dfrac{r}{n}\right)^{nt}$(元).

现在让 $n\to\infty$，即每时每刻计算复利(称为**连续复利**)，则 t 年后资金总额将变为：

$$\lim_{n\to\infty}A_0\left(1+\frac{r}{n}\right)^{nt}=\lim_{n\to\infty}A_0\left[\left(1+\frac{r}{n}\right)^{\frac{n}{r}}\right]^{rt}=A_0\mathrm{e}^{rt}\text{(元)}.$$

微课

六、无穷小的比较

根据无穷小的代数性质可知，在同一过程中的两个无穷小的和差及乘积仍为无穷小，但它们的商却不一定是无穷小.

例如：当 $x\to0$ 时，$3x$、x^2、$\sin x$ 都是无穷小，而

$$\lim_{x\to0}\frac{x^2}{3x}=0,\ \lim_{x\to0}\frac{3x}{x^2}=\infty,\ \lim_{x\to0}\frac{\sin x}{3x}=\frac{1}{3}.$$

上述不同情况的出现，是因为不同的无穷小趋向于零的快慢程度的差异所致，就上面例子来说，在 $x\to0$ 的过程中，$x^2\to0$ 比 $3x\to0$ 要快些，反过来 $3x\to0$ 比 $x^2\to0$ 要慢些，而 $\sin x\to0$ 与 $3x\to0$ 则快慢相仿.

为了比较在同一变化过程中两个无穷小趋于零的快慢，我们引进**无穷小的阶**的概念.

定义 1.9 设 $\alpha=\alpha(x)$，$\beta=\beta(x)$ 都是自变量同一变化过程中的无穷小，则

(1) 如果 $\lim\dfrac{\beta}{\alpha}=c(c\neq0)$，则称 β 与 α 是**同阶无穷小**. 特别地，如果 $\lim\dfrac{\beta}{\alpha}=1$，则称 β 与 α 是**等价无穷小**，记作 $\beta\sim\alpha$ 或 $\alpha\sim\beta$.

(2) 如果 $\lim \dfrac{\beta}{\alpha}=0$,则称 β 是 α 的**高阶无穷小**,记作 $\beta=o(\alpha)$.

(3) 如果 $\lim \dfrac{\beta}{\alpha}=\infty$,则称 β 是 α 的**低阶无穷小**.

例如,因为

$$\lim_{x\to 0}\frac{1-\cos x}{x^2}=\lim_{x\to 0}\frac{1}{2}\left(\frac{\sin(x/2)}{x/2}\right)^2=\frac{1}{2},$$

所以当 $x\to 0$ 时,$1-\cos x$ 与 x^2 是同阶无穷小,或者说 $1-\cos x$ 与 $\dfrac{1}{2}x^2$ 是等价无穷小,即 $1-\cos x\sim\dfrac{1}{2}x^2\left(因为 \lim\limits_{x\to 0}\dfrac{1-\cos x}{x^2/2}=1\right)$.

等价无穷小的替换原理:设 $\alpha,\beta,\alpha',\beta'$ 是自变量在同一变化过程中的无穷小,若 $\alpha\sim\alpha'$,$\beta\sim\beta'$ 且 $\lim\dfrac{\beta'}{\alpha'}$ 存在,则 $\lim\dfrac{\beta}{\alpha}$ 也存在,且 $\lim\dfrac{\beta}{\alpha}=\lim\dfrac{\beta'}{\alpha'}$.

证明 $\lim\dfrac{\beta'}{\alpha'}=\lim\left(\dfrac{\beta'}{\alpha'}\cdot\dfrac{\beta}{\alpha}\cdot\dfrac{\alpha}{\beta}\right)=\lim\dfrac{\beta'}{\beta}\cdot\lim\dfrac{\beta}{\alpha}\cdot\lim\dfrac{\alpha}{\alpha'}=\lim\dfrac{\beta}{\alpha}$.

这个性质表明:求两个无穷小之比的极限时,分子及分母都可用等价无穷小来代替,这往往可使计算简化.

【例 1.28】 求 $\lim\limits_{x\to 0}\dfrac{\tan 2x}{\sin 5x}$.

解 因为当 $x\to 0$ 时,$\tan 2x\sim 2x$,$\sin 5x\sim 5x$,故

$$\lim_{x\to 0}\frac{\tan 2x}{\sin 5x}=\lim_{x\to 0}\frac{2x}{5x}=\frac{2}{5}.$$

【例 1.29】 求 $\lim\limits_{x\to 0}\dfrac{\tan x}{x^3-x^2+2x}$.

解 因为当 $x\to 0$ 时,$\tan x\sim x$,$x^3-x^2+2x\sim 2x$,故

$$\lim_{x\to 0}\frac{\tan x}{x^3-x^2+2x}=\lim_{x\to 0}\frac{x}{2x}=\frac{1}{2}.$$

【例 1.30】 求 $\lim\limits_{x\to 0}\dfrac{\tan x-\sin x}{x^3}$.

解 因为当 $x\to 0$ 时,$1-\cos x\sim\dfrac{1}{2}x^2$,$\tan x\sim x$,从而$(1-\cos x)\tan x\sim\dfrac{1}{2}x^3$,所以

$$\lim_{x\to 0}\frac{\tan x-\sin x}{x^3}=\lim_{x\to 0}\frac{(1-\cos x)\tan x}{x^3}=\lim_{x\to 0}\frac{\frac{1}{2}x^3}{x^3}=\frac{1}{2}.$$

注意:$\lim\limits_{x\to 0}\dfrac{\tan x-\sin x}{x^3}\neq\lim\limits_{x\to 0}\dfrac{x-x}{x^3}=0$,因为 $\tan x-\sin x$ 与 $x-x$ 不等价. 无穷小的替换,必须是两个无穷小之比或无穷小之积的极限,而且代换后的极限存在,才可以使用. 加减项的无穷小不能用等价无穷小代换.

常见的等价无穷小有(当 $x\to 0$ 时):$x\sim\sin x\sim\tan x\sim\arcsin x\sim\arctan x\sim\ln(1+x)\sim e^x-1$;$1-\cos x\sim\dfrac{x^2}{2}$;$(1+x)^\alpha-1\sim\alpha x(\alpha\neq 0)$;$a^x-1\sim x\ln a$.

【例 1.31】 求 $\lim\limits_{x\to 0}\dfrac{(1+x^2)^{\frac{1}{3}}-1}{\cos x-1}$.

解　因为当 $x\to 0$ 时，$(1+x^2)^{\frac{1}{3}}-1\sim\frac{1}{3}x^2$，$\cos x-1\sim-\frac{1}{2}x^2$，所以

$$\lim_{x\to 0}\frac{(1+x^2)^{\frac{1}{3}}-1}{\cos x-1}=\lim_{x\to 0}\frac{\frac{1}{3}x^2}{-\frac{1}{2}x^2}=-\frac{2}{3}.$$

习题 1.2

1. 观察如下数列 $\{x_n\}$ 一般项 x_n 的变化趋势，写出它们的极限.

(1) $x_n=\frac{1}{3^n}$；　(2) $x_n=(-1)^n\frac{1}{n}$；

(3) $x_n=3+\frac{1}{n^2}$；　(4) $x_n=\frac{n-1}{n+1}$；

(5) $x_n=n(-1)^n$；　(6) $x_n=n-\frac{1}{n}$.

2. 设函数 $f(x)=\begin{cases}x+1, & x<3,\\ 0, & x=3,\\ 2x-3, & x>3,\end{cases}$ 利用函数极限存在的充要条件判断 $\lim\limits_{x\to 3}f(x)$ 是否存在?

3. 设函数 $f(x)=\begin{cases}e^x+1, & x>0,\\ 2x+b, & x\leqslant 0,\end{cases}$ 要使极限 $\lim\limits_{x\to 0}f(x)$ 存在，b 应取何值?

4. 在下列各题中，指出哪些是无穷小? 哪些是无穷大?

(1) $\frac{1+2x}{x^2}(x\to\infty)$；　(2) $\frac{x+1}{x^2-9}(x\to 3)$；

(3) $\frac{\sin x}{1+\cos x}(x\to 0)$；　(4) $e^{\frac{1}{x}}(x\to 0)$.

5. 计算下列各极限.

(1) $\lim\limits_{x\to 1}(x-1)\cos\frac{1}{x-1}$；　(2) $\lim\limits_{x\to 0}x^2\sin\frac{1}{x}$.

6. 计算下列各极限.

(1) $\lim\limits_{x\to -1}\frac{3x+1}{x^2+1}$；　(2) $\lim\limits_{x\to 1}\frac{x^2-1}{2x^2-x-1}$；

(3) $\lim\limits_{x\to -2}\frac{x^3+8}{x+2}$；　(4) $\lim\limits_{x\to\infty}\frac{x^2-1}{2x^2-x}$；

(5) $\lim\limits_{x\to\infty}\left(1+\frac{1}{x}\right)\left(2-\frac{1}{x^2}\right)$；　(6) $\lim\limits_{x\to 1}\left(\frac{1}{x-1}-\frac{3}{x^3-1}\right)$.

7. 计算下列各极限.

(1) $\lim\limits_{x\to -3}\sqrt{x^2-x+8}$；　(2) $\lim\limits_{x\to\frac{1}{2}}\arcsin\sqrt{x}$；

(3) $\lim\limits_{x\to 0}\ln 2^x$；　(4) $\lim\limits_{x\to 2}\frac{\sqrt{5x-8}-\sqrt{x}}{x-2}$.

8. 已知 $\lim\limits_{x\to 1}\dfrac{x^2+ax+b}{1-x}=1$，试求 a 与 b 的值.

9. 计算下列各极限.

(1) $\lim\limits_{x\to 0}\dfrac{\sin 4x}{x}$；

(2) $\lim\limits_{x\to 0}\dfrac{\sin 2x}{\sin 5x}$；

(3) $\lim\limits_{x\to 0}\dfrac{1-\cos 3x}{x\sin x}$；

(4) $\lim\limits_{n\to\infty}3^n\sin\dfrac{x}{3^n}(x\neq 0)$.

10. 计算下列各极限.

(1) $\lim\limits_{x\to 0}(1-3x)^{\frac{1}{x}}$；

(2) $\lim\limits_{x\to\infty}\left(\dfrac{1+x}{x}\right)^{3x}$；

(3) $\lim\limits_{x\to\infty}\left(\dfrac{1+x}{x+2}\right)^{x}$；

(4) $\lim\limits_{x\to\frac{\pi}{2}}(1+\cos x)^{2\sec x}$.

第三节　函数的连续性与间断点

学习目标

1. 理解函数连续性的定义，会求函数的连续区间.
2. 了解函数间断点的概念，会判别函数间断点的类型.
3. 知道闭区间上连续函数的几个性质.

自然界中有很多现象，如气温的变化、河水的流动、植物的生长等，都是连续变化的. 这些现象在函数关系上的反映，就是函数的连续性. 函数的连续性是与函数的极限密切相关的重要概念，这个概念的建立为进一步深入地研究函数的微分和积分及其应用打下了基础.

一、函数的连续性

微课

案例 1.18（**人体高度的连续变化**）　我们知道，人体的高度 h 是时间 t 的函数 $h(t)$，h 随着 t 的变化而连续变化. 事实上，当 Δt 的变化很微小时，人的高度 Δh 的变化也很微小，即

$$\Delta t\to 0 \text{ 时}, \Delta h\to 0.$$

下面先引入增量的概念，然后来描述连续性，并引入连续性的定义.

设变量 y 从它的一个初值 y_1 变到终值 y_2，终值与初值的差 y_2-y_1 就叫作**变量 y 的增量**，记作 Δy，即 $\Delta y=y_2-y_1$.

设函数 $y=f(x)$ 在点 x_0 的某一个邻域内是有定义的，当自变量 x 在该邻域内从 x_0 变到 $x_0+\Delta x$ 时，函数 y 相应地从 $f(x_0)$ 变到 $f(x_0+\Delta x)$，因此函数 y 的对应增量为

$$\Delta y=f(x_0+\Delta x)-f(x_0).$$

定义 1.10　设函数 $y=f(x)$ 在点 x_0 的某一个邻域内有定义，如果当自变量的增量 $\Delta x=x-x_0$ 趋于零时，对应的函数的增量 $\Delta y=f(x_0+\Delta x)-f(x_0)$ 也趋于零，即

$$\lim_{\Delta x\to 0}\Delta y=0 \text{ 或 } \lim_{x\to x_0}f(x)=f(x_0),$$

那么就称函数 $y=f(x)$ 在点 x_0 处**连续**.

【例 1.32】 证明函数 $y=x^2$ 在点 x_0 连续.

证明 当自变量 x 的增量为 Δx 时，函数 $y=x^2$ 对应的增量为：

$$\Delta y=(x_0+\Delta x)^2-x_0^2=2x_0\Delta x+(\Delta x)^2,$$

$$\lim_{\Delta x\to 0}\Delta y=\lim_{\Delta x\to 0}[2x_0\Delta x+(\Delta x)^2]=0.$$

所以 $y=x^2$ 在点 x_0 连续.

从定义可以看出函数 $y=f(x)$ 在点 x_0 处连续，则函数 $y=f(x)$ 在点 x_0 处的极限等于函数 $y=f(x)$ 在点 x_0 处的函数值.

定义 1.11 如果 $\lim\limits_{x\to x_0^-}f(x)=f(x_0)$，则称 $y=f(x)$ 在点 x_0 处**左连续**；如果 $\lim\limits_{x\to x_0^+}f(x)=f(x_0)$，则称 $y=f(x)$ 在点 x_0 处**右连续**.

左右连续与连续的关系：

函数 $y=f(x)$ 在点 x_0 处连续 $\Leftrightarrow$ 函数 $y=f(x)$ 在点 x_0 处左连续且右连续.

在区间上每一点都连续的函数，叫作该区间上的**连续函数**，或者说函数在该区间上连续. 如果区间包括端点，那么函数在右端点连续是指左连续，在左端点连续是指右连续.

【例 1.33】 试证明 $f(x)=\begin{cases}2x+1, & x\leqslant 0,\\ \cos x, & x>0\end{cases}$ 在 $x=0$ 处连续.

证明 因为 $\lim\limits_{x\to 0^+}f(x)=\lim\limits_{x\to 0^+}\cos x=1$，$\lim\limits_{x\to 0^-}f(x)=\lim\limits_{x\to 0^-}(2x+1)=1$ 且 $f(0)=1$，即

$$\lim_{x\to 0^+}f(x)=\lim_{x\to 0^-}f(x)=f(0).$$

所以 $f(x)$ 在 $x=0$ 处连续.

注意：一切初等函数在其定义区间内都是连续的.

微课

二、函数的间断点

案例 1.19（**电流的连续性**） 导线中电流通常是连续变化的，但当电流增加到一定的程度，会烧断保险丝，电流就突然为 0，这时连续性被破坏而出现间断.

案例 1.20（**矩形波的连续性**） 无线电技术中会遇到如图 1.21 所示的电压波形（矩形波），显然电压在 $-2l,-l,0,l,2l$ 等处发生间断.

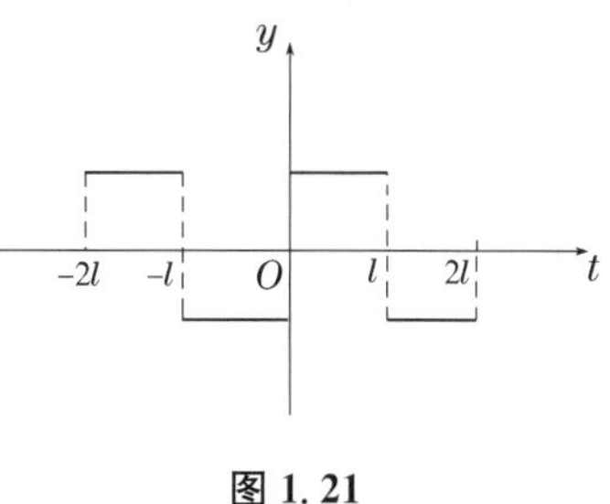

图 1.21

定义 1.12 函数 $f(x)$ 不连续的点 x_0 称为函数 $f(x)$ 的**间断点**.

设函数 $f(x)$ 在点 x_0 的某去心邻域内有定义. 由定义 1.11 知，如果函数 $f(x)$ 有下列三种情形之一：

(1) 在 x_0 没有定义；

(2) 虽然在 x_0 有定义，但 $\lim\limits_{x\to x_0}f(x)$ 不存在；

(3) 虽然在 x_0 有定义且 $\lim\limits_{x\to x_0}f(x)$ 存在，但 $\lim\limits_{x\to x_0}f(x)\neq f(x_0)$，则函数 $f(x)$ 在点 x_0 处间断.

通常把间断点分成两类：

如果 x_0 是函数 $f(x)$的间断点，且左极限 $\lim\limits_{x \to x_0^-} f(x)$及右极限 $\lim\limits_{x \to x_0^+} f(x)$都存在，那么 x_0 称为函数 $f(x)$的**第一类间断点**. 在第一类间断点中，左、右极限相等者称为**可去间断点**，不相等者称为**跳跃间断点**.

如果 x_0 是函数 $f(x)$的间断点，且左极限 $\lim\limits_{x \to x_0^-} f(x)$及右极限 $\lim\limits_{x \to x_0^+} f(x)$至少有一个不存在，那么 x_0 称为函数 $f(x)$的**第二类间断点**. 在第二类间断点中，函数趋向于无穷称为**无穷间断点**，函数出现振荡，称为**振荡间断点**.

【例 1.34】 考察函数 $y=\tan x$ 在 $x=\frac{\pi}{2}$处的连续性.

解 正切函数 $y=\tan x$ 在 $x=\frac{\pi}{2}$处没有定义，则点 $x=\frac{\pi}{2}$是函数 $\tan x$ 的间断点. 因为 $\lim\limits_{x \to \frac{\pi}{2}} \tan x=\infty$，故称 $x=\frac{\pi}{2}$为函数 $\tan x$ 的无穷间断点.

【例 1.35】 考察函数 $y=\sin\frac{1}{x}$在 $x=0$ 处的连续性.

解 函数 $y=\sin\frac{1}{x}$在点 $x=0$ 没有定义，则点 $x=0$ 是函数 $\sin\frac{1}{x}$的间断点. 当 $x \to 0$ 时，函数值在 -1 与 $+1$ 之间变动无限多次，所以点 $x=0$ 称为函数 $\sin\frac{1}{x}$的振荡间断点.

【例 1.36】 考察函数 $y=\frac{x^2-1}{x-1}$在 $x=1$ 处的连续性.

解 函数 $y=\frac{x^2-1}{x-1}$在 $x=1$ 没有定义，则点 $x=1$ 是函数的间断点. 因为 $\lim\limits_{x \to 1}\frac{x^2-1}{x-1}=\lim\limits_{x \to 1}(x+1)=2$，如果补充定义：令 $x=1$ 时 $y=2$，则所给函数在$x=1$ 成为连续. 所以 $x=1$ 称为该函数的可去间断点.

【例 1.37】 考察函数 $f(x)=\begin{cases} x-1, & x<0, \\ 0, & x=0, \\ x+1, & x>0 \end{cases}$在 $x=0$ 处的连续性.

解 因为 $\lim\limits_{x \to 0^-} f(x)=\lim\limits_{x \to 0^-}(x-1)=-1$，

$\lim\limits_{x \to 0^+} f(x)=\lim\limits_{x \to 0^+}(x+1)=1$，

$\lim\limits_{x \to 0^-} f(x) \neq \lim\limits_{x \to 0^+} f(x)$，

所以极限 $\lim\limits_{x \to 0} f(x)$不存在，$x=0$ 是函数 $f(x)$的间断点. 因函数 $f(x)$的图形在 $x=0$ 处产生跳跃现象，我们称 $x=0$ 为函数 $f(x)$的跳跃间断点(如图 1.22 所示).

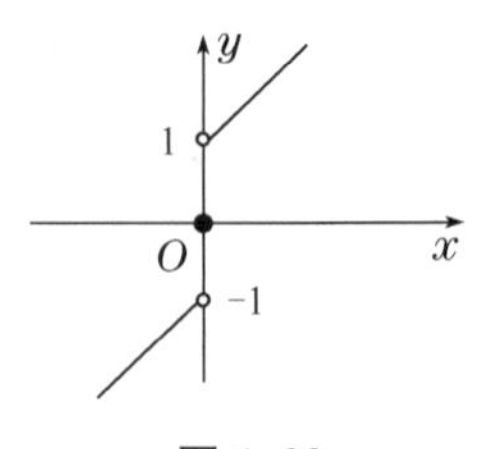

图 1.22

三、闭区间上连续函数的性质

在闭区间上连续函数具有一些重要的性质，下面我们将不加证明予以介绍.

定理 1.8(最大值和最小值定理) 在闭区间上连续的函数在该区间上一定能取得它的

最大值和最小值.

定理证明从略.

图 1.23 给出了该定理的几何直观图形.

即设 $f(x)\in[a,b]$,则存在 $\xi_1,\xi_2\in[a,b]$,使得

$$f(\xi_1)=\min_{a\leqslant x\leqslant b}f(x),$$

$$f(\xi_2)=\max_{a\leqslant x\leqslant b}f(x).$$

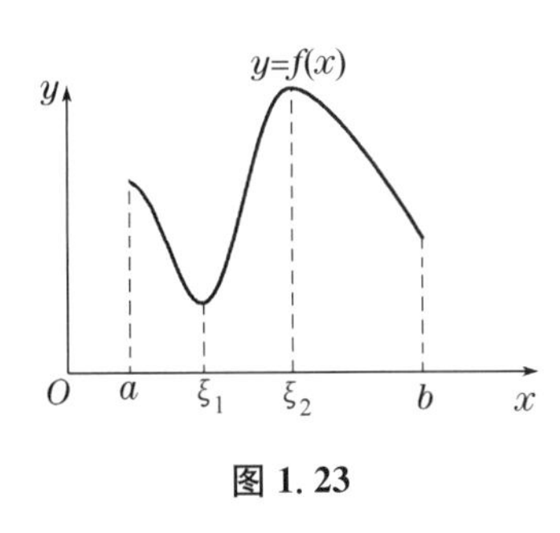

图 1.23

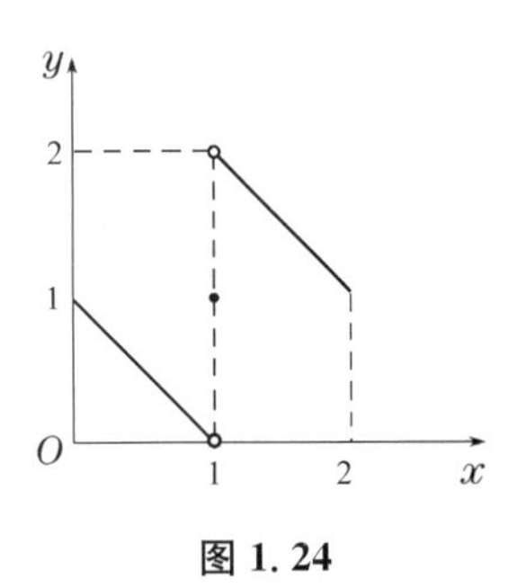

图 1.24

注意:如果函数在开区间内连续,或函数在闭区间上有间断点,那么函数在该区间上就不一定有最大值或最小值.

例如:在开区间(a,b)上,连续函数 $y=x$ 无最大值和最小值.

又如,函数 $y=f(x)=\begin{cases}-x+1, & 0\leqslant x<1,\\ 1, & x=1,\\ -x+3, & 1<x\leqslant 2\end{cases}$ 在闭区间$[0,2]$上无最大值和最小值(如图 1.24).

定理 1.9(有界性定理)　在闭区间上连续的函数一定在该区间上有界.

定理证明从略.

如果有 x_0 使 $f(x_0)=0$,则 x_0 称为函数 $f(x)$的**零点**.

定理 1.10(零点定理)　设函数 $f(x)$在闭区间$[a,b]$上连续,且 $f(a)$与 $f(b)$异号,那么在开区间(a,b)内至少存在一点 ξ,使得 $f(\xi)=0$.

定理证明从略.

图 1.25 给出了该定理的几何直观图形:如果连续曲线弧 $y=f(x)$的两个端点位于 x 轴的不同侧,那么这段弧与 x 轴至少有一个交点 ξ.

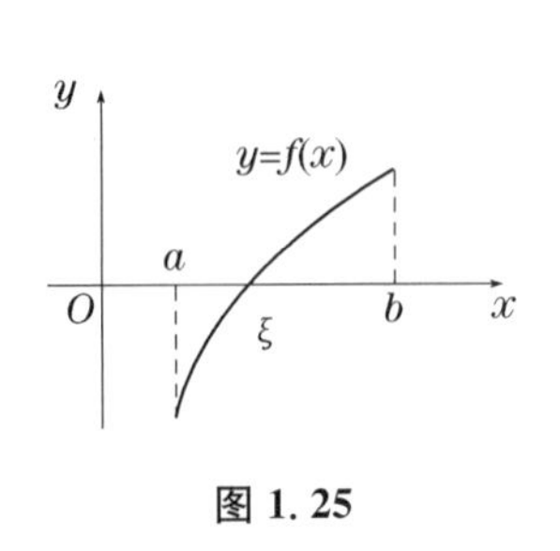

图 1.25

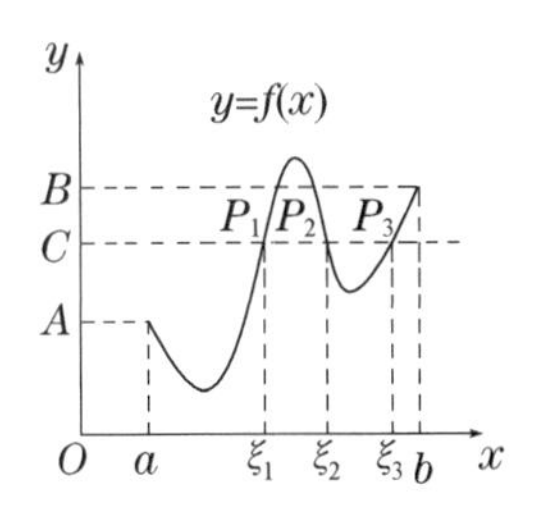

图 1.26

【例 1.38】　证明方程 $x^3-4x^2+1=0$ 在区间$(0,1)$内至少有一个根.

证明 函数 $f(x)=x^3-4x^2+1$ 在闭区间 $[0,1]$ 上连续，又 $f(0)=1>0$，$f(1)=-2<0$.

根据零点定理，在 $(0,1)$ 内至少存在一点 ξ，使得 $f(\xi)=0$，即 $\xi^3-4\xi^2+1=0\ (0<\xi<1)$.

此等式说明方程 $x^3-4x^2+1=0$ 在区间 $(0,1)$ 内至少有一个根是 ξ.

定理 1.11（介值定理） 设函数 $f(x)$ 在闭区间 $[a,b]$ 上连续，且 $f(a)\neq f(b)$，那么，对于 $f(a)$ 与 $f(b)$ 之间的任意一个数 C，在开区间 (a,b) 内至少存在一点 ξ，使得

$$f(\xi)=C.$$

定理证明从略.

图 1.26 给出了该定理的几何直观图形：连续曲线 $y=f(x)$ 与水平直线 $y=C$ 至少相交于一点，图中点 P_1,P_2,P_3 都是曲线 $y=f(x)$ 与直线 $y=C$ 的交点.

推论 在闭区间上连续的函数必取得介于最大值 M 与最小值 m 之间的任何值.

设 $m=f(x_1)$，$M=f(x_2)$，而 $m\neq M$，在闭区间 $[x_1,x_2]$（或 $[x_2,x_1]$）上利用介值定理，就可以得到上述推论.

习题 1.3

1. 设函数 $f(x)=x^2-2x+5$，求下列条件下函数的增量.

(1) 当 x 由 2 变到 1；　　(2) 当 x 由 2 变到 $2+\Delta x$；

(3) 当 x 由 x_0 变到 $x_0+\Delta x$.

2. 如果 $f(x)$ 在 x_0 处连续，那么 $|f(x)|$ 在 x_0 处是否也连续？

3. 设函数 $f(x)=\begin{cases}(1-x)^{\frac{1}{x}}, & x\neq 0,\\ k, & x=0\end{cases}$ 在点 $x=0$ 处连续，求 k 的值.

4. 使函数 $f(x)=\begin{cases}e^x+b, & x<0,\\ a, & x=0,\\ \dfrac{1}{x}\sin x+2, & x>0\end{cases}$ 在定义域内连续，常数 a,b 各应取何值？

5. 设某城市出租车白天的收费 y（单位：元）与路程 x（单位：km）之间的关系为：

$$f(x)=\begin{cases}5+1.2x, & 0\leqslant x\leqslant 7,\\ 13.4+2.1(x-7), & x>7.\end{cases}$$

试问 $f(x)$ 是连续函数吗？并求 $\lim\limits_{x\to 7}f(x)$.

6. 求下列函数的间断点并判断其类型.

(1) $y=\dfrac{x^2-1}{x^2-2x-3}$；　　(2) $y=\dfrac{1}{\cos x}$；　　(3) $y=\dfrac{1}{2+e^{\frac{1}{x-1}}}$.

7. 设 1 g 冰从 -40℃升到 x℃所需要的热量（单位：J）为：

$$f(x)=\begin{cases}2.1x+84, & -40\leqslant x\leqslant 0,\\ 4.2x+420, & x\geqslant 0.\end{cases}$$

试问当 $x=0$ 时，函数是否连续？并解释其几何意义.

8. 一个停车场第一个小时（或不到一小时）收费 3 元，以后每小时（或不到整时）收费 2 元，每天最多收费 10 元. 讨论此函数的间断点，并说明其实际意义.

9. 研究函数 $f(x)=\begin{cases}x, & -1\leqslant x\leqslant 1,\\ 2-x, & x<-1 \text{ 或 } x>1\end{cases}$ 的连续性，并画出函数的图形.

10. 验证方程 $x\cdot 2^x=1$ 至少有一个小于 1 的正根.

本章小结

一、本章重难点

1. 函数的概念及其性质（单调性、奇偶性）.
2. 基本初等函数的解析表达式、定义域、性质、图像.
3. 无穷小量的概念及运算性质.
4. 极限的计算方法（四则运算法则、两个重要极限）.
5. 函数连续性的定义.

二、知识点概览

本章知识点请微信扫描右侧二维码阅览.

三、疑难解析与例题分析

本章疑难解析与例题分析请微信扫描右侧二维码阅览.

本章习题

一、单项选择题

1. 极限 $\lim\limits_{x\to 0}\left(x\sin\dfrac{2}{x}+2^{\frac{\sin x}{x}}\right)$ 的值为　　（　　）

A. 1　　B. 2　　C. 3　　D. 4

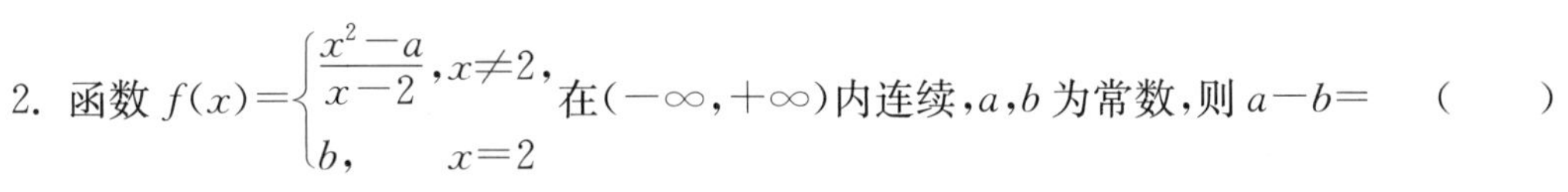

2. 函数 $f(x)=\begin{cases}\dfrac{x^2-a}{x-2}, & x\neq 2,\\ b, & x=2\end{cases}$ 在 $(-\infty,+\infty)$ 内连续，a，b 为常数，则 $a-b=$　　（　　）

A. -2　　B. 0　　C. 2　　D. 4

3. 设当 $x\to 0$ 时，函数 $f(x)=\ln(1+kx^2)$ 与 $g(x)=1-\cos x$ 是等价无穷小，则常数 k 的值为　　（　　）

A. $\dfrac{1}{4}$　　B. $\dfrac{1}{2}$　　C. 1　　D. 2

4. 当 $x\to 0$ 时，下列无穷小中与 $f(x)=x\sin^2 x$ 同阶的是　　（　　）

A. $\cos x^2-1$　　B. $(1+x^2)^3-1$　　C. 3^x-1　　D. $\sqrt{1-x^3}-1$

5. 函数 $f(x)=\sin x$，当 $x\to 0^+$ 时，下列函数中是 $f(x)$ 的高阶无穷小的是　　（　　）

A. $\tan x$　　B. $\sqrt{1-x}-1$　　C. $x^2\sin\dfrac{1}{x}$　　D. $e^{\sqrt{x}}-1$

6. 函数 $f(x)=\dfrac{x-a}{x^2+x+b}$，$x=1$ 为其可去间断点，则常数 a,b 的值分别为　（　　）

A. $1,-2$　　B. $-1,2$　　C. $-1,-2$　　D. $1,2$

7. $x=0$ 为函数 $f(x)=\begin{cases} e^x-1, & x<0, \\ 2, & x=0, \\ x\sin\dfrac{1}{x}, & x>0 \end{cases}$ 的　（　　）

A. 可去间断点　　B. 跳跃间断点　　C. 无穷间断点　　D. 连续点

8. 曲线 $y=\dfrac{x^2-6x+8}{x^2+4x}$ 的渐近线共有　（　　）

A. 1 条　　B. 2 条　　C. 3 条　　D. 4 条

二、填空题

1. 极限 $\lim\limits_{x\to\infty}\left(1-\dfrac{1}{x}\right)^x=\lim\limits_{x\to 0}\dfrac{\sqrt{1+kx}-1}{x}$，则常数 $k=$________.

2. 设 $\lim\limits_{x\to 0}(1+ax)^{\frac{1}{x}}=\lim\limits_{x\to\infty}x\sin\dfrac{2}{x}$，则常数 $a=$________.

3. 设 $f(x)=\lim\limits_{n\to\infty}\left(1-\dfrac{x}{n}\right)^n$，则 $f(\ln 2)=$________.

4. 要使函数 $f(x)=(1-2x)^{\frac{1}{x}}$ 在点 $x=0$ 处连续，则需补充定义 $f(0)=$________.

5. 设函数 $f(x)=\begin{cases} (2-x)^{\frac{1}{x-1}}, & x<1, \\ a, & x\geqslant 1 \end{cases}$ 在 $x=1$ 处连续，则常数 $a=$________.

6. 曲线 $y=\dfrac{x^2+1}{2x}\sin\dfrac{1}{x}$ 的水平渐近线方程为____________.

三、计算题

1. $\lim\limits_{x\to 0}(1+2\tan x)^{\cot x}$.

2. $\lim\limits_{x\to 0}\dfrac{1-\cos 4x}{x\sin 2x}$.

3. $\lim\limits_{x\to 2}\left(\dfrac{1}{x-2}-\dfrac{12}{x^3-8}\right)$.

4. $\lim\limits_{x\to 0}\dfrac{3x\tan x}{\ln(1+x^2)}$.

5. $\lim\limits_{x\to\infty}\left(\dfrac{x-2}{x}\right)^{3x}$.

6. $\lim\limits_{x\to 0}\dfrac{e^{x^2}-1}{3x\tan x}$.

7. $\lim\limits_{x\to 1}\dfrac{x-1}{\sqrt{x}-1}$.

8. $\lim\limits_{x\to 0}(1+x^2)^{\frac{1}{1-\cos x}}$.

四、证明题

设函数 $f(x)$ 在闭区间 $[0,2a]$ $(a>0)$ 上连续，且 $f(0)=f(2a)\neq f(a)$，证明：在开区间 $(0,a)$ 上至少存在一点 ξ，使得 $f(\xi)=f(\xi+a)$.

五、综合题

1. 设 $f(x)=\begin{cases} \dfrac{1-e^{x^2}+\frac{1}{2}a^2x^2}{x\arctan x}, & x<0, \\ 1, & x=0, \\ \dfrac{e^{ax}-1}{\sin 2x}, & x>0, \end{cases}$ 问常数 a 为何值时，(1) $x=0$ 是函数 $f(x)$ 的

连续点？(2) $x=0$ 是函数 $f(x)$ 的可去间断点？(3) $x=0$ 是函数 $f(x)$ 的跳跃间断点？

2. 设函数 $f(x)=\begin{cases}\dfrac{\ln(1+x)+2\sin x}{x}, & x\neq 0,\\ a, & x=0\end{cases}$ 在 $\boldsymbol{R}$ 内连续，求 a.

思政案例

中国伟大的数学家——刘徽

刘徽(约公元225年—295年)，汉族，山东临淄人，魏晋期间伟大的数学家，中国古典数学理论的奠基者之一，是中国数学史上一个非常伟大的数学家，他的杰作《九章算术注》和《海岛算经》，是中国最宝贵的数学遗产，刘徽思维敏捷，方法灵活，既提倡推理又主张直观.他是中国最早明确主张用逻辑推理的方式来论证数学命题的人.刘徽的一生是为数学刻苦探求的一生.他虽然地位低下，但人格高尚.他不是沽名钓誉的庸人，而是学而不厌的伟人，他给我们中华民族留下了宝贵的财富.

刘徽的数学著作留传后世的很少，所留之作均久经辗转传抄.

他的主要著作有:《九章算术注》10卷；《重差》1卷，至唐代易名为《海岛算经》；《九章重差图》1卷，可惜后两种都在宋代失传.

《九章算术》约成书于东汉之初，共有246个问题的解法.在许多方面，如解联立方程、分数四则运算、正负数运算、几何图形的体积面积计算等，都属于世界先进之列，但因解法比较原始，缺乏必要的证明，而刘徽则对此均做了补充证明.在这些证明中，显示了他在多方面的创造性的贡献.他是世界上最早提出十进小数概念的人，并用十进小数来表示无理数的立方根.在代数方面，他正确地提出了正负数的概念及其加减运算的法则；改进了线性方程组的解法.在几何方面，提出了“割圆术”，即将圆周用内接或外切正多边形穷竭的一种求圆面积和圆周长的方法.他利用割圆术科学地求出了圆周率 $\pi=3.14$ 的结果.他用割圆术，从直径为2尺的圆内接正六边形开始割圆，依次得正12边形、正24边形……，割得越细，正多边形面积和圆面积之差越小，用他的原话说是“割之弥细，所失弥少，割之又割，以至于不可割，则与圆周合体而无所失矣.”他计算了3 072边形面积并验证了这个值.刘徽提出的计算圆周率的科学方法，奠定了此后千余年中国圆周率计算在世界上的领先地位.

刘徽在数学上的贡献极多，在开方不尽的问题中提出“求徽数”的思想，这方法与后来求无理根的近似值的方法一致，它不仅是圆周率精确计算的必要条件，而且促进了十进小数的产生；在线性方程组解法中，他创造了比直除法更简便的互乘相消法，与现今解法基本一致，并在中国数学史上第一次提出了“不定方程问题”；他还建立了等差级数前 n 项和公式，提出并定义了许多数学概念：如幂(面积)、方程(线性方程组)、正负数等等.刘徽还提出了许多公认正确的判断作为证明的前提.他的大多数推理、证明都合乎逻辑，十分严谨，从而把《九章算术》及他自己提出的解法、公式建立在必然性的基础之上. 虽然刘徽没有写出自成体系的著作，但他注《九章算术》所运用的数学知识实际上已经形成了一个独具特色、包括概念和判断、以数学证明为其联系纽带的理论体系.

刘徽在割圆术中提出的“割之弥细，所失弥少，割之又割以至于不可割，则与圆合体而无所失矣”，这可视为中国古代极限观念的佳作.《海岛算经》一书中，刘徽精心选编了九个测量问题，这些题目的创造性、复杂性和富有代表性，都在当时为西方所瞩目.

第二章　一元函数微分学及应用

第一节　导数的概念

学习目标

1. 理解导数的概念.
2. 理解导数的几何意义.
3. 了解函数的可导性与连续性的关系.

微课

一、导数的概念

案例 2.1（**自由落体运动的瞬时速度问题**）　如图 2.1，自由落体运动的路程函数 $s=\frac{1}{2}gt^2$，求 t_0 时刻物体的瞬时速度.

取一邻近于 t_0 的时刻 t，运动时间 $\Delta t=t-t_0$，则

平均速度 $\bar{v}=\frac{\Delta s}{\Delta t}=\frac{s-s_0}{t-t_0}=\frac{g}{2}(t+t_0)$.

当 $t\to t_0$ 时，取极限值，则

瞬时速度 $v=\lim\limits_{t\to t_0}\frac{s-s_0}{t-t_0}=\lim\limits_{t\to t_0}\frac{g(t+t_0)}{2}=gt_0$.

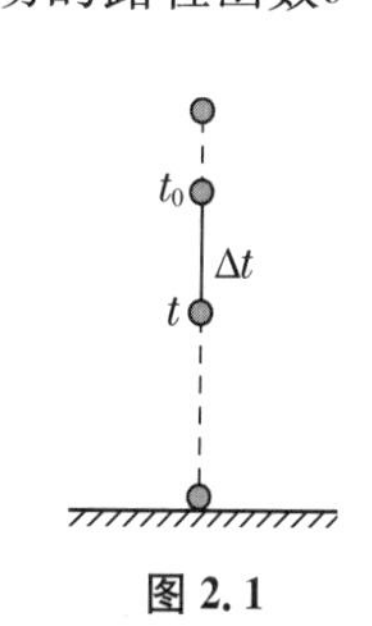

图 2.1

案例 2.2（**切线问题**）　如图 2.2，如果割线 MN 绕点 M 旋转而趋向极限位置 MT，直线 MT 就称为曲线 C 在点 M 处的**切线**. 极限位置即

$$|MN|\to 0,\ \angle NMT=\varphi-\alpha\to 0.$$

设 $M(x_0,y_0)$，$N(x,y)$. 割线 MN 的斜率为

$$\tan\varphi=\frac{y-y_0}{x-x_0}=\frac{f(x)-f(x_0)}{x-x_0}.$$

当 $N\xrightarrow{\text{沿曲线}C}M(x\to x_0)$时，切线 MT 的斜率为

$$k=\tan\alpha=\lim_{x\to x_0}\frac{f(x)-f(x_0)}{x-x_0}.$$

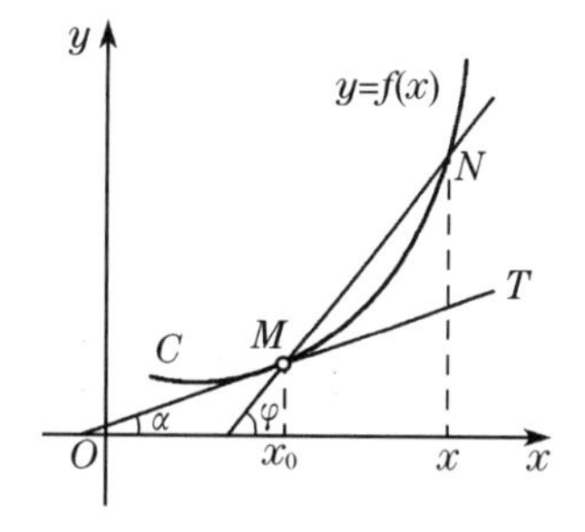

图 2.2

以上两例虽然涉及的研究领域不同，一个是物理上的瞬时速度问题，一个是几何上的切线斜率问题，但是都出现了同一形式极限的计算，即 $\lim\limits_{x\to x_0}\frac{f(x)-f(x_0)}{x-x_0}$. 此极限是函数的增量 Δy 与自变量的增量 Δx 之比 $\frac{\Delta y}{\Delta x}$，当自变量增量 Δx 趋向于零时的极限，称之为函数的导数.

定义 2.1　设函数 $y=f(x)$ 在点 x_0 的某个邻域内有定义，当自变量 x 在点 x_0 处取得

增量 Δx 时，函数取得相应的增量 Δy，如果当 $\Delta x\to 0$ 时，$\dfrac{\Delta y}{\Delta x}$的极限存在，即

$$\lim_{\Delta x\to 0}\frac{\Delta y}{\Delta x}=\lim_{\Delta x\to 0}\frac{f(x_0+\Delta x)-f(x_0)}{\Delta x}$$

存在，则称此极限值为**函数 $f(x)$ 在点 x_0 处的导数**（或**微商**），记作：

$$f'(x_0),\ y'\big|_{x=x_0},\ \frac{\mathrm{d}y}{\mathrm{d}x}\bigg|_{x=x_0},\ \frac{\mathrm{d}}{\mathrm{d}x}f(x)\bigg|_{x=x_0}$$

常用的导数形式还有：$f'(x_0)=\lim\limits_{h\to 0}\dfrac{f(x_0+h)-f(x_0)}{h}$（令 $\Delta x=h$）；

$$f'(x_0)=\lim_{x\to x_0}\frac{f(x)-f(x_0)}{x-x_0}\ (令\ x=x_0+\Delta x)等.$$

在实际问题中，常将导数称为**变化率**. 它反映了函数 y 随自变量 x 的变化而变化的快慢程度. 特别要注意的是$f'(x_0)=f'(x)\big|_{x=x_0}$，而$[f(x_0)]'$是常数 $f(x_0)$的导数.

根据极限与左右极限之间的关系，$f(x)$在点 x_0 处可导的充分必要条件是：

$\lim\limits_{\Delta x\to 0^-}\dfrac{f(x_0+\Delta x)-f(x_0)}{\Delta x}$与$\lim\limits_{\Delta x\to 0^+}\dfrac{f(x_0+\Delta x)-f(x_0)}{\Delta x}$都存在并且相等，这两个极限分别称为 $f(x)$在点 x_0 处的**左导数**和**右导数**，记作 $f'_-(x_0)$和 $f'_+(x_0)$，即

$$f'_-(x_0)=\lim_{\Delta x\to 0^-}\frac{f(x_0+\Delta x)-f(x_0)}{\Delta x},\ f'_+(x_0)=\lim_{\Delta x\to 0^+}\frac{f(x_0+\Delta x)-f(x_0)}{\Delta x}.$$

由定义求导数的步骤：

(1) 求增量 $\Delta y=f(x_0+\Delta x)-f(x_0)$；

(2) 算比值 $\dfrac{\Delta y}{\Delta x}=\dfrac{f(x_0+\Delta x)-f(x_0)}{\Delta x}$；

(3) 求极限 $y'=\lim\limits_{\Delta x\to 0}\dfrac{\Delta y}{\Delta x}$.

【例 2.1】 讨论函数 $f(x)=|x|$在 $x=0$ 处的可导性.

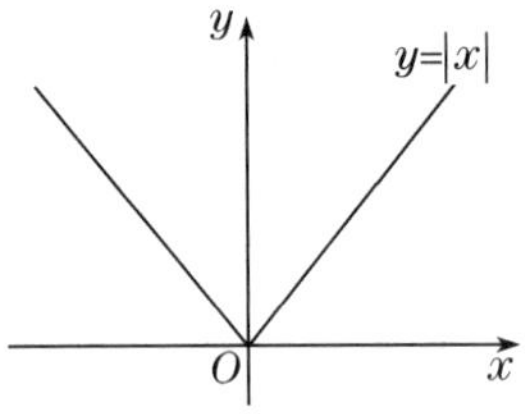

解 如图 2.3，由于$\dfrac{f(0+h)-f(0)}{h}=\dfrac{|h|}{h}$，则

$$f'_+(0)=\lim_{h\to 0^+}\frac{f(0+h)-f(0)}{h}=\lim_{h\to 0^+}\frac{h}{h}=1,$$

$$f'_-(0)=\lim_{h\to 0^-}\frac{f(0+h)-f(0)}{h}=\lim_{h\to 0^-}\frac{-h}{h}=-1.$$

y

y=|x|

O x

图 2.3

即 $f'_+(0)\neq f'_-(0)$，故函数 $y=f(x)$在 $x=0$ 点不可导.

【例 2.2】 设 $y=f(x)=\begin{cases}2x-1, & x>1,\\ x^2, & x\leqslant 1,\end{cases}$ 求 $f'(1)$.

解 $f'_+(1)=\lim\limits_{\Delta x\to 0^+}\dfrac{f(1+\Delta x)-f(1)}{\Delta x}=\lim\limits_{\Delta x\to 0^+}\dfrac{[2(1+\Delta x)-1]-1}{\Delta x}=\lim\limits_{\Delta x\to 0^+}\dfrac{2\Delta x}{\Delta x}=2$；

$f'_-(1)=\lim\limits_{\Delta x\to 0^-}\dfrac{f(1+\Delta x)-f(1)}{\Delta x}=\lim\limits_{\Delta x\to 0^-}\dfrac{(1+\Delta x)^2-1}{\Delta x}=\lim\limits_{\Delta x\to 0^-}\dfrac{(\Delta x)^2+2\Delta x}{\Delta x}=2.$

因为左、右导数存在并且相等，所以 $f'(1)=2$.

如果函数 $y=f(x)$在开区间(a,b)内每一点都可导，则称函数 $y=f(x)$在**开区间(a,b)内可导**；如果函数 $y=f(x)$在开区间(a,b)内可导，且 $f'_+(a)$与 $f'_-(b)$都存在，则称函数

$y=f(x)$在**闭区间$[a,b]$上可导**.

如果函数 $y=f(x)$在区间 I 内可导,即在区间 I 内每一点 x 都有一个导数值 $f'(x)$与它对应,则 $f'(x)$是区间 I 上的一个函数,称之为 $y=f(x)$在区间 I 上的**导函数**,简称为**导数**,记作:

$$f'(x),\ y',\ \frac{\mathrm{d}y}{\mathrm{d}x},\ \frac{\mathrm{d}}{\mathrm{d}x}f(x).$$

【例 2.3】 求 $f(x)=ax+c$ 的导函数(其中 a,c 为常数).

解　$\forall x\in(-\infty,+\infty)$,函数的增量为:

$$\Delta y=f(x+\Delta x)-f(x)=(ax+a\Delta x+c)-(ax+c)=a\Delta x.$$

平均变化率为:$\dfrac{\Delta y}{\Delta x}=\dfrac{a\Delta x}{\Delta x}=a$.

求极限:$f'(x)=\lim\limits_{\Delta x\to 0}\dfrac{\Delta y}{\Delta x}=a$.

即 $(ax+c)'=a$,特别$(c)'=0$.

【例 2.4】 求 $f(x)=\cos x$ 的导函数.

解　$\forall x\in(-\infty,+\infty)$,函数的增量为:

$$\Delta y=f(x+\Delta x)-f(x)=\cos(x+\Delta x)-\cos x=-2\sin\left(x+\frac{\Delta x}{2}\right)\sin\frac{\Delta x}{2}.$$

平均变化率为:$\dfrac{\Delta y}{\Delta x}=-\dfrac{2\sin\left(x+\dfrac{\Delta x}{2}\right)\sin\dfrac{\Delta x}{2}}{\Delta x}$.

求极限:$f'(x)=\lim\limits_{\Delta x\to 0}\dfrac{\Delta y}{\Delta x}=\lim\limits_{\Delta x\to 0}\dfrac{\sin\dfrac{\Delta x}{2}}{\dfrac{\Delta x}{2}}\cdot\lim\limits_{\Delta x\to 0}\left[-\sin\left(x+\dfrac{\Delta x}{2}\right)\right]=-\sin x$.

即 $(\cos x)'=-\sin x$.

同理可得:$(\sin x)'=\cos x$.

【例 2.5】 求 $f(x)=x^n$(n 为正整数)的导函数.

解　$\forall x\in(-\infty,+\infty)$,函数的增量为:

$$\begin{aligned}\Delta y&=f(x+\Delta x)-f(x)=(x+\Delta x)^n-x^n\\&=nx^{n-1}\Delta x+\frac{n(n-1)}{2!}x^{n-2}(\Delta x)^2+\cdots+(\Delta x)^n.\end{aligned}$$

平均变化率为:$\dfrac{\Delta y}{\Delta x}=nx^{n-1}+\dfrac{n(n-1)}{2!}x^{n-2}\Delta x+\cdots+(\Delta x)^{n-1}$.

求极限:$f'(x)=\lim\limits_{\Delta x\to 0}\dfrac{\Delta y}{\Delta x}=nx^{n-1}$.

即 $(x^n)'=nx^{n-1}$.

一般地,$f(x)=x^\mu$(μ 为常数),也有$(x^\mu)'=\mu x^{\mu-1}$.

例如:$(x)'=1$,$(x^2)'=2x$,$(\sqrt{x})'=(x^{\frac{1}{2}})'=\dfrac{1}{2\sqrt{x}}$,$\left(\dfrac{1}{x}\right)'=(x^{-1})'=-\dfrac{1}{x^2}$.

【例 2.6】 求 $f(x)=\ln x$ 的导函数.

解　$\forall x\in(0,+\infty)$,函数的增量为:

$$\Delta y=f(x+\Delta x)-f(x)=\ln(x+\Delta x)-\ln x=\ln\frac{x+\Delta x}{x}=\ln\left(1+\frac{\Delta x}{x}\right).$$

平均变化率为：$\frac{\Delta y}{\Delta x}=\frac{1}{\Delta x}\ln\left(1+\frac{\Delta x}{x}\right)=\ln\left(1+\frac{\Delta x}{x}\right)^{\frac{1}{\Delta x}}=\ln\left(1+\frac{\Delta x}{x}\right)^{\frac{x}{\Delta x}\cdot\frac{1}{x}}=\frac{1}{x}\ln\left(1+\frac{\Delta x}{x}\right)^{\frac{x}{\Delta x}}$.

求极限：$f'(x)=\lim\limits_{\Delta x\to 0}\frac{\Delta y}{\Delta x}=\frac{1}{x}\lim\limits_{\Delta x\to 0}\ln\left(1+\frac{\Delta x}{x}\right)^{\frac{x}{\Delta x}}=\frac{1}{x}\ln \mathrm{e}=\frac{1}{x}$.

即 $(\ln x)'=\frac{1}{x}$.

同理可证：$(\log_a x)'=\frac{1}{x\ln a}(a>0,a\neq 1)$.

二、导数的几何意义

设函数 $y=f(x)$在点 x_0 的导数为 $f'(x_0)$，由案例 2.2 知，导数值 $f'(x_0)$为曲线 $y=f(x)$上一点$(x_0,f(x_0))$处的切线的斜率.

切线方程为：$y-y_0=f'(x_0)(x-x_0)$；

定义：过点 x_0 且垂直于该点切线的方程，称为法线方程，则

法线方程为：$y-y_0=-\frac{1}{f'(x_0)}(x-x_0)\,(f'(x_0)\neq 0)$.

【例 2.7】 求 $y=x^2$ 的切线方程，使此切线与直线 $y=x+1$ 平行.

解 设切点为(x_0,y_0)，则有 $y_0=x_0{}^2$.

由已知，切线斜率与直线 $y=x+1$ 的斜率相同，则$y'|_{x=x_0}=1$.

而$(x^2)'=2x$，于是 $2x_0=1$，解得：$x_0=\frac{1}{2}$，$y_0=\frac{1}{4}$.

所求切线方程为：$y-\frac{1}{4}=x-\frac{1}{2}$，即 $y=x-\frac{1}{4}$.

三、可导与连续的关系

定理 2.1 如果函数 $y=f(x)$在点 x_0 处可导，则它在点 x_0 处一定连续.

证明 因为 $y=f(x)$在点 x_0 可导，由导数定义得$\lim\limits_{\Delta x\to 0}\frac{\Delta y}{\Delta x}=f'(x_0)$，

所以$\lim\limits_{\Delta x\to 0}\Delta y=\lim\limits_{\Delta x\to 0}\left(\frac{\Delta y}{\Delta x}\cdot\Delta x\right)=\lim\limits_{\Delta x\to 0}\frac{\Delta y}{\Delta x}\cdot\lim\limits_{\Delta x\to 0}\Delta x=f'(x_0)\times 0=0$，

从而 $y=f(x)$在点 x_0 处连续.

注意：① 此定理的逆否命题成立：$y=f(x)$在点 x_0 处不连续，则它在点 x_0 处不可导；② 连续不一定可导，反例：$y=|x|$在 $x=0$ 处连续但不可导. 因此连续是可导的必要而非充分条件.

【例 2.8】 设 $f(x)=\begin{cases}x^2, & x<0,\\ x, & x\geqslant 0,\end{cases}$讨论 $f(x)$在点 $x=0$ 处的连续性与可导性(如图 2.4).

解 (1) 连续性，即验证是否有$\lim\limits_{x\to 0}f(x)=f(0)$.

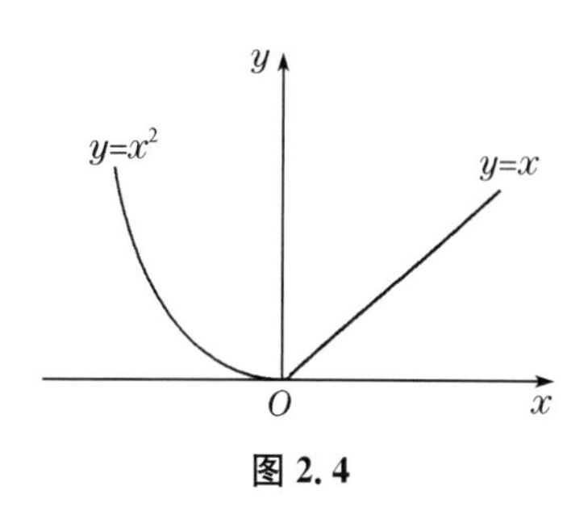

图 2.4

因为 $\lim\limits_{x\to0^-}f(x)=\lim\limits_{x\to0^-}x^2=0$，$\lim\limits_{x\to0^+}f(x)=\lim\limits_{x\to0^+}x=0$，

所以 $\lim\limits_{x\to0}f(x)=0=f(0)$，故 $f(x)$ 在 $x=0$ 连续.

(2) 可导性，即验证 $\lim\limits_{x\to0}\dfrac{f(x)-f(0)}{x-0}$ 是否存在.

$$\lim_{x\to0^-}\frac{f(x)-f(0)}{x-0}=\lim_{x\to0^-}\frac{x^2-0}{x}=\lim_{x\to0^-}x=0;$$

$$\lim_{x\to0^+}\frac{f(x)-f(0)}{x-0}=\lim_{x\to0^+}\frac{x-0}{x}=\lim_{x\to0^+}1=1.$$

因为左右导数不相等，

所以 $\lim\limits_{x\to0}\dfrac{f(x)-f(0)}{x-0}$ 不存在，即 $f(x)$ 在 $x=0$ 处不可导.

【例 2.9】 已知函数 $f(x)=\begin{cases}x^2, & x\leqslant1,\\ ax+b, & x>1\end{cases}$ 处处可导，试确定 a、b 的值.

解 由于函数 $f(x)$ 处处可导，探讨分段点 $x=1$ 处的可导性即可找到 a、b 应该满足的条件.

欲使 $f(x)$ 在 $x=1$ 处可导，必先在 $x=1$ 处连续，

故有 $\lim\limits_{x\to1^-}f(x)=\lim\limits_{x\to1^+}f(x)=f(1)$，即 $a+b=1$.

又 $f(x)$ 在 $x=1$ 处的左、右导数分别为：

$$f'_-(1)=\lim_{\Delta x\to0^-}\frac{(1+\Delta x)^2-1}{\Delta x}=2,\ f'_+(1)=\lim_{\Delta x\to0^+}\frac{a(1+\Delta x)+b-1}{\Delta x}=\lim_{\Delta x\to0^+}\frac{a\Delta x}{\Delta x}=a.$$

故 $a=2$，从而 $b=-1$.

所以，当 $a=2$，$b=-1$ 时，$f(x)$ 处处可导.

习题 2.1

1. 根据导数定义求下列函数的导数.

(1) $y=x^3$；　　(2) $y=\dfrac{2}{x}$.

2. 讨论下列函数在指定点处的可导性.

(1) $f(x)=\begin{cases}x, & x\leqslant1,\\ 2-x, & x>1\end{cases}$ 在 $x=1$ 处；　　(2) $f(x)=\begin{cases}x, & x<0,\\ \ln(1+x), & x\geqslant0\end{cases}$ 在 $x=0$ 处.

3. 在下列各题中，假设 $f'(x_0)$ 存在，按导数定义观察下列极限，指出 A 表示什么？

(1) $\lim\limits_{\Delta x\to0}\dfrac{f(x_0-\Delta x)-f(x_0)}{\Delta x}=A$；　　(2) $\lim\limits_{h\to0}\dfrac{f(x_0+2h)-f(x_0)}{h}=A$；

(3) $\lim\limits_{\Delta x\to0}\dfrac{f(x_0+\Delta x)-f(x_0-\Delta x)}{\Delta x}=A$.

4. 设函数 $f(x)=\begin{cases}\dfrac{1}{2}x^2, & x\leqslant2,\\ ax+b, & x>2,\end{cases}$ 且 $f(x)$ 在 $x=2$ 可导，求 a 和 b 的值.

5. 讨论函数 $f(x)=\begin{cases}x^2\sin\dfrac{1}{x}, x\neq 0,\\ 0, \quad x=0\end{cases}$ 在点 $x=0$ 处的连续性与可导性.

6. 求抛物线 $y=x^2$ 在点$(2,4)$处的切线方程与法线方程.

7. 求曲线 $y=x^3$ 和 $y=x^2$ 的横坐标,在何处它们的切线斜率相同?

8. 一质点的运动方程为 $s=t^3+10$,求该质点在 $t=3$ 时的瞬时速度.

9. 对于均匀细棒,单位长度细棒的质量称为该细棒的线密度,一根质量非均匀分布的细棒放在 x 轴上,在$[0,x]$上的质量 m 是 x 的函数 $m=m(x)$,试求出该细棒在点 $x_0\in(0,x)$ 处的线密度.

第二节　求导法则

学习目标

1. 掌握导数的四则运算法则和基本初等函数的导数公式.
2. 掌握复合函数求导法则.

对于一些简单的函数可以利用定义去求导数,但是对于比较复杂的函数,需要推导出一些基本公式与运算法则,以简化求导计算.

一、导数的四则运算法则

定理 2.2　设函数 $u(x)$ 和 $v(x)$ 在点 x 处可导,则函数 $u(x)\pm v(x)$, $u(x)v(x)$, $\dfrac{u(x)}{v(x)}(v(x)\neq 0)$也在点 x 处可导,且有

(1) $[u(x)\pm v(x)]'=u'(x)\pm v'(x)$;

(2) $[u(x)v(x)]'=u'(x)v(x)+u(x)v'(x)$;

(3) $\left[\dfrac{u(x)}{v(x)}\right]'=\dfrac{u'(x)v(x)-u(x)v'(x)}{v^2(x)}\quad(v(x)\neq 0)$.

下面给出法则(1)的证明,法则(2)、(3)的证明从略.

证明　令 $y=u(x)+v(x)$,则

$$\begin{aligned}\Delta y&=[u(x+\Delta x)+v(x+\Delta x)]-[u(x)+v(x)]\\&=[u(x+\Delta x)-u(x)]+[v(x+\Delta x)-v(x)]\\&=\Delta u+\Delta v,\end{aligned}$$

$$\frac{\Delta y}{\Delta x}=\frac{\Delta u+\Delta v}{\Delta x}=\frac{\Delta u}{\Delta x}+\frac{\Delta v}{\Delta x},$$

故 $y'=[u(x)+v(x)]'=\lim\limits_{\Delta x\to 0}\dfrac{\Delta y}{\Delta x}=\lim\limits_{\Delta x\to 0}\dfrac{\Delta u}{\Delta x}+\lim\limits_{\Delta x\to 0}\dfrac{\Delta v}{\Delta x}=u'(x)+v'(x)$.

推论 1　$[u_1(x)\pm u_2(x)\pm u_3(x)\pm\cdots\pm u_n(x)]'=u_1'(x)\pm u_2'(x)\pm u_3'(x)\pm\cdots\pm u_n'(x)$,其中函数 $u_1(x),u_2(x),u_3(x),\cdots,u_n(x)$均为可导的.

推论 2　$[ku(x)]'=ku'(x)$,其中 k 为某确定常数.

推论 3　$[u(x)v(x)w(x)]'=u'(x)v(x)w(x)+u(x)v'(x)w(x)+u(x)v(x)w'(x)$.

【例 2.10】 求下列函数的导数.

（1）$y=x^4-\dfrac{1}{x}+3$；　　（2）$y=\cos x-\ln x$；

解　（1）$y'=\left(x^4-\dfrac{1}{x}+3\right)'=(x^4)'-\left(\dfrac{1}{x}\right)'+(3)'$

$$=4x^3-\left(-\frac{1}{x^2}\right)+0=4x^3+\frac{1}{x^2}.$$

（2）$y'=(\cos x-\ln x)'=(\cos x)'-(\ln x)'=-\sin x-\dfrac{1}{x}$.

【例 2.11】 求下列函数的导数.

（1）$y=\sqrt{x}\cos x$；　　（2）$y=x\ln x\sin x$；　　（3）$y=(1+2x)(4x^3-3x^2)$.

解　（1）$y'=(\sqrt{x}\cos x)'=(\sqrt{x})'\cos x+\sqrt{x}(\cos x)'$

$$=\frac{1}{2}x^{-\frac{1}{2}}\cos x-\sqrt{x}\sin x=\frac{1}{2\sqrt{x}}\cos x-\sqrt{x}\sin x.$$

（2）$y'=(x\ln x\sin x)'=(x)'\ln x\sin x+x(\ln x)'\sin x+x\ln x(\sin x)'$

$$=\ln x\sin x+x\frac{1}{x}\sin x+x\ln x\cos x=\ln x\sin x+\sin x+x\ln x\cos x.$$

（3）$y'=[(1+2x)(4x^3-3x^2)]'=(1+2x)'(4x^3-3x^2)+(1+2x)(4x^3-3x^2)'$

$$=2(4x^3-3x^2)+(1+2x)(4\times 3x^2-3\times 2x)=32x^3-3x^2-6x.$$

【例 2.12】 求下列函数的导数.

（1）$y=\dfrac{x}{\sin x}$；　　（2）$y=\tan x$；　　（3）$y=\sec x$.

解　（1）$y'=\left(\dfrac{x}{\sin x}\right)'=\dfrac{x'\sin x-x(\sin x)'}{\sin^2 x}=\dfrac{\sin x-x\cos x}{\sin^2 x}=\dfrac{\sin x-x\cos x}{\sin^2 x}$.

（2）$y'=(\tan x)'=\left(\dfrac{\sin x}{\cos x}\right)'=\dfrac{(\sin x)'\cos x-\sin x(\cos x)'}{\cos^2 x}$

$$=\frac{\cos^2 x+\sin^2 x}{\cos^2 x}=\frac{1}{\cos^2 x}=\sec^2 x.$$

同理可得：$(\cot x)'=-\csc^2 x$.

（3）$y'=(\sec x)'=\left(\dfrac{1}{\cos x}\right)'=\dfrac{(1)'\cos x-1\times(\cos x)'}{\cos^2 x}$

$$=\frac{\sin x}{\cos^2 x}=\frac{\sin x}{\cos x}\frac{1}{\cos x}=\sec x\tan x.$$

同理可得：$(\csc x)'=-\csc x\cot x$.

注意：在某些求导运算中，能避免使用除法求导法则的应该尽量避免.

【例 2.13】 求函数 $y=\dfrac{1+x}{\sqrt{x}}$的导数.

解　$y=\dfrac{1}{\sqrt{x}}+\sqrt{x}=x^{-\frac{1}{2}}+x^{\frac{1}{2}}$，则

$$y'=-\frac{1}{2}x^{-\frac{3}{2}}+\frac{1}{2}x^{-\frac{1}{2}}=\frac{x-1}{2\sqrt{x^3}}.$$

二、反函数的导数

定理 2.3 若函数 $x=\varphi(y)$ 在区间 I 内单调、可导且 $\varphi'(y)\neq 0$，则其反函数 $y=f(x)$ 在对应区间内可导，且

$$f'(x)=\frac{1}{\varphi'(y)} \text{ 或 } \frac{\mathrm{d}y}{\mathrm{d}x}=\frac{1}{\frac{\mathrm{d}x}{\mathrm{d}y}},$$

即反函数的导数等于直接函数的导数的倒数.

定理证明从略.

【例 2.14】 求指数函数 $y=a^x(a>0,a\neq 1)$ 的导数.

解 $y=a^x \Rightarrow x=\log_a^y$，则 $\dfrac{\mathrm{d}y}{\mathrm{d}x}=\dfrac{1}{(\log_a^y)'_y}=y\ln a$.

$$\Rightarrow (a^x)'=a^x\ln a.$$

当 $a=\mathrm{e}$ 时，$(\mathrm{e}^x)'=\mathrm{e}^x\ln\mathrm{e}=\mathrm{e}^x$.

【例 2.15】 常用的四种反三角函数的导数.

解 $y=\arcsin x \Rightarrow x=\sin y$，则 $\dfrac{\mathrm{d}y}{\mathrm{d}x}=\dfrac{1}{(\sin y)'_y}=\dfrac{1}{\cos y}$，因为 $y\in\left(-\dfrac{\pi}{2},\dfrac{\pi}{2}\right)$，所以有

$$\cos y=\sqrt{1-\sin^2 y}=\sqrt{1-x^2}，则$$

$$(\arcsin x)'=\frac{1}{\sqrt{1-x^2}},x\in(-1,1).$$

同理可得：$(\arccos x)'=-\dfrac{1}{\sqrt{1-x^2}},\ x\in(-1,1)$；

$$(\arctan x)'=\frac{1}{1+x^2},\ x\in(-\infty,+\infty);$$

$$(\operatorname{arccot} x)'=-\frac{1}{1+x^2},\ x\in(-\infty,+\infty).$$

微课

三、复合函数的导数

定理 2.4 设 $u=\varphi(x)$ 在 x 点可导，$y=f(u)$ 在与 x 对应的 u 点可导，则复合函数 $y=f[\varphi(x)]$ 在 x 点可导，且 $\dfrac{\mathrm{d}y}{\mathrm{d}x}=\dfrac{\mathrm{d}y}{\mathrm{d}u}\dfrac{\mathrm{d}u}{\mathrm{d}x}$，或 $y_x'=f'(u)\varphi'(x)$.

此法则称之为复合函数的**链式求导法则**.

定理证明从略.

在复合函数的求导运算中，为了明确表示是对中间变量求导，还是对最终的自变量求导，可在函数的右下角注明，如：y_x' 表示对 x 求导，y_u' 表示对 u 求导.

复合函数的链式求导法则可记作：$y_x'=y_u'\cdot u_x'$.

推论 如果 $y=f(u),u=\varphi(v),v=h(x)$，则复合函数 $y=f(\varphi(h(x)))$ 的导数为：

$$y_x'=y_u'\cdot u_v'\cdot v_x'.$$

【例 2.16】 求下列函数的导数.

(1) $y=(x^2-4)^3$； (2) $y=\ln\sin x$； (3) $y=\sqrt{x^2-1}\cdot\sin 2x$.

解 (1) 分析函数结构:令 $y=u^3, u=x^2-4$.
由复合函数链导法,有:
$y_x'=y_u'\cdot u_x'=(u^3)'_u\cdot(x^2-4)'_x=3u^2\cdot 2x$.
即 $y_x'=6x(x^2-4)^2$.
(2) 分析函数结构:令 $y=\ln u, u=\sin x$.
由复合函数链导法,有:
$y_x'=y_u'\cdot u_x'=(\ln u)'_u\cdot(\sin x)'_x=\frac{1}{u}\cdot\cos x=\frac{\cos x}{\sin x}$.
即 $y_x'=\cot x$.
(3) 分析函数结构:令 $y=u\cdot v, u=\sqrt{x^2-1}, v=\sin 2x$.
首先由乘法法则,得:

$$y_x'=u_x'\cdot v+u\cdot v_x' \quad ①$$

再由复合函数链导法求出 u_x' 和 v_x':

$$u_x'=(\sqrt{x^2-1})'_x=\frac{1}{2}(x^2-1)^{-\frac{1}{2}}\cdot(2x);$$

$$v_x'=(\sin 2x)'_x=\cos 2x\cdot 2.$$

代入①式得:

$$y'_x=\frac{x\sin 2x}{\sqrt{x^2-1}}+2\sqrt{x^2-1}\cos 2x.$$

熟悉之后,可不必写出中间变量,厘清复合函数关系,直接求导.

【例 2.17】 求函数 $y=e^{\sin\frac{1}{x}}$ 的导数.

解 $y'=e^{\sin\frac{1}{x}}\left(\sin\frac{1}{x}\right)'=e^{\sin\frac{1}{x}}\cdot\cos\frac{1}{x}\cdot\left(\frac{1}{x}\right)'=-\frac{1}{x^2}e^{\sin\frac{1}{x}}\cdot\cos\frac{1}{x}$.

【例 2.18】 利用复合函数的链式求导法则和公式 $(e^x)'=e^x$ 证明基本导数公式 $(x^\mu)'=\mu x^{\mu-1}$(μ 为实数).

证明 因为 $x^\mu=(e^{\ln x})^\mu=e^{\mu\ln x}$,所以

$$(x^\mu)'=(e^{\mu\ln x})\cdot(\mu\ln x)'=e^{\mu\ln x}\cdot\mu\cdot\frac{1}{x}=x^\mu\cdot\mu\cdot\frac{1}{x}$$
$$=\mu x^{\mu-1}.$$

四、基本导数公式总结

1. 基本初等函数的导数公式

(1) $(C)'=0$;
(2) $(x^\mu)'=\mu x^{\mu-1}$;
(3) $(a^x)'=a^x\ln a$;
(4) $(e^x)'=e^x$;
(5) $(\log_a x)'=\frac{1}{x\ln a}$;
(6) $(\ln x)'=\frac{1}{x}$;
(7) $(\sin x)'=\cos x$;
(8) $(\cos x)'=-\sin x$;
(9) $(\tan x)'=\sec^2 x$;
(10) $(\cot x)'=-\csc^2 x$;
(11) $(\sec x)'=\sec x\tan x$;
(12) $(\csc x)'=-\csc x\cot x$;

(13) $(\arcsin x)'=\frac{1}{\sqrt{1-x^2}}$；

(14) $(\arccos x)'=-\frac{1}{\sqrt{1-x^2}}$；

(15) $(\arctan x)'=\frac{1}{1+x^2}$；

(16) $(\operatorname{arccot} x)'=-\frac{1}{1+x^2}$.

2. 导数四则运算法则

(1) $(u\pm v)'=u'+v'$；

(2) $(Cu)'=Cu'$；

(3) $(uv)'=u'v+uv'$；

(4) $\left(\frac{u}{v}\right)=\frac{u'v-uv'}{v^2}\quad(v\neq0)$；

(5) $\left(\frac{1}{v}\right)'=-\frac{v'}{v^2}(v\neq0)$.

3. 反函数的求导法则

设 $y=f(x)$ 与 $x=\varphi(y)$ 互为反函数，则 $f'(x)=\frac{1}{\varphi'(y)}\quad(\varphi'(y)\neq0)$.

4. 复合函数的求导法则

设 $y=f(u)$，$u=\varphi(x)$，则复合函数 $y=f[\varphi(x)]$ 的导数为 $y_x{}'=f'(u)\varphi'(x)$.

习题 2.2

1. 求下列函数的导数.

(1) $y=x^{\pi}+\pi^{x}-\ln x+\ln\pi$；

(2) $y=x\ln x$；

(3) $y=\frac{\sqrt{x}}{1+x}$；

(4) $y=\frac{1+\sin x}{1-\cos x}$；

(5) $y=(1+\sec x)\arcsin x$；

(6) $y=\frac{3x^2+2x-\sqrt{x}+1}{\sqrt{x}}$；

(7) $y=x\mathrm{e}^{x}\csc x$；

(8) $y=\sqrt[3]{x}\mathrm{e}^{x}+3^{x}\log_2 x$.

2. 求下列函数的导数.

(1) $y=(x^9-1)^{100}$；

(2) $y=\sqrt{1+x^2}$；

(3) $y=\ln(x+\sqrt{1+x^2})$；

(4) $y=\sqrt{x+\sqrt{x}}$；

(5) $y=(x-1)\sqrt{x^2+1}$；

(6) $y=\cos(4-3x)$；

(7) $y=\tan\frac{1-x}{1+x}$；

(8) $y=\sqrt{1+\cos(2x+1)}$.

3. 求下列函数在指定点的导数值.

(1) $f(x)=\ln(\mathrm{e}^{x}+1)$，求 $f'(0)$；

(2) $f(x)=\frac{1-\cos x}{1+\cos x}$，求 $f'(0)$，$f'\left(\frac{\pi}{2}\right)$；

(3) $f(x)=7^{x+x^2}$，求 $f'(0)$；

(4) $f(x)=2^{\tan x}$，求 $f'\left(\frac{\pi}{4}\right)$；

(5) $f(x)=\ln\left(\frac{1}{x}+\ln\frac{1}{x}\right)$,求 $f'(1)$；　　(6) $f(x)=x(x+1)\cdots(x+n)$,求 $f'(0)$；

(7) $f(x)=\arcsin\frac{x-3}{3}$,求 $f'(3)$；　　(8) $f(x)=\arctan\frac{1-x}{1+x}$,求 $f'(1)$.

4. 当 a 与 b 取何值时,才能使曲线 $y=\ln\frac{x}{\mathrm{e}}$ 与曲线 $y=ax^2+bx$ 在 $x=1$ 处有共同的切线?

5. 设气体以 100 $\mathrm{cm^3/s}$ 的速度注入球状气球,假设气体的压力不变,当气球的半径为 10 cm 时,气球半径增加的速率是多少?

6. 培养皿中细菌在 t 天的总数 $N=400\left[1-\frac{3}{(t^2+1)^2}\right]$,求 $t=1$ 时的细菌增长率.

第三节　高阶导数

学习目标

1. 了解高阶导数的概念.
2. 会求简单函数的二阶导数.

案例 2.3(**加速度是速度相对于时间的变化率**)　在已知路程 s 与时间 t 的函数关系 $s=s(t)$的条件下,要求得加速度 a:① 首先求速度 $v=s'(t)$;② 再求速度的导数,即加速度 $a=v'=(s'(t))'$. 可见,加速度是路程 s 对时间 t 的导数的导数,称之为 s 对 t 的二阶导数,记作 $a(t)=s''(t)=\frac{\mathrm{d}^2s}{\mathrm{d}t^2}$.

一般地,函数 $y=f(x)$的一阶导数 $y'=f'(x)$仍是 x 的函数,若 $f'(x)$在点 x 处的导数存在,则称$(y')'=[f'(x)]'$为 $y=f(x)$的**二阶导数**,记为 y''或 $f''(x)$或$\frac{\mathrm{d}^2y}{\mathrm{d}x^2}$;再对二阶导数求 x 的导数(若存在),记为 y'''或 $f'''(x)$或$\frac{\mathrm{d}^3y}{\mathrm{d}x^3}$,称之为 $y=f(x)$的**三阶导数**. 以此类推,$y=f(x)$的 **n 阶导数**,记为 $y^{(n)}$或 $f^{(n)}(x)$或$\frac{\mathrm{d}^ny}{\mathrm{d}x^n}$.

二阶以及二阶以上的导数称为**高阶导数**.

【例 2.19】　求 $y=x^n$(n 为正整数)的各阶导数.

解　$y'=nx^{n-1}, y''=n(n-1)x^{n-2}, y'''=n(n-1)(n-2)x^{n-3},\cdots,$

$y^{(n)}=n(n-1)(n-2)\cdots3\cdot2\cdot1=n!, y^{(n+1)}=y^{(n+2)}=\cdots=0.$

【例 2.20】　求 n 次多项式 $y=a_0+a_1x+\cdots+a_{n-1}x^{n-1}+a_nx^n$ 的 n 阶导数.

解　$y'=a_1+2a_2x+\cdots+(n-1)a_{n-1}x^{n-2}+na_nx^{n-1},$

$y''=2a_2+\cdots+(n-1)(n-2)a_{n-1}x^{n-3}+n(n-1)a_nx^{n-2},\cdots,$

$y^{(n)}=n!\ a_n.$

【例 2.21】　求 $y=\mathrm{e}^x$ 的 n 阶导数.

解　$y'=\mathrm{e}^x, y''=\mathrm{e}^x,\cdots,y^{(n)}=\mathrm{e}^x.$

【例 2.22】 求 $y=e^{-x}$的 n 阶导数.

解 $y'=-e^{-x}, y''=(-1)^2e^{-x}, \cdots, y^{(n)}=(-1)^n e^{-x}$.

【例 2.23】 求 $y=\sin x$ 的 n 阶导数.

解 $y'=\cos x=\sin\left(x+\frac{\pi}{2}\right)$,

$$y''=\cos\left(x+\frac{\pi}{2}\right)=\sin\left(x+2\cdot\frac{\pi}{2}\right), \cdots,$$

$$y^{(n)}=\sin\left(x+\frac{n\pi}{2}\right).$$

同理可得：$(\cos x)^{(n)}=\cos\left(x+\frac{n\pi}{2}\right)$.

【例 2.24】 求 $y=\frac{1}{1-x}$的 n 阶导数.

解 $y'=[(1-x)^{-1}]'=-(1-x)^{-2}\cdot(1-x)'=(1-x)^{-2}$,

$y''=[(1-x)^{-2}]'=-2(1-x)^{-3}\cdot(1-x)'=2(1-x)^{-3}$,

$y'''=2\cdot 3\cdot(1-x)^{-4}, \cdots$,

$y^{(n)}=n!\cdot(1-x)^{-n-1}$.

习题 2.3

1. 求下列函数的二阶导数.

(1) $y=(x+10)^5$； (2) $y=2x^2-\cos 3x$；

(3) $y=(1-x^2)^{\frac{3}{2}}$； (4) $y=xe^{x^2}$.

2. 求下列函数的 n 阶导数.

(1) $y=x^5+x^3+x$； (2) $y=\frac{1-x}{1+x}$；

(3) $y=\sin^2 x$； (4) $y=\ln x$.

3. 设质点作直线运动，其运动规律为 $s=A\sin\frac{\pi t}{3}$，求质点在时刻 $t=1$ 时的速度与加速度.

第四节 隐函数和由参数方程所确定的函数的导数

学习目标

1. 掌握隐函数的求导方法.
2. 掌握函数的对数求导法.
3. 掌握由参数方程所确定的函数的求导方法.

一、隐函数的导数

一般函数可由解析式表示，例如：$x+y-1=0$，$y^3+2y-x=0$ 等. 在这些解析式中，有

一些很容易将 y 解出，写成 x 的表达式，如 $x+y-1=0$ 可写成 $y=1-x$，这种将 y 明确表示出来的函数称作**显函数**；还有一些却无法或很难解出 y 来，如 $y^3+2y-x=0$. 但是这一式子能够确定 y 是 x 的函数. 这种没有将 y 解出的由解析式表示的函数称之为**隐函数**.

设 $y=f(x)$ 是由方程 $F(x,y)=0$ 所确定的隐函数，如何求它的导数 $\frac{\mathrm{d}y}{\mathrm{d}x}$？

可利用复合函数的求导思想，在方程 $F(x,y)=0$ 两边分别对 x 求导，将 y 当作中间变量，遇到有 y 的地方不忘记还应该有 $\frac{\mathrm{d}y}{\mathrm{d}x}$，进而得到关于 $\frac{\mathrm{d}y}{\mathrm{d}x}$ 的代数式，再解之即得.

【例 2.25】　求由方程 $\mathrm{e}^{xy}+x+y^3-1=0$ 所确定的隐函数的导数 $\frac{\mathrm{d}y}{\mathrm{d}x}$.

解　将方程两边同时对 x 求导，得

$$\mathrm{e}^{xy}(y+xy')+1+3y^2y'=0,$$

解出 y'，得 $y'=-\frac{1+y\mathrm{e}^{xy}}{x\mathrm{e}^{xy}+3y^2}$.

【例 2.26】　求曲线 $x^3+y^3-x-y=0$ 在点(1,1)处的切线方程.

解　方程两边同时对 x 求导，得

$$3x^2+3y^2y'-1-y'=0,$$

解出 y'，得 $y'=\frac{1-3x^2}{3y^2-1}$.

在点(1,1)处切线斜率为：$k=y'\big|_{\substack{x=1\\y=1}}=\frac{1-3}{3-1}=-1$.

所求切线方程为：$y-1=-(x-1)$，即 $y+x-2=0$.

【例 2.27】　求由方程 $y^3+2y-x=0$ 所确定的隐函数的二阶导数 $\frac{\mathrm{d}^2y}{\mathrm{d}x^2}$.

解　将方程两边同时对 x 求导，得 $3y^2\frac{\mathrm{d}y}{\mathrm{d}x}+2\frac{\mathrm{d}y}{\mathrm{d}x}-1=0$，解出 $\frac{\mathrm{d}y}{\mathrm{d}x}$，得 $\frac{\mathrm{d}y}{\mathrm{d}x}=\frac{1}{3y^2+2}$.

现求二阶导数，在上式一阶导数两端对 x 再次求导(记住 y 是 x 的函数)，得

$$\begin{aligned}\frac{\mathrm{d}^2y}{\mathrm{d}x^2}&=\frac{\mathrm{d}}{\mathrm{d}x}\left(\frac{1}{3y^2+2}\right)=\frac{-1}{(3y^2+2)^2}\cdot 3\cdot(2y)\cdot\frac{\mathrm{d}y}{\mathrm{d}x}\\&=\frac{-6y}{(3y^2+2)^2}\cdot\frac{1}{(3y^2+2)}=\frac{-6y}{(3y^2+2)^3}.\end{aligned}$$

在求导的四则运算法则中，乘、除运算法则很繁杂，计算易出错. 可以利用对数函数的性质将乘、除的求导运算转化为加、减的求导运算.

【例 2.28】　设 $y=2^x\cdot\sqrt{x^2+1}\cdot\sin x$，求 y'.

解　两边同时取对数，得

$$\ln y=\ln(2^x\cdot\sqrt{x^2+1}\cdot\sin x),$$

即 $\ln y=x\ln 2+\frac{1}{2}\ln(x^2+1)+\ln\sin x$.

两边对 x 求导，得

$$\frac{y'}{y}=\ln 2+\frac{2x}{2(x^2+1)}+\frac{\cos x}{\sin x},$$

解出 y'，得 $y'=2^x\sqrt{x^2+1}\sin x\left[\ln 2+\frac{x}{x^2+1}+\cot x\right]$.

【例 2.29】 设 $y=(x+1)^x$，求 y'.

分析：此函数底数和指数都有自变量 x，称之为**幂指函数**. 对它求导可利用对数函数的性质，将幂运算转化为乘法运算，然后求导. 对数求导法有如下两种形式：

解法一 两边取对数，得

$$\ln y=\ln(x+1)^x=x\ln(x+1).$$

两边对 x 求导，得

$$\frac{y'}{y}=\ln(x+1)+\frac{x}{x+1},$$

解出 y'，得 $y'=(x+1)^x\left[\ln(x+1)+\frac{x}{x+1}\right]$.

解法二 $y=e^{\ln(x+1)^x}=e^{x\ln(x+1)}$，

利用复合函数求导法则，得

$$y'=e^{x\ln(x+1)}\cdot\left[\ln(x+1)+\frac{x}{x+1}\right],$$

即 $y'=(x+1)^x\left[\ln(x+1)+\frac{x}{x+1}\right]$.

二、由参数方程所确定的函数的导数

有时候，两个变量 x 与 y 之间的函数关系，可以通过第三个变量 t 的关系来建立，这就是由参数方程所确定的函数，一般形式为：

$$\begin{cases}x=\varphi(t),\\ y=\psi(t),\end{cases}\quad(a\leqslant t\leqslant b)$$

如果 $x=\varphi(t)$，$y=\psi(t)$ 都可导，且 $\varphi'(t)\neq0$，则由参数方程 $\begin{cases}x=\varphi(t),\\ y=\psi(t)\end{cases}(a\leqslant t\leqslant b)$ 所确定的函数 $y=f(x)$ 也可导，且有

$$\frac{dy}{dx}=\frac{dy}{dt}\cdot\frac{dt}{dx}=\frac{\frac{dy}{dt}}{\frac{dx}{dt}}=\frac{\psi'(t)}{\varphi'(t)}.$$

【例 2.30】 求曲线 $\begin{cases}x=t-\sin t,\\ y=1+\cos t\end{cases}$ 在 $t=\frac{\pi}{2}$ 处的切线方程.

解 $\frac{dx}{dt}=1-\cos t$，$\frac{dy}{dt}=-\sin t$，

当 $t=\frac{\pi}{2}$ 时，$x=\frac{\pi}{2}-1$，$y=1$，则

所求切线的斜率为：$k=\left.\frac{dy}{dx}\right|_{t=\frac{\pi}{2}}=\frac{-\sin\frac{\pi}{2}}{1-\cos\frac{\pi}{2}}=-1$.

所求切线方程为：$y-1=-\left(x-\frac{\pi}{2}+1\right)$，即 $y+x-\frac{\pi}{2}=0$.

若要求由参数方程$\begin{cases}x=\varphi(t),\\ y=\psi(t)\end{cases}$$(a\leqslant t\leqslant b)$所确定的函数$y=f(x)$的二阶$\dfrac{\mathrm{d}^2y}{\mathrm{d}x^2}$，由于$\dfrac{\mathrm{d}^2y}{\mathrm{d}x^2}=\dfrac{\mathrm{d}y'}{\mathrm{d}x}$，故可看作是由参数方程$\begin{cases}x=\varphi(t),\\ y'=\dfrac{\psi'(t)}{\varphi'(t)}\end{cases}$所确定的函数$y'(x)$的一阶导数，从而得

$$\frac{\mathrm{d}^2y}{\mathrm{d}x^2}=\frac{\mathrm{d}y'}{\mathrm{d}x}=\frac{\mathrm{d}\left(\dfrac{\psi'(t)}{\varphi'(t)}\right)}{\mathrm{d}t}\Bigg/\frac{\mathrm{d}x}{\mathrm{d}t}.$$

【例 2.31】　求由参数方程$\begin{cases}x=\ln(1+t^2),\\ y=t-\arctan t\end{cases}$所确定的函数的二阶导数$\dfrac{\mathrm{d}^2y}{\mathrm{d}x^2}$.

解　$\dfrac{\mathrm{d}x}{\mathrm{d}t}=\dfrac{2t}{1+t^2}$，$\dfrac{\mathrm{d}y}{\mathrm{d}t}=1-\dfrac{1}{1+t^2}=\dfrac{t^2}{1+t^2}$，则

$$\frac{\mathrm{d}y}{\mathrm{d}x}=\frac{\dfrac{\mathrm{d}y}{\mathrm{d}t}}{\dfrac{\mathrm{d}x}{\mathrm{d}t}}=\frac{\dfrac{t^2}{1+t^2}}{\dfrac{2t}{1+t^2}}=\frac{t}{2}.$$

$$\frac{\mathrm{d}^2y}{\mathrm{d}x^2}=\frac{\mathrm{d}\left(\dfrac{t}{2}\right)}{\mathrm{d}t}\Bigg/\frac{\mathrm{d}x}{\mathrm{d}t}=\frac{\dfrac{1}{2}}{\dfrac{2t}{1+t^2}}=\frac{1+t^2}{4t}\quad(t\neq 0).$$

习题 2.4

1. 求由下列方程所确定的隐函数的导数.

(1) $xy-\mathrm{e}^{x+y}=5$；　　(2) $y=1-x\mathrm{e}^y$；

(3) $\mathrm{e}^{xy}+y^2-x=0$；　　(4) $x-\sin\dfrac{y}{x}+\tan 5=0$；

(5) $y=\cos x+2\sin y$，求$y'\left(\dfrac{\pi}{2}\right)$；　　(6) $2^x+2y=2^{x+y}$，求$y'(1)$.

2. 求曲线$4x^2-xy+y^2=6$在点$(1,-1)$处的切线方程.

3. 用对数求导法求下列函数的导数.

(1) $y=x^{\sin x}(x>0)$；　　(2) $y=\left(\dfrac{x}{x+1}\right)^x$；

(3) $y=\sqrt{x\sin x\sqrt{\mathrm{e}^x}}$；　　(4) $y=(1+\cos x)^{\frac{1}{x}}$.

4. 求下列参数方程所确定的函数的导数.

(1) $\begin{cases}x=3(t-\sin t),\\ y=3(1-\cos t),\end{cases}$求$\dfrac{\mathrm{d}y}{\mathrm{d}x}$；　　(2) $\begin{cases}x=\cos^3 t,\\ y=\sin^3 t,\end{cases}$求$\left.\dfrac{\mathrm{d}y}{\mathrm{d}x}\right|_{t=0}$.

5. 已知曲线$\begin{cases}x=t^2+at+b,\\ y=c\mathrm{e}^t-\mathrm{e},\end{cases}$在$t=1$时过原点，且曲线在原点处的切线平行于直线$2x-y+1=0$，求$a,b,c$.

第五节　函数的微分

学习目标

1. 理解函数的微分概念，了解微分的几何意义.
2. 掌握微分的运算.
3. 利用微分进行一些简单的近似计算.

微课

一、微分的概念

案例 2.4　如图 2.5 是一个边长为 x，面积为 S 的正方形，则有 $S=x^2$. 若给边长一个增量 Δx，则 S 相应地有增量 ΔS（如图 2.5 阴影面积），且有

$$\Delta S=(x+\Delta x)^2-x^2=2x\cdot\Delta x+(\Delta x)^2,$$

从上式可以看出 ΔS 被分成两部分：$2x\cdot\Delta x$ 和 $(\Delta x)^2$，即图中阴影处的小正方形面积 $(\Delta x)^2$ 和两个矩形面积 $2x\cdot\Delta x$.

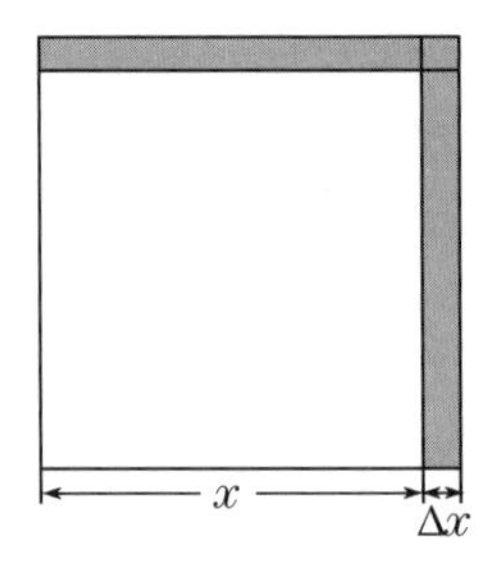

图 2.5

当 Δx 很小时，相对于 ΔS 而言，$(\Delta x)^2$ 也很小.

当 $\Delta x\to 0$ 时，可以认为 $\Delta S\approx 2x\cdot\Delta x$，而把 $(\Delta x)^2$（很小很小的量）省略掉.

因此，由边长的增量 Δx 引起的面积的增量 ΔS 可由 $2x\cdot\Delta x$ 来代替，与精确值仅仅相差一个以 Δx 为边长的正方形的面积，当 $\Delta x\to 0$ 时，误差 $(\Delta x)^2$ 是一个较 Δx 为高阶的无穷小量.

定义 2.2　对于自变量在点 x 处的增量 Δx，如果函数 $y=f(x)$ 的相应增量 $\Delta y=f(x+\Delta x)-f(x)$ 可以表示为

$$\Delta y=A\Delta x+o(\Delta x)\ (\Delta x\to 0),$$

其中 A 是 x 的函数，与 Δx 无关，则称函数 $y=f(x)$ 在点 x 处可微，并称 $A\Delta x$ 为函数在点 x 处的**微分**，记为 $\mathrm{d}y$ 或 $\mathrm{d}f(x)$，即 $\mathrm{d}y=A\Delta x$.

可见，若 $\Delta y=A\Delta x+o(\Delta x)\ (\Delta x\to 0)$，则 $A\Delta x$ 在 $\Delta x\to 0$ 时将对 Δy 的值起主要作用，$o(\Delta x)$ 是一个很小的量，称 $A\Delta x$ 为 Δy 的**线性主要部分**，即 $\mathrm{d}y$ 是 Δy 的线性主要部分.

定理 2.5　函数 $y=f(x)$ 在点 x 可微的充分必要条件是函数 $y=f(x)$ 在点 x 可导.

证明　(1) 可微必可导

若 $y=f(x)$ 在 x 点可微，则 $\Delta y=A\Delta x+o(\Delta x)\ (\Delta x\to 0)$，则

$$\frac{\Delta y}{\Delta x}=A+\frac{o(\Delta x)}{\Delta x},$$

等式两边取 $\Delta x\to 0$ 时的极限，有

$$\lim_{\Delta x\to 0}\frac{\Delta y}{\Delta x}=A+\lim_{\Delta x\to 0}\frac{o(\Delta x)}{\Delta x}=A,$$

由导数定义，此极限就是 $f'(x)$，即 $f'(x)=A$，可微必可导.

（2）可导必可微

若 $y=f(x)$ 在 x 点可导，则 $\lim\limits_{\Delta x\to 0}\dfrac{\Delta y}{\Delta x}=f'(x)$，故

$$\frac{\Delta y}{\Delta x}=f'(x)+\alpha,$$

其中 $\lim\limits_{\Delta x\to 0}\alpha=0$，即 $\Delta y=f'(x)\Delta x+\alpha\cdot\Delta x$，这里 $\alpha\cdot\Delta x$ 是一个关于 Δx 的高阶无穷小量，可将 $\alpha\cdot\Delta x$ 记作 $o(\Delta x)(\Delta x\to 0)$，即

$$\Delta y=f'(x)\Delta x+o(\Delta x)(\Delta x\to 0).$$

由微分定义可知，$y=f(x)$ 在 x 点可微，且 $\mathrm{d}y=f'(x)\Delta x$.

综上所述，对一元函数而言，函数的可微性与可导性是等价的，且有 $\mathrm{d}y=f'(x)\Delta x$.

【例 2.32】　求函数 $y=x^2$ 在 $x=1$ 处的微分.

解　$\mathrm{d}y=(x^2)'|_{x=1}\Delta x=(2x)'|_{x=1}\Delta x=2\Delta x$.

注意：若 $y=x$，则 $\mathrm{d}y=\mathrm{d}x=(x)'\Delta x=\Delta x$，即 $\mathrm{d}x=\Delta x$，称为自变量 x 的微分. 这时，$\mathrm{d}y=f'(x)\mathrm{d}x$，从而 $\dfrac{\mathrm{d}y}{\mathrm{d}x}=f'(x)$，因此导数也称作**微商**.

二、微分的几何意义

如图 2.6 所示，当 Δy 是曲线的纵坐标增量时，$\mathrm{d}y=f'(x_0)\Delta x=\tan x\cdot\Delta x$ 就是切线纵坐标对应的增量.

当 $|\Delta x|$ 很小时，在点 M 的附近，切线段 MP 可近似代替曲线段 $\widehat{MN}$，即 $|\widehat{MN}|\approx|\overline{MP}|=\sqrt{(\mathrm{d}x)^2+(\mathrm{d}y)^2}$，记 $\mathrm{d}s=\sqrt{(\mathrm{d}x)^2+(\mathrm{d}y)^2}$，称为**弧长微分公式.**

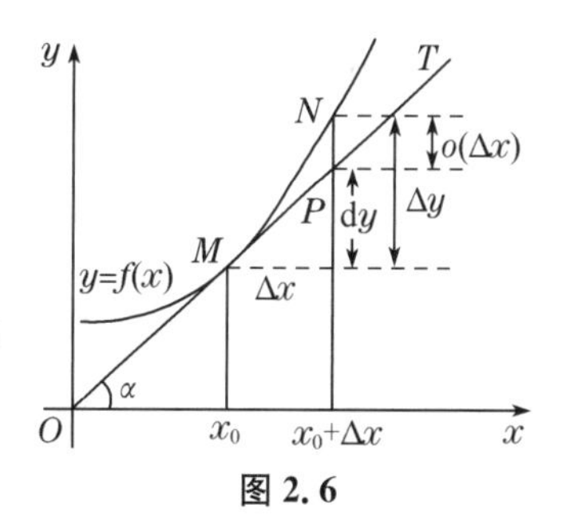

图 2.6

三、微分运算法则

从 $\mathrm{d}y=f'(x)\mathrm{d}x$ 可见，要计算函数的微分，只要计算函数的导数，再乘以自变量的微分. 因此所有微分公式都可由导数公式推出，如：

$$\mathrm{d}(\sin x)=\cos x\mathrm{d}x,\mathrm{d}(x^{\mu})=\mu x^{\mu-1}\mathrm{d}x,\mathrm{d}(\ln x)=\frac{1}{x}\mathrm{d}x,\mathrm{d}(\arcsin x)=\frac{1}{\sqrt{1-x^2}}\mathrm{d}x.$$

微分四则运算法则，也可由导数运算法则推出，如：

$(u\pm v)'=u'\pm v'$，则 $\mathrm{d}(u\pm v)=(u\pm v)'\mathrm{d}x=u'\mathrm{d}x\pm v'\mathrm{d}x=\mathrm{d}u\pm\mathrm{d}v$，等等.

【例 2.33】　设 $y=\mathrm{e}^{1-3x}\cos x$，求 $\mathrm{d}y$.

解　因为 $y'=-3\mathrm{e}^{1-3x}\cos x-\mathrm{e}^{1-3x}\sin x$，

所以 $\mathrm{d}y=y'\mathrm{d}x=-\mathrm{e}^{1-3x}(3\cos x+\sin x)\mathrm{d}x$.

【例 2.34】　设 $\mathrm{e}^y=xy$，求 $\mathrm{d}y$.

解　方程 $\mathrm{e}^y=xy$ 两边对 x 求导，得

$$\mathrm{e}^y y'=y+xy',$$

解出 y'，得 $y'=\dfrac{y}{\mathrm{e}^y-x}=\dfrac{y}{xy-x}$.

所以 $\mathrm{d}y=\dfrac{y}{xy-x}\mathrm{d}x$.

四、一阶微分形式的不变性

若函数 $y=f(u)$ 对 u 是可导的，$u=\varphi(x)$ 对 x 是可导的，则有：

(1) 当 u 是自变量时，函数的微分形式为 $\mathrm{d}y=f'(u)\mathrm{d}u$；

(2) 当 x 是自变量时，则 y 是 x 的复合函数，且有 $\mathrm{d}u=\varphi'(x)\mathrm{d}x$，由复合函数求导公式，$y$ 对 x 的导数为：$\dfrac{\mathrm{d}y}{\mathrm{d}x}-f'(u)\varphi'(x)$，因此

$$\mathrm{d}y=\frac{\mathrm{d}y}{\mathrm{d}x}\cdot\mathrm{d}x=f'(u)\varphi'(x)\mathrm{d}x=f'(u)\mathrm{d}u.$$

由此可知，不论 u 是自变量还是关于自变量 x 的函数，$y=f(u)$ 的微分形式都可以表示为 $\mathrm{d}y=f'(u)\mathrm{d}u$，这种性质称为**一阶微分形式的不变性**.

【例 2.35】 $y=\arcsin(1-2x)$，求 $\mathrm{d}y$.

解 令 $u=1-2x$，则 $y=\arcsin u$，$u=1-2x$.

$$\mathrm{d}y=(\arcsin u)'_u\mathrm{d}u=\frac{1}{\sqrt{1-u^2}}\mathrm{d}u=\frac{1}{\sqrt{1-(1-2x)^2}}(1-2x)'\mathrm{d}x.$$

即 $\mathrm{d}y=\dfrac{-1}{\sqrt{x-x^2}}\mathrm{d}x$.

五、微分在近似计算中的应用

设函数 $y=f(x)$ 在 x_0 点可微，因为 $\Delta y=f(x)-f(x_0)$ $(\Delta x=x-x_0)$，则

$$f(x)=f(x_0)+\Delta y.$$

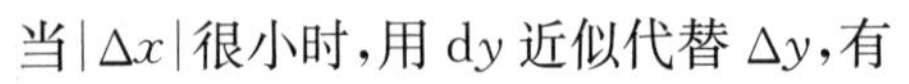

当 $|\Delta x|$ 很小时，用 $\mathrm{d}y$ 近似代替 Δy，有

$$f(x)\approx f(x_0)+\mathrm{d}y=f(x_0)+f'(x_0)\Delta x\ (\text{其中 } \Delta x=x-x_0).$$

这就是**微分近似计算公式.**

【例 2.36】 设 $f(x)=x^2$，利用微分近似计算公式求当 $x=100.123$ 时的近似值.

解 由 $f(x)\approx f(x_0)+f'(x_0)\Delta x$，

取一个与 $x=100.123$ 最接近的，并且易于计算 $f(x_0)$ 与 $f'(x_0)$ 值的数作为公式中的 x_0，这里取 $x_0=100$，则 $\Delta x=0.123$，故

$$\begin{aligned}f(100.123)&\approx f(100)+f'(100)\times 0.123\\&=100^2+200\times 0.123=10\,024.6.\end{aligned}$$

事实上，$(100.123)^2=10\,024.615$，误差很小.

在近似计算公式 $f(x)\approx f(x_0)+f'(x_0)\Delta x$ 中，若 $x_0=0$ 时，$\Delta x=x-x_0=x$，只要 $|\Delta x|$ 足够小，即 $|x|$ 足够小，就有：

$$f(x)\approx f(0)+f'(0)x.$$

这也是经常使用的微分近似计算公式.

例如：$y=\sin x$ 在 $x=0$ 附近有：$\sin x\approx\sin 0+\cos 0\times x$，即 $\sin x\approx x$；

$y=\tan x$ 在 $x=0$ 附近有：$\tan x\approx\tan 0+x\sec^2 0$，即 $\tan x\approx x$；

$y=e^x$ 在 $x=0$ 附近有：$e^x\approx e^0+xe^0$，即 $e^x\approx 1+x$；

$y=\ln(1+x)$在 $x=0$ 附近有：$\ln(1+x)\approx\ln(1+0)+x\times\dfrac{1}{1+0}$，即 $\ln(1+x)\approx x$；

$y=(1+x)^\alpha$ 在 $x=0$ 附近有：$(1+x)^\alpha\approx(1+0)^\alpha+x\alpha(1+0)^{\alpha-1}$，即$(1+x)^\alpha\approx 1+\alpha x$.

【例 2.37】 求下列函数的近似值：

(1) $\ln 1.01$；　　　　(2) $\sqrt[3]{65}$.

解　(1) $\ln 1.01=\ln(1+0.01)\approx 0.01$.

(2) $\sqrt[3]{65}=\sqrt[3]{64+1}=4\cdot\sqrt[3]{1+\dfrac{1}{64}}$.

令 $f(x)=\sqrt[3]{1+x}$，有$\sqrt[3]{1+\dfrac{1}{64}}\approx 1+\dfrac{1}{3}\cdot\dfrac{1}{64}$，则

$$\sqrt[3]{65}=\sqrt[3]{64+1}\approx 4\cdot\left(1+\frac{1}{3}\cdot\frac{1}{64}\right)\approx 4.020\,83.$$

习题 2.5

1. 在下列括号中填入适当的函数，使等式成立：

(1) $d(\quad)=xdx$；　　　　(2) $d(\quad)=\cos 3xdx$；

(3) $d(\quad)=3x^2dx$；　　　　(4) $d(\quad)=\dfrac{1}{1+x^2}dx$；

(5) $d(\quad)=\dfrac{1}{x-1}dx$；　　　　(6) $d(\quad)=xe^{x^2}dx$.

2. 求函数 $y=x^3$ 在 $x=2$ 处，Δx 分别为-0.1，0.01 时的改变量 Δy 及微分 dy.

3. 求下列函数的微分：

(1) $y=\ln\sin\dfrac{x}{2}$；　　　　(2) $y=x\ln x-x$；

(3) $y=e^{-x}\cos(3-x)$；　　　　(4) $y=x^2\cos 2x$；

(5) $y^2=\sin(xy)$；　　　　(6) $y=(1+x)^{\sec x}$.

4. 利用微分求近似值：

(1) $e^{0.05}$；　　　　(2) $\sqrt[3]{126}$.

5. 一个外直径为 10 cm 的球，球壳厚度为$\dfrac{1}{8}$ cm，试求球壳体积的近似值.

第六节　微分中值定理与洛必达法则

学习目标

1. 了解拉格朗日中值定理及几何意义.

2. 掌握用洛必达法则求$\dfrac{0}{0}$型和$\dfrac{\infty}{\infty}$型未定式极限的方法.

微分中值定理给出了函数及其导数之间的关系，是导数应用的理论基础. 这里主要介绍罗尔定理和拉格朗日中值定理.

一、罗尔(Rolle)定理

定理 2.6(罗尔(Rolle)定理) 如果函数 $f(x)$在闭区间$[a,b]$上连续，在开区间(a,b)内可导，且在区间端点的函数值相等，即 $f(a)=f(b)$，那么在(a,b)内至少存在一点 ξ，使得$f'(\xi)=0$.

定理证明从略.

几何解释：在曲线弧$\overset{\frown}{AB}$上至少存在一点 C，在该点处的切线是水平的(图 2.7).

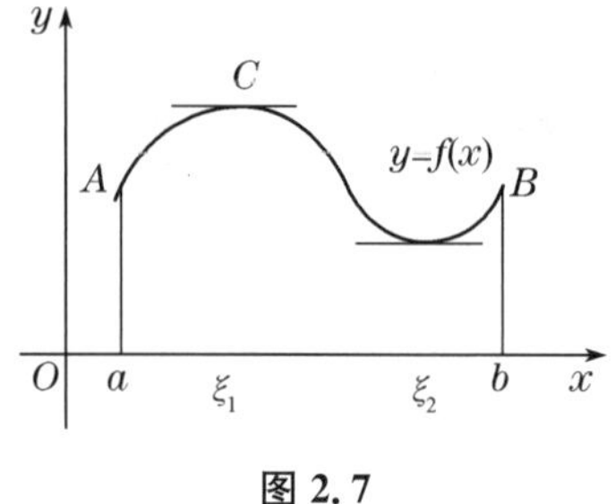

图 2.7

物理解释：变速直线运动在折返点处，瞬时速度等于零.

注意：若罗尔定理的三个条件中有一个不满足，其结论可能成立，也可能不成立. 例如，$f(x)=x^2$ 在$[-1,2]$上 $f(-1)=1\neq f(2)=4$，但有 $\xi=0\in(-1,2)$，使 $f'(\xi)=0$.

又例如 $y=|x|$，$x\in[-2,2]$；在$[-2,2]$上除 $f'(0)$不存在外，满足罗尔定理的一切条件，但在区间$[-2,2]$内找不到一点能使 $f'(x)=0$.

【例 2.38】 验证函数 $f(x)=x^2-2x-3$ 在$[-1,3]$上满足罗尔定理的条件，并求定理中的 ξ.

解 函数 $f(x)=x^2-2x-3=(x-3)(x+1)$在$[-1,3]$上连续，且 $f(-1)=f(3)=0$，由于 $f'(x)=2(x-1)$，取 $\xi=1\in(-1,3)$，则 $f'(\xi)=0$.

罗尔定理中“$f(a)=f(b)$”这个条件太特殊，使罗尔定理的应用受到限制，去掉这个条件，就是下面的拉格朗日中值定理.

二、拉格朗日(Lagrange)中值定理

微课

定理 2.7(拉格朗日(Lagrange)中值定理) 如果函数 $f(x)$在闭区间$[a,b]$上连续，在开区间(a,b)内可导，那么在(a,b)内至少存在一点 ξ，使等式 $f(b)-f(a)=f'(\xi)(b-a)$成立.

定理证明从略.

结论亦可写成$\dfrac{f(b)-f(a)}{b-a}=f'(\xi)$，称为**拉格朗日中值公式**.

注意：拉氏公式精确地表达了函数在一个区间上的增量与函数在此区间内某点处的导数之间的关系.

几何解释：在曲线弧$\overset{\frown}{AB}$上至少存在一点 C，在该点处的切线平行于弦$\overline{AB}$(图 2.8).

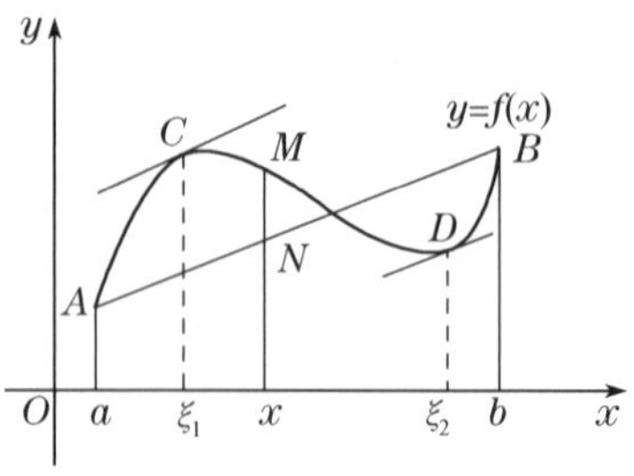

图 2.8

设 $f(x)$在$[a,b]$上连续，在(a,b)内可导，x_0，$x_0+\Delta x\in(a,b)$，记$\dfrac{\xi-x_0}{\Delta x}=\theta$，则有

$$f(x_0+\Delta x)-f(x_0)=f'(x_0+\theta\Delta x)\cdot\Delta x\quad(0<\theta<1).$$

也可写成$\Delta y=f'(x_0+\theta\Delta x)\cdot\Delta x\ (0<\theta<1)$. 所以,拉格朗日中值公式又称**有限增量公式或微分中值定理.**

推论　如果函数$f(x)$在区间I上的导数恒为零,那么$f(x)$在区间I上是一个常数.

证明:设x_1,x_2是区间(a,b)内任意两点,$x_1<x_2$,则$f(x)$在$[x_1,x_2]$上满足拉格朗日中值定理的条件,从而有

$$f(x_2)-f(x_1)=f'(\xi)(x_2-x_1),x_1<\xi<x_2.$$

由已知条件知,有$f'(\xi)=0$,所以$f(x_2)-f(x_1)=0$,即$f(x_1)=f(x_2)$. 由x_1,x_2的任意性,可得$f(x)$在(a,b)内恒为一个常数. 前面我们已经知道,常数的导数是零,此推论就是它的逆定理.

【例 2.36】　证明$\arcsin x+\arccos x=\dfrac{\pi}{2}(-1\leqslant x\leqslant 1)$.

证明　设$f(x)=\arcsin x+\arccos x,x\in[-1,1]$.

因为$f'(x)=\dfrac{1}{\sqrt{1-x^2}}+\left(-\dfrac{1}{\sqrt{1-x^2}}\right)=0,x\in(-1,1)$,

所以$f(x)\equiv C,x\in(-1,1)$.

又$f(0)=\arcsin 0+\arccos 0=0+\dfrac{\pi}{2}=\dfrac{\pi}{2}$,即$C=\dfrac{\pi}{2}$.

故$\arcsin x+\arccos x=\dfrac{\pi}{2},x\in(-1,1)$. 另外$f(\pm 1)=\dfrac{\pi}{2}$,所以

$$\arcsin x+\arccos x=\frac{\pi}{2},x\in[-1,1].$$

【例 2.37】　证明当$x>0$时,$\dfrac{x}{1+x}<\ln(1+x)<x$.

证明　设$f(x)=\ln(1+x)$,$f(x)$在$[0,x]$上满足拉格朗日中值定理的条件,则

$$f(x)-f(0)=f'(\xi)(x-0)\ (0<\xi<x).$$

由于$f(0)=0,f'(x)=\dfrac{1}{1+x}$,由上式得$\ln(1+x)=\dfrac{x}{1+\xi}$.

又因为$0<\xi<x$,所以$1<1+\xi<1+x$,即$\dfrac{1}{1+x}<\dfrac{1}{1+\xi}<1$,则

$\dfrac{x}{1+x}<\dfrac{x}{1+\xi}<x$,即$\dfrac{x}{1+x}<\ln(1+x)<x\ (x>0)$.

三、洛必达法则

1. $\dfrac{0}{0}$型及$\dfrac{\infty}{\infty}$型未定式

如果当$x\to a$(或$x\to\infty$)时,两个函数$f(x)$与$F(x)$都趋于零或都趋于无穷大,那么极限$\lim\limits_{\substack{x\to a\\(x\to\infty)}}\dfrac{f(x)}{F(x)}$可能存在、也可能不存在. 通常把这种极限称为$\dfrac{0}{0}$或$\dfrac{\infty}{\infty}$**型未定式.**

例如:$\lim\limits_{x\to 0}\dfrac{\tan x}{x}\left(\dfrac{0}{0}\right)$;$\lim\limits_{x\to 0^+}\dfrac{\ln\sin ax}{\ln\sin bx}\left(\dfrac{\infty}{\infty}\right)$.

定理 2.8 设函数 $f(x)$，$F(x)$满足：

(1) 当 $x\to a$ 时，函数 $f(x)$及 $F(x)$都趋于零；

(2) 在 a 点的某去心邻域内，$f'(x)$及 $F'(x)$都存在，且 $F'(x)\neq 0$；

(3) $\lim\limits_{x\to a}\dfrac{f'(x)}{F'(x)}$存在(或为无穷大)，

那么$\lim\limits_{x\to a}\dfrac{f(x)}{F(x)}=\lim\limits_{x\to a}\dfrac{f'(x)}{F'(x)}$.

定理证明从略.

这种在一定条件下通过分子分母分别求导再求极限来确定未定式的值的方法称为**洛必达法则.**

如果$\dfrac{f'(x)}{F'(x)}$仍属$\dfrac{0}{0}$型，且 $f'(x)$，$F'(x)$满足定理 2.8 的条件，可以继续使用洛必达法则，即 $\lim\limits_{x\to a}\dfrac{f(x)}{F(x)}=\lim\limits_{x\to a}\dfrac{f'(x)}{F'(x)}=\lim\limits_{x\to a}\dfrac{f''(x)}{F''(x)}=\cdots$

当 $x\to\infty$时，该法则仍然成立，即$\lim\limits_{x\to\infty}\dfrac{f(x)}{F(x)}=\lim\limits_{x\to\infty}\dfrac{f'(x)}{F'(x)}$.

当 $x\to a$，$x\to\infty$时的未定式$\dfrac{\infty}{\infty}$，也有相应的洛必达法则.

【例 2.38】 求 $\lim\limits_{x\to 0}\dfrac{\tan x}{x}$.

解 这是$\dfrac{0}{0}$型未定式，由洛必达法则可得

$$\text{原式}=\lim_{x\to 0}\frac{(\tan x)'}{(x)'}=\lim_{x\to 0}\frac{\sec^2 x}{1}=1.$$

【例 2.39】 求 $\lim\limits_{x\to 1}\dfrac{x^3-3x+2}{x^3-x^2-x+1}$.

解 这是$\dfrac{0}{0}$型未定式，由洛必达法则可得

$$\text{原式}=\lim_{x\to 1}\frac{3x^2-3}{3x^2-2x-1}=\lim_{x\to 1}\frac{6x}{6x-2}=\frac{3}{2}.$$

注意：上例中极限$\lim\limits_{x\to 1}\dfrac{6x}{6x-2}$已不是$\dfrac{0}{0}$型未定式，如果不验证条件成立而继续使用洛必达法则，将会导致错误：

$$\lim_{x\to 1}\frac{6x}{6x-2}=\lim_{x\to 1}\frac{6}{6}=1.$$

【例 2.40】 求 $\lim\limits_{x\to+\infty}\dfrac{\dfrac{\pi}{2}-\arctan x}{\dfrac{1}{x}}$.

解 这是$\dfrac{0}{0}$型未定式，由洛必达法则可得

$$\text{原式}=\lim_{x\to+\infty}\frac{-\dfrac{1}{1+x^2}}{-\dfrac{1}{x^2}}=\lim_{x\to+\infty}\frac{x^2}{1+x^2}=1.$$

【例 2.41】　求$\lim\limits_{x\to 0^+}\dfrac{\ln\sin ax}{\ln\sin bx}$ $(a>0,b>0)$.

解　这是$\dfrac{\infty}{\infty}$型未定式,由洛必达法则可得

$$原式=\lim_{x\to 0^+}\frac{a\cos ax\cdot\sin bx}{b\cos bx\cdot\sin ax}=\lim_{x\to 0^+}\frac{a\cdot\sin bx}{b\cdot\sin ax}=\lim_{x\to 0^+}\frac{\cos bx}{\cos ax}=1.$$

【例 2.42】　求$\lim\limits_{x\to\frac{\pi}{2}}\dfrac{\tan x}{\tan 3x}$.

解　这是$\dfrac{\infty}{\infty}$型未定式,由洛必达法则可得

$$\begin{aligned}原式&=\lim_{x\to\frac{\pi}{2}}\frac{\sec^2 x}{3\sec^2 3x}=\frac{1}{3}\lim_{x\to\frac{\pi}{2}}\frac{\cos^2 3x}{\cos^2 x}\left(是\frac{0}{0}型未定式\right)\\&=\frac{1}{3}\lim_{x\to\frac{\pi}{2}}\frac{-6\cos 3x\sin 3x}{-2\cos x\sin x}=\lim_{x\to\frac{\pi}{2}}\frac{\sin 6x}{\sin 2x}\left(是\frac{0}{0}型未定式\right)\\&=\lim_{x\to\frac{\pi}{2}}\frac{6\cos 6x}{2\cos 2x}=3.\end{aligned}$$

注意:洛必达法则是求未定式的一种有效方法,若与其他求极限方法结合使用,效果更好.

【例 2.43】　求$\lim\limits_{x\to 0}\dfrac{\tan x-x}{x^2\tan x}$.

利用等价无穷小代换 $\tan x\sim x(x\to 0)$,将分母中的 $\tan x$ 换成x,得

解　原式$=\lim\limits_{x\to 0}\dfrac{\tan x-x}{x^3}=\lim\limits_{x\to 0}\dfrac{\sec^2 x-1}{3x^2}=\lim\limits_{x\to 0}\dfrac{2\sec^2 x\tan x}{6x}=\dfrac{1}{3}\lim\limits_{x\to 0}\dfrac{\tan x}{x}=\dfrac{1}{3}$.

【例 2.44】　求$\lim\limits_{x\to\infty}\dfrac{\sqrt{1+x^2}}{x}$.

解　这是$\dfrac{\infty}{\infty}$型未定式,应用洛必达法则可得

$$\lim_{x\to\infty}\frac{\sqrt{1+x^2}}{x}\overset{\frac{\infty}{\infty}}{=\!=}\lim_{x\to\infty}\frac{x}{\sqrt{1+x^2}}\overset{\frac{\infty}{\infty}}{=\!=}\lim_{x\to\infty}\frac{\sqrt{1+x^2}}{x}(循环,洛必达法则不能用),$$

而

$$\lim_{x\to\infty}\frac{\sqrt{1+x^2}}{x}=\lim_{x\to\infty}\sqrt{\frac{1}{x^2}+1}=1(分子分母同除以 x).$$

说明:洛必达法则,并不是在所有符合条件时都能用.

2. 其他类型的未定式

除$\dfrac{0}{0}$和$\dfrac{\infty}{\infty}$型这两类基本未定式之外,还有 $0\cdot\infty,\infty-\infty,0^0,1^\infty,\infty^0$ 等类型的未定式,它们都可以转化为$\dfrac{0}{0}$或$\dfrac{\infty}{\infty}$型未定式,进而用洛必达法则求解.

【例 2.45】　求 $\lim\limits_{x\to+\infty}x^{-2}\mathrm{e}^x$.

解　这是 $0\cdot\infty$ 型未定式,先将其转化为$\dfrac{\infty}{\infty}$型未定式,然后再用洛必达法则可得

$$原式=\lim_{x\to+\infty}\frac{e^x}{x^2}=\lim_{x\to+\infty}\frac{e^x}{2x}=\lim_{x\to+\infty}\frac{e^x}{2}=+\infty.$$

【例 2.46】 求$\lim\limits_{x\to0}\left(\frac{1}{\sin x}-\frac{1}{x}\right)$.

解 这是$\infty-\infty$型未定式,先将其通分化为$\frac{0}{0}$型未定式,然后再用洛必达法则可得

$$原式=\lim_{x\to0}\frac{x-\sin x}{x\cdot\sin x}=\lim_{x\to0}\frac{1-\cos x}{\sin x+x\cos x}=0.$$

【例 2.47】 求$\lim\limits_{x\to0^+}x^x$.

解 这是0^0型未定式,先用对数方法将其化为$0\cdot\infty$型,再化为$\frac{\infty}{\infty}$型未定式可得

$$原式=\lim_{x\to0^+}e^{x\ln x}=e^{\lim\limits_{x\to0^+}x\ln x}=e^{\lim\limits_{x\to0^+}\frac{\ln x}{\frac{1}{x}}}=e^{\lim\limits_{x\to0^+}\frac{\frac{1}{x}}{-\frac{1}{x^2}}}=e^0=1.$$

【例 2.48】 求$\lim\limits_{x\to1}x^{\frac{1}{1-x}}$.

解 这是1^∞型未定式,可用对数方法将其化为$\frac{0}{0}$型未定式来解.

$$原式=\lim_{x\to1}e^{\frac{1}{1-x}\ln x}=e^{\lim\limits_{x\to1}\frac{\ln x}{1-x}}=e^{\lim\limits_{x\to1}\frac{\frac{1}{x}}{-1}}=e^{-1}.$$

【例 2.49】 求$\lim\limits_{x\to0^+}(\cot x)^{\frac{1}{\ln x}}$.

解 这是∞^0型未定式,可用对数方法将其化为$\frac{\infty}{\infty}$型未定式求解.取对数得$(\cot x)^{\frac{1}{\ln x}}=e^{\frac{1}{\ln x}\cdot\ln(\cot x)}$,而

$$\lim_{x\to0^+}\frac{1}{\ln x}\cdot\ln(\cot x)=\lim_{x\to0^+}\frac{-\frac{1}{\cot x}\cdot\frac{1}{\sin^2 x}}{\frac{1}{x}}=\lim_{x\to0^+}\frac{-x}{\cos x\cdot\sin x}=-1,$$

故原式$=e^{-1}$.

【例 2.50】 求$\lim\limits_{x\to\infty}\frac{x+\cos x}{x}$.

解 原式$=\lim\limits_{x\to\infty}\frac{1-\sin x}{1}=\lim\limits_{x\to\infty}(1-\sin x)$,极限不存在,也不是无穷大.

洛必达法则失效.正确做法为:

$$原式=\lim_{x\to\infty}\left(1+\frac{1}{x}\cos x\right)=1.$$

因此,一定要注意洛必达法则的使用条件.

习题 2.6

1. 验证函数$f(x)=x^2-2x-3$在区间$[-1,3]$上罗尔定理成立.
2. 验证函数$f(x)=\ln x$在区间$[1,e]$上拉格朗日中值定理成立.
3. 设函数$f(x)=(x-1)(x-2)(x-3)$,用罗尔定理证明方程$f'(x)=0$在$(1,3)$内至

少有两个根.

4. 用拉格朗日中值定理证明下列不等式.

(1) 当 $x>0$ 时,$e^x>1+x$;

(2) $|\sin b-\sin a|\leqslant|b-a|$,其中 a,b 为实数.

5. 证明下列恒等式:$\arctan x+\arctan\dfrac{1}{x}=\dfrac{\pi}{2}$.

6. 求下列极限.

(1) $\lim\limits_{x\to1}\dfrac{x^5-1}{x^8-1}$;

(2) $\lim\limits_{x\to\pi}\dfrac{\sin 3x}{\tan 5x}$;

(3) $\lim\limits_{x\to0}\dfrac{e^x-2^x}{x}$;

(4) $\lim\limits_{x\to0^+}\dfrac{\ln\sin 3x}{\ln\sin x}$;

(5) $\lim\limits_{x\to0}\dfrac{x-\sin x}{x^3}$;

(6) $\lim\limits_{x\to+\infty}\dfrac{\ln\left(1+\dfrac{1}{x}\right)}{\operatorname{arccot} x}$;

(7) $\lim\limits_{x\to+\infty}\dfrac{e^x}{x^6}$;

(8) $\lim\limits_{x\to0}\dfrac{e^x\sin x-x}{3x^2-x^5}$;

(9) $\lim\limits_{x\to0}\dfrac{\sqrt{1+x}+\sqrt{1-x}-2}{x^2}$;

(10) $\lim\limits_{x\to0^+}\sqrt{x}\ln x$;

(11) $\lim\limits_{x\to1}\left(\dfrac{x}{x-1}-\dfrac{1}{\ln x}\right)$;

(12) $\lim\limits_{x\to0^+}x^{\ln(1+x)}$.

7. 证明下列极限存在,但不能用洛必塔法则.

(1) $\lim\limits_{x\to\infty}\dfrac{x-\cos x}{x+\cos x}$;

(2) $\lim\limits_{x\to0}\dfrac{x^2\sin\dfrac{1}{x}}{\sin x}$.

第七节　函数的单调性与极值

学习目标

1. 理解函数的极值的概念,掌握利用导数判断函数的单调性和求函数极值的方法.
2. 理解函数最值的概念,并掌握其求法,会求简单实际问题中的最值.

案例 2.5(**排版问题**)　现要出版一本书,每页纸张的面积为 600 cm^2,要求上下各留 3 cm,左右各留 2 cm 的空白,试确定纸张的宽和高,使每页纸面能安排印刷最多的内容.

如图 2.9,设纸张的宽为 x,则高为$\dfrac{600}{x}$,去掉空白面积后,纸面面积为:

$$S=(x-4)\left(\frac{600}{x}-6\right)=624-6x-\frac{2\,400}{x}\ (4<x<100).$$

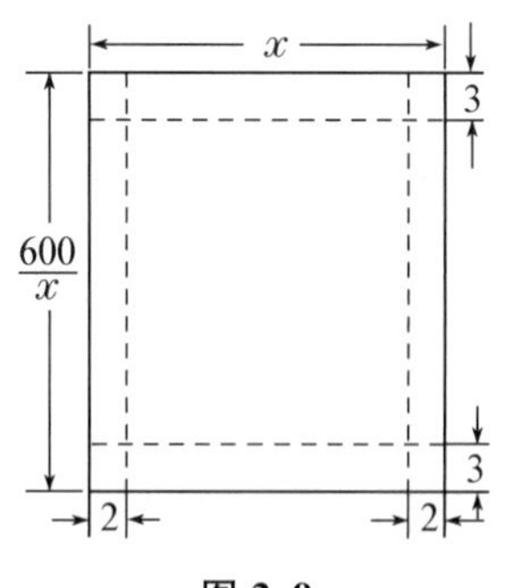

图 2.9

如何找到使面积 S 最大的版面安排,学完本节后,自然明了.

一、函数的单调性

微课

函数的单调性与导数的符号有着密切的联系. 如图 2.10,当函数 $y=f(x)$ 在区间(a,b)内单调增加时,其图像是一条沿 x 轴正向上升的曲线,各点处的切线与 x 轴正向夹角为锐角,即 $f'(x)>0$;当函数 $y=f(x)$ 在区间(a,b)内单调减少时,其图像是一条沿 x 轴正向下降的曲线,各点处的切线与 x 轴正向夹角为钝角,即 $f'(x)<0$. 反过来,能否用导数的符号来判断函数的单调性呢?由拉格朗日中值定理可得出如下定理.

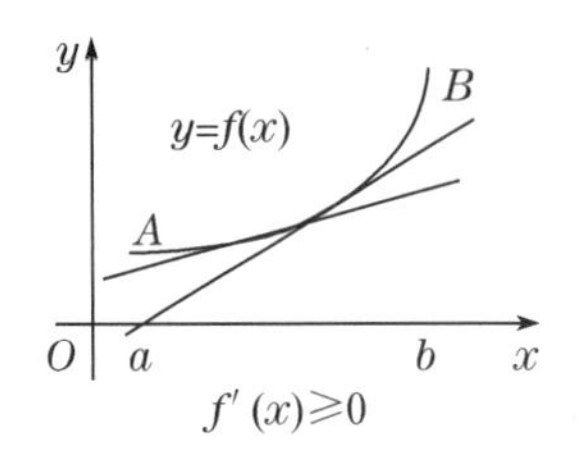

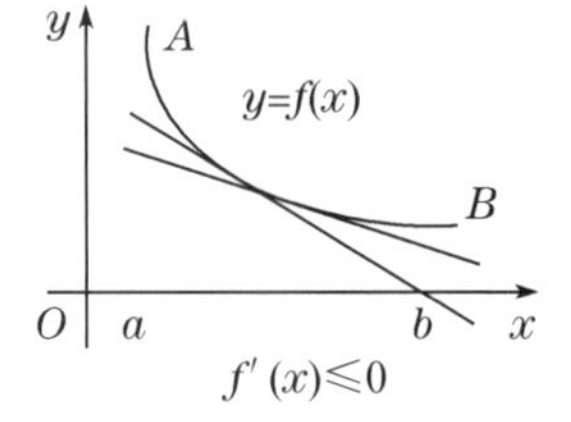

图 2.10

定理 2.10 设函数 $y=f(x)$在$[a,b]$上连续,在(a,b)内可导.

(1) 若在(a,b)内 $f'(x)>0$,则函数 $y=f(x)$在$[a,b]$上单调增加;

(2) 若在(a,b)内 $f'(x)<0$,则函数 $y=f(x)$在$[a,b]$上单调减少.

证明 $\forall x_1,x_2\in(a,b)$,且 $x_1<x_2$,应用拉格朗日中值定理,得

$$f(x_2)-f(x_1)=f'(\xi)(x_2-x_1)\quad(x_1<\xi<x_2).$$

(1) 若在(a,b)内,$f'(x)>0$,则 $f'(\xi)>0$,所以 $f(x_2)>f(x_1)$. 即 $y=f(x)$在$[a,b]$上单调增加;

(2) 若在(a,b)内,$f'(x)<0$,则 $f'(\xi)<0$,所以 $f(x_2)<f(x_1)$. 即 $y=f(x)$在$[a,b]$上单调减少.

【例 2.51】 讨论函数 $f(x)=\mathrm{e}^x-x-1$ 的单调性.

解 $f'(x)=\mathrm{e}^x-1,x\in(-\infty,+\infty)$.

在$(-\infty,0)$内,$f'(x)<0$,所以函数单调减少;

在$(0,+\infty)$内,$f'(x)>0$,所以函数单调增加.

函数的图形如图 2.11 所示.

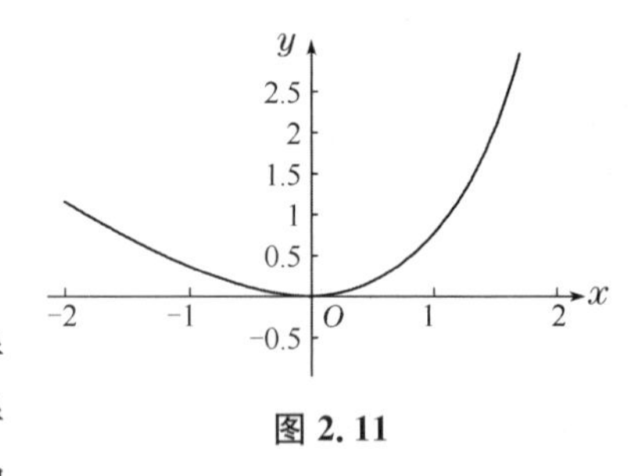

图 2.11

注意:函数的单调性是一个区间上的性质,要用导数在这一区间上的符号来判定,而不能用某一点处的导数符号来判别一个区间上的单调性. 利用导数等于零的点和不可导点,可作为单调区间的分界点.

【例 2.52】 确定函数 $f(x)=2x^3-9x^2+12x-3$ 的单调区间.

解 定义域 $D=(-\infty,+\infty)$,且

$$f'(x)=6x^2-18x+12=6(x-1)(x-2).$$

解方程 $f'(x)=0$,得,$x_1=1,x_2=2$.

当$-\infty<x<1$时,$f'(x)>0$,则 $f(x)$在$(-\infty,1]$上单调增加;

当$1<x<2$时,$f'(x)<0$,则 $f(x)$在$[1,2]$上单调减少;

当 $2<x<+\infty$时，$f'(x)>0$，则 $f(x)$在$[2,+\infty)$上单调增加.

故函数的单调增加区间为$(-\infty,1]$，$[2,+\infty)$，单调减少区间为$[1,2]$.

函数的图形如图 2.12 所示.

图 2.12

【例 2.53】　确定函数 $f(x)=\sqrt[3]{x^2}$的单调区间.

解　定义域 $D=(-\infty,+\infty)$，且

$$f'(x)=\frac{2}{3\sqrt[3]{x}}\quad (x\neq 0).$$

当$-\infty<x<0$ 时，$f'(x)<0$，$f(x)$在$(-\infty,0]$上单调减少；

当 $0<x<+\infty$时，$f'(x)>0$，$f(x)$在$[0,+\infty)$上单调增加.

函数的图形如图 2.13 所示.

注意：如在区间内个别点导数为零，是不影响单调区间的.

例如：$y=x^3$，$y'|_{x=0}=0$，但它在$(-\infty,+\infty)$上单调增加(图 2.14).

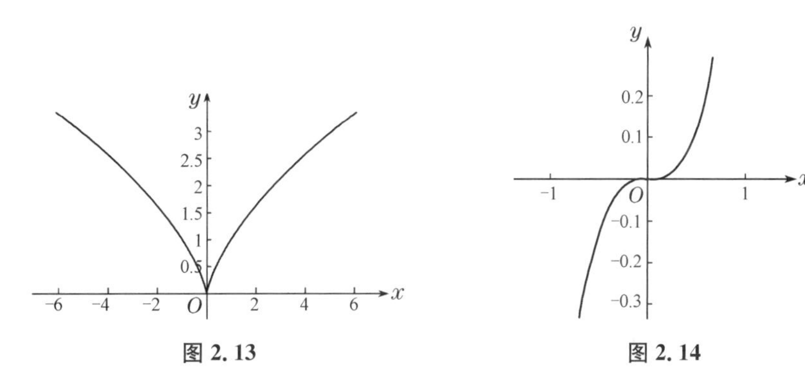

图 2.13　　　　图 2.14

【例 2.54】　证明：当 $x>0$ 时，$x>\ln(1+x)$.

证明　设 $f(x)=x-\ln(1+x)$，则 $f'(x)=1-\frac{1}{1+x}=\frac{x}{1+x}$.

当 $x>0$ 时，$f'(x)>0$，所以 $f(x)$在$[0,+\infty)$上单调增加；

而 $f(0)=0$，于是当 $x>0$ 时，$x-\ln(1+x)>0$，即 $x>\ln(1+x)(x>0)$.

二、函数的极值

定义 2.3　设函数 $f(x)$在 x_0 的某个邻域内有定义，若对该邻域内任意的 $x(x\neq x_0)$，恒有

$$f(x)<f(x_0)\quad (\text{或 } f(x)>f(x_0)),$$

则称 $f(x_0)$是函数 $f(x)$的一个**极大值**(或**极小值**).

函数的极大值与极小值统称为**极值**，使函数取得极值的点称为**极值点**.

函数的极值是一个局部概念，它是与极值点邻近点的函数值相比较而言的，并不意味着它是整个定义区间内的最大值或最小值. 如图 2.15，函数 $f(x)$有两个极大值$f(x_2)$，$f(x_5)$，三个极小值 $f(x_1)$，$f(x_4)$，$f(x_6)$，其中极大值 $f(x_2)$比极小值$f(x_6)$还小.

从图 2.15 中还可以看到，在函数取极值处，若曲线存在切线，则切线是水平的. 反之，曲线上有水平切线的地方，函数不一定取极值（如 $x=x_3$ 处），因此有如下定理.

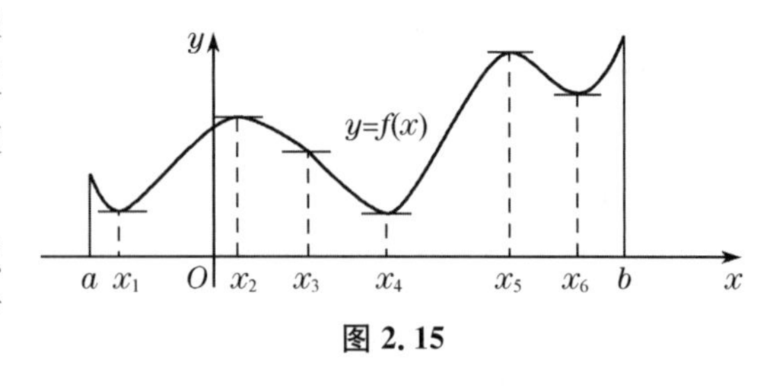

图 2.15

定理 2.11（必要条件） 设 $f(x)$ 在点 x_0 处可导，且在 x_0 处取得极值，则必有 $f'(x_0)=0$.

定理证明从略.

使导数为零的点（即方程 $f'(x)=0$ 的实根）叫作函数 $f(x)$ 的**驻点**.

该定理说明可导函数 $f(x)$ 的极值点必为驻点，但函数的驻点却不一定是极值点. 例如，$y=x^3$，$y'|_{x=0}=0$，但 $x=0$ 不是极值点. 另外，导数不存在的点也可能是函数的极值点. 例如，函数 $y=|x|$ 在 $x=0$ 处不可导，但 $x=0$ 是该函数的极小值点.

由此可知，函数的极值点应该在驻点和不可导点中去寻找，但驻点和不可导点又不一定是极值点. 下面给出判别极值的两个充分条件.

定理 2.12（第一充分条件） 设函数 $f(x)$ 在点 x_0 处连续，在 x_0 左右近旁可导，且 $f'(x_0)=0$ 或 $f'(x_0)$ 不存在. 当 x 由小到大经过 x_0 时，

(1) 若 $f'(x)$ 由正变负，则函数 $f(x)$ 在 x_0 处取得极大值；

(2) 若 $f'(x)$ 由负变正，则函数 $f(x)$ 在 x_0 处取得极小值；

(3) 若 $f'(x)$ 不变号，则函数 $f(x)$ 在 x_0 处没有极值.

定理证明从略.

综上所述，求函数极值的一般步骤如下：

(1) 求出函数 $f(x)$ 的定义域及导数 $f'(x)$；

(2) 求 $f(x)$ 的驻点和不可导点；

(3) 利用第一充分条件判断这些可能取极值的点是否为极值点. 如果是极值点，进一步确定是极大值点还是极小值点（如图 2.16 与图 2.17 所示）.

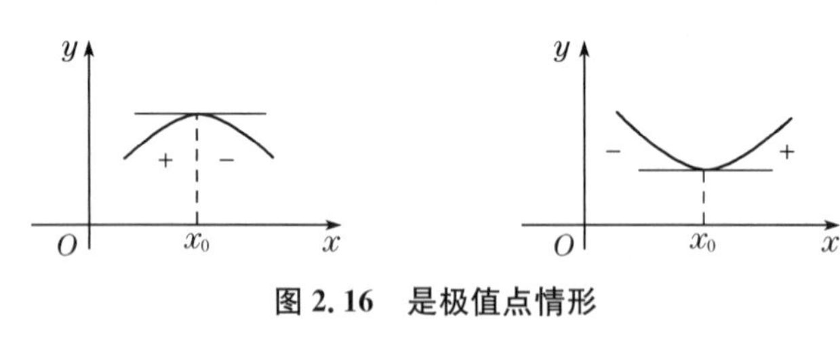

图 2.16　是极值点情形

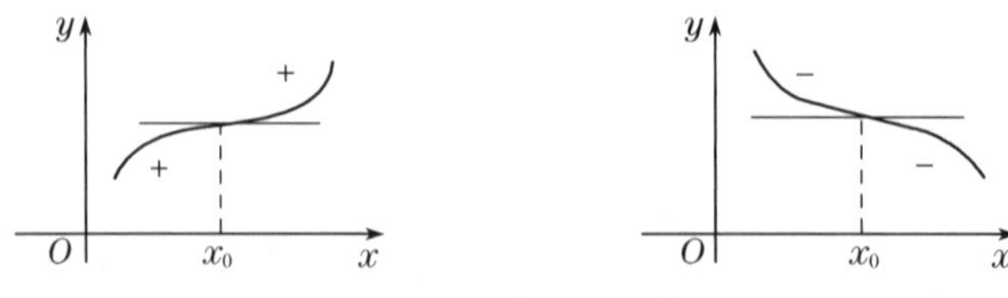

图 2.17　不是极值点情形

【例 2.55】 求函数 $f(x)=x^3-3x^2-9x+5$ 的极值.

解 (1) 函数的定义域为 $(-\infty,+\infty)$，且

$$f'(x)=3x^2-6x-9=3(x+1)(x-3).$$

(2) 令 $f'(x)=0$，得驻点 $x_1=-1, x_2=3$.

(3) 列表讨论

x	$(-\infty,-1)$	-1	$(-1,3)$	3	$(3,+\infty)$
$f'(x)$	$+$	0	$-$	0	$+$
$f(x)$	↑	极大值	↓	极小值	↑

极大值 $f(-1)=10$，极小值 $f(3)=-22$.

【例 2.56】 求函数 $f(x)=x-\dfrac{3}{2}x^{\frac{2}{3}}$ 的极值.

解 (1) 函数的定义域为 $(-\infty,+\infty)$，且

$$f'(x)=1-x^{-\frac{1}{3}}=\frac{\sqrt[3]{x}-1}{\sqrt[3]{x}}.$$

(2) 令 $f'(x)=0$，得驻点 $x_1=1$，不可导点为 $x_2=0$.

(3) 列表讨论

x	$(-\infty,0)$	0	$(0,1)$	1	$(1,+\infty)$
$f'(x)$	$+$	×	$-$	0	$+$
$f(x)$	↑	极大值	↓	极小值	↑

极大值 $f(0)=0$，极小值 $f(1)=-\dfrac{1}{2}$.

定理 2.13(第二充分条件) 设 $f(x)$ 在 x_0 处具有二阶导数，且 $f'(x_0)=0, f''(x_0)\neq 0$，那么

(1) 当 $f''(x_0)<0$ 时，函数 $f(x)$ 在 x_0 处取得极大值；

(2) 当 $f''(x_0)>0$ 时，函数 $f(x)$ 在 x_0 处取得极小值.

定理证明从略.

【例 2.57】 求函数 $f(x)=x^3+3x^2-24x-20$ 的极值.

解 $f'(x)=3x^2+6x-24=3(x+4)(x-2)$，

令 $f'(x)=0$，得驻点 $x_1=-4, x_2=2$.

$$f''(x)=6x+6,$$

$$f''(-4)=-18<0,$$

故极大值 $f(-4)=60$.

$f''(2)=18>0$，故极小值 $f(2)=-48$.

$f(x)=x^3+3x^2-24x-20$ 的图形如图2.18所示.

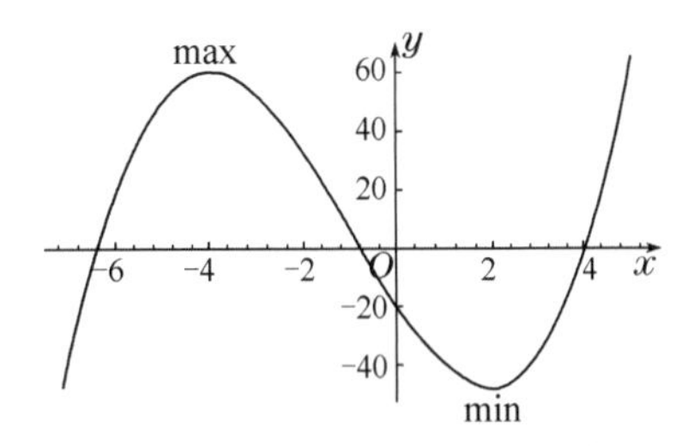

图 2.18

注意：当 $f''(x_0)=0$ 时，$f(x)$ 在点 x_0 处不一定取极值，仍用定理 2.12 判别.

微课

三、函数的最大值与最小值

若函数 $f(x)$ 在 $[a,b]$ 上连续，则 $f(x)$ 在 $[a,b]$ 上的最大值与最小值存在. 如果 $f(x)$ 除

个别点外处处可导，并且至多有有限个导数为零的点，则可按如下步骤求函数的最值：

(1) 求函数的驻点和不可导点；

(2) 求区间端点及驻点和不可导点的函数值，比较大小，最大者就是最大值，最小者就是最小值.

注意：如果区间内只有一个极值，则这个极值就是最值(最大值或最小值).

【例 2.58】 求函数 $f(x)=2x^3+3x^2-12x+14$ 在$[-3,4]$上的最大值与最小值.

解 由于 $f'(x)=6(x+2)(x-1)$，

解方程 $f'(x)=0$，得 $x_1=-2, x_2=1$.

计算 $f(-3)=23$；$f(-2)=34$；$f(1)=7$；$f(4)=142$.

比较得最大值 $f(4)=142$，最小值 $f(1)=7$.

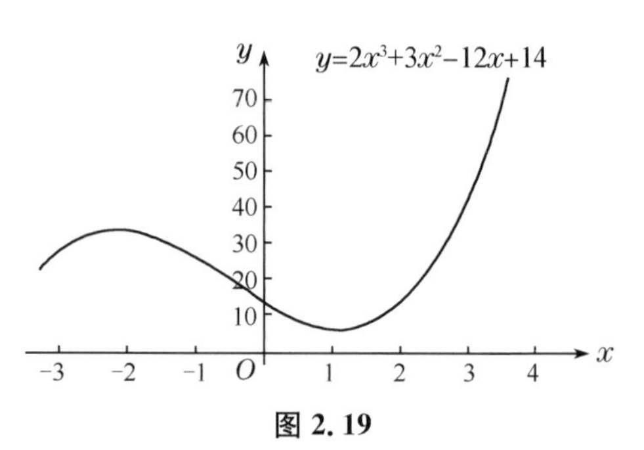

图 2.19

函数的图形如图 2.19 所示.

实际问题求最值应注意：① 建立目标函数；② 求最值.

若目标函数只有唯一驻点，则该点的函数值即为所求的最大值或最小值.

【例 2.59】 某地区原有 400 户贫困农民从事茶叶种植，当地政府经过多年的努力，现已全面建成小康社会，打赢了脱贫攻坚战，目前每户仅茶叶种植平均年收入已达到 8 万元. 为响应党的“二十大”提出的“着力促进全体人民共同富裕，早日实现中国式现代化”，当地政府调整产业结构，决定动员部分农户从事科技养殖生猪产业，剩下的农民继续从事茶叶种植. 据统计，若动员 x 户农民从事生猪养殖，则从事茶叶种植的农民平均每户的收入有望提高 x %，而从事生猪养殖的农民平均每户的年收入为 $8\left(a-\dfrac{x}{25}\right)$万元，其中 $a>0$.

(1) 在动员 x 户农民从事生猪养殖后，要使剩下的$(400-x)$户从事茶叶种植的所有农民总年收入不低于原先 400 户从事茶叶种植的所有农民总收入，求 x 的取值范围；

(2) 在(1)的条件下，要使从事生猪养殖的 x 户农民年收入始终不高于$(400-x)$户从事茶叶种植的所有农民总年收入，求 a 的最大值.

解 (1) 由题意可知，从事生猪养殖的 x 户农民的年收入为 $8x\left(a-\dfrac{x}{25}\right)$万元，从事茶叶种植的$(400-x)$户农民总年收入为$(400-x)\cdot 8(1+x\%)$万元，则

$$(400-x)\cdot 8(1+x\%)\geqslant 400\times 8$$

化简方程后，解得 $0\leqslant x\leqslant 300$. 又因为 x 为用户的数量，只能为正整数，因此，$0<x\leqslant 300, x\in\mathbf{N}^*$.

(2) 由题意可得 $8x\left(a-\dfrac{x}{25}\right)\leqslant(400-x)\cdot 8(1+x\%)(0<x\leqslant 300, x\in\mathbf{N}^*, a>0)$，化简后得

$$a\leqslant\frac{3x}{100}+\frac{400}{x}+3.$$

现设函数 $y=\dfrac{3x}{100}+\dfrac{400}{x}+3$(欲求 a 的范围，显然求 y 的最小值即可)，则 $y'=$

$\frac{3}{100}-\frac{400}{x^2}$.

令 $y'=0$ 得驻点 $x=\frac{200}{\sqrt{3}}$(唯一驻点)；$y''=\frac{800}{x3}>0, x\in(0,300]$，因此 $x=\frac{200}{\sqrt{3}}$ 为最小值点，即 $y_{\min}\left(\frac{200}{\sqrt{3}}\right)=\left[\frac{3x}{100}+\frac{400}{x}+3\right]_{x=\frac{200}{\sqrt{3}}}=4\sqrt{3}+3\approx 9.93$，从而得到 a 的最大值为 9.93.

【例 2.60】 某房地产公司有 50 套公寓要出租，当租金定为每月 180 元时，公寓会全部租出去. 当租金每月增加 10 元时，就有一套公寓租不出去，而租出去的房子每月需花费 20 元的整修维护费. 试问房租定为多少可获得最大收入？

解 设房租为每月 $x(\geqslant 180)$元，租出去的房子有 $50-\left(\frac{x-180}{10}\right)$套，则

每月总收入为 $R(x)=(x-20)\left(50-\frac{x-180}{10}\right)=(x-20)\left(68-\frac{x}{10}\right)$，于是

$$R'(x)=\left(68-\frac{x}{10}\right)+(x-20)\left(-\frac{1}{10}\right)=70-\frac{x}{5}.$$

令 $R'(x)=0 \Rightarrow x=350$(唯一驻点)，根据实际意义知，房租的最大收入存在，故每月每套租金为 350 元时收入最高.

最大收入为 $R(350)=(350-20)\left(68-\frac{350}{10}\right)=10\,890$(元).

【例 2.61】 在 A 地有一种产品，要源源不断地运到铁路线上的 B 地，现希望铺设一段公路 AP，再利用一段铁路 PB(图 2.20)，若铁路运输速度是公路运输速度的两倍，求转运站 P 的最佳位置，使能以最短的时间通过汽车运输转铁路运输，将该产品运到 B 地. 已知：A 到铁路线的垂直距离为 $AA'=a$，而 $A'B=L\left(L>\frac{a}{\sqrt{3}}\right)$.

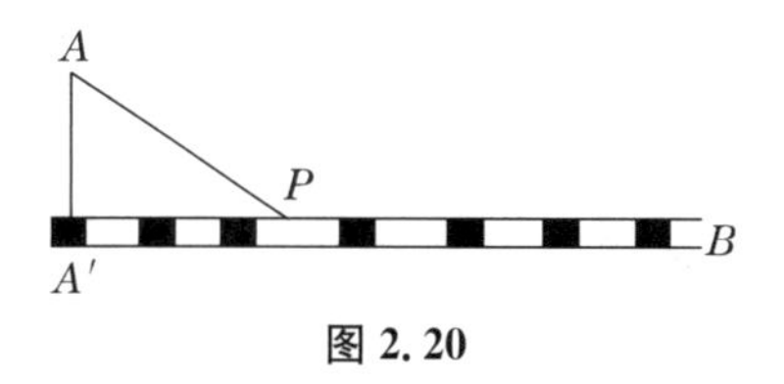

图 2.20

解 设 $x=A'P$，公路运输速度为 v，铁路运输速度为 $2v$，建立目标函数，总运输时间

$$T(x)=\frac{\sqrt{a^2+x^2}}{v}+\frac{L-x}{2v}\ (0\leqslant x\leqslant L)$$

求导得 $T'=\frac{1}{v}\left(\frac{x}{\sqrt{a^2+x^2}}-\frac{1}{2}\right)$.

令 $T'=0$，在$(0,L)$内得唯一驻点 $x=\frac{a}{\sqrt{3}}$.

根据实际意义可知，最佳转运站的位置确实存在，即当 $A'P=\frac{a}{\sqrt{3}}$时，P 点位置最佳.

习题 2.7

1. 求下列函数的单调区间.

(1) $y=x-e^x$；　　(2) $y=2x^2-\ln x$；

(3) $y=\sqrt{2x-x^2}$；　　(4) $y=x^3-3x^2-9x+14$.

2. 利用单调性,证明下列不等式.

(1) 当 $x>1$ 时,$2\sqrt{x}>3-\dfrac{1}{x}$;　　(2) 当 $x>0$ 时,$\arctan x<x$.

3. 求下列函数的极值.

(1) $y=x^3-3x^2+7$;　　(2) $y=x^2e^{-x}$;

(3) $y=x^2-\ln x^2$;　　(4) $y=x^{\frac{1}{3}}(1-x)^{\frac{2}{3}}$.

4. 求下列函数在指定区间上的最值.

(1) $y=\ln(1+x^2),x\in[-1,2]$;　　(2) $y=\sin 2x-2,x\in\left[-\dfrac{\pi}{2},\dfrac{\pi}{2}\right]$;

(3) $y=x+2\sqrt{x},x\in[0,4]$;　　(4) $y=\dfrac{x}{1+x^2},x\in[0,+\infty)$.

5. 要制造一个容积为 16 m^3 的圆柱形容器,问底半径与高各为多少时可使用料最省?

6. 某车间靠墙壁盖一间长方形小屋,现有存砖只够砌 20 m 长的墙壁,问应围成怎样的长方形才能使这间小屋的面积最大?

7. 将 8 分成两个数之和,使它们的立方和最小.

8. 甲轮船位于乙轮船东 75 海里,以每小时 12 海里的速度向西行驶,而乙轮船则以每小时 6 海里的速度向北行驶,问经过多少时间,两船相距最近?

第八节　曲线的凹凸拐与函数图形描绘

学习目标

1. 了解曲线的凹凸和拐点的概念,掌握求曲线凹凸区间和拐点的方法.
2. 了解曲线的水平渐近线和铅直渐近线的概念,掌握绘制函数图形的主要步骤.

一、曲线凹凸性与拐点

微课

如何研究曲线的弯曲方向?从几何上看到,在有的曲线弧上,如果任取两点,则连接这两点间的弦总位于这两点间的弧段的上方(图 2.21),而有的曲线弧却正好相反(图 2.22).曲线的这种性质就是曲线的凹凸性.

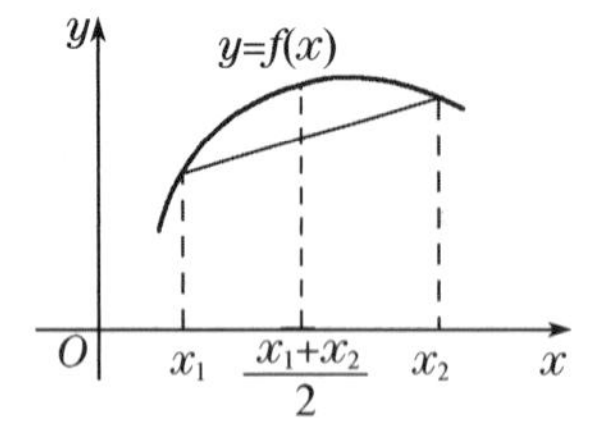

图 2.21　图形上任意弧段位于所张弦的上方

图 2.22　图形上任意弧段位于所张弦的下方

定义 2.4　设函数 $f(x)$ 在区间 (a,b) 上连续,如果对 (a,b) 上任意两点 x_1,x_2,恒有

$$f\left(\frac{x_1+x_2}{2}\right)<\frac{f(x_1)+f(x_2)}{2}\left(\text{或 } f\left(\frac{x_1+x_2}{2}\right)>\frac{f(x_1)+f(x_2)}{2}\right)$$

那么称曲线 $y=f(x)$ 在 (a,b) 上是**凹（或凸）的弧**，此区间 (a,b) 称为**凹（或凸）区间**.

一般，直接用定义来判断曲线的凹凸性往往较为困难，下面介绍用二阶导数来判断曲线的凹凸性.

定理 2.14　如果 $f(x)$ 在 $[a,b]$ 上连续，在 (a,b) 内具有一阶和二阶导数，若在 (a,b) 内

(1) $f''(x)>0$，则 $f(x)$ 在 $[a,b]$ 上的图形是凹的；

(2) $f''(x)<0$，则 $f(x)$ 在 $[a,b]$ 上的图形是凸的.

定理证明从略.

【例 2.62】　判定下列曲线的凹凸性：

(1) $y=\ln x$；　　　　(2) $y=\sin x, x\in(0,2\pi)$.

解　(1) 因为 $y'=\dfrac{1}{x}, y''=-\dfrac{1}{x^2}<0$，所以 $y=\ln x$ 在其定义域 $(0,+\infty)$ 内是凸的(图 2.23).

(2) $y'=\cos x, y''=-\sin x$，令 $y''=0$ 得 $x=\pi\in(0,2\pi)$.

当 $x\in(0,\pi)$ 时，$y''=-\sin x<0$，所以，曲线 $y=\sin x$ 是凸的；

当 $x\in(\pi,2\pi)$ 时，$y''=-\sin x>0$，所以，曲线 $y=\sin x$ 是凹的.

如图 2.24 所示，点 $(\pi,0)$ 是曲线由凸变凹的分界点.

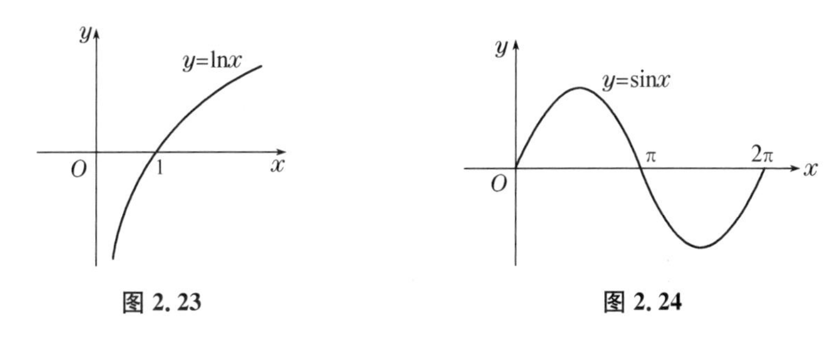

图 2.23　　　　图 2.24

定义 2.5　连续曲线上凹凸的分界点称为曲线的**拐点**.

注意：拐点处的切线必在拐点处穿过曲线.

由于拐点是曲线 $y=f(x)$ 上凹与凸的分界点，所以当 $f''(x)$ 存在时，由曲线凹凸性的判定定理可知，拐点左右两侧附近 $f''(x)$ 必异号.

另外，二阶导数不存在的点对应于曲线上的点也有可能为拐点. 因此，不难给出确定曲线凹凸区间和拐点的方法：

(1) 确定函数 $y=f(x)$ 的定义域；

(2) 求出定义域内使 $f''(x)=0$ 的点 x_i 和 $f''(x)$ 不存在的点 x_j；

(3) 将 x_i 和 x_j 按从小到大的顺序划分定义域为若干区间，并判断在各区间内的二阶导数的符号，确定曲线的凹凸区间和拐点.

【例 2.63】　求曲线 $y=3x^4-4x^3+1$ 的拐点及凹、凸的区间.

解　(1) 定义域 $D=(-\infty,+\infty)$.

(2) $y'=12x^3-12x^2, y''=36x\left(x-\dfrac{2}{3}\right)$.

令 $y''=0$，得 $x_1=0, x_2=\dfrac{2}{3}$.

(3) 列表讨论

x	$(-\infty,0)$	0	$\left(0,\frac{2}{3}\right)$	$\frac{2}{3}$	$\left(\frac{2}{3},+\infty\right)$
$f''(x)$	+	0	−	0	+
$f(x)$	凹的	拐点 $(0,1)$	凸的	拐点 $(2/3,11/27)$	凹的

所以,凹区间为$(-\infty,0]$,$\left[\frac{2}{3},+\infty\right)$,凸区间为$\left[0,\frac{2}{3}\right]$,拐点为$(0,1)$,$\left(\frac{2}{3},\frac{11}{27}\right)$.

【例 2.64】 求曲线 $y=\sqrt[3]{x}$的拐点.

解 当 $x\neq 0$ 时,$y'=\frac{1}{3}x^{-\frac{2}{3}}$,$y''=-\frac{4}{9}x^{-\frac{5}{3}}$,则

$x=0$ 是不可导点,y',y''均不存在.

但在$(-\infty,0)$内,$y''>0$,曲线在$(-\infty,0]$上是凹的;在$(0,+\infty)$内,$y''<0$,曲线在$[0,+\infty)$上是凸的.

故点$(0,0)$是曲线 $y=\sqrt[3]{x}$的拐点.

二、曲线的渐近线

定义 2.6 当曲线 $y=f(x)$上的动点 P 沿着曲线无限远离坐标原点时,它与某定直线 L 的距离趋向于零,则称此直线 L 为曲线 $y=f(x)$的一条**渐近线**.

1. 铅直渐近线(垂直于 x 轴的渐近线)

如果 $\lim\limits_{x\to x_0^+}f(x)=\infty$或 $\lim\limits_{x\to x_0^-}f(x)=\infty$,那么直线 $x=x_0$ 称为曲线 $y=f(x)$的一条**铅直渐近线**.

例如:曲线 $y=\frac{1}{(x+2)(x-3)}$,因为

$\lim\limits_{x\to -2}\frac{1}{(x+2)(x-3)}=\infty$,$\lim\limits_{x\to 3}\frac{1}{(x+2)(x-3)}=\infty$,

所以,有两条铅直渐近线:$x=-2$,$x=3$(图 2.25).

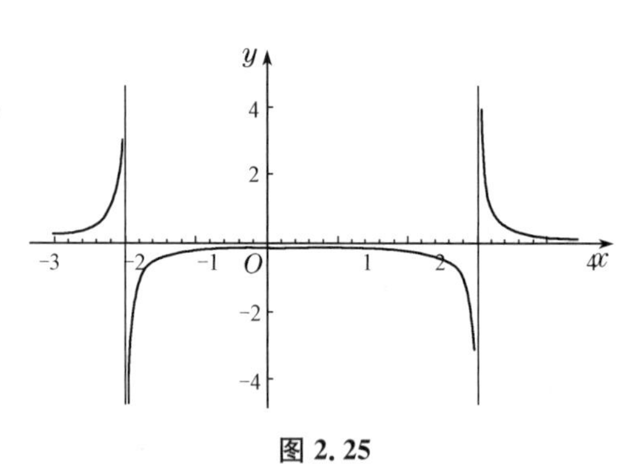

图 2.25

2. 水平渐近线(平行于 x 轴的渐近线)

如果 $\lim\limits_{x\to +\infty}f(x)=b$ 或 $\lim\limits_{x\to -\infty}f(x)=b$($b$ 为常数),那么直线 $y=b$ 称为曲线 $y=f(x)$的一条**水平渐近线**.

例如:曲线 $y=\arctan x$,因为 $\lim\limits_{x\to +\infty}\arctan x=\frac{\pi}{2}$,$\lim\limits_{x\to -\infty}\arctan x=-\frac{\pi}{2}$,所以有两条水平渐近线:$y=\frac{\pi}{2}$,$y=-\frac{\pi}{2}$(图 2.26).

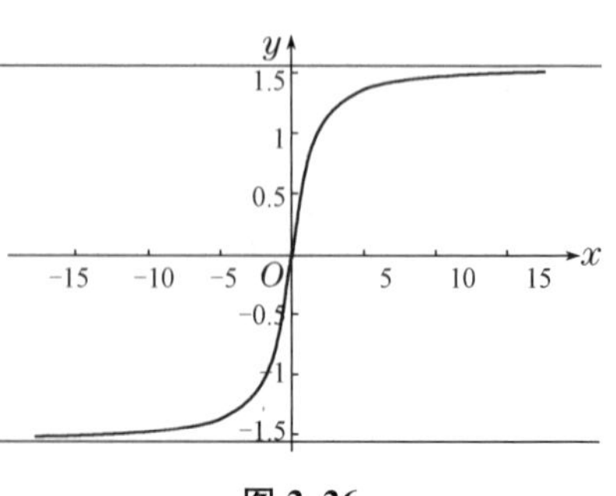

图 2.26

【例 2.65】 求曲线 $y=\frac{2}{x-1}+3$ 的渐近线.

解 因为 $\lim\limits_{x\to\infty}f(x)=\lim\limits_{x\to\infty}\left(\frac{2}{x-1}+3\right)=3$，所以 $y=3$ 是曲线的水平渐近线；

又 $\lim\limits_{x\to1}f(x)=\lim\limits_{x\to1}\left(\frac{2}{x-1}+3\right)=\infty$，所以 $x=1$ 是曲线的铅直渐近线.

3. 斜渐近线

如果函数 $f(x)$满足 $\lim\limits_{x\to+\infty}\frac{f(x)}{x}=k$ 或 $\lim\limits_{x\to-\infty}\frac{f(x)}{x}=k$，$\lim\limits_{x\to+\infty}[f(x)-kx]=b$ 或 $\lim\limits_{x\to-\infty}[f(x)-kx]=b$，则斜渐近线为 $y=kx+b$.

【例 2.66】 求曲线 $y=\frac{x^3}{(x-1)^2}$的渐近线.

解 $\lim\limits_{x\to\infty}y=\lim\limits_{x\to\infty}\frac{x^3}{(x-1)^2}=\infty$，则没有水平渐近线.

$\lim\limits_{x\to1}y=\lim\limits_{x\to1}\frac{x^3}{(x-1)^2}=\infty$，则垂直渐近线为 $x=1$.

$k=\lim\limits_{x\to\infty}\frac{f(x)}{x}=\lim\limits_{x\to\infty}\frac{x^3}{x(x-1)^2}=1$.

$b=\lim\limits_{x\to\infty}[f(x)-kx]=\lim\limits_{x\to\infty}\left[\frac{x^3}{(x-1)^2}-x\right]=\lim\limits_{x\to\infty}\frac{2x^2-x}{(x-1)^2}=2$.

故斜渐线为 $y=x+2$.

三、函数图形的描绘

利用导数描绘函数图形的一般步骤如下：

第一步：确定函数 $y=f(x)$的定义域，并考察函数是否有奇偶性、周期性、曲线与坐标轴交点等特性，再求出函数的一阶导数 $f'(x)$和二阶导数 $f''(x)$；

第二步：求出方程 $f'(x)=0$ 和 $f''(x)=0$ 在函数定义域内的全部实根，用这些根同函数的间断点或导数不存在的点把函数的定义域划分成几个部分区间；

第三步：确定在这些部分区间内 $f'(x)$和 $f''(x)$的符号，并由此确定函数的单调性、极值、凹凸性及拐点；

第四步：确定曲线的渐近线；

第五步：描出与方程 $f'(x)=0$ 和 $f''(x)=0$ 的根对应的曲线上的点，有时还需要补充一些点，再综合前四步讨论的结果画出函数的图形.

【例 2.67】 作函数 $f(x)=\frac{4(x+1)}{x^2}-2$ 的图形.

解 定义域 D：$x\neq0$，非奇非偶函数，且无对称性.

$f'(x)=-\frac{4(x+2)}{x^3}$，$f''(x)=\frac{8(x+3)}{x^4}$.

令 $f'(x)=0$，得驻点 $x=-2$；

令 $f''(x)=0$，得 $x=-3$.

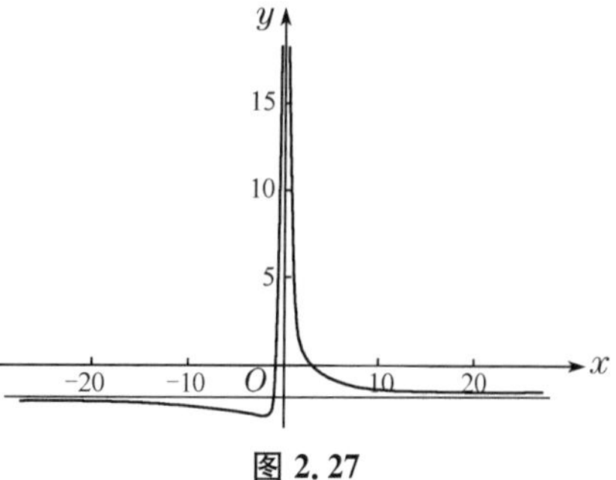

图 2.27

列表讨论函数的单调区间，凹凸区间及极值点和拐点：

x	$(-\infty,-3)$	-3	$(-3,-2)$	-2	$(-2,0)$	0	$(0,+\infty)$
$f'(x)$	$-$	$-$	$-$	0	$+$	不存在	$+$
$f''(x)$	$-$	0	$+$	$+$	$+$		$+$
$f(x)$	$\downarrow\cap$	拐点 $\left(-3,-\frac{26}{9}\right)$	$\downarrow\cup$	极值点 -3	$\uparrow\cup$	间断点	$\downarrow\cup$

$\lim\limits_{x\to\infty}f(x)=\lim\limits_{x\to\infty}\left[\frac{4(x+1)}{x^2}-2\right]=-2$，得水平渐近线 $y=-2$；

$\lim\limits_{x\to 0}f(x)=\lim\limits_{x\to 0}\left[\frac{4(x+1)}{x^2}-2\right]=+\infty$，得铅直渐近线 $x=0$.

补充点：$(1-\sqrt{3},0)$，$(1+\sqrt{3},0)$；$A(-1,-2)$，$B(1,6)$，$C(2,1)$.

综合上述分析，描绘出函数的图形(图 2.27).

【例 2.68】 作函数 $\varphi(x)=\frac{1}{\sqrt{2\pi}}e^{-\frac{x^2}{2}}$ 的图形.

解 定义域 D：$(-\infty,+\infty)$，偶函数，图形关于 y 轴对称.

$$\varphi'(x)=-\frac{x}{\sqrt{2\pi}}e^{-\frac{x^2}{2}};$$

$$\varphi''(x)=-\frac{(x+1)(x-1)}{\sqrt{2\pi}}e^{-\frac{x^2}{2}}.$$

令 $\varphi'(x)=0$，得驻点 $x=0$；

令 $\varphi''(x)=0$，得 $x=-1$，$x=1$.

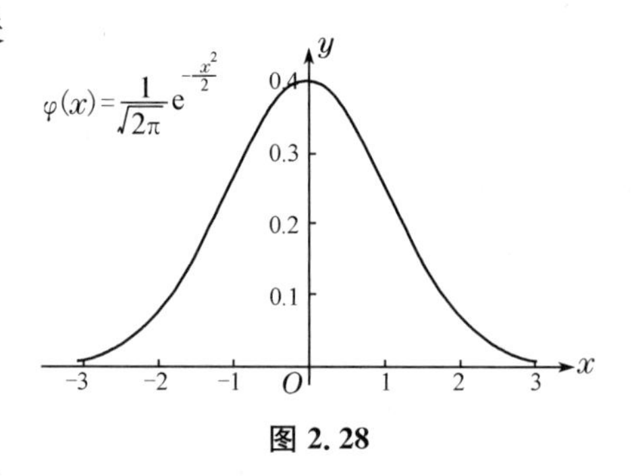

图 2.28

列表讨论函数的单调区间，凹凸区间及极值点与拐点：

x	$(-\infty,-1)$	-1	$(-1,0)$	0	$(0,1)$	1	$(1,+\infty)$
$\varphi'(x)$	$+$	$+$	$+$	0	$-$	$-$	$-$
$\varphi''(x)$	$+$	0	$-$	$-$	$-$	0	$+$
$\varphi(x)$	$\uparrow\cup$	拐点 $\left(-1,\frac{1}{\sqrt{2\pi e}}\right)$	$\uparrow\cap$	极大值 $\frac{1}{\sqrt{2\pi}}$	$\downarrow\cap$	拐点 $\left(1,\frac{1}{\sqrt{2\pi e}}\right)$	$\downarrow\cup$

因为 $\lim\limits_{x\to\infty}\varphi(x)=\lim\limits_{x\to\infty}\frac{1}{\sqrt{2\pi}}e^{-\frac{x^2}{2}}=0$，得水平渐近线 $y=0$.

综合上述分析，描绘出函数的图形(图 2.28).

习题 2.8

1. 求下列曲线的凹凸区间与拐点.

(1) $y=x^3-6x^2+12x+4$；　　(2) $y=xe^{-x}$；

(3) $y=\ln(1+x^2)$；　　(4) $y=1+\sqrt[3]{x-3}$.

2. 求下列曲线的渐近线.

(1) $y=\dfrac{1}{x^2+x+1}$；　　(2) $y=\ln(x+3)$；

(3) $y=\dfrac{x}{(x-1)^2}$；　　(4) $y=\dfrac{2x^2}{x^2-1}$.

3. 已知曲线 $y=ax^3+bx^2+1$ 以(1,3)为拐点,试求常数 a,b 的值.

4. 已知函数 $y=x^3+ax^2+bx+c$ 在点 $x=0$ 处有极值,且它的图形有拐点(1,−1),试求常数 a,b,c 的值.

5. 作出下列函数的图形.

(1) $y=\dfrac{1}{3}x^3-x$；　　(2) $y=x^2+\dfrac{1}{x}$；

(3) $y=e^{\frac{1}{\sqrt{x}}}$；　　(4) $y=\dfrac{4(x+1)}{x^2}-2$.

本章小结

一、本章重难点

1. 导数与微分的概念、导数的几何意义.

2. 导数与微分的基本公式.

3. 导数的计算(四则运算法则、复合函数求导法则、隐函数的求导法、参数表示的函数求导).

4. 求显函数的高阶导数.

二、知识点概览

本章知识点请微信扫描右侧二维码阅览.

三、疑难解析与例题分析

本章疑难解析与例题分析请微信扫描右侧二维码阅览.

本章习题

一、单项选择题

1. 设函数 $f(x)$在 $x=0$ 处连续,且$\lim\limits_{x\to0}\dfrac{f(3x)}{x}=2$,则 $f'(0)=$　　(　　)

A. $\dfrac{2}{3}$　　B. $\dfrac{3}{2}$　　C. 3　　D. 6

2. 设函数 $f(x)$ 在 $x=0$ 处连续，且 $\lim\limits_{x\to 0}\dfrac{f(x)}{\sin 2x}=1$，则 $f'(0)=$ （　　）

A. 0　　B. $\dfrac{1}{2}$　　C. 1　　D. 2

3. 设函数 $f(x)=\varphi\left(\dfrac{1-x}{1+x}\right)$，$\varphi(x)$ 为可导函数，且 $\varphi'(x)=3$，则 $f'(0)=$ （　　）

A. -6　　B. 6　　C. -3　　D. 3

4. 曲线 $y=\dfrac{x^2-6x+8}{x^2+4x}$ 的渐近线共有 （　　）

A. 1 条　　B. 2 条　　C. 3 条　　D. 4 条

5. 设函数 $f(x)$ 在 点 $x=0$ 处可导，则有 （　　）

A. $\lim\limits_{x\to 0}\dfrac{f(x)-f(-x)}{x}=f'(0)$　　B. $\lim\limits_{x\to 0}\dfrac{f(2x)-f(3x)}{x}=f'(0)$

C. $\lim\limits_{x\to 0}\dfrac{f(-x)-f(0)}{x}=f'(0)$　　D. $\lim\limits_{x\to 0}\dfrac{f(2x)-f(x)}{x}=f'(0)$

6. 函数 $y=(1-x)^x(x<1)$ 的微分 $\mathrm{d}y$ 为 （　　）

A. $(1-x)^x\left[\ln(1-x)+\dfrac{x}{1-x}\right]\mathrm{d}x$　　B. $(1-x)^x\left[\ln(1-x)-\dfrac{x}{1-x}\right]\mathrm{d}x$

C. $x(1-x)^{x-1}\mathrm{d}x$　　D. $-x(1-x)^{x-1}\mathrm{d}x$

7. 已知函数 $f(x)$ 在点 $x=1$ 处连续，且 $\lim\limits_{x\to 1}\dfrac{f(x)}{x^2-1}=\dfrac{1}{2}$，则曲线 $y=f(x)$ 在点 $(1,f(1))$ 处的切线方程为 （　　）

A. $y=x-1$　　B. $y=2x-2$　　C. $y=3x-3$　　D. $y=4x-4$

8. 设函数 $f(x)=\begin{cases}0, & x\leqslant 0,\\ x^\alpha\sin\dfrac{1}{x}, & x>0,\end{cases}$ 在点 $x=0$ 处可导，则常数 α 的取值范围为 （　　）

A. $0<\alpha<1$　　B. $0<\alpha\leqslant 1$　　C. $\alpha>1$　　D. $\alpha\geqslant 1$

二、填空题

1. 设函数 $f(x)=\mathrm{e}^{2x}$，则 $f^{(n)}(0)=$________.

2. 设函数 $y=f(x)$ 是参数方程 $\begin{cases}x=t^3+3t,\\ y=3t^5+5t^3\end{cases}$ 所确定的函数，则 $\left.\dfrac{\mathrm{d}y}{\mathrm{d}x}\right|_{t=1}=$________.

3. 设曲线 $\begin{cases}x=t\mathrm{e}^t,\\ y=1-\mathrm{e}^t,\end{cases}$ 在 $(0,0)$ 处的切线方程为________.

4. 设函数 $y=\ln(x+1)$，若 $y^{(n)}|_{x=0}=2\,018!$，则 $n=$________.

5. 设 $y=x^{\sqrt{x}}(x>0)$，则 $y'=$________.

6. 曲线 $y=3x^4+4x^3-6x^2-12x$ 的凸区间为________.

7. 设函数 $y=f(x)$ 的微分为 $\mathrm{d}y=\mathrm{e}^{2x}\mathrm{d}x$，则 $f''(x)=$________.

8. 设函数 $f(x)=ax^3-9x^2+12x$ 在 $x=2$ 处取得极小值，则 $f(x)$ 的极大值为________.

三、计算题

1. 求极限 $\lim\limits_{x\to 0}\dfrac{x\ln(1+x)}{x-\ln(1+x)}$.

2. 求极限 $\lim\limits_{x\to0}\left[\frac{1}{x^2}-\frac{1}{\ln(1+x^2)}\right]$.

3. 设 $y=y(x)$ 是由参数方程 $\begin{cases}x^3+xt^2+t-1=0,\\ y=t^3+t+1\end{cases}$ 所确定的函数,求 $\left.\frac{\mathrm{d}y}{\mathrm{d}x}\right|_{t=0}$.

4. 设 $f(x)=\begin{cases}\frac{x-\sin x}{x^2}, & x\neq0,\\ 0, & x=0,\end{cases}$ 求 $f'(x)$.

5. 求极限 $\lim\limits_{x\to0}\left(\frac{1}{x\arcsin x}-\frac{1}{x^2}\right)$.

6. 求极限 $\lim\limits_{x\to0}\left[\frac{\mathrm{e}^x}{\ln(1+x)}-\frac{1}{x}\right]$.

7. 设函数 $y=y(x)$ 由参数方程 $\begin{cases}x=t-\frac{1}{t},\\ y=t^2+2\ln t\end{cases}$ 所确定,求 $\frac{\mathrm{d}y}{\mathrm{d}x},\frac{\mathrm{d}^2y}{\mathrm{d}x^2}$.

8. 设函数 $y=y(x)$ 由方程 $y+\mathrm{e}^{x+y}=2x$ 所确定,求 $\frac{\mathrm{d}y}{\mathrm{d}x},\frac{\mathrm{d}^2y}{\mathrm{d}x^2}$.

四、证明题

1. 证明不等式:

(1) 当 $x\neq0$ 时,$\mathrm{e}^x+\mathrm{e}^{-x}>x^2+2$.

(2) 当 $0<x<2$ 时,$\mathrm{e}^x<\frac{2+x}{2-x}$.

(3) 当 $x>0$ 时,$\ln x\leqslant\frac{2}{\mathrm{e}}\sqrt{x}$.

(4) 当 $0<x\leqslant\pi$ 时,$x\sin x+2\cos x<2$.

2. 证明:方程 $x\ln x=3$ 在区间 $(2,3)$ 内有且仅有一个实根.

3. 设 $f(x)=\begin{cases}\frac{\varphi(x)}{x}, & x\neq0,\\ 1, & x=0,\end{cases}$ 其中函数 $\varphi(x)$ 在 $x=0$ 处具有二阶连续导数,且 $\varphi(0)=0$, $\varphi'(0)=1$,证明:函数 $f(x)$ 在 $x=0$ 处连续且可导.

五、综合题

1. 设函数 $f(x)=\frac{a}{x-1}+\frac{b}{(x-1)^2}+c$,已知曲线 $y=f(x)$ 具有水平渐近线 $y=1$,且具有拐点 $(-1,0)$.

(1) 求 a,b,c 的值.

(2) 求函数 $y=f(x)$ 的单调性和极值.

2. 已知函数 $f(x)=ax^4+bx^3$ 在点 $x=3$ 处取得极值 -27,试求:

(1) 常数 a,b 的值.

(2) 曲线的 $y=f(x)$ 凹凸区间与拐点.

(3) 曲线 $y=\frac{1}{f(x)}$ 的渐近线.

3. 设函数 $f(x)=\frac{ax+b}{(x+1)^2}$ 在点 $x=1$ 处取得极值 $-\frac{1}{4}$,试求:

(1) 常数 a,b 的值.
(2) 曲线 $y=f(x)$的凹凸区间与拐点.
(3) 曲线 $y=f(x)$的渐近线.
4. 已知函数 $f(x)=x^3-3x+1$,试求:
(1) 函数 $f(x)$的单调区间与极值.
(2) 曲线 $y=f(x)$的凹凸区间与拐点.
(3) 函数 $f(x)$在闭区间$[-2,3]$上的最大值与最小值.

思政案例

分析数学的开拓者——拉格朗日

拉格朗日(Lagrange),法国数学家、物理学家及天文学家.1736年1月25日生于意大利西北部的都灵,1755年19岁的他就在都灵的皇家炮兵学校当数学教授;1766年应德国的普鲁士王腓特烈的邀请去了柏林,不久便成为柏林科学院通讯院院士,在那里他居住了达二十年之久;1786年普鲁士王腓特烈逝世后,他应法王路易十六之邀,于1787年定居巴黎,其间出任法国米制委员会主任,并先后于巴黎高等师范学院及巴黎综合工科学校任数学教授;最后于1813年4月10日在巴黎逝世.

拉格朗日一生的科学研究所涉及的数学领域极其广泛.如:他在探讨"等周问题"的过程中,他用纯分析的方法发展了欧拉所开创的变分法,为变分法奠定了理论基础;他完成的《分析力学》一书,建立起完整和谐的力学体系;他的两篇著名的论文《关于解数值方程》和《关于方程的代数解法的研究》,总结出一套标准方法即把方程化为低一次的方程(辅助方程或预解式)以求解,但这并不适用于五次方程;然而他的思想已蕴含着群论思想,这使他成为伽罗瓦建立群论之先导;在数论方面,他也显示出非凡的才能,费马所提出的许多问题都被他一一解答,他还证明了圆周率的无理性,这些研究成果丰富了数论的内容;他的巨著《解析函数论》,为微积分奠定理论基础方面做了独特的尝试,他企图把微分运算归结为代数运算,从而抛弃自牛顿以来一直令人困惑的无穷小量,并想由此出发建立全部分析学;另外他用幂级数表示函数的处理方法对分析学的发展产生了影响,成为实变函数论的起点;而且,他还在微分方程理论中作出奇解为积分曲线族的包络的几何解释,提出线性变换的特征值概念等.

数学界近百多年来的许多成就都可直接或间接地追溯于拉格朗日的工作,为此他于数学史上被认为是对分析数学的发展产生全面影响的数学家之一.

拉格朗日的研究工作中,约有一半同天体力学有关.他是分析力学的创立者,为把力学理论推广应用到物理学其他领域开辟了道路;他用自己在分析力学中的原理和公式,建立起各类天体的运动方程,他对三体问题的求解方法、对流体运动的理论等都有重要贡献,他还研究了彗星和小行星的摄动问题,提出了彗星起源假说等.

第三章　一元函数积分学及应用

本章将讨论函数的不定积分和定积分的概念、性质以及常用积分方法,并介绍定积分在几何、物理上的一些简单应用.

第一节　不定积分的概念与性质

学习目标

1. 理解原函数与不定积分的概念,了解不定积分的性质.
2. 掌握不定积分基本公式,会用直接积分法求不定积分.

在科学技术和生产实践中,常常会遇到与求导问题相反的另一类问题:已知这个函数的导数,求这个函数.

案例 3.1　已知某物体在任一时刻 t 的速度 $v=v(t)$,求在时刻 t 时物体走过的路程 $s=s(t)$.

案例 3.2　已知电路上任一时刻 t 的电流 $i=i(t)$,求在时刻 t 电路上的电量 $Q=Q(t)$.

案例 3.3　已知曲线上任一点 (x,y) 处的切线斜率为 $k=k(x)$,求该曲线方程 $y=f(x)$.

这类已知一个函数的导数 $F'(x)=f(x)$,要反过来求这个函数 $F(x)$ 的问题(即导数的逆运算),正是本章首先要讨论的一个主要问题.

微课

一、原函数与不定积分的概念

定义 3.1　如果在区间 I 上,可导函数 $F(x)$ 的导函数为 $f(x)$,即对任一 $x\in I$,都有

$$F'(x)=f(x),$$

那么函数 $F(x)$ 就称为 $f(x)$ 在区间 I 上的一个**原函数**.

例如,$(\sin x)'=\cos x$,所以 $\sin x$ 是 $\cos x$ 在 $(-\infty,+\infty)$ 上的一个原函数.

又例如,$(x^3)'=3x^2$,所以 x^3 是 $3x^2$ 在 $(-\infty,+\infty)$ 上的一个原函数.

那么,是否每一个函数都存在原函数?回答是否定的,但有如下结论:

定理 3.1(原函数存在定理)　如果函数 $f(x)$ 在区间 I 上连续,那么在区间 I 上存在可导函数 $F(x)$,使对任一 $x\in I$ 都有

$$F'(x)=f(x).$$

定理证明从略.

此定理说明,连续函数一定有原函数.从而得到,初等函数在定义域内必有原函数.

我们知道 $(\sin x+1)'=\cos x$,则 $\sin x+1$ 也是 $\cos x$ 的一个原函数.那么 $\sin x-2$ 呢?是否也是它的原函数?回答是肯定的,因为常数的导数为零,由此可以得到 $\sin x+C$ 都是 $\cos x$ 的原函数.由这个例子可以得到,如果一个函数存在原函数,那么它的原函数一定是无

穷多个.

定理 3.2 如果 $F(x)$是 $f(x)$定义在区间 I 上的一个原函数,则 $F(x)+C$(C 为任意常数)也是 $f(x)$的原函数,且 $F(x)+C$ 包含了在该区间上的所有原函数.

注意:$f(x)$的任意两个原函数之间只差一个常数,即如果 $\Phi(x)$和 $F(x)$都是 $f(x)$的原函数,则 $\Phi(x)-F(x)=C$(C 为某个常数). 所以,如果找到了一个原函数,就能找到它的全部原函数.

定义 3.2 设 $F(x)$是 $f(x)$定义在区间 I 上的一个原函数,则它的全部原函数 $F(x)+C$ 称为 $f(x)$在 I 上的**不定积分**,记作 $\int f(x)\mathrm{d}x$, 即

$$\int f(x)\mathrm{d}x = F(x)+C,$$

其中 $\int$ 为**积分号**,$f(x)$为**被积函数**,$f(x)\mathrm{d}x$ 为**被积表达式**,x 为**积分变量**.

【例 3.1】 求 $\int \frac{1}{1+x^2}\mathrm{d}x$.

解 因为$(\arctan x)'=\frac{1}{1+x^2}$,所以 $\arctan x$ 是$\frac{1}{1+x^2}$的一个原函数,从而有

$$\int \frac{\mathrm{d}x}{1+x^2}=\arctan x+C.$$

【例 3.2】 求函数 $f(x)=\frac{1}{x}(x\neq 0)$的不定积分.

解 当 $x>0$ 时,$(\ln x)'=\frac{1}{x}$,则

$$\int \frac{1}{x}\mathrm{d}x=\ln x+C \quad (x>0);$$

当 $x<0$ 时,$[\ln(-x)]'=\frac{1}{-x}\cdot(-1)=\frac{1}{x}$,则

$$\int \frac{1}{x}\mathrm{d}x=\ln(-x)+C \quad (x<0).$$

合并上面两式,得到

$$\int \frac{1}{x}\mathrm{d}x=\ln|x|+C \quad (x\neq 0).$$

按照定义,一个函数的原函数或不定积分都有相应的定义区间,为了简便起见,一般不再注明积分变量的区间.

二、不定积分的几何意义

函数 $f(x)$的原函数 $F(x)$的图形,称为函数 $f(x)$的**积分曲线**. 不定积分的图形是一族积分曲线,这族曲线可由一条积分曲线 $y=F(x)$经上下平行移动得到,这族曲线中的每一条曲线在横坐标为 x 的点处的切线斜率都是 $f(x)$(如图 3.1).

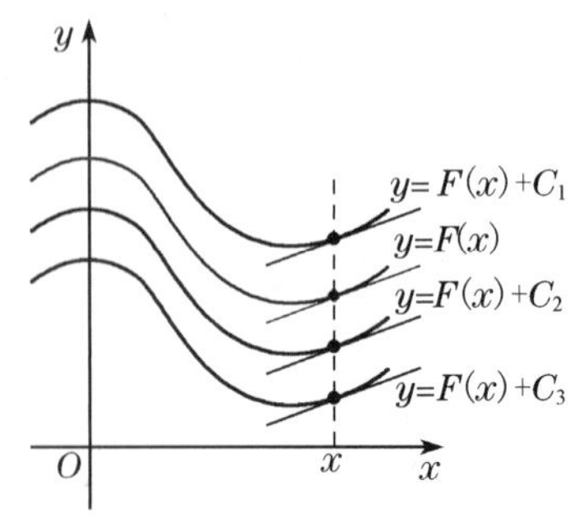

图 3.1

【例 3.3】 设曲线通过点(1,2),且其上任一点处的切

线斜率等于这点横坐标的 2 倍，求此曲线的方程.

解　设所求的曲线方程为 $y=f(x)$，按题设，曲线上任一点 (x,y) 处的切线斜率为 $k=f'(x)=2x$，则有

$$\int 2x\mathrm{d}x=x^2+C,$$

故必有某个常数 C 使 $f(x)=x^2+C$，即曲线方程为 $y=x^2+C$.

又因为所求曲线通过点 $(1,2)$，故 $2=1+C$，得 $C=1$，则

曲线方程为 $y=x^2+1$.

三、不定积分的性质

根据不定积分的定义，不难推出下面的性质：

性质 3.1　$\frac{\mathrm{d}}{\mathrm{d}x}\left[\int f(x)\mathrm{d}x\right]=f(x)$ 或 $\mathrm{d}\left[\int f(x)\mathrm{d}x\right]=f(x)\mathrm{d}x$；

性质 3.2　$\int F'(x)\mathrm{d}x=F(x)+C$ 或 $\int \mathrm{d}F(x)=F(x)+C$.

由此可见，微分运算（以记号 d 表示）与求不定积分的运算（简称积分运算，以记号 $\int$ 表示）是互逆的. 当记号 $\int$ 与 d 连在一起时，或者抵消，或者抵消后差一个常数.

性质 3.3　被积函数中的常数因子可以提到积分号外面去，即

$$\int kf(x)\mathrm{d}x=k\int f(x)\mathrm{d}x\quad (k\text{ 为常数},k\neq 0).$$

性质 3.4　函数和差的不定积分等于各个函数的不定积分的和差，即

$$\int[f(x)\pm g(x)]\mathrm{d}x=\int f(x)\mathrm{d}x\pm\int g(x)\mathrm{d}x.$$

四、基本积分公式

由于积分运算是微分运算的逆运算，所以从基本导数公式，可以直接得到基本积分公式，如：$(\tan x)'=\sec^2 x$，则积分公式为 $\int \sec^2 x\mathrm{d}x=\tan x+C$. 类似地，可以推导其他积分公式如下：

(1) $\int \mathrm{d}x=x+C$

(2) $\int x^{\mu}\mathrm{d}x=\frac{x^{\mu+1}}{\mu+1}+C\quad (\mu\neq -1)$

(3) $\int \frac{\mathrm{d}x}{x}=\ln|x|+C$

(4) $\int a^x\mathrm{d}x=\frac{a^x}{\ln a}+C$，$\int \mathrm{e}^x\mathrm{d}x=\mathrm{e}^x+C$

(5) $\int \cos x\mathrm{d}x=\sin x+C$

(6) $\int \sin x\mathrm{d}x=-\cos x+C$

(7) $\int \sec^2 x\mathrm{d}x=\tan x+C$

(8) $\int \csc^2 x\mathrm{d}x=-\cot x+C$

(9) $\int \sec x\tan x\mathrm{d}x=\sec x+C$

(10) $\int \csc x\cot x\mathrm{d}x=-\csc x+C$

(11) $\int \frac{\mathrm{d}x}{1+x^2}=\arctan x+C$

(12) $\int \frac{\mathrm{d}x}{\sqrt{1-x^2}}=\arcsin x+C$

这些积分公式是积分运算的基础，对学习本课程十分重要，必须牢牢记住. 利用不定积分的性质及基本积分公式，可以求出一些简单函数的不定积分.

【例 3.4】 求 $\int \sqrt{x}(x^2-5)\mathrm{d}x$.

解 $$\int \sqrt{x}(x^2-5)\mathrm{d}x=\int (x^{\frac{5}{2}}-5x^{\frac{1}{2}})\mathrm{d}x=\int x^{\frac{5}{2}}\mathrm{d}x-5\int x^{\frac{1}{2}}\mathrm{d}x$$
$$=\frac{2}{7}x^{\frac{7}{2}}-\frac{10}{3}x^{\frac{3}{2}}+C.$$

遇到多项积分时，不需要对每个积分都加任意常数，只需要待各项积分都计算结束后，总的加一个任意常数就可以了.

【例 3.5】 求 $\int \frac{1+x+x^2}{x(1+x^2)}\mathrm{d}x$.

解 因为 $\frac{1+x+x^2}{x(1+x^2)}=\frac{(1+x^2)+x}{x(1+x^2)}=\frac{1}{x}+\frac{1}{(1+x^2)}$，所以
$$\int \frac{1+x+x^2}{x(1+x^2)}\mathrm{d}x=\int \frac{1}{x}\mathrm{d}x+\int \frac{1}{1+x^2}\mathrm{d}x=\ln|x|+\arctan x+C.$$

【例 3.6】 求 $\int \tan^2 x\mathrm{d}x$.

解 因为 $\tan^2 x=\sec^2 x-1$，所以
$$\int \tan^2 x\mathrm{d}x=\int (\sec^2 x-1)\mathrm{d}x=\int \sec^2 x\mathrm{d}x-\int \mathrm{d}x$$
$$=\tan x-x+C.$$

【例 3.7】 求 $\int (\mathrm{e}^x-3\cos x+2^x\mathrm{e}^x)\mathrm{d}x$.

解 $$\int (\mathrm{e}^x-3\cos x+2^x\mathrm{e}^x)\mathrm{d}x=\int \mathrm{e}^x\mathrm{d}x-3\int \cos x\mathrm{d}x+\int (2\mathrm{e})^x\mathrm{d}x$$
$$=\mathrm{e}^x-3\sin x+\frac{(2\mathrm{e})^x}{\ln(2\mathrm{e})}+C$$
$$=\mathrm{e}^x-3\sin x+\frac{(2\mathrm{e})^x}{1+\ln 2}+C.$$

【例 3.8】 求 $\int \frac{x^4}{1+x^2}\mathrm{d}x$.

解 因为 $\frac{x^4}{1+x^2}=\frac{x^4-1+1}{1+x^2}=\frac{(x^2+1)(x^2-1)+1}{1+x^2}=x^2-1+\frac{1}{1+x^2}$，所以
$$\int \frac{x^4}{1+x^2}\mathrm{d}x=\int \left(x^2-1+\frac{1}{1+x^2}\right)\mathrm{d}x=\frac{1}{3}x^3-x+\arctan x+C.$$

【例 3.9】 求 $\int \frac{1}{\sin^2\frac{x}{2}\cos^2\frac{x}{2}}\mathrm{d}x$.

解 因为 $\sin\frac{x}{2}\cos\frac{x}{2}=\frac{1}{2}\sin x$，所以 $\left(\sin\frac{x}{2}\cos\frac{x}{2}\right)^2=\frac{1}{4}\sin^2 x$，故
$$\int \frac{1}{\sin^2\frac{x}{2}\cos^2\frac{x}{2}}\mathrm{d}x=4\int \frac{1}{\sin^2 x}\mathrm{d}x=4\int \csc^2 x\mathrm{d}x=-4\cot x+C.$$

习题 3.1

1. 计算下列不定积分.

(1) $\int \frac{1}{x^3}\mathrm{d}x$；

(2) $\int (3x^5-4x+1)\mathrm{d}x$；

(3) $\int x^2\sqrt{x}\mathrm{d}x$；

(4) $\int (\mathrm{e}^x-3\cos x)\mathrm{d}x$；

(5) $\int 2^x\mathrm{e}^x\mathrm{d}x$；

(6) $\int (x-2)^2\mathrm{d}x$；

(7) $\int \left(\frac{2}{\sqrt{1-x^2}}+\frac{3}{1+x^2}\right)\mathrm{d}x$；

(8) $\int \left(2\cos x+\frac{3}{\sin^2 x}\right)\mathrm{d}x$.

2. 计算下列不定积分.

(1) $\int \frac{(x-1)^3}{x^2}\mathrm{d}x$；

(2) $\int \frac{x^2+3}{1+x^2}\mathrm{d}x$；

(3) $\int \sin^2\frac{x}{2}\mathrm{d}x$；

(4) $\int \frac{1}{x^2(1+x^2)}\mathrm{d}x$；

(5) $\int \frac{x^3+3x^2-4}{x+2}\mathrm{d}x$；

(6) $\int \frac{\sec x-\tan x}{\cos x}\mathrm{d}x$；

(7) $\int \frac{\cos 2x}{\cos x-\sin x}\mathrm{d}x$；

(8) $\int \frac{\cos 2x}{\cos^2 x\sin^2 x}\mathrm{d}x$；

(9) $\int \left(\sin\frac{x}{2}+\cos\frac{x}{2}\right)^2\mathrm{d}x$；

(10) $\int \frac{1-\cos^2 x}{\sin^2\frac{x}{2}}\mathrm{d}x$.

3. 已知曲线上任一点的切线斜率为 $4x^3$，求满足此条件的所有的方程，并求出过点 $(-1,1)$ 的曲线方程.

第二节　换元积分法

学习目标

1. 了解积分中变量代换的基本思想.
2. 熟练掌握第一类换元积分法.
3. 掌握第二类换元积分法.

直接利用不定积分的基本积分公式和性质所能计算的积分是很有限的，有很多不定积分甚至简单的函数积分也很难直接积分求得，所以必须进一步来研究不定积分的求法. 本节将介绍换元积分法，是把复合函数求导法则反过来应用于不定积分，通过适当的变量替换，把某些不定积分化成基本积分公式中所列的形式再计算出结果. 换元积分通常分为两类，即第一类换元法与第二类换元法.

案例 3.4　求 $\int (x+1)^2\mathrm{d}x$.

分析:原式$=\int(x^2+2x+1)\mathrm{d}x=\frac{1}{3}x^3+x^2+x+C.$

以上是用展开的方法来求不定积分,但是对于次方比较高的,则显得很繁琐,而且有时不可能一一展开,所以想到了另一种方法,即换元法,如求$\int(x+1)^{10}\mathrm{d}x$:

因为$\mathrm{d}(x+1)=\mathrm{d}x$,所以可以设$u=x+1$,则原式变为

$$\int(x+1)^{10}\mathrm{d}x=\int(x+1)^{10}\mathrm{d}(x+1)=\int u^{10}\mathrm{d}u=\frac{1}{11}u^{11}+C$$

$$=\frac{1}{11}(x+1)^{11}+C.\text{(回代 }u=x+1\text{)}$$

这种求不定积分的方法就是第一类换元法.

微课

一、第一类换元法(凑微分法)

定理 3.3 设$f(u)$具有原函数$F(u)$,即$\int f(u)\mathrm{d}u=F(u)+C$,若$u=\varphi(x)$,且$\varphi(x)$可微,则有换元公式

$$\int f[\varphi(x)]\varphi'(x)\mathrm{d}x=\int f[\varphi(x)]\mathrm{d}\varphi(x)=F[\varphi(x)]+C.$$

定理证明从略.

此方法称为**第一类换元法**,或**凑微分法**.凑微分法的关键是在被积表达式中找出$f[\varphi(x)]$与$\varphi'(x)$,将$\varphi'(x)\mathrm{d}x$写成$\mathrm{d}\varphi(x)$,下面举例说明这一方法的应用.

【例 3.10】 求$\int 2\cos 2x\mathrm{d}x$.

解 在被积函数中,$\cos 2x$是复合函数,设$f[\varphi(x)]=\cos 2x$,取$u=\varphi(x)=2x$,由于$\mathrm{d}x=\frac{1}{2}\mathrm{d}(2x)$,所以

$$\int 2\cos 2x\mathrm{d}x=2\int\cos 2x\cdot\frac{1}{2}\mathrm{d}(2x)=\int\cos 2x\mathrm{d}(2x)$$

$$=\int\cos u\mathrm{d}u=\sin u+C\text{(基本积分公式)}$$

$$=\sin 2x+C.\text{(回代 }u=2x\text{)}$$

【例 3.11】 求$\int\frac{1}{3+2x}\mathrm{d}x$.

解 设$f[\varphi(x)]=\frac{1}{3+2x}$,取$u=\varphi(x)=3+2x$,由于$\mathrm{d}x=\frac{1}{2}\mathrm{d}(2x+3)$,所以

$$\text{原式}=\frac{1}{2}\int\frac{1}{3+2x}\mathrm{d}(3+2x)=\frac{1}{2}\int\frac{1}{u}\mathrm{d}u\text{(基本积分公式)}$$

$$=\frac{1}{2}\ln|u|+C\text{(回代 }u=3+2x\text{)}$$

$$=\frac{1}{2}\ln|3+2x|+C.$$

对上述换元法熟练之后,可不必写出变量代换.

【例 3.12】 求 $\int \tan x \mathrm{d}x$.

解 $\int \tan x \mathrm{d}x = \int \frac{\sin x}{\cos x}\mathrm{d}x = -\int \frac{1}{\cos x}\mathrm{d}\cos x$

$= -\ln|\cos x| + C.$

类似地可得 $\int \cot x \mathrm{d}x = \ln|\sin x| + C$.

【例 3.13】 求 $\int \frac{\mathrm{d}x}{x(1+2\ln x)}$.

解 $\int \frac{\mathrm{d}x}{x(1+2\ln x)} = \int \frac{\mathrm{d}\ln x}{1+2\ln x} = \frac{1}{2}\int \frac{\mathrm{d}(1+2\ln x)}{1+2\ln x} = \frac{1}{2}\ln|1+2\ln x| + C.$

【例 3.14】 求 $\int 2x\mathrm{e}^{x^2}\mathrm{d}x$.

解 $\int 2x\mathrm{e}^{x^2}\mathrm{d}x = \int \mathrm{e}^{x^2}\mathrm{d}(x^2) = \mathrm{e}^{x^2} + C.$

【例 3.15】 求 $\int \frac{\mathrm{e}^x}{1+\mathrm{e}^x}\mathrm{d}x$.

解 $\int \frac{\mathrm{e}^x}{1+\mathrm{e}^x}\mathrm{d}x = \int \frac{1}{1+\mathrm{e}^x}\mathrm{d}(\mathrm{e}^x) = \int \frac{1}{1+\mathrm{e}^x}\mathrm{d}(\mathrm{e}^x+1) = \ln(1+\mathrm{e}^x) + C.$

凑微分法是一种很重要的方法，它可以求出许多类型函数的积分，但技巧性很强. 除熟悉基本积分公式外，还需多做练习才能掌握. 为了更好地掌握此法，现归纳出一些常用的凑微分公式如下：

$\mathrm{d}x = \frac{1}{a}\mathrm{d}(ax+b)$（$a,b$ 为常数，$a\neq 0$）；

$x\mathrm{d}x = \frac{1}{2}\mathrm{d}(x^2)$；

$\frac{\mathrm{d}x}{x^2} = -\mathrm{d}\left(\frac{1}{x}\right)$；

$\frac{1}{x}\mathrm{d}x = \mathrm{d}(\ln x)$；$(x>0)$

$\frac{1}{\sqrt{x}}\mathrm{d}x = 2\mathrm{d}(\sqrt{x})$；

$\mathrm{e}^x\mathrm{d}x = \mathrm{d}(\mathrm{e}^x)$；

$\sin x\mathrm{d}x = -\mathrm{d}(\cos x)$；

$\cos x\mathrm{d}x = \mathrm{d}(\sin x)$；

$\sec^2 x\mathrm{d}x = \mathrm{d}(\tan x)$；

$\csc^2 x\mathrm{d}x = -\mathrm{d}(\cot x)$；

$\frac{1}{1+x^2}\mathrm{d}x = \mathrm{d}(\arctan x)$；

$\frac{1}{\sqrt{1-x^2}}\mathrm{d}x = \mathrm{d}(\arcsin x)$.

为有效地凑出微分，有时采用恒等变形的方法. 例如利用三角恒等式.

【例 3.16】 求 $\int \sin^2 x\mathrm{d}x$.

解 因为 $\sin^2 x = \frac{1-\cos 2x}{2}$，所以

原式 $= \frac{1}{2}\int(1-\cos 2x)\mathrm{d}x = \frac{1}{2}\left(\int \mathrm{d}x - \int \cos 2x\mathrm{d}x\right) = \frac{1}{2}x - \frac{1}{4}\sin 2x + C.$

【例 3.17】 求 $\int \sin 2x\cos 3x\mathrm{d}x$.

解 因为 $\sin 2x\cos 3x = \frac{1}{2}[\sin(2x+3x)+\sin(2x-3x)] = \frac{1}{2}(\sin 5x - \sin x)$，所以

$$\int \sin 2x\cos 3x\mathrm{d}x = \frac{1}{2}\int(\sin 5x - \sin x)\mathrm{d}x = \frac{1}{2}\left(\int \sin 5x\mathrm{d}x - \int \sin x\mathrm{d}x\right)$$

$$= \frac{1}{2}\left(\frac{1}{5}\int \sin 5x\mathrm{d}5x - \int \sin x\mathrm{d}x\right) = -\frac{1}{10}\cos 5x + \frac{1}{2}\cos x + C.$$

【例 3.18】 求 $\int \csc x\mathrm{d}x$.

解法一 $\int \csc x\mathrm{d}x = \int \frac{1}{\sin x}\mathrm{d}x = \frac{1}{2}\int \frac{\mathrm{d}x}{\sin\frac{x}{2}\cos\frac{x}{2}}$ (分母乘以$\frac{\cos\frac{x}{2}}{\cos\frac{x}{2}}$)

$$= \frac{1}{2}\int \frac{\mathrm{d}x}{\tan\frac{x}{2}\cos^2\frac{x}{2}} = \int \frac{\sec^2\frac{x}{2}\mathrm{d}\frac{x}{2}}{\tan\frac{x}{2}}$$ (因为$\frac{1}{\cos^2 x} = \sec^2 x$)

$$= \int \frac{\mathrm{d}\tan\frac{x}{2}}{\tan\frac{x}{2}}$$ (因为 $\sec^2 x\mathrm{d}x = \mathrm{d}\tan x$)

$$= \ln\left|\tan\frac{x}{2}\right| + C.$$

解法二 $\int \csc x\mathrm{d}x = \int \frac{\csc x(\csc x - \cot x)}{\csc x - \cot x}\mathrm{d}x = \int \frac{1}{\csc x - \cot x}\mathrm{d}(\csc x - \cot x)$

$$= \ln|\csc x - \cot x| + C.$$

利用类似的方法可求 $\int \sec x\mathrm{d}x = \ln|\sec x + \tan x| + C$,或者采用

$$\int \sec x\mathrm{d}x = \int \csc\left(x + \frac{\pi}{2}\right)\mathrm{d}x = \ln\left|\csc\left(x + \frac{\pi}{2}\right) - \cot\left(x + \frac{\pi}{2}\right)\right| + C$$

$$= \ln|\sec x + \tan x| + C.$$

此例表明,同一个不定积分,选择不同的方法,得到的结果形式可能不相同,但实质是一样,只要用导数即可验证它们的正确性.

【例 3.19】 求 $\int \frac{1}{a^2 + x^2}\mathrm{d}x\ (a \neq 0)$.

解 $\int \frac{1}{a^2 + x^2}\mathrm{d}x = \frac{1}{a^2}\int \frac{1}{1 + \left(\frac{x}{a}\right)^2}\mathrm{d}x$ (利用公式$\int \frac{1}{1 + x^2}\mathrm{d}x = \arctan x + C$)

$$= \frac{1}{a}\int \frac{1}{1 + \left(\frac{x}{a}\right)^2}\mathrm{d}\frac{x}{a} = \frac{1}{a}\arctan\frac{x}{a} + C.$$

【例 3.20】 求 $\int \frac{1}{x^2 + 4x + 5}\mathrm{d}x$.

解 因为 $x^2 + 4x + 5 = (x + 2)^2 + 1$,所以

原式$= \int \frac{1}{1 + (x + 2)^2}\mathrm{d}x = \arctan(x + 2) + C.$

【例 3.21】 求 $\int \frac{1}{x^2 - a^2}\mathrm{d}x$.

解　$\int\frac{1}{x^2-a^2}dx=\frac{1}{2a}\int\left(\frac{1}{x-a}-\frac{1}{x+a}\right)dx=\frac{1}{2a}\left[\int\frac{1}{x-a}dx-\int\frac{1}{x+a}dx\right]$

$$=\frac{1}{2a}\left[\int\frac{1}{x-a}d(x-a)-\int\frac{1}{x+a}d(x+a)\right]$$

$$=\frac{1}{2a}[\ln|x-a|-\ln|x+a|]+C=\frac{1}{2a}\ln\left|\frac{x-a}{x+a}\right|+C.$$

【例 3.22】　求$\int\frac{1}{x^2-5x+6}dx$.

解　因为$x^2-5x+6=(x-2)(x-3)$，所以

原式$=\int\frac{1}{(x-2)(x-3)}dx=\int\left(\frac{1}{x-3}-\frac{1}{x-2}\right)dx=\ln\left|\frac{x-3}{x-2}\right|+C.$

【例 3.23】　当$a>0$时，求$\int\frac{1}{\sqrt{a^2-x^2}}dx$.

解　$\int\frac{1}{\sqrt{a^2-x^2}}dx=\frac{1}{a}\int\frac{1}{\sqrt{1-\left(\frac{x}{a}\right)^2}}dx$（利用公式$\int\frac{1}{\sqrt{1-x^2}}dx=\arcsin x+C$）

$$=\int\frac{1}{\sqrt{1-\left(\frac{x}{a}\right)^2}}d\frac{x}{a}=\arcsin\frac{x}{a}+C.$$

同理可求当$a<0$时，$\int\frac{1}{\sqrt{a^2-x^2}}dx=\arcsin\frac{x}{a}+C$.

二、第二类换元法

第一类换元法主要是进行适当的凑微分后，能根据一个基本公式来计算，但是并不是所有的被积函数都能够凑成功，这时可以尝试用适当的变量替换来改变被积表达式的结构，使之化为基本积分公式中的某一个形式.

案例 3.5　求$\int\frac{1}{\sqrt{x}+1}dx$.

分析：基本积分公式中没有公式可供本题直接套用，凑微分也不易，本题的难度在于函数中含有根式，如果能去掉根式，就可解决，为此作如下变换：

令$\sqrt{x}=t$，则$x=t^2$，$dx=2tdt$，于是

原式$=\int\frac{1}{1+t}2tdt=2\int\frac{t}{1+t}dt=2\int\frac{t+1-1}{1+t}dt$

$=2\int\left(1-\frac{1}{1+t}\right)dt=2[t-\ln(1+t)]+C$

$=2[\sqrt{x}-\ln(1+\sqrt{x})]+C.$

上述案例通过换元，消除根号，转换为关于t的积分，在新变量的原函数求得后，再代回原变量，得到所求的不定积分，这就是**第二类换元法**.

定理 3.4　设$x=\varphi(t)$是单调的、可导的函数，并且$\varphi'(t)\neq0$. 又设$f[\varphi(t)]\varphi'(t)$具有原函数$G(t)$，则有换元公式

$$\int f(x)dx=\int f[\varphi(t)]\varphi'(t)dt=G(t)+C=G[\varphi^{-1}(x)]+C.$$

其中 $t=\varphi^{-1}(x)$ 是 $x=\varphi(t)$ 的反函数.

定理证明从略.

第二类换元积分的关键在于选择合适的换元 $x=\varphi(t)$，使得换元后的积分容易求出. 通常做法是试探代换掉被积函数中比较难处理的项，下面举例说明此法的应用.

若被积函数中含有 $\sqrt{ax+b}$，$\sqrt[3]{ax+b}$ 等，则进行简单的**根式代换**.

【例 3.24】 求 $\int \frac{1}{\sqrt{x}(1+\sqrt[3]{x})}\mathrm{d}x$.

解 令 $x=t^6$，则 $\mathrm{d}x=6t^5\mathrm{d}t$，于是

$$\text{原式}=6\int \frac{t^2}{1+t^2}\mathrm{d}t=6\int\left(1-\frac{1}{1+t^2}\right)\mathrm{d}t=6t-6\arctan t+C$$

$$=6\sqrt[6]{x}-6\arctan\sqrt[6]{x}+C.\ (\text{回代 } t=\sqrt[6]{x})$$

若被积函数中含有 $\sqrt{a^2+x^2}$，$\sqrt{x^2-a^2}$，$\sqrt{a^2-x^2}$ 等根式，则可以用**三角代换**的方法简化被积函数.

【例 3.25】 求 $\int \sqrt{a^2-x^2}\mathrm{d}x\ (a>0)$.

解 此题同样含有根式，我们也希望去掉根式，所以想到用三角代换的方法消除根式. 设 $x=a\sin t$，$-\frac{\pi}{2}<t<\frac{\pi}{2}$，那么 $\sqrt{a^2-x^2}=\sqrt{a^2-a^2\sin^2 t}=a\cos t$，$\mathrm{d}x=a\cos t\mathrm{d}t$，于是

$$\int\sqrt{a^2-x^2}\mathrm{d}x=\int a\cos t\cdot a\cos t\mathrm{d}t=a^2\int\cos^2 t\mathrm{d}t$$

$$=\frac{a^2}{2}\int(1+\cos 2t)\mathrm{d}t=a^2\left(\frac{1}{2}t+\frac{1}{4}\sin 2t\right)+C.$$

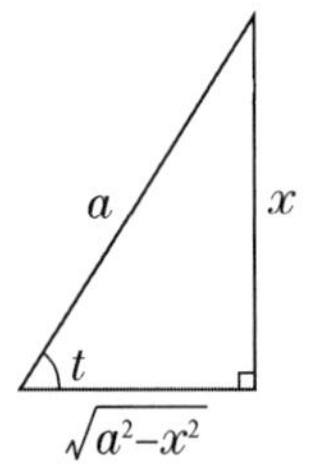

图 3.2

再代回原变量 x，根据所设 $x=a\sin t$，作辅助直角三角形(图 3.2)，有 $\sin t=\frac{x}{a}$，$\cos t=\frac{\sqrt{a^2-x^2}}{a}$，则 $t=\arcsin\frac{x}{a}$，$\sin 2t=2\sin t\cos t=2\frac{x}{a}\cdot\frac{\sqrt{a^2-x^2}}{a}$，所以

$$\int\sqrt{a^2-x^2}\mathrm{d}x=a^2\left(\frac{1}{2}t+\frac{1}{4}\sin 2t\right)+C=\frac{a^2}{2}\arcsin\frac{x}{a}+\frac{1}{2}x\sqrt{a^2-x^2}+C.$$

【例 3.26】 求 $\int\frac{\mathrm{d}x}{\sqrt{x^2+a^2}}\ (a>0)$.

解 设 $x=a\tan t$，$-\frac{\pi}{2}<t<\frac{\pi}{2}$，那么 $\sqrt{x^2+a^2}=\sqrt{a^2+a^2\tan^2 t}=a\sqrt{1+\tan^2 t}=a\sec t$，$\mathrm{d}x=a\sec^2 t\mathrm{d}t$，于是

$$\int\frac{\mathrm{d}x}{\sqrt{x^2+a^2}}=\int\frac{a\sec^2 t}{a\sec t}\mathrm{d}t=\int\sec t\mathrm{d}t=\ln|\sec t+\tan t|+C.$$

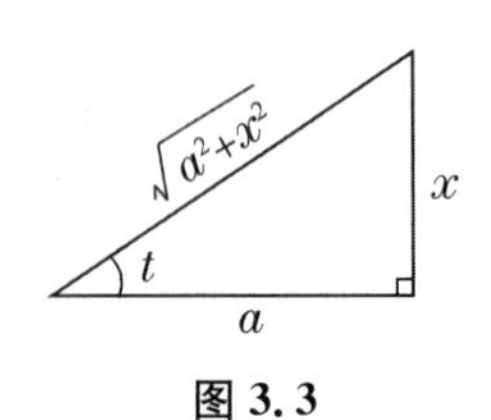

图 3.3

再代回原来变量 x，为避免三角函数运算，根据 $x=a\tan t$，作辅助直角三角形(图 3.3)，有 $\sec t=\frac{\sqrt{x^2+a^2}}{a}$，$\tan t=\frac{x}{a}$，所以

$$\int \frac{\mathrm{d}x}{\sqrt{x^2+a^2}} = \ln|\sec t+\tan t|+C_1 = \ln\left(\frac{x}{a}+\frac{\sqrt{x^2+a^2}}{a}\right)+C_1$$

$$= \ln(x+\sqrt{x^2+a^2})+C,\text{ 其中 } C=C_1-\ln a.$$

【例 3.27】 求$\int \frac{\mathrm{d}x}{\sqrt{x^2-a^2}}\ (a>0)$.

解 当 $x>a$ 时,设 $x=a\sec t\left(0<t<\frac{\pi}{2}\right)$,那么 $\sqrt{x^2-a^2}=\sqrt{a^2\sec^2 t-a^2}=a\sqrt{\sec^2 t-1}=a\tan t$, $\mathrm{d}x=a\sec t\tan t\mathrm{d}t$,于是

$$\int \frac{\mathrm{d}x}{\sqrt{x^2-a^2}} = \int \frac{a\sec t\tan t}{a\tan t}\mathrm{d}t = \int \sec t\mathrm{d}t = \ln|\sec t+\tan t|+C.$$

根据 $x=a\sec t$,作辅助直角三角形(图 3.4),有 $\tan t=\frac{\sqrt{x^2-a^2}}{a}$, $\sec t=\frac{x}{a}$,所以

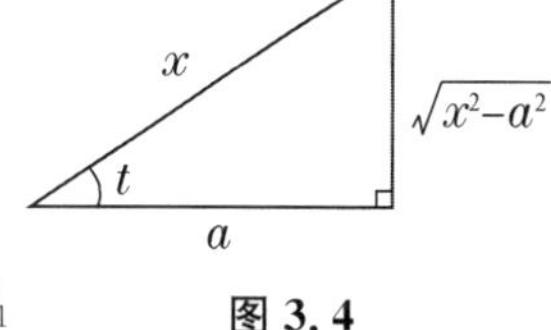

图 3.4

$$\int \frac{\mathrm{d}x}{\sqrt{x^2-a^2}} = \ln|\sec t+\tan t|+C_1 = \ln\left(\frac{x}{a}+\frac{\sqrt{x^2-a^2}}{a}\right)+C_1$$

$$= \ln(x+\sqrt{x^2-a^2})+C,\text{ 其中 } C=C_1-\ln a.$$

当 $x<-a$ 时,令 $x=-u$,则 $u>a$,于是

$$\int \frac{\mathrm{d}x}{\sqrt{x^2-a^2}} = -\int \frac{\mathrm{d}u}{\sqrt{u^2-a^2}} = -\ln|u+\sqrt{u^2-a^2}|+C$$

$$= -\ln|-x+\sqrt{x^2-a^2}|+C$$

$$= \ln\left|\frac{1}{-x+\sqrt{x^2-a^2}}\right|+C\ (\text{分母有理化})$$

$$= \ln\left|\frac{-x-\sqrt{x^2-a^2}}{a^2}\right|+C_1 = \ln|x+\sqrt{x^2-a^2}|+C,$$

其中 $C=C_1-2\ln a$.

综合起来有

$$\int \frac{\mathrm{d}x}{\sqrt{x^2-a^2}} = \ln|x+\sqrt{x^2-a^2}|+C.$$

上述三个典型的例子具有一般性:当被积函数里含有 $\sqrt{a^2+x^2}$ 时,一般令 $x=a\tan t$;当被积函数里含有 $\sqrt{x^2-a^2}$ 时,一般令 $x=a\sec t$;当被积函数里含有 $\sqrt{a^2-x^2}$ 时,一般令 $x=a\sin t$. 在变量替换后,原来关于 x 的不定积分转化为关于 t 的不定积分,在求得关于 t 的不定积分后,必须代回原变量,在进行三角函数换元时,可以由三角函数与角的关系,作直角三角形,以便于回代. 在本节的例题中,有几个积分的类型以后经常会遇到,它们通常也被当作公式使用. 常用的积分公式,除了基本积分表中的 12 个外,现再补充几个公式如下(其中 $a>0$):

(13) $\int \tan x\mathrm{d}x = -\ln|\cos x|+C$;　　(14) $\int \cot x\mathrm{d}x = \ln|\sin x|+C$;

(15) $\int \sec x\mathrm{d}x = \ln|\sec x+\tan x|+C$;　　(16) $\int \csc x\mathrm{d}x = \ln|\csc x-\cot x|+C$;

(17) $\int \frac{1}{a^2+x^2}dx = \frac{1}{a}\arctan\frac{x}{a}+C$；　　(18) $\int \frac{1}{x^2-a^2}dx=\frac{1}{2a}\ln\left|\frac{x-a}{x+a}\right|+C$；

(19) $\int \frac{1}{\sqrt{a^2-x^2}}dx = \arcsin\frac{x}{a}+C$；　　(20) $\int \frac{dx}{\sqrt{x^2+a^2}} = \ln|x+\sqrt{x^2+a^2}|+C$；

(21) $\int \frac{dx}{\sqrt{x^2-a^2}} = \ln|x+\sqrt{x^2-a^2}|+C$.

第二类换元法并不仅仅限于上述的几种形式，它也是非常灵活的方法，应根据所给被积函数在积分时的困难所在，选择适当的变量替换，转化成便于求积的形式，请看下面的例子.

【例 3.28】 求 $\int x(x-3)^{20}dx$.

解 此题没有基本积分公式可用，凑微分也不能解决，20 次方展开又很麻烦，采用换元的方法，设 $t=x-3$，则 $x=t+3$，$dx=dt$，所以

$$\text{原式}=\int(t+3)t^{20}dt=\int(t^{21}+3t^{20})dt=\frac{1}{22}t^{22}+\frac{3}{21}t^{21}+C.\ (\text{回代 } t=x-3)$$

$$=\frac{1}{22}(x-3)^{22}+\frac{3}{21}(x-3)^{21}+C.$$

【例 3.29】 求 $\int \frac{1}{x(x^7+3)}dx$.

解 此题同样也没有基本公式可用，现采取一种新的方法叫作倒代换，令 $x=\frac{1}{t}$，则 $dx=-\frac{1}{t^2}dt$，所以

$$\text{原式}=\int \frac{1}{\frac{1}{t}\left[\left(\frac{1}{t}\right)^7+3\right]}d\left(\frac{1}{t}\right)=-\int\frac{t^6}{[3t^7+1]}d(t)=-\frac{1}{21}\ln|3t^7+1|+C$$

$$=-\frac{1}{21}\ln\left|\frac{3+x^7}{x^7}\right|+C.$$

习题 3.2

1. 用第一类换元法求下列不定积分.

(1) $\int\sin(3x+4)dx$；　　(2) $\int(2x+1)^3dx$；

(3) $\int\frac{1}{(3x+2)^2}dx$；　　(4) $\int\frac{1}{2x+5}dx$；

(5) $\int\frac{1}{\sqrt[3]{2+3x}}dx$；　　(6) $\int e^{-5x}dx$.

2. 用第一类换元法求下列不定积分.

(1) $\int\frac{e^{\sqrt{x}}}{\sqrt{x}}dx$；　　(2) $\int x\sqrt{1-x^2}dx$；

(3) $\int 2xe^{x^2}dx$；　　(4) $\int\frac{1}{x\ln x}dx$；

(5) $\int \frac{x+\ln^2 x}{(x\ln x)^2}\mathrm{d}x$；　　(6) $\int \frac{x}{2x+3}\mathrm{d}x$；

(7) $\int \frac{2^x}{2^x+1}\mathrm{d}x$；　　(8) $\int \frac{x^2-3}{x+1}\mathrm{d}x$；

(9) $\int \frac{1}{x^2}\sin\frac{3}{x}\mathrm{d}x$；　　(10) $\int \frac{1+x}{(1-x)^2}\mathrm{d}x$；

(11) $\int \frac{x+\arctan x}{1+x^2}\mathrm{d}x$；　　(12) $\int \frac{x^3}{x^2+1}\mathrm{d}x$.

3. 用第一类换元法求下列不定积分.

(1) $\int \sin^3 x\mathrm{d}x$；　　(2) $\int \sin^2 x\cos^5 x\mathrm{d}x$；

(3) $\int \cos^2 x\mathrm{d}x$；　　(4) $\int \cos^4 x\mathrm{d}x$；

(5) $\int \frac{\tan x}{\cos^2 x}\mathrm{d}x$；　　(6) $\int \frac{1}{1+\cos x}\mathrm{d}x$；

(7) $\int \frac{\sin x\cos x}{1+\cos^2 x}\mathrm{d}x$；　　(8) $\int \tan^3 x\mathrm{d}x$；

(9) $\int \frac{3-\cot^2 x}{\cos^2 x}\mathrm{d}x$；　　(10) $\int \frac{1-\cos x}{x-\sin x}\mathrm{d}x$；

(11) $\int \frac{\cos x}{\sqrt{7+\cos 2x}}\mathrm{d}x$；　　(12) $\int \frac{1}{1+\sin x}\mathrm{d}x$.

4. 用第一类换元法求下列不定积分.

(1) $\int \frac{1}{1+4x^2}\mathrm{d}x$；　　(2) $\int \frac{x^2}{x^6+4}\mathrm{d}x$；

(3) $\int \frac{\mathrm{e}^x}{1+\mathrm{e}^{2x}}\mathrm{d}x$；　　(4) $\int \frac{1}{x(1+\ln^2 x)}\mathrm{d}x$；

(5) $\int \frac{1}{\sqrt{9-x^2}}\mathrm{d}x$；　　(6) $\int \frac{1-x}{\sqrt{9-4x^2}}\mathrm{d}x$；

(7) $\int \frac{1}{x^2-5x+4}\mathrm{d}x$；　　(8) $\int \frac{x}{a^4-x^4}\mathrm{d}x$；

(9) $\int \frac{1}{\sqrt{1-2x-x^2}}\mathrm{d}x$；　　(10) $\int \frac{1}{x^2+2x+5}\mathrm{d}x$.

5. 用第二类换元法求下列不定积分.

(1) $\int \frac{\sqrt{x-1}}{x}\mathrm{d}x$；　　(2) $\int \frac{\mathrm{d}x}{1+\sqrt[3]{x+2}}$；

(3) $\int \frac{\mathrm{d}x}{2+\sqrt{x}}$；　　(4) $\int \frac{1}{x}\sqrt{\frac{1+x}{x}}\mathrm{d}x$；

(5) $\int \frac{\sqrt{1-x^2}}{x}\mathrm{d}x$；　　(6) $\int \frac{\sqrt{x^2-1}}{x}\mathrm{d}x$；

(7) $\int \frac{\sqrt{1-x^2}}{x^2}\mathrm{d}x$；　　(8) $\int \frac{\mathrm{d}x}{x^2\sqrt{1+x^2}}$；

(9) $\int \frac{\mathrm{d}x}{(x^2+4)^{\frac{3}{2}}}$; (10) $\int \frac{x^3\mathrm{d}x}{(1-x^2)^{\frac{3}{2}}}$;

(11) $\int \frac{x}{(3-x)^7}\mathrm{d}x$; (12) $\int x(5x-1)^{15}\mathrm{d}x$.

第三节 分部积分法

学习目标

1. 了解分部积分法的基本思想.
2. 会用分部积分公式解决一些简单函数的积分.

利用前面所介绍的积分方法可以解决许多积分的计算,但对于像$\int \ln x\mathrm{d}x$、$\int x^2\mathrm{e}^x\mathrm{d}x$、$\int x\cos x\mathrm{d}x$等这样一些简单的积分却仍然无能为力,为了解决这一问题,现用两个函数乘积的微分法来推导出积分的另外一种方法,先看下面一个案例.

案例 3.6 求$\int \ln x\mathrm{d}x$.

分析:由乘积的导数公式

$$(x\ln x)'=\ln x+1,$$

通过移项得

$$\ln x=(x\ln x)'-1,$$

两边同时求积分,得

$$\int \ln x\mathrm{d}x = x\ln x-\int \mathrm{d}x.$$

方程的左端即为所求的不定积分,发现所求的不定积分转化为右端的两项,其中只有一项是不定积分,而且只要用基本积分公式就可以求出,所以

$$\int \ln x\mathrm{d}x = x\ln x - x + C.$$

由案例 3.6 知,本来不易求出的不定积分,只要经过适当的转化便可求出结果.对以上讨论加以总结,就是下面的分部积分公式.

微课

一、分部积分公式

设函数$u=u(x)$,$v(x)$具有连续导数,则$(uv)'=u'v+uv'$.

移项得到
$$uv'=(uv)'-u'v,$$
写成微分形式为
$$u\mathrm{d}v=\mathrm{d}(uv)-v\mathrm{d}u. \tag{3.1}$$
两边积分,得
$$\int u\mathrm{d}v = uv-\int v\mathrm{d}u. \tag{3.2}$$

式(3.2)即为**分部积分公式**.由分部积分公式可知,如果等式右端中的积分较左端积分容易求出,则可借助该公式求出左端积分的结果,这种求积分的方法叫作**分部积分法**.

选取 u 与 v 的原则是：v 要容易求得，且使得积分 $\int v\mathrm{d}u$ 较积分 $\int u\mathrm{d}v$ 容易求出，那么可考虑用分部积分法计算. 当不定积分中的被积函数为反三角函数、对数函数、幂函数、三角函数、指数函数这五类函数的乘积时，一般取前者为 $u(x)$，即按"反、对、幂、三、指"的顺序，将前者选项为 $u(x)$，剩余部分选作 $\mathrm{d}v$. 不难验证，这种选 $u(x)$ 的方法符合上述选 u 与 v 的原则.

【例 3.30】 求 $\int x\sin x\mathrm{d}x$.

解　设 $u=x$，$\mathrm{d}v=\sin x\mathrm{d}x$，那么 $\mathrm{d}u=\mathrm{d}x$，易得 $v=-\cos x$，代入分部积分公式得

$$\int x\sin x\mathrm{d}x=-\int x\mathrm{d}\cos x=-x\cos x+\int\cos x\mathrm{d}x,$$

而上式右端中的积分 $\int\cos x\mathrm{d}x$ 容易求出，所以

$$\int x\sin x\mathrm{d}x=-x\cos x+\sin x+C.$$

注意：求这个积分时，如果设 $u=\sin x$，$\mathrm{d}v=x\mathrm{d}x$，那么

$$\mathrm{d}u=\cos x\mathrm{d}x,v=\frac{1}{2}x^2.$$

于是 $\int x\sin x\mathrm{d}x=\frac{x^2}{2}\sin x-\int\frac{x^2}{2}\cos x\mathrm{d}x$，则更难求得.

【例 3.31】 求 $\int x\ln x\mathrm{d}x$.

分析：考虑设 $u=\ln x$，$\mathrm{d}v=x\mathrm{d}x$，则 $\mathrm{d}u=\frac{1}{x}\mathrm{d}x$，$v=\frac{1}{2}x^2$，从而 $\int v\mathrm{d}u$ 作为幂函数的积分易于求出，故分部积分公式可用.

解　原式 $=\frac{1}{2}\int\ln x\mathrm{d}x^2=\frac{1}{2}x^2\ln x-\frac{1}{2}\int x^2\cdot\frac{1}{x}\mathrm{d}x$

$$=\frac{1}{2}x^2\ln x-\frac{1}{2}\int x\mathrm{d}x$$

$$=\frac{1}{2}x^2\ln x-\frac{1}{4}x^2+C.$$

注意：一般来说，积分式 $\int x^{\alpha}\ln x\mathrm{d}x\ (\alpha\neq-1)$ 与此题是同一题型，其中 α 是不等于 -1 的任意实数，当 $\alpha=-1$ 时用第一类换元法.

【例 3.32】 求 $\int\arccos x\mathrm{d}x$.

分析：被积函数 $\arccos x$ 也是两类不同函数的乘积，它是幂函数 $x^0=1$ 与反三角函数 $\arccos x$ 的乘积，所以考虑用分部积分法来积分.

解　设 $u=\arccos x$，$\mathrm{d}v=\mathrm{d}x$，则

原式 $=x\arccos x-\int x\mathrm{d}\arccos x=x\arccos x+\int\frac{x}{\sqrt{1-x^2}}\mathrm{d}x$

$$=x\arccos x-\frac{1}{2}\int(1-x^2)^{-\frac{1}{2}}\mathrm{d}(1-x^2)=x\arccos x-\sqrt{1-x^2}+C.$$

【例 3.33】 求 $\int x^2 e^x dx$.

解 设 $u=x^2, dv=e^x dx$,于是

$$
\begin{aligned}
\int x^2 e^x dx &= \int x^2 de^x = x^2 e^x - \int e^x dx^2 \\
&= x^2 e^x - 2\int x e^x dx = x^2 e^x - 2\int x de^x \\
&= x^2 e^x - 2xe^x + 2\int e^x dx \\
&= x^2 e^x - 2xe^x + 2e^x + C \\
&= (x^2 - 2x + 2)e^x + C
\end{aligned}
$$

注意:由此题可以看出,同一道题中,有时须要反复多次运用分部积分.

【例 3.34】 求 $\int e^x \sin x dx$.

解 设 $u=\sin x, dv=e^x dx$,于是

$$
\begin{aligned}
\int e^x \sin x dx &= \int \sin x de^x = e^x \sin x - \int e^x d\sin x \\
&= e^x \sin x - \int e^x \cos x dx
\end{aligned}
$$

对 $\int e^x \cos x dx$ 再使用分部积分法:设 $u=\cos x, dv=e^x dx$,故

$$\int e^x \cos x dx = e^x \cos x + \int e^x \sin x dx$$

从而

$$\int e^x \sin x dx = e^x \sin x - e^x \cos x - \int e^x \sin x dx$$

移项,两边同除以 2 得:

$$\int e^x \sin x dx = \frac{1}{2} e^x (\sin x - \cos x) + C.$$

在上面的分部积分中,若运算比较熟练以后,写出 u 及 dv 的过程可以省略.

【例 3.35】 求 $\int e^{\sqrt{x}} dx$.

分析:鉴于积分式中根式带来的困难,一般先用变量替换法消去根式,再观察用什么方法积分.

解 令 $\sqrt{x}=t$,则 $x=t^2, dx=2tdt$. 于是

$$
\begin{aligned}
\int e^{\sqrt{x}} dx &= 2\int te^t dt \text{(显然应该用分部积分法)} \\
&= 2te^t - 2\int e^t dt = 2te^t - 2e^t + C
\end{aligned}
$$

并用 $t=\sqrt{x}$ 代回,便得

$$\int e^{\sqrt{x}} dx = 2\sqrt{x}e^{\sqrt{x}} - 2e^{\sqrt{x}} + C = 2e^{\sqrt{x}}(\sqrt{x} - 1) + C.$$

注意:在此例中,先用了换元积分法,后用了分部积分法. 在实际积分过程中,往往要兼用换元法与分部积分法才能求出结果.

【例 3.36】 求$\int \sec^3 x\mathrm{d}x$.

分析:把被积函数看作 $\sec x \cdot \sec^2 x$,用分部积分法可求.

解
$$\begin{aligned}\int \sec^3 x\mathrm{d}x &= \int \sec x \cdot \sec^2 x\mathrm{d}x = \int \sec x\mathrm{d}\tan x = \sec x\tan x - \int \sec x\tan^2 x\mathrm{d}x \\ &= \sec x\tan x - \int \sec x(\sec^2 x - 1)\mathrm{d}x = \sec x\tan x - \int \sec^3 x\mathrm{d}x + \int \sec x\mathrm{d}x \\ &= \sec x\tan x + \ln|\sec x + \tan x| - \int \sec^3 x\mathrm{d}x,\end{aligned}$$

所以
$$\int \sec^3 x\mathrm{d}x = \frac{1}{2}(\sec x\tan x + \ln|\sec x + \tan x|) + C.$$

求不定积分的技巧性很强,常常比较困难,甚至看似简单的函数积分也不能用初等函数表示,如$\int \frac{\sin x}{x}\mathrm{d}x$. 但一些必要的计算公式和方法,大家仍然需要熟练掌握,在今后的工作中,也可以通过查积分表(见附录)或一些计算软件实现不定积分的计算.

习题 3.3

1. 求下列不定积分.

(1) $\int \frac{x}{\cos^2 x}\mathrm{d}x$;　　(2) $\int x\tan^2 x\mathrm{d}x$;

(3) $\int x\cos x\mathrm{d}x$;　　(4) $\int x^2\cos x\mathrm{d}x$;

(5) $\int x\cos x\sin x\mathrm{d}x$;　　(6) $\int x\sin^2 x\mathrm{d}x$;

(7) $\int \sin\sqrt{x}\mathrm{d}x$;　　(8) $\int x^5\sin x^2\mathrm{d}x$;

(9) $\int \frac{x\cos x}{\sin^3 x}\mathrm{d}x$;　　(10) $\int \frac{x\arcsin x}{\sqrt{1-x^2}}\mathrm{d}x$.

2. 求下列不定积分.

(1) $\int x^3\ln x\mathrm{d}x$;　　(2) $\int \frac{\ln x}{x^2}\mathrm{d}x$;

(3) $\int \ln(1+x^2)\mathrm{d}x$;　　(4) $\int x\ln(x-1)\mathrm{d}x$.

3. 求下列不定积分.

(1) $\int x\mathrm{e}^x\mathrm{d}x$;　　(2) $\int x\mathrm{e}^{-2x}\mathrm{d}x$;

(3) $\int (x-1)5^x\mathrm{d}x$;　　(4) $\int x^3\mathrm{e}^{-x^2}\mathrm{d}x$;

(5) $\int \mathrm{e}^{\sqrt{x}}\left(\frac{1}{\sqrt{x}}-1\right)\mathrm{d}x$;　　(6) $\int \sqrt{x}\mathrm{e}^{\sqrt{x}}\mathrm{d}x$.

4. 求下列不定积分.

(1) $\int \arcsin x\mathrm{d}x$;　　(2) $\int \frac{\arcsin\sqrt{x}}{\sqrt{x}}\mathrm{d}x$;

(3) $\int \arctan x\mathrm{d}x$；　　(4) $\int x\arctan x\mathrm{d}x$；

(5) $\int \arctan\sqrt{x}\mathrm{d}x$；　　(6) $\int x^2\arctan x\mathrm{d}x$.

5. 求下列不定积分：

(1) $\int \mathrm{e}^x\cos x\mathrm{d}x$；　　(2) $\int \mathrm{e}^x\sin 2x\mathrm{d}x$；

(3) $\int \mathrm{e}^x\cos^2 x\mathrm{d}x$；　　(4) $\int \cos\ln x\mathrm{d}x$.

第四节　有理函数的积分

学习目标

1. 了解有理函数的积分方法.
2. 会求简单有理函数的积分.

有理函数是指由两个多项式的商所表示的函数，即具有如下形式的函数：

$$\frac{P(x)}{Q(x)}=\frac{a_nx^n+a_{n-1}x^{n-1}+\cdots+a_0}{b_mx^m+b_{m-1}x^{m-1}+\cdots+b_0} \tag{3.3}$$

其中 m,n 为非负整数，$a_0,\cdots,a_n$ 及 $b_0,\cdots,b_m$ 为常数，且 $a_n\neq0,b_m\neq0$，当 $n\geqslant m$ 时，(3.3)式为假分式；当 $n<m$ 时，(3.3)式为真分式.

任何一个假分式都可以化为多项式和真分式的和，例如 $\frac{x^2+x+1}{x^2+1}=1+\frac{x}{x^2+1}$，而多项式积分是容易的，所以一般考虑真分式的不定积分. 下面看几个真分式积分：

【例 3.37】 求 $\int\frac{x+3}{x^2-5x+6}\mathrm{d}x$.

解　分母 $x^2-5x+6=(x-2)(x-3)$，设

$$\frac{x+3}{x^2-5x+6}=\frac{A}{x-3}+\frac{B}{x-2}$$

其中 A,B 为待定系数，右边通分，得

$$\frac{x+3}{x^2-5x+6}=\frac{A(x-2)+B(x-3)}{x^2-5x+6}=\frac{(A+B)x-(2A+3B)}{x^2-5x+6}$$

两边恒等，观察 x 同次幂的系数，得

$$\begin{cases}A+B=1\\2A+3B=-3\end{cases}$$

即 $A=6,B=-5$，则

$$\begin{aligned}\int\frac{x+3}{x^2-5x+6}\mathrm{d}x&=\int\frac{x+3}{(x-2)(x-3)}\mathrm{d}x=\int\left(\frac{6}{x-3}-\frac{5}{x-2}\right)\mathrm{d}x\\&=\int\frac{6}{x-3}\mathrm{d}x-\int\frac{5}{x-2}\mathrm{d}x\\&=6\ln|x-3|-5\ln|x-2|+C.\end{aligned}$$

上面求解的方法称为**待定系数法**.

【例 3.38】 求$\int \frac{2x+1}{x^2+2x+5}\mathrm{d}x$.

解 因为分母不可分解，则对分母进行求导$(x^2+2x+5)'=2x+2$，与分子比较后，我们得到$2x+1=2x+2-1$，所以积分变为：

$$\begin{aligned}\int \frac{2x+1}{x^2+2x+5}\mathrm{d}x &= \int \frac{(2x+2-1)\mathrm{d}x}{x^2+2x+5}\\ &=\int\left(\frac{2x+2}{x^2+2x+5}-\frac{1}{x^2+2x+5}\right)\mathrm{d}x\\ &=\int \frac{1}{x^2+2x+5}\mathrm{d}(x^2+2x+5)-\int \frac{1}{x^2+2x+5}\mathrm{d}x\\ &=\ln(x^2+2x+5)-\int \frac{1}{(x+1)^2+2^2}\mathrm{d}x\\ &=\ln(x^2+2x+5)-\frac{1}{2}\arctan\frac{x+1}{2}+C.\end{aligned}$$

待定系数法的运算通常比较繁琐. 事实上，消去公分母后所得等式是一个恒等式，它对x的一切值均成立，因而只要选择x的一些特殊值代入，称其为**赋值法**，即可得到待定系数的值.

【例 3.39】 $\int \frac{-9x-13}{(x-3)(x^2+2x+5)}\mathrm{d}x$.

解 设 $\frac{-9x-13}{(x-3)(x^2+2x+5)}=\frac{A}{x-3}+\frac{Bx+C}{x^2+2x+5}$

$$=\frac{A(x^2+2x+5)+(x-3)(Bx+C)}{(x-3)(x^2+2x+5)},$$

消去分母，得$-9x-13=A(x^2+2x+5)+(Bx+C)(x-3)$，则

令$x=3$，得$-40=A(9+6+5)$，即$A=-2$；

令$x=0$，得$-13=5A-3C$，即$C=1$；

令$x=-1$，得$-4=4A+(-B+C)\cdot(-4)$，即$B=2$.

得$\frac{-9x-13}{(x-3)(x^2+2x+5)}=\frac{-2}{x-3}+\frac{2x+1}{x^2+2x+5}$，从而

$$\begin{aligned}\int \frac{-9x-13}{(x-3)(x^2+2x+5)}\mathrm{d}x &= \int\left[\frac{-2}{x-3}+\frac{2x+1}{x^2+2x+5}\right]\mathrm{d}x\\ &=-2\ln|x-3|+\ln(x^2+2x+5)-\frac{1}{2}\arctan\frac{x+1}{2}+C.\end{aligned}$$

由上面的几个例子，总结出有理函数分解成最简分式之和的一般规律：

(1) 分母中若有因式$(x-a)^k$，则分解后为

$$\frac{A_1}{(x-a)^k}+\frac{A_2}{(x-a)^{k-1}}+\cdots+\frac{A_k}{x-a}.\quad \left(k=1\text{ 时为}\frac{A}{x-a}\right)$$

(2) 分母中若有因式$(x^2+px+q)^k$，其中$p^2-4q<0$，则分解后为

$$\frac{M_1x+N_1}{(x^2+px+q)^k}+\frac{M_2x+N_2}{(x^2+px+q)^{k-1}}+\cdots+\frac{M_kx+N_k}{x^2+px+q}.\left(k=1\text{ 时为}\frac{Mx+N}{x^2+px+q}\right)$$

【例 3.40】 求 $\int \frac{1}{x(x-1)^2}\mathrm{d}x$.

解 设 $\frac{1}{x(x-1)^2}=\frac{A}{x}+\frac{B}{x-1}+\frac{C}{(x-1)^2}$

$$=\frac{A(x-1)^2+Bx(x-1)+Cx}{x(x-1)^2},$$

则 $$1=A(x-1)^2+Bx(x-1)+Cx,$$

代入特殊值来确定系数 A,B,C 的值.

取 $x=0$ 时,得 $A=1$;

取 $x=1$ 时,得 $C=1$;

取 $x=2$ 时,得 $B=-1$.

得到 $$\frac{1}{x(x-1)^2}=\frac{1}{x}-\frac{1}{x-1}+\frac{1}{(x-1)^2}.$$

所以 $$\int \frac{1}{x(x-1)^2}\mathrm{d}x=\int\left[\frac{1}{x}-\frac{1}{x-1}+\frac{1}{(x-1)^2}\right]\mathrm{d}x$$

$$=\int \frac{1}{x}\mathrm{d}x-\int \frac{1}{x-1}\mathrm{d}x+\int \frac{1}{(x-1)^2}\mathrm{d}x$$

$$=\ln|x|-\ln|x-1|-\frac{1}{x-1}+C.$$

【例 3.41】 求 $\int \frac{1}{(1+2x)(1+x^2)}\mathrm{d}x$.

解 设 $\frac{1}{(1+2x)(1+x^2)}=\frac{A}{1+2x}+\frac{Bx+C}{1+x^2}$

$$=\frac{A(1+x^2)+(Bx+C)(1+2x)}{(1+x^2)(1+2x)},$$

则 $1=(A+2B)x^2+(B+2C)x+C+A$.

由恒等的关系知 $$\begin{cases}A+2B=0\\B+2C=0\\A+C=1\end{cases}$$

得到 $$A=\frac{4}{5},B=-\frac{2}{5},C=\frac{1}{5}.$$

即 $$\frac{1}{(1+2x)(1+x^2)}=\frac{\frac{4}{5}}{1+2x}+\frac{-\frac{2}{5}x+\frac{1}{5}}{1+x^2}.$$

所以 $$\int \frac{1}{(1+2x)(1+x^2)}\mathrm{d}x=\int \frac{\frac{4}{5}}{1+2x}\mathrm{d}x+\int \frac{-\frac{2}{5}x+\frac{1}{5}}{1+x^2}\mathrm{d}x$$

$$=\frac{2}{5}\ln|1+2x|-\frac{1}{5}\int \frac{2x}{1+x^2}\mathrm{d}x+\frac{1}{5}\int \frac{1}{1+x^2}\mathrm{d}x$$

$$=\frac{2}{5}\ln|1+2x|-\frac{1}{5}\ln(1+x^2)+\frac{1}{5}\arctan x+C.$$

习题 3.4

求下列有理函数的积分.

(1) $\int \frac{1}{x(x+2)}\mathrm{d}x$；　　(2) $\int \frac{x^3}{x+3}\mathrm{d}x$；

(3) $\int \frac{1}{x(x^2+1)}\mathrm{d}x$；　　(4) $\int \frac{3x+1}{x^2-3x+2}\mathrm{d}x$；

(5) $\int \frac{x-2}{x^2+2x+3}\mathrm{d}x$；　　(6) $\int \frac{x^2+1}{(x+1)^2(x-1)}\mathrm{d}x$；

(7) $\int \frac{x^3+3x^2+12x+11}{x^2+2x+10}\mathrm{d}x$；　　(8) $\int \frac{x^2+2x+10}{(x^2+2)(x+1)^2}\mathrm{d}x$；

(9) $\int \frac{x}{(x+1)(x+2)(x+3)}\mathrm{d}x$；　　(10) $\int \frac{\mathrm{d}x}{(x^2+1)(x^2+x)}$.

第五节　定积分的概念与性质

学习目标

1. 理解定积分的概念.
2. 了解定积分的性质及几何意义.

案例 3.7（曲边梯形的面积） 设函数 $y=f(x)$在区间$[a, b]$上非负、连续. 如图 3.5 所示，由直线 $x=a$、$x=b$、$y=0$ 及曲线 $y=f(x)$所围成的图形称为曲边梯形，其中曲线弧称为曲边. 下面来求曲边梯形的面积 A.

如果矩形的高不变，那么它的面积可按公式：

$$\text{矩形面积}=\text{底}\times\text{高}$$

来定义计算. 若曲边梯形在底边上各点处的高 $f(x)$在区间$[a, b]$上是变动的，故它的面积不能直接按上述公式来定义和计算.

分析：曲边梯形的高 $f(x)$在区间$[a, b]$上是连续变化的，在很小一段区间上它的变化很小，近似于不变. 因此，如果把区间$[a, b]$划分为许多小区间，在每个小区间上用其中一点处的高来近似代替同一个小区间上的窄曲边梯形的变高，那么，每个窄曲边梯形就可以近似地看作窄矩形. 我们就以所有这些窄矩形面积之和作为曲边梯形面积的近似值，并把区间$[a, b]$无限细分下去，也就是使每个小区间的长度都趋于零，这时所有窄矩形面积之和的极限就可以定义为曲边梯形的面积. 这个定义同时也给出了计算曲边梯形面积的方法. 基于这样的一个事实，通过如下的步骤来计算曲边梯形的面积.

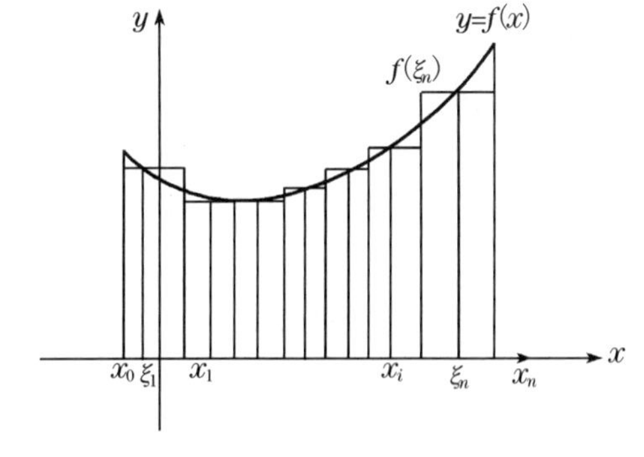

图 3.5

第一步:分割. 在区间$[a, b]$中任意插入$n-1$个分点,且

$$a=x_0<x_1<x_2<\cdots<x_{n-1}<x_n=b,$$

把$[a, b]$分成n个小区间,即

$$[x_0,x_1],[x_1,x_2],[x_2,x_3],\cdots,[x_{n-1},x_n]$$

它们的长度依次为$\Delta x_1=x_1-x_0,\Delta x_2=x_2-x_1,\cdots,\Delta x_n=x_n-x_{n-1}$.

第二步:近似. 经过每一个分点作平行于y轴的直线段,把曲边梯形分成n个窄曲边梯形. 在每个小区间$[x_{i-1},x_i]$上任取一点ξ_i,以$[x_{i-1},x_i]$为底、$f(\xi_i)$为高的窄矩形面积近似替代第i个窄曲边梯形面积$\Delta A_i(i=1,2,\cdots,n)$,则

$$\Delta A_i\approx f(\xi_i)\Delta x_i.\ (\Delta x_i=x_i-x_{i-1},i=1,2,\cdots,n)$$

第三步:求和. 把这样得到的n个窄矩形面积之和作为所求曲边梯形面积A的近似值,即

$$A\approx f(\xi_1)\Delta x_1+f(\xi_2)\Delta x_2+\cdots+f(\xi_n)\Delta x_n=\sum_{i=1}^{n}f(\xi_i)\Delta x_i.$$

第四步:取极限. 显然,分点越多,每个小曲边梯形越窄,所求得的曲边梯形面积A的近似值就越接近曲边梯形面积A的精确值. 因此,要求曲边梯形面积A的精确值,只需无限地增加分点,使每个小曲边梯形的宽度趋于零. 记$\lambda=\max\{\Delta x_1,\Delta x_2,\cdots,\Delta x_n\}$,当$\lambda\to 0$,曲边梯形的面积为:

$$A=\lim_{\lambda\to 0}\sum_{i=1}^{n}f(\xi_i)\Delta x_i.$$

案例 3.8(**变速直线运动的位移**) 设物体做直线运动,已知速度$v=v(t)$是时间间隔$[T_1,T_2]$上t的连续函数,且$v(t)\geqslant 0$,计算在这段时间内物体所经过的位移s.

如果v是常量,则由物理学我们知道,所经过的位移为:

$$位移(s)=速度(v)\times 时间(t).$$

但在本题中速度v是变量,它与物体所经历的时间有关,所以上述公式不能应用.

分析:物体运动的速度是连续变化的,在很短一段时间内,速度的变化很小,近似于匀速. 因此,如果把时间间隔分小,在小段时间内,以匀速运动代替变速运动,那么,就可以算出部分位移的近似值. 所以把时间间隔$[T_1,T_2]$分成n个很小的时间间隔$\Delta t_i(i=1,2,\cdots,n)$,在每个很小的时间间隔$\Delta t_i$内,物体运动可以看成是匀速的,其速度近似为物体在时间间隔Δt_i内某点的速度$v(\tau_i)$,物体在时间间隔Δt_i内运动的位移近似为$\Delta s_i=v(\tau_i)\Delta t_i$. 把物体在每一小的时间间隔$\Delta t_i$内运动的位移加起来作为物体在时间间隔$[T_1,T_2]$内所经过的位移$s$的近似值. 具体做法是:

第一步:分割. 在时间间隔$[T_1,T_2]$内任意插入$n-1$个分点,且

$$T_1=t_0<t_1<t_2<\cdots<t_{n-1}<t_n=T_2,$$

把$[T_1,T_2]$分成n个小段,即

$$[t_0,t_1],[t_1,t_2],\cdots,[t_{n-1},t_n]$$

各小段时间的长依次为:

$$\Delta t_1=t_1-t_0,\Delta t_2=t_2-t_1,\cdots,\ \Delta t_n=t_n-t_{n-1}.$$

相应地,在各段时间内物体经过的位移依次为:

$$\Delta s_1,\Delta s_2,\cdots,\Delta s_n.$$

第二步：近似. 在时间间隔$[t_{i-1}, t_i]$上任取一个时刻$\tau_i(t_{i-1}<\tau_i<t_i)$，以$\tau_i$时刻的速度$v(\tau_i)$来代替$[t_{i-1}, t_i]$上各个时刻的速度，得到部分位移$\Delta s_i$的近似值，即

$$\Delta s_i \approx v(\tau_i)\Delta t_i \quad (i=1,2,\cdots,n)$$

第三步：求和. 于是这n段部分位移的近似值之和就是所求变速直线运动位移s的近似值，即

$$s \approx \sum_{i=1}^{n} v(\tau_i)\Delta t_i.$$

第四步：取极限. 记$\lambda=\max\{\Delta t_1, \Delta t_2, \cdots, \Delta t_n\}$，当$\lambda\to 0$时，取上述和式的极限，即得变速直线运动的位移为：

$$s=\lim_{\lambda\to 0}\sum_{i=1}^{n} v(\tau_i)\Delta t_i.$$

微课

一、定积分的概念

两个案例中讨论了两个问题，一个是面积问题，一个是位移问题，具体内容虽然不同，但描述这两个问题的数学模型却完全一致，都是“和式”极限. 抛开上述问题的具体意义，抓住它们在数量关系上共同的本质与特性加以概括，就抽象出下述定积分的定义.

定义 3.3　设函数$f(x)$在$[a, b]$上有界，在$[a, b]$中任意插入若干个分点

$$a=x_0<x_1<x_2<\cdots<x_{n-1}<x_n=b,$$

把区间$[a, b]$分成n个小区间，即

$$[x_0, x_1], [x_1, x_2], \cdots, [x_{n-1}, x_n]$$

各小段区间的长依次为：

$$\Delta x_1=x_1-x_0, \Delta x_2=x_2-x_1, \cdots, \Delta x_n=x_n-x_{n-1}.$$

在每个小区间$[x_{i-1}, x_i]$上任取一个点$\xi_i(x_{i-1}\leqslant\xi_i\leqslant x_i)$，作函数值$f(\xi_i)$与小区间长度$\Delta x_i$的乘积$f(\xi_i)\Delta x_i(i=1,2,\cdots,n)$，并作出和

$$\sum_{i=1}^{n} f(\xi_i)\Delta x_i.$$

记$\lambda=\max\{\Delta x_1, \Delta x_2, \cdots, \Delta x_n\}$，如果不论对$[a, b]$怎样分法，也不论在小区间$[x_{i-1}, x_i]$上点$\xi_i$怎样取法，只要当$\lambda\to 0$时，和式总趋于确定的极限$I$，这时我们称这个极限$I$为函数$f(x)$在区间$[a, b]$上的**定积分**，记作$\int_a^b f(x)\mathrm{d}x$，即

$$\int_a^b f(x)\mathrm{d}x=\lim_{\lambda\to 0}\sum_{i=1}^{n} f(\xi_i)\Delta x_i.$$

其中$f(x)$叫作**被积函数**，$f(x)\mathrm{d}x$叫作**被积表达式**，x叫作**积分变量**，a叫作**积分下限**，b叫作**积分上限**，$[a, b]$叫作**积分区间**.

根据定积分的定义，曲边梯形的面积为$A=\int_a^b f(x)\mathrm{d}x$. 变速直线运动的位移为$s=\int_{T_1}^{T_2} v(t)\mathrm{d}t$.

关于定积分的定义，作以下几点说明：

(1) 定积分的值只与被积函数及积分区间有关，而与积分变量用什么字母无关，即

$$\int_a^b f(x)\mathrm{d}x = \int_a^b f(t)\mathrm{d}t = \int_a^b f(u)\mathrm{d}u.$$

(2) 定义中要求 $a<b$,为便于应用,对定义补充如下规定:

当 $a>b$ 时,$\int_a^b f(x)\mathrm{d}x = -\int_b^a f(x)\mathrm{d}x$;

当 $a=b$ 时,$\int_a^b f(x)\mathrm{d}x = 0$.

(3) 如果函数 $f(x)$在$[a, b]$上的定积分存在,我们就说 $f(x)$在区间$[a, b]$上**可积**.

那么,函数 $f(x)$在$[a, b]$上满足什么条件时,$f(x)$在$[a, b]$上可积呢?

定理 3.5 设 $f(x)$在区间$[a, b]$上连续,则 $f(x)$ 在$[a, b]$上可积.

定理 3.6 设 $f(x)$在区间$[a, b]$上有界,且只有有限个间断点,则 $f(x)$ 在$[a, b]$上可积.

定理证明从略.

【例 3.42】 利用定义计算定积分 $\int_0^1 x^2\mathrm{d}x$.

解 把区间$[0, 1]$分成 n 等份,分点和小区间长度分别为:

$$x_i = \frac{i}{n}(i=1,2,\cdots,n-1), \ \Delta x_i = \frac{1}{n}(i=1, 2,\cdots,n).$$

取 $\xi_i = \frac{i}{n}(i=1, 2,\cdots,n)$,作积分和:

$$\sum_{i=1}^{n} f(\xi_i)\Delta x_i = \sum_{i=1}^{n} \xi_i^2 \Delta x_i = \sum_{i=1}^{n}\left(\frac{i}{n}\right)^2 \cdot \frac{1}{n}$$

$$= \frac{1}{n^3}\sum_{i=1}^{n} i^2 = \frac{1}{n^3}\cdot\frac{1}{6}n(n+1)(2n+1) = \frac{1}{6}\left(1+\frac{1}{n}\right)\left(2+\frac{1}{n}\right).$$

因为 $\lambda = \frac{1}{n}$,当 $\lambda\to 0$ 时,$n\to\infty$,所以

$$\int_0^1 x^2\mathrm{d}x = \lim_{\lambda\to 0}\sum_{i=1}^{n} f(\xi_i)\Delta x_i = \lim_{n\to\infty}\frac{1}{6}\left(1+\frac{1}{n}\right)\left(2+\frac{1}{n}\right) = \frac{1}{3}.$$

二、定积分的几何意义

首先由案例 3.7 知,在区间$[a, b]$上,当 $f(x)\geqslant 0$ 时,积分 $\int_a^b f(x)\mathrm{d}x$ 在几何上表示由曲线 $y=f(x)$、两条直线 $x=a$、$x=b$ 与 x 轴所围成的曲边梯形的面积(如图 3.6).

其次,当 $f(x)\leqslant 0$ 时,由曲线 $y=f(x)$、两条直线 $x=a$、$x=b$ 与 x 轴所围成的曲边梯形位于 x 轴的下方,定积分在几何上表示上述曲边梯形面积的负值(如图 3.7).

再次,当 $f(x)$既取得正值又取得负值时,函数 $f(x)$的图形某些部分在 x 轴的上方,而其他部分在 x 轴的下方. 如果我们对面积赋以正负号,则在 x 轴上方的图形面积赋以正号,在 x 轴下方的图形面积赋以负号(如图 3.8).

综上所述,在一般情形下,定积分 $\int_a^b f(x)\mathrm{d}x$ 的几何意义为:它是介于 x 轴、函数 $f(x)$ 的图形及两条直线 $x=a$、$x=b$ 之间的各部分面积的代数和.

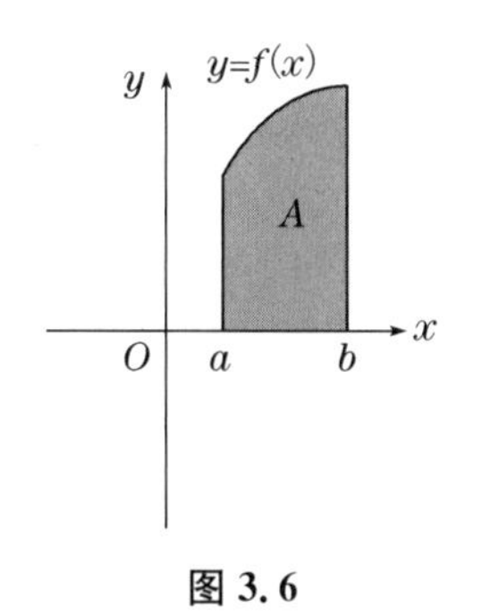

图 3.6

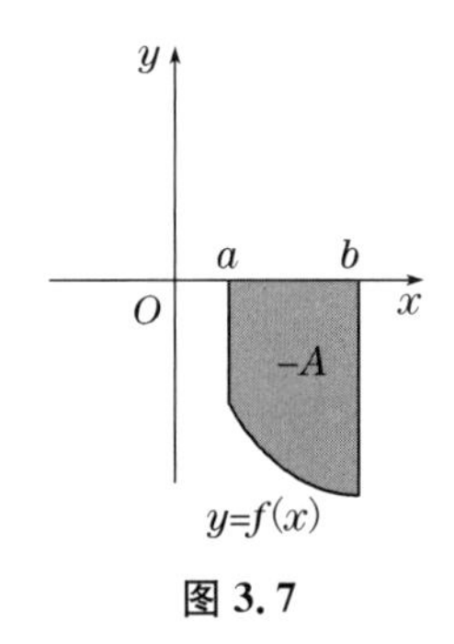

图 3.7

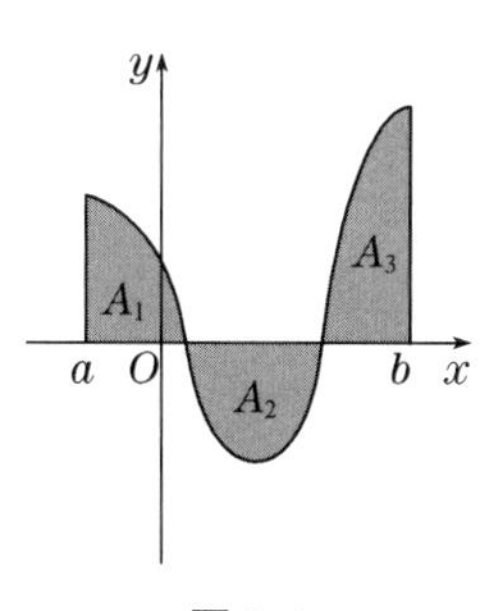

图 3.8

【例 3.43】 用定积分的几何意义求 $\int_0^1 (1-x)\mathrm{d}x$.

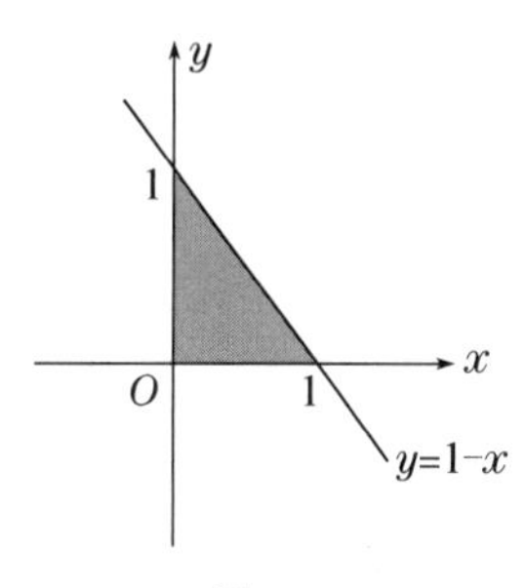

图 3.9

解　函数 $y=1-x$ 在区间$[0, 1]$上的定积分是以 $y=1-x$ 为曲边(如图 3.9),以区间$[0, 1]$为底的曲边梯形的面积. 因为以 $y=1-x$ 为曲边,以区间$[0, 1]$为底的曲边梯形是一直角三角形,其底边长及高均为 1, 所以

$$\int_0^1 (1-x)\mathrm{d}x = \frac{1}{2}\times 1\times 1 = \frac{1}{2}.$$

三、定积分的性质

下面性质中的函数都假设是可积的.

性质 3.5　两个函数和(差)的定积分等于它们的定积分的和(差),即

$$\int_a^b [f(x)\pm g(x)]\mathrm{d}x = \int_a^b f(x)\mathrm{d}x \pm \int_a^b g(x)\mathrm{d}x.$$

性质 3.6　被积函数的常数因子可以提到积分号外面,即

$$\int_a^b kf(x)\mathrm{d}x = k\int_a^b f(x)\mathrm{d}x.$$

性质 3.7　设 $f(x)$在$[a,c]$,$[c,b]$及$[a,b]$上都是可积的,则有

$$\int_a^b f(x)\mathrm{d}x = \int_a^c f(x)\mathrm{d}x + \int_c^b f(x)\mathrm{d}x.$$

其中 c 可以在$[a,b]$内,也可以在$[a,b]$之外,性质 3.7 表明定积分对积分区间具有可加性,这个性质可以用于求分段函数的定积分.

性质 3.8　如果在区间$[a,b]$上 $f(x)\equiv 1$,则

$$\int_a^b 1\mathrm{d}x = \int_a^b \mathrm{d}x = b-a.$$

性质 3.9　如果在区间$[a,b]$上 $f(x)\geqslant 0$,则

$$\int_a^b f(x)\mathrm{d}x \geqslant 0\ (a<b).$$

推论 1　如果在区间$[a,b]$上 $f(x)\leqslant g(x)$,则

$$\int_a^b f(x)\mathrm{d}x \leqslant \int_a^b g(x)\mathrm{d}x\ (a<b).$$

这是因为 $g(x)-f(x)\geqslant 0$, 从而

$$\int_a^b g(x)\mathrm{d}x - \int_a^b f(x)\mathrm{d}x = \int_a^b [g(x) - f(x)]\mathrm{d}x \geqslant 0,$$

所以

$$\int_a^b f(x)\mathrm{d}x \leqslant \int_a^b g(x)\mathrm{d}x.$$

【例 3.44】 比较 $\int_1^2 \ln^3 x\mathrm{d}x$ 与 $\int_1^2 \ln^2 x\mathrm{d}x$ 的大小.

解 在区间$[1,2]$上,$0=\ln 1\leqslant\ln x\leqslant\ln 2<1$,则 $0\leqslant\ln x<1$,所以 $\ln^3 x\leqslant\ln^2 x$.

即
$$\int_1^2 \ln^3 x\mathrm{d}x \leqslant \int_1^2 \ln^2 x\mathrm{d}x.$$

推论 2 $\left|\int_a^b f(x)\mathrm{d}x\right| \leqslant \int_a^b |f(x)|\mathrm{d}x\ (a<b)$.

这是因为$-|f(x)|\leqslant f(x)\leqslant|f(x)|$,所以

$$-\int_a^b |f(x)|\mathrm{d}x \leqslant \int_a^b f(x)\mathrm{d}x \leqslant \int_a^b |f(x)|\mathrm{d}x.$$

即
$$\left|\int_a^b f(x)\mathrm{d}x\right| \leqslant \int_a^b |f(x)|\mathrm{d}x$$

性质 3.10 设 M 及 m 分别是函数 $f(x)$在区间$[a,b]$上的最大值及最小值,则

$$m(b-a) \leqslant \int_a^b f(x)\mathrm{d}x \leqslant M(b-a)\ (a<b).$$

证明 因为 $m\leqslant f(x)\leqslant M$,所以

$$\int_a^b m\mathrm{d}x \leqslant \int_a^b f(x)\mathrm{d}x \leqslant \int_a^b M\mathrm{d}x,$$

从而 $m(b-a)\leqslant\int_a^b f(x)\mathrm{d}x\leqslant M(b-a)$.

【例 3.45】 试估计定积分 $\int_{\frac{\sqrt{3}}{3}}^{\sqrt{3}} x\arctan x\mathrm{d}x$ 值的范围.

解 为求 $f(x)=x\arctan x$ 的最小值和最大值,先计算其导数:

$$f'(x)=\arctan x+\frac{x}{1+x^2}.$$

因为其导数在所给的定义域内都大于 0,所以在该区间上单调上升,其最大值为 $f(\sqrt{3})=\frac{\sqrt{3}}{3}\pi$,最小值为 $f\left(\frac{\sqrt{3}}{3}\right)=\frac{\sqrt{3}}{18}\pi$,于是有 $\frac{\sqrt{3}}{18}\pi\leqslant x\arctan x\leqslant\frac{\sqrt{3}}{3}\pi$,得

$$\frac{\sqrt{3}}{18}\pi\left(\sqrt{3}-\frac{\sqrt{3}}{3}\right) \leqslant \int_{\frac{\sqrt{3}}{3}}^{\sqrt{3}} x\arctan x\mathrm{d}x \leqslant \frac{\sqrt{3}}{3}\pi\left(\sqrt{3}-\frac{\sqrt{3}}{3}\right).$$

即
$$\frac{1}{9}\pi \leqslant \int_{\frac{\sqrt{3}}{3}}^{\sqrt{3}} x\arctan x\mathrm{d}x \leqslant \frac{2}{3}\pi.$$

性质 3.11(定积分中值定理) 如果函数 $f(x)$在闭区间$[a,b]$上连续,则在积分区间$[a,b]$上至少存在一个点 ξ,使下式成立:

$$\int_a^b f(x)\mathrm{d}x = f(\xi)(b-a)\ (a\leqslant\xi\leqslant b).$$

这个公式叫作**积分中值公式**.

性质 3.11 的几何意义：在$[a,b]$上至少存在一点ξ，使得曲边梯形的面积等于同一底边而高为$f(\xi)$的矩形的面积.

如果函数$f(x)$在闭区间$[a,b]$上连续，称$\dfrac{1}{b-a}\int_a^b f(x)\mathrm{d}x$为函数$f(x)$在$[a,b]$上的**平均值**.

习题 3.5

1. 根据定积分的几何意义，判断下面定积分值的正负号.

(1) $\int_0^{\frac{\pi}{2}} \sin x\mathrm{d}x$；　　(2) $\int_{-5}^{-1} x^2\mathrm{d}x$.

2. 利用定积分的性质，比较下列各题中两个积分值的大小.

(1) $\int_0^1 x^3\mathrm{d}x$与$\int_0^1 x^2\mathrm{d}x$；　　(2) $\int_1^2 x^3\mathrm{d}x$与$\int_1^2 x^2\mathrm{d}x$；

(3) $\int_0^{\frac{\pi}{2}} \sin x\mathrm{d}x$与$\int_0^{\frac{\pi}{2}} \sin^2 x\mathrm{d}x$；　　(4) $\int_1^2 \mathrm{e}^{-x}\mathrm{d}x$与$\int_1^2 \mathrm{e}^{-2x}\mathrm{d}x$.

3. 试用定积分表示下面各题中的面积.

(1) 曲线$y=x^2+1$和直线$x=1$以及x轴y轴围成的图形面积；

(2) 曲线$y=\ln x$和直线$x=\mathrm{e}$以及x轴围成的图形面积；

(3) 曲线$y=x^2$和直线$y=x$、$x=2$以及x轴围成的图形面积.

4. 估计下列各定积分值的范围.

(1) $\int_0^1 \sqrt{x^4+1\mathrm{d}x}$；　　(2) $\int_0^{\frac{\pi}{2}} (\cos^4 x+1)\mathrm{d}x$.

5. 设$f(x)$是连续函数，且$f(x)=x^2+\dfrac{2}{3}\int_0^1 f(h)\mathrm{d}h$，试求：

(1) $\int_0^1 f(x)\mathrm{d}x$；　　(2) $f(x)$.

第六节　微积分基本公式

学习目标

1. 了解积分上限函数的概念及性质.
2. 掌握牛顿-莱布尼茨公式.

微课

一、积分上限函数及其导数

如图 3.10 所示，设函数$f(x)$在区间$[a,b]$上连续，则对于任意的$x(a\leqslant x\leqslant b)$，积分$\int_a^x f(x)\mathrm{d}x$存在，且对于给定的$x(a\leqslant x\leqslant b)$，就有一个积分值与之对应，因此，这是一个上限为变量的积分，是上限x的函数. 但必须注意的是，积分上限x与被积表达式$f(x)\mathrm{d}x$中的

积分变量 x 是两个不同的概念，在求积时（或者说积分过程中）上限 x 是固定不变的，而积分变量 x 是在下限与上限之间变化的，为了区别起见，常把它记为 $\int_a^x f(t)\mathrm{d}t$，称为**积分上限的函数**（或**变上限的积分**）. 它是区间 $[a,b]$ 上的函数，记为

$$\Phi(x)=\int_a^x f(t)\mathrm{d}t.$$

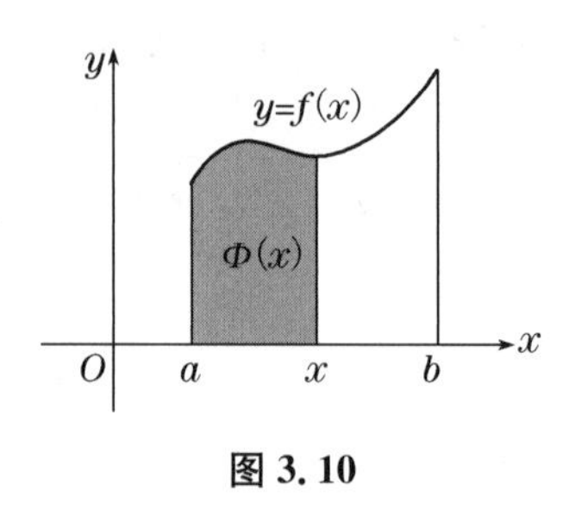

图 3.10

关于变上限的积分有如下的定理：

定理 3.7 如果函数 $f(x)$ 在区间 $[a,b]$ 上连续，则函数 $\Phi(x)=\int_a^x f(t)\mathrm{d}t$ 在 $[a,b]$ 上可导，并且它的导数为

$$\Phi'(x)=\frac{\mathrm{d}}{\mathrm{d}x}\int_a^x f(t)\mathrm{d}t=f(x).$$

定理证明从略.

定理 3.7 表明变上限积分所确定的函数 $\int_a^x f(t)\mathrm{d}t$ 对积分上限 x 的导数等于被积函数 $f(t)$ 在积分上限 x 处的值 $f(x)$. 它把导数和定积分这两个表面上不相干的概念联系了起来，得到了如下的原函数存在定理.

定理 3.8 如果函数 $f(x)$ 在区间 $[a,b]$ 上连续，则函数

$$\Phi(x)=\int_a^x f(t)\mathrm{d}t$$

就是 $f(x)$ 在 $[a,b]$ 上的一个原函数.

本定理的重要意义在于一方面肯定了连续函数的原函数是存在的，另一方面初步地揭示了积分学中的定积分与原函数之间的联系. 由上述结论可知：尽管不定积分与定积分概念的引入完全不同，但彼此有着密切的联系，因此可以通过求原函数来计算定积分.

【例 3.46】 (1) 求 $\frac{\mathrm{d}}{\mathrm{d}x}\int_0^x \sin(1+\mathrm{e}^t)\mathrm{d}t$； (2) 求 $\frac{\mathrm{d}}{\mathrm{d}x}\int_x^0 \sin(1+\mathrm{e}^t)\mathrm{d}t$.

解 由定理 3.7 得：

(1) $\frac{\mathrm{d}}{\mathrm{d}x}\int_0^x \sin(1+\mathrm{e}^t)\mathrm{d}t=\sin(1+\mathrm{e}^x)$.

(2) $\frac{\mathrm{d}}{\mathrm{d}x}\int_x^0 \sin(1+\mathrm{e}^t)\mathrm{d}t=-\frac{\mathrm{d}}{\mathrm{d}x}\int_0^x \sin(1+\mathrm{e}^t)\mathrm{d}t=-\sin(1+\mathrm{e}^x)$.

【例 3.47】 设 $\Phi(x)=(2x+1)\int_0^x(2t+1)\mathrm{d}t$，求 $\Phi'(x)$ 和 $\Phi''(x)$.

解
$$\begin{aligned}\Phi'(x)&=(2x+1)'\int_0^x(2t+1)\mathrm{d}t+(2x+1)\left[\int_0^x(2t+1)\mathrm{d}t\right]'\\&=2\int_0^x(2t+1)\mathrm{d}t+(2x+1)^2\\&=2(x^2+x)+(2x+1)^2;\end{aligned}$$

$$\Phi''(x)=2(2x+1)+4(2x+1)=12x+6.$$

【例 3.48】 求 $\frac{\mathrm{d}}{\mathrm{d}x}\int_0^{x^2}\sin(1+\mathrm{e}^t)\mathrm{d}t$.

解 令 $u=x^2$，则这个变上限定积分是由

$$\int_0^u \sin(1+e^t)dt \text{ 与 } u=x^2$$

复合而成的,按复合函数的求导法则,得

$$\frac{d}{dx}\int_0^{x^2}\sin(1+e^t)dt=\frac{d}{du}\int_0^u\sin(1+e^t)dt\cdot\frac{du}{dx}=\sin(1+e^{x^2})\cdot 2x$$
$$=2x\sin(1+e^{x^2}).$$

一般可推出如下几个公式(其中函数 $\varphi(x)$,$\psi(x)$可导):

(1) $\frac{d}{dx}\int_x^b f(t)dt=-f(x)$;

(2) $\frac{d}{dx}\int_a^{\varphi(x)} f(t)dt=f[\varphi(x)]\varphi'(x)$;

(3) $\frac{d}{dx}\int_{\psi(x)}^{\varphi(x)} f(t)dt=\frac{d}{dx}\left[\int_{\psi(x)}^a f(t)dt+\int_a^{\varphi(x)} f(t)dt\right]$
$$=f[\varphi(x)]\varphi'(x)-f[\psi(x)]\psi'(x).$$

【例 3.49】 求$\lim\limits_{x\to 0}\frac{\int_0^x \arctan t dt}{x^2}$.

解 当 $x\to 0$ 时,$\int_0^x \arctan t dt\to 0$,$x^2\to 0$,因此该极限符合洛必达法则,则

$$\lim_{x\to 0}\frac{\int_0^x \arctan t dt}{x^2}=\lim_{x\to 0}\frac{\frac{d}{dx}[\int_0^x \arctan t dt]}{(x^2)'}=\lim_{x\to 0}\frac{\arctan x}{2x}$$
$$=\frac{1}{2}\lim_{x\to 0}\frac{(\arctan x)'}{(x)'}=\frac{1}{2}\lim_{x\to 0}\frac{\frac{1}{1+x^2}}{1}=\frac{1}{2}.$$

二、牛顿-莱布尼茨公式

定理 3.9 如果函数 $F(x)$是连续函数 $f(x)$在区间$[a,b]$上的一个原函数,则

$$\int_a^b f(x)dx=F(b)-F(a).$$

此公式称为**牛顿-莱布尼茨公式**,也称为**微积分基本公式**.

证明 已知函数 $F(x)$是连续函数 $f(x)$的一个原函数,又根据定理 3.8,积分上限函数

$$\Phi(x)=\int_a^x f(t)dt$$

也是 $f(x)$的一个原函数. 于是存在常数 C,使

$$F(x)-\Phi(x)=C,\text{即 } F(x)-\int_a^x f(t)\,dt=C.$$

当 $x=a$ 时,有 $F(a)-\int_a^a f(t)dt=C$,所以 $C=F(a)$;当 $x=b$ 时,$F(b)-\int_a^b f(t)dt=F(a)$,即

$$\int_a^b f(x)dx=F(b)-F(a).$$

为了方便起见,可把 $F(b)-F(a)$记成$[F(x)]_a^b$,于是

$$\int_a^b f(x)\mathrm{d}x = [F(x)]_a^b = F(b) - F(a).$$

【例 3.50】 求 $\int_0^1 x^2 \mathrm{d}x$.

解　由于 $\frac{1}{3}x^3$ 是 x^2 的一个原函数，所以

$$\int_0^1 x^2 \mathrm{d}x = \left[\frac{1}{3}x^3\right]_0^1 = \frac{1}{3}\cdot 1^3 - \frac{1}{3}\cdot 0^3 = \frac{1}{3}.$$

【例 3.51】 求 $\int_{-1}^{\sqrt{3}} \frac{\mathrm{d}x}{1+x^2}$.

解　由于 $\arctan x$ 是 $\frac{1}{1+x^2}$ 的一个原函数，所以

$$\int_{-1}^{\sqrt{3}} \frac{\mathrm{d}x}{1+x^2} = [\arctan x]_{-1}^{\sqrt{3}} = \arctan\sqrt{3} - \arctan(-1) = \frac{\pi}{3} - \left(-\frac{\pi}{4}\right) = \frac{7}{12}\pi.$$

【例 3.52】 求 $\int_{\frac{\pi}{4}}^{\frac{\pi}{3}} \frac{\mathrm{d}x}{\sin x\cos x}$.

解　因为 $\frac{1}{\sin x\cos x} = \frac{\sin^2 x + \cos^2 x}{\sin x\cos x} = \tan x + \cot x$，所以

$$\int \frac{\mathrm{d}x}{\sin x\cos x} = -\ln|\cos x| + \ln|\sin x| + C = \ln|\tan x| + C.$$

即 $$\int_{\frac{\pi}{4}}^{\frac{\pi}{3}} \frac{\mathrm{d}x}{\sin x\cos x} = [\ln|\tan x|]_{\frac{\pi}{4}}^{\frac{\pi}{3}} = \ln\tan\frac{\pi}{3} - \ln\tan\frac{\pi}{4} = \ln\sqrt{3} - \ln 1 = \frac{1}{2}\ln 3.$$

【例 3.53】 设 $f(x)=\begin{cases} x+1, & x\geqslant 0, \\ \mathrm{e}^{-x}, & x<0, \end{cases}$ 求 $\int_{-1}^{2} f(x)\mathrm{d}x$.

解　由定积分性质 3.7，有

$$\int_{-1}^{2} f(x)\mathrm{d}x = \int_{-1}^{0} f(x)\mathrm{d}x + \int_{0}^{2} f(x)\mathrm{d}x = \int_{-1}^{0} \mathrm{e}^{-x}\mathrm{d}x + \int_{0}^{2}(x+1)\mathrm{d}x$$

$$= \left[-\mathrm{e}^{-x}\right]_{-1}^{0} + \left[\frac{1}{2}x^2 + x\right]_0^2 = \mathrm{e}+3.$$

【例 3.54】 求正弦曲线 $y=\sin x$ 在 $[0,\pi]$ 上与 x 轴所围成的平面图形的面积.

解　如图 3.11 所示，它的面积为：

$$A = \int_0^{\pi} \sin x\mathrm{d}x = [-\cos x]_0^{\pi} = -(-1) - (-1) = 2.$$

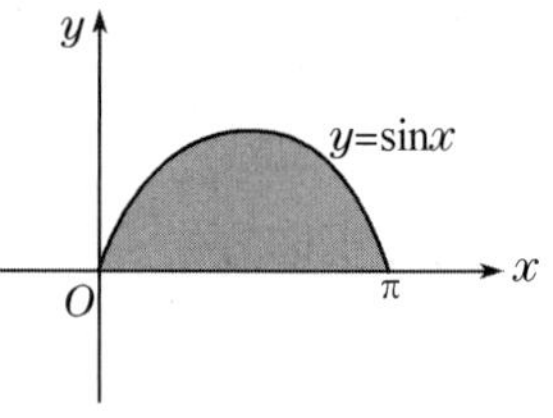

图 3.11

习题 3.6

1. 求下列函数的导数.

(1) $\frac{\mathrm{d}}{\mathrm{d}x}\int_0^x \mathrm{e}^{-t}\mathrm{d}t$;　　(2) $\frac{\mathrm{d}}{\mathrm{d}x}\int_0^{x^2} \mathrm{e}^{-t}\mathrm{d}t$;

(3) $\frac{\mathrm{d}}{\mathrm{d}x}\int_x^{x^2} \mathrm{e}^{-t}\mathrm{d}t$.

2. 求下列函数极限.

(1) $\lim\limits_{x\to 0}\dfrac{\int_0^x \sin t\mathrm{d}t}{x^2}$；　　(2) $\lim\limits_{x\to +\infty}\dfrac{\int_a^x\left(1+\frac{1}{t}\right)^t\mathrm{d}t}{x}$（$a>0$ 为常数）；

(3) $\lim\limits_{x\to 0}\dfrac{\int_{\cos x}^1 \mathrm{e}^{-t^2}\mathrm{d}t}{x^2}$.

3. 计算下列定积分.

(1) $\int_{-2}^{-1}\dfrac{1}{x}\mathrm{d}x$；　　(2) $\int_0^{\ln 2}\mathrm{e}^{-2x}\mathrm{d}x$；

(3) $\int_2^3\dfrac{1}{x+x^2}\mathrm{d}x$；　　(4) $\int_0^{\pi}(1-\sin^3 x)\mathrm{d}x$；

(5) $\int_{-2}^{-1}\dfrac{1}{x^2+4x+5}\mathrm{d}x$；　　(6) $\int_{-1}^1\dfrac{x+1}{\sqrt{4-x^2}}\mathrm{d}x$；

(7) $\int_{\frac{2}{\pi}}^{\frac{3}{\pi}}\dfrac{1}{x^2}\sin\dfrac{1}{x}\mathrm{d}x$；　　(8) $\int_1^{\mathrm{e}}\dfrac{\ln x+1}{x}\mathrm{d}x$；

(9) $\int_{-\frac{\pi}{2}}^{\frac{\pi}{2}}\sqrt{\cos x-\cos^3 x}\mathrm{d}x$；　　(10) $\int_{\frac{1}{2}}^1(2x-1)^{49}\mathrm{d}x$；

(11) $\int_{-1}^1|x|\mathrm{d}x$；　　(12) $\int_0^3|2-x|\mathrm{d}x$.

4. 设当 $x>0$，$f(x)$是连续函数，且 $\int_0^{x^2-1}f(t)\mathrm{d}t=2x$，求 $f(2)$.

5. 设 $f(x)=\int_x^{\cos x}\arctan(2+t^2)\mathrm{d}t$，求 $f'(0)$.

6. 计算 $\int_0^2 f(x)\mathrm{d}x$，其中 $f(x)=\begin{cases}2x, & 0\leqslant x\leqslant 1,\\ 5x, & 1<x\leqslant 2.\end{cases}$

第七节　定积分的换元法和分部积分法

学习目标

会用换元积分法与分部积分法计算定积分.

一、定积分的换元积分法

定理 3.10　假设函数 $f(x)$在区间$[a,b]$上连续，函数 $x=\varphi(t)$满足条件：

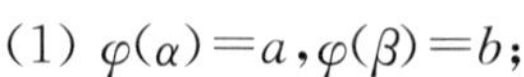

(1) $\varphi(\alpha)=a$，$\varphi(\beta)=b$；

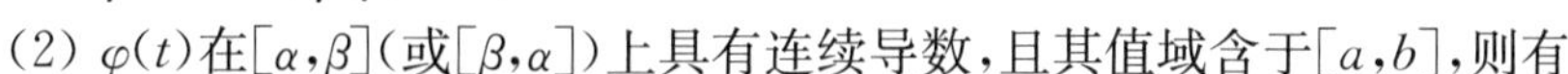

(2) $\varphi(t)$在$[\alpha,\beta]$（或$[\beta,\alpha]$）上具有连续导数，且其值域含于$[a,b]$，则有

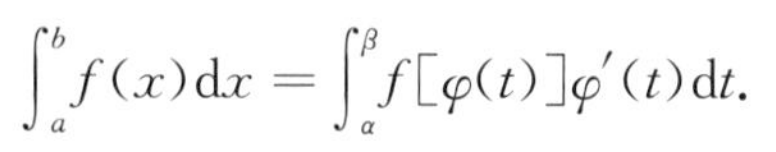

$$\int_a^b f(x)\mathrm{d}x=\int_\alpha^\beta f[\varphi(t)]\varphi'(t)\mathrm{d}t.$$

这个公式叫作**定积分的换元公式**.

定理证明从略.

这个公式与不定积分的换元公式类似，不同之处在于：定积分的换元法不必换回原积分变量，只需将积分限作相应的改变. 这样做需注意两点：

(1) 引入新函数 $x=\varphi(t)$ 必须单调，使 t 从 α 变到 β 时，x 从 a 变到 b，且 $a=\varphi(\alpha)$，$b=\varphi(\beta)$；

(2) 改变积分变量时必须同时改变积分上、下限，简称**换元必换限**.

【例 3.55】 求 $\int_0^a \sqrt{a^2-x^2}\,dx\ (a>0)$.

解 令 $x=a\sin t$，$t\in\left[0,\frac{\pi}{2}\right]$，则 $dx=a\cos t dt$.

当 $x=0$ 时，$t=0$；当 $x=a$ 时，$t=\frac{\pi}{2}$，则

$$\begin{aligned}\int_0^a \sqrt{a^2-x^2}\,dx &= \int_0^{\frac{\pi}{2}} a\cos t\cdot a\cos t dt = a^2\int_0^{\frac{\pi}{2}}\cos^2 t dt\\ &= a^2\int_0^{\frac{\pi}{2}}\frac{1+\cos 2t}{2}dt = \frac{a^2}{2}\left[t+\frac{\sin 2t}{2}\right]_0^{\frac{\pi}{2}}\\ &= \frac{1}{4}\pi a^2.\end{aligned}$$

【例 3.56】 求 $\int_4^9 \frac{\sqrt{x}}{\sqrt{x}-1}dx$.

解 令 $\sqrt{x}=t$，则 $x=t^2$，$dx=2tdt$.

当 $x=4$ 时，$t=2$；当 $x=9$ 时，$t=3$，则

$$\begin{aligned}\int_4^9 \frac{\sqrt{x}}{\sqrt{x}-1}dx &= \int_2^3 \frac{t}{t-1}\cdot 2tdt = 2\int_2^3 \frac{t^2-1+1}{t-1}dt\\ &= 2\int_2^3\left(t+1+\frac{1}{t-1}\right)dt = 2\left[\frac{t^2}{2}+t+\ln|t-1|\right]_2^3\\ &= 7+\ln 4.\end{aligned}$$

【例 3.57】 求 $\int_0^{\frac{\pi}{2}}\cos^5 x\sin x dx$.

解 令 $t=\cos x$，则当 $x=0$ 时，$t=1$；当 $x=\frac{\pi}{2}$ 时，$t=0$.

$$\begin{aligned}\int_0^{\frac{\pi}{2}}\cos^5 x\sin x dx &= -\int_0^{\frac{\pi}{2}}\cos^5 x d\cos x\\ &\xlongequal{\text{令}\cos x=t} -\int_1^0 t^5 dt = \int_0^1 t^5 dt = \left[\frac{1}{6}t^6\right]_0^1 = \frac{1}{6}.\end{aligned}$$

注意：用第一类换元法即凑微分法计算一些定积分时，可以不引入中间变量，如上题可以用如下方法. 即

$$\begin{aligned}\int_0^{\frac{\pi}{2}}\cos^5 x\sin x dx &= -\int_0^{\frac{\pi}{2}}\cos^5 x d\cos x = -\left[\frac{1}{6}\cos^6 x\right]\Big|_0^{\frac{\pi}{2}}\\ &= -\frac{1}{6}\cos^6\frac{\pi}{2}+\frac{1}{6}\cos^6 0=\frac{1}{6}.\end{aligned}$$

【例 3.58】 求 $\int_1^e \frac{4}{x(1+\ln x)}dx$.

解
$$\begin{aligned}\int_1^e \frac{4}{x(1+\ln x)}dx &= \int_1^e \frac{4}{1+\ln x}d(1+\ln x)\\ &= 4\ln|1+\ln x|\,\Big|_1^e = 4\ln 2.\end{aligned}$$

【例 3.59】 设 $f(x)=\begin{cases}1+x^2, & x\leqslant 0,\\ e^x, & x>0,\end{cases}$ 求 $\int_1^3 f(x-2)\mathrm{d}x$.

解 设 $x-2=t \Rightarrow \mathrm{d}x=\mathrm{d}t$，当 $x=1$ 时，$t=-1$；$x=3$ 时，$t=1$. 则

$$\begin{aligned}\int_1^3 f(x-2)\mathrm{d}x &= \int_{-1}^1 f(t)\mathrm{d}t = \int_{-1}^0 f(t)\mathrm{d}t + \int_0^1 f(t)\mathrm{d}t \\ &= \int_{-1}^0 (1+t^2)\mathrm{d}t + \int_0^1 e^t\mathrm{d}t = \left[t+\frac{1}{3}t^3\right]_{-1}^0 + \left[e^t\right]_0^1 \\ &= \frac{1}{3}+e.\end{aligned}$$

微课

二、定积分的分部积分法

设函数 $u(x)$、$v(x)$ 在区间 $[a,b]$ 上具有连续导数 $u'(x)$、$v'(x)$，由 $(uv)'=u'v+uv'$ 得 $uv'=(uv)'-u'v$，两端在区间 $[a,b]$ 上积分得

$$\int_a^b uv'\mathrm{d}x = [uv]_a^b - \int_a^b u'v\mathrm{d}x \text{ 或 } \int_a^b u\mathrm{d}v = [uv]_a^b - \int_a^b v\mathrm{d}u,$$

这就是**定积分的分部积分公式**.

【例 3.60】 求 $\int_0^1 xe^{2x}\mathrm{d}x$.

解 $$\begin{aligned}\int_0^1 xe^{2x}\mathrm{d}x &= \frac{1}{2}\int_0^1 x\mathrm{d}e^{2x} = \frac{1}{2}xe^{2x}\Big|_0^1 - \frac{1}{2}\int_0^1 e^{2x}\mathrm{d}x \\ &= \frac{1}{2}e^2 - \frac{1}{4}e^{2x}\Big|_0^1 = \frac{1}{4}(e^2+1).\end{aligned}$$

可见，定积分的分部积分法，本质上是先利用不定积分的分部积分法求出原函数，再用定积分公式求得结果，这两者的差别在于定积分经分部积分后，积出部分直接代入上、下限，不必等到最后.

【例 3.61】 求 $\int_0^{\frac{1}{2}} \arcsin x\mathrm{d}x$.

解 $$\begin{aligned}\int_0^{\frac{1}{2}} \arcsin x\mathrm{d}x &= [x\arcsin x]_0^{\frac{1}{2}} - \int_0^{\frac{1}{2}} x\mathrm{d}\arcsin x \\ &= \frac{1}{2}\cdot\frac{\pi}{6} - \int_0^{\frac{1}{2}} \frac{x}{\sqrt{1-x^2}}\mathrm{d}x = \frac{\pi}{12} + \frac{1}{2}\int_0^{\frac{1}{2}} \frac{1}{\sqrt{1-x^2}}\mathrm{d}(1-x^2) \\ &= \frac{\pi}{12} + \left[\sqrt{1-x^2}\right]_0^{\frac{1}{2}} = \frac{\pi}{12} + \frac{\sqrt{3}}{2} - 1.\end{aligned}$$

【例 3.62】 求 $\int_{\frac{1}{e}}^{e} |\ln x|\mathrm{d}x$.

解 $$\begin{aligned}\int_{\frac{1}{e}}^{e} |\ln x|\mathrm{d}x &= \int_{\frac{1}{e}}^{1} (-\ln x)\mathrm{d}x + \int_1^e \ln x\mathrm{d}x \\ &= \left[-x\ln x\right]_{\frac{1}{e}}^{1} - \int_{\frac{1}{e}}^{1} x\left(-\frac{1}{x}\right)\mathrm{d}x + \left[x\ln x\right]_1^e - \int_1^e x\frac{1}{x}\mathrm{d}x \\ &= -\frac{1}{e} + \int_{\frac{1}{e}}^{1}\mathrm{d}x + e - \int_1^e \mathrm{d}x = 2\left(1-\frac{1}{e}\right).\end{aligned}$$

三、定积分的几个常用公式

(1) 设函数 $f(x)$在原点对称的区间$[-a,a]$上可积,则

① 当 $f(x)$在$[-a,a]$上为偶函数时,则 $\int_{-a}^{a} f(x)\mathrm{d}x = 2\int_{0}^{a} f(x)\mathrm{d}x$;

② 当 $f(x)$在$[-a,a]$上为奇函数时,则 $\int_{-a}^{a} f(x)\mathrm{d}x = 0$.

上式表明了可积的奇、偶函数在对称区间$[-a,a]$上的积分性质,即偶函数在$[-a,a]$上的积分等于区间$[0,a]$上积分的两倍;奇函数在对称区间上的积分等于零,简称**偶倍奇零**,可以利用这一性质,简化可积的奇、偶函数在对称区间上的定积分的计算.

【例 3.63】 求 $\int_{-1}^{1} \frac{\sin x + (\arctan x)^2}{1+x^2}\mathrm{d}x$.

解 $\int_{-1}^{1} \frac{\sin x + (\arctan x)^2}{1+x^2}\mathrm{d}x = \int_{-1}^{1} \frac{\sin x}{1+x^2}\mathrm{d}x + \int_{-1}^{1} \frac{(\arctan x)^2}{1+x^2}\mathrm{d}x$,

其中$\frac{\sin x}{1+x^2}$在区间$[-1,1]$上是奇函数,则$\int_{-1}^{1} \frac{\sin x}{1+x^2}\mathrm{d}x = 0$;而$\frac{(\arctan x)^2}{1+x^2}$在$[-1,1]$上是偶函数,则

$$\int_{-1}^{1} \frac{(\arctan x)^2}{1+x^2}\mathrm{d}x = 2\int_{0}^{1} \frac{(\arctan x)^2}{1+x^2}\mathrm{d}x = 2\int_{0}^{1} (\arctan x)^2 \mathrm{d}(\arctan x)$$

$$= \frac{2}{3}\Big[(\arctan x)^3\Big]_0^1 = \frac{\pi^3}{96}.$$

所以 $\int_{-1}^{1} \frac{\sin x + (\arctan x)^2}{1+x^2}\mathrm{d}x = \frac{\pi^3}{96}$.

(2) 设 $f(x)$是以 T 为周期的周期函数,且可积,则对任一实数 a,有

$$\int_{a}^{a+T} f(x)\mathrm{d}x = \int_{0}^{T} f(x)\mathrm{d}x.$$

此式表明了可积的周期函数在任何一个周期的积分相等.

【例 3.64】 求 $\int_{2}^{2\pi+2} \cos x\mathrm{d}x$.

解 因为函数 $\cos x$ 的周期是 2π,所以

$$\int_{2}^{2\pi+2} \cos x\mathrm{d}x = \int_{0}^{2\pi} \cos x\mathrm{d}x = [\sin x]_0^{2\pi} = 0.$$

习题 3.7

1. 用换元法求下列积分.

(1) $\int_{0}^{4} \frac{\mathrm{d}x}{1+\sqrt{x}}$;

(2) $\int_{1}^{\mathrm{e}} \frac{2+\ln x}{x}\mathrm{d}x$;

(3) $\int_{0}^{2} \sqrt{4-x^2}\mathrm{d}x$;

(4) $\int_{0}^{\frac{\pi}{2}} \sin^4 x\cos x\mathrm{d}x$;

(5) $\int_{0}^{\pi} \sqrt{\sin^3 x - \sin^5 x}\mathrm{d}x$;

(6) $\int_{-\frac{\sqrt{2}}{2}}^{0} \frac{x+1}{\sqrt{1-x^2}}\mathrm{d}x$;

(7) $\int_0^4 \frac{x+2}{\sqrt{2x+1}}\mathrm{d}x$；　　(8) $\int_{-2}^0 \frac{\mathrm{d}x}{x^2+2x+2}$.

2. 利用分部积分法求下列定积分.

(1) $\int_0^1 \mathrm{e}^{\sqrt{x}}\mathrm{d}x$；　　(2) $\int_0^{\ln 2} x\mathrm{e}^{-x}\mathrm{d}x$；

(3) $\int_0^{\pi} \mathrm{e}^x\cos^2 x\mathrm{d}x$；　　(4) $\int_0^{\pi} x\sin^2 x\mathrm{d}x$；

(5) $\int_0^2 \ln(3+x)\mathrm{d}x$；　　(6) $\int_{\frac{\pi}{4}}^{\frac{\pi}{3}} \frac{x}{\sin^2 x}\mathrm{d}x$.

3. 利用函数的奇偶性求下列积分.

(1) $\int_{-\pi}^{\pi} x^3\sin^2 x\mathrm{d}x$；　　(2) $\int_{-\frac{\pi}{2}}^{\frac{\pi}{2}} \frac{x+\cos x}{1+\sin^2 x}\mathrm{d}x$；

(3) $\int_{-1}^1 \frac{2x^2+x\cos x}{1+\sqrt{1-x^2}}\mathrm{d}x$；　　(4) $\int_{-\sqrt{3}}^{\sqrt{3}} |\arctan x|\mathrm{d}x$.

4. 设函数 $f(x)=\begin{cases} x\mathrm{e}^{-x^2}, & x\geqslant 0, \\ \frac{1}{2+x}, & -1<x<0, \end{cases}$ 计算 $\int_1^4 f(x-2)\mathrm{d}x$.

5. 若 $f(x)$ 在 $[0,1]$ 上连续，证明：

(1) $\int_0^{\frac{\pi}{2}} f(\sin x)\mathrm{d}x = \int_0^{\frac{\pi}{2}} f(\cos x)\mathrm{d}x$；

(2) $\int_0^{\pi} xf(\sin x)\mathrm{d}x = \frac{\pi}{2}\int_0^{\pi} f(\sin x)\mathrm{d}x$，并计算 $\int_0^{\pi} \frac{x\sin x}{1+\cos^2 x}\mathrm{d}x$.

第八节　定积分的应用

学习目标

1. 掌握定积分的微元法思想.
2. 会用微元法解决简单的几何、物理问题.

定积分的应用十分广泛，本节主要介绍定积分在几何和物理上的应用，重点掌握用微元法将实际问题表示成定积分的思想方法.

一、定积分的微元法

本章第五节中，所举的关于求曲边梯形的面积与求变速直线运动位移两个案例，均采用了“分割”、“近似”、“求和”、“取极限”四个步骤，最后抽象成定积分. 这四个步骤中的关键是第二步，即求部分量的近似值——微元. 为了使这种方法更具有一般性和实用性，我们进一步加以归纳和简化.

一般地，所求的量 U 能用定积分表示，U 必须满足以下条件：

(1) 量 U 与变量 x 的变化区间 $[a,b]$ 有关；

(2) 量 U 对于区间 $[a,b]$ 具有可加性，即如果把 $[a,b]$ 分成若干个部分区间时，则 U 相应地也被分成若干个部分量，且 U 恰好等于这些部分量的总和；

(3) 如果任取$[a,b]$上的一个部分区间$[x,x+\mathrm{d}x]$，则 U 的相应部分量 ΔU 可以近似地表示为 $\Delta U\approx f(x)\mathrm{d}x$，其中 $f(x)$在$[a,b]$上连续.

当 U 满足上述条件时，由定积分定义有 $U=\int_a^b f(x)\mathrm{d}x$.

用定积分求解实际问题的一般步骤可精简为以下两步：

第一步：恰当选取积分变量 x，确定其变化范围$[a,b]$；从中任取一小区间，省却下标，记为$[x,x+\mathrm{d}x]$，称为**典型小区间**；然后写出部分量 ΔU 的近似值 $f(x)\mathrm{d}x$，称 $f(x)\mathrm{d}x$ 为量 U 的**微元**(或**元素**)，记作 $\mathrm{d}U$，即 $\mathrm{d}U=f(x)\mathrm{d}x$.

第二步：将微元 $\mathrm{d}U$ 在$[a,b]$上积分(无限累加)，得

$$U=\int_a^b f(x)\mathrm{d}x.$$

这种简化的方法称为**微元法**(或**元素法**). 用微元法求解实际问题的关键是求出所求量的微元，需要具体问题具体分析，一般可在典型小区间$[x,x+\mathrm{d}x]$上以"常代变"、"直代曲"(局部线性化)为思路，写出$[x,x+\mathrm{d}x]$上所求局部量 ΔU 的近似值，即微元 $\mathrm{d}U=f(x)\mathrm{d}x$.

二、平面图形的面积

1. 直角坐标情形

(1) 根据定积分的几何意义知，当 $f(x)\geqslant 0$ 时，曲线 $f(x)$及直线 $x=a$，$x=b(a<b)$与 x 轴所围成的曲边梯形面积为 A(如图 3.12)，则面积微元为 $\mathrm{d}A=f(x)\mathrm{d}x$，面积

$$A=\int_a^b f(x)\mathrm{d}x.$$

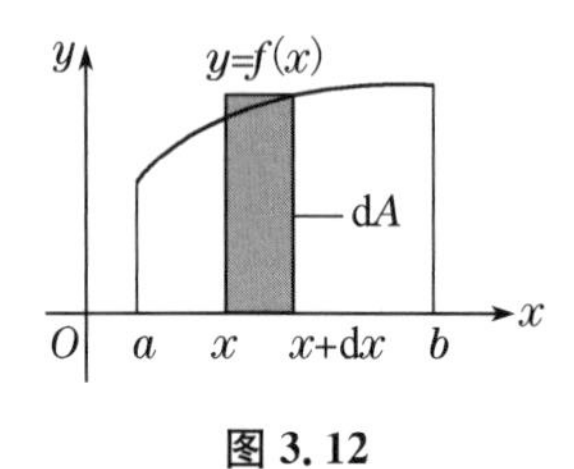

图 3.12

图 3.13

(2) 由曲线 $y=f(x)$与 $y=g(x)$及直线 $x=a$，$x=b(a<b)$，且 $f(x)\geqslant g(x)$所围成的图形面积为 A(如图 3.13)，则面积微元为 $\mathrm{d}A=[f(x)-g(x)]\mathrm{d}x$，面积

$$A=\int_a^b f(x)\mathrm{d}x-\int_a^b g(x)\mathrm{d}x=\int_a^b[f(x)-g(x)]\mathrm{d}x.$$

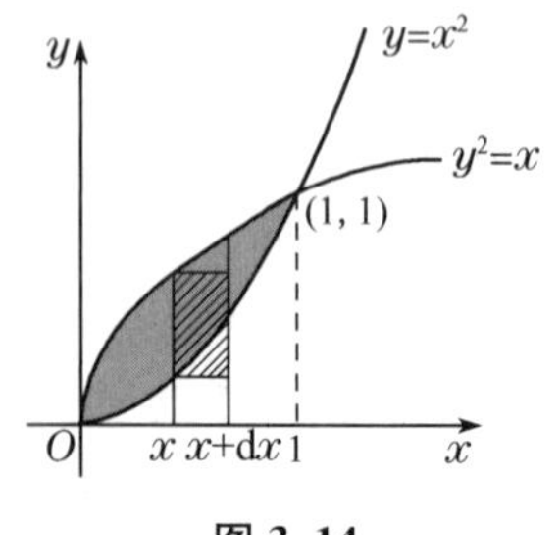

图 3.14

【例 3.65】 计算两条抛物线 $y^2=x$，$y=x^2$ 在第一象限所围图形的面积(如图 3.14).

解 我们首先应把两曲线的交点求出，即

求得两曲线$\begin{cases}y^2=x\\y=x^2\end{cases}$的交点为$(0,0)$，$(1,1)$，故

$$A=\int_0^1(\sqrt{x}-x^2)\mathrm{d}x=\left[\frac{2}{3}x^{\frac{3}{2}}-\frac{1}{3}x^3\right]_0^1=\frac{1}{3}.$$

【例 3.66】　求椭圆$\frac{x^2}{a^2}+\frac{y^2}{b^2}=1$所围成的面积($a>0,b>0$)(如图 3.15).

解　据椭圆图形的对称性,整个椭圆面积应为位于第一象限内面积的 4 倍.

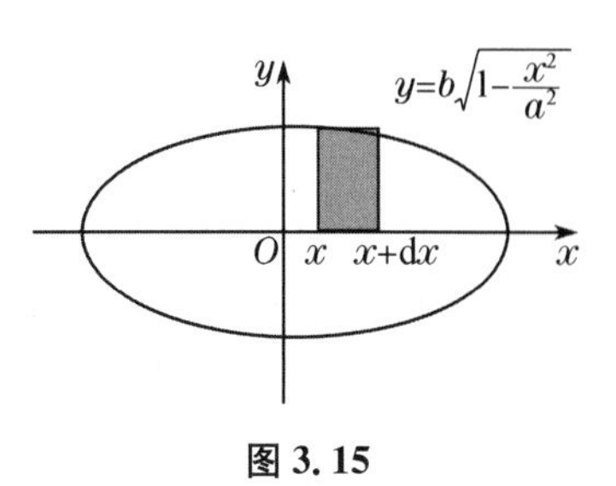

图 3.15

取 x 为积分变量,则 $0\leqslant x\leqslant a$,$y=b\sqrt{1-\frac{x^2}{a^2}}$,故

$$\begin{aligned}A&=4\int_0^a y\mathrm{d}x=4\int_0^a b\sqrt{1-\frac{x^2}{a^2}}\mathrm{d}x\\&=\frac{4b}{a}\int_0^a\sqrt{a^2-x^2}\mathrm{d}x=\pi ab.\end{aligned}$$

(由定积分几何意义知,$\int_0^a\sqrt{a^2-x^2}\mathrm{d}x$ 为圆面积的$\frac{1}{4}$倍.)

同样也可以利用椭圆的参数方程作变量替换,设 $x=a\cos t$,$y=b\sin t$($0\leqslant t\leqslant\frac{\pi}{2}$),则 $\mathrm{d}x=-a\sin t\mathrm{d}t$,故

$$A=4\int_{\frac{\pi}{2}}^0(b\sin t)(-a\sin t)\mathrm{d}t=4ab\int_0^{\frac{\pi}{2}}\sin^2 t\mathrm{d}t=\pi ab.$$

(3) 类似地,如果平面图形的边界曲线由 $x=\varphi(y)$,$x=\psi(y)$和直线 $y=c$,$y=d$ 围成,且 $\varphi(y)\geqslant\psi(y)$,如图 3.16,则面积微元 $\mathrm{d}A=[\varphi(y)-\psi(y)]\mathrm{d}y$,面积

$$A=\int_c^d[\varphi(y)-\psi(y)]\mathrm{d}y.$$

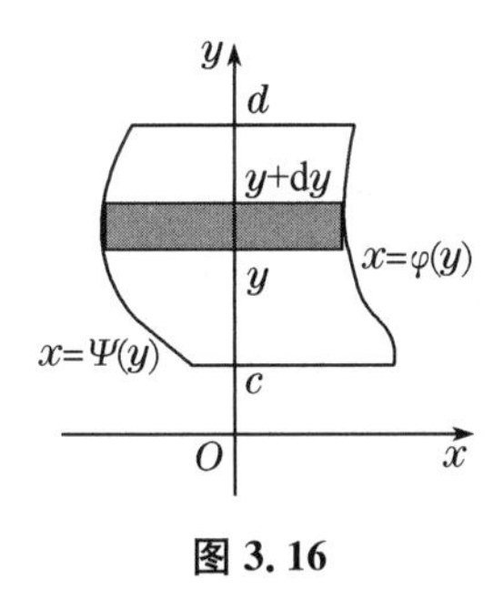

图 3.16

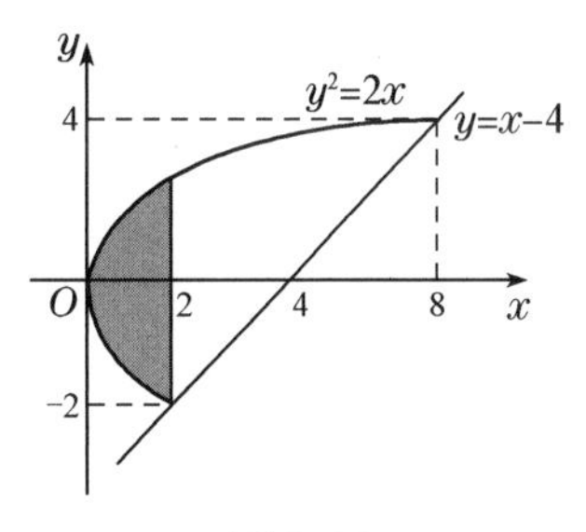

图 3.17

【例 3.67】　计算抛物线 $y^2=2x$ 与直线 $y=x-4$ 所围成的图形面积(如图 3.17).

解法一　由方程组$\begin{cases}y^2=2x\\y=x-4\end{cases}$,解得两个交点:(2,−2)和(8,4).

若选取 y 为积分变量,则$-2\leqslant y\leqslant 4$,于是

$$A=\int_{-2}^4\left(y+4-\frac{1}{2}y^2\right)\mathrm{d}y=\left[\frac{y^2}{2}+4y-\frac{y^3}{6}\right]_{-2}^4=18.$$

解法二　如果我们选择 x 为积分变量,由图 3.17 可以看出,所求面积是由两个部分组成,则

$$A=\int_0^2 2\sqrt{2x}\mathrm{d}x+\int_2^8(\sqrt{2x}-x+4)\mathrm{d}x$$

$$=\left[\frac{4\sqrt{2}}{3}x^{\frac{3}{2}}\right]_0^2+\left[\frac{2\sqrt{2}}{3}x^{\frac{3}{2}}-\frac{1}{2}x^2+4x\right]_2^8=18.$$

显然没有第一种方法简便，这表明恰当地选择积分变量，会使问题更为简化.

2. 极坐标情形

当某些平面图形的边界曲线用极坐标方程给出时，可考虑用极坐标来计算它们的面积.

设平面图形由曲线 $\rho=\rho(\theta)$ 及射线 $\theta=\alpha,\theta=\beta$ 围成（称为**曲边扇形**）（图 3.18），其中 $\rho(\theta)$ 在 $[\alpha,\beta]$ 上连续，且 $\rho(\theta)\geqslant 0$. 利用微元法求该曲边扇形的面积 A.

取 θ 为积分变量，其变化区间为 $[\alpha,\beta]$，在 $[\alpha,\beta]$ 上任取一典型小区间 $[\theta,\theta+\mathrm{d}\theta]$，其相应小曲边扇形的面积近似等于半径为 $\rho(\theta)$，圆心角为 $\mathrm{d}\theta$ 的圆扇形的面积，从而得到面积微元 $\mathrm{d}A=\frac{1}{2}\rho^2(\theta)\mathrm{d}\theta$，故面积

$$A=\frac{1}{2}\int_\alpha^\beta \rho^2(\theta)\mathrm{d}\theta.$$

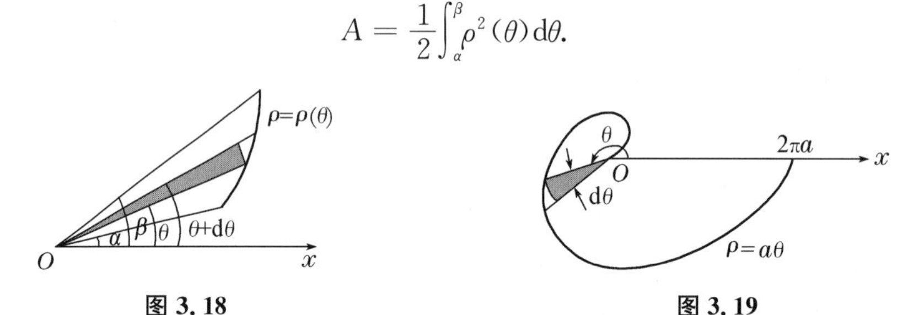

图 3.18　　图 3.19

【例 3.68】 计算阿基米德螺线 $\rho=a\theta(a>0)$ 上相应于 θ 从 0 到 2π 的一段弧与横轴所围成图形的面积（图 3.19）.

解　θ 的变化范围为 $[0,2\pi]$，面积元素 $\mathrm{d}A=\frac{1}{2}(a\theta)^2\mathrm{d}\theta$，面积

$$A=\frac{1}{2}\int_0^{2\pi}a^2\theta^2\mathrm{d}\theta=\frac{a^2}{2}\left[\frac{\theta^3}{3}\right]_0^{2\pi}=\frac{4}{3}a^2\pi^3.$$

这一面积值恰好等于半径为 $2\pi a$ 的圆的面积为三分之一，早在二千年前，阿基米德采用穷竭法就已经知道了这个结果.

三、体积

1. 旋转体的体积

旋转体是由一个平面图形绕该平面内一条定直线旋转一周而生成的立体图形，该定直线称为旋转轴. 如图 3.20 所示为绕直线 l 所成的旋转体.

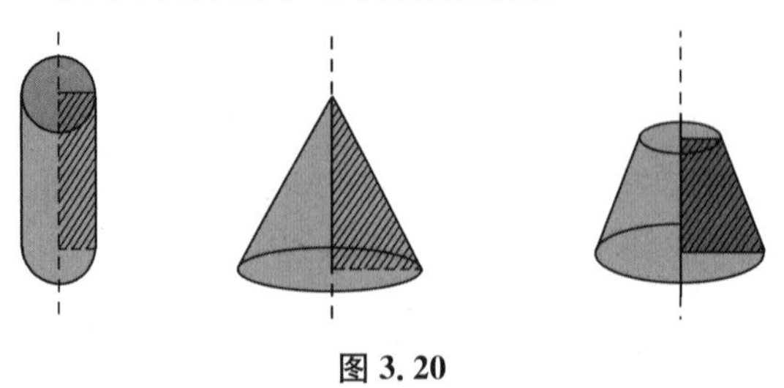

图 3.20

由连续曲线 $y=f(x)$ 与直线 $x=a,x=b(a<b)$ 及 x 轴围成的曲边梯形，绕 x 轴旋转一周而成的旋转体(图 3.21)，它的体积 V 应如何计算？

取 x 为积分变量，则 $x\in[a,b]$，对于区间 $[a,b]$ 上的任一区间 $[x,x+\mathrm{d}x]$，它所对应的窄曲边梯形绕 x 轴旋转而生成的薄片的体积近似等于以 $f(x)$ 为底半径，$\mathrm{d}x$ 为高的圆柱体体积. 即体积微元为：

$$\mathrm{d}V=\pi[f(x)]^2\mathrm{d}x,$$

则所求的旋转体的体积为：

$$V=\int_a^b\pi[f(x)]^2\mathrm{d}x.$$

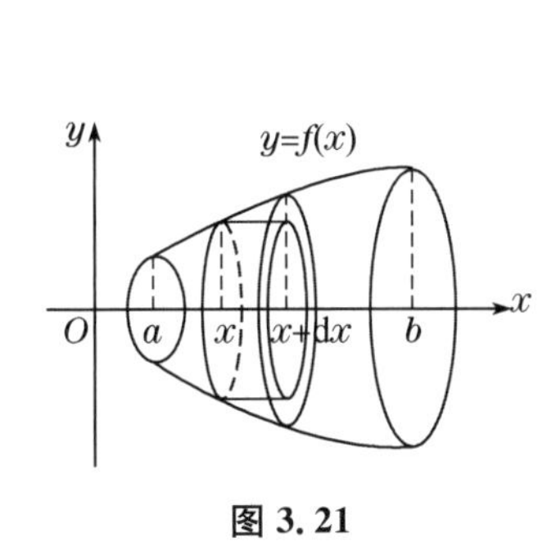

图 3.21

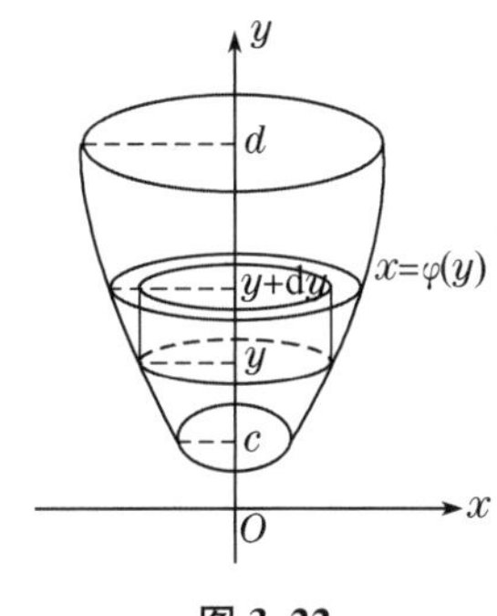

图 3.22

类似地，由连续曲线 $x=\varphi(y)$ 与直线 $y=c,y=d(c<d)$ 及 y 轴围成的曲边梯形绕 y 轴旋转成的立体(图 3.22)体积为：

$$V=\int_c^d\pi[\varphi(y)]^2\mathrm{d}y.$$

【例 3.69】 求由曲线 $y=\frac{r}{h}\cdot x$ 及直线 $x=0,x=h(h>0)$ 和 x 轴所围成的三角形绕 x 轴旋转而生成的立体的体积(如图 3.23).

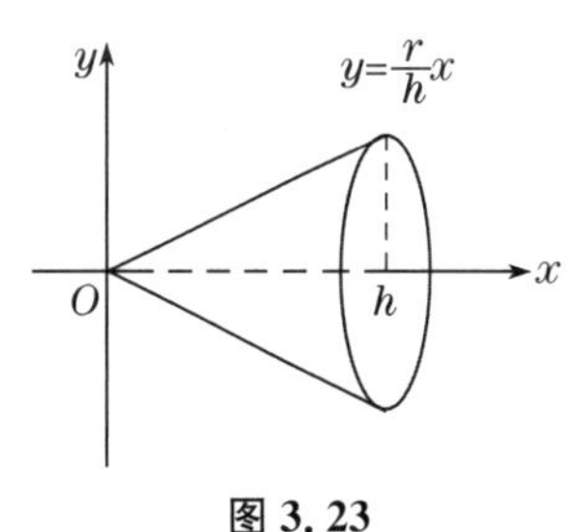

图 3.23

解 取 x 为积分变量，则 $x\in[0,h]$，所以

$$\begin{aligned}V&=\int_0^h\pi\left(\frac{r}{h}x\right)^2\mathrm{d}x\\&=\frac{\pi\cdot r^2}{h^2}\int_0^h x^2\mathrm{d}x=\frac{\pi}{3}r^2h.\end{aligned}$$

【例 3.70】 设平面图形由曲线 $y=2\sqrt{x}$ 与直线 $x=1$ 及 $y=0$ 围成，试求：(1) 绕 x 轴旋转而成的旋转体体积；(2) 绕 y 轴旋转而成的旋转体体积.

解 (1) 如图 3.24(a)所示，$\mathrm{d}V=\pi(2\sqrt{x})^2\mathrm{d}x$，所以

$$\begin{aligned}V_x&=\int_0^1\pi(2\sqrt{x})^2\mathrm{d}x=4\pi\int_0^1 x\mathrm{d}x\\&=4\pi\left[\frac{1}{2}x^2\right]_0^1=2\pi.\end{aligned}$$

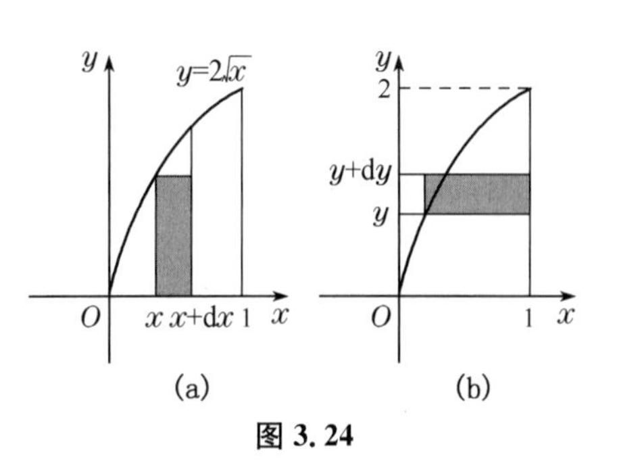

图 3.24

(2) 如图 3.24(b)所示，$dV=\pi\cdot 1^2\cdot dy-\pi\left(\frac{1}{4}y^2\right)^2dy=\pi\left(1-\frac{1}{16}y^4\right)dy$，所以

$$V_y=\int_0^2\pi\left(1-\frac{1}{16}y^4\right)dy=\pi\left[y-\frac{1}{80}y^5\right]_0^2=\frac{8}{5}\pi.$$

2. 平行截面面积为已知的立体的体积（截面法）

由旋转体体积的计算过程可以发现：如果知道该立体上垂直于一定轴的各个截面的面积，那么这个立体的体积也可以用定积分来计算(如图 3.25).

取定轴为 x 轴，并设该立体在过点 $x=a$，$x=b$ 且垂直于 x 轴的两个平面之内，以 $A(x)$ 表示过点 x 且垂直于 x 轴的截面面积. 取 x 为积分变量，它的变化区间为$[a,b]$. 立体中相应于$[a,b]$上任一小区间$[x,x+dx]$的一薄片的体积近似于底面积为 $A(x)$，高为 dx 的柱体的体积. 即体积元素为：

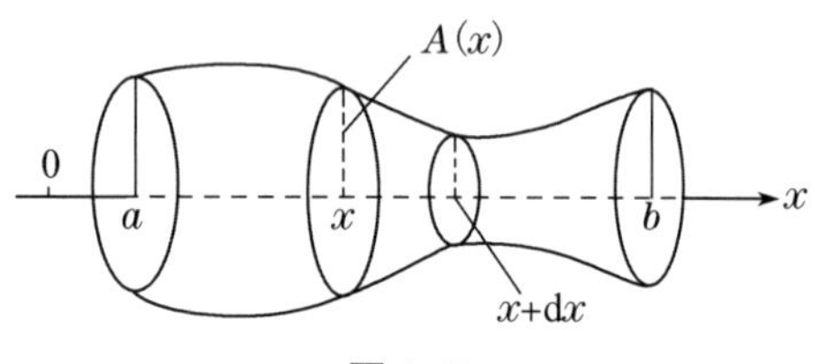

图 3.25

$$dV=A(x)dx,$$

于是，该立体的体积为：

$$V=\int_a^b A(x)dx.$$

【例 3.71】 计算椭圆$\frac{x^2}{a^2}+\frac{y^2}{b^2}=1$ 所围成的图形绕 x 轴旋转而成的立体体积(如图 3.26).

解 这个旋转体可看作是由上半个椭圆 $y=\frac{b}{a}\sqrt{a^2-x^2}$ 及 x 轴所围成的图形绕 x 轴旋转所生成的立体图形. 在 x 处$(-a\leqslant x\leqslant a)$，用垂直于 x 轴的平面去截立体所得截面积为：

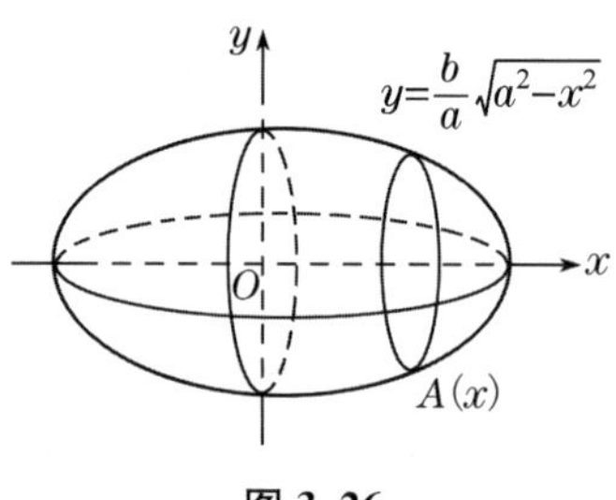

图 3.26

$$A(x)=\pi\cdot\left(\frac{b}{a}\sqrt{a^2-x^2}\right)^2,$$

所以
$$V=\int_{-a}^{a}A(x)dx=\frac{\pi b^2}{a^2}\int_{-a}^{a}(a^2-x^2)dx=\frac{4}{3}\pi ab^2.$$

四、平面曲线的弧长

1. 直角坐标情形

在平面几何中，直线的长度容易计算，而曲线(除圆弧外)长度的计算就比较困难，现在来讨论这一问题.

设函数 $f(x)$在区间$[a,b]$上具有一阶连续的导数，计算曲线 $y=f(x)$的长度 s.

我们把整个区间$[a,b]$划分成若干个小区间，取 x 为积分变量，则 $x\in[a,b]$，在$[a,b]$上任取一小区间$[x,x+dx]$，那么这一小区间所对应的曲线弧段的长度 Δs 可以用该曲线在点$(x,f(x))$处的切线上相应的一小段的长度来近似代替(图3.27)，于是，弧长微元为：

$$\Delta s\approx \mathrm{d}s=\sqrt{(\mathrm{d}x)^2+(\mathrm{d}y)^2}=\sqrt{1+[f'(x)]^2}\,\mathrm{d}x,$$

则弧长为：

$$s=\int_a^b\sqrt{1+[f'(x)]^2}\,\mathrm{d}x.$$

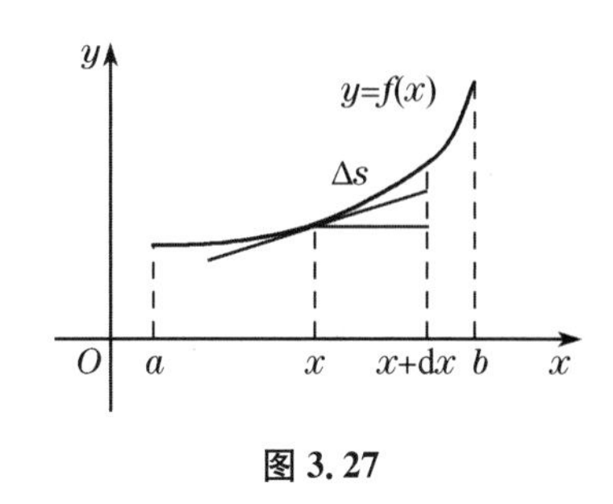

图 3.27

【例 3.72】 计算曲线 $y=\frac{2}{3}x^{\frac{3}{2}}(a\leqslant x\leqslant b)$的弧长.

解 $\mathrm{d}s=\sqrt{1+(\sqrt{x})^2}\,\mathrm{d}x=\sqrt{1+x}\,\mathrm{d}x$,则

$$s=\int_a^b\sqrt{1+x}\,\mathrm{d}x=\frac{2}{3}\left[(1+x)^{\frac{3}{2}}\right]_a^b$$

$$=\frac{2}{3}\left[(1+b)^{\frac{3}{2}}-(1+a)^{\frac{3}{2}}\right].$$

2. 参数方程的情形

若曲线由参数方程$\begin{cases}x=\varphi(t)\\ y=\psi(t)\end{cases}(\alpha\leqslant t\leqslant\beta)$给出,计算它的弧长时,只需要将弧微分写成

$$\mathrm{d}s=\sqrt{(\mathrm{d}x)^2+(\mathrm{d}y)^2}=\sqrt{[\varphi'(t)]^2+[\psi'(t)]^2}\,\mathrm{d}t$$

的形式,从而有

$$s=\int_\alpha^\beta\sqrt{[\varphi'(t)]^2+[\psi'(t)]^2}\,\mathrm{d}t.$$

【例 3.73】 计算半径为 r 的圆周长度.

解 圆的参数方程为$\begin{cases}x=r\cos t\\ y=r\sin t\end{cases}(0\leqslant t\leqslant 2\pi)$,则

$$\mathrm{d}s=\sqrt{(-r\sin t)^2+(r\cot t)^2}\,\mathrm{d}t=r\mathrm{d}t,$$

即

$$s=\int_0^{2\pi}r\mathrm{d}t=2\pi r.$$

五、定积分在物理上的应用

【例 3.74】 半径为 r 的球沉入水中,球的上部与水面相切,球的密度为 1,现将这球从水中取出,需作多少功?

解 建立如图 3.28 所示的坐标系.因为球与水密度相同,故将球取出所做的功就等于把同体积的水抽出所做的功,取 x 为积分变量,则 $x\in[0,2r]$,在$[0,2r]$上任取一个小区间$[x,x+\mathrm{d}x]$,则此小区间对应于球体上的一块小薄片,此薄片的体积为:

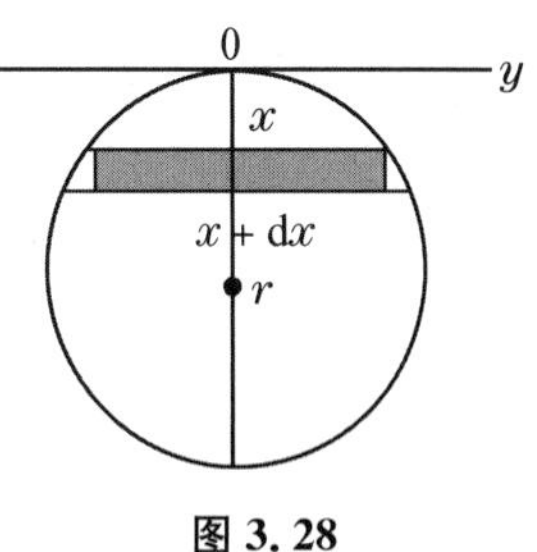

图 3.28

$$\pi(\sqrt{r^2-(r-x)^2})^2\mathrm{d}x.$$

将介于 x 与 $x+\mathrm{d}x$ 之间的水近似看成圆柱,则此层水重为:

$$\pi[r^2-(r-x)^2]\mathrm{d}x\cdot g=\pi g(2rx-x^2)\mathrm{d}x.$$

将其抽出所做的功为:

$$\Delta W\approx\pi g(2rx-x^2)\mathrm{d}x\cdot x=\mathrm{d}W,$$

故所求功为：

$$W=\int_0^{2r}\pi gx(2rx-x^2)\mathrm{d}x=\frac{4}{3}\pi gr^4.$$

【例 3.75】 有一矩形闸门，宽 20 m，高 16 m，水面与闸门顶齐，求闸门上所受的总压力.

解 如图 3.29，闸门上对应于$[x,x+\mathrm{d}x]$的窄条上各点处压强是不同的，我们近似将其看作是相同的，不妨以 x 处的压强代之，即压强 $p\approx\rho gx$，而窄条面积$=20\mathrm{d}x$，则

$$\Delta F\approx\rho gx\cdot 20\mathrm{d}x=\mathrm{d}F.$$

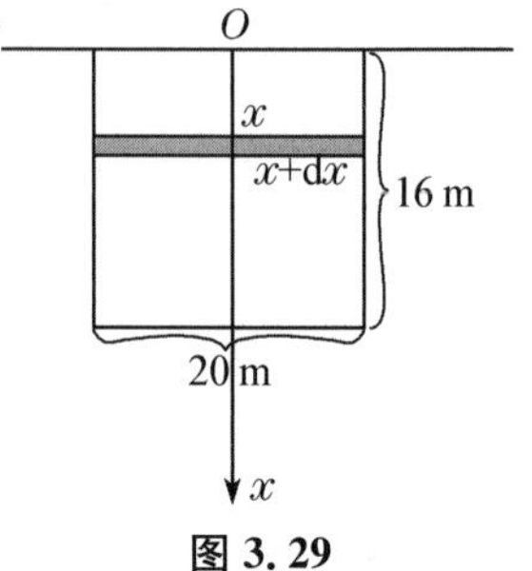

图 3.29

故水压力为：

$$\begin{aligned}F&=\int_0^{16}20\rho gx\,\mathrm{d}x=2\,560\rho g=2\,560\times 1\,000\times 9.8\\&=2.508\,8\times 10^7\ (\text{牛顿})\end{aligned}$$

习题 3.8

1. 求下列各题的面积.

(1) 求由曲线 $y=\sqrt{x}$，$y=x$ 所围成的图形的面积；

(2) 求由曲线 $y=\mathrm{e}^x$，$y=\mathrm{e}^{-x}$，$y=\mathrm{e}$ 所围成的图形的面积；

(3) 求由曲线 $xy=a^2$，$y=x$，$x=2a$ 所围成的图形的面积；

(4) 求曲线 $y=\cos x$，$y=\sin x$ 在 $x=0$ 与 $x=\pi$ 之间所围成的图形的面积；

(5) 求曲线 $y=x^3$，$y=2x$ 所围成图形的面积；

(6) 抛物线 $y=\frac{1}{2}x^2$ 将圆 $x^2+y^2\leqslant 8$ 分割成两部分，求这两部分的面积；

(7) 直线 $y=\frac{1}{4}$将由 $y=x^2$，$y=\sqrt{x}$所围成的区域分为上、下两部分，求上部分与下部分的面积比值；

(8) 求曲线$\frac{x^2}{9}+\frac{y^2}{16}=1$，$x=\frac{3}{2}$，$x=\frac{3}{\sqrt{2}}$，$y=0$ 所围成的图形面积.

2. 求下列旋转体的体积.

(1) 由 $y^2=4ax$ 及 $x=2a$ 围成的图形绕 x 轴旋转$(a>0)$；

(2) 由 $y=\mathrm{e}^x$，$x=1$ 及 x 轴，y 轴所围成的图形绕 x 轴旋转；

(3) 由 $y^2=x$ 与 $y=x^2$ 围成的图形绕 y 轴旋转；

(4) 求直线 $y=2x$，$y=x$，$x=2$，$x=4$ 所围成的平面图形绕 x 轴旋转一周所得的旋转体的体积；

(5) 求由曲线 $y=2-x^2$，$y=x$，$x=\frac{1}{2}(x\geqslant 0)$所围成的平面图形绕 y 轴旋转一周所生成的旋转体的体积；

(6) 求由抛物线 $y=x^2$，$y=2-x^2$ 所围成的图形，分别绕 x 轴及 y 轴旋转一周所形成立体的体积；

(7) 求由曲线 $xy=1$，直线 $x=1$，$x=2$ 及 x 轴所围图形分别绕 x 轴、y 轴旋转而成的旋转体的体积.

3. 求下列曲线的弧长.

(1) 求由 $y=\ln x$ 上相应于 $\sqrt{3}\leqslant x\leqslant\sqrt{8}$ 的一段弧；

(2) 曲线 $y=\ln(1-x)^2$ 自 $x=0$ 到 $x=\dfrac{1}{2}$ 这一段的弧长；

(3) 曲线 $x=\cos t+t\sin t$，$y=\sin t-t\cos t$ 自 $t=0$ 至 $t=\pi$ 这一段的弧长；

(4) 求曲线 $x=\arctan t$，$y=\dfrac{1}{2}\ln(1+t)^2$ 自 $t=0$ 到 $t=1$ 的一段弧长.

4. 用定积分在物理上的应用，计算下列各题.

(1) 汽车以每小时 36 km 速度行驶，到某处需要减速停车. 设汽车以等加速度 $a=-5\ \mathrm{m/s^2}$ 刹车，问从开始刹车到停车，汽车走了多少距离？

(2) 有一横截面面积为 20 $\mathrm{m^2}$，深 5 m 的水池，池中装满了水. 现要将池中的水全部抽到高 10 m 的水塔上，求所需做的功.

(3) 有一装满水的断面为梯形的水箱，其上底为 3 m，下底为 2 m，高为 2 m，求水箱一侧所受到的压力.

第九节　反常积分

学习目标

1. 了解反常积分的概念.
2. 会计算简单的反常积分.

前面所学的定积分，其积分区间是有限区间，且被积函数是有界函数，但实际问题中还会遇到无穷区间上的积分以及无界函数的积分问题. 因此需要把定积分概念加以推广，为了区别于前面的积分. 通常把这两种推广了的积分称为**反常积分**(或**广义积分**). 下面重点介绍无穷限的反常积分的概念和计算方法.

案例 3.6　自地面垂直向上发射火箭，火箭质量为 m，当火箭超出地球的引力范围时，试计算火箭克服引力所做的功.

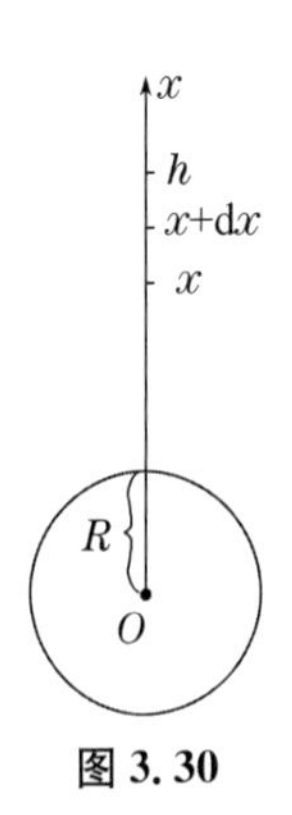

图 3.30

分析：取如图 3.30 所示的坐标系，设地球的半径为 R，质量是 M，根据万有引力定律知道，火箭所受地球引力为 $f(x)=G\dfrac{mM}{x^2}$，其中 $G=\dfrac{gR^2}{M}$ 为引力常数，为了发射火箭，必须克服地球的引力，因此推力 $F(x)$ 至少应与地球的引力大小相等，即 $f(x)=F(x)$，所以

$$F(x)=G\frac{mM}{x^2}=\frac{mgR^2}{x^2},$$

要使火箭要脱离地球的引力范围，也就是 $x\to\infty$.

火箭所做的功为：

$$W=\int_{R}^{+\infty}\frac{mgR^2}{x^2}\mathrm{d}x.$$

这样的积分,称为反常积分.它有没有意义?又该如何计算呢?

设 $h>R$,先计算定积分 $\int_R^h\frac{mgR^2}{x^2}\mathrm{d}x$,它是积分上限 h 的函数,然后令 $h\to+\infty$,于是

$$\begin{aligned}W&=\lim_{h\to+\infty}\int_R^h\frac{mgR^2}{x^2}\mathrm{d}x=\lim_{h\to+\infty}\left[-\frac{mgR^2}{x}\right]_R^h\\&=\lim_{h\to+\infty}\left(-\frac{mgR^2}{h}+\frac{mgR^2}{R}\right)\\&=mgR.\end{aligned}$$

一般地,无穷限的反常积分的定义如下:

定义 3.4 设函数 $f(x)$在区间$[a,+\infty)$上连续,取 $b>a$.如果极限

$$\lim_{b\to+\infty}\int_a^b f(x)\mathrm{d}x$$

存在,则称此极限为函数 $f(x)$在无穷区间$[a,+\infty)$上的反常积分,记作 $\int_a^{+\infty}f(x)\mathrm{d}x$,即

$$\int_a^{+\infty}f(x)\mathrm{d}x=\lim_{b\to+\infty}\int_a^b f(x)\mathrm{d}x$$

这时也称反常积分 $\int_a^{+\infty}f(x)\mathrm{d}x$ **收敛**.否则称反常积分 $\int_a^{+\infty}f(x)\mathrm{d}x$ **发散**.

类似地,设函数 $f(x)$在区间$(-\infty,b]$上连续,如果极限

$$\lim_{a\to-\infty}\int_a^b f(x)\mathrm{d}x\ (a<b)$$

存在,则称此极限为函数 $f(x)$在无穷区间$(-\infty,b]$上的反常积分,记作 $\int_{-\infty}^b f(x)\mathrm{d}x$,即

$$\int_{-\infty}^b f(x)\mathrm{d}x=\lim_{a\to-\infty}\int_a^b f(x)\mathrm{d}x.$$

这时也称反常积分 $\int_{-\infty}^b f(x)\mathrm{d}x$ 收敛.反之则称反常积分 $\int_{-\infty}^b f(x)\mathrm{d}x$ 发散.

【例 3.76】 计算反常积分 $\int_0^{+\infty}t\mathrm{e}^{-pt}\mathrm{d}t$ (p 是常数,且 $p>0$).

解

$$\begin{aligned}\int_0^{+\infty}t\mathrm{e}^{-pt}\mathrm{d}t&=\lim_{b\to+\infty}\int_0^b t\mathrm{e}^{-pt}\mathrm{d}t=-\frac{1}{p}\lim_{b\to+\infty}\int_0^b t\mathrm{d}\mathrm{e}^{-pt}\\&=-\frac{1}{p}\lim_{b\to+\infty}\left[t\mathrm{e}^{-pt}\right]_0^{+\infty}+\frac{1}{p}\lim_{b\to+\infty}\int_0^b\mathrm{e}^{-pt}\mathrm{d}t\\&=0-\frac{1}{p^2}\lim_{b\to+\infty}\left[\mathrm{e}^{-pt}\right]_0^b=\frac{1}{p^2}.\end{aligned}$$

提示:利用洛必达法则,可得 $\lim\limits_{t\to+\infty}t\mathrm{e}^{-pt}=\lim\limits_{t\to+\infty}\frac{t}{\mathrm{e}^{pt}}=\lim\limits_{t\to+\infty}\frac{1}{p\mathrm{e}^{pt}}=0$.

【例 3.77】 讨论反常积分 $\int_a^{+\infty}\frac{1}{x^p}\mathrm{d}x$ ($a>0$)的敛散性.

解 当 $p=1$ 时,$\int_a^{+\infty}\frac{1}{x^p}\mathrm{d}x=\int_a^{+\infty}\frac{1}{x}\mathrm{d}x=\lim\limits_{b\to+\infty}[\ln x]_a^b=+\infty$;

当 $p<1$ 时,$\int_a^{+\infty}\frac{1}{x^p}\mathrm{d}x=\frac{1}{1-p}\lim\limits_{b\to+\infty}[x^{1-p}]_a^b=+\infty$;

当 $p>1$ 时，$\int_a^{+\infty}\frac{1}{x^p}dx=\frac{1}{1-p}\lim\limits_{b\to+\infty}[x^{1-p}]_a^b=\frac{a^{1-p}}{p-1}$.

因此，当 $p>1$ 时，此反常积分收敛，其值为 $\frac{a^{1-p}}{p-1}$，当 $p\leqslant1$ 时，此反常积分发散.

定义 3.5　设函数 $f(x)$ 在区间 $(-\infty,+\infty)$ 上连续，如果反常积分

$$\int_{-\infty}^{0}f(x)dx \text{ 和 } \int_{0}^{+\infty}f(x)dx$$

都收敛，则称上述两个反常积分的和为函数 $f(x)$ 在无穷区间 $(-\infty,+\infty)$ 上的反常积分，记作 $\int_{-\infty}^{+\infty}f(x)dx$，即

$$\begin{aligned}\int_{-\infty}^{+\infty}f(x)dx&=\int_{-\infty}^{0}f(x)dx+\int_{0}^{+\infty}f(x)dx\\&=\lim_{a\to-\infty}\int_a^0f(x)dx+\lim_{b\to+\infty}\int_0^bf(x)dx.\end{aligned}$$

这时也称反常积分 $\int_{-\infty}^{+\infty}f(x)dx$ 收敛. 如果上式右端有一个反常积分发散，则称反常积分 $\int_{-\infty}^{+\infty}f(x)dx$ 发散.

三种反常积分可采用如下简记形式：

$$\int_a^{+\infty}f(x)dx=[F(x)]_a^{+\infty}=\lim_{x\to+\infty}F(x)-F(a);$$

$$\int_{-\infty}^{b}f(x)dx=[F(x)]_{-\infty}^{b}=F(b)-\lim_{x\to-\infty}F(x);$$

$$\int_{-\infty}^{+\infty}f(x)dx=[F(x)]_{-\infty}^{+\infty}=\lim_{x\to+\infty}F(x)-\lim_{x\to-\infty}F(x).$$

【例 3.78】　计算反常积分 $\int_{-\infty}^{+\infty}\frac{1}{1+x^2}dx$.

解　$$\begin{aligned}\int_{-\infty}^{+\infty}\frac{1}{1+x^2}dx&=[\arctan x]_{-\infty}^{+\infty}=\lim_{x\to+\infty}\arctan x-\lim_{x\to-\infty}\arctan x\\&=\frac{\pi}{2}-\left(-\frac{\pi}{2}\right)=\pi.\end{aligned}$$

习题 3.9

讨论下列反常积分的收敛性，若收敛，则计算其值.

(1) $\int_0^{+\infty}e^{-3x}dx$；

(2) $\int_1^{+\infty}\frac{1}{x}dx$；

(3) $\int_0^{+\infty}\sin x dx$；

(4) $\int_2^{+\infty}\frac{1}{x^2-1}dx$；

(5) $\int_{-\infty}^{+\infty}\frac{1}{x^2+2x+2}dx$；

(6) $\int_0^{+\infty}xe^{-x^2}dx$.

本章小结

一、本章重难点

1. 原函数与不定积分的概念及其性质.
2. 不定积分的计算方法(直接积分法、换元积分法、分部积分法).
3. 定积分的概念与计算.
4. 定积分的应用(平面面积、旋转体体积).

二、知识点概览

本章知识点请微信扫描右侧二维码阅览.

三、疑难解析与例题分析

本章疑难解析与例题分析请微信扫描右侧二维码阅览.

本章习题

一、填空题

1. 求不定积分$\int \frac{\arcsin^3 x}{\sqrt{1-x^2}}dx =$________.

2. 设函数 $f(x)$的导数为 $\cos x$,且 $f(0)=\frac{1}{2}$,则不定积分$\int f(x)dx =$________.

3. 设 $f(x)$为连续函数,则$\int_{-1}^{1}[f(x)+f(-x)+x]x^3 dx =$________.

4. $\int_{-2}^{2}\sqrt{4-x^2}(1+x\cos^3 x)dx$ 的值为________.

5. 函数 $F(x)=\int_{x}^{2x}\ln t dt$, 则 $F'(x)=$________.

6. 设 $f(x)$在$[0,1]$上有连续的导数且 $f(1)=2$,$\int_0^1 f(x)dx=3$,则$\int_0^1 xf'(x)dx=$______.

二、选择题

1. 若$\int f(x)dx = F(x)+C$,则$\int \sin x f(\cos x)dx =$ ( )

   A. $F(\sin x)+C$　　B. $-F(\sin x)+C$

   C. $F(\cos)+C$　　D. $-F(\cos x)+C$

2. 设函数 $f(x)$的一个原函数为 $\sin 2x$,则$\int f'(2x)dx =$ ( )

   A. $\cos 4x+C$　　B. $\frac{1}{2}\cos 4x+C$

   C. $2\cos 4x+C$　　D. $\sin 4x+C$

3. 已知$\int f(x)dx = e^{2x}+C$,则$\int f'(-x)dx =$ ( )

   A. $2e^{-2x}+C$　　B. $\frac{1}{2}e^{-2x}+C$

C. $-2e^{-2x}+C$　　D. $-\frac{1}{2}e^{-2x}+C$

4. 设函数 $\Phi(x)=\int_{x^2}^{2}e^t\cos t\mathrm{d}t$，则函数 $\Phi(x)$的导数 $\Phi'(x)$等于　（　　）

A. $2xe^{x^2}\cos x^2$　　B. $-2xe^{x^2}\cos x^2$

C. $-2xe^x\cos x$　　D. $-e^{x^2}\cos x^2$

5. 设 $f(x)=\int_a^{+\infty}\frac{1}{x\ln^2 x}\mathrm{d}x=\frac{1}{2\ln 2}$，则积分下限 $a=$　（　　）

A. 2　　B. 4　　C. 6　　D. 8

6. 设 $I=\int_0^1\frac{x^4}{\sqrt{1+x}}\mathrm{d}x$，则 I 的范围是　（　　）

A. $0\leqslant I\leqslant\frac{\sqrt{2}}{2}$　　B. $I\geqslant 1$　　C. $I\leqslant 0$　　D. $\frac{\sqrt{2}}{2}\leqslant I\leqslant 1$

7. 下列反常积分收敛的是　（　　）

A. $\int_1^{+\infty}\frac{1}{x}\mathrm{d}x$　　B. $\int_1^{+\infty}\frac{x}{1+x^2}\mathrm{d}x$　　C. $\int_1^{+\infty}\frac{1+x}{1+x^2}\mathrm{d}x$　　D. $\int_1^{+\infty}\frac{1+x}{x^3}\mathrm{d}x$

8. 设 $x^2+y^2=8R^2$ 所围的面积为 S，则 $\int_0^{2\sqrt{2}R}\sqrt{8R^2-x^2}\mathrm{d}x$ 的值为　（　　）

A. S　　B. $\frac{S}{4}$　　C. $\frac{S}{2}$　　D. $2S$

三、计算题

1. $\int\sin\sqrt{2x+1}\mathrm{d}x$.　　2. $\int\frac{2x+1}{\cos^2 x}\mathrm{d}x$.

3. $\int_1^5\frac{1}{1+\sqrt{x-1}}\mathrm{d}x$.　　4. $\int_1^2\frac{\mathrm{d}x}{2+\sqrt{4-x^2}}$.

5. $\lim\limits_{x\to 0}\frac{\int_0^x(\tan t-\sin t)\mathrm{d}t}{(e^{x^2}-1)\ln(1+3x^2)}$.　　6. $\lim\limits_{x\to 0}\frac{\int_0^x t\arcsin t\mathrm{d}t}{2e^x-x^2-2x-2}$.

7. 已知 $\int_{-\infty}^0\frac{k}{1+x^2}\mathrm{d}x=\frac{1}{2}$，求 k 的值.

8. 设 $f(x)$的一个原函数为 $x^2\sin x$，求不定积分 $\int\frac{f(x)}{x}\mathrm{d}x$.

四、证明题

$\int_0^{\pi}xf(\sin x)\mathrm{d}x=\frac{\pi}{2}\int_0^{\pi}f(\sin x)\mathrm{d}x$，并利用此式求$\int_0^{\pi}x\frac{\sin}{1+\cos^2 x}\mathrm{d}x$.

五、综合题

1. 设函数 $f(x)$满足 $f(x)=\frac{1}{x^2}+2\int_1^2 f(x)\mathrm{d}x$.

(1) 求 $f(x)$的表达式.

(2) 确定反常积分 $\int_1^{+\infty}f(x)\mathrm{d}x$ 的敛散性.

2. 设有抛物线 $y=4x-x^2$，求：

(1) 抛物线上哪一点处的切线平行于 x 轴？写出该切线方程.

(2) 求由抛物线与其水平切线及 y 轴所围平面图形的面积.

(3) 求该平面图形绕 x 轴旋转一周所成的旋转体的体积.

思政案例

数学史上最精彩的纷争——莱布尼茨VS牛顿

莱布尼茨(G. W. Leibniz,1646年—1716年)是德国最重要的数学家、物理学家、历史学家和哲学家,一个举世罕见的科学天才,和牛顿同为微积分的创建人.莱布尼茨出生于莱比锡,卒于汉诺威.他的父亲在莱比锡大学教授伦理学,在他六岁时就过世了,留下大量的人文书籍,早慧的他自习拉丁文与希腊文,广泛阅读.莱布尼茨1661年进入莱比锡大学学习法律,又曾到耶拿大学学习几何,1666年在纽伦堡阿尔多夫大学通过论文“论组合的艺术”,获得法学博士,并成为教授,该论文及后来的一系列工作使他成为数理逻辑的创始人.1667年,他投身外交界,游历欧洲各国,接触了许多数学界的名流并保持联系,在巴黎受惠更斯的影响,决心钻研数学.他的主要目标是寻求可获得知识和创造发明的一般方法,这导致了他一生中有许多发明,其中最突出的就是微积分.

与牛顿不同,莱布尼茨主要从代数的角度,把微积分作为一种运算的过程与方法;而牛顿主要从几何和物理的角度来思考和推理,把微积分作为研究力学的工具.莱布尼茨于1684年发表了第一篇微分学的论文“一种求极大极小和切线的新方法”.这是世界上最早的关于微积分的文献,虽然仅有6页,推理也不是很清晰,却含有现代微分学的记号与法则.1686年,他又发表了他的第一篇积分论文,由于印刷困难,未用现在的积分记号“$\int$”,但在他1675年10月的手稿中用了拉长的 S——“$\int$”,作为积分记号,同年11月的手稿上出现了微分记号“$\mathrm{d}x$”.

有趣的是,在莱布尼茨发表了他的第一篇微分学的论文后不久,牛顿公布了他的私人笔记,并证明至少在莱布尼茨发表论文的10年之前就已经运用了微积分的原理.牛顿还说:“在莱布尼茨发表其成果的不久前,他曾在写给莱布尼茨的信中,谈起过自己关于微积分的思想.”但是事后证实,在牛顿给莱布尼茨的信中有关微积分的几行文字,几乎没有涉及这一理论的重要之处.因此,他们是各自独立地发明了微积分.但是当时牛顿与莱布尼茨关于微积分是谁最先发明的科学争论持续了很久,致使欧洲大陆的数学家(莱布尼茨支持者)与英国数学家(牛顿支持者)长期对立,最终英国的数学家因不愿使用莱布尼茨发明的积分符号及成果,导致英国的数学发展远远落后于欧洲大陆.

其实,莱布尼茨思考微积分的问题大约开始于1673年,其思想和研究成果记录在从该年起的数百页笔记本中.其中,他断言作为求和的过程的积分是微分的逆.正是由于牛顿在1665—1666年和莱布尼茨在1673—1676年独立建立了微积分学的一般方法，他们被公认为是微积分学的两位创始人.莱布尼茨创立的微积分记号对微积分的传播和发展起到了重要作用，并沿用至今.

莱布尼茨的其他著作包括哲学、法学、历史、语言、生物、地质、物理、外交、神学等，并于1671年制造了第一台可作乘法计算的计算机，他的多才多艺在历史上少有人能与之相比.

第四章　常微分方程

微分方程是常微分方程和偏微分方程的总称.微分方程几乎是和微积分同时产生的，它的形成和发展是和力学、天文学、物理学，以及其他科学技术的发展密切相关的.

17 世纪科学家就提出了弹性问题，这类问题导致悬链线方程、振动弦方程的产生，等等.总之，力学、天文学、几何学等领域的许多问题都涉及微分方程.在当代，甚至许多社会科学的问题亦涉及微分方程，如人口发展模型、交通流模型……因而微分方程的研究也是与人类社会密切相关的.

常微分方程在很多学科领域内有着重要的应用，自动控制、各种电子学装置的设计、弹道的计算、飞机和导弹飞行稳定性的研究、化学反应过程稳定性的研究等，这些问题都可以化为求微分方程的解，或者化为研究解的性质的问题.

常微分方程的概念、解法和相关理论很多.求通解在历史上曾作为微分方程的主要目标，不过能够求出通解的情况不多，在实际应用中多是求满足某种指定条件的特解，即转向求定解问题，如初值问题、边值问题、混合问题等.

应该说，常微分方程理论应用已经取得了很大的成就，但是，它的现有理论远远不能满足需要，还有待于进一步的发展，使这门学科理论更加完善.常微分方程在科技、工程、经济管理、生态、环境、考古、刑侦等各个领域有着广泛的应用.我们来看一些实例.

案例 4.1　设有一质量为 m 的物体，从空中某处，不计空气阻力而只受重力作用由静止状态自由降落.试求物体的运动规律(即物体在自由降落过程中，所经过的路程 s 与时间 t 的函数关系).

解　设物体在时刻 t 所经过的路程为 $s=s(t)$，根据牛顿第二定律知，作用在物体上的外力 mg(重力)应等于物体的质量 m 与加速度的乘积，于是得

$$m\frac{\mathrm{d}^2 s}{\mathrm{d}t^2}=mg\text{，即}\frac{\mathrm{d}^2 s}{\mathrm{d}t^2}=g,$$

其中 g 是重力加速度.

将上式改写为$\frac{\mathrm{d}}{\mathrm{d}t}\left(\frac{\mathrm{d}s}{\mathrm{d}t}\right)=g$，因此可得

$$\mathrm{d}\left(\frac{\mathrm{d}s}{\mathrm{d}t}\right)=g\mathrm{d}t.$$

由于物体由静止状态自由降落，所以 $s=s(t)$ 还应满足条件：

$$s\Big|_{t=0}=0,\ \frac{\mathrm{d}s}{\mathrm{d}t}\Big|_{t=0}=0.$$

两端积分一次，得

$$\frac{\mathrm{d}s}{\mathrm{d}t}=\int g\mathrm{d}t=gt+C_1,$$

再对上式两端积分，得

$$s=\int(gt+C_1)\mathrm{d}t=\frac{1}{2}gt^2+C_1t+C_2\ ,$$

其中 C_1,C_2 是两个任意常数.

两个条件分别代入,可得

$$C_1=0,C_2=0,$$

于是,所求的自由落体的运动规律为:

$$s=\frac{1}{2}gt^2.$$

案例 4.2　列车在平直的线路上以 20 米/秒的速度行驶,当制动时列车获得加速度 −0.4 米/秒^2,问开始制动后多少时间列车才能停住?以及列车在这段时间内行驶了多少路程?

解　设制动后 t 秒行驶 s 米,$s=s(t)$,而

$\frac{\mathrm{d}^2s}{\mathrm{d}t^2}=-0.4$,$t=0$ 时,$s=0$,$v=\frac{\mathrm{d}s}{\mathrm{d}t}=20$,

$v=\frac{\mathrm{d}s}{\mathrm{d}t}=-0.4t+C_1$,$s=-0.2t^2+C_1t+C_2$,

代入条件后知 $C_1=20$,$C_2=0$.

$v=\frac{\mathrm{d}s}{\mathrm{d}t}=-0.4t+20$,

故 $s=-0.2t^2+20t$.

开始制动到列车完全停住共需 $t=\frac{20}{0.4}=50$(秒).

列车在这段时间内行驶了 $s=-0.2\times50^2+20\times50=500$(米).

案例 4.3　一曲线通过点(1,2),且在该曲线上任一点 $M(x,y)$处的切线的斜率为 $2x$,求此曲线的方程.

解　设所求曲线为 $y=y(x)$,则

$\frac{\mathrm{d}y}{\mathrm{d}x}=2x$,其中 $x=1$ 时,$y=2$.

$y=\int 2x\mathrm{d}x$,即 $y=x^2+C$,代入条件求得 $C=1$.

所求曲线方程为 $y=x^2+1$.

案例 4.4(**生物种群数量问题**)　设某生物种群在其适应的环境下生存,试讨论该生物种群的数量变化情况.

解　(1) 问题假设

① 假设该生物种群的自然增长率为常数 λ;

② 设在其适应的环境下只有该生物种群生存或其他的生物种群的生存不影响该生物种群的生存;

③ 假设时刻 t 生物种群数量为 $N(t)$,由于 $N(t)$的数量很大,可视为时间 t 的连续可微函数;

④ 假设在 $t=0$ 时刻该生物种群的数量为 N_0.

(2) 问题分析

问题涉及的主要特征的数学刻画：自然增长率. 意指单位时间内种群增量与种群数量的比例系数，或单位时间内单个个体增加的平均数量.

在 Δt 时段种群数量的净增加量 = 在 $t+\Delta t$ 时刻的种群数量—在 t 时刻的种群数量.

文字方程改写为符号方程为：

$$N(t+\Delta t)-N(t)=\lambda N(t)\Delta t.$$

(3) 模型建立

Malthus 模型 $\begin{cases}\dfrac{\mathrm{d}N(t)}{\mathrm{d}t}=\lambda N(t),\\ N(0)=N_0.\end{cases}$

(4) 模型求解

容易解得 $N(t)=N_0 \mathrm{e}^{\lambda t}$.

(5) 结果验证

上面的模型的结果与 19 世纪以前欧洲地区的人口统计数据可以很好吻合；人们还发现在地广人稀的地方，人口增长情况比较符合这种指数增长模型. 说明该模型的假设和模型本身具有一定的合理性.

第一节　微分方程的基本概念

微课

学习目标

了解常微分方程、方程的阶、解、通解、初始条件和特解等概念.

我们知道，在微积分中，如果知道因变量 y 是自变量 x 的函数，在一定的条件下，就可以求 y 对 x 的导数$\dfrac{\mathrm{d}y}{\mathrm{d}x}$，例如 $y=x^2$，则有 $y'=2x$；反过来，如果已知一个函数满足 $y'=2x$，则可以用积分学的知识，求出这个函数.

那么什么叫微分方程呢？在初等数学里，含有未知数的等式叫方程. 比如 $x^2+2x-1=0$，就是一个方程. 现在可以先将这个概念推广一下——含有未知量的等式叫作方程. 未知量有很多种，有的未知量代表的是数，这样的方程与以前讲的方程一致. 如果未知量代表的是函数，就是函数方程. 比如 $f^2(x)+f(x)-x^2=0$，就是一个函数方程，其中 $f(x)$是一个未知的函数. 现在可以这样来定义微分方程——含有未知函数的导数的等式，称为**微分方程**. 微分方程自然应该含有微分，微分方程应该是函数方程. 刚才讲的 $y'=2x$，就是一个微分方程.

下面看一下微分方程的分类. 首先可以按照含有的是导数，还是偏导数，将微分方程分为两类：常微分方程和偏微分方程. 未知函数是一元函数的微分方程叫作**常微分方程**. 未知函数是多元函数(在第八章中介绍)的微分方程叫作**偏微分方程**. 方程中未知函数的定义域也称为方程的定义域. 本章仅讨论常微分方程.

例如，
$$\frac{\mathrm{d}y}{\mathrm{d}x}=x^2+y^2+2,$$

$$(y'')^2+\sin xy'-x^2+y^2+2=0,$$

是常微分方程.

微分方程中所含有的导数(或偏导数)的最高阶的阶数称为**微分方程的阶**. 例如:$y''+xy'+y\sin x=e^x$ 是二阶常微分方程. $(y')^4+xy'+\sin xy=e^x$ 是一阶常微分方程. 当 $F(x_1,x_2,\cdots,x_{n+1})$是一个表达式,$y$ 是 x 的函数,那么 $F(x,y',y'',\cdots,y^{(n)})=0$ 是 n 阶常微分方程.

【例 4.1】 已知一曲线经过点(0,1),且曲线上任意一点处的斜率是其横坐标的 4 倍,求此曲线.

解 设此曲线的方程为 $y=y(x)$,由题意得到

$$\frac{dy}{dx}=4x,$$

所以
$$y=\int 4x\,dx=2x^2+C.$$

当 $x=0$ 时,$y=1$,所以 $1=2\cdot 0^2+C$,即 $C=1$.

故所求的曲线方程为

$$y=2x^2+1.$$

这里 $\frac{dy}{dx}=4x$ 就是一个一阶常微分方程.

微分方程是含有未知函数的导数的方程,满足该方程的函数称为**微分方程的解**. 对于一阶微分方程来说,它的含有一个任意常数的解,称为此微分方程的**通解**. 一般来说,对于 n 阶微分方程,其含有 n 个互相独立的任意常数的解称为**微分方程的通解**. 不含有任意常数的解称为**微分方程的特解**. 例如函数 $y=x^2$ 是方程 $y'=2x$ 的一个特解. 微分方程 $y'=2x$ 的通解是 $y=x^2+C$. 又如 $y=x^2+C_1x+C_2$ 是方程 $y''=2$ 的通解,而 $y=x^2+C_1+C_2$ 不是. 因为 $y=x^2+C_1+C_2$ 中尽管有两个任意常数,但不是独立的,若令 $C=C_1+C_2$,则实际上只有一个任意常数. 注意 $y=x^2+C_1+C_2$ 也不是方程 $y''=2$ 的特解,因为它含有任意常数.

由上可以知道,一阶微分方程的通解含有一个任意常数,因此如果知道当 $x=x_0$ 时,$y=y_0$,就可以由此确定这个任意常数,这样的条件称为**初始条件**. 对于二阶微分方程,由于含有两个任意常数,因而可以用条件 $y|_{x=x_0}=y_0,y'|_{x=x_0}=y_1$ 来确定这两个任意常数,这样的条件也叫作**初始条件**. 对于 n 阶的微分方程,也可以类似地讨论. 微分方程加上初始条件,这样的问题称为**初值问题**. 例如 $\begin{cases}y'=f(x,y)\\ y|_{x=x_0}=y_0\end{cases}$ 是一阶微分方程的初值问题;$\begin{cases}y''=f(x,y,y')\\ y|_{x=x_0}=y_0,y'|_{x=x_0}=y_1\end{cases}$ 是二阶微分方程的初值问题;等等.

习题 4.1

1. 指出下列微分方程的阶数.

(1) $y'+x(y')^2+y=1$;　　(2) $y^3y''+2xy'+x^2y=0$;

(3) $\frac{d^2x}{dt^2}+2\frac{dx}{dt}+\frac{1}{t}x=\sin t$;　　(4) $(3x-4y)dx+(2x+y)dy=0$.

2. 检验下列所给的函数是否是其后面的方程的解，如果是请指出它是通解还是特解.

(1) $y=x^2e^x$，$y''-2y'+y=0$；

(2) $y=3\sin x-4\cos x$，$y''+y'=0$；

(3) $y=C_1e^x+C_2e^{2x}+\frac{1}{12}e^{5x}$（$C_1$，$C_2$ 是任意常数），$y''-3y'+2y=0$；

(4) $y=C_1\cos 3x+C_2\sin 3x+\frac{1}{32}(4x\cos x+\sin x)$（$C_1$，$C_2$ 是任意常数），$y''+9y=x\cos x$；

(5) $y=x^2+(C_1+C_2)$（C_1，C_2 是任意常数），$y''-2=0$.

第二节　一阶常微分方程

学习目标

掌握可分离变量的微分方程、齐次微分方程及一阶线性微分方程的解法.

对于一般的微分方程，要求它的解很困难，即使是一般的一阶微分方程 $y'=f(x,y)$，它的解也很难求. 在这里只介绍几种简单的微分方程的解法，首先介绍可分离变量的微分方程.

一、可分离变量的微分方程

微课

形如$\frac{dy}{dx}=f(x)\cdot g(y)$的微分方程称为**可分离变量的微分方程**. 这类方程是可以很容易解的. 求解的一般步骤是：

(1) 分离变量

方程可以变形为：

$$\frac{1}{g(y)}dy=f(x)dx.$$

(2) 两边同时积分

如果 $f(x)$与$\frac{1}{g(y)}$可积，则方程两边同时积分，得到

$$\int\frac{1}{g(y)}dy=\int f(x)dx.$$

由此得到方程的解：

$$G(y)=F(x)+C.$$

其中 $G(y)=\int\frac{1}{g(y)}dy$，$F(x)=\int f(x)dx$. 要注意的是同时积分，左边是对 y 积分，右边是对 x 积分.

我们也可以验证一下. 若方程的解为 $y=\varphi(x)$，满足 $G(y)=F(x)+C$，则

$$\int\frac{1}{g(y)}dy=\int f(x)dx.$$

两边微分得到

$$\frac{1}{g(y)}\mathrm{d}y=f(x)\mathrm{d}x,$$

即

$$\frac{\mathrm{d}y}{\mathrm{d}x}=f(x)g(y).$$

由此可见隐函数 $G(y)=F(x)+C$ 是方程 $\frac{\mathrm{d}y}{\mathrm{d}x}=f(x)\cdot g(y)$ 的通解.

【例 4.2】　求方程 $y'=2xy$ 的通解.

解　$y=0$ 显然是方程的一个特解.

若 y 不为零,则将 $\frac{\mathrm{d}y}{\mathrm{d}x}=2xy$ 分离变量,得到

$$\frac{1}{y}\mathrm{d}y=2x\mathrm{d}x.$$

两边同时积分,得到

$$\int\frac{1}{y}\mathrm{d}y=\int 2x\mathrm{d}x,$$

$$\ln|y|=x^2+C,$$

即

$$y=C_1\mathrm{e}^{x^2}\,(C_1=\pm\mathrm{e}^C).$$

其中 C_1 是任意常数. 若 $C_1=0$,即得到特解 $y=0$.

【例 4.3】　求微分方程 $y'+y=0$ 的通解.

解　因为 $y'+y=0$,所以

$$\frac{\mathrm{d}y}{\mathrm{d}x}=-y.$$

分离变量得

$$\frac{\mathrm{d}y}{y}=-\mathrm{d}x,$$

两边积分得

$$\int\frac{\mathrm{d}y}{y}=\int-\mathrm{d}x,$$

$$\ln|y|=-x+C_1,$$

$$|y|=\mathrm{e}^{-x+C_1},$$

$$y=\pm\mathrm{e}^{C_1}\mathrm{e}^{-x},$$

即

$$y=C\mathrm{e}^{-x}(C\text{ 为任意常数}).$$

【例 4.4】(**衰变问题**)　衰变速度与未衰变原子含量 M 成正比,已知 $M|_{t=0}=M_0$,求衰变过程中铀含量 $M(t)$ 随时间 t 变化的规律.

解　衰变速度 $\frac{\mathrm{d}M}{\mathrm{d}t}$,由题设条件 $\frac{\mathrm{d}M}{\mathrm{d}t}=-\lambda M$　($\lambda>0$,衰变系数)

即

$$\frac{\mathrm{d}M}{M}=-\lambda\mathrm{d}t.$$

$\int\frac{\mathrm{d}M}{M}=\int-\lambda\mathrm{d}t,\ln|M|=-\lambda t+\ln|C|$,即 $M=C\mathrm{e}^{-\lambda t}$,

代入 $M|_{t=0}=M_0$ 得 $M_0=C\mathrm{e}^0=C$.

故 $M=M_0\mathrm{e}^{-\lambda t}$.

二、齐次微分方程

有很多的方程不是可分离变量的微分方程，其中有一些可以通过一系列的变换转化为这种形式.

形如$\frac{dy}{dx}=\varphi\left(\frac{y}{x}\right)$的微分方程称为**齐次微分方程**.

对于这样的方程可以用下面的方法将它化为可分离变量的微分方程. 解这类方程的一般步骤如下：

令 $u=\frac{y}{x}$，即 $y=ux$，注意 u 是 x 的函数. 所以，代入方程得到

$$u+x\frac{du}{dx}=\varphi(u),$$

即
$$\frac{du}{dx}=\frac{\varphi(u)-u}{x}.$$

再分离变量，得到

$$\frac{du}{\varphi(u)-u}=\frac{dx}{x}.$$

两边同时积分，得

$$\int\frac{du}{\varphi(u)-u}=\ln|x|+C.$$

将左边的积分求出后，再将 $u=\frac{y}{x}$代入，就得到方程的解.

【例 4.5】 解方程 $y^2+x^2y'=xyy'$.

解 原方程可以化为：

$$\frac{dy}{dx}=\frac{y^2}{xy-x^2},$$

即
$$\frac{dy}{dx}=\frac{\left(\frac{y}{x}\right)^2}{\frac{y}{x}-1}.$$

显然这是一个齐次方程，令 $u=\frac{y}{x}$，即 $y=ux$，则$\frac{dy}{dx}=u+x\frac{du}{dx}$，代入方程得到

$$u+x\frac{du}{dx}=\frac{u^2}{u-1},$$

即
$$x\frac{du}{dx}=\frac{u}{u-1}.$$

分离变量，得到

$$\frac{u-1}{u}du=\frac{dx}{x},$$

再两边积分，得

$$\int\frac{u-1}{u}du=\int\frac{dx}{x}.$$

即
$$u-\ln|u|=\ln|x|+C\ (C\text{ 为任意常数}).$$

再将 $u=\frac{y}{x}$ 代入上式，得到方程的通解为

$$\frac{y}{x}-\ln\left|\frac{y}{x}\right|=\ln|x|+C,$$

即
$$y=x\ln|y|+Cx.$$

三、一阶线性微分方程

接下来将讨论一阶线性微分方程的解法. 形如

$$y'+P(x)y=Q(x) \tag{4.1}$$

的微分方程，称为**一阶线性微分方程**.

若 $Q(x)\neq 0$，则称方程(4.1)为**一阶非齐次线性微分方程**；若 $Q(x)\equiv 0$，则称方程 $y'+P(x)y=0$ 为**一阶齐次线性微分方程**. 它是可分离变量的微分方程，其解为

$$y=Ce^{-\int P(x)dx}\ (C\text{ 为任意常数}).$$

下面将利用这个解来求一阶非齐次线性微分方程的解. 采用的方法称为**常数变易法**. 用函数 $C(x)$ 来代替常数 C，即设函数 $y=C(x)e^{-\int P(x)dx}$ 是方程(4.1)的一个解. 代入方程，得到

$$Q(x)=C'(x)e^{-\int P(x)dx}-C(x)P(x)e^{-\int P(x)dx}+P(x)C(x)e^{-\int P(x)dx},$$

即
$$C'(x)=Q(x)e^{\int P(x)dx}.$$

所以

$$C(x)=\int Q(x)e^{\int P(x)dx}dx+C.$$

故方程(4.1)的通解为：

$$y=\left(\int Q(x)e^{\int P(x)dx}dx+C\right)e^{-\int P(x)dx}.$$

当 $C=0$ 时，为方程(4.1)的一个特解，因此方程(4.1)的通解可以写为对应的齐次线性方程的通解加上此方程的一个特解. 即

$$y=Ce^{-\int P(x)dx}+e^{-\int P(x)dx}\int Q(x)e^{\int P(x)dx}dx.$$

【例 4.6】　求方程 $y'-\frac{2y}{x+1}=(x+1)^{\frac{5}{2}}$ 的通解.

解　$P(x)=-\frac{2}{1+x}$，$Q(x)=(1+x)^{\frac{5}{2}}$，故其对应的齐次线性方程的通解为

$$y=Ce^{-\int -\frac{2}{1+x}dx},$$

即
$$y=C(1+x)^2.$$

令 $y=C(x)(1+x)^2$，则 $y'=C'(x)(1+x)^2+2C(x)(1+x)$. 所以

$$C'(x)(1+x)^2+2C(x)(1+x)-\frac{2C(x)(1+x)^2}{1+x}=(1+x)^{\frac{5}{2}},$$

即
$$C'(x)=(1+x)^{\frac{1}{2}}.$$

所以
$$C(x)=\frac{2}{3}(1+x)^{\frac{3}{2}}+C.$$

原方程的通解为

$$y(x)=\left(\frac{2}{3}(1+x)^{\frac{3}{2}}+C\right)(1+x)^2.$$

【例 4.7】 求方程 $y'+\frac{1}{x}y=\frac{\sin x}{x}$的通解.

解 $P(x)=\frac{1}{x}$,$Q(x)=\frac{\sin x}{x}$,则

$$\begin{aligned} y &= \mathrm{e}^{-\int\frac{1}{x}\mathrm{d}x}\left(\int\frac{\sin x}{x}\cdot\mathrm{e}^{\int\frac{1}{x}\mathrm{d}x}\mathrm{d}x+C\right)=\mathrm{e}^{-\ln x}\left(\int\frac{\sin x}{x}\cdot\mathrm{e}^{\ln x}\mathrm{d}x+C\right)\\ &=\frac{1}{x}\left(\int\sin x\mathrm{d}x+C\right)=\frac{1}{x}(-\cos x+C). \end{aligned}$$

一般来说,在常微分方程中有两个变量,在求解一阶微分方程时,可以将其中一个看作自变量,另一个看成是函数,这样解方程就灵活多了.

【例 4.8】 解方程 $y'=\frac{1}{x+y}$.

解 $y'=\frac{\mathrm{d}y}{\mathrm{d}x}$,如果将 x 看成是 y 的函数,则原方程化为:

$$(x+y)\mathrm{d}y=\mathrm{d}x,$$

即
$$\frac{\mathrm{d}x}{\mathrm{d}y}-x=y.$$

这是一个一阶非齐次线性微分方程.其中 $P(y)=-1$,$Q(y)=y$,得

$$x=\left(\int y\mathrm{e}^{\int-1\mathrm{d}y}\mathrm{d}y+C\right)\mathrm{e}^{\int1\mathrm{d}y}.$$

所以方程的通解为

$$x=C\mathrm{e}^{y}-y-1.$$

【例 4.9】 根据经验知道,某产品的净利润 y 与广告支出 x 之间有如下关系:

$$\frac{\mathrm{d}y}{\mathrm{d}x}=k(N-y),$$

其中 k,N 都是大于零的常数,且广告支出为零时,净利润为 y_0,$0<y_0<N$,求净利润函数 $y=y(x)$.

解 分离变量得

$$\frac{\mathrm{d}y}{N-y}=k\mathrm{d}x.$$

两边同时积分,得

$$-\ln|N-y|=kx+C_1 \quad (C_1\text{ 为任意常数}),$$

因为 $N-y>0$,所以

$$\ln|N-y|=\ln(N-y),$$

上式经整理得

$$y=N-C\mathrm{e}^{-kx} \quad (C=\mathrm{e}^{-C_1}>0).$$

将 $x=0,y=y_0$ 代入上式得 $C=N-y_0$，于是所求的利润函数为

$$y=N-(N-y_0)e^{-kx}.$$

由题设可知 $\frac{dy}{dx}>0$，这表明 $y(x)$ 是 x 的单调递增函数；另一方面又有 $\lim\limits_{x\to\infty}y(x)=N$，即随着广告支出增加，净利润相应地增加，并逐渐趋向于 $y=N$. 因此，参数 N 的经济意义是净利润的最大值.

习题 4.2

1. 求解下列微分方程.

(1) $xy\,dx+(x^2+1)dy=0$；　　(2) $\frac{dy}{dx}=e^{x+y}$；

(3) $xy\,dx-(x^2+y^2)dy=0$；　　(4) $\frac{dy}{dx}=y\ln x$.

2. 求解下列微分方程.

(1) $y'-y=e^x$；　　(2) $y'+y\tan x=\cos x$；

(3) $y'-\frac{2}{x}y=\frac{1}{2}x$；　　(4) $\frac{dy}{dx}+y\cos x=e^{-\sin x}$.

3. 求解下列初值问题.

(1) $\sin x\cdot\cos y\,dx=\cos x\cdot\sin y\,dy,\ y(0)=\frac{\pi}{4}$；

(2) $\frac{dy}{dx}+3y=8,\ y(0)=2$.

4. 已知某平面曲线经过点(1,1)，它的切线在纵轴上的截距等于切点的横坐标，求曲线方程.

5. 镭元素的衰变满足如下规律：其衰变的速度与它的现存量成正比. 经验得知，镭经过 1 600 年后，只剩下原始量(假设为 M_0)的一半，试求镭现存量与时间 t 的函数关系.

第三节　二阶常微分方程

学习目标

1. 了解二阶常系数线性微分方程的通解结构.
2. 掌握二阶常系数齐次线性微分方程的解法.
3. 会求自由项为 $P_n(x)e^{\lambda x}$，$A\cos\omega x+B\sin\omega x$（其中 $P_n(x)$ 为 x 的 n 次多项式，λ,ω,A,B 为常数）的二阶常系数非齐次线性微分方程的解.
4. 会建立简单的常微分方程模型.

二阶及二阶以上的常微分方程统称为**高阶常微分方程**. 高阶常微分方程在自然科学和工程技术中有着广泛的应用，它的求解问题一般要比一阶常微分方程复杂，能够求解的类型也不多. 其中最简单的 n 阶常微分方程为

$$y^{(n)}=f(x)$$

和二阶常系数线性常微分方程.

一、可降阶的 n 阶常微分方程

形如

$$y^{(n)}=f(x)$$

这样的方程只要直接积分 n 次,就可以得到方程的通解.看下面的例子.

【例 4.10】 解方程 $y'''=x^2+1$.

解

$$y''=\frac{1}{3}x^3+x+C_1,$$

$$y'=\frac{1}{12}x^4+\frac{1}{2}x^2+C_1x+C_2,$$

方程的通解为:

$$y=\frac{1}{60}x^5+\frac{1}{6}x^3+\frac{1}{2}C_1x^2+C_2x+C_3.$$

二、二阶常系数线性常微分方程解的结构

形如

$$y''+P(x)y'+Q(x)y=f(x) \tag{4.2}$$

的方程称为**二阶线性微分方程**.当 $f(x)\equiv 0$ 时,称此方程为**齐次线性微分方程**;否则称之为**非齐次线性微分方程**.

我们在这里主要讨论 $P(x)$,$Q(x)$都为常数 p,q 的情形.即

$$y''+py'+qy=f(x) \tag{4.3}$$

这类方程称为二阶**常系数线性常微分方程**.

1. 二阶常系数齐次线性常微分方程解的结构

当 $f(x)\equiv 0$ 时,方程变为

$$y''+py'+qy=0, \tag{4.4}$$

这类方程称为二阶常系数齐次线性微分方程,对于这类方程有下面的结论.

定理 4.1 如果 $y=y_1(x)$和 $y=y_2(x)$都是方程(4.4)的解,则对任意常数 C_1,C_2,$y=C_1y_1(x)+C_2y_2(x)$也是方程(4.4)的解.

定理证明从略.

定义 4.1 设 $y_1(x)$,$y_2(x)$,$\cdots$,$y_n(x)$为定义在区间 I 内的 n 个函数.如果存在 n 个不全为零的常数 k_1,k_2,$\cdots$,k_n,使得当 x 在区间 I 内有恒等式成立:

$$k_1y_1(x)+k_2y_2(x)+\cdots+k_ny_n(x)\equiv 0,$$

那么称这 n 个函数在区间 I 内**线性相关**.否则称**线性无关**.

例如,当 $x\in(-\infty,+\infty)$时,e^x,e^{-x},e^{2x}线性无关;1,$\cos^2x$,$\sin^2x$ 线性相关.

特别地,若在 I 内有 $\frac{y_1(x)}{y_2(x)}\neq$常数,则函数 $y_1(x)$与 $y_2(x)$在 I 内线性无关.

定理 4.2(叠加原理)　如果 $y_1(x)$ 与 $y_2(x)$ 是方程(4.4)的两个线性无关的特解，那么 $y=C_1y_1+C_2y_2$ 就是方程(4.4)的通解.

定理证明从略.

例如 $y''+y=0$，$y_1=\cos x$，$y_2=\sin x$ 是该方程的解，且 $\dfrac{y_2}{y_1}=\tan x\neq$ 常数，所以 $y=C_1\cos x+C_2\sin x$ 是方程 $y''+y=0$ 的通解.

2. 二阶常系数非齐次线性常微分方程的解的结构

定理 4.3　设 y^* 是二阶非齐次线性方程(4.3)的一个特解，$\overline{y}$ 是与(4.3)对应的齐次线性方程(4.4)的通解，那么 $y=\overline{y}+y^*$ 是二阶非齐次线性微分方程(4.3)的通解.

定理证明从略.

定理 4.4　设非齐次方程(4.3)的右端 $f(x)$ 是几个函数之和，如

$$y''+py'+qy=f_1(x)+f_2(x),$$

而 y_1^* 与 y_2^* 分别是方程

$$y''+py'+qy=f_1(x),$$
$$y''+py'+qy=f_2(x)$$

的特解，那么 $y_1^*+y_2^*$ 就是原方程的特解.

定理证明从略.

注意：① 上述四个定理对于二阶非常系数的线性微分方程也是成立的；② 求常系数非齐次线性微分方程特解的方法通常是待定系数法求特解，对于简单微分方程也可以利用观察法求特解或常数变异法求特解.

三、二阶常系数齐次线性微分方程的解法

二阶齐次线性微分方程解的叠加原理说明，要求方程 $y''+py'+qy=0$ 的通解，只需求出它的两个线性无关的特解即可. 由于齐次线性微分方程左端是未知函数的常数倍，未知函数的一阶导数的常数倍与二阶导数的代数和等于 0，适于方程的函数 y 必须与其一阶导数、二阶导数只能相差一个常数因子，可以猜想方程具有 $y=\mathrm{e}^{rx}$ 形式的解.

把指数函数 $y=\mathrm{e}^{rx}$(r 是常数)，代入方程 $y''+py'+qy=0$，则有

$$\mathrm{e}^{rx}(r^2+pr+q)=0.$$

由于 $\mathrm{e}^{rx}\neq0$，从而有

$$r^2+pr+q=0. \tag{4.5}$$

由此可见，只要 r 满足代数方程 $r^2+pr+q=0$，函数 $y=\mathrm{e}^{rx}$ 就是微分方程 $y''+py'+qy=0$ 的解. 此代数方程(4.5)叫作微分方程 $y''+py'+qy=0$ 的**特征方程**. 特征方程(4.5)的根称为微分方程 $y''+py'+qy=0$ 的**特征根**.

(1) 当 $p^2-4q>0$ 时，特征方程 $r^2+pr+q=0$ 有两个不相等的实根 r_1,r_2，即

$$r_1=\frac{-p+\sqrt{p^2-4q}}{2},\ r_2=\frac{-p-\sqrt{p^2-4q}}{2}.$$

$y=\mathrm{e}^{r_1x}$ 与 $y=\mathrm{e}^{r_2x}$ 均是微分方程的两个解，并且 $\dfrac{y_2}{y_1}=\dfrac{\mathrm{e}^{r_2x}}{\mathrm{e}^{r_1x}}=\mathrm{e}^{(r_2-r_1)x}$ 不是常数.

因此,微分方程 $y''+py'+qy=0$ 的通解为 $y=C_1e^{r_1x}+C_2e^{r_2x}$($C_1,C_2$ 为任意常数).

(2) 当 $p^2-4q=0$ 时,特征方程 $r^2+pr+q=0$ 有两个相等的实根 r_1,r_2,即

$$r_1=r_2=-\frac{p}{2}.$$

这时,微分方程 $y''+py'+qy=0$ 的一个解为 $y_1=e^{r_1x}$,可以验证 $y_2=xe^{r_1x}$ 也是方程的一个解,且 y_1 与 y_2 线性无关.

因此,微分方程 $y''+py'+qy=0$ 的通解为 $y=C_1e^{r_1x}+C_2xe^{r_1x}$($C_1,C_2$ 为任意常数).

(3) 当 $p^2-4q<0$ 时,特征方程 $r^2+pr+q=0$ 有一对共轭复根 r_1,r_2,即

$$r_1=\alpha+i\beta,\ r_2=\alpha-i\beta\ (\beta\neq0),$$

其中 $\alpha=-\frac{p}{2},\beta=\frac{\sqrt{4q-p^2}}{2}$.

可以验证 $y_1=e^{\alpha x}\cos\beta x,y_2=e^{\alpha x}\sin\beta x$ 是微分方程 $y''+py'+qy=0$ 的两个线性无关的解,因此微分方程 $y''+py'+qy=0$ 的通解为

$$y=C_1e^{\alpha x}\cos\beta x+C_2e^{\alpha x}\sin\beta x\ (C_1,C_2\ \text{为任意常数}).$$

【例 4.11】 求微分方程 $y''-2y'-3y=0$ 的通解.

解 该方程的特征方程为 $r^2-2r-3=0$,

其特征根为 $r_1=-1,r_2=3$.

故所求方程的通解为 $y=C_1e^{-x}+C_2e^{3x}$.

【例 4.12】 求微分方程 $y''-4y'+4y=0$ 的通解.

解 该方程的特征方程为 $r^2-4r+4=0$,

其特征根为 $r_1=r_2=2$.

故所求微分方程的通解为 $y=C_1e^{2x}+C_2xe^{2x}$.

【例 4.13】 求微分方程 $y''+4y'+13y=0$ 的通解.

解 该方程的特征方程为 $r^2+4r+13=0$,

它有一对共轭复根 $r_{1,2}=-2\pm3i$.

故所求微分方程的通解为 $y=C_1e^{-2x}\cos3x+C_2e^{-2x}\sin3x$.

【例 4.14】 求 $y''=4y$ 满足初始条件 $y|_{x=0}=1,y'|_{x=0}=2$ 的特解.

解 因为 $y''=4y$,所以

$$y''-4y=0,$$

特征方程 $$r^2-4=0,$$

特征根 $$r_1=-2,\ r_2=2,$$

于是其通解为

$$y=C_1e^{-2x}+C_2e^{2x},$$

由初始条件可得 $C_1=0,C_2=1$,所求特解为

$$y=e^{2x}.$$

综上所述,求二阶常系数齐次线性微分方程 $y''+py'+qy=0$ 的通解的步骤如下:

第一步:写出微分方程 $y''+py'+qy=0$ 的特征方程 $r^2+pr+q=0$;

第二步:求出特征方程 $r^2+pr+q=0$ 的两个根 r_1,r_2;

第三步:据特征方程的两个根的不同情形,按表 4.1 写出微分方程的通解.

表 4.1　微分方程的通解

特征方程的根	通解形式
两个不等实根 $r_1 \neq r_2$	$y=C_1 e^{r_1 x}+C_2 e^{r_2 x}$
两个相等实根 $r_1=r_2=r$	$y=(C_1+C_2 x)e^{rx}$
一对共轭复根 $r=\alpha \pm i\beta$	$y=(C_1 \cos\beta x+C_2 \sin\beta x)e^{\alpha x}$

从以上例子可以看出，求二阶常系数齐次线性微分方程的通解，不必通过积分，只要用代数方法求出特征方程的特征根，就可以求得方程的通解.

四、二阶常系数非齐次线性微分方程的解法

由二阶常系数非齐次线性微分方程解的结构定理知，二阶常系数非齐次线性微分方程 $y''+py'+qy=f(x)$ 的通解是对应的齐次线性微分方程的通解与其自身的一个特解之和，而求二阶常系数齐次线性微分方程的通解问题已经解决，所以只需讨论求二阶常系数非齐次线性微分方程的特解 y^* 的方法.

以下介绍当自由项 $f(x)$ 为某些特殊类型函数时的求特解方法.

1. $f(x)=e^{\lambda x}P_m(x)$ 型

由于右端函数 $f(x)$ 是指数函数 $e^{\lambda x}$ 与 m 次多项式 $P_m(x)$ 的乘积，而指数函数与多项式的乘积的导数仍是这类函数，因此我们推测：

方程 $y''+py'+qy=f(x)$ 的特解应为 $y^*=e^{\lambda x}Q(x)$（$Q(x)$ 是某个次数待定的多项式），则

$$(y^*)'=\lambda e^{\lambda x}Q(x)+e^{\lambda x}Q'(x),$$
$$(y^*)''=\lambda^2 e^{\lambda x}Q(x)+2\lambda e^{\lambda x}Q'(x)+e^{\lambda x}Q''(x),$$

代入方程 $y''+py'+qy=f(x)$，整理得

$$e^{\lambda x}[Q''(x)+(2\lambda+p)Q'(x)+(\lambda^2+\lambda p+q)Q(x)]\equiv e^{\lambda x}P_m(x),$$

消去 $e^{\lambda x}$，得

$$Q''(x)+(2\lambda+p)Q'(x)+(\lambda^2+\lambda p+q)Q(x)\equiv P_m(x).$$

上式右端是一个 m 次多项式，所以，左端也应该是 m 次多项式，由于多项式每求一次导数，就要降低一次次数，故有三种情况：

(1) 如果 $\lambda^2+\lambda p+q\neq 0$，即 λ 不是特征方程 $r^2+pr+q=0$ 的根. 由于 $P_m(x)$ 是一个 m 次的多项式，欲使

$$Q''(x)+(2\lambda+p)Q'(x)+(\lambda^2+\lambda p+q)Q(x)\equiv P_m(x)$$

的两端恒等，那么 $Q(x)$ 必为一个 m 次多项式，设为

$$Q(x)=Q_m(x)=b_0x^m+b_1x^{m-1}+\cdots+b_{m-1}x+b_m,$$

其中 $b_0,b_1,\cdots,b_{m-1},b_m$ 为 $m+1$ 个待定系数，将之代入恒等式

$$Q''(x)+(2\lambda+p)Q'(x)+(\lambda^2+\lambda p+q)Q(x)\equiv P_m(x),$$

比较恒等式两端 x 的同次幂的系数，得到含有 $m+1$ 个未知数 $b_0,b_1,\cdots,b_{m-1},b_m$ 的 $m+1$ 个线性方程组，从而求出 $b_0,b_1,\cdots,b_{m-1},b_m$，得到特解

$$y^*=e^{\lambda x}Q_m(x).$$

（2）如果 $\lambda^2+\lambda p+q=0$，但 $2\lambda+p\neq0$ 时，即 λ 是方程 $y''+py'+qy=0$ 的特征方程 $r^2+pr+q=0$ 的单根，那么

$$Q''(x)+(2\lambda+p)Q'(x)+(\lambda^2+\lambda p+q)Q(x)\equiv P_m(x)$$

化为
$$Q''(x)+(2\lambda+p)Q'(x)\equiv P_m(x),$$

上式两端恒等，那么 $Q'(x)$ 必是一个 m 次多项式. 因此，可设 $Q(x)=xQ_m(x)$. 并且用同样的方法来确定系数 $b_0,b_1,\cdots,b_{m-1},b_m$，得到特解

$$y^*=e^{\lambda x}xQ_m(x).$$

（3）如果 $\lambda^2+\lambda p+q=0$ 且 $2\lambda+p=0$ 时，即 λ 是方程 $y''+py'+qy=0$ 的特征方程 $r^2+pr+q=0$ 的二重根，那么

$$Q''(x)+(2\lambda+p)Q'(x)+(\lambda^2+\lambda p+q)Q(x)\equiv P_m(x)$$

化为
$$Q''(x)\equiv P_m(x),$$

上式两端恒等，那么 $Q''(x)$ 必是一个 m 次多项式. 因此，可设 $Q(x)=x^2Q_m(x)$ 并且用同样的方法来确定系数 $b_0,b_1,\cdots,b_{m-1},b_m$，得到特解

$$y^*=e^{\lambda x}x^2Q_m(x).$$

综上所述，有结论：

如果 $f(x)=e^{\lambda x}P_m(x)$，则方程 $y''+py'+qy=f(x)$ 的特解形式为

$$y^*=e^{\lambda x}x^kQ_m(x),$$

其中 $Q_m(x)$ 是与 $P_m(x)$ 同次的多项式，而 k 的选取应满足条件：

$$k=\begin{cases}0, & \lambda\text{ 不是特征根；}\\ 1, & \lambda\text{ 是特征单根；}\\ 2, & \lambda\text{ 是特征重根.}\end{cases}$$

【例 4.15】 求微分方程 $y''-3y'+2y=xe^{2x}$ 的一个特解.

解 该方程对应的齐次方程的特征方程为 $r^2-3r+2=0$，

其特征根 $r_1=1,r_2=2$.

因为 $f(x)=xe^{2x}$，$\lambda=2$ 是单特征根，$P_m(x)=x$ 是一次多项式，

故设特解
$$y^*=x(b_0x+b_1)e^{2x}=(b_0x^2+b_1x)e^{2x}.$$

则有
$$(y^*)'=[2b_0x^2+(2b_1+2b_0)x+b_1]e^{2x},$$
$$(y^*)''=[4b_0x^2+(8b_0+4b_1)x+(2b_0+4b_1)]e^{2x}.$$

代入原方程，得 $2b_0x+(2b_0+b_1)=x$.

比较系数得 $\begin{cases}2b_0=1\\2b_0+b_1=0\end{cases}$，解得 $b_0=\dfrac{1}{2},b_1=-1$.

故原方程的一个特解为 $y^*=x\left(\dfrac{1}{2}x-1\right)e^{2x}$.

【例 4.16】 求微分方程 $2y''+y'-y=2e^x$ 的通解.

解 该方程对应的齐次方程的特征方程为 $2r^2+r-1=0$，

其特征根为 $r_1=-1,r_2=\dfrac{1}{2}$.

所以原方程对应的齐次方程的通解为 $\overline{y}=C_1e^{-x}+C_2e^{\frac{1}{2}x}$.

因为 $f(x)=2e^x$，$\lambda=1$ 不是特征根，$P_m(x)=2$ 是零次多项式.

故设 $y^*=Ae^x$ 为原方程的特解，则有

$$(y^*)'=Ae^x,(y^*)''=Ae^x.$$

代入原方程，得 $2A=2$，即 $A=1$.

所以原方程的一个特解为 $y^*=e^x$.

故所求方程的通解为 $y=\overline{y}+y^*=C_1e^{-x}+C_2e^{\frac{1}{2}x}+e^x$.

2. $f(x)=A\cos\omega x+B\sin\omega x$ 型

这里 ω 是实数，A,B 是常数，并且允许其中一个为零. 对于这类方程，由于指数函数的各阶导数仍为指数函数，正弦函数与余弦函数的导数也总是余弦函数与正弦函数，可以证明：非齐次方程的特解 y^* 具有如下形式：

$$y^*=x^k(a\cos\omega x+b\sin\omega x),$$

其中 a,b 是两个待定常数，k 是整数，且

$$k=\begin{cases}0, & i\omega \text{ 不是特征根 } r \text{ 时；}\\ 1, & i\omega \text{ 是特征根 } r \text{ 时.}\end{cases}$$

【例 4.17】　求方程 $y''+y=\sin x$ 的通解.

解　该方程为二阶常系数非齐次线性方程，其对应的齐次方程为

$$y''+y=0,$$

特征方程为 $$r^2+1=0,$$

特征根 $r_1=i,r_2=-i$，齐次方程的通解为

$$\overline{y}=C_1\cos x+C_2\sin x.$$

对于方程 $y''+y=\sin x$，$\alpha+i\beta=i$（其中 $\alpha=0,\beta=1$）恰是特征单根.

从而设特解为 $y^*=x(a\cos x+b\sin x)$，

代入原方程，可得 $a=-\dfrac{1}{2}$，$b=0$，所以 $y^*=-\dfrac{1}{2}x\cos x$ 是方程的一个特解.

故所求方程的通解为

$$y=C_1\cos x+C_2\sin x-\frac{1}{2}x\cos x.$$

【例 4.18】　求方程 $y''+\omega^2y=\cos\omega x$ 的一个特解.

解　特征方程为 $r^2+\omega^2=0$，其特征根为 $r=\pm\omega i$. 因 $\beta=\omega$，βi 是特征方程的根，故可设方程的特解为

$$y^*=ax\cos\omega x+bx\sin\omega x.$$

将其代入原方程可得

$$(ax\cos\omega x+bx\sin\omega x)''+\omega^2(ax\cos\omega x+bx\sin\omega x)=\cos\omega x,$$

整理得

$$2\omega b\cos\omega x-2\omega a\sin\omega x=\cos\omega x.$$

比较系数应有 $$\begin{cases}2\omega b=1,\\ -2\omega a=0.\end{cases}$$

从而解得 $$a=0,\quad b=\frac{1}{2\omega}.$$

所以原方程的特解为

$$y^{*}=\frac{x}{2\omega}\sin\omega x.$$

【例 4.19】 一质量为 m 的质点由静止开始沉入液体，当下沉时，液体的反作用力与下沉速度成正比，求此质点的运动规律.

解 设质点的运动规律为 $x=x(t)$，由题意及牛顿第二定律知：

$$\begin{cases} m\dfrac{\mathrm{d}^2x}{\mathrm{d}t^2}=mg-k\dfrac{\mathrm{d}x}{\mathrm{d}t}, \\ x\big|_{t=0}=0,\dfrac{\mathrm{d}x}{\mathrm{d}t}\Big|_{t=0}=0. \end{cases}\quad (k>0\text{ 为比例系数})$$

问题就是求微分方程 $\frac{\mathrm{d}^2x}{\mathrm{d}t^2}+\frac{k}{m}\frac{\mathrm{d}x}{\mathrm{d}t}=g$ 在初始条件下的特解.

对应齐次方程的特征方程 $r^2+\frac{k}{m}r=0$，有特征根 $r_1=0,r_2=-\frac{k}{m}$，从而对应的齐次方程的通解为 $\overline{x}=C_1+C_2\mathrm{e}^{-\frac{k}{m}t}$.

又因 $\lambda=0$ 是特征单根，可设一个特解 $x^{*}=At$，代入原方程，即得 $A=\frac{mg}{k}$，因此 $x^{*}=\frac{mg}{k}t$ 是原微分方程的一特解，所以原微分方程的通解为

$$x=C_1+C_2\mathrm{e}^{-\frac{k}{m}t}+\frac{mg}{k}t.$$

由初始条件可求得 $C_1=-\frac{m^2g}{k^2},C_2=\frac{m^2g}{k^2}$.

因此所求质点的运动规律为 $x(t)=\frac{mg}{k}t-\frac{m^2g}{k^2}(1-\mathrm{e}^{-\frac{k}{m}t})$.

习题 4.3

1. 求下列齐次线性微分方程的通解.

(1) $y''-4y'-5y=0$；　　(2) $y''+2y'=0$；

(3) $y''-6y'+9y=0$；　　(4) $y''-y'+y=0$.

2. 求下列齐次线性微分方程满足初始条件的特解.

(1) $4y''+4y'+y=0,y(0)=2,y'(0)=0$；

(2) $y''+2y'+10y=0,y(0)=1,y'(0)=2$.

3. 求下列非齐次线性微分方程的通解.

(1) $y''+y=-2x$；　　(2) $y''-4y=\mathrm{e}^{2x}$；

(3) $y''-3y'+2y=2\mathrm{e}^{2x}$；　　(4) $y''-4y'=x\mathrm{e}^{x}$；

(5) $y''+3y'+2y=20\cos 2x$；　　(6) $y''+4y=\sin 2x$.

4. 求满足方程 $y''-y=0$ 的曲线，使其在点 $(0,0)$ 处与直线 $y=x$ 相切.

5. 在 Ox 轴上，一质量为 m 的质点受力 $A\cos\omega t$ 而运动，初始条件为 $x\big|_{t=0}=a,v\big|_{t=0}=0$，求该质点的运动方程.

本章小结

一、本章重难点

1. 一阶线性方程的解法.

2. 二阶线性常系数方程的解法.

二、知识点概览

本章知识点请微信扫描右侧二维码阅览.

三、疑难解析与例题分析

本章疑难解析与例题分析请微信扫描右侧二维码阅览.

本章习题

一、选择题

1. 微分方程 $xy'-y=2\,007x^2$ 满足初始条件 $y|_{x=1}=2\,008$ 的特解是 (　　)

A. $y=(2\,007x+1)x$　　B. $y=(2\,007x+2)x$

C. $y=(2\,008x+2007)x$　　D. $y=(2\,007x+2008)x$

2. 微分方程 $y'-(\cos x)y=e^{\sin x}$满足 $y(0)=1$ 的特解是 (　　)

A. $y=(x+1)e^{\cos x}$　　B. $y=(x+1)e^{\sin x}$

C. $y=(x+1)e^{\cot x}$　　D. $y=(x+2)e^{\csc x}$

3. 微分方程 $xy'+y-e^x=0$ 满足 $y_{x=1}=e$ 的特解是 (　　)

A. $y=(x+1)e^x$　　B. $y=\dfrac{2}{x}e^x$

C. $y=\dfrac{1}{x}e^x$　　D. $y=\left(\dfrac{1}{x}+2\right)e^x$

4. 微分方程 $y''+2y'+y=0$ 的通解是 (　　)

A. $y=c_1\cos x+c_2\sin x$　　B. $y=c_1e^x+c_2e^{2x}$

C. $y=(c_1+c_2x)e^{-x}$　　D. $y=c_1e^x+c_2e^{-x}$

5. 微分方程 $y''+y=0$ 满足 $y|_{x=0}=0, y'|_{x=0}=1$ 的解是 (　　)

A. $y=c_1\cos x+c_2\sin x$　　B. $y=\sin x$

C. $y=\cos x$　　D. $y=c\cos x$

6. 微分方程 $y''-3y'+2y=xe^{2x}$的特解 y^* 的形式应为 (　　)

A. Axe^{2x}　　B. $(Ax+B)e^{2x}$　　C. Ax^2e^{2x}　　D. $x(Ax+B)e^{2x}$

7. 二阶常系数非齐次线性微分方程 $y''-y'-2y=2e^{-x}$的特解形式为 (　　)

A. Axe^{-x}　　B. Ax^2e^{-x}　　C. $(Ax+B)e^{-x}$　　D. $x(Ax+B)e^{-x}$

8. 微分方程 $y''+3y'+2y=1$ 的通解为 (　　)

A. $y=c_1e^{-x}+c_2e^{-2x}+1$　　B. $y=c_1e^{-x}+c_2e^{-2x}+\dfrac{1}{2}$

C. $y=c_1e^x+c_2e^{-2x}+1$　　D. $y=c_1e^x+c_2e^{-2x}+\dfrac{1}{2}$

二、填空题

1. 设 $f(x)$满足微分方程 $e^x yy'=1$,且 $y(0)=0$,则 $y=$________.

2. 微分方程$(1+x^2)y\mathrm{d}x-(2-y)x\mathrm{d}y=0$ 的通解为________.

3. 微分方程 $xy'-y=x^2$ 满足初始条件 $y|_{x=1}=2$ 的特解为________.

4. 微分方程 $y''-y=x$ 的通解是________.

5. $y'-6y'+13y=0$ 的通解为________.

6. 设 $y=C_1e^{2x}+C_2e^{3x}$ 为某二阶常系数齐次线性微分方程的通解,则该微分方程为________.

三、计算题

1. 求微分方程 $x^2y'=xy-y^2$ 的通解.

2. 求微分方程 $xy'-y=x^2e^x$ 的通解.

3. 求微分方程 $y''-2y'+3y=3x$ 的通解.

4. 已知函数 $y=(x+1)e^x$ 是一阶线性微分方程 $y'+2y=f(x)$的解,求二阶常系数线性微分方程 $y''+3y'+2y=f(x)$的通解.

5. 已知函数 $y=f(x)$是一阶微分方程$\frac{\mathrm{d}y}{\mathrm{d}x}=y$ 满 $y(0)=1$ 的特解,求二阶常系数非齐次线性微分方程 $y''-3y'+2y=f(x)$的通解.

6. 已知函数 $f(x)$的一个原函数为 xe^x,求微分方程 $y''+4y'+4y=f(x)$的通解.

7. 已知函数 $y=e^x$ 和 $y=e^{-2x}$ 是二阶常系数齐次线性微分方程 $y''+py'+qy=0$ 的两个解,试确定常数 p,q 的值,并求微分方程 $y''+py'+qy=e^x$ 的通解.

8. 已知 $y=C_1e^x+C_2e^{2x}+xe^{3x}$是二阶常系数非齐次线性微分方程 $y''+py'+qy=f(x)$的通解,试求该微分方程.

四、证明题

已知方程 $y(x)=1+\frac{1}{3}\int_0^x[-y''(t)-2y(t)+6te^{-t}]\mathrm{d}t$,其中函数 $y=y(x)$,具有二阶连续导数,且 $y'(0)=0$,试证明 $y=-7e^{-2x}+(3x^2-6x+8)e^{-x}$.

五、综合题

1. 设函数 $f(x)$可导,且满足方程$\int_0^x tf(t)\mathrm{d}t=x^2+1+f(x)$,求 $f(x)$.

2. 设函数 $f(x)$满足方程 $f'(x)+f(x)=2e^x$,且 $f(0)=2$,记由曲线 $y=\frac{f'(x)}{f(x)}$与直线 $y=1,x=t(t>0)$及 y 轴所围平面图形的面积为$A(t)$,试求$\lim\limits_{t\to+\infty}A(t)$.

思政案例

包罗万象的数学分支——微分方程

微分方程是一门具有悠久历史的学科,几乎与微积分同时诞生于 1676 年前后,至今已有 300 多年的历史.在微分方程发展的初期,人们主要是针对实际问题提出的各种方程，用积分的方法求其精确的解析表达式，这就是人们常说的初等积分法. 这种研究方法一直延续到1841年前后，其历史有160多年. 促使人们放弃这一研究方法的原因要归结到1841年刘维尔(Liouville 1809—1882年)的一篇著名论文，他证明了大多数微分方程不能用初等积分法求解.

在此之后，微分方程进入了基础定理和新型分析方法的研究阶段. 比如19世纪中叶，柯西等人完成了奠定性工作(解的存在性和唯一性定理)；拉格朗日等人对线性微分方程也开展了系统性研究工作；到19世纪末，庞加莱和李雅普诺夫分别创立了微分方程的定性理论和稳定性理论，这代表了一种崭新的研究非线性方程的新方法，其思想和做法一直深刻地影响到今天.

微分方程是研究自然科学和社会科学中的事物、物体和现象运动、演化和变化规律的最为基本的数学理论和方法. 物理、化学、生物、工程、航空航天、医学、经济和金融领域中的许多原理和规律都可以描述成适当的微分方程，如牛顿的运动定律、万有引力定律、机械能守恒定律、能量守恒定律、人口发展规律、生态种群竞争、疾病传染、遗传基因变异、股票的涨幅趋势、利率的浮动、市场均衡价格的变化等，对这些规律的描述、认识和分析就归结为对相应的微分方程描述的数学模型的研究. 科学史上还有这样一件大事足以显示微分方程的重要性，那就是在海王星被实际观测到之前，这颗行星的存在就被天文学家用微分方程的方法推算出来了. 时至今日，微分方程的理论和方法不仅广泛应用于自然科学，而且越来越多的应用于社会科学的各个领域.

第五章　无穷级数

无穷级数是数与函数的重要表达形式之一，是研究微积分理论及其应用的强有力的工具. 研究无穷级数及其和，可以说是研究数列及其极限的另一种形式，尤其在研究极限的存在性及计算极限方面显示出很大的优越性. 它在表达函数、研究函数的性质、计算函数值以及求解微分方程等方面都有重要的作用，在解决经济、管理等方面的问题中有着十分广泛的应用.

案例 5.1（**分苹果**）　有 A、B、C 三人按以下方法分一个苹果：先将苹果分成四份每人各取一份；然后将剩下的一份又分成四份，每人又取一份，依次类推，以至无穷. 验证：最终每人分得苹果的$\frac{1}{3}$.

解　根据题意，每人分得的苹果为

$$\frac{1}{4}+\frac{1}{4^2}+\frac{1}{4^3}+\cdots+\frac{1}{4^n}+\cdots$$

它为等比级数，因$\frac{1}{4}<1$，所以此级数收敛，其和为

$$\lim_{n\to\infty}\frac{\frac{1}{4}}{1-\frac{1}{4}}=\frac{1}{3}.$$

案例 5.2（**弹簧的运动总路程**）　一只球从 100 米的高空落下，每次弹回的高度为上次高度的$\frac{2}{3}$，这样运动下去，小球运动的总路程.

解　运动总路程为　$100+100\times\frac{2}{3}+100\times\frac{2}{3}+100\times\left(\frac{2}{3}\right)^2+100\times\left(\frac{2}{3}\right)^2+\cdots+$

$100\times\left(\frac{2}{3}\right)^{n-1}+100\times\left(\frac{2}{3}\right)^{n-1}+100\times\left(\frac{2}{3}\right)^n+\cdots$

$=100+200\times\frac{2}{3}+200\times\left(\frac{2}{3}\right)^2+\cdots+200\times\left(\frac{2}{3}\right)^{n-1}+100\times\left(\frac{2}{3}\right)^n+\cdots$

其特点是：由无穷多个数相加.

案例 5.3（**Koch 雪花**）　如图 5.1，先给定一个正三角形，然后在每条边上对称地产生边长为原边长的 1/3 的小正三角形. 如此类推，在每条凸边上都做类似的操作就得到了面积有限而周长无限的图形——“Koch 雪花”.

解　观察雪花分形过程，设三角形周长为 $P_1=3$，面积为 $A_1=\frac{\sqrt{3}}{4}$.

第一次分叉：

周长为 $P_2=\frac{4}{3}P_1$，面积为 $A_2=A_1+3\cdot\frac{1}{9}\cdot A_1$；

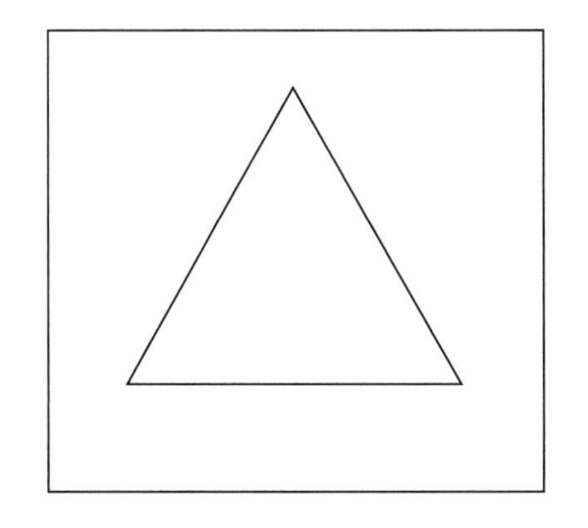

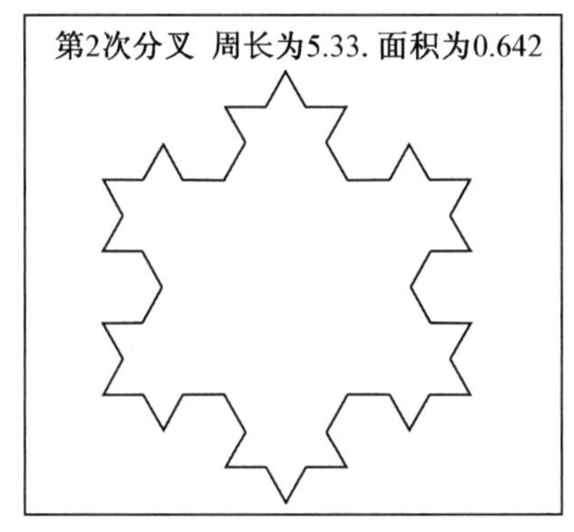

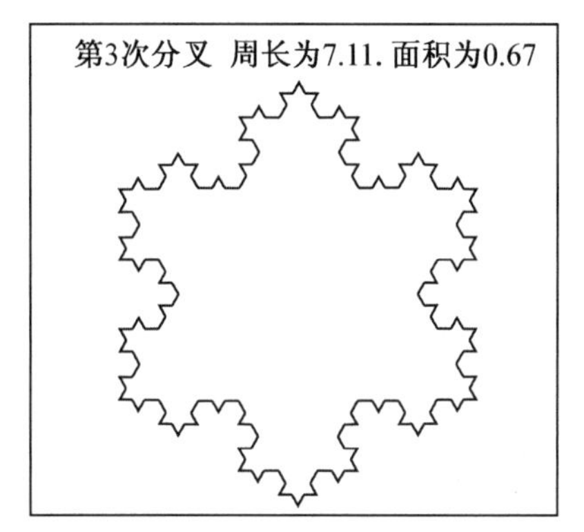

图 5.1

依次类推,第 n 次分叉:

周长为
$$P_n=\left(\frac{4}{3}\right)^{n-1}P_1 \quad (n=1,2,\cdots)$$

面积为

$$\begin{aligned}A_n &=A_{n-1}+3\left\{4^{n-2}\left[\left(\frac{1}{9}\right)^{n-1}A_1\right]\right\}\\&=A_1+3\cdot\frac{1}{9}A_1+3\cdot 4\cdot\left(\frac{1}{9}\right)^2A_1+\cdots+3\cdot 4^{n-2}\cdot\left(\frac{1}{9}\right)^{n-1}A_1\\&=A_1\left\{1+\left[\frac{1}{3}+\frac{1}{3}\left(\frac{4}{9}\right)+\frac{1}{3}\left(\frac{4}{9}\right)^2+\cdots+\frac{1}{3}\left(\frac{4}{9}\right)^{n-2}\right]\right\}.\end{aligned}$$

于是有

$$\lim_{n\to\infty}P_n=\infty,$$

$$\lim_{n\to\infty}A_n=A_1\left(1+\frac{\frac{1}{3}}{1-\frac{4}{9}}\right)=A_1\left(1+\frac{3}{5}\right)=\frac{2\sqrt{3}}{5}.$$

结论:雪花的周长是无界的,而面积有界.

本章将先介绍常数项级数,再介绍幂级数及一些和问题等.

第一节　常数项级数的基本概念和性质

学习目标

1. 理解常数项级数收敛、发散及收敛级数的和的概念；会根据级数收敛的定义判定简单的级数的敛散性.

2. 了解级数收敛的必要条件及级数的基本性质；对于不满足收敛必要条件的级数，会利用该条件判定级数发散.

3. 掌握几何级数的敛散性.

在一些实际问题中，经常会需要计算无穷多个数的和，比如：

某项投资每年可获 A 元，假设年利率为 r，那么在计算该项投资回报的现值时，理论上应为以下的无穷多个数的和：

$$\frac{A}{1+r},\frac{A}{(1+r)^2},\frac{A}{(1+r)^3},\cdots,\frac{A}{(1+r)^n},\cdots$$

对无穷级数的求和这一无穷过程困惑了数学家长达几个世纪；有的无穷级数之和是一个数，比如

$$\frac{1}{2}+\frac{1}{4}+\frac{1}{8}+\frac{1}{16}+\cdots=1,$$

这一结果可通过图 5.2 中的单位正方形被无数次平分后所得的面积得出；而有的无穷和是无穷大，比如

$$1+\frac{1}{2}+\frac{1}{3}+\frac{1}{4}+\cdots=\infty$$

(这一结果可以证明).

类似这样的问题有许多可以研究，如：这样的和存在吗？如存在则是多少？如不存在则在满足什么条件才存在？等等的数学问题.

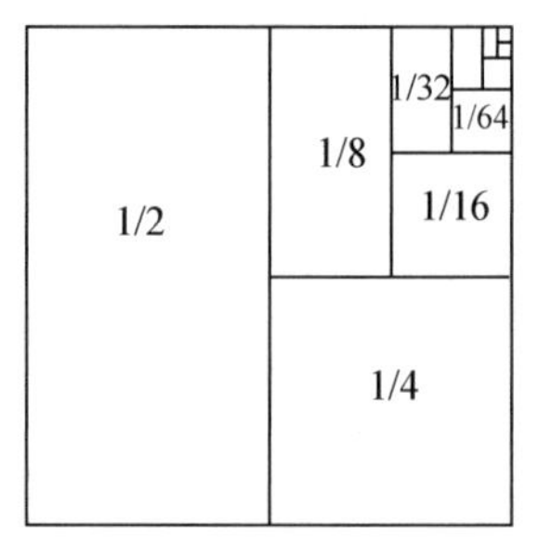

图 5.2

一、常数项级数的基本概念

定义 5.1　若给定一个数列 $u_1,u_2,\cdots,u_n,\cdots$，则由此数列构成的表达式

$$u_1+u_2+\cdots+u_n+\cdots \tag{5.1}$$

称之为**常数项无穷级数**，简称(**无穷**)**级数**，记作 $\sum\limits_{n=1}^{\infty}u_n$，即

$$\sum_{n=1}^{\infty}u_n=u_1+u_2+\cdots+u_n+\cdots$$

其中第 n 项 u_n 叫作级数的**一般项**.

该级数定义仅仅是一个形式化的定义，它并未明确无限多个数量相加的意义. 无限多个数量的相加并不能简单地认为是一项又一项地累加起来就能完成，因为这一累加过程是无法完成的. 为给出级数中无限多个数量相加的数学定义，我们引入部分和的概念.

把级数 $\sum\limits_{n=1}^{\infty} u_n$ 的前 n 项之和

$$u_1+u_2+\cdots+u_n \tag{5.2}$$

称为该级数的**前 n 项部分和**，记为 s_n，即 $s_n=u_1+u_2+\cdots+u_n$. 当 n 依次取 1,2,3,…时，它们构成一个新的数列 $\{s_n\}$：

$$\begin{aligned}&s_1=u_1,\\&s_2=u_1+u_2,\\&s_3=u_1+u_2+u_3,\\&\quad\vdots\\&s_n=u_1+u_2+u_3+\cdots+u_n,\\&\quad\vdots\end{aligned}$$

称此数列为级数 $\sum\limits_{n=1}^{\infty} u_n$ 的**前 n 项部分和数列**.

根据前 n 项部分和数列是否有极限，我们给出级数(5.1)收敛与发散的概念.

定义 5.2　当 n 无限增大时，如果级数 $\sum\limits_{n=1}^{\infty} u_n$ 的前 n 项部分和数列 $\{s_n\}$ 有极限 s，即

$$\lim_{n\to\infty} s_n=s$$

则称级数 $\sum\limits_{n=1}^{\infty} u_n$ **收敛**，这时极限 s 称为级数 $\sum\limits_{n=1}^{\infty} u_n$ 的**和**，并记为

$$s=u_1+u_2+u_3+\cdots+u_n+\cdots$$

如果前 n 项部分和数列 $\{s_n\}$ 没有极限，则称级数 $\sum\limits_{n=1}^{\infty} u_n$ **发散**.

当级数 $\sum\limits_{n=1}^{\infty} u_n$ 收敛于 s 时，则其前 n 项部分和 s_n 是级数 $\sum\limits_{n=1}^{\infty} u_n$ 的和 s 的近似值，它们的差

$$r_n=s-s_n=u_{n+1}+u_{n+2}+\cdots+u_{n+k}+\cdots$$

称为级数 $\sum\limits_{n=1}^{\infty} u_n$ 的**余项**. 显然 $\lim\limits_{n\to\infty} r_n=0$，而 $|r_n|$ 是用 s_n 近似代替 s 所产生的误差.

注意：① 由级数定义，级数 $\sum\limits_{n=1}^{\infty} u_n$ 与其前 n 项部分和数列 $\{s_n\}$ 同时收敛或同时发散，且收敛时 $\sum\limits_{n=1}^{\infty} u_n=\lim\limits_{n\to\infty} s_n$；② 收敛的级数有和值 s，发散的级数没有“和”.

【例 5.1】　讨论级数 $\sum\limits_{n=1}^{\infty} \dfrac{1}{n(n+1)}$ 的敛散性.

解　因为级数的前 n 项部分和

$$\begin{aligned}s_n&=\sum_{k=1}^{n}\frac{1}{k(k+1)}=\frac{1}{1\cdot 2}+\frac{1}{2\cdot 3}+\cdots+\frac{1}{n(n+1)}\\&=\left(\frac{1}{1}-\frac{1}{2}\right)+\left(\frac{1}{2}-\frac{1}{3}\right)+\left(\frac{1}{3}-\frac{1}{4}\right)+\cdots+\left(\frac{1}{n}-\frac{1}{n+1}\right)\\&=1-\frac{1}{n+1}=\frac{n}{n+1},\end{aligned}$$

从而

$$\lim_{n\to\infty}s_n=\lim_{n\to\infty}\frac{n}{n+1}=1.$$

因此,级数 $\sum_{n=1}^{\infty}\frac{1}{n(n+1)}$是收敛的,且收敛于1.

【例5.2】 讨论**等比级数**(又称为**几何级数**)

$$\sum_{k=0}^{\infty}aq^k=a+aq+aq^2+\cdots+aq^n+\cdots(a\neq0)$$

的敛散性.

解 (1) 当$|q|=1$时.

若$q=1$,则级数的前n项部分和

$$s_n=\sum_{k=0}^{n-1}a\cdot1^k=a+a+a+\cdots+a=n\cdot a\to\infty(n\to\infty);$$

若$q=-1$,则

$$s_n=\sum_{k=0}^{n-1}(-1)^k\cdot a=a-a+a-a+\cdots+(-1)^{n-2}a+(-1)^{n-1}a.$$

显然,$\lim_{n\to\infty}s_n$不存在.

即当$|q|=1$时,等比级数是发散的.

(2) 当$|q|\neq1$,则级数的前n项部分和

$$s_n=\sum_{k=0}^{n-1}aq^k=a+aq+aq^2+\cdots+aq^{n-1}=\frac{a-aq^n}{1-q}.$$

若$|q|<1$,因$\lim_{n\to\infty}q^n=0$,故$\lim_{n\to\infty}s_n=\frac{a}{1-q}$,即等比级数收敛,且和为$\frac{a}{1-q}$;

若$|q|>1$,因$\lim_{n\to\infty}q^n=\infty$,从而$\lim_{n\to\infty}s_n=\infty$,即等比级数发散.

综合则有以下结果:

当$|q|\geqslant1$时,级数$\sum_{k=0}^{\infty}aq^k$发散;当$|q|<1$时,级数$\sum_{k=0}^{\infty}aq^k$收敛且收敛于$\frac{a}{1-q}$.

【例5.3】 讨论级数$\sum_{n=1}^{\infty}\frac{1}{\sqrt{n+1}+\sqrt{n}}$的敛散性.

解 该级数的前n项部分和

$$\begin{aligned}s_n&=\sum_{k=1}^{n}\frac{1}{\sqrt{k+1}+\sqrt{k}}=\sum_{k=1}^{n}[\sqrt{k+1}-\sqrt{k}]\\&=(\sqrt{2}-\sqrt{1})+(\sqrt{3}-\sqrt{2})+(\sqrt{4}-\sqrt{3})+\cdots+(\sqrt{n+1}-\sqrt{n})\\&=\sqrt{n+1}-\sqrt{1},\end{aligned}$$

由此可得

$$\lim_{n\to\infty}s_n=\lim_{n\to\infty}(\sqrt{n+1}-\sqrt{1})=+\infty.$$

因此,级数$\sum_{n=1}^{\infty}\frac{1}{\sqrt{n+1}+\sqrt{n}}$是发散的.

二、常数项级数的基本性质

根据级数收敛和发散的定义,可以得到下面几个基本性质(证明从略).

性质 5.1　设 k 是任意的非零常数，则级数 $\sum\limits_{n=1}^{\infty} u_n$ 与级数 $\sum\limits_{n=1}^{\infty} ku_n$ 同时收敛或同时发散；当级数 $\sum\limits_{n=1}^{\infty} u_n$ 收敛时，有

$$\sum_{n=1}^{\infty} ku_n=k\sum_{n=1}^{\infty} u_n,$$

即级数的每一项同乘一个不为零的常数后，它的敛散性不变.

性质 5.2　设有级数 $\sum\limits_{n=1}^{\infty} u_n$、$\sum\limits_{n=1}^{\infty} v_n$ 分别收敛于 s 与 σ，则级数 $\sum\limits_{n=1}^{\infty}(u_n\pm v_n)$ 也收敛，且收敛于 $s\pm\sigma$.

由性质 5.2，容易得到以下几个结论：

(1) 若 $\sum\limits_{n=1}^{\infty} u_n$ 与 $\sum\limits_{n=1}^{\infty} v_n$ 收敛，则

$$\sum_{n=1}^{\infty}(u_n\pm v_n)=\sum_{n=1}^{\infty}u_n\pm\sum_{n=1}^{\infty}v_n \text{（对}\textstyle\sum\text{ 的分配律）；}$$

$$\sum_{n=1}^{\infty}u_n\pm\sum_{n=1}^{\infty}v_n=\sum_{n=1}^{\infty}(u_n\pm v_n) \text{（对}\textstyle\sum\text{ 的结合律）.}$$

(2) 若级数 $\sum\limits_{n=1}^{\infty} u_n$ 收敛，而级数 $\sum\limits_{n=1}^{\infty} v_n$ 发散，则级数 $\sum\limits_{n=1}^{\infty}(u_n\pm v_n)$ 必发散.

(3) 若级数 $\sum\limits_{n=1}^{\infty} u_n$、$\sum\limits_{n=1}^{\infty} v_n$ 均发散，那么 $\sum\limits_{n=1}^{\infty}(u_n\pm v_n)$ 可能收敛，也可能发散.

如取 $u_n=1, v_n=(-1)^n$，则 $\sum\limits_{n=1}^{\infty}(u_n+v_n)=\sum\limits_{n=1}^{\infty}[1+(-1)^n]=2+2+\cdots+2+\cdots$，显然是发散的.

又如 $u_n=1, v_n=1$，则 $\sum\limits_{n=1}^{\infty}(u_n-v_n)=\sum\limits_{n=1}^{\infty}[1-1]=0+0+0+\cdots+0+\cdots$，显然是收敛的.

【例 5.4】　求级数 $\sum\limits_{n=1}^{\infty}\left(\dfrac{1}{n(n+1)}+\dfrac{1}{2^n}\right)$ 的和.

解　由例 5.2 得

$$\sum_{n=1}^{\infty}\frac{1}{2^n}=1,$$

由例 5.1 得

$$\sum_{n=1}^{\infty}\frac{1}{n(n+1)}=1,$$

再由性质 5.2 可得

$$\sum_{n=1}^{\infty}\left(\frac{1}{n(n+1)}+\frac{1}{2^n}\right)=1+1=2.$$

性质 5.3　在一个级数的前面去掉有限项、加上有限项或改变有限项，不会影响级数的敛散性；在收敛时，一般来说级数的收敛值是会改变的.

性质 5.4　将收敛级数中任意加括号之后所得到的新级数仍收敛于原来收敛级数

的和.

注意:级数任意加括号与去括号之后所得新级数的敛散性比较复杂,下列事实以后常会用到:① 如果级数按某一方法加括号之后所形成的新级数是发散的,则该级数也一定发散.(显然这是性质 5.4 的逆否命题);② 收敛的级数去括号之后所形成的新级数不一定收敛.

如级数

$$(1-1)+(1-1)+\cdots$$

收敛于 0,但去括号之后所得新级数

$$1-1+1-1+\cdots+(-1)^{n-1}+(-1)^n+\cdots$$

是发散的.

这一事实也可以反过来表述:即使级数加括号之后收敛,它也不一定就收敛.

性质 5.5(级数收敛的必要条件) 级数 $\sum\limits_{n=1}^{\infty} u_n$ 收敛的必要条件是 $\lim\limits_{n\to\infty} u_n=0$.

注意:① 级数的一般项趋向于零并不是级数收敛的充分条件;② 级数的一般项不趋向于零则级数一定发散(即性质 5.5 的逆否命题).

【例 5.5】 证明**调和级数** $\sum\limits_{n=1}^{\infty}\dfrac{1}{n}$是发散的.

证明 假设级数 $\sum\limits_{n=1}^{\infty}\dfrac{1}{n}$是收敛的且收敛于 s,则级数 $\sum\limits_{n=1}^{\infty}\dfrac{1}{n}$的前 n 项部分和为 s_n 满足

$$\lim_{n\to\infty} s_n=s \text{ 及 } \lim_{n\to\infty} s_{2n}=s,$$

即

$$\lim_{n\to\infty}(s_{2n}-s_n)=0.$$

另一方面,观察

$$\begin{aligned} s_{2n}-s_n &=\frac{1}{n+1}+\frac{1}{n+2}+\cdots+\frac{1}{n+n} \\ &>\frac{1}{n+n}+\frac{1}{n+n}+\cdots+\frac{1}{n+n}=\frac{n}{n+n}=\frac{1}{2}. \end{aligned}$$

矛盾,故级数 $\sum\limits_{n=1}^{\infty}\dfrac{1}{n}$是发散的.

注意:当 n 越来越大时,调和级数的通项变得越来越小,但它们的和慢慢地且非常缓慢地增大,超过任何有限值.有几个数据展示给读者会有助于更好地理解这个级数:该级数的前 1 000 项和约为 7.485;前 100 万项和约为 14.357;前 10 亿项和约为 21;前 10 000 亿项和约为 28;要使得这个级数的前若干项的和超过 100,必须至少把 10^{43} 项加起来.

习题 5.1

1. 写出下列级数的部分和,若收敛求其和.

(1) $\sum\limits_{n=1}^{+\infty}\dfrac{1}{(2n-1)(2n+1)}$;　　(2) $\sum\limits_{n=1}^{+\infty}\dfrac{(-1)^{n-1}}{2^n}$;

(3) $\sum\limits_{n=1}^{+\infty}\dfrac{1}{\sqrt{n+1}+\sqrt{n}}$;　　(4) $\sum\limits_{n=1}^{+\infty}\dfrac{1}{(n+3)(n+4)}$.

2. 利用级数的基本性质，判别下列级数的敛散性.

(1) $\sum_{n=1}^{+\infty}\frac{3}{10^n}$；　　(2) $\sum_{n=1}^{+\infty}\ln\frac{n+1}{n}$；

(3) $\sum_{n=1}^{+\infty}\left(\frac{n}{n+1}\right)^n$；　　(4) $\sum_{n=1}^{+\infty}\frac{3\cdot 2^n-2\cdot 3^n}{6^n}$；

(5) $\sum_{n=1}^{+\infty}\left(\frac{2}{n}-\frac{1}{2^n}\right)$；　　(6) $\sum_{n=1}^{+\infty}\frac{1}{n+10}$；

(7) $\sum_{n=1}^{+\infty}n\sin\frac{\pi}{n}$；　　(8) $\sum_{n=1}^{+\infty}\frac{2+(-1)^n}{2^n}$.

第二节　常数项级数的审敛法

学习目标

1. 掌握 p-级数的敛散性.
2. 理解正项级数的比较审敛法的原理，会用极限审敛法，掌握比值审敛法.
3. 掌握交错级数的莱布尼兹审敛法.
4. 了解任意项级数绝对收敛与条件收敛的概念及绝对收敛与收敛的关系.

一般情况下，利用定义或级数的性质来判别级数的敛散性是很困难的，可否有更简单易行的判别方法呢？由于级数的敛散性可较好地归结为正项级数的敛散性问题，因而正项级数及其审敛法的敛散性判定就显得十分地重要.

一、正项级数

微课

定义 5.3　若级数 $\sum_{n=1}^{\infty}u_n$ 中的每一项都是非负的(即 $u_n\geqslant 0, n=1,2,\cdots$)，则称级数 $\sum_{n=1}^{\infty}u_n$ 为**正项级数**.

由正项级数的特性很容易得到下面的结论.

定理 5.1　正项级数 $\sum_{n=1}^{\infty}u_n$ 收敛的充分必要条件是：它的前 n 项部分和数列 $\{s_n\}$ 有界.

定理证明从略.

借助于正项级数收敛的充分必要条件，我们可建立一系列具有较强实用性的正项级数审敛法.

定理 5.2(比较审敛法)　设 $\sum_{n=1}^{\infty}u_n$ 和 $\sum_{n=1}^{\infty}v_n$ 都是正项级数，且

$$u_n\leqslant v_n\ (n=1,2,\cdots)\tag{5.3}$$

则：(1) 如 $\sum_{n=1}^{\infty}v_n$ 收敛，则 $\sum_{n=1}^{\infty}u_n$ 亦收敛；

(2) 如 $\sum_{n=1}^{\infty}u_n$ 发散，则 $\sum_{n=1}^{\infty}v_n$ 亦发散.

定理证明从略.

由于级数的每一项同乘以一个非零常数,以及去掉级数的有限项不改变级数的敛散性,因而比较审敛法又可表述如下推论(证明从略).

推论 1 设 C 为正数,N 为正整数,$\sum\limits_{n=1}^{\infty} u_n$ 和 $\sum\limits_{n=1}^{\infty} v_n$ 都是正项级数,且

$$u_n \leqslant C v_n \quad (n=N, N+1, \cdots) \tag{5.4}$$

则:(1) 如 $\sum\limits_{n=1}^{\infty} v_n$ 收敛,则 $\sum\limits_{n=1}^{\infty} u_n$ 亦收敛;

(2) 如 $\sum\limits_{n=1}^{\infty} u_n$ 发散,则 $\sum\limits_{n=1}^{\infty} v_n$ 亦发散.

【例 5.6】 讨论 p-级数

$$\sum_{n=1}^{\infty} \frac{1}{n^p} = 1 + \frac{1}{2^p} + \frac{1}{3^p} + \cdots + \frac{1}{n^p} + \cdots$$

的敛散性,其中 $p>0$.

解 (1) 若 $0<p\leqslant 1$,则 $n^p \leqslant n$,可得 $\frac{1}{n^p} \geqslant \frac{1}{n}$;又因调和级数 $\sum\limits_{n=1}^{\infty} \frac{1}{n}$ 发散,由定理 5.2 知 $\sum\limits_{n=1}^{\infty} \frac{1}{n^p}$ 发散.

(2) 若 $p>1$,对于满足 $n-1 \leqslant x \leqslant n$ 的 x(其中 $n \geqslant 2$),则有

$$(n-1)^p \leqslant x^p \leqslant n^p,$$

继而可得

$$\frac{1}{x^p} \geqslant \frac{1}{n^p}.$$

又

$$\frac{1}{n^p} = \int_{n-1}^{n} \frac{\mathrm{d}x}{n^p} \leqslant \int_{n-1}^{n} \frac{\mathrm{d}x}{x^p} = \frac{1}{1-p} x^{1-p} \Big|_{n-1}^{n} = \frac{1}{p-1}\left(\frac{1}{(n-1)^{p-1}} - \frac{1}{n^{p-1}}\right),$$

考虑级数 $\frac{1}{p-1}\sum\limits_{n=2}^{\infty}\left[\frac{1}{(n-1)^{p-1}} - \frac{1}{n^{p-1}}\right]$,它的部分和

$$\begin{aligned} s_n &= \frac{1}{p-1}\sum_{k=2}^{n+1}\left[\frac{1}{(k-1)^{p-1}} - \frac{1}{k^{p-1}}\right] \\ &= \frac{1}{p-1}\left[1 - \frac{1}{(n+1)^{p-1}}\right] \to \frac{1}{p-1} \quad (n \to \infty). \end{aligned}$$

故 $\frac{1}{p-1}\sum\limits_{n=2}^{\infty}\left[\frac{1}{(n-1)^{p-1}} - \frac{1}{n^{p-1}}\right]$ 收敛,由比较审敛法可得 $\sum\limits_{n=2}^{\infty} \frac{1}{n^p}$ 收敛,再由级数的性质可得 $\sum\limits_{n=1}^{\infty} \frac{1}{n^p}$ 亦收敛.

综上讨论,当 $0<p\leqslant 1$ 时,p-级数 $\sum\limits_{n=1}^{\infty} \frac{1}{n^p}$ 是发散的;当 $p>1$ 时,p-级数 $\sum\limits_{n=1}^{\infty} \frac{1}{n^p}$ 是收敛的. p-级数是一个很重要的级数,在解题中往往会充当比较审敛法的比较对象,其他的比较对象主要有几何级数、调和级数等.

推论 2*（**比较审敛法的极限形式**）　设 $\sum\limits_{n=1}^{\infty} u_n$、$\sum\limits_{n=1}^{\infty} v_n$ 为两个正项级数，如果两级数的通项 u_n、v_n 满足

$$\lim_{n\to\infty}\frac{u_n}{v_n}=l \quad (0<l<+\infty) \tag{5.5}$$

则级数 $\sum\limits_{n=1}^{\infty} u_n$ 与 $\sum\limits_{n=1}^{\infty} v_n$ 同时收敛或同时发散.

【例 5.7】　判别级数的敛散性.

(1) $\sum\limits_{n=1}^{\infty}\dfrac{n}{n^2-2}$；　　(2) $\sum\limits_{n=1}^{\infty}\ln\left(1+\dfrac{1}{n^2}\right)$.

解　(1) 因 $\dfrac{n}{n^2-2}>\dfrac{n}{n^2}=\dfrac{1}{n}(n>1)$，且 $\sum\limits_{n=1}^{\infty}\dfrac{1}{n}$ 发散，故级数 $\sum\limits_{n=1}^{\infty}\dfrac{n}{n^2-2}$ 发散.

(2) 因 $\ln\left(1+\dfrac{1}{n^2}\right)<\dfrac{1}{n^2}$，且 $\sum\limits_{n=1}^{\infty}\dfrac{1}{n^2}$ 收敛，故级数 $\sum\limits_{n=1}^{\infty}\ln\left(1+\dfrac{1}{n^2}\right)$ 收敛.

【例 5.8】　讨论级数 $\sum\limits_{n=1}^{\infty}\dfrac{1}{1+a^n}(a>0)$ 的敛散性.

解　(1) 当 $a>1$ 时，级数 $\sum\limits_{n=1}^{\infty}\dfrac{1}{1+a^n}$ 的通项 $\dfrac{1}{1+a^n}<\dfrac{1}{a^n}$，而 $\sum\limits_{n=1}^{\infty}\dfrac{1}{a^n}$ 是一个公比为 $\dfrac{1}{a}$ 的等比级数，且 $\dfrac{1}{a}<1$，则 $\sum\limits_{n=1}^{\infty}\dfrac{1}{a^n}$ 收敛，故级数 $\sum\limits_{n=1}^{\infty}\dfrac{1}{1+a^n}$ 收敛.

(2) 当 $a=1$ 时，级数 $\sum\limits_{n=1}^{\infty}\dfrac{1}{1+a^n}$ 的通项 $\dfrac{1}{1+a^n}=\dfrac{1}{2}$，且 $\sum\limits_{n=1}^{\infty}\dfrac{1}{2}$ 发散，故级数 $\sum\limits_{n=1}^{\infty}\dfrac{1}{1+a^n}$ 发散.

(3) 当 $a<1$ 时，级数 $\sum\limits_{n=1}^{\infty}\dfrac{1}{1+a^n}$ 的通项 $\dfrac{1}{1+a^n}>\dfrac{1}{2}$，而 $\sum\limits_{n=1}^{\infty}\dfrac{1}{2}$ 发散，故级数 $\sum\limits_{n=1}^{\infty}\dfrac{1}{1+a^n}$ 发散.

【例 5.9】　设 $a_n\leqslant c_n\leqslant b_n(n=1,2,\cdots)$，且级数 $\sum\limits_{n=1}^{\infty} a_n$ 及 $\sum\limits_{n=1}^{\infty} b_n$ 都收敛，证明级数 $\sum\limits_{n=1}^{\infty} c_n$ 收敛.

证明　因 $a_n\leqslant c_n\leqslant b_n$，$n=1,2,\cdots$，可得 $0\leqslant c_n-a_n\leqslant b_n-a_n$；而级数 $\sum\limits_{n=1}^{\infty} a_n$ 及 $\sum\limits_{n=1}^{\infty} b_n$ 都收敛，由级数收敛的性质知 $\sum\limits_{n=1}^{\infty}(b_n-a_n)$ 收敛，再由比较审敛法得 $\sum\limits_{n=1}^{\infty}(c_n-a_n)$ 收敛. 而

$$\sum_{n=1}^{\infty} c_n=\sum_{n=1}^{\infty}[(c_n-a_n)+a_n],$$

故可得级数 $\sum\limits_{n=1}^{\infty} c_n$ 收敛.

定理 5.3（**比值审敛法，又称达朗贝尔审敛法**）　若正项级数 $\sum\limits_{n=1}^{\infty} u_n$ 满足

$$\lim_{n\to\infty}\frac{u_{n+1}}{u_n}=\rho, \tag{5.6}$$

则:(1) 当 $\rho<1$ 时,级数 $\sum\limits_{n=1}^{\infty} u_n$ 收敛;

(2) 当 $\rho>1$(或 $\rho=+\infty$)时,级数 $\sum\limits_{n=1}^{\infty} u_n$ 发散;

(3) 当 $\rho=1$ 时,级数 $\sum\limits_{n=1}^{\infty} u_n$ 的敛散性用此法无法判定.

定理证明从略.

【例 5.10】 判定下列级数的敛散性:

(1) $\sum\limits_{n=1}^{\infty} \dfrac{1}{n!}$;　　(2) $\sum\limits_{n=1}^{\infty} \dfrac{n^n}{n!}$;　　(3) $\sum\limits_{n=1}^{\infty} \dfrac{1}{(2n-1)\cdot 2n}$.

解 (1) 因 $u_n=\dfrac{1}{n!}$,故

$$\rho=\lim_{n\to\infty}\frac{u_{n+1}}{u_n}=\lim_{n\to\infty}\frac{1/(n+1)!}{1/n!}=\lim_{n\to\infty}\frac{1}{n+1}=0<1.$$

由比值审敛法知级数 $\sum\limits_{n=1}^{\infty} \dfrac{1}{n!}$是收敛的.

(2) 因 $u_n=\dfrac{n^n}{n!}$,故

$$\rho=\lim_{n\to\infty}\frac{u_{n+1}}{u_n}=\lim_{n\to\infty}\frac{(n+1)^{n+1}\cdot n!}{n^n\cdot(n+1)!}=\lim_{n\to\infty}\left(1+\frac{1}{n}\right)^n=\mathrm{e}>1.$$

由比值审敛法知级数 $\sum\limits_{n=1}^{\infty} \dfrac{n^n}{n!}$是发散的.

(3) 因 $u_n=\dfrac{1}{(2n-1)\cdot 2n}$,故

$$\rho=\lim_{n\to\infty}\frac{u_{n+1}}{u_n}=\lim_{n\to\infty}\frac{(2n-1)\cdot 2n}{(2n+1)(2n+2)}=1.$$

用比值法无法确定该级数的敛散性. 注意到 $2n>2n-1\geqslant n$,可得 $(2n-1)\cdot 2n>n^2$,即 $\dfrac{1}{(2n-1)\cdot 2n}<\dfrac{1}{n^2}$;而级数 $\sum\limits_{n=1}^{\infty} \dfrac{1}{n^2}$收敛,由比较判别法知级数 $\sum\limits_{n=1}^{\infty} \dfrac{1}{(2n-1)\cdot 2n}$收敛.

定理 5.4*(根值审敛法或柯西审敛法) 若正项级数 $\sum\limits_{n=1}^{\infty} u_n$ 满足

$$\lim_{n\to\infty}\sqrt[n]{u_n}=\rho, \tag{5.7}$$

则:(1) 当 $\rho<1$ 时,级数 $\sum\limits_{n=1}^{\infty} u_n$ 收敛;

(2) 当 $\rho>1$(或 $\rho=+\infty$)时,级数 $\sum\limits_{n=1}^{\infty} u_n$ 发散;

(3) 当 $\rho=1$ 时,级数 $\sum\limits_{n=1}^{\infty} u_n$ 的敛散性用此法无法判定.

定理证明从略.

例如,级数 $\sum\limits_{n=1}^{\infty} \dfrac{1}{n^2}$是收敛的,而级数 $\sum\limits_{n=1}^{\infty} \dfrac{1}{n}$是发散的,但

$$\lim_{n\to\infty}\sqrt[n]{u_n}=\lim_{n\to\infty}\sqrt[n]{\frac{1}{n^2}}=\lim_{n\to\infty}\left(\frac{1}{\sqrt[n]{n}}\right)^2=1;$$

$$\lim_{n\to\infty}\sqrt[n]{u_n}=\lim_{n\to\infty}\sqrt[n]{\frac{1}{n}}=\lim_{n\to\infty}\frac{1}{\sqrt[n]{n}}=1.$$

【例 5.11】　判别级数 $\sum\limits_{n=1}^{\infty}\dfrac{n^2}{\left(2+\dfrac{1}{n}\right)^n}$的敛散性.

解　因 $u_n=\dfrac{n^2}{\left(2+\dfrac{1}{n}\right)^n}$,则

$$\rho=\lim_{n\to\infty}\sqrt[n]{u_n}=\lim_{n\to\infty}\sqrt[n]{\frac{n^2}{\left(2+\frac{1}{n}\right)^n}}=\frac{1}{2}<1.$$

故级数 $\sum\limits_{n=1}^{\infty}\dfrac{n^2}{\left(2+\dfrac{1}{n}\right)^n}$收敛.

注意:对于利用比值审敛法与根值审敛法失效的情形(即 $\rho=1$ 时),其级数的敛散性应另寻他法加以判定,通常可用构造更精细的比较级数来判别.

二、交错级数及其审敛法

定义 5.4　级数中的各项是正、负交错的,即具有如下形式:

$$\sum_{n=1}^{\infty}(-1)^{n-1}u_n \text{ 或 } \sum_{n=1}^{\infty}(-1)^n u_n \tag{5.8}$$

的级数称为**交错级数**.其中 $u_n>0, n=1,2,3,\cdots$

因两者的表示只差一个负号,它们的敛散性完全相同,故一般只讨论 $\sum\limits_{n=1}^{\infty}(-1)^{n-1}u_n$ 这一形式.

定理 5.5(交错级数审敛法又称**莱布尼兹准则)**　如果交错级数 $\sum\limits_{n=1}^{\infty}(-1)^{n-1}u_n$ 满足条件:

(1) $u_n\geqslant u_{n+1}, n=1,2,\cdots$

(2) $\lim\limits_{n\to\infty}u_n=0$,

则交错级数 $\sum\limits_{n=1}^{\infty}(-1)^{n-1}u_n$ 收敛,且收敛和 $s\leqslant u_1$,其余项 r_n 的绝对值 $|r_n|\leqslant u_{n+1}$.

定理证明从略.

【例 5.12】　判别交错级数 $\sum\limits_{n=1}^{\infty}(-1)^{n-1}\dfrac{1}{n}$的敛散性.

解　因级数 $\sum\limits_{n=1}^{\infty}(-1)^{n-1}\dfrac{1}{n}$中 u_n 满足:

$$u_n=\frac{1}{n}>\frac{1}{n+1}=u_{n+1},$$

且

$$\lim_{n\to\infty}u_n=\lim_{n\to\infty}\frac{1}{n}=0.$$

满足定理5.5的条件,故此交错级数收敛,并且其和$s<1$.

【例5.13】 判别交错级数$\sum_{n=1}^{\infty}(-1)^{n-1}\frac{\ln n}{n}$的敛散性.

解 因级数$\sum_{n=1}^{\infty}(-1)^{n-1}\frac{\ln n}{n}$中$u_n=\frac{\ln n}{n}$,令$f(x)=\frac{\ln x}{x}$,$x>3$,则

$$f'(x)=\frac{1-\ln x}{x^2}<0,\ x>3.$$

即当$n>3$时,数列$\left\{\frac{\ln n}{n}\right\}$是递减数列;又利用洛必达法则可知:

$$\lim_{n\to\infty}\frac{\ln n}{n}=\lim_{x\to+\infty}\frac{\ln x}{x}=\lim_{x\to+\infty}\frac{1}{x}=0.$$

满足定理5.5的条件,故此交错级数收敛.

三、绝对收敛与条件收敛

定义5.5 如级数$\sum_{n=1}^{\infty}u_n$中的每一项$u_n(n=1,2,\cdots)$为任意实数,称该级数为**任意项级数**.

对于该级数,我们可以构造一个正项级数$\sum_{n=1}^{\infty}|u_n|$,通过级数$\sum_{n=1}^{\infty}|u_n|$的敛散性来推断级数$\sum_{n=1}^{\infty}u_n$的敛散性.

定义5.6 (1) 如果级数$\sum_{n=1}^{\infty}|u_n|$收敛,则称级数$\sum_{n=1}^{\infty}u_n$**绝对收敛**;

(2) 如果级数$\sum_{n=1}^{\infty}|u_n|$发散,而级数$\sum_{n=1}^{\infty}u_n$收敛,则称级数$\sum_{n=1}^{\infty}u_n$**条件收敛**.

定理5.6 如果级数$\sum_{n=1}^{\infty}|u_n|$收敛,则级数$\sum_{n=1}^{\infty}u_n$亦收敛.

定理证明从略.

【例5.14】 讨论级数$\sum_{n=1}^{\infty}(-1)^{n-1}\frac{1}{\sqrt{n}}$的敛散性.

解 因级数$\sum_{n=1}^{\infty}\frac{1}{\sqrt{n}}$是$p=\frac{1}{2}$的$p$-级数,故而发散;而交错级数$\sum_{n=1}^{\infty}(-1)^{n-1}\frac{1}{\sqrt{n}}$可由交错级数审敛法得其是收敛的,故级数$\sum_{n=1}^{\infty}(-1)^{n-1}\frac{1}{\sqrt{n}}$不是绝对收敛,而是条件收敛.

【例5.15】 判定任意项级数$\sum_{n=1}^{\infty}\frac{\sin(n\alpha)}{n^2}$,$\alpha\in(-\infty,+\infty)$的敛散性.

解 对级数的通项取绝对值,得

$$\left|\frac{\sin(n\alpha)}{n^2}\right|\leqslant\frac{1}{n^2},$$

而 $\sum\limits_{n=1}^{\infty} \frac{1}{n^2}$ 收敛,由比较审敛法知 $\sum\limits_{n=1}^{\infty} \left|\frac{\sin(n\alpha)}{n^2}\right|$ 亦收敛,再由定理 5.6 得级数 $\sum\limits_{n=1}^{\infty} \frac{\sin(n\alpha)}{n^2}$ 收敛,且是绝对收敛.

习题 5.2

1. 用比较判别法判别下列级数的敛散性:

(1) $\sum\limits_{n=1}^{+\infty} \frac{1}{n^2+3}$;　　(2) $\sum\limits_{n=2}^{+\infty} \frac{1}{\sqrt{n-1}}$;

(3) $\sum\limits_{n=1}^{+\infty} \frac{1}{n\sqrt{n+1}}$;　　(4) $\sum\limits_{n=1}^{+\infty} \frac{\cos^2 n}{2^n}$.

2. 用比值判别法判别下列级数的敛散性:

(1) $\sum\limits_{n=2}^{+\infty} \frac{n!}{n^2-3}$;　　(2) $\sum\limits_{n=1}^{+\infty} \frac{n^2}{4^n}$;

(3) $\sum\limits_{n=1}^{+\infty} \frac{2^n n!}{n^n}$;　　(4) $\sum\limits_{n=1}^{+\infty} \frac{n^n}{3^n n!}$.

3. 判别下列级数的敛散性,如果收敛,指明是绝对收敛还是条件收敛.

(1) $\sum\limits_{n=1}^{+\infty} \frac{\sin\frac{n\pi}{2}}{3^n}$;　　(2) $\sum\limits_{n=1}^{+\infty} (-1)^{n-1}\frac{1}{\sqrt{n}}$;

(3) $\sum\limits_{n=1}^{+\infty} \frac{\sin n}{\sqrt{n^3+n}}$;　　(4) $\sum\limits_{n=1}^{+\infty} (-1)^n \frac{n}{3^n}$.

第三节　幂 级 数

学习目标

1. 理解幂级数的收敛半径、收敛域及和函数的概念,掌握幂级数的收敛半径与收敛域的求法.

2. 了解幂级数在其收敛域内加法、减法、乘法、逐项求导与逐项积分等运算.

3. 知道函数的泰勒级数及初等函数的展开定理,知道函数 $\frac{1}{1+x}$, $\sin x$, e^x, $\ln(1+x)$, $(1+x)^\alpha$ 的麦克劳林级数展开式,并会利用这些展开式及幂级数的性质将一些简单的函数展开成幂级数.

前面讨论了常数项级数的敛散性问题,基本知道级数满足何条件时必收敛等,但很遗憾的是只有很少的级数在收敛时能得到其收敛值. 在这一节借助幂级数的和问题进而得到常数项级数的和问题.

微课

一、函数项级数的一般概念

设有定义在区间 I 上的函数列

$$u_1(x), u_2(x), \cdots, u_n(x), \cdots$$

由该函数列构成的表达式

$$\sum_{n=1}^{\infty} u_n(x) = u_1(x) + u_2(x) + \cdots + u_n(x) + \cdots \tag{5.9}$$

称作**函数项级数**. 而

$$s_n(x) = u_1(x) + u_2(x) + \cdots + u_n(x) \tag{5.10}$$

称为函数项级数(5.9)的**前 n 项部分和**.

对于确定的值 $x_0 \in I$,如常数项级数

$$\sum_{n=1}^{\infty} u_n(x_0) = u_1(x_0) + u_2(x_0) + \cdots + u_n(x_0) + \cdots \tag{5.11}$$

收敛,则称函数项级数 $\sum\limits_{n=1}^{\infty} u_n(x)$ 在点 x_0 收敛,点 x_0 是函数项级数 $\sum\limits_{n=1}^{\infty} u_n(x)$ 的**收敛点**;若 $\sum\limits_{n=1}^{\infty} u_n(x_0)$ 发散,则称函数项级数 $\sum\limits_{n=1}^{\infty} u_n(x)$ 在点 x_0 发散,点 x_0 是函数项级数 $\sum\limits_{n=1}^{\infty} u_n(x)$ 的**发散点**. 函数项级数的全体收敛点的集合称为它的**收敛域**;函数项级数 $\sum\limits_{n=1}^{\infty} u_n(x)$ 的全体发散点的集合称为它的**发散域**.

设函数项级数 $\sum\limits_{n=1}^{\infty} u_n(x)$ 的收敛域为 D,则对 D 内任意一点 x, $\sum\limits_{n=1}^{\infty} u_n(x)$ 收敛,其收敛的和自然依赖于 x,即其收敛和应为 x 的函数,记为 $s(x)$;称函数 $s(x)$ 为函数项级数 $\sum\limits_{n=1}^{\infty} u_n(x)$ 的**和函数**. $s(x)$的定义域就是级数的收敛域,并记为

$$s(x) = u_1(x) + u_2(x) + \cdots + u_n(x) + \cdots$$

则在收敛域 D 上有$\lim\limits_{n\to\infty} s_n(x) = s(x)$. 把 $r_n(x) = s(x) - s_n(x)$叫作函数项级数 $\sum\limits_{n=1}^{\infty} u_n(x)$ 的**余项**,对收敛域上的每一点 x,有$\lim\limits_{n\to\infty} r_n(x) = 0$.

从以上的定义可知,函数项级数在区域上的敛散性问题是指在该区域上的每一点的敛散性,因而其实质还是常数项级数的敛散性问题. 因此我们仍可以用数项级数的审敛法来判别函数项级数的敛散性.

【例 5.16】 讨论几何级数

$$\sum_{n=0}^{\infty} x^n = 1 + x + x^2 + \cdots + x^n + \cdots$$

的敛散性.

解 由例 5.2 的讨论得:当$|x|<1$ 时,级数 $\sum\limits_{n=0}^{\infty} x^n$ 收敛且收敛于$\dfrac{1}{1-x}$;当$|x|\geqslant 1$ 时,级数 $\sum\limits_{n=0}^{\infty} x^n$ 发散. 因此该级数的收敛域为区间$(-1,1)$,发散域为$(-\infty,-1] \cup [1,+\infty)$. 在$(-1,1)$内级数 $\sum\limits_{n=0}^{\infty} x^n$ 的和函数为$\dfrac{1}{1-x}$.

几何级数是一个非常重要的级数,在以后有着很重要的应用.

二、幂级数及其收敛性

函数项级数中最简单且最常见的一类级数是各项均为幂函数的函数项级数，称其为**幂级数**，它的形式是

$$\sum_{n=0}^{\infty} a_n x^n = a_0 + a_1 x + a_2 x^2 + \cdots + a_n x^n + \cdots \tag{5.12}$$

其中常数 $a_0, a_1, a_2, \cdots, a_n, \cdots$ 称作**幂级数的系数**.

注意：幂级数的表示形式也可以是

$$\sum_{n=0}^{\infty} a_n (x - x_0)^n = a_0 + a_1 (x - x_0) + a_2 (x - x_0)^2 + \cdots + a_n (x - x_0)^n + \cdots \tag{5.13}$$

它是幂级数的一般形式，作变量代换 $t = x - x_0$，即可以把它化为(5.12)的形式. 因此在以后的讨论中，如不作特殊说明，我们用幂级数(5.12)作为主要的讨论对象.

定理 5.7(阿贝尔定理)

(1) 若幂级数 $\sum\limits_{n=0}^{\infty} a_n x_0^n (x_0 \neq 0)$ 收敛，则对于满足不等式 $|x| < |x_0|$ 的一切 x，幂级数 $\sum\limits_{n=0}^{\infty} a_n x^n$ 绝对收敛；

(2) 若幂级数 $\sum\limits_{n=0}^{\infty} a_n x_0^n (x_0 \neq 0)$ 发散，则对于满足不等式 $|x| > |x_0|$ 的一切 x，幂级数 $\sum\limits_{n=0}^{\infty} a_n x^n$ 发散.

定理证明从略.

阿贝尔定理很好地揭示了幂级数的收敛域与发散域的结构. 定理 5.7 的结论表明：如果幂级数 $\sum\limits_{n=0}^{\infty} a_n x^n$ 在 $x = x_0 \neq 0$ 处收敛，则可断定在开区间 $(-|x_0|, |x_0|)$ 之内的任何 x，幂级数 $\sum\limits_{n=0}^{\infty} a_n x^n$ 必收敛；如果幂级数 $\sum\limits_{n=0}^{\infty} a_n x^n$ 在 $x = x_0 \neq 0$ 处发散，则可断定在闭区间 $[-|x_0|, |x_0|]$ 之外的任何 x，幂级数 $\sum\limits_{n=0}^{\infty} a_n x^n$ 必发散. 至此断定幂级数的发散点不可能位于原点与收敛点之间(因原点必是幂级数的收敛点).

设幂级数 $\sum\limits_{n=0}^{\infty} a_n x^n$ 在数轴上既有收敛点(且不仅仅只是原点)，也有发散点，我们可以这样来寻找幂级数的收敛域与发散域. 首先从原点出发，沿数轴向右搜寻，最初只遇到收敛点，然后就只遇到发散点，设这两部分的界点为 P，而点 P 则可能是收敛点，也可能是发散点. 再从原点出发，沿数轴向左方搜寻，相仿也可找到另一个收敛域与发散域的分界点 P'；位于点 P' 与 P 之间的区域就是幂级数的收敛域，位于这两点之外的区域就是幂级数的发散域，且两个分界点关于原点对称. 至此我们可得到如下重要推论：

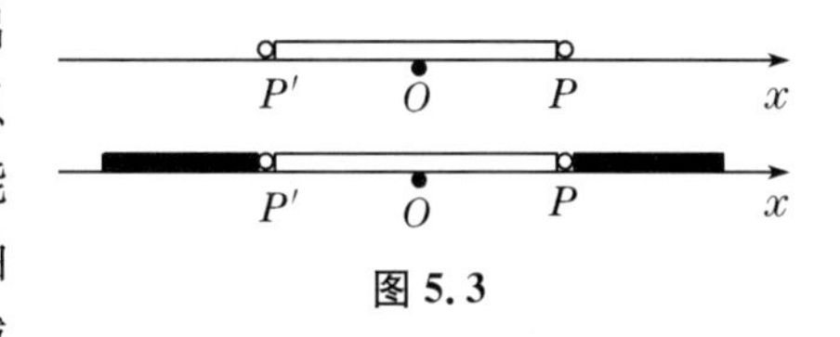

图 5.3

推论 1 如果幂级数 $\sum_{n=0}^{\infty} a_n x^n$ 不是仅在一点收敛,也不是在整个数轴上都收敛,则必存在一个确定的正数 R,使得

(1) 当 $|x|<R$ 时,幂级数 $\sum_{n=0}^{\infty} a_n x^n$ 绝对收敛;

(2) 当 $|x|>R$ 时,幂级数 $\sum_{n=0}^{\infty} a_n x^n$ 发散;

(3) 当 $x=\pm R$ 时,幂级数 $\sum_{n=0}^{\infty} a_n x^n$ 可能收敛,也可能发散.

我们把此正数 R 称作幂级数的**收敛半径**,$(-R,R)$ 称为幂级数的**收敛区间**. 若幂级数的收敛域为 D,则

$$(-R,R)\subseteq D\subseteq[-R,R],$$

即幂级数的收敛域是收敛区间与收敛端点的并集.

特别地,如果幂级数只在 $x=0$ 处收敛,则规定收敛半径 $R=0$,此时的收敛域为只有一个点 $x=0$;如果幂级数对一切 x 都收敛,则规定收敛半径 $R=+\infty$,此时的收敛域为 $(-\infty,+\infty)$.

下面我们给出幂级数的收敛半径的求法.

定理 5.8 设幂级数 $\sum_{n=0}^{\infty} a_n x^n$ 的所有系数 $a_n\neq 0$,且

$$\lim_{n\to\infty}\left|\frac{a_{n+1}}{a_n}\right|=\rho,$$

则:(1) 当 $\rho\neq 0$ 时,该幂级数的收敛半径 $R=\dfrac{1}{\rho}$;

(2) 当 $\rho=0$ 时,该幂级数的收敛半径 $R=+\infty$;

(3) 当 $\rho=+\infty$ 时,该幂级数的收敛半径 $R=0$.

定理证明从略.

【例 5.17】 求下列幂级数的收敛半径、收敛区间与收敛域:

(1) $\sum_{n=1}^{\infty}(-1)^{n-1}\dfrac{x^n}{n}$;　　(2) $\sum_{n=1}^{\infty}\dfrac{2n-1}{2^n}x^{2n-2}$;

(3) $\sum_{n=1}^{\infty}(-1)^n\dfrac{2^n}{\sqrt{n}}\left(x-\dfrac{1}{2}\right)^n$.

解 (1) 因 $a_n=(-1)^{n-1}\dfrac{1}{n}$,则

$$\rho=\lim_{n\to\infty}\left|\frac{a_{n+1}}{a_n}\right|=\lim_{n\to\infty}\frac{n}{n+1}=1.$$

故收敛半径为 $R=1$. 又在 $x=-1$ 时,幂级数成为 $\sum_{n=1}^{\infty}\left(-\dfrac{1}{n}\right)$,显然是发散的;在 $x=1$,幂级数成为 $\sum_{n=1}^{\infty}(-1)^{n-1}\dfrac{1}{n}$,显然它是收敛的. 故收敛区间为 $(-1,1)$,收敛域为 $(-1,1]$.

(2) 此幂级数缺少奇次幂项,可用比值审敛法的原理来求收敛半径.

因 $u_n=\dfrac{2n-1}{2^n}x^{2n-2}$，则

$$\lim_{n\to\infty}\left|\frac{u_{n+1}(x)}{u_n(x)}\right|=\lim_{n\to\infty}\frac{2n+1}{4n-2}|x|^2=\frac{1}{2}|x|^2.$$

由比值审敛法的结果：

当$\dfrac{1}{2}|x|^2<1$，即$|x|<\sqrt{2}$时，幂级数收敛；

当$\dfrac{1}{2}|x|^2>1$，即$|x|>\sqrt{2}$时，幂级数发散.

对于左、右端点 $x=\pm\sqrt{2}$，此时幂级数成为 $\sum\limits_{n=1}^{\infty}\dfrac{2n-1}{2^n}(\pm\sqrt{2})^{2n-2}=\sum\limits_{n=1}^{\infty}\dfrac{2n-1}{2}$，显然它是发散的. 故收敛区间、收敛域都为$(-\sqrt{2},\sqrt{2})$，收敛半径为 $R=\sqrt{2}$.

(3) 因 $u_n=(-1)^n\dfrac{2^n}{\sqrt{n}}\left(x-\dfrac{1}{2}\right)^n$，则

$$\lim_{n\to\infty}\left|\frac{u_{n+1}(x)}{u_n(x)}\right|=\lim_{n\to\infty}\frac{2\sqrt{n}}{\sqrt{n+1}}\left|x-\frac{1}{2}\right|=2\left|x-\frac{1}{2}\right|.$$

由比值审敛法的结果：

当 $2\left|x-\dfrac{1}{2}\right|<1$，即 $0<x<1$ 时，幂级数收敛；

当 $2\left|x-\dfrac{1}{2}\right|>1$，即 $x<0$ 或 $x>1$ 时，幂级数发散.

对于左端点 $x=0$，此时幂级数成为 $\sum\limits_{n=1}^{\infty}(-1)^n\dfrac{2^n}{\sqrt{n}}\left(-\dfrac{1}{2}\right)^n=\sum\limits_{n=1}^{\infty}\dfrac{1}{\sqrt{n}}$，显然它是发散的；对于右端点 $x=1$，此时幂级数成为 $\sum\limits_{n=1}^{\infty}(-1)^n\dfrac{2^n}{\sqrt{n}}\left(1-\dfrac{1}{2}\right)^n=\sum\limits_{n=1}^{\infty}(-1)^n\dfrac{1}{\sqrt{n}}$，它是收敛的. 故收敛区间为$(0,1)$、收敛域为$(0,1]$，收敛半径为 $R=\dfrac{1}{2}$.

三、幂级数的运算性质

下面我们不加证明地给出幂级数的一些运算性质及分析性质.

性质 5.6（加法和减法运算）　设幂级数 $\sum\limits_{n=0}^{\infty}a_nx^n$ 及 $\sum\limits_{n=0}^{\infty}b_nx^n$ 的收敛区间分别为$(-R_1,R_1)$与$(-R_2,R_2)$，则当$|x|<R$时，

$$\sum_{n=0}^{\infty}a_nx^n\pm\sum_{n=0}^{\infty}b_nx^n=\sum_{n=0}^{\infty}(a_n\pm b_n)x^n,$$

其中 $R=\min\{R_1,R_2\}$.

性质 5.7（乘法运算）　设幂级数 $\sum\limits_{n=0}^{\infty}a_nx^n$ 与 $\sum\limits_{n=0}^{\infty}b_nx^n$ 的收敛区间分别为$(-R_1,R_1)$与$(-R_2,R_2)$，则当$|x|<R$时，

$$\left(\sum_{n=0}^{\infty}a_nx^n\right)\cdot\left(\sum_{n=0}^{\infty}b_nx^n\right)=\sum_{n=0}^{\infty}c_nx^n,$$

其中 $R=\min\{R_1,R_2\}$，$c_n=a_0b_n+a_1b_{n-1}+\cdots+a_nb_0$.

性质 5.8（连续性） 幂级数 $\sum_{n=0}^{\infty}a_nx^n$ 的和函数 $s(x)$ 在收敛域 D 上连续.

性质 5.9（可导性） 幂级数 $\sum_{n=0}^{\infty}a_nx^n$ 的和函数 $s(x)$ 在收敛区间 $(-R,R)$ 内可导，且有逐项可导公式：

$$s'(x)=\left(\sum_{n=0}^{\infty}a_nx^n\right)'=\sum_{n=0}^{\infty}(a_nx^n)'=\sum_{n=1}^{\infty}n\cdot a_nx^{n-1},x\in(-R,R)$$

性质 5.10（可积性） 幂级数 $\sum_{n=0}^{\infty}a_nx^n$ 的和函数 $s(x)$ 在收敛区间 $(-R,R)$ 内可积，且有逐项可积公式：

$$\int_0^x s(x)\mathrm{d}x=\int_0^x\left(\sum_{n=0}^{\infty}a_nx^n\right)\mathrm{d}x=\sum_{n=0}^{\infty}\int_0^x a_nx^n\mathrm{d}x=\sum_{n=0}^{\infty}\frac{a_n}{n+1}x^{n+1},x\in(-R,R)$$

注意：① 通俗地说，幂级数通过逐项求导与逐项积分后所得到的新的幂级数在原收敛区间内依然收敛；但是在收敛区间的端点处的敛散性会发生改变，因而要重新判定. ② 上述性质常用于求幂级数的和函数及数项级数的和值，更会用到一个基本的结果：

$$1+x+x^2+\cdots+x^{n-1}+\cdots=\frac{1}{1-x}\quad(-1<x<1)$$

【例 5.18】 求幂级数 $\sum_{n=1}^{\infty}(-1)^{n-1}\frac{x^n}{n}$ 的和函数及数项级数 $\sum_{n=1}^{\infty}(-1)^{n-1}\frac{1}{n}$ 的和.

解 由例 5.17(1)的结果知，幂级数 $\sum_{n=1}^{\infty}(-1)^{n-1}\frac{x^n}{n}$ 的收敛域为 $(-1,1]$，设其和函数为 $s(x)$，则

$$s(x)=x-\frac{x^2}{2}+\frac{x^3}{3}-\frac{x^4}{4}+\cdots+(-1)^{n-1}\frac{x^n}{n}+\cdots,x\in(-1,1)$$

由逐项可导性，得

$$\begin{aligned}s'(x)&=1-x+x^2-\cdots+(-1)^{n-1}x^{n-1}+\cdots\\&=\frac{1}{1-(-x)}=\frac{1}{1+x}.\end{aligned}$$

两边积分，即得幂级数的和函数为

$$s(x)=\int_0^x\frac{1}{1+x}\mathrm{d}x=\ln(1+x),$$

再令和函数中的 $x=1$，可得到数项级数 $\sum_{n=1}^{\infty}(-1)^{n-1}\frac{1}{n}$ 的和为 $\ln2$.

【例 5.19】 求幂级数 $\sum_{n=0}^{\infty}nx^n$ 的和函数及数项级数 $\sum_{n=0}^{\infty}n\left(\frac{1}{2}\right)^n$ 的和.

解 易知幂级数的收敛半径为 $R=1$，故设

$$s(x)=x+2x^2+3x^3+\cdots+nx^n+\cdots\quad(-1<x<1)$$

由幂级数的可导性，得

$$\begin{aligned}s(x)&=x\cdot(1+2x+3\cdot x^2+\cdots+nx^{n-1}+\cdots)\\&=x\cdot(x+x^2+x^3+\cdots+x^n+\cdots)'\end{aligned}$$

$$=x\cdot\left(\frac{x}{1-x}\right)'=x\cdot\frac{1}{(1-x)^2}.$$

故当 $-1<x<1$ 时,有 $\sum_{n=0}^{\infty}nx^n=\frac{x}{(1-x)^2}$.

令 $x=\frac{1}{2}$,得

$$\sum_{n=0}^{\infty}n\left(\frac{1}{2}\right)^n=\frac{\frac{1}{2}}{\left(1-\frac{1}{2}\right)^2}=2.$$

微课

四、函数展开成幂级数

前面讨论了幂级数的收敛域及简单的幂级数在收敛域上的和函数(利用幂级数的运算性质和分析运算性质求得),虽然幂级数的运算性质的利用价值很大,但对较复杂的幂级数在收敛域上的和函数的求法有较大的局限性.在本节中通过函数的幂级数的展开式,即先将函数在区间上展开成幂级数,反之即成为该幂级数的和函数,可以较好地解决和函数问题.

1. 泰勒(Taylor)级数

在微分学中介绍的泰勒中值定理指出,如果 $f(x)$在包含 $x=x_0$ 的区间(a,b)上有 $n+1$ 阶的导数,则当 $x\in(a,b)$时,$f(x)$可展开为关于$(x-x_0)$的一个 n 次的多项式与一个拉格朗日余项的和,即

$$f(x)=s_{n+1}(x)+R_n(x),$$

其中 $s_{n+1}(x)=\sum_{k=0}^{n}\frac{f^{(k)}(x_0)}{k!}(x-x_0)^k$,$R_n(x)=\frac{f^{(n+1)}(\xi)}{(n+1)!}(x-x_0)^{n+1}$,$\xi$ 在 x 与 x_0 之间.

定义 5.7　如果 $f(x)$在包含 $x=x_0$ 的区间(a,b)上具有任意阶的导数,称下列幂级数

$$\sum_{k=0}^{\infty}\frac{f^{(k)}(x_0)}{k!}(x-x_0)^k=f(x_0)+\frac{f'(x_0)}{1!}(x-x_0)+\frac{f''(x_0)}{2!}(x-x_0)^2+\cdots+\frac{f^{(n)}(x_0)}{n!}(x-x_0)^n+\cdots\tag{5.14}$$

为函数 $f(x)$在 $x=x_0$ 处的**泰勒(Taylor)级数**.

称幂级数

$$\sum_{k=0}^{\infty}\frac{f^{(k)}(0)}{k!}x^k=f(0)+\frac{f'(0)}{1!}x+\frac{f''(0)}{2!}x^2+\cdots+\frac{f^{(n)}(0)}{n!}x^n+\cdots\tag{5.15}$$

为函数 $f(x)$的**麦克劳林(Maclaurin)级数**.

对这个泰勒级数或麦克劳林级数,我们还不知其是否收敛?在什么条件下收敛?如收敛,则在其收敛域内收敛于哪一个函数?是否唯一?等等,下面我们一一解决这些问题.

设泰勒级数的前 $n+1$ 项部分和为 $s_{n+1}(x)$,即

$$s_{n+1}(x)=\sum_{k=0}^{n}\frac{f^{(k)}(x_0)}{k!}(x-x_0)^k,$$

其中 $0!=1$,$f^{(0)}(x_0)=f(x_0)$.比较泰勒级数与泰勒中值定理可知如下结果:

定理 5.9 设幂级数 $\sum_{k=0}^{\infty}\frac{f^{(k)}(x_0)}{k!}(x-x_0)^k$ 的收敛半径为 R，且 $f(x)$ 在 $(-R,R)$ 上具有任意阶的导数，则泰勒级数(5.14)收敛于 $f(x)$ 的充分必要条件为在 $(-R,R)$ 内

$$R_n(x)=\frac{f^{(n+1)}(\xi)}{(n+1)!}(x-x_0)^{n+1}\to 0,(n\to\infty)$$

即

$$\lim_{n\to\infty}R_n(x)=0 \Leftrightarrow \lim_{n\to\infty}s_{n+1}(x)=f(x).$$

定理证明从略.

因此，当 $\lim_{n\to\infty}R_n(x)=0$ 时，函数 $f(x)$ 的泰勒级数 $\sum_{k=0}^{\infty}\frac{f^{(k)}(x_0)}{k!}(x-x_0)^k$ 就是 $f(x)$ 的另一种精确的表达式，即

$$f(x)=f(x_0)+\frac{f'(x_0)}{1!}(x-x_0)+\frac{f''(x_0)}{2!}(x-x_0)^2+\cdots+\frac{f^{(n)}(x_0)}{n!}(x-x_0)^n+\cdots$$

我们称其为**函数 $f(x)$ 在 $x=x_0$ 处可展开成泰勒级数.**

特别地，当 $x_0=0$ 时，则

$$f(x)=f(0)+\frac{f'(0)}{1!}x+\frac{f''(0)}{2!}x^2+\cdots+\frac{f^{(n)}(0)}{n!}x^n+\cdots$$

称为**函数 $f(x)$ 可展开成麦克劳林级数.**

显然，将函数 $f(x)$ 在 $x=x_0$ 处展开成泰勒级数，可通过变量替换 $t=x-x_0$，化归为函数 $f(x)=f(t+x_0)=F(t)$ 在 $t=0$ 处的麦克劳林展开. 因此将着重讨论函数的麦克劳林展开.

定理 5.10 函数 $f(x)$ 的麦克劳林展开式是唯一的.

定理证明从略.

2. 函数展开成幂级数的方法

(1) 直接展开法

从以上的讨论可知，将函数展开成麦克劳林级数可按以下步骤进行：

① 计算出 $f^{(n)}(0)$，$n=1,2,3,\cdots$；若函数的某阶导数不存在，则不能展开.

② 写出对应的麦克劳林级数

$$f(0)+\frac{f'(0)}{1!}x+\frac{f''(0)}{2!}x^2+\cdots\cdots+\frac{f^{(n)}(0)}{n!}x^n+\cdots$$

并求得其收敛区间 $(-R,R)$.

③ 验证当 $x\in(-R,R)$ 时，对应函数的拉格朗日余项

$$R_n(x)=\frac{f^{(n+1)}(\theta\cdot x)}{(n+1)!}x^{n+1}\quad(0<\theta<1)$$

在 $n\to\infty$ 时，是否趋向于零. 若 $\lim_{n\to\infty}R_n(x)=0$，则②写得的级数就是该函数的麦克劳林展开式；若 $\lim_{n\to\infty}R_n(x)\neq 0$，则该函数无法展开成麦克劳林级数.

下面我们先讨论基本初等函数的麦克劳林级数.

【例 5.20】 将函数 $f(x)=\mathrm{e}^x$ 展开成麦克劳林级数.

解 因 $f^{(n)}(x)=\mathrm{e}^x$，得 $f^{(n)}(0)=1$，$n=1,2,3,\cdots$，则对应 e^x 的麦克劳林级数为

$$1+\frac{x}{1!}+\frac{x^2}{2!}+\cdots+\frac{x^n}{n!}+\cdots$$

又因

$$\rho=\lim_{n\to\infty}\left|\frac{a_{n+1}}{a_n}\right|=\lim_{n\to\infty}\left|\frac{\frac{1}{(n+1)!}}{\frac{1}{n!}}\right|=\lim_{n\to\infty}\frac{1}{n+1}=0,$$

故收敛半径 $R=+\infty$,收敛区间为$(-\infty,+\infty)$.

对于任意 $x\in(-\infty,+\infty)$,可以证明 e^x 的麦克劳林级数的余项 $R_n(x)$满足:

$$\lim_{n\to\infty}R_n(x)=0,$$

故

$$e^x=1+\frac{x}{1!}+\frac{x^2}{2!}+\cdots+\frac{x^n}{n!}+\cdots\quad(-\infty<x<+\infty)\tag{5.16}$$

【例 5.21】 将函数 $f(x)=\sin x$ 在 $x=0$ 处展开成幂级数.

解　因 $f^{(n)}(x)=\sin\left(x+n\cdot\frac{\pi}{2}\right)$,$n=0,1,2,\cdots$,则

$$f^{(n)}(0)=\sin\left(n\cdot\frac{\pi}{2}\right)=\begin{cases}0, & n=0,2,4,\cdots\\(-1)^{\frac{n-1}{2}}, & n=1,3,5,\cdots\end{cases}$$

于是得对应于 $\sin x$ 的幂级数为

$$\frac{x}{1!}-\frac{x^3}{3!}+\frac{x^5}{5!}-\cdots+(-1)^{n-1}\frac{x^{2n-1}}{(2n-1)!}+\cdots$$

利用比值审敛法易求出该幂级数的收敛半径为 $R=+\infty$.

又对任意的 $x\in(-\infty,+\infty)$,可以证明该幂级数的拉格朗日余项 $R_n(x)$满足:

$$\lim_{n\to\infty}R_n(x)=0.$$

最后,我们得到 $\sin x$ 在 $x=0$ 处展开式为

$$\sin x=\frac{x}{1!}-\frac{x^3}{3!}+\frac{x^5}{5!}-\cdots+(-1)^{n-1}\frac{x^{2n-1}}{(2n-1)!}+\cdots\quad x\in(-\infty,+\infty)\tag{5.17}$$

下面再讨论一个十分重要的**牛顿二项的幂级数展开式**.

【例 5.22】 将函数 $f(x)=(1+x)^\alpha$ 展开成 x 的幂级数,其中 α 为任意实数.

解　因为

$$\begin{aligned}f'(x)&=\alpha(1+x)^{\alpha-1},\\f''(x)&=\alpha(\alpha-1)(1+x)^{\alpha-2},\\&\vdots\\f^{(n)}(x)&=\alpha(\alpha-1)\cdots(\alpha-n+1)(1+x)^{\alpha-n},\\&\vdots\end{aligned}$$

则

$$f(0)=1,f'(0)=\alpha,f''(0)=\alpha(\alpha-1),\cdots,f^{(n)}(0)=\alpha(\alpha-1)\cdots(\alpha-n+1),\cdots$$

于是得到对应于该函数的幂级数为

$$1+\frac{\alpha}{1!}x+\frac{\alpha(\alpha-1)}{2!}x^2+\cdots+\frac{\alpha(\alpha-1)\cdots(\alpha-n+1)}{n!}x^n+\cdots$$

因该级数的通项系数 $a_n=\frac{\alpha(\alpha-1)\cdots(\alpha-n+1)}{n!}$,则

$$\rho=\lim_{n\to\infty}\left|\frac{a_{n+1}}{a_n}\right|=\lim_{n\to\infty}\left|\frac{\alpha-n}{n+1}\right|=1.$$

因此，对任意实数 α，幂级数的收敛半径为 $R=1$，即在 $(-1,1)$ 内收敛.

可以证明该级数的余项趋于零.

因此可得，$(1+x)^\alpha$ 的幂级数展开式为

$$(1+x)^\alpha=1+\frac{\alpha}{1!}x+\frac{\alpha(\alpha-1)}{2!}x^2+\cdots+\frac{\alpha(\alpha-1)\cdots(\alpha-n+1)}{n!}x^n+\cdots \tag{5.18}$$

注意：① 在区间端点 $x=\pm1$ 处的敛散性，要根据实数 α 的取值而定；② 当 α 是正整数时，此展开式即是初等代数的二项式定理.

若引入**广义组合**记号 $\binom{\alpha}{n}=\frac{\alpha(\alpha-1)\cdots(\alpha-n+1)}{n!}$，则上述展开式可简记为

$$(1+x)^\alpha=1+\sum_{n=1}^{\infty}\binom{\alpha}{n}\cdot x^n$$

从以上三例我们看到，在求函数的幂级数的展开式时有两项工作不易做到：一是求函数的高阶导数 $f^{(n)}(0)$；二是讨论当 $n\to\infty$ 时麦克劳林展开式的余项是否趋向于零. 还有其他更佳的方法得到函数的幂级数展开式.

(2) 间接展开法

所谓间接展开法，是指利用一些已知函数的幂级数的展开式以及应用幂级数的运算性质(主要指加减运算)或分析性质(指逐项求导和逐项求积)将所给函数展开成幂级数.

【例 5.23】 将函数 $f(x)=\cos x$ 展开成 x 的幂级数.

解 由例 5.21 知，$\sin x$ 展开成 x 的幂级数为

$$\sin x=\frac{x}{1!}-\frac{x^3}{3!}+\frac{x^5}{5!}-\cdots+(-1)^{n-1}\frac{x^{2n-1}}{(2n-1)!}+\cdots \quad x\in(-\infty,+\infty)$$

由幂级数的性质，两边关于 x 逐项求导，即得 $\cos x$ 展开成 x 的幂级数为

$$\cos x=1-\frac{x^2}{2!}+\frac{x^4}{4!}-\cdots+(-1)^{n-1}\frac{x^{2n-2}}{(2n-2)!}+\cdots \quad x\in(-\infty,+\infty) \tag{5.19}$$

【例 5.24】 将函数 $f(x)=\ln(1+x)$ 展开成 x 的幂级数.

解 因 $f'(x)=\frac{1}{1+x}$，而

$$\frac{1}{1+x}=\frac{1}{1-(-x)}=1-x+x^2-x^3+\cdots+(-1)^n x^n+\cdots \quad (-1<x<1)$$

利用幂级数的性质，对上式从 0 到 x 逐项积分得

$$\ln(1+x)=x-\frac{x^2}{2}+\frac{x^3}{3}-\cdots+(-1)^n\frac{x^{n+1}}{n+1}+\cdots$$

且当 $x=1$ 时，交错级数

$$1-\frac{1}{2}+\frac{1}{3}-\cdots+(-1)^n\frac{1}{n+1}+\cdots$$

是收敛的. 所以可得 $\ln(1+x)$ 的关于 x 的幂级数的展开式为

$$\ln(1+x)=x-\frac{x^2}{2}+\frac{x^3}{3}-\cdots+(-1)^n\frac{x^{n+1}}{n+1}+\cdots \quad (-1<x\leqslant1) \tag{5.20}$$

从上面两例我们看到间接展开法的优点：不仅避免了求高阶导数及讨论余项是否趋于

零的问题,而且还可获得幂级数的收敛半径.

3. 函数的幂级数展开式的应用

函数的幂级数展开式在近似计算(如根式计算、三角函数值的计算、对数的计算和积分的计算)中有着广泛的应用,下面举一例加以说明.

【例 5.25】 计算 $\ln 2$ 的近似值(精确到小数后第 4 位).

解 我们可利用展开式

$$\ln(1+x)=x-\frac{x^2}{2}+\frac{x^3}{3}-\frac{x^4}{4}+\cdots+(-1)^{n-1}\frac{x^n}{n}+\cdots \quad (-1<x\leqslant 1)$$

令 $x=1$,即 $\ln 2=1-\frac{1}{2}+\frac{1}{3}-\frac{1}{4}+\cdots+(-1)^{n-1}\frac{1}{n}+\cdots$,其误差为

$$|R_n|=|\ln 2-S_n|=\left|(-1)^n\frac{1}{n+1}+(-1)^{n+1}\frac{1}{n+2}+\cdots\right|=\left|\frac{1}{n+1}-\frac{1}{n+2}+\cdots\right|<\frac{1}{n+1}$$

故要使精度达到 10^{-4},需要的项数 n 应满足$\frac{1}{n+1}<10^{-4}$,即 $n>10^4-1=9\,999$,亦即 n 应要取到 10 000 项,这个计算量实在是太大了.是否有计算 $\ln 2$ 更有效的方法呢?

将展开式

$$\ln(1+x)=x-\frac{x^2}{2}+\frac{x^3}{3}-\frac{x^4}{4}+\cdots+(-1)^{n-1}\frac{x^n}{n}+\cdots \quad (-1<x\leqslant 1)$$

中的 x 换成$(-x)$,得

$$\ln(1-x)=-x-\frac{x^2}{2}-\frac{x^3}{3}-\frac{x^4}{4}-\cdots-\frac{x^n}{n}-\cdots \quad (-1\leqslant x<1)$$

两式相减,得到如下不含有偶次幂的幂级数展开式:

$$\ln\frac{1+x}{1-x}=2\left(\frac{x}{1}+\frac{x^3}{3}+\frac{x^5}{5}+\frac{x^7}{7}\cdots\right) \quad (-1<x<1)$$

在上式中令$\frac{1+x}{1-x}=2$,可解得 $x=\frac{1}{3}$;用 $x=\frac{1}{3}$代入上式得

$$\ln 2=2\left(\frac{1}{1}\cdot\frac{1}{3}+\frac{1}{3}\cdot\frac{1}{3^3}+\frac{1}{5}\cdot\frac{1}{3^5}+\frac{1}{7}\cdot\frac{1}{3^7}+\cdots\right)$$

其误差为

$$|R_{2n+1}|=|\ln 2-S_{2n-1}|=2\cdot\left|\frac{1}{2n+1}\cdot\frac{1}{3^{2n+1}}+\frac{1}{2n+3}\cdot\frac{1}{3^{2n+3}}+\cdots\right|$$

$$\leqslant 2\cdot\frac{1}{2n+1}\cdot\frac{1}{3^{2n+1}}\left|1+\frac{1}{3^2}+\frac{1}{3^4}+\cdots\right|<\frac{1}{4(2n+1)\cdot 3^{2n-1}}$$

用试根的方法可确定当 $n=4$ 时满足误差$|R_{2n+1}|<10^{-4}$,此时的 $\ln 2\approx 0.693\,14$.显然这一计算方法大大提高了计算的速度,这种处理手段通常称作幂级数收敛的加速技术.

习题 5.3

1. 级数$\frac{1}{x}+\frac{1}{2x^2}+\frac{1}{3x^3}+\cdots$是不是幂级数?是不是函数项级数?当 $x=-1$ 及 $x=\frac{1}{2}$时,该级数是否收敛?

2. 求下列幂级数的收敛半径和收敛域.

(1) $\sum_{n=1}^{+\infty}(n+1)x^n$;

(2) $\sum_{n=1}^{+\infty}\frac{x^n}{6^n}$;

(3) $\sum_{n=1}^{+\infty}\frac{x^n}{3^n \cdot n}$;

(4) $\sum_{n=1}^{+\infty}\frac{(-2)^n}{n^3}x^n$;

(5) $\sum_{n=1}^{+\infty}\frac{x^n}{n!}$;

(6) $\sum_{n=1}^{+\infty}n^n x^n$;

(7) $\sum_{n=1}^{+\infty}\frac{4n-1}{4^n}\cdot x^{2n-2}$;

(8) $\sum_{n=1}^{+\infty}\frac{(x-2)^{2n}}{n\cdot 4^n}$.

3. 求下列幂级数在其收敛域内的和函数.

(1) $\sum_{n=1}^{+\infty}\frac{x^n}{n}$,并求 $\sum_{n=1}^{+\infty}\frac{1}{n\cdot 2^n}$的和;

(2) $\sum_{n=1}^{+\infty}n\cdot x^{n-1}$,并求 $\sum_{n=1}^{+\infty}\frac{n}{3^{n-1}}$的和.

本章小结

一、本章重难点

1. 数项级数的性质.
2. 正项级数收敛性的比值判别法.
3. 幂级数收敛半径以及收敛区间.
4. 幂级数的展开.

二、知识点概览

本章知识点请微信扫描右侧二维码阅览.

三、疑难解析与例题分析

本章疑难解析与例题分析请微信扫描右侧二维码阅览.

本章习题

一、选择题

1. 下列级数收敛的是 ( )

A. $\sum_{n=1}^{\infty}\frac{2^n}{n^2}$ B. $\sum_{n=1}^{\infty}\sqrt{\frac{n}{n+1}}$ C. $\sum_{n=1}^{\infty}\frac{1+(-1)^n}{n}$ D. $\sum_{n=1}^{\infty}\frac{(-1)^n}{\sqrt{n}}$

2. 下列级数发散的是 ( )

A. $\sum_{n=1}^{\infty}\frac{(-1)^n}{\sqrt{n}}$ B. $\sum_{n=1}^{\infty}\frac{\sin n}{n^2}$ C. $\sum_{n=1}^{\infty}\left(\frac{1}{2^n}+\frac{1}{n^2}\right)$ D. $\sum_{n=1}^{\infty}\frac{2^n}{n^2}$

3. 下列级数中收敛的是 ( )

A. $\sum_{n=1}^{\infty}\frac{n+1}{n^2}$ B. $\sum_{n=1}^{\infty}\left(\frac{n}{n+1}\right)^n$ C. $\sum_{n=1}^{\infty}\frac{n!}{2^n}$ D. $\sum_{n=1}^{\infty}\frac{\sqrt{n}}{3^n}$

4. 下列说法正确的是 ( )

A. 级数$\sum_{n=1}^{\infty}\frac{1}{n}$收敛 B. 级数$\sum_{n=1}^{\infty}\frac{1}{n^2+n}$收敛

C. 级数$\sum_{n=1}^{\infty}\frac{(-1)^n}{n}$绝对收敛　　D. 级数$\sum_{n=1}^{\infty}n!$收敛

5. 下列级数中条件收敛的是　（　　）

A. $\sum_{n=1}^{\infty}(-1)^n\frac{n}{2n+1}$　　B. $\sum_{n=1}^{\infty}(-1)^n\left(\frac{3}{2}\right)^n$

C. $\sum_{n=1}^{\infty}\frac{(-1)^n}{n^2}$　　D. $\sum_{n=1}^{\infty}\frac{(-1)^n}{\sqrt{n}}$

6. 设α为非零常数,则数项级数$\sum_{n=1}^{\infty}\frac{n+\alpha}{n^2}$　（　　）

A. 条件收敛　B. 绝对收敛　C. 发散　D. 敛散性与α有关

7. 下列级数中绝对收敛的　（　　）

A. $\sum_{n=1}^{\infty}\frac{(-1)^n}{\sqrt{n}}$　B. $\sum_{n=1}^{\infty}\frac{1+2(-1)^n}{n}$　C. $\sum_{n=1}^{\infty}\frac{\sin n}{n^2}$　D. $\sum_{n=1}^{+\infty}\frac{(-3)^n}{n^3}$

8. 在$u_n=(-1)^n\ln\left(1+\frac{1}{\sqrt{n}}\right)$,$v_n=\ln\left(1+\frac{1}{n}\right)$,则　（　　）

A. 级数$\sum_{n=1}^{\infty}u_n$与$\sum_{n=1}^{\infty}v_n$都收敛　　B. 级数$\sum_{n=1}^{\infty}u_n$与$\sum_{n=1}^{\infty}v_n$都发散

C. 级数$\sum_{n=1}^{\infty}u_n$收敛,$\sum_{n=1}^{\infty}v_n$发散　　D. 级数$\sum_{n=1}^{\infty}u_n$发散,$\sum_{n=1}^{\infty}v_n$收敛

二、填空题

1. 级数$\sum_{n=1}^{\infty}\frac{n!}{n^n}$是________(收敛或发散)的级数.

2. 级数$\sum_{n=1}^{\infty}\frac{1}{(2n-1)\cdot 2n}$是________(收敛或发散)的级数.

3. 设幂函数$\sum_{n=1}^{\infty}\frac{3^n}{3+n^3}x^n$的收敛半径为________.

4. 若幂函数$\sum_{n=1}^{\infty}\frac{a^n}{n^2}x^n(a>0)$的收敛半径为$\frac{1}{2}$,则常数$a=$________.

5. 幂级数$\sum_{n=1}^{\infty}\frac{(-1)^n}{n3^n}(x-3)^n$的收敛域为________.

6. 幂级数$\sum_{n=1}^{\infty}(2n-1)x^n$的收敛区间为________.

三、计算题

1. 判断下列级数的收敛性.

(1) $\sum_{n=1}^{\infty}\frac{e^n n!}{n^n}$　　(2) $\sum_{n=1}^{\infty}\frac{2n-1}{2^n}$　　(3) $\sum_{n=1}^{\infty}\sqrt{n+1}\left(1-\cos\frac{\pi}{n}\right)$

2. 设幂函数$\sum_{n=0}^{\infty}a_nx^n$的收敛半径为8,求幂函数$\sum_{n=0}^{\infty}\frac{a_nx^n}{3^n}$的收敛半径.

3. 求级数$\sum_{n=0}^{\infty}(n+1)x^n$的收敛区间及其和函数.

4. 求级数$\sum_{n=1}^{\infty}\frac{x^{2n-1}}{2n-1}$的收敛区间以及和函数.

5. 将函数$\frac{1}{x^2+4x+3}$展成$x-1$的幂级数,并写出它的收敛区间.

6. 把函数$f(x)=\frac{1}{x+5}$在$(-5,5)$内展开成幂级数$\sum_{n=0}^{\infty}a_nx^n$,并求出$a_{2020}$.

四、证明题

设正项级数$\sum_{n=1}^{\infty}u_n$收敛,能否推得$\sum_{n=1}^{\infty}u_n^2$收敛?反之是否成立?

五、综合题

1. 求级数$\sum_{n=1}^{\infty}\frac{n(n+1)}{2^n}$的和.

2. 将$f(x)=\ln(2+x-3x^2)$在$x=0$处展为幂级数.

思政案例

数学神话——泰勒

布鲁克·泰勒(Brook Taylor,1685—1731年)是18世纪早期英国牛顿学派最优秀代表人物之一.1685年,他出生于英格兰密德萨斯埃德蒙顿,1709年后移居伦敦,获法学硕士学位。他在1712年当选为英国皇家学会会员,并于两年后获法学博士学位。同年出任英国皇家学会秘书,四年后因健康理由辞退职务。1717年,他以泰勒定理求解了数值方程.最后在1731年12月29日于伦敦逝世.

泰勒的主要著作是1715年出版的《正的和反的增量方法》,此书中他首次陈述了著名的理论——泰勒定理。1772年,拉格朗日强调了此公式的重要性,而且称之为微分学的基本定理,但泰勒于证明当中并没有考虑级数的收敛性,因而使证明不严谨,这工作直至19世纪20年代才由柯西完成.

泰勒定理开创了有限差分理论,使任何单变量函数都可展成幂级数;同时也使泰勒成了有限差分理论的奠基者.泰勒在书中还讨论了微积分对一系列物理问题的应用,其中以有关弦的横向振动的结果尤为重要。他透过求解方程导出了基本频率公式,开创了研究弦振问题的先河.

1715年,他还出版了另一本名著《线性透视论》,此外在1719年发表了再版的《线性透视原理》.他以极严密的形式展开其线性透视学体系,提出和使用了"没影点"概念,这对摄影测量制图学的发展有一定影响.

泰勒虽然是一名非常杰出的数学家,但是由于他不喜欢明确和完整地把他的思路写下来,因此他的许多证明没有遗留下来.

第六章　向量代数与空间解析几何*

我们生活的空间是一个三维世界.空间中各种事物其外形的基本构件是直线、平面、曲线和曲面.如何描述空间中的平面和直线以及一些简单的曲面和曲线,是本章的基本内容.为了进行这种描述,不仅要建立空间直角坐标系,还需引入一个特殊的量——向量.

本章主要介绍向量及其运算、平面与直线方程、空间曲面与空间曲线等,部分内容中学阶段已有涉及,因此本章将作为选学内容,以线上资源展示,读者可扫描下方二维码阅览.

第一节　向量及其运算*

第二节　平面与直线*

第三节　空间曲面与空间曲线*

第七章 多元函数微分学及应用

在很多实际问题中，往往涉及多方面的因素，反映到数学上就是一个变量依赖于多个变量的情形，这就是多元函数. 本章以二元函数为主讨论多元函数的微分法及其应用，其方法和结论可以类推到二元以上函数.

第一节 多元函数的基本概念

学习目标

1. 理解多元函数的概念.
2. 了解二元函数的极限与连续以及有界闭区域上连续函数的性质.

在第一章中，重点介绍的是一元函数的函数、极限、连续等基本概念，下面将它们推广到多元函数.

一、多元函数的概念

案例 7.1 长方形的面积 S 与它的长 a 和宽 b 之间有关系

$$S=ab,$$

式中，S,a,b 是三个变量，面积 S 随着变量 a、b 的变化而变化. 当变量 a、b 在一定范围($a>0,b>0$)内取一对数值时，S 就有唯一确定的值与之对应.

案例 7.2 一根截面为矩形的梁，其抗弯截面系数 W 与截面的高 h 和宽 b 之间有关系

$$W=\frac{1}{6}bh^2,$$

当变量 b、h 在一定范围($b>0,h>0$)内取一对数值时，W 就有唯一确定的值与之对应.

案例 7.3 在物理学中，一定质量的理想气体，其压强 p、体积 V 和热力学温度 T 之间有关系

$$p=\frac{RT}{V},$$

其中 R 是常量. 当变量 T、V 在一定范围($T>T_0,V>0$)内取一对数值时，p 就有唯一确定的值与之对应.

以上三例，来自不同实际问题，但有共同的性质，由这些共性，可以抽象出以下二元函数的定义.

定义 7.1 设有三个变量 x,y,z，如果变量 x,y 在它们的变化范围 D 内任意取定一对数值时，变量 z 按照一定的法则 f 总有唯一确定的值和它对应，则称 z 是变量 x,y 的**二元函数**，记为

$$z=f(x,y),$$

其中 x,y 称为**自变量**,z 称为**因变量**. 自变量 x,y 的变化范围 D 称为函数 $z=f(x,y)$ 的**定义域**,数集 $\{z \mid z=f(x,y),(x,y)\in D\}$ 称为函数 $z=f(x,y)$ 的**值域**.

当自变量 x,y 分别取 x_0,y_0 时,函数 z 对应的值为 z_0,记为 $z_0=f(x_0,y_0)$,$z\big|_{\substack{x=x_0\\y=y_0}}$ 或 $z\big|_{(x_0,y_0)}$,称为函数 $z=f(x,y)$ 当 $x=x_0$,$y=y_0$ 时的函数值.

也可以用 xOy 平面上的点 $P(x,y)$ 表示一对有序数组 (x,y),于是二元函数 $z=f(x,y)$ 可简记为 $z=f(P)$.

类似地,可定义三元函数 $u=f(x,y,z)$ 及三元以上函数. 二元及二元以上的函数统称为**多元函数**.

二元函数 $z=f(x,y)$ 的定义域 D 可以是整个 xOy 平面,也可以是 xOy 平面的一部分,通常由一条或几条曲线及一些点围成,这样的部分平面称为**区域**. 围成平面区域的曲线称为该**区域的边界**,包含边界的区域称为**闭区域**,不包含边界的区域称为**开区域**. 如果区域可以被包含在一个以原点为圆心,半径适当大的圆内,那么这个区域就称为**有界区域**;否则,称为**无界区域**.

设 $P_0(x_0,y_0)$ 是 xOy 平面上的一个点,δ 是某一正数,与点 $P_0(x_0,y_0)$ 距离小于 δ 的点 $P(x,y)$ 的全体,称为点 P_0 的 δ 邻域(图 7.1),记为 $U(P_0,\delta)$,即

$$U(P_0,\delta)=\{(x,y) \mid \sqrt{(x-x_0)^2+(y-y_0)^2}<\delta\}.$$

点 P_0 的去心邻域,记为 $\mathring{U}(P_0,\delta)$,即

$$\mathring{U}(P_0,\delta)=\{(x,y) \mid 0<\sqrt{(x-x_0)^2+(y-y_0)^2}<\delta\}.$$

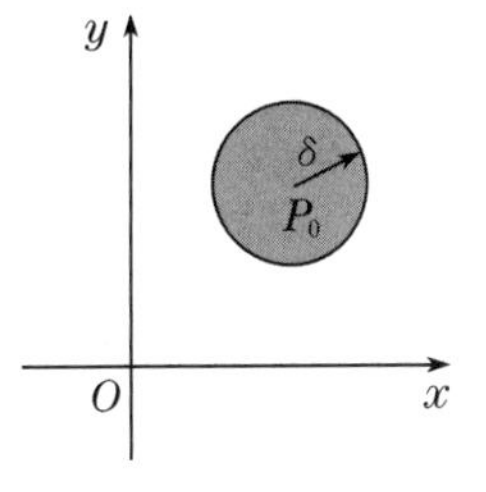

图 7.1

求一个给定函数的定义域,就是求出使函数有意义的自变量的取值范围. 从实际问题提出的函数,一般根据自变量所表示的实际意义确定函数的定义域. 对于由数学式子表示的函数 $z=f(x,y)$,它的定义域就是能使该数学式子有意义的那些自变量取值的全体.

【例 7.1】　求下列函数的定义域,并画出图形.

(1) $z=\arcsin\left|\dfrac{x}{2}\right|+\arcsin\left|\dfrac{y}{3}\right|$;　　(2) $z=\sqrt{4-x^2-y^2}+\dfrac{1}{\sqrt{x^2+y^2-1}}$.

解　(1) 因为 $\left|\dfrac{x}{2}\right|\leqslant 1$,$\left|\dfrac{y}{3}\right|\leqslant 1$,所以 $\begin{cases}-2\leqslant x\leqslant 2,\\-3\leqslant y\leqslant 3,\end{cases}$ 定义域为一含边界的矩形(图 7.2).

(2) 因为 $\begin{cases}4-x^2-y^2\geqslant 0,\\x^2+y^2-1>0,\end{cases}$ 所以 $1<x^2+y^2\leqslant 4$,定义域为一环形区域(图 7.3).

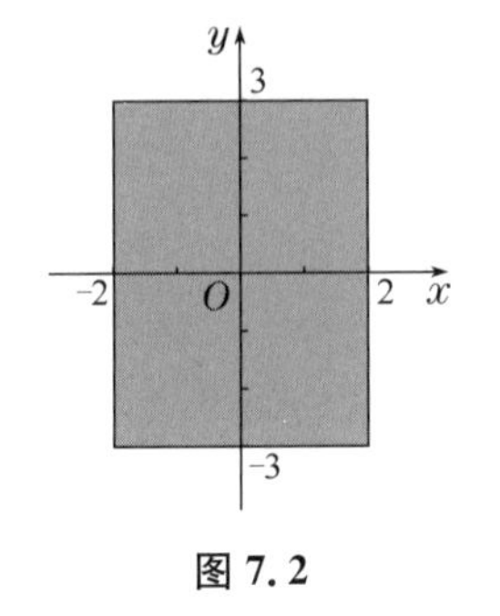

图 7.2

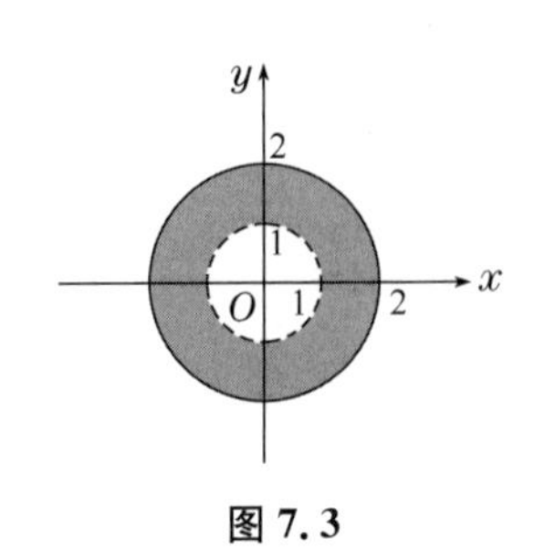

图 7.3

已经知道，一元函数 $y=f(x)$ 的图形在 xOy 面上一般表示一条曲线. 对于二元函数 $z=f(x,y)$，设其定义域为 D，对于任意取定的 $P(x,y)\in D$，对应的函数值为 $z=f(x,y)$，这样，以 x 为横坐标、y 为纵坐标、z 为竖坐标在空间就确定一点 $M(x,y,z)$. 当 $P(x,y)$ 取遍 D 上一切点时，得一个空间点集 $\{(x,y,z)\mid z=f(x,y),(x,y)\in D\}$，这个点集称为**二元函数的图形**（图 7.4）. 它通常是一张曲面，而定义域 D 正好是这张曲面在 xOy 面上的投影.

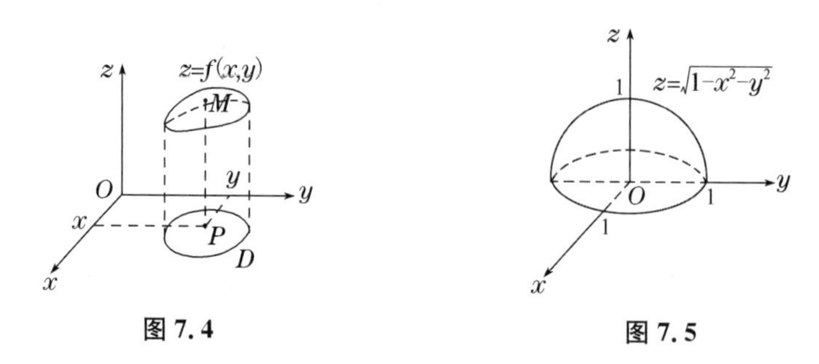

图 7.4　　　　**图 7.5**

【例 7.2】　作出函数 $z=\sqrt{1-x^2-y^2}$ 的图形.

解　函数 $z=\sqrt{1-x^2-y^2}$ 的定义域为 $x^2+y^2\leqslant 1$，即为单位圆的内部及其边界.

对表达式 $z=\sqrt{1-x^2-y^2}$ 两边平方，再移项得

$$x^2+y^2+z^2=1,$$

它表示以点 $(0,0,0)$ 为球心、1 为半径的球面. 因此，函数 $z=\sqrt{1-x^2-y^2}$ 的图形是位于 xOy 平面上方的半球面（图 7.5）.

微课

二、二元函数的极限

与一元函数极限的情况类似，对于二元函数 $z=f(x,y)$，需要考察当自变量 x,y 无限趋于某定点 $P_0(x_0,y_0)$ 时，对应函数值的变化趋势，这就是二元函数的极限问题.

定义 7.2　设函数 $z=f(x,y)$ 在点 $P_0(x_0,y_0)$ 的某去心邻域内有定义，如果动点 $P(x,y)$ 以任意方式无限接近 $P_0(x_0,y_0)$ 时，对应的函数值 $f(x,y)$ 总是趋近于一个确定的常数 A，则称 A 为函数 $z=f(x,y)$ 当 $(x,y)\to(x_0,y_0)$ 时的极限，记为

$$\lim_{\substack{x\to x_0\\ y\to y_0}} f(x,y)=A \text{ 或 } f(x,y)\to A((x,y)\to(x_0,y_0)).$$

也可记为

$$\lim_{P\to P_0} f(x,y)=A \text{ 或 } f(P)\to A(P\to P_0).$$

为了区别于一元函数的极限，把二元函数的极限称为**二重极限**.

二元函数的极限运算法则与一元函数类似. 有时通过变量代换把二元函数的二重极限化为一元函数的极限来计算.

【例 7.3】　求极限 $\lim\limits_{\substack{x\to 0\\ y\to 0}}\dfrac{\sin(x^2+y^2)}{x^2+y^2}$.

解　令 $t=x^2+y^2$，因为当 $x\to 0,y\to 0$ 时，$t\to 0$，所以

$$\lim_{\substack{x\to 0\\ y\to 0}}\frac{\sin(x^2+y^2)}{x^2+y^2}=\lim_{t\to 0}\frac{\sin t}{t}=1.$$

【例 7.4】　考察函数 $f(x,y)=\begin{cases}\dfrac{xy}{x^2+y^2}, & (x,y)\neq(0,0),\\ 0, & (x,y)=(0,0),\end{cases}$ 当 $(x,y)\to(0,0)$ 时的极限是否存在?

解　当点 (x,y) 沿 x 轴趋于原点时,有

$$\lim_{\substack{x\to0\\y\to0}}f(x,y)=\lim_{\substack{x\to0\\y=0}}\frac{xy}{x^2+y^2}=\lim_{x\to0}\frac{x\cdot0}{x^2+0^2}=0;$$

当点 (x,y) 沿 y 轴趋于原点时,有

$$\lim_{\substack{x\to0\\y\to0}}f(x,y)=\lim_{\substack{x=0\\y\to0}}\frac{xy}{x^2+y^2}=\lim_{y\to0}\frac{0\cdot y}{0^2+y^2}=0;$$

当点 (x,y) 沿直线 $y=kx(k\neq0)$ 趋于原点时,有

$$\lim_{\substack{x\to0\\y\to0}}f(x,y)=\lim_{\substack{x\to0\\y=kx\to0}}\frac{xy}{x^2+y^2}=\lim_{x\to0}\frac{kx^2}{x^2+k^2x^2}=\frac{k}{1+k^2}\neq0,$$

其值随 k 的不同而变化,故二重极限 $\lim\limits_{\substack{x\to0\\y\to0}}f(x,y)$ 不存在.

三、二元函数的连续性

定义 7.3　设函数 $z=f(x,y)$ 在点 $P_0(x_0,y_0)$ 的某邻域内有定义,如果

$$\lim_{\substack{x\to x_0\\y\to y_0}}f(x,y)=f(x_0,y_0),$$

则称**函数 $f(x,y)$ 在点 (x_0,y_0) 处连续**.

如果函数 $z=f(x,y)$ 在区域 D 内每一点都连续,则称函数 $f(x,y)$ 在区域 D 内连续.

如果函数 $z=f(x,y)$ 在点 $P_0(x_0,y_0)$ 处不连续,则称该点是函数 $z=f(x,y)$ 的**间断点**.

定义 7.4　由变量 x,y 的基本初等函数经过有限次的四则运算与复合运算而构成的且由一个数学式子表示的函数称为**二元初等函数**.

与一元函数相类似,二元连续函数的和、差、积、商(分母不为零)及二元连续函数的复合函数也是连续函数.由此可以得到结论:二元初等函数在其定义区域(指包含在定义域内的区域)内是连续的.

【例 7.5】　求下列二重极限.

(1) $\lim\limits_{\substack{x\to1\\y\to0}}\dfrac{2x-\cos y}{x^2+y^2}$;　　　(2) $\lim\limits_{\substack{x\to0\\y\to0}}\dfrac{1-\sqrt{xy+1}}{xy}$.

解　(1) 因为 $(1,0)$ 是初等函数 $f(x,y)=\dfrac{2x-\cos y}{x^2+y^2}$ 的定义域内的一点,所以

$$\lim_{\substack{x\to1\\y\to0}}\frac{2x-\cos y}{x^2+y^2}=f(1,0)=\frac{2\times1-\cos0}{1^2+0^2}=1.$$

(2) $$\lim_{\substack{x\to0\\y\to0}}\frac{1-\sqrt{xy+1}}{xy}=\lim_{\substack{x\to0\\y\to0}}\frac{(1-\sqrt{xy+1})(1+\sqrt{xy+1})}{xy(1+\sqrt{xy+1})}=\lim_{\substack{x\to0\\y\to0}}\frac{1-(1+xy)}{xy(1+\sqrt{xy+1})}$$

$$=\lim_{\substack{x\to0\\y\to0}}\frac{-1}{1+\sqrt{xy+1}}=-\frac{1}{2}.$$

与闭区间上一元连续函数的性质相类似，在有界闭区域上的二元连续函数有如下性质：

性质 7.1（最大值和最小值定理） 如果函数 $f(x,y)$ 在有界闭区域 D 上连续，则 $f(x,y)$ 在 D 上有界，且至少取得它的最大值和最小值各一次.

性质 7.2（介值定理） 如果函数 $f(x,y)$ 在有界闭区域 D 上连续，则 $f(x,y)$ 在 D 上必可取得介于它的两个不同函数值之间的任何值至少一次.

习题 7.1

1. 设 $f(x,y)=2xy-\dfrac{x+y}{2x}$，试求 $f(1,1)$ 和 $f(x-y,x+y)$.

2. 设 $f(x,y)=\sqrt{x^4+y^4}-2xy$，证明：$f(tx,ty)=t^2f(x,y)$.

3. 求下列函数的定义域，并在平面上作图表示.

(1) $z=\dfrac{1}{\sqrt{9-x^2-y^2}}$；　(2) $z=\ln(x-y^2)$；

(3) $z=\sqrt{1-x^2}+\sqrt{y^2-1}$；　(4) $z=\dfrac{1}{\sqrt{x-y}}+\arcsin y$.

4. 求下列极限.

(1) $\lim\limits_{\substack{x\to 2\\ y\to -1}}\dfrac{xy+3y^2}{2x+y^3}$；　(2) $\lim\limits_{\substack{x\to 2\\ y\to 2}}\dfrac{x^2-y^2}{\sqrt{x-y+1}-1}$；

(3) $\lim\limits_{\substack{x\to 3\\ y\to 0}}\dfrac{\sin(xy)}{y}$；　(4) $\lim\limits_{\substack{x\to 0\\ y\to 2}}(1+xy)^{\frac{1}{x}}$.

第二节　偏　导　数

学习目标

理解偏导数的概念，掌握求二元初等函数的偏导数的方法.

一、偏导数的定义及其计算方法

微课

1. 偏导数的定义

一元函数 $y=f(x)$ 的导数是当自变量 x 变化时，讨论函数相应的变化率 $\dfrac{\Delta y}{\Delta x}$ 的极限问题.

与一元函数相比，二元函数 $z=f(x,y)$ 当自变量 x,y 同时变化时，函数的变化情况要复杂得多. 因此，往往采用先考虑一个自变量的变化，而把另一个变量暂时看作常量的方法来讨论函数相应的变化率的极限问题，这就是二元函数的偏导数.

定义 7.5 设函数 $z=f(x,y)$ 在点 (x_0,y_0) 的某一邻域内有定义，当 y 固定在 y_0 而 x 在 x_0 处有增量 Δx 时，相应地函数有增量

$$f(x_0+\Delta x,y_0)-f(x_0,y_0),$$

如果极限$\lim\limits_{\Delta x\to 0}\dfrac{f(x_0+\Delta x,y_0)-f(x_0,y_0)}{\Delta x}$存在，则称此极限为函数 $z=f(x,y)$在点(x_0,y_0)处**对 x 的偏导数**，记为

$$\left.\frac{\partial z}{\partial x}\right|_{\substack{x=x_0\\y=y_0}},\left.\frac{\partial f}{\partial x}\right|_{\substack{x=x_0\\y=y_0}},z_x\Big|_{\substack{x=x_0\\y=y_0}}\text{或 }f_x(x_0,y_0).$$

即

$$f_x(x_0,y_0)=\lim_{\Delta x\to 0}\frac{f(x_0+\Delta x,y_0)-f(x_0,y_0)}{\Delta x}.$$

同理可定义函数 $z=f(x,y)$在点(x_0,y_0)处**对 y 的偏导数**，记为

$$\left.\frac{\partial z}{\partial y}\right|_{\substack{x=x_0\\y=y_0}},\left.\frac{\partial f}{\partial y}\right|_{\substack{x=x_0\\y=y_0}},z_y\Big|_{\substack{x=x_0\\y=y_0}}\text{或 }f_y(x_0,y_0).$$

即

$$f_y(x_0,y_0)=\lim_{\Delta y\to 0}\frac{f(x_0,y_0+\Delta y)-f(x_0,y_0)}{\Delta y}.$$

如果函数 $z=f(x,y)$在区域 D 内任一点(x,y)处对 x 的偏导数都存在，那么这个偏导数也是 x、y 的函数，它就称为函数 $z=f(x,y)$对自变量 x 的偏导数，记作

$$\frac{\partial z}{\partial x},\frac{\partial f}{\partial x},z_x\text{ 或 }f_x(x,y).$$

同理可以定义函数 $z=f(x,y)$对自变量 y 的偏导数，记作$\dfrac{\partial z}{\partial y},\dfrac{\partial f}{\partial y},z_y$ 或 $f_y(x,y)$.

偏导数的概念可以推广到二元以上函数，如 $u=f(x,y,z)$在(x,y,z)处，

$$f_x(x,y,z)=\lim_{\Delta x\to 0}\frac{f(x+\Delta x,y,z)-f(x,y,z)}{\Delta x},$$

$$f_y(x,y,z)=\lim_{\Delta y\to 0}\frac{f(x,y+\Delta y,z)-f(x,y,z)}{\Delta y},$$

$$f_z(x,y,z)=\lim_{\Delta z\to 0}\frac{f(x,y,z+\Delta z)-f(x,y,z)}{\Delta z}.$$

2. 偏导数的求法

由偏导数的定义可以看出，对某一个变量求偏导，就是将其余变量看作常数，而对该变量求导. 所以，求函数的偏导数不需要建立新的运算方法.

【例 7.6】　求 $z=x^2+3xy+y^2$ 在点(1,2)处的偏导数.

解　因为$\dfrac{\partial z}{\partial x}=2x+3y$, $\dfrac{\partial z}{\partial y}=3x+2y$, 所以

$$\left.\frac{\partial z}{\partial x}\right|_{\substack{x=1\\y=2}}=2\times1+3\times2=8,\left.\frac{\partial z}{\partial y}\right|_{\substack{x=1\\y=2}}=3\times1+2\times2=7.$$

【例 7.7】　设 $z=x^y(x>0,x\neq 1)$，求证：$\dfrac{x}{y}\dfrac{\partial z}{\partial x}+\dfrac{1}{\ln x}\dfrac{\partial z}{\partial y}=2z$.

证明 $\frac{\partial z}{\partial x}=yx^{y-1}$，$\frac{\partial z}{\partial y}=x^y\ln x$，将它们代入等式左边，得

$$\frac{x}{y}\frac{\partial z}{\partial x}+\frac{1}{\ln x}\frac{\partial z}{\partial y}=\frac{x}{y}yx^{y-1}+\frac{1}{\ln x}x^y\ln x=x^y+x^y=2z.$$

结论成立.

【例 7.8】 已知理想气体的状态方程 $pV=RT$（R 为常数），求证：$\frac{\partial p}{\partial V}\cdot\frac{\partial V}{\partial T}\cdot\frac{\partial T}{\partial p}=-1$.

证明 因为

$$p=\frac{RT}{V}\Rightarrow\frac{\partial p}{\partial V}=-\frac{RT}{V^2},\ V=\frac{RT}{p}\Rightarrow\frac{\partial V}{\partial T}=\frac{R}{p},\ T=\frac{pV}{R}\Rightarrow\frac{\partial T}{\partial p}=\frac{V}{R},$$

所以

$$\frac{\partial p}{\partial V}\cdot\frac{\partial V}{\partial T}\cdot\frac{\partial T}{\partial p}=-\frac{RT}{V^2}\cdot\frac{R}{p}\cdot\frac{V}{R}=-\frac{RT}{pV}=-1.$$

上式结果说明，偏导数$\frac{\partial z}{\partial x}$是一个整体记号，不能拆分. 另外，求分界点、不连续点处的偏导数要用定义求.

【例 7.9】 设 $f(x,y)=\begin{cases}\frac{xy}{x^2+y^2}, & (x,y)\neq(0,0),\\ 0, & (x,y)=(0,0),\end{cases}$ 求 $f(x,y)$的偏导数.

解 当$(x,y)\neq(0,0)$时，

$$f_x(x,y)=\frac{y(x^2+y^2)-2x\cdot xy}{(x^2+y^2)^2}=\frac{y(y^2-x^2)}{(x^2+y^2)^2},$$

$$f_y(x,y)=\frac{x(x^2+y^2)-2y\cdot xy}{(x^2+y^2)^2}=\frac{x(x^2-y^2)}{(x^2+y^2)^2}.$$

当$(x,y)=(0,0)$时，按定义 7.5 可得

$$f_x(0,0)=\lim_{\Delta x\to 0}\frac{f(\Delta x,0)-f(0,0)}{\Delta x}=\lim_{\Delta x\to 0}\frac{0}{\Delta x}=0,$$

$$f_y(0,0)=\lim_{\Delta y\to 0}\frac{f(0,\Delta y)-f(0,0)}{\Delta y}=\lim_{\Delta y\to 0}\frac{0}{\Delta y}=0.$$

所以

$$f_x(x,y)=\begin{cases}\frac{y(y^2-x^2)}{(x^2+y^2)^2}, & (x,y)\neq(0,0),\\ 0, & (x,y)=(0,0),\end{cases}$$

$$f_y(x,y)=\begin{cases}\frac{x(x^2-y^2)}{(x^2+y^2)^2}, & (x,y)\neq(0,0),\\ 0, & (x,y)=(0,0).\end{cases}$$

3. 偏导数存在与连续的关系

一元函数中在某点可导，函数在该点一定连续，但多元函数中在某点偏导数存在，函数未必连续. 例如，例 7.9 中的函数 $f(x,y)$在$(0,0)$点处两个偏导数都存在，$f_x(0,0)=f_y(0,0)=0$，但 $f(x,y)$在点$(0,0)$处并不连续（例 7.4）.

4. 偏导数的几何意义

设 $M_0(x_0,y_0,f(x_0,y_0))$ 是曲面 $z=f(x,y)$ 上一点，过 M_0 作平面 $y=y_0$，截此曲面得一曲线

$$\begin{cases} z=f(x,y), \\ y=y_0, \end{cases}$$

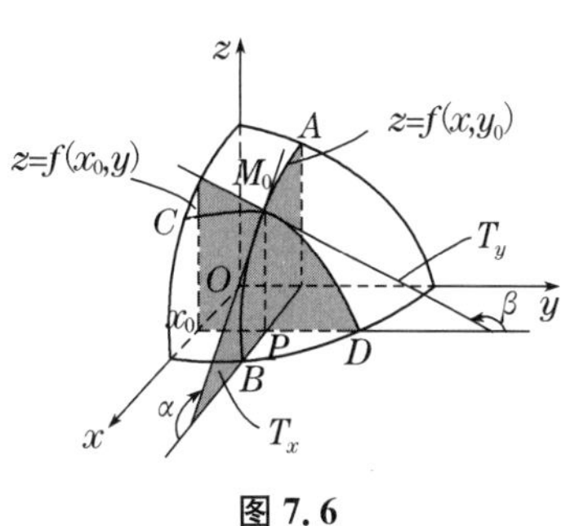

图 7.6

此曲线在平面 $y=y_0$ 上的方程为 $z=f(x,y_0)$，则导数 $\left.\frac{\mathrm{d}}{\mathrm{d}x}f(x,y_0)\right|_{x=x_0}$，即偏导数 $f_x(x_0,y_0)$ 就是曲面在点 M_0 处的切线 M_0T_x 对 x 轴的斜率(图 7.6). 同理偏导数 $f_y(x_0,y_0)$ 就是曲面被平面 $x=x_0$ 所截得的曲线在点 M_0 处的切线 M_0T_y 对 y 轴的斜率.

二、高阶偏导数

设函数 $z=f(x,y)$ 在区域 D 内有偏导数

$$\frac{\partial z}{\partial x}=f_x(x,y),\ \frac{\partial z}{\partial y}=f_y(x,y).$$

一般情况下，它们仍是 x,y 的函数，如果这两个函数的偏导数也存在，则称它们是函数 $z=f(x,y)$ 的**二阶偏导数**. 二元函数的二阶偏导数为下列四种：

$$\frac{\partial}{\partial x}\left(\frac{\partial z}{\partial x}\right)=\frac{\partial^2 z}{\partial x^2}=f_{xx}(x,y),\ \frac{\partial}{\partial y}\left(\frac{\partial z}{\partial y}\right)=\frac{\partial^2 z}{\partial y^2}=f_{yy}(x,y),$$

$$\frac{\partial}{\partial y}\left(\frac{\partial z}{\partial x}\right)=\frac{\partial^2 z}{\partial x\partial y}=f_{xy}(x,y),\ \frac{\partial}{\partial x}\left(\frac{\partial z}{\partial y}\right)=\frac{\partial^2 z}{\partial y\partial x}=f_{yx}(x,y).$$

其中 $f_{xy}(x,y)$ 与 $f_{yx}(x,y)$ 称为**混合偏导数**. 类似地，可给出三阶、四阶以及 n 阶偏导数的定义和记号. 二阶及二阶以上的偏导数统称为**高阶偏导数**.

【例 7.10】　设 $z=x^3y^2-3xy^3-xy+1$，求 $\frac{\partial^2 z}{\partial x^2}$、$\frac{\partial^2 z}{\partial y\partial x}$、$\frac{\partial^2 z}{\partial x\partial y}$、$\frac{\partial^2 z}{\partial y^2}$ 及 $\frac{\partial^3 z}{\partial x^3}$.

解　$\frac{\partial z}{\partial x}=3x^2y^2-3y^3-y,\ \frac{\partial z}{\partial y}=2x^3y-9xy^2-x,$

$$\frac{\partial^2 z}{\partial x^2}=6xy^2,\ \frac{\partial^3 z}{\partial x^3}=6y^2,\ \frac{\partial^2 z}{\partial y^2}=2x^3-18xy,$$

$$\frac{\partial^2 z}{\partial x\partial y}=6x^2y-9y^2-1,\ \frac{\partial^2 z}{\partial y\partial x}=6x^2y-9y^2-1.$$

【例 7.11】　设 $u=\mathrm{e}^{ax}\cos by$（a,b 为常数），求它的二阶偏导数.

解　$\frac{\partial u}{\partial x}=a\mathrm{e}^{ax}\cos by,\ \frac{\partial u}{\partial y}=-b\mathrm{e}^{ax}\sin by,$

$$\frac{\partial^2 u}{\partial x^2}=a^2\mathrm{e}^{ax}\cos by,\ \frac{\partial^2 u}{\partial y^2}=-b^2\mathrm{e}^{ax}\cos by,$$

$$\frac{\partial^2 u}{\partial x \partial y}=-abe^{ax}\sin by,\ \frac{\partial^2 u}{\partial y \partial x}=-abe^{ax}\sin by.$$

在上例中，两个混合偏导数相等，但是这个结论不具有普遍性，只有在满足一定条件后才成立. 以下定理给出成立的一个充分条件.

定理 7.1 如果函数 $z=f(x,y)$ 的两个二阶混合偏导数 $\frac{\partial^2 z}{\partial y \partial x}$ 及 $\frac{\partial^2 z}{\partial x \partial y}$ 在区域 D 内连续，那么在该区域内这两个二阶混合偏导数必相等.

定理证明从略.

【例 7.12】 验证函数 $u(x,y)=\ln\sqrt{x^2+y^2}$ 满足拉普拉斯方程 $\frac{\partial^2 u}{\partial x^2}+\frac{\partial^2 u}{\partial y^2}=0$.

证明 因为 $\ln\sqrt{x^2+y^2}=\frac{1}{2}\ln(x^2+y^2)$，所以

$$\frac{\partial u}{\partial x}=\frac{x}{x^2+y^2},\ \frac{\partial u}{\partial y}=\frac{y}{x^2+y^2},$$

$$\frac{\partial^2 u}{\partial x^2}=\frac{(x^2+y^2)-x\cdot 2x}{(x^2+y^2)^2}=\frac{y^2-x^2}{(x^2+y^2)^2},$$

$$\frac{\partial^2 u}{\partial y^2}=\frac{(x^2+y^2)-y\cdot 2y}{(x^2+y^2)^2}=\frac{x^2-y^2}{(x^2+y^2)^2}.$$

$$\frac{\partial^2 u}{\partial x^2}+\frac{\partial^2 u}{\partial y^2}=\frac{y^2-x^2}{(x^2+y^2)^2}+\frac{x^2-y^2}{(x^2+y^2)^2}=0.$$

证毕.

习题 7.2

1. 若函数 $f(x,y)$ 在点 $P_0(x_0,y_0)$ 连续，能否断定 $f(x,y)$ 在点 $P_0(x_0,y_0)$ 的偏导数必定存在？

2. 求下列函数的偏导数.

(1) $z=\arctan(xy)$；　(2) $z=xy+\frac{x}{y}$；

(3) $z=\frac{\ln(xy)}{y}$；　(4) $z=(1+xy)^y$；

(5) $z=e^x\cos(x+y^2)$；　(6) $u=xy^2+yz^2+zx^2$.

3. 求下列函数的二阶偏导数.

(1) $z=2x^2y+3xy^2$；　(2) $z=e^x\sin y$；

(3) $z=y^x$；　(4) $z=x\ln(xy)$.

4. 设 $f(x,y)=\sin(x^2y)$，求 $f_x\left(\frac{\sqrt{\pi}}{2},1\right)$.

5. 设 $f(x,y)=e^{xy}+\sin(x+y)$，求 $f_{xx}\left(\frac{\pi}{2},0\right)$，$f_{xy}\left(\frac{\pi}{2},0\right)$.

6. 设 $f(x,y,z)=xy^2+yz^2+zx^2$，求 $f_{xx}(0,0,1)$，$f_{xz}(1,0,2)$，$f_{yz}(0,-1,0)$，$f_{zx}(2,0,1)$.

第三节　全微分及其应用

学习目标

1. 理解全微分的概念，了解全微分存在的必要条件和充分条件.
2. 掌握求二元初等函数全微分的方法.

微课

一、全微分的概念

案例 7.4　一矩形金属薄片受温度变化的影响，其长由 x 变化到 $x+\Delta x$，宽由 y 变化到 $y+\Delta y$，试问此薄片的面积改变了多少？

薄片的面积 $S=xy$，面积的改变量 ΔS 称为当自变量 x 和 y 分别取得增量 Δx 和 Δy 时，函数 S 相应的**全增量**，即

$$\Delta S=(x+\Delta x)(y+\Delta y)-xy=y\Delta x+x\Delta y+\Delta x\Delta y.$$

上式右端包括了两部分：一部分是关于 $\Delta x,\Delta y$ 的线性函数 $y\Delta x+x\Delta y$；另一部分是 $\Delta x\Delta y$. 令 $\rho=\sqrt{(\Delta x)^2+(\Delta y)^2}$，则当 $\Delta x\to 0,\Delta y\to 0$ 时，$\rho\to 0$ 且 $\lim\limits_{\substack{\Delta x\to 0\\ \Delta y\to 0}}\dfrac{\Delta x\Delta y}{\rho}=0$，即 $\Delta x\Delta y$ 是比 ρ 更高阶的无穷小，亦即 $\Delta x\Delta y=o(\rho)$. 因此全增量 ΔS 可以表示为

$$\Delta S=y\Delta x+x\Delta y+o(\rho).$$

当 $|\Delta x|,|\Delta y|$ 很小时，便有

$$\Delta S\approx y\Delta x+x\Delta y.$$

类似于一元函数微分的概念，关于 $\Delta x,\Delta y$ 的线性函数 $y\Delta x+x\Delta y$ 称为函数 S 的全微分.

定义 7.6　如果函数 $z=f(x,y)$ 在点 (x,y) 的全增量

$$\Delta z=f(x+\Delta x,y+\Delta y)-f(x,y)$$

可以表示为

$$\Delta z=A\Delta x+B\Delta y+o(\rho),$$

其中 A,B 不依赖于 $\Delta x,\Delta y$ 而仅与 x,y 有关，$\rho=\sqrt{(\Delta x)^2+(\Delta y)^2}$，则称函数 $z=f(x,y)$ 在点 (x,y) 可微分，$A\Delta x+B\Delta y$ 称为函数 $z=f(x,y)$ 在点 (x,y) 的**全微分**，记为 $\mathrm{d}z$，即

$$\mathrm{d}z=A\Delta x+B\Delta y.$$

函数 $z=f(x,y)$ 若在某区域 D 内各点处处可微分，则称该函数在 D 内可微分.

在一元函数中，可导必连续，可微和可导是等价的，且 $\mathrm{d}y=f'(x)\mathrm{d}x$，那么二元函数 $z=f(x,y)$ 在点 (x,y) 处可微分与连续以及偏导数之间有什么关系呢？全微分定义中的 A,B 又如何确定呢？下面的定理给出了回答.

定理 7.2（必要条件）　如果函数 $z=f(x,y)$ 在点 (x,y) 可微分，则它在点 (x,y) 处连续，且两个偏导数 $\dfrac{\partial z}{\partial x}$、$\dfrac{\partial z}{\partial y}$ 都存在，并有

$$\mathrm{d}z=\frac{\partial z}{\partial x}\Delta x+\frac{\partial z}{\partial y}\Delta y.$$

定理证明从略.

但是,若二元函数的两个偏导数存在,并不能保证全微分一定存在.例如在第二节中已指出,函数

$$f(x,y)=\begin{cases}\dfrac{xy}{x^2+y^2}, & (x,y)\neq(0,0)\\ 0, & (x,y)=(0,0)\end{cases}$$

在点$(0,0)$处有$f_x(0,0)=f_y(0,0)=0$,但它在$(0,0)$处不连续,所以它在$(0,0)$处不可微.那么,在什么条件下,偏导数存在能保证可微呢?下面定理给出回答.

定理 7.3(充分条件) 如果函数$z=f(x,y)$的偏导数$\dfrac{\partial z}{\partial x}$、$\dfrac{\partial z}{\partial y}$在点$(x,y)$连续,则该函数在点$(x,y)$可微分.

定理证明从略.

习惯上,记全微分为

$$dz=\frac{\partial z}{\partial x}dx+\frac{\partial z}{\partial y}dy\ (dx=\Delta x, dy=\Delta y).$$

上述二元函数的全微分的概念和公式,均可以类推到三元及三元以上的函数.例如,如果三元函数$u=f(x,y,z)$的全微分存在,则有

$$du=\frac{\partial u}{\partial x}dx+\frac{\partial u}{\partial y}dy+\frac{\partial u}{\partial z}dz.$$

【例 7.13】 计算函数$z=e^{xy}$在点$(2,1)$处的全微分.

解 $\dfrac{\partial z}{\partial x}=ye^{xy}$, $\dfrac{\partial z}{\partial y}=xe^{xy}$, $\left.\dfrac{\partial z}{\partial x}\right|_{(2,1)}=e^2$, $\left.\dfrac{\partial z}{\partial y}\right|_{(2,1)}=2e^2$,所以全微分

$$dz|_{(2,1)}=e^2dx+2e^2dy.$$

【例 7.14】 函数$z=y\cos(x-2y)$,求当$x=\dfrac{\pi}{4}, y=\pi, \Delta x=\dfrac{\pi}{4}, \Delta y=\pi$时的全微分.

解 $\dfrac{\partial z}{\partial x}=-y\sin(x-2y)$, $\dfrac{\partial z}{\partial y}=\cos(x-2y)+2y\sin(x-2y)$,所以全微分

$$dz|_{(\frac{\pi}{4},\pi)}=\left.\frac{\partial z}{\partial x}\right|_{(\frac{\pi}{4},\pi)}\Delta x+\left.\frac{\partial z}{\partial y}\right|_{(\frac{\pi}{4},\pi)}\Delta y=\frac{\sqrt{2}}{8}\pi(4-7\pi).$$

【例 7.15】 求函数$u=x+\sin\dfrac{y}{2}+e^{yz}$的全微分.

解 $\dfrac{\partial u}{\partial x}=1$, $\dfrac{\partial u}{\partial y}=\dfrac{1}{2}\cos\dfrac{y}{2}+ze^{yz}$, $\dfrac{\partial u}{\partial z}=ye^{yz}$,所以全微分

$$du=dx+\left(\frac{1}{2}\cos\frac{y}{2}+ze^{yz}\right)dy+ye^{yz}dz.$$

二、全微分在近似计算中的应用

当二元函数$z=f(x,y)$在点(x,y)的两个偏导数$f_x(x,y)$, $f_y(x,y)$连续,并且$|\Delta x|$, $|\Delta y|$都较小时,有近似等式

$$\Delta z\approx dz=f_x(x,y)\Delta x+f_y(x,y)\Delta y,$$

即

$$f(x+\Delta x, y+\Delta y)\approx f(x,y)+f_x(x,y)\Delta x+f_y(x,y)\Delta y.$$

我们可以利用上述近似等式对二元函数作近似计算.

【例 7.16】 有一圆柱体,受压后发生形变,它的半径由 20 cm 增大到 20.05 cm,高度由 100 cm 减少到 99 cm.求此圆柱体体积变化的近似值.

解 设圆柱体的半径、高和体积依次为 r、h 和 V,则有

$$V=\pi r^2 h.$$

已知 $r=20, h=100, \Delta r=0.05, \Delta h=-1$.根据近似公式,有

$$\begin{aligned}\Delta V\approx \mathrm{d}V &= V_r\Delta r+V_h\Delta h=2\pi rh\Delta r+\pi r^2\Delta h\\ &=2\pi\times 20\times 100\times 0.05+\pi\times 20^2\times(-1)=-200\pi(\mathrm{cm}^3).\end{aligned}$$

即此圆柱体在受压后体积约减少了 $200\pi\ \mathrm{cm}^3$.

【例 7.17】 计算 $1.04^{2.02}$ 的近似值.

解 设函数 $f(x,y)=x^y$.显然,要计算的值就是函数在 $x=1.04$, $y=2.02$ 时的函数值 $f(1.04, 2.02)$.取 $x=1, y=2, \Delta x=0.04, \Delta y=0.02$.由于

$$\begin{aligned}f(x+\Delta x, y+\Delta y)&\approx f(x,y)+f_x(x,y)\Delta x+f_y(x,y)\Delta y\\ &=x^y+yx^{y-1}\Delta x+x^y\ln x\Delta y,\end{aligned}$$

所以

$$1.04^{2.02}\approx 1^2+2\times 1^{2-1}\times 0.04+1^2\times\ln 1\times 0.02=1.08.$$

习题 7.3

1. 求下列函数的全微分.

(1) $z=xy+\dfrac{x}{y}$;　　(2) $z=\arctan\dfrac{y}{x}$;

(3) $z=\mathrm{e}^{xy}\cos(x+y)$;　　(4) $u=z^{xy}$.

2. 求函数 $z=\dfrac{x}{y}$ 在点 $(1,2)$ 处当 $\Delta x=-0.2, \Delta y=0.1$ 时全增量与全微分.

3. 求函数 $u=xy^2+yz^3+zx^2$ 在点 $(0,1,2)$ 处的全微分.

4. 计算 $1.97^{1.05}$ 的近似值($\ln 2\approx 0.693$).

5. 已知边长为 $x=6$ m 与 $y=8$ m 的矩形,如果 x 增加 5 cm,而 y 减少 10 cm,问这个矩形对角线的近似变化怎样?

第四节 多元复合函数及隐函数的求导法则

学习目标

1. 掌握复合函数一阶偏导数的求法.
2. 会求隐函数的偏导数或导数.

微课

一、多元复合函数的求导法则

设函数 $z=f(u,v)$ 是变量 u,v 的函数,而 u,v 又是变量 x,y 的函数,$u=\varphi(x,y)$, $v=$

$\psi(x,y)$，则 $z=f[\varphi(x,y),\psi(x,y)]$ 是 x,y 的复合函数，其中 u,v 是中间变量. 与一元复合函数的链导法类似，求二元复合函数的偏导数有如下定理.

定理 7.4 如果函数 $u=\varphi(x,y)$ 及 $v=\psi(x,y)$ 都在点 (x,y) 具有对 x 和 y 的偏导数，函数 $z=f(u,v)$ 在对应点 (u,v) 处具有连续偏导数，则复合函数 $z=f[\varphi(x,y),\psi(x,y)]$ 在点 (x,y) 的两个偏导数存在，且

$$\frac{\partial z}{\partial x}=\frac{\partial z}{\partial u}\frac{\partial u}{\partial x}+\frac{\partial z}{\partial v}\frac{\partial v}{\partial x}, \tag{7.1}$$

$$\frac{\partial z}{\partial y}=\frac{\partial z}{\partial u}\frac{\partial u}{\partial y}+\frac{\partial z}{\partial v}\frac{\partial v}{\partial y}. \tag{7.2}$$

定理证明从略.

注 这种求偏导数的方法可以通过图 7.7 的链式来表达.

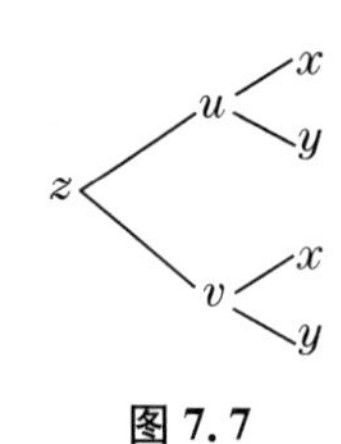

图 7.7

【例 7.18】 设 $z=e^u\sin v$，而 $u=xy, v=x+y$，求 $\frac{\partial z}{\partial x}$ 和 $\frac{\partial z}{\partial y}$.

解 因为 $\frac{\partial z}{\partial u}=e^u\sin v,\frac{\partial z}{\partial v}=e^u\cos v,\frac{\partial u}{\partial x}=y,\frac{\partial v}{\partial x}=1,\frac{\partial u}{\partial y}=x,\frac{\partial v}{\partial y}=1$，

所以

$$\frac{\partial z}{\partial x}=\frac{\partial z}{\partial u}\cdot\frac{\partial u}{\partial x}+\frac{\partial z}{\partial v}\cdot\frac{\partial v}{\partial x}=e^u\sin v\cdot y+e^u\cos v\cdot 1=e^{xy}[y\sin(x+y)+\cos(x+y)],$$

$$\frac{\partial z}{\partial y}=\frac{\partial z}{\partial u}\cdot\frac{\partial u}{\partial y}+\frac{\partial z}{\partial v}\cdot\frac{\partial v}{\partial y}=e^u\sin v\cdot x+e^u\cos v\cdot 1=e^{xy}[x\sin(x+y)+\cos(x+y)].$$

【例 7.19】 设 $z=\left(\frac{x}{y}\right)^2\ln(2x-3y^2)$，求 $\frac{\partial z}{\partial x}$ 和 $\frac{\partial z}{\partial y}$.

解 引进中间变量 $u=\frac{x}{y}, v=2x-3y^2$，则 $z=u^2\ln v$. 于是

$$\frac{\partial z}{\partial u}=2u\ln v,\ \frac{\partial z}{\partial v}=\frac{u^2}{v},\ \frac{\partial u}{\partial x}=\frac{1}{y},\ \frac{\partial v}{\partial x}=2,\ \frac{\partial u}{\partial y}=-\frac{x}{y^2},\ \frac{\partial v}{\partial y}=-6,$$

所以

$$\begin{aligned}\frac{\partial z}{\partial x}&=\frac{\partial z}{\partial u}\cdot\frac{\partial u}{\partial x}+\frac{\partial z}{\partial v}\cdot\frac{\partial v}{\partial x}=\frac{1}{y}2u\ln v+\frac{2u^2}{v}\\&=\frac{2x\ln(2x-3y^2)}{y^2}+\frac{2x^2}{y^2(2x-3y^2)},\end{aligned}$$

$$\begin{aligned}\frac{\partial z}{\partial y}&=\frac{\partial z}{\partial u}\cdot\frac{\partial u}{\partial y}+\frac{\partial z}{\partial v}\cdot\frac{\partial v}{\partial y}=-\frac{2xu\ln v}{y^2}-\frac{6yu^2}{v}\\&=-\frac{2x^2\ln(2x-3y^2)}{y^3}-\frac{6x^2}{y(2x-3y^2)}.\end{aligned}$$

多元复合函数的求导法则具有如下规律：

(1) 公式右端求和的项数，等于连接自变量与因变量的线路数；

(2) 公式右端每一项的因子数，等于该条路线上函数的个数.

上述两条规律具有一般性，对于中间变量或自变量不是两个，或复合步骤多于一次的复合函数，都可以按照此规律得到相应的复合函数求导法则. 下面就来介绍几种常用的复合函

数求导公式.

1. 多元复合函数为自变量的一元函数

如果函数 $u=\varphi(t)$ 及 $v=\psi(t)$ 都在点 t 可导,函数 $z=f(u,v)$ 在对应点 (u,v) 具有连续偏导数,则复合函数 $z=f[\varphi(t),\psi(t)]$ 在点 t 可导,且

$$\frac{\mathrm{d}z}{\mathrm{d}t}=\frac{\partial z}{\partial u}\frac{\mathrm{d}u}{\mathrm{d}t}+\frac{\partial z}{\partial v}\frac{\mathrm{d}v}{\mathrm{d}t}. \tag{7.3}$$

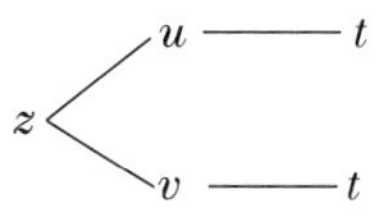

z — u — t
z — v — t

图 7.8

注意:式(7.3)中的导数$\frac{\mathrm{d}z}{\mathrm{d}t}$称为**全导数**. 这种求全导数的方法可以通过图 7.8 的链式来表达.

【例 7.20】 设 $z=uv+\sin t$,而 $u=\mathrm{e}^t$,$v=\cos t$,求全导数$\frac{\mathrm{d}z}{\mathrm{d}t}$.

解 $\frac{\mathrm{d}z}{\mathrm{d}t}=\frac{\partial z}{\partial u}\cdot\frac{\mathrm{d}u}{\mathrm{d}t}+\frac{\partial z}{\partial v}\cdot\frac{\mathrm{d}v}{\mathrm{d}t}+\frac{\partial z}{\partial t}=v\mathrm{e}^t-u\sin t+\cos t$

$=\mathrm{e}^t(\cos t-\sin t)+\cos t.$

2. 多元复合函数的中间变量一个为二元函数,另一个为一元函数

如果函数 $u=\varphi(x,y)$ 在点 (x,y) 具有对 x 和 y 的偏导数,$v=\psi(y)$ 对 y 可导,函数 $z=f(u,v)$ 在对应点 (u,v) 处具有连续偏导数,则复合函数 $z=f[\varphi(x,y),\psi(y)]$ 在点 (x,y) 的两个偏导数存在,且

$$\frac{\partial z}{\partial x}=\frac{\partial z}{\partial u}\frac{\partial u}{\partial x}, \tag{7.4}$$

$$\frac{\partial z}{\partial y}=\frac{\partial z}{\partial u}\frac{\partial u}{\partial y}+\frac{\partial z}{\partial v}\frac{\mathrm{d}v}{\mathrm{d}y}. \tag{7.5}$$

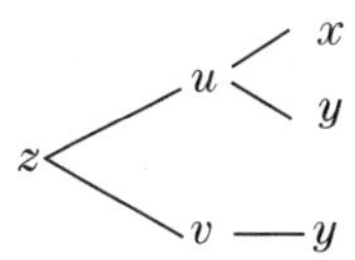

z — u — x, y
z — v — y

图 7.9

注　这种求偏导数的方法可以通过图 7.9 的链式来表达.

【例 7.21】 设 $z=\mathrm{e}^u\sin y$,而 $u=x^2y^3$,求$\frac{\partial z}{\partial x}$和$\frac{\partial z}{\partial y}$.

解　在这个复合函数中,y 既是中间变量又是自变量,于是设 $v=y$,利用式(7.4)和式(7.5),可得

$$\frac{\partial z}{\partial x}=\frac{\partial z}{\partial u}\cdot\frac{\partial u}{\partial x}=\mathrm{e}^u\sin y\cdot 2xy^3=2xy^3\mathrm{e}^{x^2y^3}\sin y,$$

$$\frac{\partial z}{\partial y}=\frac{\partial z}{\partial u}\cdot\frac{\partial u}{\partial y}+\frac{\partial z}{\partial v}\cdot\frac{\mathrm{d}v}{\mathrm{d}y}=\mathrm{e}^u\sin y\cdot 3x^2y^2+\mathrm{e}^u\cos y$$
$$=\mathrm{e}^{x^2y^3}(3x^2y^2\sin y+\cos y).$$

注意:虽然 $v=y$,但式中$\frac{\partial z}{\partial y}$和$\frac{\partial z}{\partial v}$的含义不一样.

【例 7.22】 设 $z=\ln(xy+\tan x)$,求$\frac{\partial z}{\partial x}$和$\frac{\partial z}{\partial y}$.

解　设 $u=xy$,$v=\tan x$,则 $z=\ln(u+v)$. 在这个复合函数中,求偏导数的方法可以通过图 7.10 的链式来表达,可得

$$\frac{\partial z}{\partial x}=\frac{\partial z}{\partial u}\cdot\frac{\partial u}{\partial x}+\frac{\partial z}{\partial v}\cdot\frac{\mathrm{d}v}{\mathrm{d}x}=\frac{1}{u+v}y+\frac{1}{u+v}\sec^2 x=\frac{y+\sec^2 x}{xy+\tan x},$$

$$\frac{\partial z}{\partial y}=\frac{\partial z}{\partial u}\cdot\frac{\partial u}{\partial y}=\frac{x}{u+v}=\frac{x}{xy+\tan x}.$$

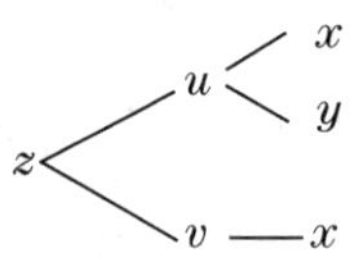

图 7.10

3. 多元复合函数的中间变量为一元函数

如果函数 $u=\varphi(x,y)$ 在点 (x,y) 具有对 x 和 y 的偏导数，函数 $z=f(u)$ 在对应点 u 处可微，则复合函数 $z=f[\varphi(x,y)]$ 在点 (x,y) 的两个偏导数存在，且

$$\frac{\partial z}{\partial x}=\frac{\mathrm{d}z}{\mathrm{d}u}\frac{\partial u}{\partial x}=f'(u)\frac{\partial u}{\partial x}, \tag{7.6}$$

$$\frac{\partial z}{\partial y}=\frac{\mathrm{d}z}{\mathrm{d}u}\frac{\partial u}{\partial y}=f'(u)\frac{\partial u}{\partial y}. \tag{7.7}$$

注意：这种求偏导数的方法可以通过图 7.11 的链式来表达.

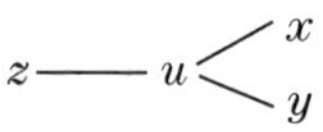

图 7.11

【例 7.23】 设 $z=f\left(\frac{x}{y}\right)$，其中 f 可微，求 $\frac{\partial z}{\partial x}$ 和 $\frac{\partial z}{\partial y}$.

解 令 $u=\frac{x}{y}$，则 $z=f(u)$，利用公式(7.6)和公式(7.7)，可得

$$\frac{\partial z}{\partial x}=\frac{\mathrm{d}z}{\mathrm{d}u}\cdot\frac{\partial u}{\partial x}=f'(u)\frac{1}{y}=\frac{1}{y}f'\left(\frac{x}{y}\right),$$

$$\frac{\partial z}{\partial y}=\frac{\mathrm{d}z}{\mathrm{d}u}\cdot\frac{\partial u}{\partial y}=f'(u)\left(-\frac{x}{y^2}\right)=-\frac{x}{y^2}f'\left(\frac{x}{y}\right).$$

【例 7.24】 设 $z=f(xy,x^2+y^3)$，其中 f 具有二阶连续偏导数，求 $\frac{\partial z}{\partial x}$ 和 $\frac{\partial^2 z}{\partial x\partial y}$.

解 令 $u=xy,v=x^2+y^3$，则 $z=f(u,v)$. 为表达简便起见，引入以下记号：

$$f_1'(u,v)=f_u(u,v),f_{12}''(u,v)=f_{uv}(u,v),$$

这里下标 1 表示对第一个变量 u 求偏导数，下标 2 表示对第二个变量 v 求偏导数，同理有 $f_2',f_{11}'',f_{21}'',f_{22}''$，等等. 因为

$$\frac{\partial u}{\partial x}=y,\ \frac{\partial v}{\partial x}=2x,\ \frac{\partial u}{\partial y}=x,\ \frac{\partial v}{\partial y}=3y^2,$$

所以

$$\frac{\partial z}{\partial x}=f_u\frac{\partial u}{\partial x}+f_v\frac{\partial v}{\partial x}=f_u y+f_v 2x=yf_1'+2xf_2',$$

$$\begin{aligned}\frac{\partial^2 z}{\partial x\partial y}&=f_1'+y\left(f_{11}''\frac{\partial u}{\partial y}+f_{12}''\frac{\partial v}{\partial y}\right)+2x\left(f_{21}''\frac{\partial u}{\partial y}+f_{22}''\frac{\partial v}{\partial y}\right)\\&=f_1'+y(f_{11}''x+f_{12}''3y^2)+2x(f_{21}''x+f_{22}''3y^2)\\&=f_1'+xyf_{11}''+(3y^3+2x^2)f_{12}''+6xy^2f_{22}''.\end{aligned}$$

注意：最后一步利用了 $f_{12}''=f_{21}''$，这是因为 f 具有二阶连续偏导数，所以这两个混合偏导数相等.

二、隐函数的求导公式

微课

1. 一元隐函数的情形

设方程 $F(x,y)=0$ 确定了隐函数 $y=f(x)$，如果函数 $F(x,y)$ 具有连续的偏导数

$F_x(x,y)$，$F_y(x,y)$，且 $F_y(x,y)\neq 0$. 将 $y=f(x)$ 代入 $F(x,y)=0$ 得

$$F[x,f(x)]\equiv 0,$$

上式两边对 x 求导得

$$F_x+F_y\frac{\mathrm{d}y}{\mathrm{d}x}=0,$$

即

$$\frac{\mathrm{d}y}{\mathrm{d}x}=-\frac{F_x}{F_y}. \tag{7.8}$$

这就是**一元隐函数的求导公式.**

【例 7.25】 求由方程 $\ln\sqrt{x^2+y^2}=\arctan\frac{y}{x}$ 所确定的隐函数的导数 $\frac{\mathrm{d}y}{\mathrm{d}x}$.

解 令 $F(x,y)=\ln\sqrt{x^2+y^2}-\arctan\frac{y}{x}$，则

$$F_x(x,y)=\frac{x+y}{x^2+y^2},\ F_y(x,y)=\frac{y-x}{x^2+y^2},$$

所以

$$\frac{\mathrm{d}y}{\mathrm{d}x}=-\frac{F_x}{F_y}=-\frac{x+y}{y-x}.$$

2. 二元隐函数的情形

设方程 $F(x,y,z)=0$ 确定了隐函数 $z=f(x,y)$，如果函数 $F(x,y,z)$ 具有连续的偏导数 $F_x(x,y,z)$，$F_y(x,y,z)$，$F_z(x,y,z)$，且 $F_z(x,y,z)\neq 0$. 将 $z=f(x,y)$ 代入 $F(x,y,z)=0$ 得

$$F[x,y,f(x,y)]\equiv 0,$$

上式两边对 x 求偏导得

$$F_x+F_z\frac{\partial z}{\partial x}=0,$$

即

$$\frac{\partial z}{\partial x}=-\frac{F_x}{F_z}, \tag{7.9}$$

同理可得

$$\frac{\partial z}{\partial y}=-\frac{F_y}{F_z} \tag{7.10}$$

这就是**二元隐函数的求导公式.**

【例 7.26】 设方程 $x^2+y^2+z^2-4z=0$ 确定隐函数 $z=f(x,y)$，求 $\frac{\partial z}{\partial x}$ 和 $\frac{\partial^2 z}{\partial x^2}$.

解 令 $F(x,y,z)=x^2+y^2+z^2-4z$，则 $F_x=2x$，$F_z=2z-4$，

所以 $\frac{\partial z}{\partial x}=-\frac{F_x}{F_z}=\frac{x}{2-z}$，

为求 $\frac{\partial^2 z}{\partial x^2}$，在上式两端再一次对 x 求偏导数，注意 z 是 x，y 的函数，得

$$\frac{\partial^2 z}{\partial x^2}=\frac{(2-z)+x\frac{\partial z}{\partial x}}{(2-z)^2}=\frac{(2-z)+x\cdot\frac{x}{2-z}}{(2-z)^2}=\frac{(2-z)^2+x^2}{(2-z)^3}.$$

【例 7.27】 设 $z=f(x+y+z,xyz)$，其中 f 可微，求 $\frac{\partial z}{\partial x},\frac{\partial x}{\partial y},\frac{\partial y}{\partial z}$.

解 令 $u=x+y+z,v=xyz$，则 $z=f(u,v)$，把 z 看成 x,y 的函数对 x 求偏导数得

$$\frac{\partial z}{\partial x}=f_u\cdot\left(1+\frac{\partial z}{\partial x}\right)+f_v\cdot\left(yz+xy\frac{\partial z}{\partial x}\right),$$

所以

$$\frac{\partial z}{\partial x}=\frac{f_u+yzf_v}{1-f_u-xyf_v}.$$

把 x 看成 z,y 的函数对 y 求偏导数得

$$0=f_u\cdot\left(\frac{\partial x}{\partial y}+1\right)+f_v\cdot\left(xz+yz\frac{\partial x}{\partial y}\right),$$

所以

$$\frac{\partial x}{\partial y}=-\frac{f_u+xzf_v}{f_u+yzf_v}.$$

把 y 看成 x,z 的函数对 z 求偏导数得

$$1=f_u\cdot\left(\frac{\partial y}{\partial z}+1\right)+f_v\cdot\left(xy+xz\frac{\partial y}{\partial z}\right),$$

所以

$$\frac{\partial y}{\partial z}=\frac{1-f_u-xyf_v}{f_u+xzf_v}.$$

习题 7.4

1. 设 $z=e^u\sin v,u=x+y,v=x-y^2$，求 $\frac{\partial z}{\partial x}$ 和 $\frac{\partial z}{\partial y}$.

2. 设 $z=(1+x^2+y^2)^{xy}$，求 $\frac{\partial z}{\partial x}$ 和 $\frac{\partial z}{\partial y}$.

3. 设 $z=\ln(u+v),u=t^3+1,v=3t^2$，求 $\frac{dz}{dt}$.

4. 设 $z=x^2+\sqrt{y},y=\sin x$，求 $\frac{dz}{dx}$.

5. 设 $z=f(u,y),u=x^2+2y^2$，其中 f 可微，求 $\frac{\partial z}{\partial x}$ 和 $\frac{\partial z}{\partial y}$.

6. 设 f 为可微函数，求下列复合函数的偏导数 $\frac{\partial z}{\partial x}$ 和 $\frac{\partial z}{\partial y}$.

(1) $z=f\left(x,\frac{y}{x}\right)$； (2) $z=xf(\sin x,xy)$.

7. 设 $y=f(x)$ 是由方程 $x^3+4y^2-x^2y^4=0$ 所确定的隐函数，求 $\frac{dy}{dx}$.

8. 设 $y=f(x)$ 是由方程 $\ln\sqrt{x^2+y^2}=\arctan\frac{x}{y}$ 所确定的隐函数，求 $\frac{dy}{dx}$.

9. 设 $z=f(x,y)$ 是由方程 $e^z-xyz=12$ 所确定的隐函数，求 $\frac{\partial z}{\partial x}$ 和 $\frac{\partial z}{\partial y}$.

10. 设 $z=f(x,y)$ 是由方程 $\sqrt{xz}+y^5+2xyz=0$ 所确定的隐函数，求 $\frac{\partial z}{\partial x}$ 和 $\frac{\partial z}{\partial y}$.

第五节　多元函数的极值及其求法

学习目标

1. 理解多元函数的极值和条件极值的概念,掌握二元函数极值存在的必要条件.

2. 了解二元函数极值的充分条件,会求二元函数的极值.

3. 会用拉格朗日乘数法求条件极值,会求简单函数的最大值和最小值,会求解一些简单应用问题.

案例 7.5　某超市卖两种牌子的果汁,本地牌子每瓶进价 1 元,外地牌子每瓶进价1.2元,店主估计,如果本地牌子的每瓶卖 x 元,外地牌子的每瓶卖 y 元,则每天可卖出 $50(y-x)$ 瓶本地牌子的果汁,$700+50(x-2y)$ 瓶外地牌子的果汁,问店主每天以什么价格卖两种牌子的果汁可取得最大收益?

分析:每天的收益为

$$f(x,y)=50(x-1)(y-x)+(y-1.2)[700+50(x-2y)],$$

求最大收益即为求二元函数 $f(x,y)$ 当 $x>0,y>0$ 时的最大值.

下面以二元函数为例,先来介绍多元函数的极值问题.

一、二元函数极值的概念与求法

定义 7.7　设函数 $z=f(x,y)$ 在点 (x_0,y_0) 的某邻域内有定义,对于该邻域内异于 (x_0,y_0) 的点 (x,y),都有

$$f(x,y)<f(x_0,y_0)\ (\text{或 } f(x,y)>f(x_0,y_0)),$$

则称函数 $f(x,y)$ 在 (x_0,y_0) 有**极大值**(或**极小值**) $f(x_0,y_0)$. 点 (x_0,y_0) 称为函数 $f(x,y)$ 的**极大值点**(或**极小值点**). 函数的极大值与极小值统称为**极值**. 极大值点和极小值点统称为**极值点**. 例如,函数 $z=3x^2+4y^2$ 在 $(0,0)$ 处有极小值 0(如图 7.12);函数 $z=-\sqrt{x^2+y^2}$ 在 $(0,0)$ 处有极大值 0(如图 7.13);函数 $z=x^2-y^2$ 在 $(0,0)$ 处没有极值(如图 7.14).

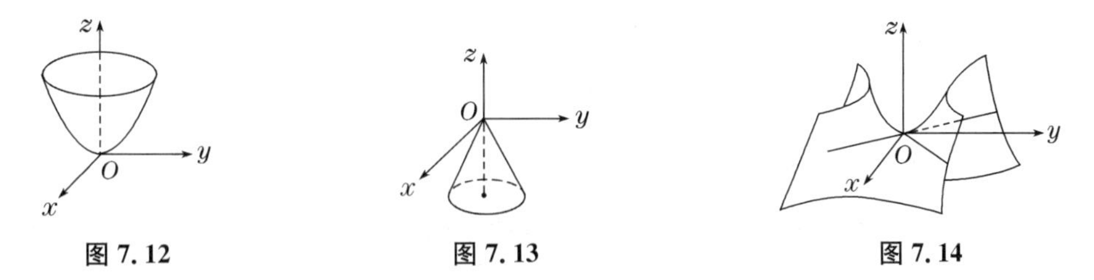

图 7.12　　图 7.13　　图 7.14

我们知道,一元函数极值的必要条件是,可导函数的极值点必为驻点. 再利用一阶、二阶导数,可以判定极值. 与一元函数相类似,利用偏导数可以得到二元函数取极值的必要条件和充分条件.

定理 7.5(必要条件)　设函数 $z=f(x,y)$ 在点 (x_0,y_0) 具有偏导数,且在点 (x_0,y_0) 处有极值,则必有

$$f_x(x_0,y_0)=0,f_y(x_0,y_0)=0.$$

定理证明从略.

仿照一元函数,凡能使一阶偏导数同时为零的点,均称为函数的**驻点.** 由定理 7.5 可知,对于偏导数存在的函数,极值点为驻点;但是驻点不一定是极值点. 例如,点(0,0)是函数 $z=x^2-y^2$ 的驻点,但不是极值点. 如何判定一个驻点是否为极值点?

定理 7.6(充分条件) 设函数 $z=f(x,y)$ 在点 (x_0,y_0) 的某邻域内有连续的一阶及二阶偏导数,且

$$f_x(x_0,y_0)=0,f_y(x_0,y_0)=0,$$

令

$$f_{xx}(x_0,y_0)=A,f_{xy}(x_0,y_0)=B,f_{yy}(x_0,y_0)=C,$$

则 $f(x,y)$ 在点 (x_0,y_0) 处是否取得极值的条件如下:

(1) 当 $AC-B^2>0$ 时具有极值,当 $A<0$ 时有极大值,当 $A>0$ 时有极小值;

(2) 当 $AC-B^2<0$ 时没有极值;

(3) 当 $AC-B^2=0$ 时可能有极值,也可能没有极值,需另作讨论.

定理证明从略.

根据以上两个定理,把求二元函数 $z=f(x,y)$ 极值的一般步骤归纳如下:

(1) 解方程组 $f_x(x,y)=0,f_y(x,y)=0$,求出实数解,得驻点.

(2) 对于每一个驻点 (x_0,y_0),求出 $f(x,y)$ 的二阶偏导数的值 A、B、C.

(3) 定出 $AC-B^2$ 的符号,再判定是否有极值.

【例 7.28】 求函数 $f(x,y)=y^3-x^2+6x-12y+1$ 的极值.

解 解方程组

$$\begin{cases}f_x(x,y)=-2x+6=0,\\ f_y(x,y)=3y^2-12=0,\end{cases}$$

得驻点为(3,2),(3,−2).

求 $f(x,y)$ 的二阶偏导数

$$f_{xx}(x,y)=-2,f_{xy}(x,y)=0,f_{yy}(x,y)=6y.$$

在点(3,2)处,有 $A=-2,B=0,C=12$. $AC-B^2=-24<0$,由极值的充分条件知,$f(x,y)$ 在(3,2)处没有极值.

在点(3,−2)处,有 $A=-2,B=0,C=-12$. $AC-B^2=24>0$,而 $A=-2<0$,由极值的充分条件知,$f(3,-2)=26$ 是函数的极大值.

二、二元函数的最值

与一元函数相类似,可以利用多元函数的极值来求多元函数的最大值和最小值.

在本章第一节中知,若函数 $z=f(x,y)$ 在有界闭区域 D 上连续,则 $f(x,y)$ 在 D 上必取得最大值和最小值. 而取得最大值和最小值的点既可能是区域内部的点也可能是区域边界上的点. 具体做法是,将函数在 D 内的所有驻点处的函数值以及在 D 的边界上的最大值和最小值相互比较,其中最大者即为最大值,最小者即为最小值.

【例 7.29】 求二元函数 $z=f(x,y)=x^2y(4-x-y)$ 在直线 $x+y=6$,x 轴和 y 轴所围成的闭区域 D(图 7.15)上的最大值与最小值.

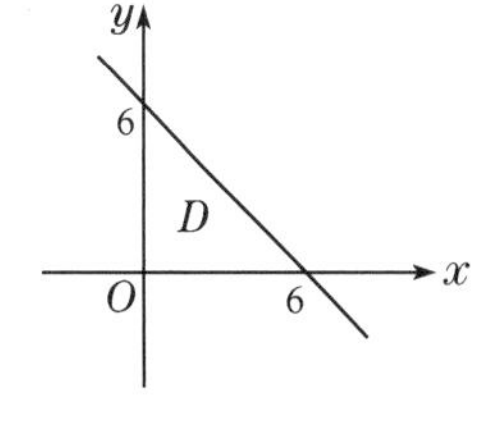

图 7.15

解　先求函数在区域 D 内的驻点，解方程组

$$\begin{cases} f_x(x,y)=2xy(4-x-y)-x^2y=0, \\ f_y(x,y)=x^2(4-x-y)-x^2y=0 \end{cases}$$

得区域 D 内唯一驻点 $(2,1)$，且 $f(2,1)=4$.

再求 $f(x,y)$ 在区域 D 边界上的最值，在边界 $x=0$ 和 $y=0$ 上 $f(x,y)=0$. 在边界 $x+y=6$ 上，即 $y=6-x$，于是

$$f(x,y)=x^2(6-x)(-2),$$

由 $f_x=4x(x-6)+2x^2=0$，得 $x_1=0, x_2=4$，$y=(6-x)\big|_{x=4}=2$，比较后可知 $f(2,1)=4$ 为最大值，$f(4,2)=-64$ 为最小值.

在解决实际问题时，常常根据问题的性质来判断最大值或最小值一定在区域内取得. 这时，如果知道函数 $f(x,y)$ 在区域 D 内只有唯一驻点，则可以断定该驻点处的函数值，就是函数 $f(x,y)$ 在区域 D 上的最大值或最小值.

【例 7.30】 某工厂要用钢板制作一个容器体积 V 一定的无盖长方体盒子，问怎样选取长、宽、高，才能使所用的钢板最省？

解　设盒子长为 x，宽为 y，则高为 $z=\dfrac{V}{xy}$，因此无盖长方体的表面积为

$$S=xy+\frac{V}{xy}(2x+2y)=xy+2V\left(\frac{1}{x}+\frac{1}{y}\right)\quad (x>0, y>0),$$

当表面积 S 最小时，所用钢板最省. 为此，求函数在 D 内的驻点，令

$$\begin{cases} \dfrac{\partial S}{\partial x}=y-\dfrac{2V}{x^2}=0, \\ \dfrac{\partial S}{\partial y}=x-\dfrac{2V}{y^2}=0, \end{cases}$$

解此方程组，得定义区域 D 内唯一驻点 $(\sqrt[3]{2V}, \sqrt[3]{2V})$.

根据实际情况可以断定，S 一定存在最小值且在区域 D 内取得，而函数 S 在区域 D 内只有唯一驻点 $(\sqrt[3]{2V}, \sqrt[3]{2V})$，则该点就是最小值点，即当长 $x=\sqrt[3]{2V}$，宽 $y=\sqrt[3]{2V}$，高为 $z=\dfrac{V}{xy}=\dfrac{1}{2}\sqrt[3]{2V}$ 时，盒子所用钢板最省.

在案例 7.5 中，总收益函数

$$f(x,y)=10(10xy-5x^2-10y^2-x+77y-84),$$

令

$$\begin{cases} f_x=10(10y-10x-1)=0, \\ f_y=10(10x-20y+77)=0, \end{cases}$$

解得唯一驻点 $(7.5, 7.6)$，根据实际情况可以断定，$f(x,y)$ 在 $x>0, y>0$ 时存在最大值，所以当 $x=7.5$ 元，$y=7.6$ 元时总收益最大.

三、条件极值

微课

案例 7.6　有一个过水渠道，其断面 $ABCD$ 为等腰梯形(图 7.16)，在过水断面面积为常数 S 的条件下，求润周 $L=AB+BC+CD$ 的最小值.

分析:这是一个带有约束条件的最值问题.

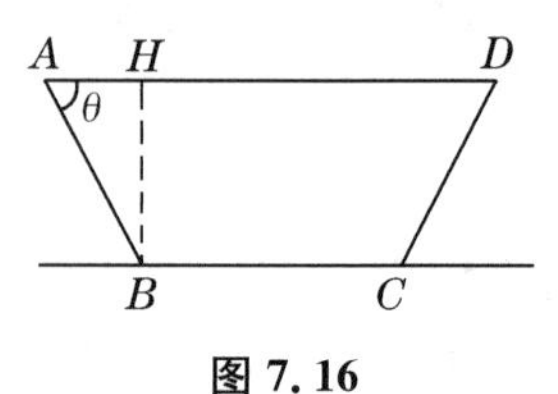

图 7.16

设断面等腰梯形底边 BC 之长为 x,高 BH 之长为 y,$\angle BAH=\theta$,则该过水渠道的润周为

$$L=AB+BC+CD=x+2y\csc\theta\left(x>0,y>0,0<\theta<\frac{\pi}{2}\right),$$

这就是目标函数,而约束条件是

$$S=xy+y^2\cot\theta.$$

这种对自变量有约束条件的极值问题称为**条件极值**.

有些条件极值可以转化为无条件极值来处理. 例如,例 7.30 中,从 $xyz=V$ 中解出 $z=\dfrac{V}{xy}$,代入 $f(x,y,z)=xy+z(2x+2y)$ 中,于是问题转化为求 $S=xy+2V\left(\dfrac{1}{x}+\dfrac{1}{y}\right)$的无条件极值.

但在很多时候,将条件极值转化为无条件极值往往行不通. 为此下面要介绍一种直接求条件极值的方法,这种方法称为**拉格朗日乘数法.**

要找函数 $z=f(x,y)$在条件 $\varphi(x,y)=0$ 下的可能极值点,步骤如下:

(1) 先构造**拉格朗日函数**

$$F(x,y,\lambda)=f(x,y)+\lambda\varphi(x,y),$$

其中 λ 称为**拉格朗日乘数.**

(2) 求函数 $F(x,y,\lambda)$对 x,y,λ 的偏导数,求解以下联立方程组:

$$\begin{cases}F_x=f_x(x,y)+\lambda\varphi_x(x,y)=0,\\F_y=f_y(x,y)+\lambda\varphi_y(x,y)=0,\\F_\lambda=\varphi(x,y)=0.\end{cases}$$

解出 x,y,λ,其中驻点(x,y)就是可能的极值点.

(3) 确定第(2)步求出的驻点(x,y)是否是极值点,对于实际问题,常常可以根据问题本身的性质来确定.

拉格朗日乘数法可推广到自变量多于两个的情况. 要找函数

$$u=f(x,y,z)$$

在条件

$$\varphi(x,y,z)=0,\ \psi(x,y,z)=0$$

下的极值,先构造拉格朗日函数

$$F(x,y,z,\lambda_1,\lambda_2)=f(x,y,z)+\lambda_1\varphi(x,y,z)+\lambda_2\psi(x,y,z),$$

再求函数 $F(x,y,z,\lambda_1,\lambda_2)$的一阶偏导数,并令其为零,得联立方程组,求解方程组得出的点(x,y,z)就是可能的极值点.

【例 7.31】 求解案例 7.6 中的条件极值.

解 作拉格朗日函数 $F(x,y,\theta,\lambda)=x+2y\csc\theta+\lambda(S-xy-y^2\cot\theta)$,令

$$\begin{cases}F_x=1-\lambda y=0,\\F_y=2\csc\theta-\lambda x-2\lambda y\cot\theta=0,\\F_\theta=\lambda y^2\csc^2\theta-2y\csc\theta\cot\theta=0,\\F_\lambda=S-xy-y^2\cot\theta=0.\end{cases}$$

解得 $\theta=\dfrac{\pi}{3}$,$x=\dfrac{2\sqrt{S}}{\sqrt[4]{27}}$,$y=\dfrac{\sqrt{S}}{\sqrt[4]{3}}$,根据实际意义可知,这时有最小润周 $L_{\min}=2\sqrt[4]{3}\sqrt{S}$.

【例 7.32】 某市重点医疗保障企业为抗击新冠肺炎疫情，坚决响应党的“二十大”报告中的“人民至上、生命至上”精神，该企业积极组织生产，扩大产能，计划扩大生产 KN95 口罩、医用 N95 口罩两种产品各 x,y 百万只. 现有产值函数为 $P(x,y)=-x^2-4y^2+8x+24y-15$（万元），两种口罩生产每百万只要消耗熔喷布 2 000 kg. 求：如果现有熔喷布为 12 000 kg（全部用完），求两种产品的产量为多少百万只时产值最大.

解 依题意熔喷布的消耗为 $2\,000(x+y)=12\,000$，即 $x+y=6$. 故本问题是求在 $x+y=6$ 条件下，$P(x,y)=-x^2-4y^2+8x+24y-15$ 何时达到最大的条件极值问题. 现应用拉格朗日乘数法，设 $F(x,y,\lambda)=-x^2-4y^2+8x+24y-15+\lambda(6-x-y)$，建立方程组：

$$\begin{cases}\dfrac{\partial F(x,y,\lambda)}{x}=-2x+8-\lambda=0\\\dfrac{\partial F(x,y,\lambda)}{y}=-8y+24-\lambda=0\\\dfrac{\partial F(x,y,\lambda)}{\lambda}=6-x-y=0\end{cases}$$

得驻点 $$x=3.2,y=2.8.$$

因此，根据问题的实际意义知当两种产品的产量分别为 3.2（百万只），2.8（百万只）时，产品的产值最大，最大产值为 $P(3.2,2.8)=36.2$（万元）.

习题 7.5

1. 求下列函数的极值.

(1) $z=x^2-xy+y^2+9x-6y+10$；

(2) $z=\mathrm{e}^x(x+2y+y^2)$.

2. 求函数 $z=(x^2+y^2-2x)^2$ 在圆域 $x^2+y^2-2x\leqslant 2$ 上的最大值和最小值.

3. 平面 $x+2y-2z-9=0$ 上哪一点到原点的距离最短？

4. 要造一个容积为 V 的圆柱形无盖茶缸，问茶缸的底半径与高各为多少时，才能使其用料最省？

5. 在半径为 R 的半球内，内接一长方体，问其边长各为多少时，体积最大？

6. 求函数 $z=x^2+y^2+1$ 在条件 $x+y-3=0$ 下的极值.

7. 已知矩形的周长为 $2p$，将它绕某一边旋转成一圆柱体，问矩形的长与宽各为多少时，其体积最大？

8. 将一宽为 L cm 的长方形铁皮的两边折起，做成一个断面为等腰梯形的水槽（图 7.17），求此水槽的最大过水面积（断面为等腰梯形的面积）.

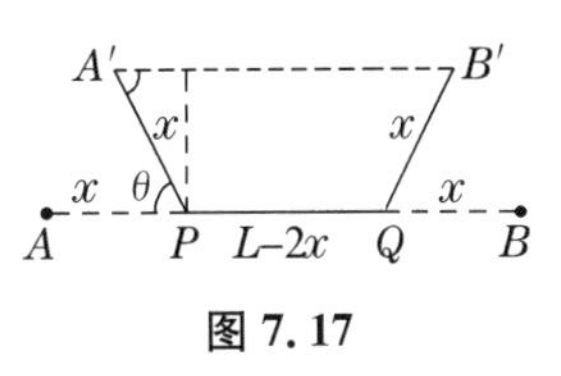

图 7.17

本章小结

一、本章重难点

1. 二元函数偏导数的求法及其几何意义.

2. 复合函数与隐函数微分法.

3. 可微、偏导数与连续的关系.
4. 多元函数求极值(无条件极值与条件极值).

二、知识点概览

本章知识点请微信扫描右侧二维码阅览.

三、疑难解析与例题分析

本章疑难解析与例题分析请微信扫描右侧二维码阅览.

本章习题

一、单项选择题

1. 设函数 $z=(x-y)^2$,则 $\mathrm{d}z\Big|_{x=1,y=0}=$ ( )

A. $2\mathrm{d}x+2\mathrm{d}y$　B. $2\mathrm{d}x-2\mathrm{d}y$　C. $-2\mathrm{d}x+2\mathrm{d}y$　D. $-2\mathrm{d}x-2\mathrm{d}y$

2. 已知函数 $z=z(x,y)$ 由方程 $z^3-3xyz+x^3-2=0$ 所确定,则 $\dfrac{\partial z}{\partial x}\Big|_{\substack{x=0\\y=0}}=$ ( )

A. -1　B. 0　C. 1　D. 2

3. 设 $z=\ln(2x)+\dfrac{3}{y}$ 在点 $(1,1)$ 处的全微分为 ( )

A. $\mathrm{d}x-3\mathrm{d}y$　B. $\mathrm{d}x+3\mathrm{d}y$　C. $\dfrac{1}{2}\mathrm{d}x+3\mathrm{d}y$　D. $\dfrac{1}{2}\mathrm{d}x-3\mathrm{d}y$

4. 设 $z=f(x,y)$ 为由方程 $z^3-3yz+3x=8$ 所确定的函数,则 $\dfrac{\partial z}{\partial y}\Big|_{\substack{x=0\\y=0}}=$ ( )

A. $-\dfrac{1}{2}$　B. $\dfrac{1}{2}$　C. -2　D. 2

5. 设 $u(x,y)=\arctan\dfrac{x}{y}$,$v(x,y)=\ln\sqrt{x^2+y^2}$,则下列等式成立的是 ( )

A. $\dfrac{\partial u}{\partial x}=\dfrac{\partial v}{\partial y}$　B. $\dfrac{\partial u}{\partial x}=\dfrac{\partial v}{\partial x}$　C. $\dfrac{\partial u}{\partial y}=\dfrac{\partial v}{\partial x}$　D. $\dfrac{\partial u}{\partial y}=\dfrac{\partial v}{\partial y}$

二、填空题

1. 设 $z=z(x,y)$ 是由方程 $z^2+xyz=1$ 所确定的函数,则 $\dfrac{\partial z}{\partial x}=$________.

2. 函数 $z=\arctan\dfrac{y}{x}$ 的全微分 $\mathrm{d}z=$________.

3. 设函数 $z=\ln\sqrt{x^2+4y}$,则 $\mathrm{d}z\Big|_{\substack{x=0\\y=0}}=$________.

4. 设函数 $z=z(x,y)$ 由方程 $xz^2+yz=1$ 所确定,则 $\dfrac{\partial z}{\partial x}=$________.

5. 设 $u=\mathrm{e}^{xy}\sin x$,$\dfrac{\partial u}{\partial x}=$________.

三、计算题

1. 设 $z=f(2x+3y,y^2)$,其中函数 f 具有二阶连续偏导数,求 $\dfrac{\partial^2 z}{\partial y^2}$.

2. 设函数 $z=z(x,y)$，由方程 $yz+\ln z=x-y$ 确定，求 $\frac{\partial z}{\partial x},\frac{\partial z}{\partial y}$.

3. 设 $z=f(x^2y,x-y)$，其中函数 f 具有二阶连续偏导数，求 $\frac{\partial^2 z}{\partial x^2}$.

4. 设函数 $z=z(x,y)$，由方程 $\sin(y+z)+xy+z^2=1$ 确定，求 $\frac{\partial z}{\partial x},\frac{\partial z}{\partial y}$.

5. 设 $z=xf\left(y,\frac{x}{y}\right)$，其中函数 f 具有一阶连续偏导数，求全微分 $\mathrm{d}z$.

6. 设 $z=z(x,y)$是由方程 $z+\ln z-xy=0$ 确定的二元函数，求 $\frac{\partial^2 z}{\partial x^2}$.

7. 设 $z=yf(y^2,xy)$，其中函数 f 具有二阶连续偏导数，求 $\frac{\partial^2 z}{\partial x\partial y}$

8. 设 $z=f\left(\frac{x}{y},\varphi(x)\right)$，函数 f 具有二阶连续偏导数，函数 φ 具有连续导数，求 $\frac{\partial^2 z}{\partial x\partial y}$.

四、证明题

设 $z=z(x,y)$是由方程 $y+z=xf(y^2-z^2)$所确定的函数，其中 f 为可导函数，证明：$x\frac{\partial z}{\partial x}+z\frac{\partial z}{\partial y}=y$.

五、综合题

求曲线 $y=\frac{1}{x}(x>0)$的切线，使其在两坐标轴上的截距之和最小，并求此最小值.

思政案例

极值的诗情画意

宋代著名文学家苏轼曾畅游庐山，留有名诗《题西林壁》：

横看成岭侧成峰，远近高低各不同；
不识庐山真面目，只缘身在此山中.

诗的前两句是表现庐山的高低起伏、错落有致.在群山中各个山峰的顶端虽然不一定是群山的最高处，但它却是附近的最高点，将其抽象为函数图像，我们可以思考图像中共有多少个相对于附近的“最高(低)”点？“最高(低)”点处的函数值有何特点？从几何角度结合本章的内容总结如下：

特征一：峰点比附近的点高，谷点比附近的点低，即出现了极值，但极值是一个局部概念，它是局部的最值；极值点一定在区间内部，端点不一定是极值点.

特征二：在峰点和谷点处，若有切线，择切线水平.

特征三：在峰点两侧，曲线由上升转为下降；在谷点两侧，曲线由下降转为上升.

诗的后两句“不识庐山真面目，只缘身在此山中”，即身在庐山之中，视野仅为庐山峰峦的局部，并不是庐山的全貌。这也启迪我们由于所处的地位不同，看问题的出发点不同，对客观事物的认识难免有一定的片面性，要认识事物的真相与全貌，就

必须超越狭小的范围,摆脱主观的成见.

第八章　多元函数积分学及应用

第一节　二重积分的概念与性质

学习目标

理解二重积分的概念,了解二重积分的性质.

在第三章中,我们知道定积分是某种和式结构的极限,如果把这种和式结构的极限推广到定义在区域 D 上的二元函数的情形,便得到二重积分的概念.

微课

一、二重积分的概念

案例 8.1(**曲顶柱体的体积**)　设有一空间立体 V,它的底是 xOy 面上的有界区域 D,它的侧面是以 D 的边界曲线为准线,而母线平行于 z 轴的柱面,它的顶是曲面 $z=f(x,y)$($f(x,y)$在 D 上连续),且 $f(x,y)\geqslant 0$,这种立体称为**曲顶柱体**(图 8.1).下面来求该曲顶柱体的体积 V.

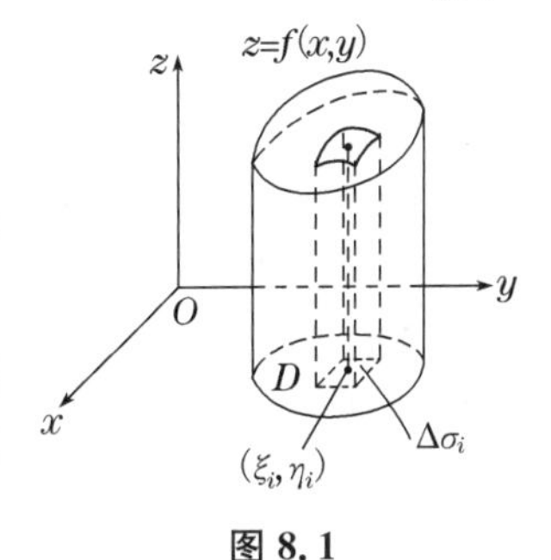

图 8.1

对于平顶柱体,有体积公式:体积=底面积×高.而曲顶柱体的高 $f(x,y)$是变量,它的体积不能直接用平顶柱体的体积公式来计算.但我们可以像在定积分中求曲边梯形面积那样,采用“分割、近似、求和、取极限”的方法来求解,步骤如下:

(1) 分割.用任意一组曲线网将区域 D 分成 n 个小闭区域 $\Delta\sigma_1,\Delta\sigma_2,\cdots,\Delta\sigma_n$,以这些小区域的边界曲线为准线,作母线平行于 z 轴的柱面,这些柱面将原来的曲顶柱体 V 分划成 n 个小曲顶柱体 $\Delta V_1,\Delta V_2,\cdots,\Delta V_n$(假设 $\Delta\sigma_i$ 所对应的小曲顶柱体为 ΔV_i,这里 $\Delta\sigma_i$ 既代表第 i 个小区域,又表示它的面积值,ΔV_i 既代表第 i 个小曲顶柱体,又代表它的体积值).从而 $V=\sum\limits_{i=1}^{n}\Delta V_i$.

(2) 近似.由于 $f(x,y)$连续,对于同一个小区域来说,函数值的变化不大,因此,可以将小曲顶柱体近似地看作小平顶柱体,于是 $\Delta V_i\approx f(\xi_i,\eta_i)\Delta\sigma_i(\forall(\xi_i,\eta_i)\in\Delta\sigma_i)$.

(3) 求和.整个曲顶柱体的体积近似值为 $V\approx\sum\limits_{i=1}^{n}f(\xi_i,\eta_i)\Delta\sigma_i$.

(4) 取极限.为得到 V 的精确值,只需让这 n 个小区域越来越小,即让每个小区域向某点收缩.为此,我们引入区域直径的概念,一个闭区域的直径是指区域上任意两点距离的最大者.所谓让区域向一点收缩性地变小,意指让区域的直径趋向于零.设 n 个小区域直径中的最大者为 λ,则

$$V=\lim_{\lambda\to 0}\sum_{i=1}^{n} f(\xi_i,\eta_i)\Delta\sigma_i.$$

案例 8.2（**平面薄片的质量**） 如图 8.2，设有一平面薄片占有 xOy 面上的区域 D，它在 (x,y) 处的面密度为 $\mu(x,y)$，这里 $\mu(x,y)>0$，而且 $\mu(x,y)$ 在 D 上连续，现计算该平面薄片的质量 M.

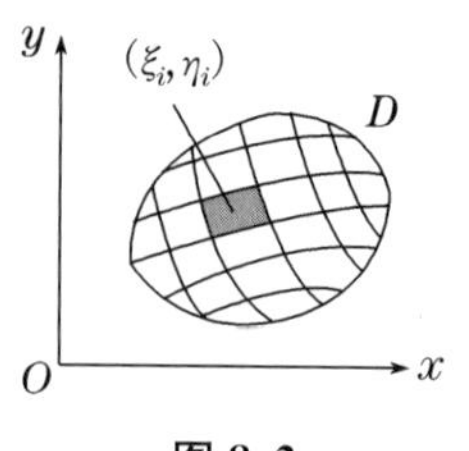

图 8.2

质量分布均匀的平面薄片有质量公式：质量＝面密度×薄片面积. 而对于质量分布非均匀的薄片，其面密度 $\mu(x,y)$ 是变量，因此质量不能直接用上面的公式来计算. 还是采用“分割、近似、求和、取极限”的方法来求解，步骤如下：

(1) 分割. 将 D 任意分成 n 个小区域 $\Delta\sigma_1,\Delta\sigma_2,\cdots,\Delta\sigma_n$，则 $\Delta\sigma_i(i=1,2,\cdots,n)$ 既代表第 i 个小区域又代表它的面积.

(2) 近似. 当 $\Delta\sigma_i$ 的直径很小时，由于 $\mu(x,y)$ 连续，第 i 个小区域的质量分布可近似地看作是均匀的，那么第 i 个小薄片的近似质量可取为 $\mu(\xi_i,\eta_i)\cdot\Delta\sigma_i(\forall(\xi_i,\eta_i)\in\Delta\sigma_i)$.

(3) 求和. $M\approx\sum\limits_{i=1}^{n}\mu(\xi_i,\eta_i)\Delta\sigma_i$.

(4) 取极限. 用 λ_i 表示 $\Delta\sigma_i$ 的直径，$\lambda=\max\limits_{1\leqslant i\leqslant n}\{\lambda_i\}$，则

$$M=\lim_{\lambda\to 0}\sum_{i=1}^{n}\mu(\xi_i,\eta_i)\Delta\sigma_i.$$

两种实际意义完全不同的问题，最终都归结为同一形式的极限问题. 因此，有必要撇开这类极限问题的实际背景，给出一个更广泛、更抽象的数学概念——二重积分.

定义 8.1 设 $f(x,y)$ 是有界闭区域 D 上的有界函数，用曲线网将区域 D 任意分成 n 个小闭区域：$\Delta\sigma_1,\Delta\sigma_2,\cdots,\Delta\sigma_n$，其中 $\Delta\sigma_i$ 既表示第 i 个小闭区域，也表示它的面积. 在每个 $\Delta\sigma_i$ 上任取一点 (ξ_i,η_i)，作乘积

$$f(\xi_i,\eta_i)\Delta\sigma_i\ \ (i=1,2,\cdots,n),$$

并作和

$$\sum_{i=1}^{n} f(\xi_i,\eta_i)\Delta\sigma_i.$$

如果当各小闭区域的直径中的最大值 λ 趋于零时，此和式的极限总存在，则称此极限为函数 $f(x,y)$ 在闭区域 D 上的**二重积分**，记作 $\iint\limits_D f(x,y)\mathrm{d}\sigma$，即

$$\iint\limits_D f(x,y)\mathrm{d}\sigma=\lim_{\lambda\to 0}\sum_{i=1}^{n} f(\xi_i,\eta_i)\Delta\sigma_i,$$

其中 $f(x,y)$ 称为**被积函数**，$f(x,y)\mathrm{d}\sigma$ 称为**被积表达式**，$\mathrm{d}\sigma$ 称为**面积元素**，x 与 y 称为**积分变量**，D 称为**积分区域**，$\sum\limits_{i=1}^{n} f(\xi_i,\eta_i)\Delta\sigma_i$ 称为**积分和**.

可以证明，若 $f(x,y)$ 在有界闭区域 D 上连续，则 $f(x,y)$ 在 D 上的二重积分存在. 以下均假设所讨论的函数 $f(x,y)$ 在有界闭区域 D 上是连续的，从而 $f(x,y)$ 在 D 上的二重积分都存在.

根据二重积分的定义，曲顶柱体体积 V 是曲顶面函数 $f(x,y)$ 在其底面区域 D 上的二

重积分

$$V=\iint_D f(x,y)\mathrm{d}\sigma.$$

平面薄片质量 M 是其质量面密度 $\mu(x,y)$ 在平面薄片所占区域 D 上的二重积分

$$M=\iint_D \mu(x,y)\mathrm{d}\sigma.$$

如果在区域 D 上，$f(x,y)\geqslant 0$，二重积分 $\iint\limits_D f(x,y)\mathrm{d}\sigma$ 的几何意义就是，以 $z=f(x,y)$ 为顶，以 D 为底的曲顶柱体的体积. 如果在区域 D 上，$f(x,y)\leqslant 0$，柱体就在 xOy 面的下方，二重积分的绝对值仍等于柱体的体积，但二重积分的值是负的. 如果 $f(x,y)$ 在 D 的若干部分区域上是正的，而在其他的部分区域上是负的，我们可以把 xOy 面上方的柱体体积取成正，xOy 面下方的柱体体积取成负，则 $f(x,y)$ 在 D 上的二重积分就等于这些部分区域上的柱体体积的代数和.

二、二重积分的性质

二重积分与定积分有相类似的性质.

性质 8.1　$\iint\limits_D [f(x,y)\pm g(x,y)]\mathrm{d}\sigma=\iint\limits_D f(x,y)\mathrm{d}\sigma\pm\iint\limits_D g(x,y)\mathrm{d}\sigma.$

性质 8.2　$\iint\limits_D kf(x,y)\mathrm{d}\sigma=k\iint\limits_D f(x,y)\mathrm{d}\sigma$，其中 k 为常数.

性质 8.3(对区域的可加性)　若有界闭区域 D 分为两个部分闭区域 D_1 与 D_2，且它们除边界外无公共点，则

$$\iint_D f(x,y)\mathrm{d}\sigma=\iint_{D_1} f(x,y)\mathrm{d}\sigma+\iint_{D_2} f(x,y)\mathrm{d}\sigma.$$

性质 8.4　若在有界闭区域 D 上，$f(x,y)=1$，σ 为区域 D 的面积，则 $\iint\limits_D 1\mathrm{d}\sigma=\iint\limits_D \mathrm{d}\sigma=\sigma.$

该性质的几何意义为：高为 1 的平顶柱体的体积在数值上等于柱体的底面积 σ.

性质 8.5　若在有界闭区域 D 上，$f(x,y)\leqslant\varphi(x,y)$，则

$$\iint_D f(x,y)\mathrm{d}\sigma\leqslant\iint_D \varphi(x,y)\mathrm{d}\sigma.$$

特别地，由于 $-|f(x,y)|\leqslant f(x,y)\leqslant|f(x,y)|$，有

$$\left|\iint_D f(x,y)\mathrm{d}\sigma\right|\leqslant\iint_D |f(x,y)|\mathrm{d}\sigma.$$

性质 8.6(估值定理)　设 M 与 m 分别是 $f(x,y)$ 在有界闭区域 D 上最大值和最小值，σ 是 D 的面积，则

$$m\sigma\leqslant\iint_D f(x,y)\mathrm{d}\sigma\leqslant M\sigma.$$

性质 8.7(二重积分的中值定理)　设函数 $f(x,y)$ 在有界闭区域 D 上连续，σ 是 D 的面积，则在 D 上至少存在一点 (ξ,η)，使得

$$\iint_D f(x,y)\mathrm{d}\sigma = f(\xi,\eta)\sigma.$$

【例 8.1】 估计二重积分 $I=\iint_D (x^2+4y^2+9)\mathrm{d}\sigma$ 的值，其中 D 是圆域：$x^2+y^2\leqslant 4$.

解 易知被积函数 $f(x,y)=x^2+4y^2+9$ 在区域 D 上的最大值为 25，最小值为 9，圆域 D 的面积 $\sigma=4\pi$，于是利用性质 8.8(估值定理)得

$$9\times 4\pi \leqslant I \leqslant 25\times 4\pi,$$

即 $I\in[36\pi,100\pi]$.

【例 8.2】 比较积分 $\iint_D \ln(x+y)\mathrm{d}\sigma$ 与 $\iint_D [\ln(x+y)]^2\mathrm{d}\sigma$ 的大小，其中 D 是以(1,0)，(1,1)，(2,0)为顶点的三角形闭区域.

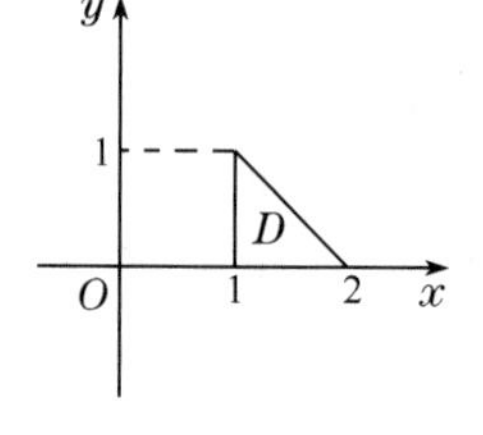

图 8.3

解 如图 8.3，三角形斜边方程 $x+y=2$，在 D 内有 $1\leqslant x+y\leqslant 2<\mathrm{e}$，故 $0\leqslant \ln(x+y)<1$，于是 $\ln(x+y)>[\ln(x+y)]^2$，因此

$$\iint_D \ln(x+y)\mathrm{d}\sigma > \iint_D [\ln(x+y)]^2\mathrm{d}\sigma.$$

习题 8.1

1. 填空题.

(1) 设有一平面薄片，占有 xOy 面上的闭区域 D. 如果该薄片上分布有面密度为 $q(x,y)$ 的电荷，且 $q(x,y)$ 在 D 上连续，则该薄片上的全部电荷 Q 用二重积分可表示为__________.

(2) 由平面 $x+y+z=1$ 和三坐标面所围成的立体体积用二重积分可表示为__________.

(3) 由二重积分的几何意义，$\iint_D 5\mathrm{d}\sigma=$__________，其中 D 为圆域：$x^2+y^2\leqslant 9$.

(4) 由二重积分的几何意义，$\iint_D \sqrt{25-x^2-y^2}\,\mathrm{d}\sigma=$__________，其中 D 为圆域：$x^2+y^2\leqslant 25$.

2. 利用二重积分的性质比较下列积分的大小.

(1) $\iint_D (x+y)\mathrm{d}\sigma$ 与 $\iint_D \sqrt{x+y}\,\mathrm{d}\sigma$，其中 D 是由 x 轴，y 轴以及直线 $x+y=1$ 所围成的闭区域；

(2) $\iint_D (x+y)^2\mathrm{d}\sigma$ 与 $\iint_D (x+y)^3\mathrm{d}\sigma$，其中 D 是圆域：$(x-2)^2+(y-1)^2\leqslant 2$.

3. 估计下列二重积分的值.

(1) $\iint_D (x+y+1)\mathrm{d}\sigma$，其中 $D=\{(x,y)\,|\,0\leqslant x\leqslant 1,0\leqslant y\leqslant 2\}$；

(2) $\iint_D (x^2+y^2+1)\mathrm{d}\sigma$，其中 $D=\{(x,y)\,|\,1\leqslant x^2+y^2\leqslant 2\}$.

第二节　二重积分的计算法

学习目标

1. 熟练掌握在直角坐标下计算二重积分的方法.
2. 掌握在极坐标系下计算二重积分的方法.

利用二重积分的定义来计算二重积分通常很困难,所以必须寻找一种比较方便的计算方法.一般,二重积分的计算是通过两个定积分的计算(即二次积分)来实现的.

一、利用直角坐标计算二重积分

微课

由于二重积分的定义中对区域 D 的划分是任意的,若用一组平行于坐标轴的直线来划分区域 D,那么除了靠近边界曲线的一些小区域之外,绝大多数的小区域都是矩形,因此,可以将 $\mathrm{d}\sigma$ 记作 $\mathrm{d}x\mathrm{d}y$(并称 $\mathrm{d}x\mathrm{d}y$ 为**直角坐标系下的面积元素**),于是二重积分也可表示成为

$$\iint_D f(x,y)\mathrm{d}x\mathrm{d}y.$$

如果积分区域 D 可表示为 $\varphi_1(x)\leqslant y\leqslant\varphi_2(x)$,$a\leqslant x\leqslant b$,其中函数 $\varphi_1(x)$,$\varphi_2(x)$ 在区间 $[a,b]$ 上连续,这种区域称为 **X 型区域**(图 8.4).

如果积分区域 D 可表示为 $\psi_1(y)\leqslant x\leqslant\psi_2(y)$,$c\leqslant y\leqslant d$,其中函数 $\psi_1(y)$,$\psi_2(y)$ 在区间 $[c,d]$ 上连续,这种区域称为 **Y 型区域**(图 8.5).

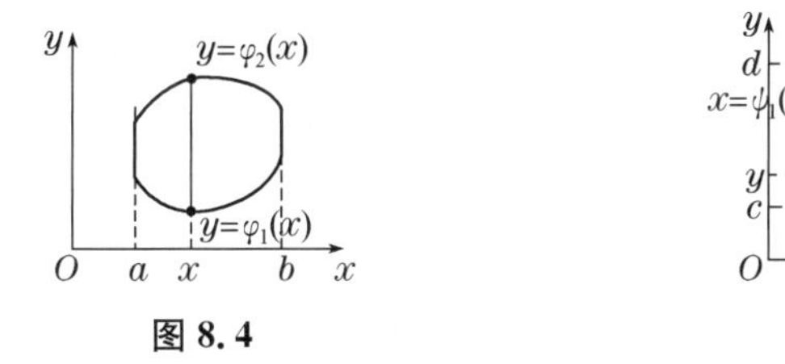

图 8.4　　　　图 8.5

X 型区域的特点是:穿过区域内部且平行于 y 轴的直线与区域边界相交不多于两个交点;Y 型区域的特点是:穿过区域内部且平行于 x 轴的直线与区域边界相交不多于两个交点.

下面,首先来讨论 X 型区域上的二重积分的计算问题.

设区域 D 是 X 型区域,连续函数 $f(x,y)\geqslant 0$,由二重积分的几何意义可知,$\iint_D f(x,y)\mathrm{d}x\mathrm{d}y$ 的值等于以 D 为底,以曲面 $z=f(x,y)$ 为顶的曲顶柱体的体积 V(图 8.6).

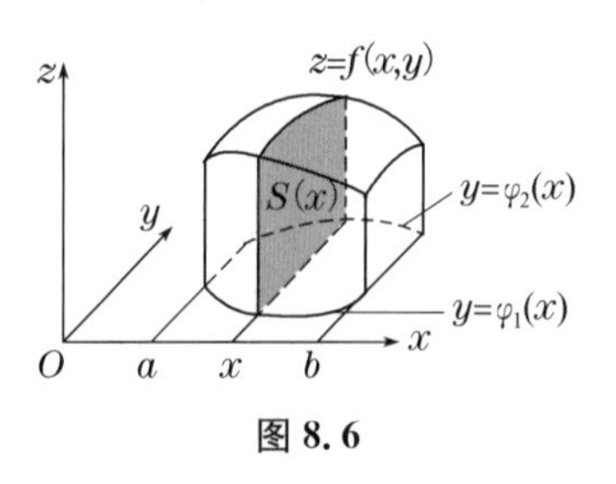

图 8.6

在区间 $[a,b]$ 上任取一点 x(先将 x 视为一定值),过点 $(x,0,0)$ 作垂直于 x 轴的平面与曲顶柱体相截,所得截面是一个以区间 $[\varphi_1(x),\varphi_2(x)]$ 为底,以曲线 $z=f(x,y)$ 为曲边

的曲边梯形(图 8.6 中阴影部分). 设其面积为 $S(x)$,根据定积分的几何意义得

$$S(x)=\int_{\varphi_1(x)}^{\varphi_2(x)} f(x,y)\mathrm{d}y.$$

再由定积分应用中介绍的计算"平行截面面积为已知的立体体积"的方法可得,曲顶柱体的体积为

$$V=\int_a^b S(x)\mathrm{d}x=\int_a^b \left[\int_{\varphi_1(x)}^{\varphi_2(x)} f(x,y)\mathrm{d}y\right]\mathrm{d}x,$$

从而有

$$\iint\limits_D f(x,y)\mathrm{d}x\mathrm{d}y=\int_a^b \left[\int_{\varphi_1(x)}^{\varphi_2(x)} f(x,y)\mathrm{d}y\right]\mathrm{d}x,$$

记作

$$\iint\limits_D f(x,y)\mathrm{d}x\mathrm{d}y=\int_a^b \mathrm{d}x\int_{\varphi_1(x)}^{\varphi_2(x)} f(x,y)\mathrm{d}y. \tag{8.1}$$

式(8.1)表明,二重积分可以通过两次定积分进行计算,第一次计算 $\int_{\varphi_1(x)}^{\varphi_2(x)} f(x,y)\mathrm{d}y$ 时,把 x 看作常数,y 是积分变量. 所以式(8.1)也称为先对 y 后对 x 的二次积分公式.

以上讨论中,假定 $f(x,y)\geqslant 0$,但实际上式(8.1)的成立并不受此限制.

类似地,当积分区域 D 是 Y 型区域时,连续函数 $f(x,y)$ 在 D 上的二重积分化作(先对 x 后对 y 的)二次积分的计算公式为

$$\iint\limits_D f(x,y)\mathrm{d}\sigma=\int_c^d \mathrm{d}y\int_{\psi_1(y)}^{\psi_2(y)} f(x,y)\mathrm{d}x. \tag{8.2}$$

如果积分区域 D 既是 X 型区域,又是 Y 型区域,这时 D 上的二重积分,既可以用式(8.1)计算,也可以用式(8.2)计算.

如果积分区域 D 既不是 X 型区域,又不是 Y 型区域(图 8.7),则可把 D 分成几部分,使每个部分是 X 型区域或是 Y 型区域,每部分上的二重积分求得后,根据二重积分对于积分区域具有可加性,它们的和就是在 D 上的二重积分.

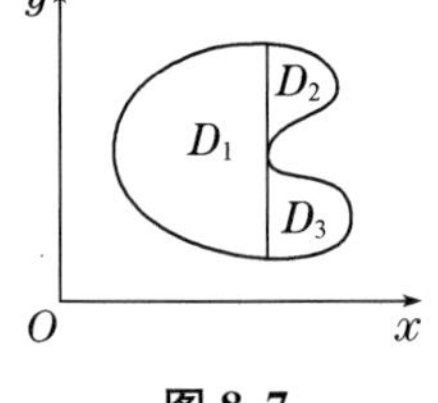

图 8.7

【例 8.3】 计算二重积分 $\iint\limits_D (x^2+y)\mathrm{d}x\mathrm{d}y$,其中 D 是由曲线 $y=x^2$ 与 $y^2=x$ 所围成的区域.

解 如图 8.8 所示,积分区域 D 既是 X 型区域,又是 Y 型区域. 如果将 D 看作 X 型区域,则 $D=\{(x,y)\mid x^2\leqslant y\leqslant\sqrt{x},0\leqslant x\leqslant 1\}$,因此有

$$\begin{aligned}\iint\limits_D (x^2+y)\mathrm{d}x\mathrm{d}y&=\int_0^1 \mathrm{d}x\int_{x^2}^{\sqrt{x}}(x^2+y)\mathrm{d}y\\&=\int_0^1\left(x^2y+\frac{1}{2}y^2\right)\Big|_{x^2}^{\sqrt{x}}\mathrm{d}x\\&=\int_0^1\left(x^{\frac{5}{2}}+\frac{x}{2}-\frac{3}{2}x^4\right)\mathrm{d}x\\&=\left(\frac{2}{7}x^{\frac{7}{2}}+\frac{x^2}{4}-\frac{3}{10}x^5\right)\Big|_0^1=\frac{33}{140}.\end{aligned}$$

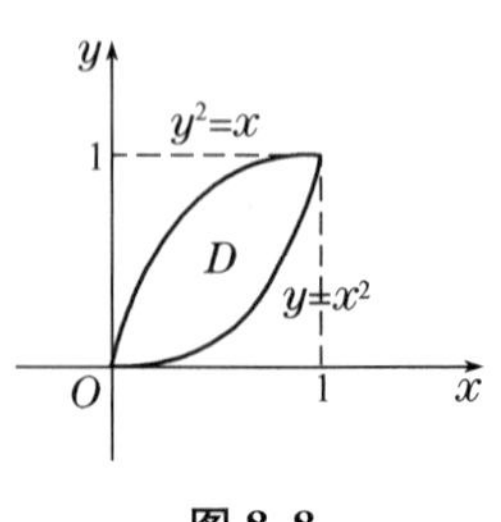

图 8.8

【例 8.4】 计算二重积分$\iint\limits_D xy\mathrm{d}x\mathrm{d}y$，其中$D$是由直线$y=x-2$与曲线$y^2=x$所围成的区域.

解　先求解方程组$\begin{cases}y=x-2,\\ y^2=x,\end{cases}$得到区域$D$边界曲线的交点坐标$A(4,2)$和$B(1,-1)$，作区域$D$的示意图(图 8.9).

如果将D看作Y型区域，则$D=\{(x,y)\mid y^2\leqslant x\leqslant y+2,-1\leqslant y\leqslant 2\}$，因此有

$$\begin{aligned}\iint\limits_D xy\mathrm{d}x\mathrm{d}y &= \int_{-1}^{2}\mathrm{d}y\int_{y^2}^{y+2}xy\mathrm{d}x\\ &=\int_{-1}^{2}y\left(\frac{x^2}{2}\right)\Bigg|_{y^2}^{y+2}\mathrm{d}y\\ &=\frac{1}{2}\int_{-1}^{2}[y(y+2)^2-y^5]\mathrm{d}y\\ &=\frac{1}{2}\left(\frac{y^4}{4}+\frac{4y^3}{3}+2y^2-\frac{y^6}{6}\right)\Bigg|_{-1}^{2}\\ &=\frac{45}{8}.\end{aligned}$$

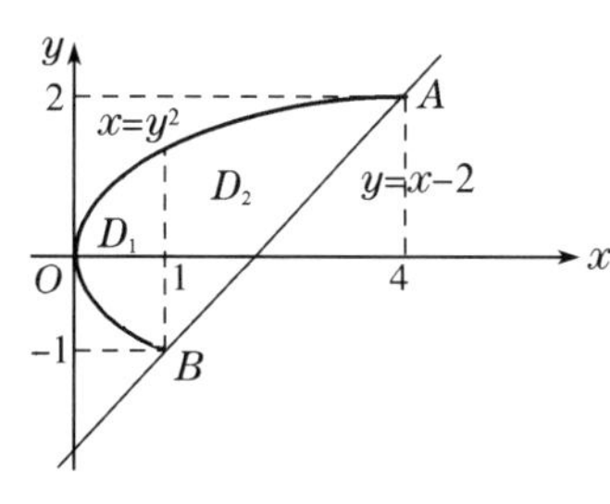

图 8.9

如果将D看作X型区域，因D的下边曲线是由$y=-\sqrt{x}$和$y=x-2$组成，应该用直线$x=1$将D分成D_1和D_2两个区域，其中

$$D_1=\{(x,y)\mid -\sqrt{x}\leqslant y\leqslant\sqrt{x},0\leqslant x\leqslant 1\},D_2=\{(x,y)\mid x-2\leqslant y\leqslant\sqrt{x},1\leqslant x\leqslant 4\},$$

于是有

$$\begin{aligned}\iint\limits_D xy\mathrm{d}x\mathrm{d}y &= \iint\limits_{D_1}xy\mathrm{d}x\mathrm{d}y+\iint\limits_{D_2}xy\mathrm{d}x\mathrm{d}y\\ &=\int_0^1\mathrm{d}x\int_{-\sqrt{x}}^{\sqrt{x}}xy\mathrm{d}y+\int_1^4\mathrm{d}x\int_{x-2}^{\sqrt{x}}xy\mathrm{d}y\\ &=\cdots=\frac{45}{8}.\end{aligned}$$

可见，选择积分次序很重要.

【例 8.5】 计算二重积分$\iint\limits_D \mathrm{e}^{-y^2}\mathrm{d}x\mathrm{d}y$，其中$D$是以$(0,0)$，$(1,1)$，$(0,1)$为顶点的三角形.

解　因为积分$\int\mathrm{e}^{-y^2}\mathrm{d}y$无法用初等函数表示，所以积分时必须考虑次序，应先对x积分. 作区域D的示意图(图 8.10). 将D看作Y型区域，则

$$D=\{(x,y)\mid 0\leqslant x\leqslant y,0\leqslant y\leqslant 1\},$$

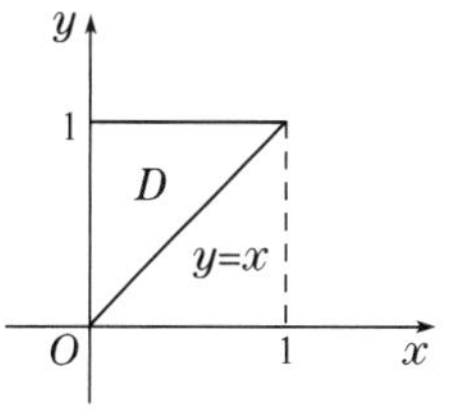

因此有

$$\begin{aligned}\iint\limits_D \mathrm{e}^{-y^2}\mathrm{d}x\mathrm{d}y &= \int_0^1\mathrm{d}y\int_0^y\mathrm{e}^{-y^2}\mathrm{d}x=\int_0^1\mathrm{e}^{-y^2}\cdot y\mathrm{d}y\\ &=-\frac{1}{2}\mathrm{e}^{-y^2}\Bigg|_0^1=\frac{1}{2}(1-\mathrm{e}^{-1}).\end{aligned}$$

图 8.10

在化二重积分为二次积分时，为了计算简便，需要选择恰当的二次积分的次序. 这时，即要考虑积分区域 D 的形状，又要考虑被积函数 $f(x,y)$ 的特性.

【例 8.6】 交换二次积分 $I=\int_{-1}^{0}\mathrm{d}x\int_{x+1}^{\sqrt{1-x^2}}f(x,y)\mathrm{d}y$ 的积分次序.

解 由给定二次积分的上、下限，得到积分区域 D 为

$$D=\{(x,y)\,|\,x+1\leqslant y\leqslant\sqrt{1-x^2},-1\leqslant x\leqslant 0\},$$

即 D 是由直线 $y-x+1$ 和圆 $y=\sqrt{1-x^2}$ 所围成的区域(图 8.11). 再将 D 看作 Y 型区域，

$$D=\{(x,y)\,|\,-\sqrt{1-y^2}\leqslant x\leqslant y-1,0\leqslant y\leqslant 1\},\text{于是}$$

$$I=\int_{0}^{1}\mathrm{d}y\int_{-\sqrt{1-y^2}}^{y-1}f(x,y)\mathrm{d}x.$$

图 8.11

二、利用极坐标计算二重积分

微课

某些二重积分，积分区域 D 的边界曲线用极坐标方程来表示比较方便，且被积函数 $f(x,y)$ 在极坐标系下的表达式比较简单，这时就想到利用极坐标来计算二重积分.

在极坐标系下，假定从极点 O 出发且穿过有界闭区域 D 内部的射线与 D 的边界曲线相交不多于两点. 用极坐标系中的两组曲线 $\rho=$ 常数和 $\theta=$ 常数(即一组同心圆和一组过极点的射线)来划分 D，把 D 分成 n 个小闭区域(图 8.12). 每个小闭区域的面积

$$\begin{aligned}\Delta\sigma_i&=\frac{1}{2}(\rho_i+\Delta\rho_i)^2\cdot\Delta\theta_i-\frac{1}{2}\rho_i^2\cdot\Delta\theta_i\\&=\frac{1}{2}(2\rho_i+\Delta\rho_i)\Delta\rho_i\cdot\Delta\theta_i\approx\rho_i\cdot\Delta\rho_i\cdot\Delta\theta_i,\end{aligned}$$

因此，面积元素 $\mathrm{d}\sigma=\rho\mathrm{d}\rho\mathrm{d}\theta$，称为**极坐标系中的面积元素**. 再根据直角坐标与极坐标之间的关系 $x=\rho\cos\theta,y=\rho\sin\theta$，可得

$$\iint\limits_{D}f(x,y)\mathrm{d}x\mathrm{d}y=\iint\limits_{D}f(\rho\cos\theta,\rho\sin\theta)\rho\mathrm{d}\rho\mathrm{d}\theta.$$

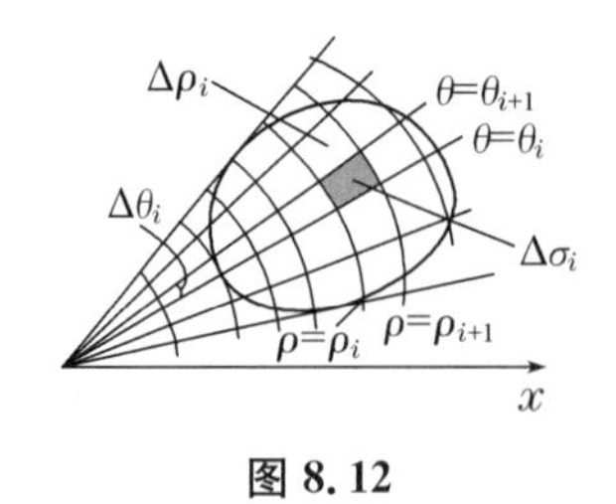

图 8.12

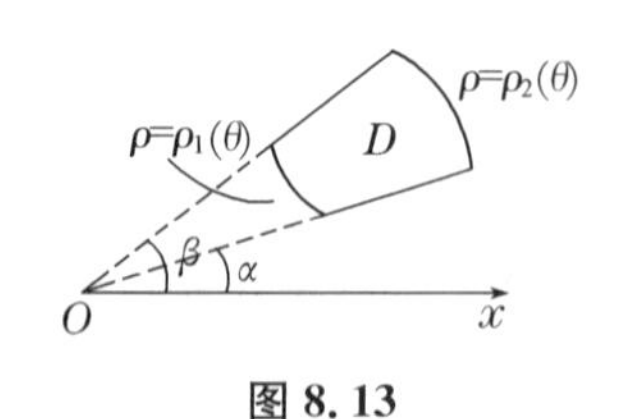

图 8.13

极坐标系中的二重积分，同样可以化归为二次积分来计算. 在化二次积分时，通常是选择先对 ρ 积分，再对 θ 积分. 下面分三种情况讨论.

(1) 极点 O 在区域 D 的外部，如图 8.13 所示，这时区域 D 可表示为

$$D=\{(\rho,\theta)\,|\,\rho_1(\theta)\leqslant\rho\leqslant\rho_2(\theta),\alpha\leqslant\theta\leqslant\beta\},$$

其中函数 $\rho_1(\theta)$，$\rho_2(\theta)$ 在 $[\alpha,\beta]$ 上连续，于是

$$\iint\limits_D f(\rho\cos\theta,\rho\sin\theta)\rho\mathrm{d}\rho\mathrm{d}\theta=\int_\alpha^\beta\mathrm{d}\theta\int_{\rho_1(\theta)}^{\rho_2(\theta)}f(\rho\cos\theta,\rho\sin\theta)\rho\mathrm{d}\rho.$$

(2) 极点 O 在区域 D 的边界上，如图 8.14 所示，这时区域 D 可表示为

$$D=\{(\rho,\theta)\mid 0\leqslant\rho\leqslant\rho(\theta),\alpha\leqslant\theta\leqslant\beta\},$$

其中函数 $\rho(\theta)$ 在 $[\alpha,\beta]$ 上连续，于是

$$\iint\limits_D f(\rho\cos\theta,\rho\sin\theta)\rho\mathrm{d}\rho\mathrm{d}\theta=\int_\alpha^\beta\mathrm{d}\theta\int_0^{\rho(\theta)}f(\rho\cos\theta,\rho\sin\theta)\rho\mathrm{d}\rho.$$

图 8.14　　　　**图 8.15**

(3) 极点 O 在区域 D 的内部，如图 8.15 所示，这时区域 D 可表示为

$$D=\{(\rho,\theta)\mid 0\leqslant\rho\leqslant\rho(\theta),0\leqslant\theta\leqslant 2\pi\},$$

其中函数 $\rho(\theta)$ 在 $[\alpha,\beta]$ 上连续，于是

$$\iint\limits_D f(\rho\cos\theta,\rho\sin\theta)\rho\mathrm{d}\rho\mathrm{d}\theta=\int_0^{2\pi}\mathrm{d}\theta\int_0^{\rho(\theta)}f(\rho\cos\theta,\rho\sin\theta)\rho\mathrm{d}\rho.$$

【例 8.7】　计算二重积分 $\iint\limits_D \mathrm{e}^{-x^2-y^2}\mathrm{d}x\mathrm{d}y$，其中 D 是圆 $x^2+y^2=a^2$ 所围成的闭区域.

解　在极坐标系下，$D=\{(\rho,\theta)\mid 0\leqslant\rho\leqslant a,0\leqslant\theta\leqslant 2\pi\}$，于是

$$\iint\limits_D \mathrm{e}^{-x^2-y^2}\mathrm{d}x\mathrm{d}y=\iint\limits_D \mathrm{e}^{-\rho^2}\rho\mathrm{d}\rho\mathrm{d}\theta=\int_0^{2\pi}\mathrm{d}\theta\int_0^a\mathrm{e}^{-\rho^2}\rho\mathrm{d}\rho=\pi(1-\mathrm{e}^{-a^2}).$$

可利用上述结果来计算工程上常用的反常积分 $\int_0^{+\infty}\mathrm{e}^{-x^2}\mathrm{d}x=\frac{\sqrt{\pi}}{2}$.

【例 8.8】　计算二重积分 $\iint\limits_D x^2\mathrm{d}x\mathrm{d}y$，其中 D 是圆环 $1\leqslant x^2+y^2\leqslant 4$ 所围成的闭区域.

解　在极坐标系下，$D=\{(\rho,\theta)\mid 1\leqslant\rho\leqslant 2,0\leqslant\theta\leqslant 2\pi\}$，于是

$$\begin{aligned}\iint\limits_D x^2\mathrm{d}x\mathrm{d}y&=\iint\limits_D(\rho\cos\theta)^2\rho\mathrm{d}\rho\mathrm{d}\theta=\int_0^{2\pi}\mathrm{d}\theta\int_1^2\rho^3\cos^2\theta\mathrm{d}\rho\\&=\int_1^2\rho^3\mathrm{d}\rho\int_0^{2\pi}\cos^2\theta\mathrm{d}\theta=\frac{1}{4}\rho^4\Big|_1^2\cdot\frac{1}{2}\int_0^{2\pi}(1+\cos 2\theta)\mathrm{d}\theta\\&=\frac{15}{4}\cdot\frac{1}{2}\left(\theta+\frac{1}{2}\sin 2\theta\right)\Big|_0^{2\pi}=\frac{15}{4}\pi.\end{aligned}$$

【例 8.9】　计算二重积分 $\iint\limits_D\sqrt{x^2+y^2}\mathrm{d}x\mathrm{d}y$，其中 D 是圆 $x^2+y^2=2x$ 所围成的闭区域.

解　在极坐标系下，$D=\left\{(\rho,\theta)\mid 0\leqslant\rho\leqslant 2\cos\theta,-\frac{\pi}{2}\leqslant\theta\leqslant\frac{\pi}{2}\right\}$，如图 8.16 所示，于是

$$\iint\limits_D\sqrt{x^2+y^2}\mathrm{d}x\mathrm{d}y=\iint\limits_D\rho\cdot\rho\mathrm{d}\rho\mathrm{d}\theta$$

$$
\begin{aligned}
&=\int_{-\frac{\pi}{2}}^{\frac{\pi}{2}} \mathrm{d}\theta \int_{0}^{2\cos\theta} \rho^{2}\,\mathrm{d}\rho=\frac{8}{3}\int_{-\frac{\pi}{2}}^{\frac{\pi}{2}} \cos^{3}\theta\,\mathrm{d}\theta \\
&=\frac{16}{3}\int_{0}^{\frac{\pi}{2}} (1-\sin^{2}\theta)\,\mathrm{d}\sin\theta \\
&=\frac{16}{3}\left(\sin\theta-\frac{1}{3}\sin^{3}\theta\right)\Big|_{0}^{\frac{\pi}{2}} \\
&=\frac{32}{9}.
\end{aligned}
$$

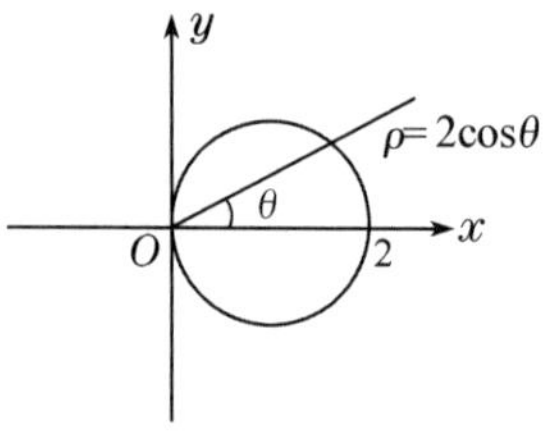

图 8.16

一般,如果二重积分中被积函数是以 x^2+y^2,$\frac{y}{x}$,$\frac{x}{y}$ 为变量的函数,积分区域为环形域、扇形域等,则利用极坐标计算二重积分比较方便些.

习题 8.2

1. 把二重积分 $\iint\limits_{D} f(x,y)\mathrm{d}\sigma$ 化为二次积分,其中区域 D 是:

(1) 由直线 $x=2,x=3,y=1,y=4$ 所围成的矩形区域;

(2) 由曲线 $y^2=2x$ 与直线 $y=x$ 所围成的区域.

2. 在直角坐标系下,计算下列二重积分.

(1) $\iint\limits_{D} \frac{y}{x}\mathrm{d}x\mathrm{d}y$,其中 D 由直线 $y=x,y=2x,x=2,x=4$ 所围成的区域;

(2) $\iint\limits_{D} \frac{\sin y}{y}\mathrm{d}x\mathrm{d}y$,其中 D 由直线 $y=x,y=\frac{\pi}{2},y=\pi,x=0$ 所围成的区域;

(3) $\iint\limits_{D} (3x+2y)\mathrm{d}x\mathrm{d}y$,其中 D 由直线 $x+y=2$ 和两坐标轴所围成的区域;

(4) $\iint\limits_{D} xy^2\mathrm{d}x\mathrm{d}y$,其中 $D=\{(x,y)\,|\,x^2+y^2\leqslant 4,x\geqslant 0\}$;

(5) $\iint\limits_{D} \cos(x+y)\mathrm{d}x\mathrm{d}y$,其中 D 由直线 $y=x,y=\pi,x=0$ 所围成的区域;

(6) $\iint\limits_{D} \frac{x^2}{y^3}\mathrm{d}x\mathrm{d}y$,其中 D 由直线 $y=x,x=2$ 和双曲线 $xy=1$ 所围成的区域.

3. 交换下列二次积分的次序.

(1) $\int_0^1 \mathrm{d}x\int_x^{2x} f(x,y)\mathrm{d}y$;

(2) $\int_0^1 \mathrm{d}y\int_{-\sqrt{1-y^2}}^{\sqrt{1-y^2}} f(x,y)\mathrm{d}x$;

(3) $\int_1^{\mathrm{e}} \mathrm{d}x\int_0^{\ln x} f(x,y)\mathrm{d}y$;

(4) $\int_0^1 \mathrm{d}x\int_0^{x^2} f(x,y)\mathrm{d}y+\int_1^3 \mathrm{d}x\int_0^{\frac{1}{2}(3-x)} f(x,y)\mathrm{d}y$.

4. 将二重积分 $\int_0^2 \mathrm{d}y\int_0^{\sqrt{2y-y^2}} f(x^2+y^2)\mathrm{d}x$ 化为极坐标系下的二次积分.

5. 在极坐标系下，计算下列二重积分.

(1) $\iint\limits_D y\,\mathrm{d}\sigma$，其中 $D=\{(x,y)\,|\,x^2+y^2\leqslant 9, x\geqslant 0, y\geqslant 0\}$；

(2) $\iint\limits_D \sqrt{4-x^2-y^2}\,\mathrm{d}\sigma$，其中 $D=\{(x,y)\,|\,x^2+y^2\leqslant 2x\}$；

(3) $\iint\limits_D \sqrt{x^2+y^2}\,\mathrm{d}x\mathrm{d}y$，其中 $D=\{(x,y)\,|\,a^2\leqslant x^2+y^2\leqslant b^2\}(b>a>0)$；

(4) $\iint\limits_D \arctan\dfrac{y}{x}\,\mathrm{d}x\mathrm{d}y$，其中 $D=\{(x,y)\,|\,1\leqslant x^2+y^2\leqslant 4, y\geqslant 0, y\leqslant x\}$.

第三节　二重积分的应用

学习目标

会用二重积分计算一些几何量(立体体积，曲面面积)和一些物理量(质量与质心，转动惯量).

一、二重积分在几何上的应用

微课

1. 空间立体体积

由二重积分的几何意义可知，当在区域 D 上的连续函数 $f(x,y)\geqslant 0$ 时，以 D 为底、曲面 $z=f(x,y)$ 为曲顶、母线平行于 z 轴的曲顶柱体体积为

$$V=\iint\limits_D f(x,y)\,\mathrm{d}\sigma;$$

当 $f(x,y)\leqslant 0$ 时，

$$V=-\iint\limits_D f(x,y)\,\mathrm{d}\sigma.$$

总之，

$$V=\iint\limits_D |f(x,y)|\,\mathrm{d}\sigma.$$

【例 8.10】 求由四个平面 $x=0, y=0, x=1, y=1$ 所围成的柱体被平面 $z=0$ 及 $2x+3y+z=6$ 所截的立体体积.

解 空间立体如图 8.17 所示，该立体的曲顶面方程是 $z=6-2x-3y$，它在 xOy 面上的投影区域 D 为

$$D=\{(x,y)\,|\,0\leqslant x\leqslant 1, 0\leqslant y\leqslant 1\}.$$

故所求体积为

$$V=\iint\limits_D(6-2x-3y)\,\mathrm{d}\sigma=\int_0^1\mathrm{d}x\int_0^1(6-2x-3y)\,\mathrm{d}y$$

$$=\int_0^1\left(6y-2xy-\frac{3}{2}y^2\right)\Big|_0^1\mathrm{d}x=\int_0^1\left(\frac{9}{2}-2x\right)\mathrm{d}x$$

$$=\left(\frac{9}{2}x-x^2\right)\Big|_0^1=\frac{7}{2}.$$

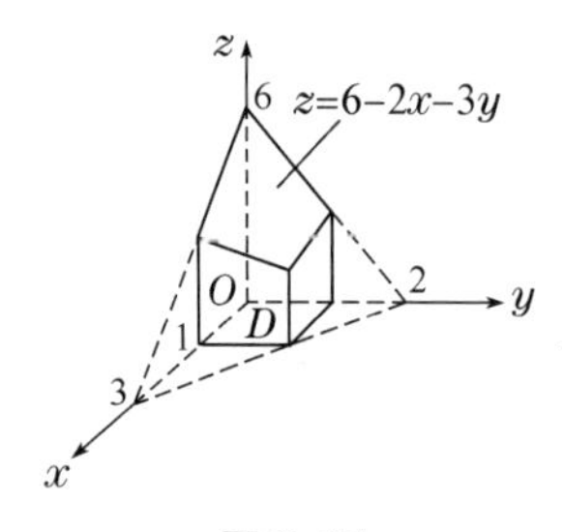

图 8.17

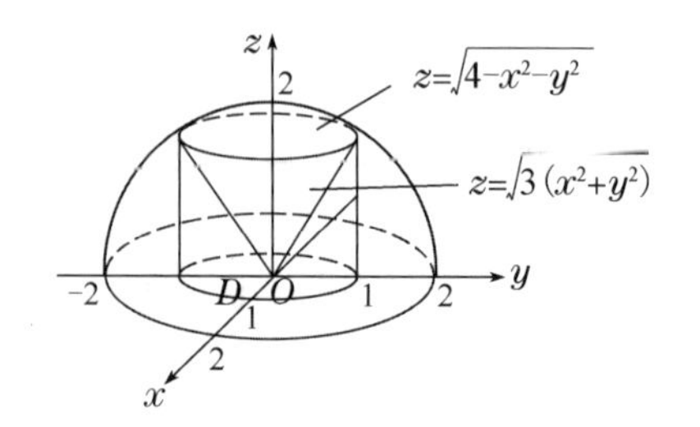

图 8.18

【例 8.11】 求锥面 $z=\sqrt{3(x^2+y^2)}$和上半球面 $z=\sqrt{4-x^2-y^2}$所围成的立体体积.

解 空间立体如图 8.18 所示,该立体的顶面是上半球面

$$z=\sqrt{4-x^2-y^2},$$

底面为锥面

$$z=\sqrt{3(x^2+y^2)}.$$

锥面与上半球面的交线为 $C:\begin{cases}z=\sqrt{3(x^2+y^2)},\\ z=\sqrt{4-x^2-y^2}.\end{cases}$消去 z,得到 $x^2+y^2=1$. 于是该立体在 xOy 面上的投影区域 D 为

$$D=\{(x,y)\mid x^2+y^2\leqslant 1\}=\{(\rho,\theta)\mid 0\leqslant\rho\leqslant 1,0\leqslant\theta\leqslant 2\pi\}.$$

故所求体积为

$$V=\iint_D\left[\sqrt{4-x^2-y^2}-\sqrt{3(x^2+y^2)}\right]\mathrm{d}\sigma$$

$$=\int_0^{2\pi}\mathrm{d}\theta\int_0^1(\sqrt{4-\rho^2}-\sqrt{3}\rho)\rho\mathrm{d}\rho$$

$$=2\pi\left[-\frac{1}{3}(1-\rho^2)^{\frac{3}{2}}-\frac{\sqrt{3}}{3}\rho^3\right]\Big|_0^1=\frac{2\pi}{3}(8-4\sqrt{3}).$$

2. 曲面的面积

设曲面 S 由方程 $z=f(x,y)$给出,D_{xy}为曲面 S 在 xOy 面上的投影区域,函数 $f(x,y)$在 D_{xy}上具有连续偏导数 $f_x(x,y)$,$f_y(x,y)$,则曲面 S 的面积为

$$A=\iint_{D_{xy}}\sqrt{1+f_x^2(x,y)+f_y^2(x,y)}\mathrm{d}\sigma\quad 或\quad A=\iint_{D_{xy}}\sqrt{1+\left(\frac{\partial z}{\partial x}\right)^2+\left(\frac{\partial z}{\partial y}\right)^2}\mathrm{d}\sigma.$$

【例 8.12】 求球面 $x^2+y^2+z^2=a^2$ 含在柱面 $x^2+y^2=ax(a>0)$内部的面积.

解 空间立体如图 8.19(a)所示,由对称性知,所求面积是它在第一卦限内面积的 4 倍.

在第一卦限内,球面方程为 $z=\sqrt{a^2-x^2-y^2}$,它在 xOy 面的投影区域(图 8.19(b))

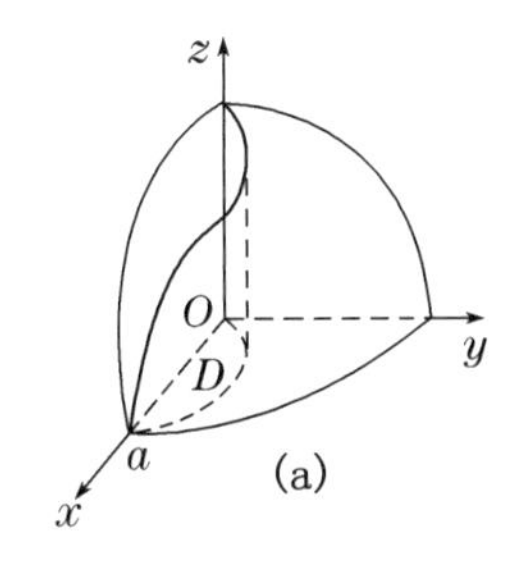

(a)

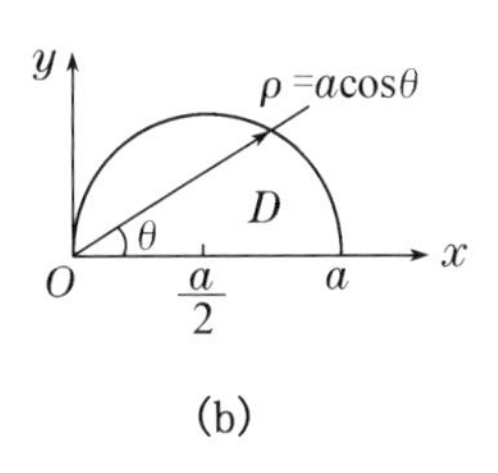

(b)

图 8.19

$$D=\{(x,y)\mid x^2+y^2\leqslant ax,y\geqslant 0\}=\left\{(\rho,\theta)\mid 0\leqslant\rho\leqslant a\cos\theta,0\leqslant\theta\leqslant\frac{\pi}{2}\right\}.$$

由 $\dfrac{\partial z}{\partial x}=\dfrac{-x}{\sqrt{a^2-x^2-y^2}},\dfrac{\partial z}{\partial y}=\dfrac{-y}{\sqrt{a^2-x^2-y^2}}$，故得

$$\begin{aligned}A&=4\iint_D\sqrt{1+\left(\frac{\partial z}{\partial x}\right)^2+\left(\frac{\partial z}{\partial y}\right)^2}\mathrm{d}\sigma=4\iint_D\frac{a}{\sqrt{a^2-x^2-y^2}}\mathrm{d}\sigma\\&=4\int_0^{\frac{\pi}{2}}\mathrm{d}\theta\int_0^{a\cos\theta}\frac{a\rho}{\sqrt{a^2-\rho^2}}\mathrm{d}\rho=4a\int_0^{\frac{\pi}{2}}\left(-\sqrt{a^2-\rho^2}\right)\Big|_0^{a\cos\theta}\mathrm{d}\theta\\&=4a^2\int_0^{\frac{\pi}{2}}(1-\sin\theta)\mathrm{d}\theta=4a^2(\theta+\cos\theta)\Big|_0^{\frac{\pi}{2}}=2a^2(\pi-2).\end{aligned}$$

二、二重积分在物理上的应用

1. 平面薄片的质量

设一平面薄片占有 xOy 面上的有界闭区域 D，它在点 (x,y) 处的质量面密度 $\mu(x,y)$ 在 D 上连续，由本章案例 8.2 知，该平面薄片的质量为

$$M=\iint_D\mu(x,y)\mathrm{d}\sigma.$$

【例 8.13】　设平面薄片在 xOy 面上所占的闭区域 D 是由螺线 $\rho=2\theta$ 上一段弧 $\left(0\leqslant\theta\leqslant\dfrac{\pi}{2}\right)$ 与直线 $\theta=\dfrac{\pi}{2}$ 所围成（如图 8.20）. 它的质量面密度 $\mu(x,y)=x^2+y^2$，求该薄片的质量.

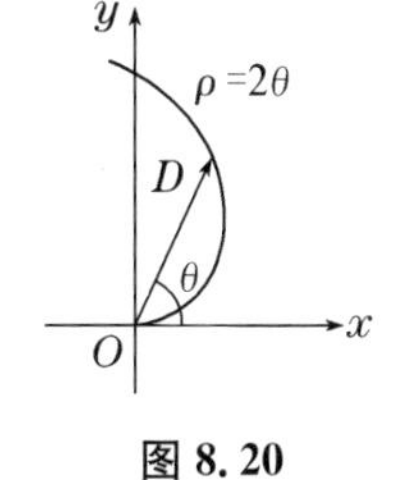

图 8.20

解　因为平面薄片在 xOy 面上所占的闭区域

$$D=\left\{(\rho,\theta)\mid 0\leqslant\rho\leqslant 2\theta,0\leqslant\theta\leqslant\frac{\pi}{2}\right\}.$$

所以该薄片的质量为

$$\begin{aligned}M&=\iint_D\mu(x,y)\mathrm{d}\sigma=\iint_D(x^2+y^2)\mathrm{d}\sigma=\iint_D\rho^2\rho\mathrm{d}\rho\mathrm{d}\theta\\&=\int_0^{\frac{\pi}{2}}\mathrm{d}\theta\int_0^{2\theta}\rho^3\mathrm{d}\rho=\int_0^{\frac{\pi}{2}}4\theta^4\mathrm{d}\theta=\frac{\pi^5}{40}\ (\text{单位质量}).\end{aligned}$$

2. 平面薄片的质心(重心)

由物理学知道,xOy 面上质点系的质心(重心)坐标为

$$\bar{x}=\frac{M_y}{M},\ \bar{y}=\frac{M_x}{M},$$

其中 M 为该质点系的总质量,M_x,M_y 分别表示质点系关于 x 轴和 y 轴的静力矩. 如果一质点位于 xOy 面上点(x,y)处,其质量为 m,则该质点关于 x 轴和 y 轴的静力矩分别为

$$M_x=my,\ M_y=mx.$$

设一平面薄片占有 xOy 面上的有界闭区域 D,在点(x,y)处的面密度为 $\mu(x,y)$,假定 $\mu(x,y)$在 D 上连续,如何确定该薄片的质心坐标$(\bar{x},\bar{y})$?

在闭区域 D 上任取一直径很小的闭区域 $\mathrm{d}\sigma$(这小闭区域的面积也记作 $\mathrm{d}\sigma$),(x,y)是这小闭区域上的一个点. 由于 $\mathrm{d}\sigma$ 的直径很小,且 $\mu(x,y)$在 D 上连续,所以薄片中相应于 $\mathrm{d}\sigma$ 的部分的质量近似等于 $\mu(x,y)\mathrm{d}\sigma$,这部分质量可近似看作集中在点(x,y)上. 于是可写出静矩元素 $\mathrm{d}M_y$ 及 $\mathrm{d}M_x$:

$$\mathrm{d}M_y=x\mu(x,y)\mathrm{d}\sigma,\ \mathrm{d}M_x=y\mu(x,y)\mathrm{d}\sigma,$$

以这些元素为被积表达式,在闭区域 D 上积分,便得

$$M_y=\iint_D x\mu(x,y)\mathrm{d}\sigma,\ M_x=\iint_D y\mu(x,y)\mathrm{d}\sigma.$$

又由于平面薄片的质量为 $M=\iint\limits_D \mu(x,y)\mathrm{d}\sigma$,从而薄片的质心坐标为

$$\bar{x}=\frac{M_y}{M}=\frac{\iint\limits_D x\mu(x,y)\mathrm{d}\sigma}{\iint\limits_D \mu(x,y)\mathrm{d}\sigma},\ \bar{y}=\frac{M_x}{M}=\frac{\iint\limits_D y\mu(x,y)\mathrm{d}\sigma}{\iint\limits_D \mu(x,y)\mathrm{d}\sigma}.$$

如果薄片是均匀的,即面密度为常量,则

$$\bar{x}=\frac{1}{\sigma}\iint_D x\,\mathrm{d}\sigma,\ \bar{y}=\frac{1}{\sigma}\iint_D y\,\mathrm{d}\sigma\ \left(\sigma=\iint_D \mathrm{d}\sigma\ \text{为闭区域}D\text{ 的面积}\right).$$

显然,这时薄片的质心完全由闭区域 D 的形状所决定,因此,习惯上将均匀薄片的质心称之为该平面薄片所占平面图形的**形心**.

【例 8.14】 一平面薄片占有 xOy 面上由曲线 $x=y^2$ 和直线 $x=1$ 所围成的闭区域 D,它在点(x,y)处的面密度为 $\mu(x,y)=y^2$,求该薄片的质心.

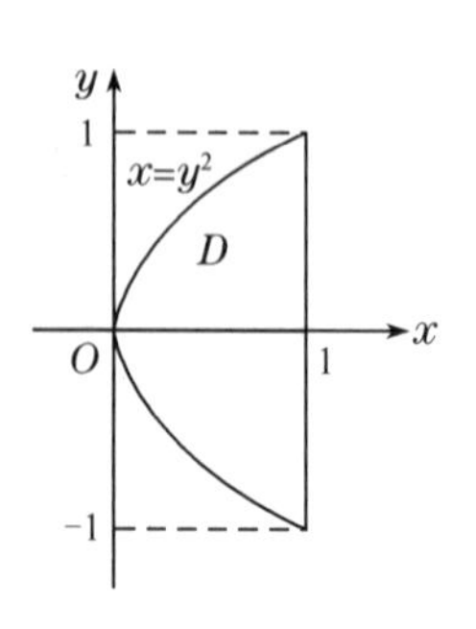

图 8.21

解 闭区域 D 的图形如图 8.21 所示,该薄片的质量为

$$M=\iint_D y^2\mathrm{d}\sigma=\int_{-1}^{1}\mathrm{d}y\int_{y^2}^{1}y^2\mathrm{d}x=\int_{-1}^{1}(y^2-y^4)\mathrm{d}y=\frac{4}{15}.$$

静力矩 M_y 和 M_x 分别为

$$M_y=\iint_D xy^2\mathrm{d}\sigma=\int_{-1}^{1}\mathrm{d}y\int_{y^2}^{1}xy^2\mathrm{d}x=\frac{1}{2}\int_{-1}^{1}(y^2-y^6)\mathrm{d}y=\frac{4}{21},$$

$$M_x=\iint_D y\cdot y^2\mathrm{d}\sigma=\int_{-1}^{1}\mathrm{d}y\int_{y^2}^{1}y^3\mathrm{d}x=\int_{-1}^{1}(y^3-y^5)\mathrm{d}y=0.$$

所以

$$\bar{x}=\frac{M_y}{M}=\frac{5}{7},\ \bar{y}=\frac{M_x}{M}=0,$$

所求质心坐标为$\left(\frac{5}{7},0\right)$.

【例 8.15】 求位于两圆 $\rho=2\sin\theta$ 和 $\rho=4\sin\theta$ 之间的均匀薄片的形心.

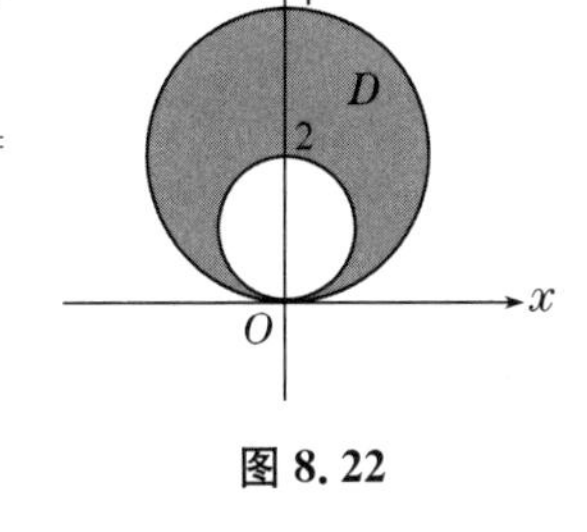

图 8.22

解 如图 8.22 所示,因为积分区域 D 对称于 y 轴,所以 $\bar{x}=0$,而

$$\bar{y}=\frac{1}{\sigma}\iint_D y\mathrm{d}\sigma=\frac{\int_0^{\pi}\sin\theta\mathrm{d}\theta\int_{2\sin\theta}^{4\sin\theta}\rho^2\mathrm{d}\rho}{3\pi}=\frac{7}{3},$$

所求形心坐标为$\left(0,\frac{7}{3}\right)$.

3. 转动惯量

如果一质点位于 xOy 面上点(x,y)处,其质量为 m,则该质点关于 x 轴和 y 轴以及坐标原点 O 的转动惯量分别为

$$I_x=y^2m,\ I_y=x^2m,\ I_O=(x^2+y^2)m.$$

设一平面薄片占有 xOy 面上的有界闭区域 D,在点(x,y)处的面密度为 $\mu(x,y)$,假定 $\mu(x,y)$在 D 上连续,如何求该薄片对于 x 轴、y 轴以及坐标原点 O 的转动惯量 I_x,I_y,I_O?

在闭区域 D 上任取一直径很小的闭区域 $\mathrm{d}\sigma$(这小闭区域的面积也记作 $\mathrm{d}\sigma$),(x,y)是这小闭区域上的一个点.由于 $\mathrm{d}\sigma$ 的直径很小,且 $\mu(x,y)$在 D 上连续,所以薄片中相应于 $\mathrm{d}\sigma$ 的部分的质量近似等于 $\mu(x,y)\mathrm{d}\sigma$,这部分质量可近似看作集中在点(x,y)上,于是可写出薄片对于 x 轴、y 轴以及坐标原点 O 的转动惯量元素:

$$\mathrm{d}I_x=y^2\mu(x,y)\mathrm{d}\sigma,$$
$$\mathrm{d}I_y=x^2\mu(x,y)\mathrm{d}\sigma,$$
$$\mathrm{d}I_O=(x^2+y^2)\mu(x,y)\mathrm{d}\sigma.$$

以这些元素为被积表达式,在闭区域 D 上积分,便得

$$I_x=\iint_D y^2\mu(x,y)\mathrm{d}\sigma,$$
$$I_y=\iint_D x^2\mu(x,y)\mathrm{d}\sigma,$$
$$I_O=\iint_D (x^2+y^2)\mu(x,y)\mathrm{d}\sigma.$$

注意:$I_O=I_x+I_y$.

【例 8.16】 设密度为 μ 的均匀薄片在 xOy 平面上占有闭区域 $D:x^2+y^2\leqslant R^2$,求薄片

关于原点的转动惯量 I_O.

解 闭区域 D 的图形如图 8.23 所示，转动惯量为

$$I_O=\iint_D (x^2+y^2)\mu\mathrm{d}\sigma=\mu\int_0^{2\pi}\mathrm{d}\theta\int_0^R \rho^3\mathrm{d}\rho=\frac{1}{2}\pi\mu R^4.$$

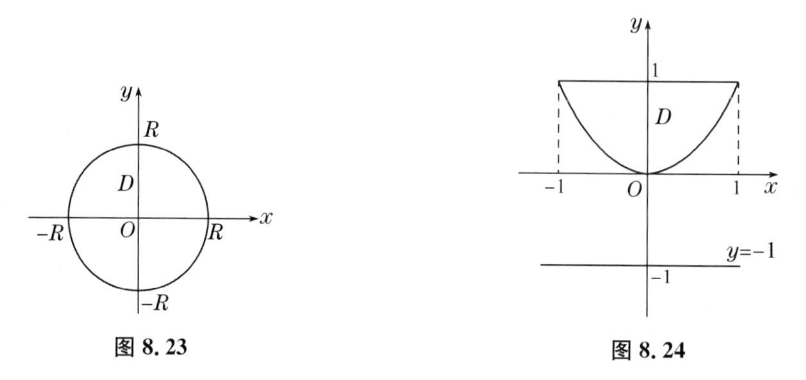

图 8.23　　图 8.24

【例 8.17】 求由抛物线 $y=x^2$ 及直线 $y=1$ 所围成的均匀薄片（面密度为常数 μ）对于直线 $y=-1$ 的转动惯量.

解 闭区域 D 的图形如图 8.24 所示，转动惯量元素为 $\mathrm{d}I=(y+1)^2\mu\mathrm{d}\sigma$，所以

$$I=\iint_D (y+1)^2\mu\mathrm{d}\sigma=\mu\int_{-1}^1\mathrm{d}x\int_{x^2}^1 (y+1)^2\mathrm{d}y=\frac{368}{105}\mu.$$

习题 8.3

1. 求由下列曲面所围成的立体体积.

(1) $x=0,y=0,z=0,x+y=1,x+y-z+1=0$；

(2) $x=0,x=2,y=0,y=3,z=0,x+y+z-4=0$；

(3) $z=\sqrt{x^2+y^2},x^2+y^2=2x,z=0$；

(4) $z=x^2+y^2,z=4$.

2. 求锥面 $z=\sqrt{x^2+y^2}$ 被柱面 $z^2=2x$ 所割下部分的曲面面积.

3. 求球面 $x^2+y^2+z^2=16$ 被平面 $z=2$ 所截上半部分曲面的面积.

4. 求由两条抛物线 $y=x^2$ 和 $x=y^2$ 所围成的平面薄片的质量，其面密度为 $\mu(x,y)=xy$.

5. 求由三直线 $x+y=2,y=x$ 和 $y=0$ 所围成的平面薄片的质量，其面密度为 $\mu(x,y)=x^2+y^2$.

6. 设平面薄片在 xOy 面所占闭区域 D 由抛物线 $y=x^2$ 和直线 $y=x$ 围成，其面密度为 $\mu(x,y)=x^2y$，求该薄片的质心.

7. 求圆 $x^2+y^2=4R^2$ 和 $x^2+y^2=9R^2$ 所围成的均匀圆环薄片在第一象限部分的形心.

8. 设平面薄片在 xOy 面所占闭区域 D 由抛物线 $y=\sqrt{x}$ 和直线 $x=9,y=0$ 围成，其面密度为 $\mu(x,y)=x+y$，求转动惯量 I_x,I_y,I_O.

9. 求边长为 a 的正方形均匀薄片（设面密度 $\mu(x,y)=1$）对它的一条边的转动惯量.

本章小结

一、本章重难点

1. 二重积分的定义及其几何意义.
2. 二重积分的计算(直角坐标系与极坐标系下的计算),累次积分交换次序.
3. 求曲顶柱体的体积和曲面围成的空间区域的体积.

二、知识点概览

本章知识点请微信扫描右侧二维码阅览.

三、疑难解析与例题分析

本章疑难解析与例题分析请微信扫描右侧二维码阅览.

本章习题

一、单项选择题

1. 二次积分 $\int_0^1 \mathrm{d}x\int_x^1 (x^2+y^2)\mathrm{d}y$ 在极坐标系中化为　　(　　)

A. $\int_0^{\frac{\pi}{4}}\mathrm{d}\theta\int_0^{\frac{1}{\cos\theta}}\rho^2\mathrm{d}\rho$　　B. $\int_0^{\frac{\pi}{4}}\mathrm{d}\theta\int_0^{\frac{1}{\cos\theta}}\rho^3\mathrm{d}\rho$　　C. $\int_{\frac{\pi}{4}}^{\frac{\pi}{2}}\mathrm{d}\theta\int_0^{\frac{1}{\sin\theta}}\rho^2\mathrm{d}\rho$　　D. $\int_{\frac{\pi}{4}}^{\frac{\pi}{2}}\mathrm{d}\theta\int_0^{\frac{1}{\sin\theta}}\rho^3\mathrm{d}\rho$

2. 二次积分 $\int_{-1}^0 \mathrm{d}x\int_{-x}^1 f(x,y)\mathrm{d}y$ 交换积分次序后得　　(　　)

A. $\int_{-1}^0\mathrm{d}y\int_{-y}^1 f(x,y)\mathrm{d}x$　　B. $\int_0^1\mathrm{d}y\int_0^{-y} f(x,y)\mathrm{d}x$

C. $\int_0^1\mathrm{d}y\int_{-y}^1 f(x,y)\mathrm{d}x$　　D. $\int_0^1\mathrm{d}y\int_{-y}^0 f(x,y)\mathrm{d}x$

3. 二次积分 $\int_1^{\mathrm{e}}\mathrm{d}y\int_{\ln y}^1 f(x,y)\mathrm{d}x=$　　(　　)

A. $\int_1^{\mathrm{e}}\mathrm{d}x\int_{\ln x}^1 f(x,y)\mathrm{d}y$　　B. $\int_0^1\mathrm{d}x\int_{\mathrm{e}^x}^1 f(x,y)\mathrm{d}y$

C. $\int_0^1\mathrm{d}x\int_0^{\mathrm{e}^x} f(x,y)\mathrm{d}y$　　D. $\int_0^1\mathrm{d}x\int_1^{\mathrm{e}^x} f(x,y)\mathrm{d}y$

4. 二次积分 $\int_1^2\mathrm{d}x\int_0^{2-x} f(x,y)\mathrm{d}y$ 交换积分次序后得　　(　　)

A. $\int_1^2\mathrm{d}y\int_0^{2-y} f(x,y)\mathrm{d}x$　　B. $\int_0^1\mathrm{d}y\int_1^{2-y} f(x,y)\mathrm{d}x$

C. $\int_0^1\mathrm{d}y\int_{2-y}^2 f(x,y)\mathrm{d}x$　　D. $\int_0^2\mathrm{d}y\int_1^{2-y} f(x,y)\mathrm{d}x$

5. 二次积分 $\int_0^1\mathrm{d}y\int_y^1 f(x,y)\mathrm{d}x$ 在极坐标系下可化为　　(　　)

A. $\int_0^{\frac{\pi}{4}}\mathrm{d}\theta\int_0^{\sec\theta} f(\rho\cos\theta,\rho\sin\theta)d\rho$　　B. $\int_0^{\frac{\pi}{4}}\mathrm{d}\theta\int_0^{\sec\theta} f(\rho\cos\theta,\rho\sin\theta)\rho\mathrm{d}\rho$

C. $\int_{\frac{\pi}{4}}^{\frac{\pi}{2}}d\theta\int_{0}^{\sec\theta}f(\rho\cos\theta,\rho\sin\theta)d\rho$　　D. $\int_{\frac{\pi}{4}}^{\frac{\pi}{2}}d\theta\int_{0}^{\sec\theta}f(\rho\cos\theta,\rho\sin\theta)\rho d\rho$

二、填空题

1. $\iint\limits_{D}dxdy=$ ________. 其中 D 为以点 $O(0,0)$、$A(1,0)$、$B(0,2)$ 为顶点的三角形区域.

2. 交换二次积分的次序 $\int_{-1}^{0}dx\int_{x+1}^{\sqrt{1-x^2}}f(x,y)dy=$ ________.

3. 交换二次积分的次序 $\int_{0}^{1}dx\int_{x^2}^{2-x}f(x,y)dy=$ ________.

4. 交换积分次序 $\int_{0}^{1}dy\int_{0}^{2y}f(x,y)dx+\int_{1}^{3}dy\int_{0}^{3-y}f(x,y)dx=$ ________.

5. 交换积分次序 $\int_{0}^{1}dy\int_{e^y}^{e}f(x,y)dx=$ ________.

三、计算题

1. 计算二重积分 $\iint\limits_{D}(x+y)dxdy$，其中 D 是由直线 $y=x,y=-x,y=1$ 所围成平面区域.

2. 计算二重积分 $\iint\limits_{D}ydxdy$，其中 D 是由直线 $y=\sqrt{2x-x^2}$ 与直线 $y=1,x=0$ 所围成的平面区域.

3. 计算二重积分 $\iint\limits_{D}xydxdy$，其中 D 是由直线 $0\leqslant y\leqslant x,(x-1)^2+y^2\leqslant 1$ 所围成的平面区域.

4. 计算二重积分 $\iint\limits_{D}\frac{2x}{y}dxdy$，其中 D 是由曲线 $x=\sqrt{y-1}$ 与两直线 $x+y=3,y=1$ 围成的平面闭区域.

5. 计算二重积分 $\iint\limits_{D}xydxdy$，其中 D 为由曲线 $y=\sqrt{4-x^2}$ 与直线 $y=x$ 及直线 $y=2$ 所围成的平面闭区域.

6. 计算二重积分 $\iint\limits_{D}(x+y)dxdy$，其中 D 是由三直线 $y=-x,y=1.x=0$ 所围成的平面区域.

7. 计算二重积分 $\iint\limits_{D}xdxdy$，其中 D 是由曲线 $y=\sqrt{4-x^2}(x>0)$ 与三条直线 $y=x$，$x=3,y=0$ 所围成的平面闭区域.

8. 计算 $\int_{0}^{\frac{\sqrt{2}}{2}}dx\int_{0}^{x}\sqrt{x^2+y^2}dy+\int_{\frac{\sqrt{2}}{2}}^{1}dx\int_{0}^{\sqrt{1-x^2}}\sqrt{x^2+y^2}dy$.

四、证明题

设 $b>a>0$，证明：$\int_{a}^{b}dy\int_{y}^{b}f(x)e^{2x+y}dx=\int_{a}^{b}(e^{3x}-e^{2x+a})f(x)dx$.

五、综合题

设 $f(x)$ 为连续函数，且 $f(2)=1$，$F(u)=\int_1^u \mathrm{d}y\int_y^u f(x)\mathrm{d}x$，$(u>1)$. 求：

(1) 交换 $F(u)$ 的积分次序；(2) $F'(2)$.

思政案例

微积分学在中国的最早传播人——李善兰

李善兰(1811—1882 年)，原名李心兰，字竟芳，号秋纫，是中国近代著名的数学、天文学、力学和植物学家. 他出身于书香门第，少年时代便喜欢数学. 10 岁那年，在读私塾时，仅靠书中注解，竟将全书 426 个数字应用题全部解出，自此李善兰对数学的兴趣更为浓酣. 15 岁时，李善兰迷上了利玛窦与徐光启合译的欧几里德的《几何原本》，并一直可惜当时他们只合译了前 6 卷. 没有译出后面更艰难的几卷. 1852 年夏，李善兰到了上海墨海书馆，将自己的数学著作给来华的外国传教士展阅，受到伟烈亚力(A. Wylie，1815—1887 年)等人的赞赏，从此开始了他与外国人合作翻译西方科学著作的生涯. 李善兰先与伟烈亚力合作，翻译了《几何原本》后 9 卷，以续成利玛窦、徐光启的未尽之业. 在《几何原本后 9 卷续译序》中，李善兰说："后之读者勿以为书全本入中国为等闲事也". 因为这期间他经历过万般的艰辛.

李善兰与伟烈亚力随后又合译了《代微积拾级》18 卷、《代数学》13 卷、《谈天》等，其中《代微积拾级》18 卷是一部分介绍解析几何和微积分的重要著作，作者是美国数学家罗密士. 在翻译此书时，李善兰创译了"微分""积分"两个数学名词. 李善兰说这部书先讲代数，后讲微分，再讲积分，由易到难，因此取名为《代微积拾级》. 李善兰在引进西方著作时，首创了许多汉语数学名词，包括代数、函数、常数、变数、系数、未知数、方程式、原点、切线、法线、抛物线、双曲线、微分、积分等，这些名词贴切准确，一直沿用至今.

翻译西方数学著作对提高李善兰的数学水平大有益处. 他后期的著作，能会通中西方数学思想，体现出本质上是相同的中西方法，殊途同归. 在 1872 年完成的《考数根法》中，他证明了著名的费马定理，并且指出它的逆命题不真. 他所创立的"李善兰恒等式"，成为后来中外数学家用现代数学方法加以证明的兴趣课题.

李善兰的著述不仅数量多，在学术水平上也有较高质量. 如在《方圆阐幽》中，他创造了一种用尖锥的面积来表示 X_n 的"尖缀术"，这让许多数学问题可以通过求诸尖锥之和的方法获得解决. 李善兰的"尖锥术"实际上已经得出了有关定积分的公式，并且他还能用求圆的面积作为例子来说明"尖锥术"的应用. 这意味着，中国数学也将会通过自己特殊的途径，运用独特的思想方式达到微积分，从而完成由初等数学到高等数学的转变.

第九章　线性代数初步

本章将介绍行列式和矩阵的概念及其运算，并用它们求解线性方程组，解决一些实际问题.

第一节　行　列　式

学习目标

1. 理解二阶、三阶行列式的定义.
2. 了解 n 阶行列式的定义.
3. 理解行列式的性质，并掌握用其性质和按行(列)展开来计算行列式.
4. 掌握用克莱姆法则来判别线性方程组有解的条件.

行列式在线性代数中占有重要的地位，它不仅是研究矩阵理论和线性方程组求解理论的重要工具，而且在工程技术领域中也有着极其广泛的应用. 正确理解行列式的基本概念，熟练掌握计算 n 阶行列式的基本方法，会对今后的课程内容学习带来很大方便. 本节将根据三阶行列式的展开规律来定义 n 阶行列式，介绍行列式的基本性质和按行(列)展开定理，从而给出行列式的计算方法，并介绍行列式在解线性方程组中的应用——克莱姆法则.

一、n 阶行列式的定义

微课

1. 二阶、三阶行列式

行列式的概念是在解线性方程组的问题中引入的. 对于二元线性方程组

$$\begin{cases} a_{11}x_1+a_{12}x_2=b_1, \\ a_{21}x_1+a_{22}x_2=b_2, \end{cases} \tag{9.1}$$

我们采用加减消元法从方程组里消去一个未知数来求解.

第一个方程乘以 a_{22} 与第二个方程乘以 a_{12} 相减得

$$(a_{11}a_{22}-a_{21}a_{12})x_1=b_1a_{22}-b_2a_{12},$$

第二个方程乘以 a_{11} 与第一个方程乘以 a_{21} 相减得

$$(a_{11}a_{22}-a_{21}a_{12})x_2=b_2a_{11}-b_1a_{21}.$$

若设 $a_{11}a_{22}-a_{21}a_{12}\neq 0$，则方程组的解为

$$x_1=\frac{b_1a_{22}-b_2a_{12}}{a_{11}a_{22}-a_{21}a_{12}},\ x_2=\frac{b_2a_{11}-b_1a_{21}}{a_{11}a_{22}-a_{21}a_{12}}. \tag{9.2}$$

容易验证式(9.2)是方程组(9.1)的解.

式(9.2)中两个等式右端的分母相等，现把分母引进一个记号，记

$$\begin{vmatrix} a_{11} & a_{12} \\ a_{21} & a_{22} \end{vmatrix} = a_{11}a_{22} - a_{21}a_{12}. \tag{9.3}$$

式(9.3)左端称为**二阶行列式**,记为 D,即

$$D = \begin{vmatrix} a_{11} & a_{12} \\ a_{21} & a_{22} \end{vmatrix}.$$

而式(9.3)右端称为二阶行列式 D 的展开式. 上述二阶行列式的定义,可用**对角线法则**来识记(如图 9.1),把 a_{11} 到 a_{22} 的实连线称为**主对角线**,a_{12} 到 a_{21} 的虚连线称为**副对角线**,于是二阶行列式便是主对角线上的两元素之积减去副对角线上两元素之积所得的差.

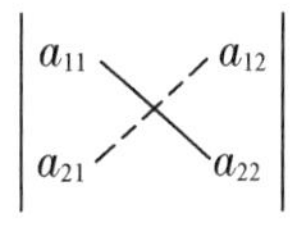

图 9.1

对于二阶行列式 D,也称为方程组(9.1)的**系数行列式**. 若用二阶行列式记

$$D_1 = \begin{vmatrix} b_1 & a_{12} \\ b_2 & a_{22} \end{vmatrix} = b_1a_{22} - b_2a_{12},\ D_2 = \begin{vmatrix} a_{11} & b_1 \\ a_{21} & b_2 \end{vmatrix} = b_2a_{11} - b_1a_{21},$$

方程组的解式(9.2)可写成

$$x_1 = \frac{D_1}{D},\ x_2 = \frac{D_2}{D}. \tag{9.4}$$

【例 9.1】　解方程组
$$\begin{cases} -3x_1 + 4x_2 = 6, \\ 2x_1 - 5x_2 = -7. \end{cases}$$

解　利用式(9.4)来求解方程组

$$D = \begin{vmatrix} -3 & 4 \\ 2 & -5 \end{vmatrix} = (-3)\times(-5) - 4\times 2 = 15 - 8 = 7 \neq 0,$$

$$D_1 = \begin{vmatrix} 6 & 4 \\ -7 & -5 \end{vmatrix} = 6\times(-5) - 4\times(-7) = -2,$$

$$D_2 = \begin{vmatrix} -3 & 6 \\ 2 & -7 \end{vmatrix} = (-3)\times(-7) - 6\times 2 = 9,$$

所以

$$x_1 = \frac{D_1}{D} = -\frac{2}{7},\ x_2 = \frac{D_2}{D} = \frac{9}{7}.$$

对于三元线性方程组

$$\begin{cases} a_{11}x_1 + a_{12}x_2 + a_{13}x_3 = b_1, \\ a_{21}x_1 + a_{22}x_2 + a_{23}x_3 = b_2, \\ a_{31}x_1 + a_{32}x_2 + a_{33}x_3 = b_3, \end{cases} \tag{9.5}$$

与二元线性方程组类似,当

$$a_{11}a_{22}a_{33} + a_{12}a_{23}a_{31} + a_{13}a_{21}a_{32} - a_{11}a_{23}a_{32} - a_{12}a_{21}a_{33} - a_{13}a_{22}a_{31} \neq 0,$$

用加减消元法可求得它的解:

$$x_1 = \frac{a_{22}a_{33}b_1 + a_{13}a_{32}b_2 + a_{12}a_{23}b_3 - a_{13}a_{22}b_3 - a_{12}a_{33}b_2 - a_{23}a_{32}b_1}{a_{11}a_{22}a_{33} + a_{12}a_{23}a_{31} + a_{13}a_{21}a_{32} - a_{11}a_{23}a_{32} - a_{12}a_{21}a_{33} - a_{13}a_{22}a_{31}},$$

$$x_2 = \frac{a_{11}a_{33}b_2 + a_{13}a_{21}b_3 + a_{23}a_{31}b_1 - a_{13}a_{31}b_2 - a_{11}a_{23}b_3 - a_{21}a_{33}b_1}{a_{11}a_{22}a_{33} + a_{12}a_{23}a_{31} + a_{13}a_{21}a_{32} - a_{11}a_{23}a_{32} - a_{12}a_{21}a_{33} - a_{13}a_{22}a_{31}},$$

$$x_3=\frac{a_{11}a_{22}b_3+a_{12}a_{31}b_2+a_{21}a_{32}b_1-a_{22}a_{31}b_1-a_{11}a_{32}b_2-a_{12}a_{21}b_3}{a_{11}a_{22}a_{33}+a_{12}a_{23}a_{31}+a_{13}a_{21}a_{32}-a_{11}a_{23}a_{32}-a_{12}a_{21}a_{33}-a_{13}a_{22}a_{31}}.$$

若对上面解的分母引进记号,记

$$\begin{vmatrix} a_{11} & a_{12} & a_{13} \\ a_{21} & a_{22} & a_{23} \\ a_{31} & a_{32} & a_{33} \end{vmatrix}=a_{11}a_{22}a_{33}+a_{12}a_{23}a_{31}+a_{13}a_{21}a_{32}-a_{11}a_{23}a_{32}-a_{12}a_{21}a_{33}-a_{13}a_{22}a_{31},\tag{9.6}$$

则式(9.6)的左边称为**三阶行列式**,通常也记为 D. 在 D 中,横的称为**行**,纵的称为**列**,其中 $a_{ij}(i,j=1,2,3)$ 是实数,称它为此行列式的第 i 行第 j 列的元素.

引进了三阶行列式,方程组(9.5)的解就可写成

$$x_1=\frac{D_1}{D},\ x_2=\frac{D_2}{D},\ x_3=\frac{D_3}{D}.\tag{9.7}$$

D 也称为方程组(9.5)的系数行列式,它是由未知数的所有系数组成的行列式,$D_j(j=1,2,3)$ 是将 D 的第 j 列换成方程组(9.5)右端的常数项而得到的三阶行列式.

式(9.6)给出三阶行列式的一种定义方式,而式(9.7)为我们提供了一种求解三元线性方程组的方法(在系数行列式不为零的情况下).

三阶行列式也可用对角线法则计算,如图 9.2.

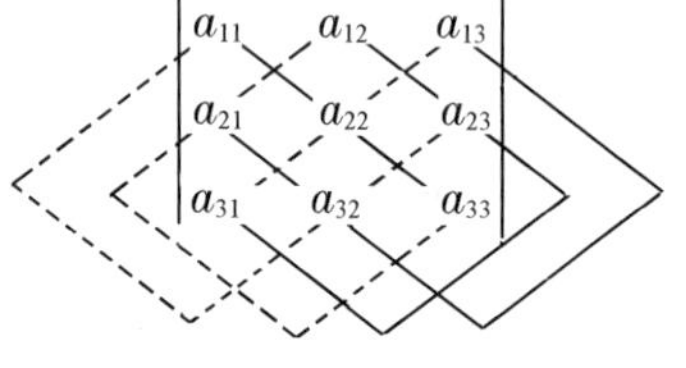

图 9.2

图中有三条实线看作平行于主对角线的连线,三条虚线看作平行于副对角线的连线,实线上三元素的乘积冠正号,虚线上三元素的乘积冠负号.

【例 9.2】 计算三阶行列式 $\begin{vmatrix} -1 & 3 & 2 \\ 3 & 0 & -2 \\ -2 & 1 & 3 \end{vmatrix}$.

解 用对角线法则计算

$$\begin{aligned}\begin{vmatrix} -1 & 3 & 2 \\ 3 & 0 & -2 \\ -2 & 1 & 3 \end{vmatrix}&=(-1)\times 0\times 3+3\times(-2)\times(-2)+2\times 3\times 1-2\times 0\times(-2)-\\ &\quad 3\times 3\times 3-(-1)\times(-2)\times 1\\ &=0+12+6-0-27-2\\ &=-11.\end{aligned}$$

2. n 阶行列式

类似于三元线性方程组的讨论,n 元线性方程组

$$\begin{cases} a_{11}x_1+a_{12}x_2+\cdots+a_{1n}x_n=b_1, \\ a_{21}x_1+a_{22}x_2+\cdots+a_{2n}x_n=b_2, \\ \quad\cdots\cdots \\ a_{n1}x_1+a_{n2}x_2+\cdots+a_{nn}x_n=b_n \end{cases}\tag{9.8}$$

的所有未知数的系数也可以组成一个系数行列式

$$\begin{vmatrix} a_{11} & a_{12} & \cdots & a_{1n} \\ a_{21} & a_{22} & \cdots & a_{2n} \\ \vdots & \vdots & & \vdots \\ a_{n1} & a_{n2} & \cdots & a_{nn} \end{vmatrix}. \tag{9.9}$$

定义 9.1　由 n^2 个数排成 n 行 n 列的式(9.9)称为 **n 阶行列式**.

它代表一个由特定的运算关系所得到的算式. 为了获得这个算式,我们引入下面的两个概念.

定义 9.2　在 n 阶行列式(9.9)中,划去元素 a_{ij} 所在的第 i 行第 j 列的元素,所余下的元素按原位置组成的 $n-1$ 阶行列式,即

$$\begin{vmatrix} a_{11} & \cdots & a_{1,j-1} & a_{1,j+1} & \cdots & a_{1n} \\ \vdots & & \vdots & \vdots & & \vdots \\ a_{i-1,1} & \cdots & a_{i-1,j-1} & a_{i-1,j+1} & \cdots & a_{i-1,n} \\ a_{i+1,1} & \cdots & a_{i+1,j-1} & a_{i+1,j+1} & \cdots & a_{i+1,n} \\ \vdots & & \vdots & \vdots & & \vdots \\ a_{n1} & \cdots & a_{n,j-1} & a_{n,j+1} & \cdots & a_{nn} \end{vmatrix}$$

称为元素 a_{ij} 的**余子式**,记为 M_{ij}. 称 $A_{ij}=(-1)^{i+j}M_{ij}$ 为元素 a_{ij} 的**代数余子式**.

定理 9.1　n 阶行列式 D 的值等于它任意一行(列)的各元素与其对应的代数余子式乘积之和,即

$$D=\begin{vmatrix} a_{11} & \cdots & a_{1j} & \cdots & a_{1n} \\ \vdots & & \vdots & & \vdots \\ a_{i1} & \cdots & a_{ij} & \cdots & a_{in} \\ \vdots & & \vdots & & \vdots \\ a_{n1} & \cdots & a_{nj} & \cdots & a_{nn} \end{vmatrix}=a_{i1}A_{i1}+a_{i2}A_{i2}+\cdots+a_{in}A_{in}$$

$$=\sum_{k=1}^{n}a_{ik}A_{ik}\ (i=1,2,\cdots,n),$$

或

$$D=\begin{vmatrix} a_{11} & \cdots & a_{1j} & \cdots & a_{1n} \\ \vdots & & \vdots & & \vdots \\ a_{i1} & \cdots & a_{ij} & \cdots & a_{in} \\ \vdots & & \vdots & & \vdots \\ a_{n1} & \cdots & a_{nj} & \cdots & a_{nn} \end{vmatrix}=a_{1j}A_{1j}+a_{2j}A_{2j}+\cdots+a_{nj}A_{nj}$$

$$=\sum_{k=1}^{n}a_{kj}A_{kj}\ (j=1,2,\cdots,n).$$

定理证明从略.

推论　n 阶行列式 D 的任意一行(列)元素与另一行(列)的对应元素的代数余子式乘积之和等于零. 即

$$a_{i1}A_{j1}+a_{i2}A_{j2}+\cdots+a_{in}A_{jn}=0\ (i\neq j),$$

$$a_{1i}A_{1j}+a_{2i}A_{2j}+\cdots+a_{ni}A_{nj}=0\ (i\neq j).$$

综合定理 9.1 和推论可得出如下表达式：

$$\sum_{k=1}^{n}a_{ik}A_{jk}=\begin{cases}D,当\ i=j,\\0,当\ i\neq j,\end{cases}$$

或

$$\sum_{k=1}^{n}a_{ki}A_{kj}=\begin{cases}D,当\ i=j,\\0,当\ i\neq j.\end{cases}$$

有了上述的定理,我们可以用来计算 n 阶行列式.

【例 9.3】 计算四阶行列式 $D_4=\begin{vmatrix}3&0&0&-5\\-4&1&0&2\\6&5&7&0\\-3&4&-2&-1\end{vmatrix}$.

解

$$D_4=\begin{vmatrix}3&0&0&-5\\-4&1&0&2\\6&5&7&0\\-3&4&-2&-1\end{vmatrix}=3(-1)^{1+1}\begin{vmatrix}1&0&2\\5&7&0\\4&-2&-1\end{vmatrix}+(-5)(-1)^{1+4}\begin{vmatrix}-4&1&0\\6&5&7\\-3&4&-2\end{vmatrix}$$

$$=3\left[1\cdot(-1)^{1+1}\begin{vmatrix}7&0\\-2&-1\end{vmatrix}+2\cdot(-1)^{1+3}\begin{vmatrix}5&7\\4&-2\end{vmatrix}\right]+$$

$$5\left[(-4)\cdot(-1)^{1+1}\begin{vmatrix}5&7\\4&-2\end{vmatrix}+1\cdot(-1)^{1+2}\begin{vmatrix}6&7\\-3&-2\end{vmatrix}\right]$$

$$=3(-7-76)+5(152-9)=466$$

下面计算几个特殊行列式.

【例 9.4】 计算下列行列式.

(1) 对角行列式 $\begin{vmatrix}a_{11}&0&0&0\\0&a_{22}&0&0\\0&0&a_{33}&0\\0&0&0&a_{44}\end{vmatrix}$；　(2) 下三角行列式 $\begin{vmatrix}a_{11}&0&0&0\\a_{21}&a_{22}&0&0\\a_{31}&a_{32}&a_{33}&0\\a_{41}&a_{42}&a_{43}&a_{44}\end{vmatrix}$.

解

(1) $$\begin{vmatrix}a_{11}&0&0&0\\0&a_{22}&0&0\\0&0&a_{33}&0\\0&0&0&a_{44}\end{vmatrix}=a_{11}(-1)^{1+1}\begin{vmatrix}a_{22}&0&0\\0&a_{33}&0\\0&0&a_{44}\end{vmatrix}$$

$$=a_{11}a_{22}(-1)^{1+1}\begin{vmatrix}a_{33}&0\\0&a_{44}\end{vmatrix}$$

$$=a_{11}a_{22}a_{33}a_{44}.$$

用归纳的方法,可证得 n 阶对角行列式

$$\begin{vmatrix} a_{11} & 0 & \cdots & 0 \\ 0 & a_{22} & \cdots & 0 \\ \vdots & \vdots & & \vdots \\ 0 & 0 & \cdots & a_{nn} \end{vmatrix} = a_{11}a_{22}\cdots a_{nn}.$$

(2) $$\begin{vmatrix} a_{11} & 0 & 0 & 0 \\ a_{21} & a_{22} & 0 & 0 \\ a_{31} & a_{32} & a_{33} & 0 \\ a_{41} & a_{42} & a_{43} & a_{44} \end{vmatrix} = a_{11}(-1)^{1+1}\begin{vmatrix} a_{22} & 0 & 0 \\ a_{32} & a_{33} & 0 \\ a_{42} & a_{43} & a_{44} \end{vmatrix}$$

$$= a_{11}a_{22}(-1)^{1+1}\begin{vmatrix} a_{33} & 0 \\ a_{43} & a_{44} \end{vmatrix}$$

$$= a_{11}a_{22}a_{33}a_{44}.$$

用归纳的方法,可证得 n 阶下三角行列式

$$\begin{vmatrix} a_{11} & 0 & \cdots & 0 \\ a_{21} & a_{22} & \cdots & 0 \\ \vdots & \vdots & & \vdots \\ a_{n1} & a_{n2} & \cdots & a_{nn} \end{vmatrix} = a_{11}a_{22}\cdots a_{nn}.$$

二、n 阶行列式的性质

按一行(列)展开公式计算 n 阶行列式,当 n 较大时计算比较麻烦. 若学习了下面的 n 阶行列式的基本性质,只要能灵活地应用这些性质和定理,就可以简化 n 阶行列式的计算.

定义 9.3 将行列式 D 的行、列位置互换后所得到的行列式称为 D 的**转置行列式**,记为 D^{T},即若

$$D=\begin{vmatrix} a_{11} & a_{12} & \cdots & a_{1n} \\ a_{21} & a_{22} & \cdots & a_{2n} \\ \vdots & \vdots & & \vdots \\ a_{n1} & a_{n2} & \cdots & a_{nn} \end{vmatrix},$$

则

$$D^{\mathrm{T}}=\begin{vmatrix} a_{11} & a_{21} & \cdots & a_{n1} \\ a_{12} & a_{22} & \cdots & a_{n2} \\ \vdots & \vdots & & \vdots \\ a_{1n} & a_{2n} & \cdots & a_{nn} \end{vmatrix}.$$

性质 9.1 行列式 D 与它的转置行列式 D^{T} 值相等,即 $D=D^{\mathrm{T}}$.

这个性质也说明在行列式中行与列的地位是对称的,凡是行列式对行成立的性质,对列也成立.

利用性质 9.1,不难得出上三角行列式

$$\begin{vmatrix} a_{11} & a_{12} & \cdots & a_{1n} \\ 0 & a_{22} & \cdots & a_{2n} \\ \vdots & \vdots & & \vdots \\ 0 & 0 & \cdots & a_{nn} \end{vmatrix} = a_{11}a_{22}\cdots a_{nn}.$$

性质 9.2 行列式中任意两行(列)互换后,行列式的值仅改变符号.

推论 若行列式中有两行(列)元素完全相同,则行列式值等于零.

证 设行列式

$$D=\begin{vmatrix} a_{11} & a_{12} & \cdots & a_{1n} \\ \vdots & \vdots & & \vdots \\ a_{i1} & a_{i2} & \cdots & a_{in} \\ \vdots & \vdots & & \vdots \\ a_{i1} & a_{i2} & \cdots & a_{in} \\ \vdots & \vdots & & \vdots \\ a_{n1} & a_{n2} & \cdots & a_{nn} \end{vmatrix},$$

将 i 行与 j 行交换,由性质 9.2 得 $D=-D$,于是 $2D=0$,即 $D=0$.

性质 9.3 以数 k 乘行列式的某一行(列)中所有元素,就等于用 k 去乘此行列式,即

$$\begin{vmatrix} a_{11} & a_{12} & \cdots & a_{1n} \\ \vdots & \vdots & & \vdots \\ ka_{i1} & ka_{i2} & \cdots & ka_{in} \\ \vdots & \vdots & & \vdots \\ a_{n1} & a_{n2} & \cdots & a_{nn} \end{vmatrix} = k\begin{vmatrix} a_{11} & a_{12} & \cdots & a_{1n} \\ \vdots & \vdots & & \vdots \\ a_{i1} & a_{i2} & \cdots & a_{in} \\ \vdots & \vdots & & \vdots \\ a_{n1} & a_{n2} & \cdots & a_{nn} \end{vmatrix}.$$

或者说,若行列式的某一行(列)中所有元素有公因子,则可将公因子提取到行列式记号外面.

由性质 9.3 可得下面的推论:

推论 1 若行列式中有一行(列)的元素全为零,则行列式的值等于零.

推论 2 若行列式中有两行(列)的元素成比例,则行列式的值等于零.

性质 9.4 若行列式的某一行(列)的元素都是两数之和,则这个行列式等于两个行列式之和,即

$$\begin{vmatrix} a_{11} & a_{12} & \cdots & a_{1n} \\ \vdots & \vdots & & \vdots \\ a_{i1}+a_{j1} & a_{i2}+a_{j2} & \cdots & a_{in}+a_{jn} \\ \vdots & \vdots & & \vdots \\ a_{n1} & a_{n2} & \cdots & a_{nn} \end{vmatrix} = \begin{vmatrix} a_{11} & a_{12} & \cdots & a_{1n} \\ \vdots & \vdots & & \vdots \\ a_{i1} & a_{i2} & \cdots & a_{in} \\ \vdots & \vdots & & \vdots \\ a_{n1} & a_{n2} & \cdots & a_{nn} \end{vmatrix} + \begin{vmatrix} a_{11} & a_{12} & \cdots & a_{1n} \\ \vdots & \vdots & & \vdots \\ a_{j1} & a_{j2} & \cdots & a_{jn} \\ \vdots & \vdots & & \vdots \\ a_{n1} & a_{n2} & \cdots & a_{nn} \end{vmatrix}.$$

由性质 9.3 及推论 2、性质 9.4 可得:

性质 9.5 若在行列式的某一行(列)元素上加上另一行(列)对应元素的 k 倍,则行列式的值不变. 即

$$\begin{vmatrix} a_{11} & a_{12} & \cdots & a_{1n} \\ \vdots & \vdots & & \vdots \\ a_{i1} & a_{i2} & \cdots & a_{in} \\ \vdots & \vdots & & \vdots \\ a_{j1} & a_{j2} & \cdots & a_{jn} \\ \vdots & \vdots & & \vdots \\ a_{n1} & a_{n2} & \cdots & a_{nn} \end{vmatrix} = \begin{vmatrix} a_{11} & a_{12} & \cdots & a_{1n} \\ \vdots & \vdots & & \vdots \\ a_{i1} & a_{i2} & \cdots & a_{in} \\ \vdots & \vdots & & \vdots \\ a_{j1}+ka_{i1} & a_{j2}+ka_{i2} & \cdots & a_{jn}+ka_{in} \\ \vdots & \vdots & & \vdots \\ a_{n1} & a_{n2} & \cdots & a_{nn} \end{vmatrix}.$$

以上诸性质证明从略.

三、n 阶行列式的计算

在计算行列式时，为便于检查运算的正确性，一般注明每一步运算的依据. 为此约定采用如下的记号：

用 r_i 表示行列式的第 i 行，用 c_i 表示行列式的第 i 列.

用 $r_i \leftrightarrow r_j$ 表示交换 i，j 两行，用 $c_i \leftrightarrow c_j$ 表示交换 i，j 两列.

用 kr_i 表示用数 k 乘以第 i 行，用 kc_i 表示用数 k 乘以第 i 列.

用 $r_i+kr_j(r_i-kr_j)$ 表示在行列式的第 i 行元素上加上(减去)第 j 行对应元素的 k 倍.

用 $c_i+kc_j(c_i-kc_j)$ 表示在行列式的第 i 列元素上加上(减去)第 j 列对应元素的 k 倍.

利用行列式的基本性质一般可以简化行列式的计算，通常是用行列式的基本性质把行列式化成上三角行列式再求值.

【例 9.5】　计算行列式　$D_4=\begin{vmatrix} 3 & 1 & -1 & 2 \\ -5 & 1 & 3 & -4 \\ 2 & 0 & 1 & -1 \\ 1 & -5 & 3 & -3 \end{vmatrix}$.

解

$$D_4 \xlongequal{c_1 \leftrightarrow c_2} -\begin{vmatrix} 1 & 3 & -1 & 2 \\ 1 & -5 & 3 & -4 \\ 0 & 2 & 1 & -1 \\ -5 & 1 & 3 & -3 \end{vmatrix} \xlongequal[r_4+5r_1]{r_2-r_1} -\begin{vmatrix} 1 & 3 & -1 & 2 \\ 0 & -8 & 4 & -6 \\ 0 & 2 & 1 & -1 \\ 0 & 16 & -2 & 7 \end{vmatrix} \xlongequal{r_2 \leftrightarrow r_3} \begin{vmatrix} 1 & 3 & -1 & 2 \\ 0 & 2 & 1 & -1 \\ 0 & -8 & 4 & -6 \\ 0 & 16 & -2 & 7 \end{vmatrix}$$

$$\xlongequal[r_4-8r_2]{r_3+4r_2} \begin{vmatrix} 1 & 3 & -1 & 2 \\ 0 & 2 & 1 & -1 \\ 0 & 0 & 8 & -10 \\ 0 & 0 & -10 & 15 \end{vmatrix} \xlongequal{r_4+\frac{5}{4}r_3} \begin{vmatrix} 1 & 3 & -1 & 2 \\ 0 & 2 & 1 & -1 \\ 0 & 0 & 8 & -10 \\ 0 & 0 & 0 & \frac{5}{2} \end{vmatrix} =40.$$

【例 9.6】　计算行列式　$D_4=\begin{vmatrix} 4 & 1 & 1 & 1 \\ 1 & 4 & 1 & 1 \\ 1 & 1 & 4 & 1 \\ 1 & 1 & 1 & 4 \end{vmatrix}$.

解 这个行列式的特点是各列 4 个数之和都是 7,可把第 2,3,4 行同时加到第 1 行,提出公因子 7,然后各行减去第一行.

$$D_4 \xlongequal{r_1+r_2+r_3+r_4} \begin{vmatrix} 7 & 7 & 7 & 7 \\ 1 & 4 & 1 & 1 \\ 1 & 1 & 4 & 1 \\ 1 & 1 & 1 & 4 \end{vmatrix} = 7\begin{vmatrix} 1 & 1 & 1 & 1 \\ 1 & 4 & 1 & 1 \\ 1 & 1 & 4 & 1 \\ 1 & 1 & 1 & 4 \end{vmatrix} \xlongequal[r_4-r_1]{\substack{r_2-r_1\\ r_3-r_1}} 7\begin{vmatrix} 1 & 1 & 1 & 1 \\ 0 & 3 & 0 & 0 \\ 0 & 0 & 3 & 0 \\ 0 & 0 & 0 & 3 \end{vmatrix} = 189.$$

【例 9.7】 解方程 $\begin{vmatrix} x & b & b & \cdots & b & b \\ b & x & b & \cdots & b & b \\ b & b & x & \cdots & b & b \\ \vdots & \vdots & \vdots & & \vdots & \vdots \\ b & b & b & \cdots & x & b \\ b & b & b & \cdots & b & x \end{vmatrix} = 0.$

解 这是一个用 n 阶行列式表示的方程,在这个方程中,未知量 x 的最高次是 n,所以方程有 n 个根.解这类方程的基本思路是先用行列式的性质将其化简,写出未知量 x 的多项式,然后再求出它的根.这个方程左端是一个 n 阶字母行列式,设为 D_n,计算时需要一些技巧.先化简行列式.

$$D_n \xlongequal{c_1+\sum_{i=2}^{n}c_i} \begin{vmatrix} x+(n-1)b & b & \cdots & b & b \\ x+(n-1)b & x & \cdots & b & b \\ x+(n-1)b & b & \cdots & b & b \\ \vdots & \vdots & & \vdots & \vdots \\ x+(n-1)b & b & \cdots & x & b \\ x+(n-1)b & b & \cdots & b & x \end{vmatrix} \xlongequal{\text{提取公因子}} [x+(n-1)b]\begin{vmatrix} 1 & b & b & \cdots & b \\ 1 & x & b & \cdots & b \\ 1 & b & x & \cdots & b \\ \vdots & \vdots & \vdots & & \vdots \\ 1 & b & b & \cdots & x \end{vmatrix}$$

$$\xlongequal[r_n-r_1]{\substack{r_2-r_1\\ r_3-r_1\\ \vdots}} [x+(n-1)]\begin{vmatrix} 1 & b & b & \cdots & b \\ 0 & a-b & 0 & \cdots & 0 \\ 0 & 0 & a-b & \cdots & 0 \\ \vdots & \vdots & \vdots & & \vdots \\ 0 & 0 & 0 & \cdots & a-b \end{vmatrix} = [x+(n-1)b](x-b)^{n-1}.$$

于是原方程式为

$$[x+(n-1)b](x-b)^{n-1}=0,$$

解得

$$x_1=(1-n)b,\ x_2=x_3=\cdots=x_n=b.$$

四、克莱姆法则

微课

含有 n 个未知数 $x_1,x_2,\cdots,x_n$ 的 n 个线性方程的方程组

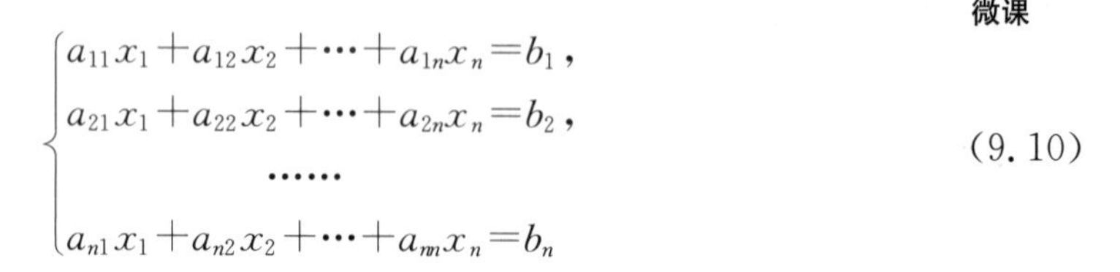

$$\begin{cases} a_{11}x_1+a_{12}x_2+\cdots+a_{1n}x_n=b_1, \\ a_{21}x_1+a_{22}x_2+\cdots+a_{2n}x_n=b_2, \\ \cdots\cdots \\ a_{n1}x_1+a_{n2}x_2+\cdots+a_{nn}x_n=b_n \end{cases} \tag{9.10}$$

与二、三元线性方程组相类似，它的解可以用 n 阶行列式表示，即有

定理 9.2（克莱姆法则）　若 n 元线性方程组(9.10)的系数行列式不等于零，即

$$D=\begin{vmatrix} a_{11} & a_{12} & \cdots & a_{1n} \\ a_{21} & a_{22} & \cdots & a_{2n} \\ \vdots & \vdots & & \vdots \\ a_{n1} & a_{n2} & \cdots & a_{nn} \end{vmatrix}\neq 0,$$

则它有唯一的解

$$x_1=\frac{D_1}{D},x_2=\frac{D_2}{D},\cdots,x_n=\frac{D_n}{D}. \tag{9.11}$$

其中 $D_j(j=1,2,\cdots,n)$ 是将 D 中的第 j 列换成方程组(9.10)右端的常数项所得到的 n 阶行列式.

定理证明从略.

【例 9.8】　解线性方程组 $\begin{cases} x_1-x_2+x_3-2x_4=2, \\ 2x_1-x_3+4x_4=4, \\ 3x_1+2x_2+x_3=-1, \\ -x_1+2x_2-x_3+2x_4=-4. \end{cases}$

解　利用克莱姆法则

$$D=\begin{vmatrix} 1 & -1 & 1 & -2 \\ 2 & 0 & -1 & 4 \\ 3 & 2 & 1 & 0 \\ -1 & 2 & -1 & 2 \end{vmatrix}\xlongequal{r_1+r_4}\begin{vmatrix} 0 & 1 & 0 & 0 \\ 2 & 0 & -1 & 4 \\ 3 & 2 & 1 & 0 \\ -1 & 2 & -1 & 2 \end{vmatrix}=-\begin{vmatrix} 2 & -1 & 4 \\ 3 & 1 & 0 \\ -1 & -1 & 2 \end{vmatrix}$$

$$\xlongequal{r_1-2r_3}-\begin{vmatrix} 4 & 1 & 0 \\ 3 & 1 & 0 \\ -1 & -1 & 2 \end{vmatrix}=-2\begin{vmatrix} 4 & 1 \\ 3 & 1 \end{vmatrix}=-2\neq 0.$$

所以方程组有唯一解，则

$$D_1=\begin{vmatrix} 2 & -1 & 1 & -2 \\ 4 & 0 & -1 & 4 \\ -1 & 2 & 1 & 0 \\ -4 & 2 & -1 & 2 \end{vmatrix}=-2,\quad D_2=\begin{vmatrix} 1 & 2 & 1 & -2 \\ 2 & 4 & -1 & 4 \\ 3 & -1 & 1 & 0 \\ -1 & -4 & -1 & 2 \end{vmatrix}=4,$$

$$D_3=\begin{vmatrix} 1 & -1 & 2 & -2 \\ 2 & 0 & 4 & 4 \\ 3 & 2 & -1 & 0 \\ -1 & 2 & -4 & 2 \end{vmatrix}=0,\quad D_4=\begin{vmatrix} 1 & -1 & 1 & 2 \\ 2 & 0 & -1 & 4 \\ 3 & 2 & 1 & -1 \\ -1 & 2 & -1 & -4 \end{vmatrix}=-1.$$

于是方程组的解为

$$x_1=\frac{D_1}{D}=1,x_2=\frac{D_2}{D}=-2,x_3=\frac{D_3}{D}=0,x_4=\frac{D_4}{D}=\frac{1}{2}.$$

【例 9.9】 一个土建师，一个电气师和一个机械师，组成一个技术服务队.假设在一段时间内，每人收入 1 元人民币需要其他两人的服务费用和实际收入如表 9.1，问这段时间内，每人的总收入分别是多少？（总收入＝支付服务费＋实际上收入）

表 9.1

服务者 \ 被服务者	土建师	电气师	机械师	实际收入
土建师	0	0.2	0.3	500
电气师	0.1	0	0.4	700
机械师	0.3	0.4	0	600

解 设土建师、电气师、机械师的总收入分别是 x_1, x_2, x_3，根据题意和表 9.1，列出下列方程组：

$$\begin{cases} 0.2x_2+0.3x_3+500=x_1, \\ 0.1x_1+0.4x_3+700=x_2, \\ 0.3x_1+0.4x_2+600=x_3. \end{cases}$$

即

$$\begin{cases} x_1-0.2x_2-0.3x_3=500, \\ -0.1x_1+x_2-0.4x_3=700, \\ -0.3x_1-0.4x_2+x_3=600. \end{cases}$$

利用克莱姆法则求得方程组的解，就能求出土建师、电气师、机械师的总收入.因为

$$D=\begin{vmatrix} 1 & -0.2 & -0.3 \\ -0.1 & 1 & -0.4 \\ -0.3 & -0.4 & 1 \end{vmatrix}=0.694, \quad D_1=\begin{vmatrix} 500 & -0.2 & -0.3 \\ 700 & 1 & -0.4 \\ 600 & -0.4 & 1 \end{vmatrix}=872,$$

$$D_2=\begin{vmatrix} 1 & 500 & -0.3 \\ -0.1 & 700 & -0.4 \\ -0.3 & 600 & 1 \end{vmatrix}=1\,005, \quad D_3=\begin{vmatrix} 1 & -0.2 & 500 \\ -0.1 & 1 & 700 \\ -0.3 & -0.4 & 600 \end{vmatrix}=1\,080,$$

所以

$$x_1=\frac{D_1}{D}\approx 1\,256.48, x_2=\frac{D_2}{D}\approx 1\,448.13, x_3=\frac{D_3}{D}\approx 1\,556.20.$$

注意：应用克莱姆法则解 n 元线性方程组时，必须满足两个条件：

（1）方程个数与未知数个数相等；

（2）系数行列式不等于零.

当一个方程组满足以上两个条件时，该方程组的解唯一，其解可用式(9.11)表示.但应注意到，用克莱姆法则解 n 元线性方程组，需要计算 $n+1$ 个 n 阶行列式，当 n 较大时计算量很大，所以在一般情况下不轻易采用克莱姆法则解线性方程组.但克莱姆法则的作用却很重要.首先，克莱姆法则在理论上相当重要，因为它告诉我们当由 n 个 n 元线性方程组成的方程组的系数行列式不等于零时，方程组有唯一解，这说明只要考察方程组的系数就能分析

出解的情况；其次，克莱姆法则给出当方程组有唯一解时的求解公式，通过此公式充分体现出线性方程组的解与它的系数、常数项之间的依赖关系.

克莱姆法则的逆否命题为：

定理 9.2′　如果线性方程组(9.10)无解或有两个不同的解，则它的系数行列式必为零.

线性方程组(9.10)中，当常数项 $b_1, b_2, \cdots, b_n$ 不全都为零时，线性方程组(9.10)叫作**非齐次线性方程组**，当常数项 $b_1, b_2, \cdots, b_n$ 全为零时，线性方程组(9.10)叫作**齐次线性方程组**.

对于齐次线性方程组

$$\begin{cases} a_{11}x_1+a_{12}x_2+\cdots+a_{1n}x_n=0, \\ a_{21}x_1+a_{22}x_2+\cdots+a_{2n}x_n=0, \\ \cdots\cdots \\ a_{n1}x_1+a_{n2}x_2+\cdots+a_{nn}x_n=0, \end{cases} \tag{9.12}$$

$x_1=x_2=\cdots=x_n=0$ 一定是它的解，这个解叫作齐次线性方程组(9.12)的**零解**. 如果一组不全为零的数是方程组(9.12)的解，则它叫作齐次线性方程组(9.12)的**非零解**. 齐次线性方程组(9.12)一定有零解. 但不一定有非零解.

把定理 9.2 应用于齐次线性方程组(9.12)，可得：

定理 9.3　齐次线性方程组(9.12)有非零解的充分必要条件是：方程组的系数行列式 $D=0$.

推论　若齐次线性方程组(9.12)系数行列式 $D\neq0$，则方程组(9.12)只有零解.

【例 9.10】　判定齐次线性方程组 $\begin{cases} 2x_1+x_2-5x_3+x_4=0, \\ x_1-3x_2-6x_4=0, \\ 2x_2-x_3=0, \\ x_1+4x_2-7x_3+6x_4=0 \end{cases}$ 是否有非零解？

解　由于系数行列式

$$\begin{vmatrix} 2 & 1 & -5 & 1 \\ 1 & -3 & 0 & -6 \\ 0 & 2 & -1 & 0 \\ 1 & 4 & -7 & 6 \end{vmatrix} = 2(-1)^{3+2}\begin{vmatrix} 2 & -5 & 1 \\ 1 & 0 & -6 \\ 1 & -7 & 6 \end{vmatrix} - (-1)^{3+3}\begin{vmatrix} 2 & 1 & 1 \\ 1 & -3 & -6 \\ 1 & 4 & 6 \end{vmatrix}$$

$$= -2\times31-7=-69\neq0,$$

所以该齐次线性方程组只有零解，没有非零解.

【例 9.11】　问 k 为何值时，方程组 $\begin{cases} 3x-y=kx, \\ -x+3y=ky \end{cases}$ 有非零解？

解　将方程组整理得

$$\begin{cases} (3-k)x-y=0, \\ -x+(3-k)y=0. \end{cases}$$

根据定理 9.3，当且仅当系数行列式等于零时，齐次线性方程组有非零解，即

$$\begin{vmatrix} 3-k & -1 \\ -1 & 3-k \end{vmatrix}=0,$$

$$(3-k)^2-1=0.$$

故当 $k=2$ 和 $k=4$ 时,方程组有非零解.

习题 9.1

1. 利用对角线法则计算下列行列式.

(1) $\begin{vmatrix} 1 & 3 \\ 1 & 4 \end{vmatrix}$;　　(2) $\begin{vmatrix} a & b \\ a^2 & b^2 \end{vmatrix}$;

(3) $\begin{vmatrix} 1 & 2 & 3 \\ 3 & 1 & 2 \\ 2 & 3 & 1 \end{vmatrix}$;　　(4) $\begin{vmatrix} 0 & a & 0 \\ b & 0 & c \\ 0 & d & 0 \end{vmatrix}$.

2. 利用行列式的性质计算下列行列式.

(1) $\begin{vmatrix} 1 & 0 & -1 \\ 3 & 5 & 0 \\ 0 & 4 & 1 \end{vmatrix}$;　　(2) $\begin{vmatrix} 1 & 2 & 3 & 4 \\ 2 & 3 & 4 & 1 \\ 3 & 4 & 1 & 2 \\ 4 & 1 & 2 & 3 \end{vmatrix}$;

(3) $\begin{vmatrix} a & 1 & 0 & 0 \\ -1 & b & 1 & 0 \\ 0 & -1 & c & 1 \\ 0 & 0 & -1 & d \end{vmatrix}$;　　(4) $\begin{vmatrix} a & b & \cdots & b \\ b & a & \cdots & b \\ \vdots & \vdots & & \vdots \\ b & b & \cdots & a \end{vmatrix}$($n$ 阶).

3. 当 x 为何值时,$\begin{vmatrix} 3 & 1 & x \\ 4 & x & 0 \\ 1 & 0 & x \end{vmatrix} \neq 0$.

4. 解方程 $\begin{vmatrix} 3 & 1 & 1 \\ x & 1 & 0 \\ x^2 & 3 & 1 \end{vmatrix} = 0$.

5. 证明:

(1) $\begin{vmatrix} a^2 & ab & b^2 \\ 2a & a+b & 2b \\ 1 & 1 & 1 \end{vmatrix} = (a-b)^3$;　　(2) $\begin{vmatrix} a^2 & (a+1)^2 & (a+2)^2 & (a+3)^2 \\ b^2 & (b+1)^2 & (b+2)^2 & (b+3)^2 \\ c^2 & (c+1)^2 & (c+2)^2 & (c+3)^2 \\ d^2 & (d+1)^2 & (d+2)^2 & (d+3)^2 \end{vmatrix} = 0$.

6. 求行列式 $\begin{vmatrix} -3 & 0 & 4 \\ 5 & 0 & 3 \\ 2 & -2 & 1 \end{vmatrix}$ 中元素 2 和 -2 的代数余子式.

7. 求四阶行列式 $D=\begin{vmatrix} 1 & 0 & 4 & 0 \\ 2 & -1 & -1 & 2 \\ 0 & -6 & 0 & 0 \\ 2 & 4 & -1 & 2 \end{vmatrix}$ 的第四行各元素的代数余子式之和,即求

$A_{41}+A_{42}+A_{43}+A_{44}$之值,其中$A_{4j}(j=1,2,3,4)$为$D$的第4行第$j$列元素的代数余子式.

8. 用克莱姆法则解下列方程组.

(1) $\begin{cases} x_1+x_2-2x_3=-3, \\ 5x_1-2x_2+7x_3=22, \\ 2x_1-5x_2+4x_3=4; \end{cases}$　　(2) $\begin{cases} x_1+x_2+x_3+x_4=5, \\ x_1+2x_2-x_3+4x_4=-2, \\ 2x_1-3x_2-x_3-5x_4=-2, \\ 3x_1+x_2+2x_3+11x_4=0. \end{cases}$

9. 问λ,μ取何值时,齐次线性方程组$\begin{cases} \lambda x_1+x_2+x_3=0, \\ x_1+\mu x_2+x_3=0, \\ x_1+2\mu x_2+x_3=0 \end{cases}$有非零解?

10. 问k取何值时,齐次线性方程组$\begin{cases} kx_1+x_2-x_3=0, \\ x_1+kx_2-x_3=0, \\ 2x_1-x_2+x_3=0 \end{cases}$仅有零解?

第二节　矩　　阵

学习目标

1. 理解矩阵的概念,掌握用矩阵表示实际量的方法.
2. 熟练掌握矩阵的线性运算、乘法运算、转置及运算规律.
3. 了解零矩阵、单位矩阵、数量矩阵、对角矩阵、上(下)三角矩阵、对称矩阵的定义.
4. 掌握方阵行列式的概念及运算.
5. 熟练掌握矩阵的初等变换,理解可逆矩阵和逆矩阵的概念及性质,掌握矩阵可逆的充分必要条件.
6. 熟练掌握求逆矩阵的初等行变换法,会用伴随矩阵法求逆矩阵,会解简单的矩阵方程.
7. 理解矩阵秩的概念,掌握矩阵秩的求法.

矩阵是研究线性方程组、二次型不可缺少的工具,是线性代数的基础内容,在工程技术各领域中有着广泛的应用.它不仅在经济模型中有着很实际的应用,而且目前国际认可的最优化的科技应用软件——MATLAB就是以矩阵作为基本的数据结构,从矩阵的数据分析、处理发展起来的被广泛应用的软件包.本节将介绍矩阵的概念及其运算,矩阵的初等变换,可逆矩阵及求法,矩阵的秩等内容.

一、矩阵的概念

微课

案例9.1(**物资调运方案**)　在物资调运中,某物资(如煤)有两个产地(分别用1,2表示),三个销售地(分别用1,2,3表示),调运方案见表9.2.

表 9.2

数量 销售地 产地	1	2	3
1	17	25	20
2	26	32	23

解 这个调运方案可以简写成一个 2 行 3 列的数表

$$\begin{pmatrix} 17 & 25 & 20 \\ 26 & 32 & 23 \end{pmatrix},$$

其中第 $i(i=1,2)$ 行第 $j(j=1,2,3)$ 列的数表示从第 i 个产地运往第 j 个销售地的运量.

案例 9.2（**产值表**） 某企业生产 5 种产品（分别用 A,B,C,D,E 表示），各种产品的季度产值（单位：万元）见表 9.3.

表 9.3

产品 季度	A	B	C	D	E
一	78	58	75	78	64
二	90	70	85	84	76
三	95	75	90	90	80
四	89	70	82	80	76

四个季度五种产品的产值可排成一个 4 行 5 列的产值数表

$$\begin{pmatrix} 78 & 58 & 75 & 78 & 64 \\ 90 & 70 & 85 & 84 & 76 \\ 95 & 75 & 90 & 90 & 80 \\ 89 & 70 & 82 & 80 & 76 \end{pmatrix}.$$

它具体描述了这家企业各种产品在各季度的产值，同时也揭示了产值随季节变化规律的季增长及年产量等情况.

定义 9.4 由 $m\times n$ 个数排成的 m 行 n 列的表

$$\begin{pmatrix} a_{11} & a_{12} & \cdots & a_{1n} \\ a_{21} & a_{22} & \cdots & a_{2n} \\ \vdots & \vdots & & \vdots \\ a_{m1} & a_{m2} & \cdots & a_{mn} \end{pmatrix}$$

称为 m 行 n 列**矩阵**，简称 $m\times n$ 矩阵. 这 $m\times n$ 个数 $a_{ij}(i=1,2,\cdots,m;j=1,2,\cdots,n)$ 叫作**矩阵的元素**. 当元素都是实数时称为**实矩阵**，当元素为复数时称为**复矩阵**. 本书一般都指实矩阵.

一般地，矩阵通常用大写字母 $\boldsymbol{A},\boldsymbol{B},\boldsymbol{C},\cdots$ 来表示，以 a_{ij} 为元素的矩阵可简记为 $\boldsymbol{A}=(a_{ij})$，有时强调矩阵的阶数，也可写成 $\boldsymbol{A}=(a_{ij})_{m\times n}$.

在矩阵 $\boldsymbol{A}=(a_{ij})_{m\times n}$ 中，当 $m=n$ 时，$\boldsymbol{A}$ 称为 n 阶**方阵**.

只有一行的矩阵

$$\boldsymbol{A}=(a_1 \quad a_2 \quad \cdots \quad a_n)$$

叫作**行矩阵**，也称为**行向量**；只有一列的矩阵

$$\boldsymbol{B}=\begin{pmatrix} b_1 \\ b_2 \\ \vdots \\ b_m \end{pmatrix}$$

叫作**列矩阵**，也称为**列向量**.

元素都是零的矩阵称作**零矩阵**，记作 $\boldsymbol{O}$. 有时零矩阵也用数零 $\boldsymbol{0}$ 表示，根据上下文不难分辨.

当两个矩阵的行数相等、列数也相等时，就称它们是**同型矩阵**. 如果两个矩阵是同型矩阵并且它们的对应元素相等，那么就称这两个**矩阵相等**.

【例 9.12】 变量 $y_1,y_2,\cdots,y_m$ 用另一些变量 $x_1,x_2,\cdots,x_n$ 线性表示为

$$\begin{cases} y_1=a_{11}x_1+a_{12}x_2+\cdots+a_{1n}x_n, \\ y_2=a_{21}x_1+a_{22}x_2+\cdots+a_{2n}x_n, \\ \cdots\cdots \\ y_m=a_{m1}x_1+a_{m2}x_2+\cdots+a_{mn}x_n, \end{cases} \tag{9.13}$$

其中 a_{ij} 为常数($i=1,2,\cdots,m;j=1,2,\cdots,n$). 这种从变量 $x_1,x_2,\cdots,x_n$ 到变量 $y_1,y_2,\cdots,y_m$ 的变换称为**线性变换**. 线性变换(9.13)中的系数是一个 $m\times n$ 矩阵

$$\begin{pmatrix} a_{11} & a_{12} & \cdots & a_{1n} \\ a_{21} & a_{22} & \cdots & a_{2n} \\ \vdots & \vdots & & \vdots \\ a_{m1} & a_{m2} & \cdots & a_{mn} \end{pmatrix},$$

称为**线性变换的系数矩阵**.

【例 9.13】 线性变换

$$\begin{cases} y_1=\lambda_1 x_1, \\ y_2=\lambda_2 x_2, \\ \cdots\cdots \\ y_n=\lambda_n x_n \end{cases}$$

中变量 $x_1,x_2,\cdots,x_n$ 的系数对应一个 n 阶方阵

$$\begin{pmatrix} \lambda_1 & 0 & \cdots & 0 \\ 0 & \lambda_2 & \cdots & 0 \\ \vdots & \vdots & & \vdots \\ 0 & 0 & \cdots & \lambda_n \end{pmatrix}$$

称为**对角矩阵**，记作 $\mathrm{diag}(\lambda_1,\lambda_2,\cdots,\lambda_n)$.

在对角矩阵中，当 $\lambda_1=\lambda_2=\cdots=\lambda_n=\lambda$ 时，有

$$\begin{pmatrix} \lambda & 0 & \cdots & 0 \\ 0 & \lambda & \cdots & 0 \\ \vdots & \vdots & & \vdots \\ 0 & 0 & \cdots & \lambda \end{pmatrix},$$

称为**标量矩阵**.

在标量矩阵中，当 $\lambda=1$ 时有

$$\boldsymbol{E}=\begin{pmatrix} 1 & 0 & \cdots & 0 \\ 0 & 1 & \cdots & 0 \\ \vdots & \vdots & & \vdots \\ 0 & 0 & \cdots & 1 \end{pmatrix},$$

称为 n 阶**单位矩阵**.

【例 9.14】 由线性方程组

$$\begin{cases} a_{11}x_1+a_{12}x_2+\cdots+a_{1n}x_n=b_1, \\ \qquad a_{22}x_2+\cdots+a_{2n}x_n=b_2, \\ \qquad\qquad \cdots\cdots \\ \qquad\qquad\qquad a_{nn}x_n=b_n \end{cases}$$

的系数组成一个矩阵

$$\boldsymbol{A}=\begin{pmatrix} a_{11} & a_{12} & \cdots & a_{1n} \\ 0 & a_{22} & \cdots & a_{2n} \\ \vdots & \vdots & & \vdots \\ 0 & 0 & \cdots & a_{nn} \end{pmatrix},$$

称为**上三角矩阵**. 类似地，

$$\boldsymbol{A}=\begin{pmatrix} a_{11} & 0 & \cdots & 0 \\ a_{21} & a_{22} & \cdots & 0 \\ \vdots & \vdots & & \vdots \\ a_{n1} & a_{n2} & \cdots & a_{nn} \end{pmatrix}$$

称为**下三角矩阵**.

二、矩阵的运算

矩阵的运算在矩阵的理论中起着重要的作用. 矩阵虽然不是数，但用来处理实际问题时往往要进行矩阵的代数运算.

1. 矩阵的加法与减法

案例 9.3 某工厂生产甲、乙、丙三种产品，各种产品每天所需的各类成本（单位：元）如表 9.4 和表 9.5 所示.

表 9.4　2022 年 3 月 4 日

名目＼产品	甲	乙	丙
原材料	1 024	989	1 003
劳动力	596	477	610
管理费	32	29	38

表 9.5　2022 年 3 月 5 日

名目＼产品	甲	乙	丙
原材料	1 124	1 089	1 093
劳动力	616	577	610
管理费	34	32	36

三种产品每天所需的各类成本也可用矩阵表示为

$$\boldsymbol{A}=\begin{pmatrix} 1\,024 & 989 & 1\,003 \\ 596 & 477 & 610 \\ 32 & 29 & 38 \end{pmatrix},\boldsymbol{B}=\begin{pmatrix} 1\,124 & 1\,089 & 1\,093 \\ 616 & 577 & 610 \\ 34 & 32 & 36 \end{pmatrix}.$$

这样甲、乙、丙三种产品 4 日、5 日两天所用各类成本的和可以表示成矩阵

$$\boldsymbol{C}=\begin{pmatrix} 1\,024+1\,124 & 989+1\,089 & 1\,003+1\,093 \\ 596+616 & 477+577 & 610+610 \\ 32+34 & 29+32 & 38+36 \end{pmatrix},$$

我们把矩阵 $\boldsymbol{C}$ 称为**矩阵 $\boldsymbol{A}$ 与矩阵 $\boldsymbol{B}$ 的和**.

定义 9.5　设有两个 $m\times n$ 矩阵 $\boldsymbol{A}=(a_{ij})$，$\boldsymbol{B}=(b_{ij})$，则矩阵 $\boldsymbol{A}$ 与矩阵 $\boldsymbol{B}$ 的和规定为

$$\boldsymbol{A}+\boldsymbol{B}=\begin{pmatrix} a_{11}+b_{11} & a_{12}+b_{12} & \cdots & a_{1n}+b_{1n} \\ a_{21}+b_{21} & a_{22}+b_{22} & \cdots & a_{2n}+b_{2n} \\ \vdots & \vdots & & \vdots \\ a_{m1}+b_{m1} & a_{m2}+b_{m2} & \cdots & a_{mn}+b_{mn} \end{pmatrix},$$

即两个矩阵相加等于把这两个矩阵的对应元素相加.

注意：并非任何两个矩阵都可以相加，只有当两个矩阵是同型矩阵时才能相加.

我们称矩阵

$$\begin{pmatrix} -a_{11} & -a_{12} & \cdots & -a_{1n} \\ -a_{21} & -a_{22} & \cdots & -a_{2n} \\ \vdots & \vdots & & \vdots \\ -a_{m1} & -a_{m2} & \cdots & -a_{mn} \end{pmatrix}$$

为 $\boldsymbol{A}=(a_{ij})_{m\times n}$ 的负矩阵，记作 $-\boldsymbol{A}$.

按照矩阵的加法定义，可得出矩阵的减法如下：

$$\boldsymbol{A}-\boldsymbol{B}=\boldsymbol{A}+(-\boldsymbol{B})=\begin{pmatrix} a_{11}-b_{11} & a_{12}-b_{12} & \cdots & a_{1n}-b_{1n} \\ a_{21}-b_{21} & a_{22}-b_{22} & \cdots & a_{2n}-b_{2n} \\ \vdots & \vdots & & \vdots \\ a_{m1}-b_{m1} & a_{m2}-b_{m2} & \cdots & a_{mn}-b_{mn} \end{pmatrix}.$$

矩阵的加法满足下列运算律(设 $\boldsymbol{A},\boldsymbol{B},\boldsymbol{C}$ 都是 $m\times n$ 矩阵)：

(1) $\boldsymbol{A}+\boldsymbol{B}=\boldsymbol{B}+\boldsymbol{A}$；

(2) $(\boldsymbol{A}+\boldsymbol{B})+\boldsymbol{C}=\boldsymbol{A}+(\boldsymbol{B}+\boldsymbol{C})$；

(3) $\boldsymbol{A}+\boldsymbol{O}=\boldsymbol{A}$.

【例 9.15】 设两矩阵 $\boldsymbol{A}=\begin{pmatrix}2 & -3 & 1\\1 & 4 & -2\end{pmatrix}$, $\boldsymbol{B}=\begin{pmatrix}-2 & 1 & 5\\0 & 2 & 3\end{pmatrix}$, 求 $\boldsymbol{A}+\boldsymbol{B}$.

解 $\boldsymbol{A}+\boldsymbol{B}=\begin{pmatrix}2-2 & -3+1 & 1+5\\1+0 & 4+2 & -2+3\end{pmatrix}=\begin{pmatrix}0 & -2 & 6\\1 & 6 & 1\end{pmatrix}$.

2. 数与矩阵的乘法

在案例 9.3 的问题中,由于进行了技术革新,甲、乙、丙三种产品在 4 月 4 日的各类成本都降为 3 月 4 日成本的 80%,这时 4 月 4 日的各类成本可用矩阵表示为

$$\begin{pmatrix}0.8\times 1\,024 & 0.8\times 989 & 0.8\times 1\,003\\0.8\times 596 & 0.8\times 477 & 0.8\times 610\\0.8\times 32 & 0.8\times 29 & 0.8\times 38\end{pmatrix},$$

这个矩阵就称为数 0.8 与矩阵 $\boldsymbol{A}$ 的乘积,记为 $0.8\boldsymbol{A}$.

定义 9.6 设矩阵 $\boldsymbol{A}=(a_{ij})_{m\times n}$, λ 是一个数,则数 λ 与矩阵 $\boldsymbol{A}$ 的乘积规定为

$$\lambda\boldsymbol{A}=\boldsymbol{A}\lambda=\begin{pmatrix}\lambda a_{11} & \lambda a_{12} & \cdots & \lambda a_{1n}\\\lambda a_{21} & \lambda a_{22} & \cdots & \lambda a_{2n}\\\cdots & \cdots & \cdots & \cdots\\\lambda a_{m1} & \lambda a_{m2} & \cdots & \lambda a_{mn}\end{pmatrix},$$

即一个数与矩阵相乘等于用这个数去乘矩阵的每一个元素.

数与矩阵的乘法满足下列运算律(设 $\boldsymbol{A}$, $\boldsymbol{B}$ 为 $m\times n$ 矩阵, λ, μ 为数):

(1) $(\lambda\mu)\boldsymbol{A}=\lambda(\mu\boldsymbol{A})$;

(2) $(\lambda+\mu)\boldsymbol{A}=\lambda\boldsymbol{A}+\mu\boldsymbol{A}$;

(3) $\lambda(\boldsymbol{A}+\boldsymbol{B})=\lambda\boldsymbol{A}+\lambda\boldsymbol{B}$.

【例 9.16】 设 $\boldsymbol{A}=\begin{pmatrix}3 & -1 & 2\\0 & 4 & 1\end{pmatrix}$, $\boldsymbol{B}=\begin{pmatrix}3 & 0 & 2\\-3 & -4 & 0\end{pmatrix}$, 求 $3\boldsymbol{A}-2\boldsymbol{B}$.

解

$$\begin{aligned}3\boldsymbol{A}-2\boldsymbol{B}&=3\begin{pmatrix}3 & -1 & 2\\0 & 4 & 1\end{pmatrix}-2\begin{pmatrix}3 & 0 & 2\\-3 & -4 & 0\end{pmatrix}\\&=\begin{pmatrix}9 & -3 & 6\\0 & 12 & 3\end{pmatrix}-\begin{pmatrix}6 & 0 & 4\\-6 & -8 & 0\end{pmatrix}\\&=\begin{pmatrix}3 & -3 & 2\\6 & 20 & 3\end{pmatrix}.\end{aligned}$$

3. 矩阵的乘法

案例 9.4 设某工厂由 1 车间、2 车间、3 车间生产甲、乙两种产品,用矩阵 $\boldsymbol{A}$ 表示该厂三个车间一天内生产甲产品和乙产品的产量(kg),矩阵 $\boldsymbol{B}$ 表示甲产品和乙产品的单价(元)和单位利润(元).

$$\boldsymbol{A}=\begin{pmatrix} 110 & 200 \\ 140 & 190 \\ 120 & 210 \end{pmatrix}\begin{matrix}1\text{ 车间}\\2\text{ 车间}\\3\text{ 车间}\end{matrix}\ (\text{列：甲、乙})\qquad \boldsymbol{B}=\begin{pmatrix} 50 & 15 \\ 45 & 10 \end{pmatrix}\begin{matrix}\text{甲产品}\\\text{乙产品}\end{matrix}\ (\text{列：单价、利润})$$

那么该厂三个车间一天各自的总产值(元)和总利润(元)可用矩阵$\boldsymbol{C}$表示为

$$\boldsymbol{C}=\begin{pmatrix} 110\times50+200\times45 & 110\times15+200\times10 \\ 140\times50+190\times45 & 140\times15+190\times10 \\ 120\times50+210\times45 & 120\times15+210\times10 \end{pmatrix}\begin{matrix}1\text{ 车间}\\2\text{ 车间}\\3\text{ 车间}\end{matrix}\ (\text{列：总产值、总利润})$$

这时把矩阵$\boldsymbol{C}$称为矩阵$\boldsymbol{A}$与矩阵$\boldsymbol{B}$的乘积,可记为$\boldsymbol{C}=\boldsymbol{AB}$.

定义 9.7　设两个矩阵$\boldsymbol{A}=(a_{ij})_{m\times s}$,$\boldsymbol{B}=(b_{ij})_{s\times n}$,则矩阵$\boldsymbol{A}$与矩阵$\boldsymbol{B}$的乘积记为$\boldsymbol{C}=\boldsymbol{AB}$,规定$\boldsymbol{C}=(c_{ij})_{m\times n}$,其中

$$c_{ij}=a_{i1}b_{1j}+a_{i2}b_{2j}+\cdots+a_{is}b_{sj}=\sum_{k=1}^{s}a_{ik}b_{kj}\ (i=1,2,\cdots,m;j=1,2,\cdots,n).$$

注意:只有当左矩阵$\boldsymbol{A}$的列数与右矩阵$\boldsymbol{B}$的行数相同时,$\boldsymbol{A}$与$\boldsymbol{B}$才能作乘积,并且乘积矩阵的行数与$\boldsymbol{A}$的行数相等,乘积矩阵的列数与$\boldsymbol{B}$的列数相等.

利用矩阵的乘法,例 9.12 中的线性变换可写成

$$\begin{pmatrix} y_1 \\ y_2 \\ \vdots \\ y_m \end{pmatrix}=\begin{pmatrix} a_{11} & a_{12} & \cdots & a_{1n} \\ a_{21} & a_{22} & \cdots & a_{2n} \\ \vdots & \vdots & & \vdots \\ a_{n1} & a_{m2} & \cdots & a_{mn} \end{pmatrix}\begin{pmatrix} x_1 \\ x_2 \\ \vdots \\ x_n \end{pmatrix}.$$

若令

$$\boldsymbol{Y}=\begin{pmatrix} y_1 \\ y_2 \\ \vdots \\ y_m \end{pmatrix},\boldsymbol{A}=\begin{pmatrix} a_{11} & a_{12} & \cdots & a_{1n} \\ a_{21} & a_{22} & \cdots & a_{2n} \\ \vdots & \vdots & & \vdots \\ a_{m1} & a_{m2} & \cdots & a_{mn} \end{pmatrix},\boldsymbol{X}=\begin{pmatrix} x_1 \\ x_2 \\ \vdots \\ x_n \end{pmatrix},$$

则此线性变换可写成矩阵形式

$$\boldsymbol{Y}=\boldsymbol{AX}.$$

【例 9.17】　设$\boldsymbol{A}=\begin{pmatrix} 1 & 1 \\ -1 & -1 \end{pmatrix}$,$\boldsymbol{B}=\begin{pmatrix} 1 & -1 \\ -1 & 1 \end{pmatrix}$,$\boldsymbol{C}=\begin{pmatrix} -1 & 1 \\ 1 & -1 \end{pmatrix}$,求$\boldsymbol{AB}$,$\boldsymbol{BA}$与$\boldsymbol{AC}$.

解

$$\boldsymbol{AB}=\begin{pmatrix} 1 & 1 \\ -1 & -1 \end{pmatrix}\begin{pmatrix} 1 & -1 \\ -1 & 1 \end{pmatrix}=\begin{pmatrix} 0 & 0 \\ 0 & 0 \end{pmatrix},$$

$$\boldsymbol{BA}=\begin{pmatrix} 1 & -1 \\ -1 & 1 \end{pmatrix}\begin{pmatrix} 1 & 1 \\ -1 & -1 \end{pmatrix}=\begin{pmatrix} 2 & 2 \\ -2 & -2 \end{pmatrix},$$

$$\boldsymbol{AC}=\begin{pmatrix} 1 & 1 \\ -1 & -1 \end{pmatrix}\begin{pmatrix} -1 & 1 \\ 1 & -1 \end{pmatrix}=\begin{pmatrix} 0 & 0 \\ 0 & 0 \end{pmatrix}.$$

从上面的例题中,可以得出下面的结论:

(1) 矩阵的乘法不满足交换律,即一般地说,$\boldsymbol{AB}\neq\boldsymbol{BA}$. 对于两个 n 阶方阵 $\boldsymbol{A}$,$\boldsymbol{B}$. 若 $\boldsymbol{AB}=\boldsymbol{BA}$,则称方阵 $\boldsymbol{A}$ 与 $\boldsymbol{B}$ 是**可交换**的. 对任一方阵 $\boldsymbol{A}$,有 $\boldsymbol{EA}=\boldsymbol{AE}$.

(2) 两个非零矩阵的乘积可能等于零矩阵,即 $\boldsymbol{A}\neq\boldsymbol{0}$,$\boldsymbol{B}\neq\boldsymbol{0}$ 而 $\boldsymbol{AB}=\boldsymbol{0}$. 因此一般说来,$\boldsymbol{AB}=\boldsymbol{0}$ 不能推出 $\boldsymbol{A}=\boldsymbol{0}$ 或 $\boldsymbol{B}=\boldsymbol{0}$.

(3) 矩阵乘法中消去律不成立,即 $\boldsymbol{AB}=\boldsymbol{AC}$,且 $\boldsymbol{A}\neq\boldsymbol{0}$,不一定有 $\boldsymbol{B}=\boldsymbol{C}$.

矩阵的乘法满足下列运算律(假设运算都是成立的):

(1) 结合律:$(\boldsymbol{AB})\boldsymbol{C}=\boldsymbol{A}(\boldsymbol{BC})$;$\lambda(\boldsymbol{AB})=(\lambda\boldsymbol{A})\boldsymbol{B}=\boldsymbol{A}(\lambda\boldsymbol{B})$. ($\lambda$ 是数)

(2) 分配律:$(\boldsymbol{A}+\boldsymbol{B})\boldsymbol{C}=\boldsymbol{AC}+\boldsymbol{BC}$; $\boldsymbol{C}(\boldsymbol{A}+\boldsymbol{B})=\boldsymbol{CA}+\boldsymbol{CB}$.

作为矩阵乘法运算的一个特例,下面给出矩阵的幂运算.

定义 9.8 设 $\boldsymbol{A}$ 是一个 n 阶方阵,规定

$$\boldsymbol{A}^0=\boldsymbol{E},\boldsymbol{A}^k=\underbrace{\boldsymbol{AA}\cdots\boldsymbol{A}}_{k\text{ 个 }\boldsymbol{A}}\ (k\text{ 是正整数}),$$

称 $\boldsymbol{A}^k$ 为 **$\boldsymbol{A}$ 的 k 次方幂**. 显然只有方阵,它的幂才有意义.

由于矩阵的乘法适合结合律,所以方阵的幂满足下列运算律:

$$\boldsymbol{A}^k\cdot\boldsymbol{A}^l=\boldsymbol{A}^{k+l};(\boldsymbol{A}^k)^l=\boldsymbol{A}^{kl},$$

其中 k,l 为正整数. 又因为矩阵乘法一般不满足交换律,所以对两个 n 阶方阵 $\boldsymbol{A}$ 与 $\boldsymbol{B}$,一般说来 $(\boldsymbol{AB})^k\neq\boldsymbol{A}^k\boldsymbol{B}^k$. 只有当 $\boldsymbol{A}$ 与 $\boldsymbol{B}$ 可交换时,才有 $(\boldsymbol{AB})^k=\boldsymbol{A}^k\boldsymbol{B}^k$. 类似可知,例如 $(\boldsymbol{A}+\boldsymbol{B})^2\neq\boldsymbol{A}^2+2\boldsymbol{AB}+\boldsymbol{B}^2$、$(\boldsymbol{A}-\boldsymbol{B})(\boldsymbol{A}+\boldsymbol{B})\neq\boldsymbol{A}^2-\boldsymbol{B}^2$ 等只有当 $\boldsymbol{A}$ 与 $\boldsymbol{B}$ 可交换时等式才成立.

【例 9.18】 设 $\boldsymbol{A}=\begin{pmatrix}1&a\\0&1\end{pmatrix}^n$,$n$ 为正整数,求 $\boldsymbol{A}^n$.

解 设 $\boldsymbol{B}=\begin{pmatrix}0&a\\0&0\end{pmatrix}$,$\boldsymbol{E}=\begin{pmatrix}1&0\\0&1\end{pmatrix}$,有 $\boldsymbol{A}=\boldsymbol{E}+\boldsymbol{B}$,而 $\boldsymbol{B}^2=\boldsymbol{0}$,$\boldsymbol{EB}=\boldsymbol{BE}$,所以有

$$\begin{aligned}\boldsymbol{A}^n&=(\boldsymbol{E}+\boldsymbol{B})^n=\boldsymbol{E}^n+\mathrm{C}_n^1\boldsymbol{E}^{n-1}\boldsymbol{B}+\mathrm{C}_n^2\boldsymbol{E}^{n-2}\boldsymbol{B}^2+\cdots+\boldsymbol{B}^n\\&=\boldsymbol{E}+n\boldsymbol{EB}=\boldsymbol{E}+n\boldsymbol{B}\\&=\begin{pmatrix}1&0\\0&1\end{pmatrix}+\begin{pmatrix}0&na\\0&0\end{pmatrix}=\begin{pmatrix}1&na\\0&1\end{pmatrix}.\end{aligned}$$

4. 矩阵的转置

定义 9.9 设

$$\boldsymbol{A}=\begin{pmatrix}a_{11}&a_{12}&\cdots&a_{1n}\\a_{21}&a_{22}&\cdots&a_{2n}\\\vdots&\vdots&&\vdots\\a_{m1}&a_{m2}&\cdots&a_{mn}\end{pmatrix},$$

则矩阵

$$\begin{pmatrix}a_{11}&a_{21}&\cdots&a_{m1}\\a_{12}&a_{22}&\cdots&a_{m2}\\\vdots&\vdots&&\vdots\\a_{1n}&a_{2n}&\cdots&a_{mn}\end{pmatrix}$$

称为 $\boldsymbol{A}$ 的**转置矩阵**,记作 $\boldsymbol{A}^{\mathrm{T}}$ 或 $\boldsymbol{A}'$.

转置矩阵就是把 $\boldsymbol{A}$ 的行换成同序号的列得到的一个新矩阵. 例如,矩阵 $\boldsymbol{A}=\begin{pmatrix}1&2&3\\3&1&0\end{pmatrix}$的转置矩阵为 $\boldsymbol{A}^{\mathrm{T}}=\begin{pmatrix}1&3\\2&1\\3&0\end{pmatrix}$.

矩阵的转置满足下列运算律(假设运算都是可行的):

(1) $(\boldsymbol{A}^{\mathrm{T}})^{\mathrm{T}}=\boldsymbol{A}$;

(2) $(\boldsymbol{A}+\boldsymbol{B})^{\mathrm{T}}=\boldsymbol{A}^{\mathrm{T}}+\boldsymbol{B}^{\mathrm{T}}$;

(3) $(\lambda\boldsymbol{A})^{\mathrm{T}}=\lambda\boldsymbol{A}^{\mathrm{T}}$($\lambda$ 是数);

(4) $(\boldsymbol{AB})^{\mathrm{T}}=\boldsymbol{B}^{\mathrm{T}}\boldsymbol{A}^{\mathrm{T}}$.

【例 9.19】 已知 $\boldsymbol{A}=\begin{pmatrix}2&0&1\\1&-3&-2\end{pmatrix}$,$\boldsymbol{B}=\begin{pmatrix}1&0&2&4\\2&-3&1&0\\-1&0&3&-2\end{pmatrix}$,求$(\boldsymbol{AB})^{\mathrm{T}}$.

解 法 1:$\boldsymbol{AB}=\begin{pmatrix}2&0&1\\1&-3&-2\end{pmatrix}\begin{pmatrix}1&0&2&4\\2&-3&1&0\\-1&0&3&-2\end{pmatrix}=\begin{pmatrix}1&0&7&6\\-3&9&-7&8\end{pmatrix}$,

$$(\boldsymbol{AB})^{\mathrm{T}}=\begin{pmatrix}1&-3\\0&9\\7&-7\\6&8\end{pmatrix}.$$

法 2:

$$(\boldsymbol{AB})^{\mathrm{T}}=\boldsymbol{B}^{\mathrm{T}}\boldsymbol{A}^{\mathrm{T}}=\begin{pmatrix}1&2&-1\\0&-3&0\\2&1&3\\4&0&-2\end{pmatrix}\begin{pmatrix}2&1\\0&-3\\1&-2\end{pmatrix}=\begin{pmatrix}1&-3\\0&9\\7&-7\\6&8\end{pmatrix}.$$

【例 9.20】 设 $\boldsymbol{B}^{\mathrm{T}}=\boldsymbol{B}$,证明$(\boldsymbol{ABA}^{\mathrm{T}})^{\mathrm{T}}=\boldsymbol{ABA}^{\mathrm{T}}$.

证 因为 $\boldsymbol{B}^{\mathrm{T}}=\boldsymbol{B}$,所以

$$(\boldsymbol{ABA}^{\mathrm{T}})^{\mathrm{T}}=[(\boldsymbol{AB})\boldsymbol{A}^{\mathrm{T}}]^{\mathrm{T}}=(\boldsymbol{A}^{\mathrm{T}})^{\mathrm{T}}(\boldsymbol{AB})^{\mathrm{T}}=\boldsymbol{AB}^{\mathrm{T}}\boldsymbol{A}^{\mathrm{T}}=\boldsymbol{ABA}^{\mathrm{T}}.$$

5. 方阵的行列式

定义 9.10 由 n 阶方阵 $\boldsymbol{A}$ 所有元素构成的行列式(各元素的位置不变),称为 n 阶**方阵 $\boldsymbol{A}$ 的行列式**,记作$|\boldsymbol{A}|$或 $\det\boldsymbol{A}$.

应该注意,方阵与行列式是两个不同的概念,n 阶方阵是 n^2 个数按一定方式排列的数表,而 n 阶行列式是这些数(数表)按一定的运算法则所确定的一个数.

n 阶方阵行列式的运算满足下列运算律(设 $\boldsymbol{A}$,$\boldsymbol{B}$ 为 n 阶方阵,λ 为数):

(1) $|\boldsymbol{A}^{\mathrm{T}}|=|\boldsymbol{A}|$;

(2) $|\lambda\boldsymbol{A}|=\lambda^n|\boldsymbol{A}|$;

(3) $|\boldsymbol{AB}|=|\boldsymbol{A}||\boldsymbol{B}|$.

对于(3)可以推广为:设 $\boldsymbol{A}_1$,$\boldsymbol{A}_2$,$\cdots$,$\boldsymbol{A}_S$ 都是 n 阶方阵,则有

$$|\boldsymbol{A}_1\boldsymbol{A}_2\cdots\boldsymbol{A}_S|=|\boldsymbol{A}_1||\boldsymbol{A}_2|\cdots|\boldsymbol{A}_S|.$$

【例 9.21】 设 $\boldsymbol{A}=\begin{pmatrix}1 & 3\\ 2 & -1\end{pmatrix}$，$\boldsymbol{B}=\begin{pmatrix}2 & 5\\ 0 & 4\end{pmatrix}$，求 $|\boldsymbol{AB}|$.

解 $|\boldsymbol{AB}|=|\boldsymbol{A}||\boldsymbol{B}|=\begin{vmatrix}1 & 3\\ 2 & -1\end{vmatrix}\cdot\begin{vmatrix}2 & 5\\ 0 & 4\end{vmatrix}=(-7)\times 8=-56.$

三、逆矩阵

微课

定义 9.11 设 $\boldsymbol{A}$ 为 n 阶方阵，若存在 n 阶方阵 $\boldsymbol{B}$，使

$$\boldsymbol{AB}=\boldsymbol{BA}=\boldsymbol{E},$$

则称 $\boldsymbol{A}$ 是**可逆矩阵**. 并称 $\boldsymbol{B}$ 为 $\boldsymbol{A}$ 的**逆矩阵**，记为 $\boldsymbol{A}^{-1}$，即 $\boldsymbol{B}=\boldsymbol{A}^{-1}$.

如果矩阵 $\boldsymbol{A}$ 是可逆的，则 $\boldsymbol{A}$ 的逆矩阵是唯一的. 事实上，设 $\boldsymbol{B}_1,\boldsymbol{B}_2$ 都是 $\boldsymbol{A}$ 的可逆矩阵，则有

$$\boldsymbol{AB}_1=\boldsymbol{B}_1\boldsymbol{A}=\boldsymbol{E},\ \boldsymbol{AB}_2=\boldsymbol{B}_2\boldsymbol{A}=\boldsymbol{E}.$$

于是

$$\boldsymbol{B}_1=\boldsymbol{B}_1\boldsymbol{E}=\boldsymbol{B}_1(\boldsymbol{AB}_2)=(\boldsymbol{B}_1\boldsymbol{A})\boldsymbol{B}_2=\boldsymbol{EB}_2=\boldsymbol{B}_2,$$

所以 $\boldsymbol{A}$ 的逆矩阵是唯一的.

为计算逆矩阵，现给出伴随矩阵的定义及如下的定理.

定义 9.12 设 n 阶方阵

$$\boldsymbol{A}=\begin{pmatrix}a_{11} & a_{12} & \cdots & a_{1n}\\ a_{21} & a_{22} & \cdots & a_{2n}\\ \vdots & \vdots & & \vdots\\ a_{n1} & a_{n2} & \cdots & a_{nn}\end{pmatrix},$$

令 A_{ij} 为 $|\boldsymbol{A}|$ 中元素 a_{ij} 的代数余子式 $(i,j=1,2,\cdots,n)$，则称方阵

$$\boldsymbol{A}^*=\begin{pmatrix}A_{11} & A_{21} & \cdots & A_{n1}\\ A_{12} & A_{22} & \cdots & A_{n2}\\ \vdots & \vdots & & \vdots\\ A_{1n} & A_{2n} & \cdots & A_{nn}\end{pmatrix}$$

为 $\boldsymbol{A}$ 的**伴随矩阵**.

定理 9.4 方阵 $\boldsymbol{A}$ 可逆的充分必要条件是 $|\boldsymbol{A}|\neq 0$，并且 $\boldsymbol{A}^{-1}=\dfrac{\boldsymbol{A}^*}{|\boldsymbol{A}|}$.

定理证明从略.

由定义 9.11 可直接证明可逆矩阵具有下列性质：

性质 9.6 若 $\boldsymbol{A}$ 可逆，则 $\boldsymbol{A}^{-1}$ 亦可逆，且 $(\boldsymbol{A}^{-1})^{-1}=\boldsymbol{A}$.

性质 9.7 若 $\boldsymbol{A}$ 可逆，数 $\lambda\neq 0$，则 $(\lambda\boldsymbol{A})^{-1}=\dfrac{1}{\lambda}\boldsymbol{A}^{-1}$.

性质 9.8 若 $\boldsymbol{A},\boldsymbol{B}$ 为同阶可逆矩阵，则 $\boldsymbol{AB}$ 亦可逆，且 $(\boldsymbol{AB})^{-1}=\boldsymbol{B}^{-1}\boldsymbol{A}^{-1}$.

性质 9.9 若 $\boldsymbol{A}$ 可逆，则 $(\boldsymbol{A}^{\mathrm{T}})^{-1}=(\boldsymbol{A}^{-1})^{\mathrm{T}}$.

由定理 9.4 知 $\boldsymbol{A}^{-1}=\dfrac{\boldsymbol{A}^*}{|\boldsymbol{A}|}$，我们可利用矩阵的伴随矩阵来求其逆矩阵.

【例 9.22】 求方阵 $\boldsymbol{A}=\begin{pmatrix}1&2&3\\2&2&1\\3&4&3\end{pmatrix}$ 的逆阵.

解 因为

$$|\boldsymbol{A}|=\begin{vmatrix}1&2&3\\2&2&1\\3&4&3\end{vmatrix}=2\neq 0,$$

所以 $\boldsymbol{A}^{-1}$ 存在,又

$$A_{11}=\begin{vmatrix}2&1\\4&3\end{vmatrix}=2,\ A_{12}=-\begin{vmatrix}2&1\\3&3\end{vmatrix}=-3,\ A_{13}=\begin{vmatrix}2&2\\3&4\end{vmatrix}=2,$$

$$A_{21}=-\begin{vmatrix}2&3\\4&3\end{vmatrix}=6,\ A_{22}=\begin{vmatrix}1&3\\3&3\end{vmatrix}=-6,\ A_{23}=-\begin{vmatrix}1&2\\3&4\end{vmatrix}=2,$$

$$A_{31}=\begin{vmatrix}2&3\\2&1\end{vmatrix}=-4,\ A_{32}=-\begin{vmatrix}1&3\\2&1\end{vmatrix}=5,\ A_{33}=\begin{vmatrix}1&2\\2&2\end{vmatrix}=-2,$$

于是

$$\boldsymbol{A}^*=\begin{pmatrix}2&6&-4\\-3&-6&5\\2&2&-2\end{pmatrix}.$$

所以

$$\boldsymbol{A}^{-1}=\frac{1}{|\boldsymbol{A}|}\boldsymbol{A}^*=\begin{pmatrix}1&3&-2\\-\frac{3}{2}&-3&\frac{5}{2}\\1&1&-1\end{pmatrix}.$$

【例 9.23】 设 $\boldsymbol{A}=\begin{pmatrix}2&3&3\\1&-1&0\\-1&2&1\end{pmatrix}$,$\boldsymbol{B}=\begin{pmatrix}2&1\\5&3\end{pmatrix}$,$\boldsymbol{C}=\begin{pmatrix}1&3\\2&0\\3&1\end{pmatrix}$,求矩阵 $\boldsymbol{X}$,使满足 $\boldsymbol{AXB}=\boldsymbol{C}$.

解 若 $\boldsymbol{A}^{-1}$,$\boldsymbol{B}^{-1}$ 存在,则用 $\boldsymbol{A}^{-1}$ 左乘上式,$\boldsymbol{B}^{-1}$ 右乘上式,有

$$\boldsymbol{A}^{-1}\boldsymbol{AXBB}^{-1}=\boldsymbol{A}^{-1}\boldsymbol{CB}^{-1},$$

即

$$\boldsymbol{X}=\boldsymbol{A}^{-1}\boldsymbol{CB}^{-1}.$$

而 $|\boldsymbol{A}|=-2\neq 0$,可知 $\boldsymbol{A}^{-1}$ 存在,又计算得

$$\boldsymbol{A}^*=\begin{pmatrix}-1&3&3\\-1&5&3\\1&-7&-5\end{pmatrix},$$

$$\boldsymbol{A}^{-1}=\frac{1}{|\boldsymbol{A}|}\boldsymbol{A}^*=\begin{pmatrix}1/2&-3/2&-3/2\\1/2&-5/2&-3/2\\-1/2&7/2&5/2\end{pmatrix}.$$

$|\boldsymbol{B}|=1\neq 0$,知 $\boldsymbol{B}^{-1}$ 存在,又

$$B^*=\begin{pmatrix}3 & -1\\ -5 & 2\end{pmatrix},$$

$$B^{-1}=\frac{1}{|B|}B^*=\begin{pmatrix}3 & -1\\ -5 & 2\end{pmatrix},$$

于是

$$X=A^{-1}CB^{-1}=\begin{pmatrix}1/2 & -3/2 & -3/2\\ 1/2 & -5/2 & -3/2\\ -1/2 & 7/2 & 5/2\end{pmatrix}\begin{pmatrix}1 & 3\\ 2 & 0\\ 3 & 1\end{pmatrix}\begin{pmatrix}3 & -1\\ -5 & 2\end{pmatrix}$$

$$=\begin{pmatrix}-7 & 0\\ -9 & 0\\ 14 & 1\end{pmatrix}\begin{pmatrix}3 & -1\\ -5 & 2\end{pmatrix}=\begin{pmatrix}-21 & 7\\ -27 & 9\\ 37 & -12\end{pmatrix}.$$

微课

四、矩阵的初等变换

矩阵的初等变换是一种奇妙的运算,它在线性代数中有着极其广泛的应用,借助它我们可以得到很多有用的结论.

定义 9.13 矩阵的初等行(列)变换是指对矩阵做如下三种变换的任何一种:

(1) 互换矩阵中任意两行(列)的位置;

(2) 以一个非零数 k 乘矩阵的某一行(列);

(3) 将矩阵的某一行(列)乘以一个常数 k 加到另一行(列)对应元素上.

矩阵的初等行变换与列变换统称为**矩阵的初等变换**.若矩阵 A 经过若干次的初等变换化为矩阵 B,则称 A 和 B 是**等价矩阵**,记为 $A\sim B$.

易验证矩阵之间的这种等价关系具有下面三个性质:

性质 9.10 反身性:$A\sim B$.

性质 9.11 对称性:若 $A\sim B$,则 $B\sim A$.

性质 9.12 传递性:若 $A\sim B$,$B\sim C$,则 $A\sim C$.

为便于矩阵初等变换的计算,我们引进以下的记号:

用 $r_i\leftrightarrow r_j$ 表示互换 i,j 两行元素的位置;用 $c_i\leftrightarrow c_j$ 表示互换 i,j 两列元素的位置.

用 kr_i 表示以非零数 k 乘矩阵的第 i 行的元素;用 kc_i 表示用非零数 k 乘矩阵的第 i 列.

用 r_i+kr_j 表示将矩阵的第 j 行元素乘以 k 加到第 i 行的对应元素上;用 c_i+kc_j 表示将矩阵的第 j 列元素乘以 k 加到第 i 列的对应元素上.

矩阵的初等变换可用来求可逆方阵的逆矩阵,方法是将 n 阶矩阵 A 与 n 阶单位矩阵 E 并列,构成一个 $n\times 2n$ 的矩阵 $(A\vdots E)$,对矩阵 $(A\vdots E)$ 实施初等行变换,当把左边的矩阵 A 变成单位矩阵 E 时,右边的单位矩阵 E 随之就变成 A 的逆矩阵 A^{-1} 了,即

$$(A\vdots E)\xrightarrow{\text{初等行变换}}(E\vdots A^{-1}).$$

如果经过若干次初等变换后,发现在左边的方阵中有某一行(列)的元素全变成零了,则可以判断 A 不可逆,此时 A^{-1} 不存在.

【例 9.24】 设 $A=\begin{pmatrix}1 & 2 & -1\\ 3 & 4 & -2\\ 5 & -4 & 1\end{pmatrix}$,求 A^{-1}.

解

$$(\boldsymbol{A} \vdots \boldsymbol{E})=\left(\begin{array}{ccc:ccc}1 & 2 & -1 & 1 & 0 & 0 \\ 3 & 4 & -2 & 0 & 1 & 0 \\ 5 & -4 & 1 & 0 & 0 & 1\end{array}\right) \xrightarrow[r_3-5r_1]{r_2-3r_1}\left(\begin{array}{ccc:ccc}1 & 2 & -1 & 1 & 0 & 0 \\ 0 & -2 & 1 & -3 & 1 & 0 \\ 0 & -14 & 6 & -5 & 0 & 1\end{array}\right)$$

$$\xrightarrow[(-1)r_3]{r_3-7r_2}\left(\begin{array}{ccc:ccc}1 & 2 & -1 & 1 & 0 & 0 \\ 0 & -2 & 1 & -3 & 1 & 0 \\ 0 & 0 & 1 & -16 & 7 & -1\end{array}\right) \xrightarrow[r_2-r_3]{r_1+r_3}\left(\begin{array}{ccc:ccc}1 & 2 & 0 & -15 & 7 & -1 \\ 0 & -2 & 1 & 13 & -6 & 1 \\ 0 & 0 & 1 & -16 & 7 & -1\end{array}\right)$$

$$\xrightarrow[-\frac{1}{2}r_2]{r_1+r_2}\left(\begin{array}{ccc:ccc}1 & 0 & 0 & -2 & 1 & 0 \\ 0 & 1 & 0 & -\frac{13}{2} & 3 & -\frac{1}{2} \\ 0 & 0 & 1 & -16 & 7 & -1\end{array}\right)=(\boldsymbol{E} \vdots \boldsymbol{A}^{-1})$$

所以

$$\boldsymbol{A}^{-1}=\begin{pmatrix}-2 & 1 & 0 \\ -\frac{13}{2} & 3 & -\frac{1}{2} \\ -16 & 7 & -1\end{pmatrix}.$$

五、矩阵的秩

微课

1. 矩阵的秩的概念

为建立矩阵秩的概念,现定义矩阵的子式.

定义 9.14　设 $\boldsymbol{A}$ 是一个 $m\times n$ 矩阵,在 $\boldsymbol{A}$ 中任取 k 行、k 列,位于这些行和列交叉处的元素按原来的次序组成一个 k 阶行列式,称为矩阵 $\boldsymbol{A}$ 的一个 k **阶子式**.

例如:矩阵

$$\boldsymbol{A}=\begin{pmatrix}2 & -4 & 5 & 3 \\ 0 & 5 & 8 & 2 \\ 0 & 0 & 1 & -2 \\ 0 & 0 & 0 & 0 \\ 0 & 0 & 0 & 0\end{pmatrix},$$

由 1、2 行与 2、3 三列组成一个二阶子式 $\begin{vmatrix}-4 & 5 \\ 5 & 8\end{vmatrix}=-57\neq0$;

由 1、2、3 行与 1、2、3 列构成的三阶子式 $\boldsymbol{A}=\begin{vmatrix}2 & -4 & 5 \\ 0 & 5 & 8 \\ 0 & 0 & 1\end{vmatrix}=10\neq0$.

在矩阵 $\boldsymbol{A}$ 中有一个三阶子式不为零,而其所有的四阶子式全为零,这时称矩阵 $\boldsymbol{A}$ 的秩是 3.

定义 9.15　矩阵 $\boldsymbol{A}$ 中的非零子式的最高阶数称为**矩阵的秩**,记作 $r(\boldsymbol{A})$.

零矩阵的所有子式全为零,所以规定零矩阵的秩为零.

设 $\boldsymbol{A}$ 是 n 阶方阵，若 $\boldsymbol{A}$ 的秩等于 n，则称 $\boldsymbol{A}$ 为**满秩矩阵**，否则称 $\boldsymbol{A}$ 为**降秩矩阵**.

2. 矩阵的秩的性质

定理 9.5 矩阵经过初等变换后其秩不变.

定理证明从略.

定理 9.6 对于任意一个非零的 $m\times n$ 矩阵 $\boldsymbol{A}=(a_{ij})$，若 $r(\boldsymbol{A})=r<\min\{m,n\}$，则 $\boldsymbol{A}$ 可与一个形如

$$\boldsymbol{F}_{m\times n}=\begin{pmatrix}\boldsymbol{E}_r & 0\\ 0 & 0\end{pmatrix}$$

的矩阵等价，$\boldsymbol{F}_{m\times n}$ 称为与矩阵 $\boldsymbol{A}$ 等价的**标准形矩阵**. 其主对角线上 1 的个数等于 $\boldsymbol{A}$ 的秩.

定理证明从略.

由定义 9.15 可知，$\boldsymbol{A}$ 的标准形的秩等于它主对角线上 1 的个数，再由定理 9.5 可得如下推论：

推论 1 矩阵 $\boldsymbol{A}$ 的秩等于其标准形中 1 的个数.

推论 2 两个同型矩阵等价的充分必要条件是它们的秩相等.

推论 3 n 阶可逆矩阵的秩等于 n.

3. 矩阵的秩的求法

定义 9.16 如果矩阵每行的第一个非零元素所在列中，在这个非零元素的下方元素全为零，则称此矩阵为**行阶梯形矩阵**.

行阶梯形矩阵的特点是：可画出一条阶梯线，线的下方全为零；每个台阶只有一行，台阶数即是非零行的行数，阶梯线的竖线(每段竖线的长度为一行)后面的第一个元素为非零元，也就是非零行的第一个非零元.

例如，矩阵 $\begin{pmatrix}2 & 1 & -2 & 3 & 4 & 5\\ 0 & 3 & 1 & -1 & 2 & 0\\ 0 & 0 & 0 & 1 & 0 & 1\\ 0 & 0 & 0 & 0 & 0 & 0\\ 0 & 0 & 0 & 0 & 0 & 0\end{pmatrix}$ 就是一个行阶梯形矩阵.

形如

$$\begin{pmatrix}1 & 0 & \cdots & 0 & c_{1,r+1} & \cdots & c_{1n}\\ 0 & 1 & \cdots & 0 & c_{2,r+1} & \cdots & c_{2n}\\ \vdots & \vdots & & \vdots & \vdots & & \vdots\\ 0 & 0 & \cdots & 1 & c_{r,r+1} & \cdots & c_{rn}\\ 0 & 0 & \cdots & 0 & 0 & \cdots & 0\\ \vdots & \vdots & & \vdots & \vdots & & \vdots\\ 0 & 0 & \cdots & 0 & 0 & \cdots & 0\end{pmatrix}$$

的矩阵称为**行最简形矩阵**，其特点是：非零行的第一个非零元为 1，且这些非零元所在的列

的其他元素都为0.

根据矩阵秩的相关性质,我们可得到一个求矩阵秩的方法:对矩阵进行初等行变换,使其化成行阶梯形矩阵,这个行阶梯形矩阵中的非零元素的行数等于该矩阵的秩.

【例9.25】 求矩阵 $\boldsymbol{B}=\begin{pmatrix}1&2&-3&4&0\\0&1&2&1&1\\-1&-1&5&-3&1\end{pmatrix}$ 的秩.

解

$$\boldsymbol{B}\xrightarrow{r_3+r_1}\begin{pmatrix}1&2&-3&4&0\\0&1&2&1&1\\0&1&2&1&1\end{pmatrix}\xrightarrow{r_3-r_2}\begin{pmatrix}1&2&-3&4&0\\0&1&2&1&1\\0&0&0&0&0\end{pmatrix}.$$

故有 $r(\boldsymbol{B})=2$.

习题9.2

1. 计算.

(1) $\begin{pmatrix}1&6&4\\-4&2&8\end{pmatrix}+\begin{pmatrix}-2&0&1\\2&-3&4\end{pmatrix}$; (2) $\begin{pmatrix}1&2\\0&1\end{pmatrix}-\begin{pmatrix}2&-2\\0&3\end{pmatrix}$;

(3) $a\begin{pmatrix}2&0\\0&1\\3&-1\end{pmatrix}-b\begin{pmatrix}0&4\\2&-1\\1&5\end{pmatrix}+c\begin{pmatrix}3&1\\-1&0\\8&0\end{pmatrix}$.

2. 计算下列矩阵的乘积.

(1) $\begin{pmatrix}4&3&1\\1&-2&3\\5&7&0\end{pmatrix}\begin{pmatrix}7\\2\\1\end{pmatrix}$; (2) $(1,2,3)\begin{pmatrix}3\\2\\1\end{pmatrix}$;

(3) $\begin{pmatrix}2\\1\\3\end{pmatrix}(-1,2)$; (4) $\begin{pmatrix}2&1&4&0\\1&-1&3&4\end{pmatrix}\begin{pmatrix}1&3&1\\0&-1&2\\1&-3&1\\4&0&-2\end{pmatrix}$;

(5) $(x_1,x_2,x_3)\begin{pmatrix}a_{11}&a_{12}&a_{13}\\a_{12}&a_{22}&a_{23}\\a_{13}&a_{23}&a_{33}\end{pmatrix}\begin{pmatrix}x_1\\x_2\\x_3\end{pmatrix}$.

3. 设 $\boldsymbol{A}=\begin{pmatrix}1&1&1\\1&1&-1\\1&-1&1\end{pmatrix}$, $\boldsymbol{B}=\begin{pmatrix}1&2&3\\-1&-2&4\\0&5&1\end{pmatrix}$,求 $3\boldsymbol{AB}-2\boldsymbol{A}$ 及 $\boldsymbol{A}^{\mathrm{T}}\boldsymbol{B}$.

4. 四个工厂均能生产甲、乙、丙三种产品,其单位成本如表9.6所示:

表 9.6

单位成本 工厂 \ 产品	甲	乙	丙
Ⅰ	3	5	6
Ⅱ	2	4	8
Ⅲ	4	5	5
Ⅳ	4	3	7

现要生产产品甲 600 件，产品乙 500 件，产品丙 200 件，问由哪个工厂生产成本最低？（请用矩阵来表示，并用矩阵的运算来求出结果）

5. 求下列矩阵的逆矩阵.

(1) $\begin{pmatrix}1&2\\2&5\end{pmatrix}$；　　(2) $\begin{pmatrix}1&2&-1\\3&4&-2\\5&-4&1\end{pmatrix}$；

(3) $\begin{pmatrix}1&0&1&-1\\2&0&1&0\\3&1&2&0\\-3&1&0&4\end{pmatrix}$；　　(4) $\begin{pmatrix}3&-1&0&5\\2&0&5&0\\3&1&5&4\\3&0&5&2\end{pmatrix}$.

6. 解下列矩阵方程.

(1) $\begin{pmatrix}2&5\\1&3\end{pmatrix}\boldsymbol{X}=\begin{pmatrix}4&-6\\2&1\end{pmatrix}$；　　(2) $\boldsymbol{X}\begin{pmatrix}2&1&-1\\2&1&0\\1&-1&1\end{pmatrix}=\begin{pmatrix}1&-1&3\\4&3&2\end{pmatrix}$；

(3) $\begin{pmatrix}1&4\\-1&2\end{pmatrix}\boldsymbol{X}\begin{pmatrix}2&0\\-1&1\end{pmatrix}=\begin{pmatrix}3&1\\0&-1\end{pmatrix}$；

(4) $\begin{pmatrix}0&1&0\\1&0&0\\0&0&1\end{pmatrix}\boldsymbol{X}\begin{pmatrix}1&0&0\\0&0&1\\0&1&0\end{pmatrix}=\begin{pmatrix}1&-4&3\\2&0&-1\\1&-2&0\end{pmatrix}$.

7. 利用逆矩阵解下列线性方程组.

(1) $\begin{cases}x_1+2x_2+3x_3=1,\\2x_1+2x_2+5x_3=2,\\3x_1+5x_2+x_3=3;\end{cases}$　　(2) $\begin{cases}x_1-x_2-x_3=2,\\2x_1-x_2-3x_3=1,\\3x_1+2x_2-5x_3=0.\end{cases}$

8. 设方阵 $\boldsymbol{A}$ 满足 $\boldsymbol{A}^2-\boldsymbol{A}-2\boldsymbol{E}=\boldsymbol{0}$，证明 $\boldsymbol{A}$ 及 $\boldsymbol{A}+2\boldsymbol{E}$ 都可逆，并求 $\boldsymbol{A}^{-1}$ 及 $(\boldsymbol{A}+2\boldsymbol{E})^{-1}$.

9. 求下列矩阵的秩.

(1) $\begin{pmatrix}1&2&3&4\\1&-2&4&5\\1&10&1&2\end{pmatrix}$；　　(2) $\begin{pmatrix}0&1&1&-1&2\\0&2&2&2&0\\0&-1&-1&1&1\\1&1&0&0&-1\end{pmatrix}$；

(3) $\begin{pmatrix} 2 & 4 & 1 & 0 \\ 1 & 0 & 3 & 2 \\ -1 & 5 & -3 & 1 \\ 0 & 1 & 0 & 2 \end{pmatrix}$；　　(4) $\begin{pmatrix} 1 & 0 & 0 & 1 & 4 \\ 0 & 1 & 0 & 2 & 5 \\ 0 & 0 & 1 & 3 & 6 \\ 1 & 2 & 3 & 14 & 32 \\ 4 & 5 & 6 & 32 & 77 \end{pmatrix}$.

10. 设 $\mathbf{A}=\begin{pmatrix} 1 & -1 & 2 & 1 \\ -1 & a & 2 & 1 \\ 3 & 1 & b & -1 \end{pmatrix}$，且 $r(\mathbf{A})=2$，求 a,b 的值.

第三节　线性方程组

学习目标

1. 了解线性方程组的相容性定理.
2. 熟练掌握用初等行变换求线性方程组解的方法.

在第一节中，从解线性方程组的需要引进了行列式，然后，利用行列式给出了解线性方程组的克莱姆法则. 但应用克莱姆法则要求线性方程组的个数与未知量的个数相等且系数行列式不等于零. 在一些实际问题中，所遇到的线性方程组并不这样简单. 在本节中，我们将利用第二节的矩阵理论，研究线性方程组在什么条件下有解，以及在有解时如何求解.

一、线性方程组的消元解法

微课

案例 9.5（**百鸡问题**）　公鸡每只值五文钱，母鸡每只值三文钱，小鸡三只值一文钱. 现在用一百文钱买一百只鸡，问：在这一百只鸡中，公鸡、母鸡、小鸡各有多少只？

解　设有公鸡 x_1 只，母鸡 x_2 只，小鸡 x_3 只，则

$$\begin{cases} x_1+x_2+x_3=100, \\ 5x_1+3x_2+\dfrac{1}{3}x_3=100. \end{cases}$$

消去 x_3 得

$$x_2=25-\frac{7x_1}{4}.$$

因为 x_2 是整数，所以 x_1 必须是 4 的倍数. 设 $x_1=4k$，

$$\begin{cases} x_1=4k, \\ x_2=25-7k, \\ x_3=75+3k, \end{cases}$$

又由 $x_2>0$，可知 k 只能取 1,2,3. 所以有

$$\begin{cases} x_1=4, \\ x_2=18, \\ x_3=78; \end{cases} \quad \begin{cases} x_1=8, \\ x_2=11, \\ x_3=81; \end{cases} \quad \begin{cases} x_1=12, \\ x_2=4, \\ x_3=84. \end{cases}$$

注意:线性方程组中包含的未知量的个数与方程组的个数不一定相等.线性方程组可以有很多的解.还要考虑线性方程组在实际问题中的约束条件.

【例 9.26】 用消元法解线性方程组$\begin{cases}5x_1+2x_2+3x_3+2x_4=-1,\\2x_1+4x_2+x_3-2x_4=5,\\x_1-3x_2+4x_3+3x_4=4,\\3x_1+2x_2+2x_3+8x_4=-6.\end{cases}$

解 第一步:先将第一个方程与第三个方程交换顺序,即将原方程组写成

$$\begin{cases}x_1-3x_2+4x_3+3x_4=4,\\2x_1+4x_2+x_3-2x_4=5,\\5x_1+2x_2+3x_3+2x_4=-1,\\3x_1+2x_2+2x_3+8x_4=-6.\end{cases}$$

第二步:用-2、-5、-3 乘第一个方程的两端后分别加到第二、三、四个方程上去,可得

$$\begin{cases}x_1-3x_2+4x_3+3x_4=4,\\10x_2-7x_3-8x_4=-3,\\17x_2-17x_3-13x_4=-21,\\11x_2-10x_3-x_4=-18.\end{cases}$$

第三步:用-1 乘第二个方程的两端,并把第四个方程加到第二个方程上,使 x_2 的系数变成 1,得

$$\begin{cases}x_1-3x_2+4x_3+3x_4=4,\\x_2-3x_3+7x_4=-15,\\17x_2-17x_3-13x_4=-21,\\11x_2-10x_3-x_4=-18.\end{cases}$$

第四步:用-17、-11 乘第二个方程的两端,分别加到第三、四个方程上,得

$$\begin{cases}x_1-3x_2+4x_3+3x_4=4,\\x_2-3x_3+7x_4=-15,\\34x_3-132x_4=234,\\23x_3-78x_4=147.\end{cases}$$

第五步:为使第三个方程中 x_3 的系数化为 1,先将第三个方程乘-1 后加到第四个方程(即得$-11x_3+54x_4=-87$),再将变换后的第四个方程的 3 倍加到第三个方程上(可得 $x_3+30x_4=-27$),于是方程组变为

$$\begin{cases}x_1-3x_2+4x_3+3x_4=4,\\x_2-3x_3+7x_4=-15,\\x_3+30x_4=-27,\\-11x_3+54x_4=-87.\end{cases}$$

第六步:用 11 乘第三个方程后加到第四个方程上,消去第四个方程中的未知数 x_3,得

$$\begin{cases} x_1-3x_2+4x_3+3x_4=4, \\ \qquad x_2-3x_3+7x_4=-15, \\ \qquad\qquad x_3+30x_4=-27, \\ \qquad\qquad\quad 384x_4=-384. \end{cases}$$

第七步:第四个方程的两端同乘以$\frac{1}{384}$,即得方程组

$$\begin{cases} x_1-3x_2+4x_3+3x_4=4, \\ \qquad x_2-3x_3+7x_4=-15, \\ \qquad\qquad x_3+30x_4=-27, \\ \qquad\qquad\qquad x_4=-1. \end{cases}$$

以上逐步消去未知数的过程称为消元过程. 其方法是,自上而下,每次保留上面一个方程,用它来消去下面其余方程中前面的一个未知数,继续这样做,使最后的方程含有尽可能少的未知数,从而使原方程组化为阶梯形方程组.

第八步:自下而上依次求出各未知数的值.

$x_4=-1$,

$x_3=-27-30x_4=-27+30=3$,

$x_2=-15+3x_2-7x_4=-15+3\times3-7\times(-1)=1$,

$x_1=4+3x_2-4x_3-3x_4=4+3\times1-4\times3-3\times(-1)=-2$.

所以,原方程组的唯一一组解是

$$x_1=-2, x_2=1, x_3=3, x_4=-1.$$

这一步骤称为回代过程.

分析上述求解过程,对方程组施行一系列的变换,这些变换包括:

(1) 互换两个方程的位置;

(2) 用一个非零的数乘某个方程的两边;

(3) 用一个数乘一个方程后加到另一个方程上.

上述三种变换称为**线性方程组的初等变换**. 容易看出,线性方程组的初等变换是同解变换.

二、用矩阵的初等变换求解线性方程组

在例 9.26 的变换过程中,实际上只对方程组的系数和常数进行运算,未知数并未参与运算,因此我们可利用线性方程组的矩阵来求解线性方程组.

设线性方程组

$$\begin{cases} a_{11}x_1+a_{12}x_2+\cdots+a_{1n}x_n=b_1, \\ a_{12}x_1+a_{22}x_2+\cdots+a_{2n}x_n=b_2, \\ \qquad\cdots\cdots \\ a_{m1}x_1+a_{m2}x_2+\cdots+a_{mn}x_n=b_m, \end{cases} \tag{9.14}$$

若记

$$\boldsymbol{A}=\begin{pmatrix} a_{11} & a_{13} & \cdots & a_{1n} \\ a_{21} & a_{22} & \cdots & a_{2n} \\ \vdots & \vdots & & \vdots \\ a_{m1} & a_{m2} & \cdots & a_{mn} \end{pmatrix}, \boldsymbol{X}=\begin{pmatrix} x_1 \\ x_2 \\ \vdots \\ x_n \end{pmatrix}, \boldsymbol{b}=\begin{pmatrix} b_1 \\ b_2 \\ \vdots \\ b_m \end{pmatrix},$$

则方程组(9.14)可写成矩阵形式

$$\boldsymbol{AX}=\boldsymbol{b}.$$

其中矩阵 $\boldsymbol{A}$ 称为**系数矩阵**,$\boldsymbol{B}=(\boldsymbol{A}\vdots\boldsymbol{b})$称为**增广矩阵**.当 $\boldsymbol{b}\neq\boldsymbol{0}$ 时,称线性方程组(9.14)为**非齐次线性方程组**;当 $\boldsymbol{b}=\boldsymbol{0}$ 时,称线性方程组(9.14)为**齐次线性方程组**.

定理 9.7 若将线性方程组 $\boldsymbol{AX}=\boldsymbol{b}$ 的增广矩阵 $\boldsymbol{B}=(\boldsymbol{A}\vdots\boldsymbol{b})$用初等行变换化为$(\boldsymbol{U}\vdots\boldsymbol{V})$,则方程组 $\boldsymbol{AX}=\boldsymbol{b}$ 与 $\boldsymbol{UX}=\boldsymbol{V}$ 是同解方程组.

定理证明从略.

由矩阵的理论可知,应用矩阵的初等变换可以把线性方程组(9.14)的增广矩阵 $\boldsymbol{B}$ 化为行阶梯形矩阵(或行最简形矩阵),根据定理 9.7 可知行阶梯形矩阵(或行最简形矩阵)所对应的方程组与原方程组(9.14)同解,这样通过解行阶梯形矩阵(或行最简形矩阵)所对应的方程组就求出原方程组(9.14)的解.

【例 9.27】 解线性方程组 $\begin{cases}x_1-x_2+x_3-x_4=0,\\2x_1-x_2+3x_3-2x_4=-1,\\3x_1-2x_2-x_3+2x_4=4.\end{cases}$

解 将方程组的增广矩阵用初等变换化为标准形

$$\boldsymbol{B}=\begin{pmatrix}1&-1&1&-1&0\\2&-1&3&-2&-1\\3&-2&-1&2&4\end{pmatrix}\xrightarrow[r_3-3r_1]{r_2-2r_1}\begin{pmatrix}1&-1&1&-1&0\\0&1&1&0&-1\\0&1&-4&5&4\end{pmatrix}$$

$$\xrightarrow{r_3-r_2}\begin{pmatrix}1&-1&1&-1&0\\0&1&1&0&-1\\0&0&-5&5&5\end{pmatrix}\xrightarrow{-\frac{1}{5}r_3}\begin{pmatrix}1&-1&1&-1&0\\0&1&1&0&-1\\0&0&1&-1&-1\end{pmatrix}$$

$$\xrightarrow[r_2-r_3]{r_1-r_3}\begin{pmatrix}1&-1&0&0&1\\0&1&0&1&0\\0&0&1&-1&-1\end{pmatrix}\xrightarrow{r_1+r_2}\begin{pmatrix}1&0&0&1&1\\0&1&0&1&0\\0&0&1&-1&-1\end{pmatrix}.$$

这时矩阵所对应的方程组 $\begin{cases}x_1+x_4=1,\\x_2+x_4=0,\\x_3-x_4=-1.\end{cases}$

与原方程组同解,将 x_4 移到等号右端得 $\begin{cases}x_1=1-x_4,\\x_2=0-x_4,\\x_3=-1+x_4,\end{cases}$

其中 x_4 称为**自由未知数**或**自由元**.令 $x_4=c$,则

$$\begin{cases}x_1=1-c,\\x_2=-c,\\x_3=-1+c,\\x_4=c,\end{cases}\quad(c\text{ 为任意常数})$$

称为原方程组的**通解**或**一般解**.

【例 9.28】 解线性方程组 $\begin{cases}x_1-x_2+2x_3=1,\\3x_1+x_2+2x_3=3,\\x_1-2x_2+x_3=-1,\\2x_1-2x_2-3x_3=-5.\end{cases}$

解

$$\boldsymbol{B}=\begin{pmatrix}1&-1&2&1\\3&1&2&3\\1&-2&1&-1\\2&-2&-3&-5\end{pmatrix}\xrightarrow[r_4-2r_1]{\substack{r_2-3r_1\\r_3-r_1}}\begin{pmatrix}1&-1&2&1\\0&4&-4&0\\0&-1&-1&-2\\0&0&-7&-7\end{pmatrix}\xrightarrow{\substack{\frac{1}{4}r_2\\(-1)r_3\\\left(-\frac{1}{7}\right)r_4}}\begin{pmatrix}1&-1&2&1\\0&1&-1&0\\0&1&1&2\\0&0&1&1\end{pmatrix}$$

$$\xrightarrow{\substack{r_1+r_2\\r_3-r_2}}\begin{pmatrix}1&0&1&1\\0&1&-1&0\\0&0&2&2\\0&0&1&1\end{pmatrix}\xrightarrow{\substack{r_1-r_4\\r_2+r_4\\r_3-2r_4}}\begin{pmatrix}1&0&0&0\\0&1&0&1\\0&0&0&0\\0&0&1&1\end{pmatrix}\xrightarrow{r_3\leftrightarrow r_4}\begin{pmatrix}1&0&0&0\\0&1&0&1\\0&0&1&1\\0&0&0&0\end{pmatrix}.$$

矩阵对应的方程组 $\begin{cases}x_1=0,\\x_2=1,\\x_3=1.\end{cases}$

与原方程组同解,因此原方程组有唯一的解.

【例 9.29】 解线性方程组 $\begin{cases}x_1-2x_2+3x_3+2x_4=1,\\3x_1-x_2+5x_3-x_4=-1,\\2x_1+x_2+2x_3-3x_4=3.\end{cases}$

解

$$\boldsymbol{B}=\begin{pmatrix}1&-2&3&2&1\\3&-1&5&-1&-1\\2&1&2&-3&3\end{pmatrix}\xrightarrow{\substack{r_2-3r_1\\r_3-2r_1}}\begin{pmatrix}1&-2&3&2&1\\0&5&-4&-7&-4\\0&5&-4&-7&1\end{pmatrix}$$

$$\xrightarrow{r_3-r_2}\begin{pmatrix}1&-2&3&2&1\\0&5&-4&-7&-4\\0&0&0&0&5\end{pmatrix}.$$

矩阵所对应的方程组

$$\begin{cases}x_1-2x_2+3x_3+2x_4=1,\\\qquad 5x_2-4x_3-7x_4=-4,\\\qquad\qquad 0\cdot x_4=5.\end{cases}\tag{9.15}$$

与原方程组同解.但方程组(9.15)由最后一个方程可知它无解,故原方程组无解.

由上述例题可得,求解线性方程组的方法如下:

对于非齐次线性方程组,将其增广矩阵实行初等行变换化成行阶梯形矩阵,便可判断其是否有解.若有解,化成行最简形矩阵,写出其通解.

对于齐次线性方程组,将其系数矩阵实行初等行变换化成行最简形矩阵,写出其通解.

三、线性方程组有解的判定条件

在例 9.27、例 9.28 中方程组都存在解,则称它们是**相容的**. 同时发现它们的系数矩阵的秩等于增广矩阵的秩,即 $r(\boldsymbol{A})=r(\boldsymbol{B})$,且例 9.27 中 $r(\boldsymbol{A})=r(\boldsymbol{B})=3<4$,方程组有无穷多解, 例 9.28 中 $r(\boldsymbol{A})=r(\boldsymbol{B})=3$,方程组有唯一的解. 在例 9.29 中方程组无解,因此**不相容**,此时 $r(\boldsymbol{A})=2<r(\boldsymbol{B})=3$,即 $r(\boldsymbol{A})\neq r(\boldsymbol{B})$. 通过对上述例题的分析,给出线性方程组的**相容性定理**.

定理 9.8 n 元线性方程组 $\boldsymbol{AX}=\boldsymbol{b}$

(1) 无解的充分必要条件是 $r(\boldsymbol{A})<r(\boldsymbol{B})$;

(2) 有唯一解的充分必要条件是 $r(\boldsymbol{A})=r(\boldsymbol{B})=n$;

(3) 有无穷多解的充分必要条件是 $r(\boldsymbol{A})=r(\boldsymbol{B})<n$.

定理证明从略.

定理 9.9 n 元齐次线性方程组 $\boldsymbol{AX}=\boldsymbol{0}$,则

(1) 只有零解的充分必要条件是 $r(\boldsymbol{A})=n$;

(2) 有非零解的充分必要条件是 $r(\boldsymbol{A})<n$.

定理证明从略.

【例 9.30】 对方程组

$$\begin{cases}kx_1+x_2+x_3=5,\\3x_1+2x_2+kx_3=18-5k,\\x_2+2x_3=2,\end{cases}$$

问 k 取何值时方程组有唯一解? 无解? 无穷多解? 在有无穷多解时求出通解.

解

$$\boldsymbol{B}=\begin{pmatrix}k&1&1&5\\3&2&k&18-5k\\0&1&2&2\end{pmatrix}\xrightarrow[r_2-2r_3]{r_1-r_3}\begin{pmatrix}k&0&-1&3\\3&0&k-4&14-5k\\0&1&2&2\end{pmatrix}$$

$$\xrightarrow{r_1-\frac{k}{3}r_2}\begin{pmatrix}0&0&\frac{4}{3}k-\frac{1}{2}k^2-1&\frac{5}{3}k^2-\frac{14}{3}k+3\\3&0&k-4&14-5k\\0&1&2&2\end{pmatrix}$$

$$\xrightarrow[r_2\leftrightarrow r_3]{r_1\leftrightarrow r_2}\begin{pmatrix}3&0&k-4&14-5k\\0&1&2&2\\0&0&\frac{4}{3}k-\frac{1}{3}k^2-1&\frac{5}{3}k^2-\frac{14}{3}k+3\end{pmatrix}.$$

(1) 当 $\frac{4}{3}k-\frac{1}{3}k^2-1\neq0$ 时,即当 $k\neq1$ 且 $k\neq3$ 时,$r(\boldsymbol{A})=r(\boldsymbol{B})=3$,方程组有唯一解.

(2) 当 $k=3$ 时,$r(\boldsymbol{A})=2<3=r(\boldsymbol{B})$,方程组无解.

(3) 当 $k=1$ 时,也有 $\frac{5}{3}k^2-\frac{14}{3}k+3=0$,故 $r(\boldsymbol{A})=r(\boldsymbol{B})=2$,方程组有无穷多解,此时矩阵对应的方程组为

$$\begin{cases}3x_1-3x_3=9,\\x_2+2x_3=2.\end{cases}$$

与原方程组同解,其通解为

$$\begin{cases} x_1=3+c, \\ x_2=2-2c, \quad (c\text{ 为任意常数}) \\ x_3=c. \end{cases}$$

【例 9.31】 求齐次线性方程组 $\begin{cases} x_1-3x_2+x_3-2x_4=0, \\ -5x_1+x_2-2x_3+3x_4=0, \\ -x_1-11x_2+2x_3-5x_4=0, \\ 3x_1+5x_2+x_4=0 \end{cases}$ 的通解.

解

$$A=\begin{pmatrix} 1 & -3 & 1 & -2 \\ -5 & 1 & -2 & 3 \\ -1 & -11 & 2 & -5 \\ 3 & 5 & 0 & 1 \end{pmatrix} \xrightarrow[r_4-3r_1]{\substack{r_2+5r_1 \\ r_3+r_1}} \begin{pmatrix} 1 & -3 & 1 & -2 \\ 0 & -14 & 3 & -7 \\ 0 & -14 & 3 & -7 \\ 0 & 14 & -3 & 7 \end{pmatrix}$$

$$\xrightarrow[r_4+r_2]{r_3-r_2} \begin{pmatrix} 1 & -3 & 1 & -2 \\ 0 & -14 & 3 & -7 \\ 0 & 0 & 0 & 0 \\ 0 & 0 & 0 & 0 \end{pmatrix} \xrightarrow{-\frac{1}{14}r_2} \begin{pmatrix} 1 & -3 & 1 & -2 \\ 0 & 1 & -\frac{3}{14} & \frac{1}{2} \\ 0 & 0 & 0 & 0 \\ 0 & 0 & 0 & 0 \end{pmatrix}$$

$$\xrightarrow{r_1+3r_2} \begin{pmatrix} 1 & 0 & \frac{5}{14} & -\frac{1}{2} \\ 0 & 1 & -\frac{3}{14} & \frac{1}{2} \\ 0 & 0 & 0 & 0 \\ 0 & 0 & 0 & 0 \end{pmatrix}.$$

此矩阵对应的方程组为

$$\begin{cases} x_1+\frac{5}{14}x_3-\frac{1}{2}x_4=0, \\ x_2-\frac{3}{14}x_3+\frac{1}{2}x_4=0. \end{cases}$$

即

$$\begin{cases} x_1=-\frac{5}{14}x_3+\frac{1}{2}x_4, \\ x_2=\frac{3}{14}x_3-\frac{1}{2}x_4 \end{cases} \text{(其中 } x_3, x_4 \text{ 为自由未知数).}$$

取 $x_3=c_1, x_4=c_2$(c_1, c_2 为任意常数),则原方程组的通解可写成

$$\begin{cases} x_1=-\frac{5}{14}c_1+\frac{1}{2}c_2, \\ x_2=\frac{3}{14}c_1-\frac{1}{2}c_2, \\ x_3=c_1, \\ x_4=c_2. \end{cases}$$

四、应用举例

【例 9.32】(**打印行数**) 有三台打印机同时工作，一分钟共打印 1 580 行字；如果第二台打印机工作 2 分钟，第三台打印机工作 3 分钟，共打印 2 740 行字；如果第一台打印机工作 1 分钟，第二台打印机工作 2 分钟，第三台打印机工作 3 分钟，共可打印 3 280 行字. 问：每台打印机每分钟可打印多少行字？

解 设第 i 台打印机一分钟打印 x_i 行字($i=1,2,3$)，由题意得

$$\begin{cases} x_1+x_2+x_3=1\,580, \\ 2x_2+3x_3=2\,740, \\ x_1+2x_2+3x_3=3\,280. \end{cases}$$

该方程组的增广矩阵为 $\boldsymbol{B}=\begin{pmatrix} 1 & 1 & 1 & 1\,580 \\ 0 & 2 & 3 & 2\,740 \\ 1 & 2 & 3 & 3\,280 \end{pmatrix}$.

将该方程组的求解转化为对增广矩阵化简

$$\boldsymbol{B}=\begin{pmatrix} 1 & 1 & 1 & 1\,580 \\ 0 & 2 & 3 & 2\,740 \\ 1 & 2 & 3 & 3\,280 \end{pmatrix} \xrightarrow{r_3-r_1} \begin{pmatrix} 1 & 1 & 1 & 1\,580 \\ 0 & 2 & 3 & 2\,740 \\ 0 & 1 & 2 & 1\,700 \end{pmatrix} \xrightarrow{r_2\leftrightarrow r_3} \begin{pmatrix} 1 & 1 & 1 & 1\,580 \\ 0 & 1 & 2 & 1\,700 \\ 0 & 2 & 3 & 2\,740 \end{pmatrix}$$

$$\xrightarrow{r_3-2\times r_2} \begin{pmatrix} 1 & 1 & 1 & 1\,580 \\ 0 & 1 & 2 & 1\,700 \\ 0 & 0 & -1 & -660 \end{pmatrix} \xrightarrow{r_2+2\times r_3} \begin{pmatrix} 1 & 1 & 0 & 920 \\ 0 & 1 & 0 & 380 \\ 0 & 0 & -1 & -660 \end{pmatrix}$$

$$\xrightarrow{r_1-r_2} \begin{pmatrix} 1 & 0 & 0 & 540 \\ 0 & 1 & 0 & 380 \\ 0 & 0 & -1 & -660 \end{pmatrix} \xrightarrow{-r_3} \begin{pmatrix} 1 & 0 & 0 & 540 \\ 0 & 1 & 0 & 380 \\ 0 & 0 & 1 & 660 \end{pmatrix}.$$

因此，三台打印机每分钟可打印的行数分别为 540 行，380 行，660 行.

【例 9.33】(**T 衫销售量**) 一百货商店出售四种型号的 T 衫：小号、中号、大号和加大号. 四种型号的 T 衫的售价分别为：22(元)、24(元)、26(元)、30(元). 若商店某周共售出了 13 件 T 衫，毛收入为 320 元. 并已知大号的销售量为小号和加大号销售量的总和，大号的销售收入(毛收入)也为小号和加大号销售收入(毛收入)的总和. 问各种型号的 T 衫各售出了多少件？

解 设该 T 衫小号、中号、大号和加大号的销售量分别为 x_i($i=1,2,3,4$)，由题意得

$$\begin{cases} x_1+x_2+x_3+x_4=13, \\ 22x_1+24x_2+26x_3+30x_4=320, \\ x_3=x_1+x_4, \\ 26x_3=22x_1+30x_4. \end{cases}$$

$$\boldsymbol{B}=\begin{pmatrix} 1 & 1 & 1 & 1 & 13 \\ 22 & 24 & 26 & 30 & 320 \\ 1 & 0 & -1 & 1 & 0 \\ 22 & 0 & -26 & 30 & 0 \end{pmatrix} \xrightarrow[r_4-22\times r_1]{\substack{r_2-22\times r_1 \\ r_3-r_1}} \begin{pmatrix} 1 & 1 & 1 & 1 & 13 \\ 0 & 2 & 4 & 8 & 34 \\ 0 & -1 & -2 & 0 & -13 \\ 0 & -22 & -48 & 8 & -286 \end{pmatrix}$$

$$\xrightarrow{r_3 \leftrightarrow r_2}\begin{pmatrix}1 & 1 & 1 & 1 & 13\\0 & -1 & -2 & 0 & -13\\0 & 2 & 4 & 8 & 34\\0 & -22 & -48 & 8 & -286\end{pmatrix}\xrightarrow[r_4-22\times r_2]{r_3+2\times r_2}\begin{pmatrix}1 & 1 & 1 & 1 & 13\\0 & -1 & -2 & 0 & -13\\0 & 0 & 0 & 8 & 8\\0 & 0 & -4 & 8 & 0\end{pmatrix}$$

$$\xrightarrow{r_3 \leftrightarrow r_4}\begin{pmatrix}1 & 1 & 1 & 1 & 13\\0 & -1 & -2 & 0 & -13\\0 & 0 & -4 & 8 & 0\\0 & 0 & 0 & 8 & 8\end{pmatrix}\xrightarrow[\frac{1}{8}r_4]{\substack{-r_2\\ -\frac{1}{4}r_3}}\begin{pmatrix}1 & 1 & 1 & 1 & 13\\0 & 1 & 2 & 0 & 13\\0 & 0 & 1 & -2 & 0\\0 & 0 & 0 & 1 & 1\end{pmatrix}$$

$$\xrightarrow[r_1-r_4]{r_3+2r_4}\begin{pmatrix}1 & 1 & 1 & 0 & 12\\0 & 1 & 2 & 0 & 13\\0 & 0 & 1 & 0 & 2\\0 & 0 & 0 & 1 & 1\end{pmatrix}\xrightarrow[r_1-r_3]{r_2-2r_3}\begin{pmatrix}1 & 1 & 0 & 0 & 10\\0 & 1 & 0 & 0 & 9\\0 & 0 & 1 & 0 & 2\\0 & 0 & 0 & 1 & 1\end{pmatrix}$$

$$\xrightarrow{r_1-r_2}\begin{pmatrix}1 & 0 & 0 & 0 & 1\\0 & 1 & 0 & 0 & 9\\0 & 0 & 1 & 0 & 2\\0 & 0 & 0 & 1 & 1\end{pmatrix}.$$

因此小号、中号、大号和加大号 T 衫的销售量分别为 1 件、9 件、2 件和 1 件.

【例 9.34】(**电路分析**)　在如图 9.3 所示的电路中应用基尔霍夫定律,得到如下的方程:

$$\begin{cases}I_A+I_B+I_C+I_D=0,\\I_A-I_B=-1,\\2I_C-2I_D=-2,\\I_B-2I_C=6.\end{cases}$$

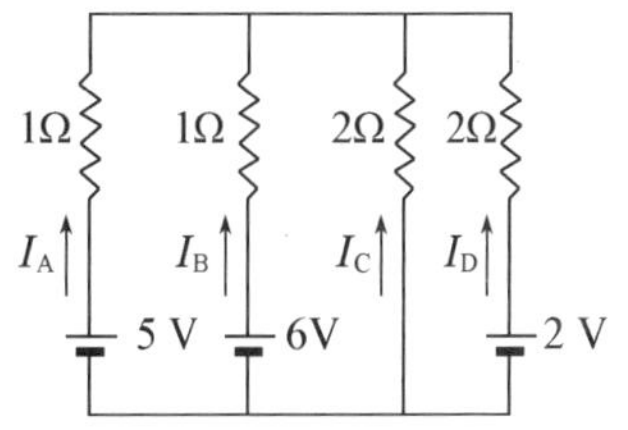

图 9.3

求各个部分的电流强度(单位:A).

解　题中的电路方程可表示为增广矩阵:

$$\begin{pmatrix}1 & 1 & 1 & 1 & 0\\1 & -1 & 0 & 0 & -1\\0 & 0 & 2 & -2 & -2\\0 & 1 & -2 & 0 & 6\end{pmatrix}\xrightarrow{r_2-r_1}\begin{pmatrix}1 & 1 & 1 & 1 & 0\\0 & -2 & -1 & -1 & -1\\0 & 0 & 2 & -2 & -2\\0 & 1 & -2 & 0 & 6\end{pmatrix}$$

$$\xrightarrow{r_2 \leftrightarrow r_4}\begin{pmatrix}1 & 1 & 1 & 1 & 0\\0 & 1 & -2 & 0 & 6\\0 & 0 & 2 & -2 & -2\\0 & -2 & -1 & -1 & -1\end{pmatrix}\xrightarrow[r_1-r_2]{r_4+2r_2}\begin{pmatrix}1 & 0 & 3 & 1 & -6\\0 & 1 & -2 & 0 & 6\\0 & 0 & 2 & -2 & -2\\0 & 0 & -5 & -1 & 11\end{pmatrix}$$

$$\xrightarrow{\frac{1}{2}\times r_3}\begin{pmatrix}1 & 0 & 3 & 1 & -6\\0 & 1 & -2 & 0 & 6\\0 & 0 & 1 & -1 & -1\\0 & 0 & -5 & -1 & 11\end{pmatrix}\xrightarrow[r_1-3r_3]{\substack{r_4+5r_3\\ r_2+2r_3}}\begin{pmatrix}1 & 0 & 0 & 4 & -3\\0 & 1 & 0 & -2 & 4\\0 & 0 & 1 & -1 & -1\\0 & 0 & 0 & -6 & 6\end{pmatrix}$$

$$\xrightarrow{-\frac{1}{6}\times r_4}\begin{pmatrix}1&0&0&4&-3\\0&1&0&-2&4\\0&0&1&-1&-1\\0&0&0&1&-1\end{pmatrix}\xrightarrow[r_3+r_4]{\substack{r_1-4r_4\\ r_2+2r_4}}\begin{pmatrix}1&0&0&0&1\\0&1&0&0&2\\0&0&1&0&-2\\0&0&0&1&-1\end{pmatrix}.$$

所以各个部分的电流强度为 $I_A=1, I_B=2, I_C=-2, I_D=-1$.

习题 9.3

1. 求解下列齐次线性方程组.

(1) $\begin{cases}x_1+x_2+2x_3-x_4=0,\\2x_1+x_2+x_3-x_4=0,\\2x_1+2x_2+x_3+2x_4=0;\end{cases}$

(2) $\begin{cases}x_1+2x_2+x_3-x_4=0,\\3x_1+6x_2-x_3-3x_4=0,\\5x_1+10x_2+x_3-5x_4=0;\end{cases}$

(3) $\begin{cases}2x_1+3x_2-x_3+5x_4=0,\\3x_1+x_2+2x_3-7x_4=0,\\4x_1+x_2-3x_3+6x_4=0,\\x_1-2x_2+4x_3-7x_4=0;\end{cases}$

(4) $\begin{cases}3x_1+4x_2-5x_3+7x_4=0,\\2x_1-3x_2+3x_3-2x_4=0,\\4x_1+11x_2-13x_3+16x_4=0,\\7x_1-2x_2+x_3+3x_4=0.\end{cases}$

2. 求解下列非齐次线性方程组.

(1) $\begin{cases}4x_1+2x_2-x_3=2,\\3x_1-1x_2+2x_3=10,\\11x_1+3x_2=8;\end{cases}$

(2) $\begin{cases}2x+3y+z=4,\\x-2y+4z=-5,\\3x+8y-2z=13,\\4x-y+9z=-6;\end{cases}$

(3) $\begin{cases}2x+y-z+w=1,\\4x+2y-2z+w=2,\\2x+y-z-w=1;\end{cases}$

(4) $\begin{cases}2x+y-z+w=1,\\3x-2y+z-3w=4,\\x+4y-3z+5w=-2.\end{cases}$

3. 对 a 讨论,确定齐次线性方程组解的情况,并求解.

$$\begin{cases}ax_1+x_2+x_3=0,\\x_1+ax_2+x_3=0,\\x_1+x_2+ax_3=0.\end{cases}$$

4. 设齐次线性方程组$\begin{cases}(m-2)x_1+x_2=0,\\x_1+(m-2)x_2+x_3=0,\\x_2+(m-2)x_3=0\end{cases}$有非零解,求 m.

5. λ 取何值时,非齐次线性方程组$\begin{cases}\lambda x_1+x_2+x_3=1,\\x_1+\lambda x_2+x_3=\lambda,\\x_1+x_2+\lambda x_3=\lambda^2\end{cases}$

(1) 有唯一解;(2) 无解;(3) 有无穷多个解?

6. 非齐次线性方程组$\begin{cases}-2x_1+x_2+x_3=-2,\\x_1-2x_2+x_3=\lambda,\\x_1+x_2-2x_3=\lambda^2,\end{cases}$ 当 λ 取何值时有解? 并求出它的解.

7. 设$\begin{cases}(2-\lambda)x_1+2x_2-2x_3=1,\\2x_1+(5-\lambda)x_2-4x_3=2,\\-2x_1-4x_2+(5-\lambda)x_3=-\lambda-1,\end{cases}$ 问 λ 为何值时，此方程组有唯一解、无解或有无穷多解？并在有无穷多解时求通解.

8. 一工厂有 1 000 h 用于生产、维修和检验. 各工序的工作时间分别为 P,M,I，且满足：$P+M+I=1\,000, P=I-100, P+I=M+100$，求各工序所用时间分别为多少.

9. 有甲、乙、丙三种化肥，甲种化肥每千克含氮 70 克，磷 8 克，钾 2 克；乙种化肥每千克含氮 64 克，磷 10 克，钾 0.6 克；丙种化肥每千克含氮 70 克，磷 5 克，钾 1.4 克. 若把此三种化肥混合，要求总重量 23 千克且含磷 149 克，钾 30 克，问三种化肥各需多少千克？

10. 如图 9.4 所示为某地区的交通网络图，设所有道路均为单行道，且道路边不能停车，图中的箭头标识了交通的方向，标识的数为高峰期每小时进出道路网络的车辆数. 设进出道路网络的车辆相同，总数各有 800 辆，若进入每个交叉点的车辆数等于离开该点的车辆数，则交通流量平衡条件得到满足，交通就不会出现堵塞. 求各支路交通流量为多少时，此交通网络交通流量达到平衡？

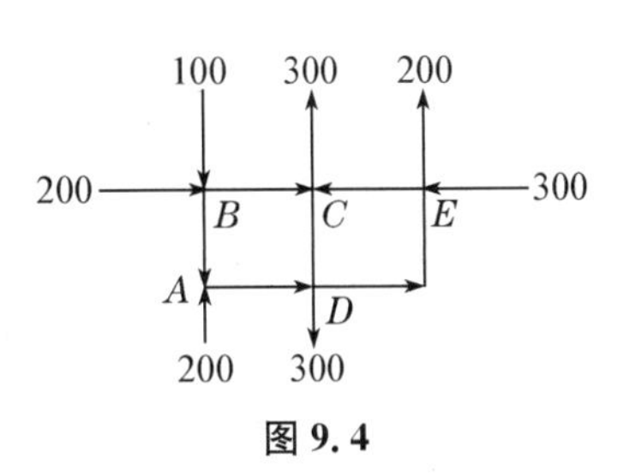

图 9.4

第四节　向量组的线性相关性

学习目标

1. 了解 n 维向量的概念和表示方法.
2. 掌握向量的线性运算和向量间的线性关系的判断.
3. 熟练掌握利用向量来刻画线性方程组解的结构的方法.

在这节中我们引入 n 维向量的概念和向量的线性运算，讨论向量间的线性关系，并利用向量来刻画线性方程组解的结构.

一、向量及其线性运算

向量是几何中的一个术语，它是一个既有大小又有方向的量，在平面(空间)上引进直角坐标系后，平面(空间)上的向量与坐标一一对应，平面(空间)上的向量的坐标 (x,y) ((x,y,z)) 称之为 2 维(3 维)向量. 在实际问题中，仅仅有 2 维或 3 维向量远远不够. 例如，研究人造卫星在太空运行时的状态，人们感兴趣的不仅仅是它的几何轨迹，还希望知道在某个时刻，它处于什么位置，其表面温度、压力等物理参数的情况，这时 2 维或 3 维向量就无法表达这么多信息，于是就有必要将向量的维数进行推广，这便有了以下 n 维向量的概念.

定义 9.17　由 n 个实数 $a_1,a_2,\cdots,a_n$ 组成的一个有序数组 $(a_1,a_2,\cdots,a_n)$ 称之为 n 维向量，其中 a_i 称为向量的第 i 个分量. 向量一般常用希腊字母 $\boldsymbol{\alpha},\boldsymbol{\beta},\boldsymbol{\gamma}$ 等表示. 要注意的是，2 维(或 3 维)向量都可以用有向线段直观地体现出来，而当 $n>3$ 时，n 维向量就没有这种直观的几何意义了.

n 维向量 $\boldsymbol{\alpha}=(a_1,a_2,\cdots,a_n)$ 也可表示为 $\begin{pmatrix} a_1 \\ a_2 \\ \vdots \\ a_n \end{pmatrix}$，前者表示形式称为 n 维行向量，后者表示形式称为 n 维列向量.

在今后的问题讨论中，一般都采用列向量表示. 为了沟通向量与矩阵的联系，向量也可以视为一个矩阵. 即一个 n 维行向量 $(a_1,a_2,\cdots,a_n)$ 就是一个 $1\times n$ 矩阵；一个 n 维列向量 $\begin{pmatrix} a_1 \\ a_2 \\ \vdots \\ a_n \end{pmatrix}$ 就是一个 $n\times 1$ 矩阵，用矩阵转置的记号，列向量也可记作 $(a_1,a_2,\cdots,a_n)^{\mathrm{T}}$. 因此，可以将矩阵的有关概念、运算和性质平移到向量中来.

定义 9.18 分量全为 0 的向量称为零向量，零向量记作 $\boldsymbol{O}=(0,0,\cdots,0)^{\mathrm{T}}$.

向量 $\boldsymbol{\alpha}=(a_1,a_2,\cdots,a_n)^{\mathrm{T}}$ 中的每一个分量都取相反数所得的向量 $(-a_1,-a_2,\cdots,-a_n)^{\mathrm{T}}$，称之为 $\boldsymbol{\alpha}$ 的负向量，记作 $-\boldsymbol{\alpha}$.

定义 9.19 若两个向量 $\boldsymbol{\alpha}=(a_1,a_2,\cdots,a_n)^{\mathrm{T}}$，$\boldsymbol{\beta}=(b_1,b_2,\cdots,b_n)^{\mathrm{T}}$ 的对应分量都相等，即 $a_i=b_i(i=1,2,\cdots,n)$，则称 $\boldsymbol{\alpha}$ 与 $\boldsymbol{\beta}$ 是相等的，记作 $\boldsymbol{\alpha}=\boldsymbol{\beta}$.

定义 9.20 设向量 $\boldsymbol{\alpha}=(a_1,a_2,\cdots,a_n)^{\mathrm{T}}$，$\boldsymbol{\beta}=(b_1,b_2,\cdots,b_n)^{\mathrm{T}}$，则称向量

$$\boldsymbol{\gamma}=(a_1+b_1,a_2+b_2,\cdots,a_n+b_n)^{\mathrm{T}}$$

为 $\boldsymbol{\alpha}$ 与 $\boldsymbol{\beta}$ 的和，记 $\boldsymbol{\gamma}=\boldsymbol{\alpha}+\boldsymbol{\beta}$.

利用负向量的概念，可定义向量的减法，即

$$\boldsymbol{\alpha}-\boldsymbol{\beta}=\boldsymbol{\alpha}+(-\boldsymbol{\beta})=(a_1-b_1,a_2-b_2,\cdots,a_n-b_n)^{\mathrm{T}}$$

定义 9.21 设向量 $(a_1,a_2,\cdots,a_n)^{\mathrm{T}}$，$k$ 是一个数，则称向量

$$\boldsymbol{\delta}=(ka_1,ka_2,\cdots,ka_n)^{\mathrm{T}}$$

为数 k 与向量 $\boldsymbol{\alpha}$ 的数量乘法，简称数乘，记 $\boldsymbol{\delta}=k\boldsymbol{\alpha}$.

向量的加法与数乘运算，统称为向量的线性运算，它满足以下运算规律：

(1) 交换律：$\boldsymbol{\alpha}+\boldsymbol{\beta}=\boldsymbol{\beta}+\boldsymbol{\alpha}$；

(2) 结合律：$(\boldsymbol{\alpha}+\boldsymbol{\beta})+\boldsymbol{\gamma}=\boldsymbol{\alpha}+(\boldsymbol{\beta}+\boldsymbol{\gamma})$；

(3) 保证加法有逆运算：$\boldsymbol{\alpha}+\boldsymbol{O}=\boldsymbol{\alpha}$；

(4) $\boldsymbol{\alpha}+(-\boldsymbol{\alpha})=\boldsymbol{O}$；

(5) 保证非零数乘有逆运算：$1\boldsymbol{\alpha}=\boldsymbol{\alpha}$；

(6) 数乘的结合律：$k(l\boldsymbol{\alpha})=(kl)\boldsymbol{\alpha}$；

(7) 数乘的分配律：$(k+l)\boldsymbol{\alpha}=k\boldsymbol{\alpha}+l\boldsymbol{\alpha}$；

(8) 数乘的分配律：$k(\boldsymbol{\alpha}+\boldsymbol{\beta})=k\boldsymbol{\alpha}+k\boldsymbol{\beta}$.

以上 $\boldsymbol{\alpha},\boldsymbol{\beta},\boldsymbol{\gamma}$ 为 n 维向量，$\boldsymbol{O}$ 是 n 维零向量，k,l 是任意数.

记 $\mathbf{R}$ 为实数集合，$\mathbf{R}^n$ 表示全体 n 维向量所成之集，由于向量的线性运算满足上述八条运算规律，因此在线性代数理论中，就称集合 $\mathbf{R}^n$ 为 **n 维线性空间**.

【例 9.35】 设 $\boldsymbol{\alpha}=(2,1,0,-1)^{\mathrm{T}}$，$\boldsymbol{\beta}=(0,2.-5,1)^{\mathrm{T}}$，若向量 $\boldsymbol{\delta}$ 满足 $2\boldsymbol{\alpha}-(3\boldsymbol{\delta}+\boldsymbol{\beta})=\boldsymbol{O}$，求 $\boldsymbol{\delta}$.

解　由 $2\boldsymbol{\alpha}-(3\boldsymbol{\delta}+\boldsymbol{\beta})=\boldsymbol{O}$,得

$$\boldsymbol{\delta}=\frac{1}{3}(2\boldsymbol{\alpha}-\boldsymbol{\beta})=\frac{1}{3}[2(2,1,0,-1)^{\mathrm{T}}-(0,2,-5,1)^{\mathrm{T}}]=\left(\frac{4}{3},0,\frac{5}{3},-1\right)^{\mathrm{T}}.$$

二、向量的线性关系

在平面解析几何中,若一个向量 $\boldsymbol{\alpha}$ 的坐标是 (x_0,y_0),则分别在坐标系中的 x 轴和 y 轴取单位正向向量 $\boldsymbol{e}_1,\boldsymbol{e}_2$,即 $\boldsymbol{e}_1,\boldsymbol{e}_2$ 的坐标分别为 $(1,0),(0,1)$,由平行四边形法则知

$$\boldsymbol{\alpha}=x_0\boldsymbol{e}_1+y_0\boldsymbol{e}_2, \tag{9.16}$$

将关系式(9.16)称为 $\boldsymbol{\alpha}$ 是 $\boldsymbol{e}_1,\boldsymbol{e}_2$ 的一个线性组合或 $\boldsymbol{\alpha}$ 可由 $\boldsymbol{e}_1,\boldsymbol{e}_2$ 线性表示.

下面将关系式(9.16)推广到一般情况:

定义 9.22　设有 $s+1$ 个 n 维向量 $\boldsymbol{\alpha}_1,\boldsymbol{\alpha}_2,\cdots,\boldsymbol{\alpha}_s,\boldsymbol{\beta}$,如果存在一组数 $k_1,k_2,\cdots,k_s$,使得

$$\boldsymbol{\beta}=k_1\boldsymbol{\alpha}_1+k_2\boldsymbol{\alpha}_2+\cdots+k_s\boldsymbol{\alpha}_s, \tag{9.17}$$

则称向量 $\boldsymbol{\beta}$ 是向量组 $\boldsymbol{\alpha}_1,\boldsymbol{\alpha}_2,\cdots,\boldsymbol{\alpha}_s$ 的一个线性组合,或称 $\boldsymbol{\beta}$ 可由 $\boldsymbol{\alpha}_1,\boldsymbol{\alpha}_2,\cdots,\boldsymbol{\alpha}_s$ 线性表示.

显然,零向量是任一同维向量组的线性组合;向量组 $\boldsymbol{\alpha}_1,\boldsymbol{\alpha}_2,\cdots,\boldsymbol{\alpha}_s$ 中的任一个向量 $\boldsymbol{\alpha}_i$ 都是该向量组的一个线性组合.

【例 9.36】　以下 n 个特殊的 n 维向量 $\boldsymbol{\varepsilon}_1,\boldsymbol{\varepsilon}_2,\cdots,\boldsymbol{\varepsilon}_n$ 称为 n 维基本单位向量组,其中

$$\boldsymbol{\varepsilon}_1=(1,0,\cdots,0)^{\mathrm{T}},\boldsymbol{\varepsilon}_2=(0,1,0,\cdots,0)^{\mathrm{T}},\cdots,\boldsymbol{\varepsilon}_n=(0,\cdots,0,1)^{\mathrm{T}}.$$

证明:任一 n 维向量均为 n 维基本单位向量组 $\boldsymbol{\varepsilon}_1,\boldsymbol{\varepsilon}_2,\cdots,\boldsymbol{\varepsilon}_n$ 的一个线性组合.

证明:任取 n 维向量 $\boldsymbol{\alpha}=(a_1,a_2,\cdots,a_n)^{\mathrm{T}}$,因为

$$\boldsymbol{\alpha}=a_1\boldsymbol{\varepsilon}_1+a_2\boldsymbol{\varepsilon}_2+\cdots+a_n\boldsymbol{\varepsilon}_n,$$

所以 $\boldsymbol{\alpha}$ 为 $\boldsymbol{\varepsilon}_1,\boldsymbol{\varepsilon}_2,\cdots,\boldsymbol{\varepsilon}_n$ 的一个线性组合.

判断一组已知向量是否可由另一组已知向量线性表示,往往要用待定法,转化为一个线性方程组,最后通过求解线性方程组来解决.

【例 9.37】　已知 $\boldsymbol{\beta}=(0,0,0,1)^{\mathrm{T}},\boldsymbol{\alpha}_1=(1,1,0,1)^{\mathrm{T}},\boldsymbol{\alpha}_2=(2,1,3,1)^{\mathrm{T}},\boldsymbol{\alpha}_3=(1,1,0,0)^{\mathrm{T}}$,$\boldsymbol{\alpha}_4=(0,1,-1,-1)^{\mathrm{T}}$,问 $\boldsymbol{\beta}$ 是否可由向量组 $\boldsymbol{\alpha}_1,\boldsymbol{\alpha}_2,\boldsymbol{\alpha}_3,\boldsymbol{\alpha}_4$ 线性表示?若是,则表示之.

解　设有 4 个数 k_1,k_2,k_3,k_4,使得 $\boldsymbol{\beta}=k_1\boldsymbol{\alpha}_1+k_2\boldsymbol{\alpha}_2+k_3\boldsymbol{\alpha}_3+k_4\boldsymbol{\alpha}_4$,

将已知向量代入,整理后得线性方程组:$\begin{cases}k_1+2k_2+k_3=0\\k_1+k_2+k_3+k_4=0\\3k_2-k_4=0\\k_1+k_2-k_4=1\end{cases}$,

解得 $k_1=1,k_2=0,k_3=-1,k_4=0$,故 $\boldsymbol{\beta}$ 可由 $\boldsymbol{\alpha}_1,\boldsymbol{\alpha}_2,\boldsymbol{\alpha}_3,\boldsymbol{\alpha}_4$ 线性表示,并且

$$\boldsymbol{\beta}=\boldsymbol{\alpha}_1+0\boldsymbol{\alpha}_2+(-1)\boldsymbol{\alpha}_3+0\boldsymbol{\alpha}_4=\boldsymbol{\alpha}_1-\boldsymbol{\alpha}_3.$$

两组同维向量之间也可以定义它们的线性表示.

定义 9.23　若 n 维向量组 $\boldsymbol{\alpha}_1,\boldsymbol{\alpha}_2,\cdots,\boldsymbol{\alpha}_s$ 中每一个向量 $\boldsymbol{\alpha}_i(1\leqslant i\leqslant s)$ 均可由 n 维向量组 $\boldsymbol{\beta}_1,\boldsymbol{\beta}_2,\cdots,\boldsymbol{\beta}_t$ 线性表示,则称向量组 $\boldsymbol{\alpha}_1,\boldsymbol{\alpha}_2,\cdots,\boldsymbol{\alpha}_s$ 可以由向量组 $\boldsymbol{\beta}_1,\boldsymbol{\beta}_2,\cdots,\boldsymbol{\beta}_t$ 线性表示.

若两个向量组可以互相线性表出,则称这两个向量组等价.

下面的定理和推论的结论很重要,其证明,请读者自行完成.

定理 9.10　若向量 $\boldsymbol{\alpha}$ 可以由向量组 $\boldsymbol{\beta}_1,\boldsymbol{\beta}_2,\cdots,\boldsymbol{\beta}_s$ 线性表示,向量组 $\boldsymbol{\beta}_1,\boldsymbol{\beta}_2,\cdots,\boldsymbol{\beta}_s$ 可以由向量组 $\boldsymbol{\gamma}_1,\boldsymbol{\gamma}_2,\cdots,\boldsymbol{\gamma}_t$ 线性表示,则向量 $\boldsymbol{\alpha}$ 可以由向量组 $\boldsymbol{\gamma}_1,\boldsymbol{\gamma}_2,\cdots,\boldsymbol{\gamma}_t$ 线性表示.

推论 向量组之间的等价是一种等价关系. 即:设有三个向量组(Ⅰ),(Ⅱ),(Ⅲ),则

(1)(自身性)向量组(Ⅰ)与它自身等价;

(2)(对称性)若向量组(Ⅰ)与(Ⅱ)等价,则(Ⅱ)也与(Ⅰ)等价;

(3)(传递性)若向量组(Ⅰ)与(Ⅱ)等价,且(Ⅱ)也与(Ⅲ)等价,则(Ⅰ)与(Ⅲ)等价.

在几何空间中,两个向量 $\boldsymbol{\alpha},\boldsymbol{\beta}$ 共线当且仅当存在两个不全为零的数 k,l,使得

$$k\boldsymbol{\alpha}+l\boldsymbol{\beta}=\boldsymbol{O}.$$

三个向量 $\boldsymbol{\alpha},\boldsymbol{\beta},\boldsymbol{\gamma}$ 共面(即 $\boldsymbol{\alpha},\boldsymbol{\beta},\boldsymbol{\gamma}$ 位于同一平面)当且仅当存在三个不全为零的数 k,l,s,使得

$$k\boldsymbol{\alpha}+l\boldsymbol{\beta}+s\boldsymbol{\gamma}=\boldsymbol{O}.$$

一般称两个共线向量或三个共面向量是线性相关的,否则,称它们为线性无关的.

将“共线”或“共面”的情况推广到 n 维向量组,就得到一般向量组线性相关和线性无关的概念.

定义 9.24 设有 s 个 n 维向量 $\boldsymbol{\alpha}_1,\boldsymbol{\alpha}_2,\cdots,\boldsymbol{\alpha}_s$,若存在 s 个不全为零的数 $k_1,k_2,\cdots,k_s$,使得

$$k_1\boldsymbol{\alpha}_1+k_2\boldsymbol{\alpha}_2\cdots+k_s\boldsymbol{\alpha}_s=\boldsymbol{O} \tag{9.18}$$

则称向量组 $\boldsymbol{\alpha}_1,\boldsymbol{\alpha}_2,\cdots,\boldsymbol{\alpha}_s$ 线性相关. 否则,即当且仅当 $k_1=k_2=\cdots=k_s=0$ 时,式(9.18)才成立,则称向量组 $\boldsymbol{\alpha}_1,\boldsymbol{\alpha}_2,\cdots,\boldsymbol{\alpha}_s$ 线性无关.

【例 9.38】 n 维基本单位向量组 $\boldsymbol{\varepsilon}_1,\boldsymbol{\varepsilon}_2,\cdots,\boldsymbol{\varepsilon}_n$ 是线性无关的.

证明:若有一组数 $k_1,k_2,\cdots,k_n$,使得

$$k_1\boldsymbol{\varepsilon}_1+k_2\boldsymbol{\varepsilon}_2+\cdots+k_n\boldsymbol{\varepsilon}_n=\boldsymbol{O},$$

将 $\boldsymbol{\varepsilon}_i=(0,\cdots,0,1,0,\cdots,0)^{\mathrm{T}}(i=1,2,\cdots,n)$ 代入上式,整理得:

$$(k_1,k_2,\cdots,k_n)^{\mathrm{T}}=(0,0,\cdots,0)^{\mathrm{T}},$$

于是 $k_1=k_2=\cdots=k_n=0$,故 $\boldsymbol{\varepsilon}_1,\boldsymbol{\varepsilon}_2,\cdots,\boldsymbol{\varepsilon}_n$ 线性无关.

【例 9.39】 判断 $\boldsymbol{\alpha}_1=(2,-1,3,1)^{\mathrm{T}},\boldsymbol{\alpha}_2=(4,-2,5,4)^{\mathrm{T}},\boldsymbol{\alpha}_3=(2,-1,3,-1)^{\mathrm{T}}$ 的线性相关性.

解 设有 3 个数 k_1,k_2,k_3,使得 $k_1\boldsymbol{\alpha}_1+k_2\boldsymbol{\alpha}_2+k_3\boldsymbol{\alpha}_3=0$,即

$$k_1(2,-1,3,1)^{\mathrm{T}}+k_2(4,-2,5,4)^{\mathrm{T}}+k_3(2,-1,3,-1)^{\mathrm{T}}=(0,0,0,0)^{\mathrm{T}},$$

整理并比较得 $\begin{cases}2k_1+4k_2+2k_3=0\\-k_1-2k_2-k_3=0\\3k_1+5k_2+3k_3=0\\k_1+4k_2-k_3=0\end{cases}$,

解得 $k_1=k_2=k_3=0$,故 $\boldsymbol{\alpha}_1,\boldsymbol{\alpha}_2,\boldsymbol{\alpha}_3$ 线性无关.

【例 9.40】 单个向量 $\boldsymbol{\alpha}$ 线性相关的充要条件是 $\boldsymbol{\alpha}=\boldsymbol{O}$.

证明:若 $\boldsymbol{\alpha}=\boldsymbol{O}$,即 $1\boldsymbol{\alpha}=\boldsymbol{O}$,因为 $1\neq0$,所以 $\boldsymbol{\alpha}$ 线性相关. 反之,若 $\boldsymbol{\alpha}\neq\boldsymbol{O}$,设有一个数 k,使得 $k\boldsymbol{\alpha}=\boldsymbol{O}$,则 $k=0$,于是 $\boldsymbol{\alpha}$ 线性无关.

【例 9.41】 含有零向量的向量组一定线性相关.

证明:设 $\boldsymbol{\alpha}_1,\boldsymbol{\alpha}_2,\cdots,\boldsymbol{\alpha}_s$ 中有一个零向量,不妨设 $\boldsymbol{\alpha}_1=\boldsymbol{O}$,于是有不全为零的数 $1,0,\cdots,0$,使得

$$1\boldsymbol{\alpha}_1+0\boldsymbol{\alpha}_2+\cdots+0\boldsymbol{\alpha}_s=\boldsymbol{O},$$

故 $\boldsymbol{\alpha}_1,\boldsymbol{\alpha}_2,\cdots,\boldsymbol{\alpha}_s$ 线性相关.

【例 9.42】 若向量组的一个部分组线性相关,则整个向量组线性相关.换句话说,若一个向量组线性无关,则它的任一部分组线性无关.

口诀:部分相关,整体相关;整体无关,部分无关.

证明:设向量组 $\boldsymbol{\alpha}_1,\boldsymbol{\alpha}_2,\cdots,\boldsymbol{\alpha}_s$ 中有一个部分组线性相关,不妨设 $\boldsymbol{\alpha}_1,\boldsymbol{\alpha}_2,\cdots,\boldsymbol{\alpha}_r$ 线性相关,则存在不全为零的数 $k_1,k_2,\cdots,k_r$,使得

$$k_1\boldsymbol{\alpha}_1+k_2\boldsymbol{\alpha}_2\cdots+k_r\boldsymbol{\alpha}_r=\boldsymbol{O},$$

于是,

$$k_1\boldsymbol{\alpha}_1+k_2\boldsymbol{\alpha}_2\cdots+k_r\boldsymbol{\alpha}_r+0\boldsymbol{\alpha}_{r+1}+\cdots+0\boldsymbol{\alpha}_s=\boldsymbol{O},$$

因为 $k_1,k_2,\cdots,k_r,0,\cdots,0$ 不全为零,所以 $\boldsymbol{\alpha}_1,\boldsymbol{\alpha}_2,\cdots,\boldsymbol{\alpha}_s$ 线性相关.

定理 9.11 设 $s>1$,则向量组 $\boldsymbol{\alpha}_1,\boldsymbol{\alpha}_2,\cdots,\boldsymbol{\alpha}_s$ 线性相关的充要条件是其中某一向量 $\boldsymbol{\alpha}_i$ $(1\leqslant i\leqslant s)$可由其余 $s-1$ 个向量线性表示.

证明:若 $\boldsymbol{\alpha}_1,\boldsymbol{\alpha}_2,\cdots,\boldsymbol{\alpha}_s$ 中有一向量可由其余向量线性表出,不妨设 $\boldsymbol{\alpha}_s$ 可由 $\boldsymbol{\alpha}_1,\boldsymbol{\alpha}_2,\cdots,\boldsymbol{\alpha}_{s-1}$ 线性表示,于是存在 $s-1$ 个数 $k_1,k_2,\cdots,k_{s-1}$,使得

$$\boldsymbol{\alpha}_s=k_1\boldsymbol{\alpha}_1+k_2\boldsymbol{\alpha}_2+\cdots+k_{s-1}\boldsymbol{\alpha}_{s-1},$$

因而 $k_1\boldsymbol{\alpha}_1+k_2\boldsymbol{\alpha}_2+\cdots+k_{s-1}\boldsymbol{\alpha}_{s-1}+(-1)\boldsymbol{\alpha}_s=\boldsymbol{O}$,由于存在不全为零的数 $k_1,k_2,\cdots,k_{s-1},k_s=-1$,使得

$$k_1\boldsymbol{\alpha}_1+k_2\boldsymbol{\alpha}_2\cdots+k_s\boldsymbol{\alpha}_s=\boldsymbol{O},$$

所以 $\boldsymbol{\alpha}_1,\boldsymbol{\alpha}_2,\cdots,\boldsymbol{\alpha}_s$ 线性相关.反之,若 $\boldsymbol{\alpha}_1,\boldsymbol{\alpha}_2,\cdots,\boldsymbol{\alpha}_s$ 线性相关,则存在不全为零的数 k_1,$k_2,\cdots,k_s$,使得 $k_1\boldsymbol{\alpha}_1+k_2\boldsymbol{\alpha}_2\cdots+k_s\boldsymbol{\alpha}_s=\boldsymbol{O}$,不妨设 $k_s\neq0$,于是上式改写为:

$$\boldsymbol{\alpha}_s=-\frac{k_1}{k_s}\boldsymbol{\alpha}_1-\frac{k_2}{k_s}\boldsymbol{\alpha}_2-\cdots-\frac{k_{s-1}}{k_s}\boldsymbol{\alpha}_{s-1},$$

即向量 $\boldsymbol{\alpha}_s$ 可由其余的向量 $\boldsymbol{\alpha}_1,\boldsymbol{\alpha}_2,\cdots,\boldsymbol{\alpha}_{s-1}$ 线性表示.

在定理 9.11 中,要求 $s>1$,是因为当 $s=1$ 时,向量组$\{\boldsymbol{\alpha}_1\}$只含有一个向量,除了 $\boldsymbol{\alpha}_1$ 之外,没有其余向量.

定理 9.12 已知向量组 $\boldsymbol{\alpha}_1,\boldsymbol{\alpha}_2,\cdots,\boldsymbol{\alpha}_s,\boldsymbol{\beta}$ 线性相关,但 $\boldsymbol{\alpha}_1,\boldsymbol{\alpha}_2,\cdots,\boldsymbol{\alpha}_s$ 线性无关,证明:$\boldsymbol{\beta}$ 可由 $\boldsymbol{\alpha}_1,\boldsymbol{\alpha}_2,\cdots,\boldsymbol{\alpha}_s$ 线性表示,且表示法唯一.

证明:因为 $\boldsymbol{\alpha}_1,\boldsymbol{\alpha}_2,\cdots,\boldsymbol{\alpha}_s,\boldsymbol{\beta}$ 线性相关,所以存在 $s+1$ 个不全为零的数 $k_1,k_2,\cdots,k_s,k_{s+1}$,使得

$$k_1\boldsymbol{\alpha}_1+k_2\boldsymbol{\alpha}_2+\cdots+k_s\boldsymbol{\alpha}_s+k_{s+1}\boldsymbol{\beta}=\boldsymbol{O},$$

若 $k_{s+1}=0$,则 $k_1,k_2,\cdots,k_s$ 不全为零,且

$$k_1\boldsymbol{\alpha}_1+k_2\boldsymbol{\alpha}_2+\cdots+k_s\boldsymbol{\alpha}_s=\boldsymbol{O},$$

于是 $\boldsymbol{\alpha}_1,\boldsymbol{\alpha}_2,\cdots,\boldsymbol{\alpha}_s$ 线性相关,这与已知矛盾!故 $k_{s+1}\neq0$.因此

$$\boldsymbol{\beta}=-\frac{k_1}{k_{s+1}}\boldsymbol{\alpha}_1-\frac{k_2}{k_{s+1}}\boldsymbol{\alpha}_2-\cdots-\frac{k_s}{k_{s+1}}\boldsymbol{\alpha}_s,$$

即 $\boldsymbol{\beta}$ 可由 $\boldsymbol{\alpha}_1,\boldsymbol{\alpha}_2,\cdots,\boldsymbol{\alpha}_s$ 线性表示.

下面证明其表示法唯一.

若 $\boldsymbol{\beta}$ 有两种表示法:$\boldsymbol{\beta}=k_1\boldsymbol{\alpha}_1+k_2\boldsymbol{\alpha}_2+\cdots+k_s\boldsymbol{\alpha}_s=l_1\boldsymbol{\alpha}_1+l_2\boldsymbol{\alpha}_2+\cdots+l_s\boldsymbol{\alpha}_s$,则

$$(k_1-l_1)\boldsymbol{\alpha}_1+(k_2-l_2)\boldsymbol{\alpha}_2+\cdots+(k_s-l_s)\boldsymbol{\alpha}_s=\boldsymbol{O},$$

因为 $\boldsymbol{\alpha}_1,\boldsymbol{\alpha}_2,\cdots,\boldsymbol{\alpha}_s$ 线性无关,所以

$$k_i = l_i = 0 \quad (i=1,2,\cdots,n),$$

故 $\boldsymbol{\beta}$ 的表示法唯一.

三、极大无关组与向量组的秩

若向量组中至少有一个非零向量,称这个向量组为非零向量组. 当一个非零向量组 $\boldsymbol{\alpha}_1$, $\boldsymbol{\alpha}_2,\cdots,\boldsymbol{\alpha}_s$ 线性相关时,则由定理 9.11 知,至少有一向量(不妨设 $\boldsymbol{\alpha}_s$),它可由 $\boldsymbol{\alpha}_1,\boldsymbol{\alpha}_2,\cdots,\boldsymbol{\alpha}_{s-1}$ 线性表示,这样 $\boldsymbol{\alpha}_s$ 就是一个"多余"的向量,在讨论 $\boldsymbol{\alpha}_1,\boldsymbol{\alpha}_2,\cdots,\boldsymbol{\alpha}_s$ 的线性相关性时,可以剔除这个多余的向量,只要讨论 $\boldsymbol{\alpha}_1,\boldsymbol{\alpha}_2,\cdots,\boldsymbol{\alpha}_{s-1}$ 的线性相关性即可. 同样 $\boldsymbol{\alpha}_1,\boldsymbol{\alpha}_2,\cdots,\boldsymbol{\alpha}_{s-1}$ 也可能有这种多余向量(不妨设 $\boldsymbol{\alpha}_{s-1}$),我们再剔除它,去讨论 $\boldsymbol{\alpha}_1,\boldsymbol{\alpha}_2,\cdots,\boldsymbol{\alpha}_{s-2}$ 的线性相关性,一直如此做下去,就会得到这样的一个部分向量组,它是线性无关的,并且原向量组可由这个部分组线性表示. 这样的部分组,称之为原向量组的一个极大线性无关组.

定义 9.25 若向量组 $\boldsymbol{\alpha}_1,\boldsymbol{\alpha}_2,\cdots,\boldsymbol{\alpha}_s$ 的一个部分组 $\boldsymbol{\alpha}_{i_1},\boldsymbol{\alpha}_{i_2},\cdots,\boldsymbol{\alpha}_{i_r}$ 满足以下两个条件:

(1) $\boldsymbol{\alpha}_{i_1},\boldsymbol{\alpha}_{i_2},\cdots,\boldsymbol{\alpha}_{i_r}$ 线性无关;

(2) 在该部分组的基础上再任意添加一个向量 $\boldsymbol{\alpha}_j(1\leqslant j\leqslant s)$,所得向量组 $\boldsymbol{\alpha}_{i_1},\boldsymbol{\alpha}_{i_2},\cdots,\boldsymbol{\alpha}_{i_r},\boldsymbol{\alpha}_j$ 是线性相关,则称该部分组 $\boldsymbol{\alpha}_{i_1},\boldsymbol{\alpha}_{i_2},\cdots,\boldsymbol{\alpha}_{i_r}$ 为原向量组 $\boldsymbol{\alpha}_1,\boldsymbol{\alpha}_2,\cdots,\boldsymbol{\alpha}_s$ 的一个极大线性无关部分组,简称极大无关组.

以下四点是读者在理解极大无关组的概念时要值得关注的:

(1) 极大无关组中的"极大"指的是在极大无关组中再添加一个向量就线性相关,因此一个向量组的极大无关组指的是该向量组中所有线性无关部分组中所含的向量个数最多的那一个.

(2) 线性无关向量组的极大无关组只有一个,就是其本身.

(3) 一个非零向量组一定存在极大无关组,但不一定唯一.

例如,$\boldsymbol{\alpha}_1=(1,-1,1)^{\mathrm{T}}$,$\boldsymbol{\alpha}_2=(1,0,1)^{\mathrm{T}}$,$\boldsymbol{\alpha}_3=(2,-1,2)^{\mathrm{T}}$,显然 $\{\boldsymbol{\alpha}_1,\boldsymbol{\alpha}_2\}$,$\{\boldsymbol{\alpha}_2,\boldsymbol{\alpha}_3\}$ 和 $\{\boldsymbol{\alpha}_1,\boldsymbol{\alpha}_3\}$ 均为 $\{\boldsymbol{\alpha}_1,\boldsymbol{\alpha}_2,\boldsymbol{\alpha}_3\}$ 的极大无关组.

(4) 向量组一定与它的极大无关组等价,因此向量组的任意两个极大无关组也一定是等价的.

向量组的极大无关组不一定唯一,但一个向量组中的任意两个极大无关组(若存在的话)所含的向量个数却是唯一的. 要说明这一事实,需要下面非常重要的定理作为依据.

定理 9.13 设 $\boldsymbol{\alpha}_1,\boldsymbol{\alpha}_2,\cdots,\boldsymbol{\alpha}_r$ 与 $\boldsymbol{\beta}_1,\boldsymbol{\beta}_2,\cdots,\boldsymbol{\beta}_s$ 为两个向量组,若

(1) 向量组 $\boldsymbol{\alpha}_1,\boldsymbol{\alpha}_2,\cdots,\boldsymbol{\alpha}_r$ 可以由 $\boldsymbol{\beta}_1,\boldsymbol{\beta}_2,\cdots,\boldsymbol{\beta}_s$ 线性表示;

(2) $r>s$,

那么向量组 $\boldsymbol{\alpha}_1,\boldsymbol{\alpha}_2,\cdots,\boldsymbol{\alpha}_r$ 线性相关.

口诀:以少表多,多者相关. 该定理的证明要利用已知条件去构造一个线性方程组,并去找该方程组的一个非零解来说明向量组是线性相关的,这里不再详述. 该定理的逆否命题有时更有用,用推论 1 来表述.

推论 1 若向量组 $\boldsymbol{\alpha}_1,\boldsymbol{\alpha}_2,\cdots,\boldsymbol{\alpha}_r$ 可经向量组 $\boldsymbol{\beta}_1,\boldsymbol{\beta}_2,\cdots,\boldsymbol{\beta}_s$ 线性表出,且 $\boldsymbol{\alpha}_1,\boldsymbol{\alpha}_2,\cdots,\boldsymbol{\alpha}_r$ 线性无关,则 $r\leqslant s$.

推论 2 任意 $n+1$ 个 n 维向量必线性相关.

证明:任意 $n+1$ 个 n 维向量 $\boldsymbol{\alpha}_1,\boldsymbol{\alpha}_2,\cdots,\boldsymbol{\alpha}_{n+1}$ 都可由 n 维基本单位向量组 $\boldsymbol{\varepsilon}_1,\boldsymbol{\varepsilon}_2,\cdots,\boldsymbol{\varepsilon}_n$ 线

性表示，由定理 9.12 立得，$\boldsymbol{\alpha}_1,\boldsymbol{\alpha}_2,\cdots,\boldsymbol{\alpha}_{n+1}$ 线性相关.

推论 2 告诉我们，在所有 n 维向量中，线性无关向量个数不超过 n 个.

推论 3　一个向量组的任意两个极大无关组所含向量个数相同.

证明：设向量组 $\{\boldsymbol{\alpha}_1,\boldsymbol{\alpha}_2,\cdots,\boldsymbol{\alpha}_s\}$（Ⅰ）中有两个极大无关组：

$$\{\boldsymbol{\alpha}_{i_1},\boldsymbol{\alpha}_{i_2},\cdots,\boldsymbol{\alpha}_{i_{r_1}}\}(\text{Ⅱ})\text{和}\{\boldsymbol{\alpha}_{j_1},\boldsymbol{\alpha}_{j_2},\cdots,\boldsymbol{\alpha}_{j_{r_2}}\}(\text{Ⅲ}),$$

因为向量组（Ⅰ）与（Ⅱ）等价，（Ⅰ）与（Ⅲ）等价，所以向量组（Ⅱ）与（Ⅲ）也等价，利用向量组（Ⅱ）与（Ⅲ）的线性无关性，由推论 1 立得 $r_1=r_2$.

定义 9.26　非零向量组的任一个极大无关组所含的向量个数称为该**向量组的秩**.

特别规定，全是零向量的向量组的秩为零.

推论 4　等价向量组有相同的秩.

该推论的证明方法与推论 3 的证明类同，请读者自行完成.

如何求已知向量组的极大无关组和它的秩，若用本节开头介绍的方法比较繁琐，用以下矩阵初等变换的方法较为简便.

已知列向量组 $\boldsymbol{\alpha}_1,\boldsymbol{\alpha}_2,\cdots,\boldsymbol{\alpha}_s$（若给出的是行向量组则要转置成列向量组），其计算步骤如下：

第一步：构造矩阵 $\boldsymbol{A}=(\boldsymbol{\alpha}_1,\boldsymbol{\alpha}_2,\cdots,\boldsymbol{\alpha}_s)$.

第二步：对 $\boldsymbol{A}$ 作初等行变换化为简化的阶梯形矩阵 $\boldsymbol{B}$，将 $\boldsymbol{B}$ 按列分块：

$$\boldsymbol{B}=(\boldsymbol{\beta}_1,\boldsymbol{\beta}_2,\cdots,\boldsymbol{\beta}_s),$$

可以证明：$\boldsymbol{A}$ 的列向量组中的任一部分组 $\{\boldsymbol{\alpha}_{i_1},\boldsymbol{\alpha}_{i_2},\cdots,\boldsymbol{\alpha}_{i_t}\}$ 与 $\boldsymbol{B}$ 的列向量组中的有相同脚标的部分组 $\{\boldsymbol{\beta}_{i_1},\boldsymbol{\beta}_{i_2},\cdots,\boldsymbol{\beta}_{i_t}\}$ 有相同的线性关系，即

$$k_{i_1}\boldsymbol{\alpha}_{i_1}+k_{i_2}\boldsymbol{\alpha}_{i_2}+\cdots+k_{i_t}\boldsymbol{\alpha}_{i_t}=\boldsymbol{O}$$

当且仅当 $k_{i_1}\boldsymbol{\beta}_{i_1}+k_{i_2}\boldsymbol{\beta}_{i_2}+\cdots+k_{i_t}\boldsymbol{\beta}_{i_t}=\boldsymbol{O}$.

第三步：显然，对 $\boldsymbol{B}$ 的列向量组中的所有不同的基本单位向量，不妨设为 $\{\boldsymbol{\beta}_1,\boldsymbol{\beta}_2,\cdots,\boldsymbol{\beta}_r\}$，它就是 B 的列向量组的一个极大无关组，因此，$\{\boldsymbol{\alpha}_1,\boldsymbol{\alpha}_2,\cdots,\boldsymbol{\alpha}_r\}$ 就是向量组 $\{\boldsymbol{\alpha}_1,\boldsymbol{\alpha}_2,\cdots,\boldsymbol{\alpha}_s\}$ 的一个极大无关组，它的秩为 r. 进一步，若有

$$\boldsymbol{\beta}_j=k_{j1}\boldsymbol{\beta}_1+k_{j2}\boldsymbol{\beta}_2+\cdots+k_{jr}\boldsymbol{\beta}_r\quad(j=r+1,r+2,\cdots,s),\cdots\cdots$$

则也有 $\boldsymbol{\alpha}_j=k_{j1}\boldsymbol{\alpha}_1+k_{j2}\boldsymbol{\alpha}_2+\cdots+k_{jr}\boldsymbol{\alpha}_r(j=r+1,r+2,\cdots,s)$.

【例 9.43】　求向量组 $\boldsymbol{\alpha}_1=(1,2,-1,4)^{\mathrm{T}},\boldsymbol{\alpha}_2=(9,100,10,4)^{\mathrm{T}},\boldsymbol{\alpha}_3=(-2,-4,2,-8)^{\mathrm{T}},\boldsymbol{\alpha}_4=(1,2,3,4)^{\mathrm{T}}$ 的秩及一个极大无关组，并将其余向量用极大线性无关组线性表出.

解　构造矩阵 $\boldsymbol{B}=(\boldsymbol{\alpha}_1,\boldsymbol{\alpha}_2,\boldsymbol{\alpha}_3,\boldsymbol{\alpha}_4)=\begin{pmatrix}1 & 9 & -2 & 1\\ 2 & 100 & -4 & 2\\ -1 & 10 & 2 & 3\\ 4 & 4 & -8 & 4\end{pmatrix}$，对矩阵 $\boldsymbol{B}$ 作初等行变换，化为简化的阶梯形矩阵：$\boldsymbol{B}\rightarrow\begin{pmatrix}1 & 0 & -2 & 0\\ 0 & 1 & 0 & 0\\ 0 & 0 & 0 & 1\\ 0 & 0 & 0 & 0\end{pmatrix}=(\boldsymbol{\beta}_1,\boldsymbol{\beta}_2,\boldsymbol{\beta}_3,\boldsymbol{\beta}_4)$. 显然 $\boldsymbol{\beta}_1,\boldsymbol{\beta}_2,\boldsymbol{\beta}_4$ 是所有不同的基

本单位向量,因此它是 $\boldsymbol{\beta}_1,\boldsymbol{\beta}_2,\boldsymbol{\beta}_3,\boldsymbol{\beta}_4$ 的一个极大无关组,易得 $\boldsymbol{\beta}_3=-2\boldsymbol{\beta}_1$,故所求向量组 $\boldsymbol{\alpha}_1$,$\boldsymbol{\alpha}_2,\boldsymbol{\alpha}_3,\boldsymbol{\alpha}_4$ 的一个极大无关组是 $\boldsymbol{\alpha}_1,\boldsymbol{\alpha}_2,\boldsymbol{\alpha}_4$,它的秩为 3 且 $\boldsymbol{\alpha}_3=-2\boldsymbol{\alpha}_1$.

最后,考虑矩阵秩的几何意义. 若将一个 $m\times n$ 矩阵 $\boldsymbol{A}$ 分别按行按列分块 $\boldsymbol{A}=\begin{pmatrix}\boldsymbol{\alpha}_1\\ \boldsymbol{\alpha}_2\\ \vdots\\ \boldsymbol{\alpha}_m\end{pmatrix}=(\boldsymbol{\beta}_1,\boldsymbol{\beta}_2,\cdots,\boldsymbol{\beta}_n)$,则 $\boldsymbol{A}$ 含有 m 个 n 维向量的行向量组$\{\boldsymbol{\alpha}_1,\boldsymbol{\alpha}_2,\cdots,\boldsymbol{\alpha}_m\}$和含有 n 个 m 维向量的列向量组$\{\boldsymbol{\beta}_1,\boldsymbol{\beta}_2,\cdots,\boldsymbol{\beta}_n\}$. 向量组有秩的概念,自然地,一个矩阵 $\boldsymbol{A}$ 的行秩就定义为 $\boldsymbol{A}$ 的行向量组的秩,$\boldsymbol{A}$ 的列秩定义为 $\boldsymbol{A}$ 的列向量组的秩. 非常奇妙的是,一个矩阵的行向量和列向量虽然它们的维数有可能不同,向量的个数也可能不同,但是它的行秩与列秩却是相同的,不仅如此,它们还和该矩阵的秩是相同的. 这就是所谓矩阵秩的几何意义,现用下列定理来表述,其证明略去.

定理 9.13 设 $\boldsymbol{A}$ 为任一个矩阵,则 $\boldsymbol{A}$ 的行秩$=\boldsymbol{A}$ 的列秩$=\boldsymbol{A}$ 的秩.

推论 5 已知 $\boldsymbol{\alpha}_1,\boldsymbol{\alpha}_2,\cdots,\boldsymbol{\alpha}_s$ 为 s 个列向量,矩阵 $\boldsymbol{A}=(\boldsymbol{\alpha}_1,\boldsymbol{\alpha}_2,\cdots,\boldsymbol{\alpha}_s)$,则 $\boldsymbol{\alpha}_1,\boldsymbol{\alpha}_2,\cdots,\boldsymbol{\alpha}_s$ 线性相关的充要条件是秩$(\boldsymbol{A})<s$.

推论 5 告诉我们,用求矩阵秩的方法可判断一组已知向量的线性相关性.

【例 9.44】 设 $\boldsymbol{\alpha}_1=(1,-1,1,1)^{\mathrm{T}},\boldsymbol{\alpha}_2=(1,0,1,0)^{\mathrm{T}},\boldsymbol{\alpha}_3=(2,-1,2,t)^{\mathrm{T}}$,问 t 取何值时,向量组 $\boldsymbol{\alpha}_1,\boldsymbol{\alpha}_2,\boldsymbol{\alpha}_3$ 线性相关.

解 构造矩阵 $\boldsymbol{A}=(\boldsymbol{\alpha}_1,\boldsymbol{\alpha}_2,\boldsymbol{\alpha}_3)=\begin{pmatrix}1&1&2\\-1&0&-1\\1&1&2\\1&0&t\end{pmatrix}$.

将 $\boldsymbol{A}$ 用初等变换化为阶梯形矩阵 $\boldsymbol{A}\to\begin{pmatrix}1&1&2\\-1&0&-1\\1&1&2\\1&0&t\end{pmatrix}\to\begin{pmatrix}1&1&2\\0&1&1\\0&0&t-1\\0&0&0\end{pmatrix}$.

要使 $\boldsymbol{\alpha}_1,\boldsymbol{\alpha}_2,\boldsymbol{\alpha}_3$ 线性相关,必须秩$(\boldsymbol{A})<3$,显然当 $t=1$ 时,秩$(\boldsymbol{A})=2<3$,故当 $t=1$ 时,$\boldsymbol{\alpha}_1,\boldsymbol{\alpha}_2,\boldsymbol{\alpha}_3$ 线性相关.

四、线性方程组解的结构

由于要将向量的理论应用到线性方程组中去,因此,方程组的解今后习惯都用向量来表示. 例如,若 $x_i=k_i(i=1,2,\cdots,n)$ 为 n 元线性方程组 $\boldsymbol{AX}=\boldsymbol{\beta}$ 的一个解,作 n 维向量

$$\boldsymbol{\xi}=(k_1,k_2,\cdots,k_n)^{\mathrm{T}},$$

显然满足 $\boldsymbol{A\xi}=\boldsymbol{\beta}$,则称 $\boldsymbol{\xi}$ 为线性方程组 $\boldsymbol{AX}=\boldsymbol{\beta}$ 的一个解向量,简称一个解.

当一个线性方程组有无穷多个解时,能否用有限多个解来把握所有的解? 这就是本节所要讨论的线性方程组解的结构问题. 现研究最简单的情形,即所谓齐次线性方程组解的结构.

定理 9.14 设 $\boldsymbol{\xi},\boldsymbol{\eta}$ 均为 n 元齐次线性方程组 $\boldsymbol{AX}=\boldsymbol{O}$ 的解,k 为实数,则

(1) $\boldsymbol{\xi}+\boldsymbol{\eta}$ 为 $\boldsymbol{AX}=\boldsymbol{O}$ 的解；

(2) $k\boldsymbol{\xi}$ 为 $\boldsymbol{AX}=\boldsymbol{O}$ 的解.

证明：由 $\boldsymbol{\xi},\boldsymbol{\eta}$ 均为方程组 $\boldsymbol{AX}=\boldsymbol{O}$ 的解知，$\boldsymbol{A\xi}=\boldsymbol{O}$，$\boldsymbol{A\eta}=\boldsymbol{O}$，于是

$$\boldsymbol{A}(\boldsymbol{\xi}+\boldsymbol{\eta})=\boldsymbol{A\xi}+\boldsymbol{A\eta}=\boldsymbol{O}+\boldsymbol{O}=\boldsymbol{O},\ \boldsymbol{A}(k\boldsymbol{\xi})=k\boldsymbol{A\xi}=k\boldsymbol{O}=\boldsymbol{O},$$

故 $\boldsymbol{\xi}+\boldsymbol{\eta}$ 和 $k\boldsymbol{\xi}$ 均为 $\boldsymbol{AX}=\boldsymbol{O}$ 的解.

由线性方程组有解判别定理 9.9，得：

定理 9.15　n 元齐次线性方程组 $\boldsymbol{AX}=\boldsymbol{O}$ 有非零解的充要条件是秩$(\boldsymbol{A})<n$.

当一个齐次线性方程组有非零解时，它的解能否用有限个解表示？这有限个解要满足什么样的条件？这就需要引入齐次线性方程组的基础解系的概念.

定义 9.27　设 $\boldsymbol{\eta}_1,\boldsymbol{\eta}_2,\cdots,\boldsymbol{\eta}_t$ 为 n 元齐次线性方程组 $\boldsymbol{AX}=\boldsymbol{O}$ 的一组解，如果

(1) $\boldsymbol{\eta}_1,\boldsymbol{\eta}_2,\cdots,\boldsymbol{\eta}_t$ 线性无关；

(2) $\boldsymbol{AX}=\boldsymbol{O}$ 的任一个解均能表示成 $\boldsymbol{\eta}_1,\boldsymbol{\eta}_2,\cdots,\boldsymbol{\eta}_t$ 的线性组合，

则称 $\boldsymbol{\eta}_1,\boldsymbol{\eta}_2,\cdots,\boldsymbol{\eta}_t$ 为方程组 $\boldsymbol{AX}=\boldsymbol{O}$ 的一个基础解系.

与一般向量组的极大无关组的定义相比较，不难发现，齐次线性方程组的基础解系可以看作为它的解集合的一个“极大线性无关组”. 要说两者有区别，只不过是前者定义在一个有限集合上，后者定义在一个无限集合上.

齐次线性方程组的基础解系在它的解集中起到了一个“结构”的作用，它将一个“无限”(一般解集是一个无限集合)问题的研究转化为一个“有限”(基础解系为一个有限集合)问题的研究，这在数学研究中是一件非常有意义的事情.

基础解系定义告诉我们，若已知齐次线性方程组 $\boldsymbol{AX}=\boldsymbol{O}$ 的一个基础解系为 $\boldsymbol{\eta}_1,\boldsymbol{\eta}_2,\cdots,\boldsymbol{\eta}_t$，那么该方程组解的结构也就清楚了，即齐次线性方程组 $\boldsymbol{AX}=\boldsymbol{O}$ 的全部解(也称通解)为

$$X=k_1\boldsymbol{\eta}_1+k_2\boldsymbol{\eta}_2+\cdots+k_t\boldsymbol{\eta}_t, \tag{9.19}$$

其中 $k_1,k_2,\cdots,k_t$ 为一组任意数. 因此，式(9.19)就是齐次线性方程组 $\boldsymbol{AX}=\boldsymbol{O}$ 解的结构.

一个齐次线性方程组的基础解系既然这么重要，那么它何时存在？若存在又怎样去获得？下面的定理和它的证明告诉了我们一个求齐次线性方程组的基础解系方法.

定理 9.16　设 n 元齐次线性方程组 $\boldsymbol{AX}=\boldsymbol{O}$，若秩$(\boldsymbol{A})<n$，则方程组 $\boldsymbol{AX}=\boldsymbol{O}$ 必有基础解系，且任一基础解系所含解向量的个数均为 $n-$秩$(\boldsymbol{A})$.(证明略)

从上述定理可知，齐次线性方程组的基础解系所含向量的个数与该方程组的一般解中的自由未知量个数相同，其基础解系就是从它的一般解中的自由未知量分别取一组特殊的数所确定的线性无关的解. 因此，齐次线性方程组的基础解系不唯一.

【例 9.45】　求齐次线性方程组 $\begin{cases}x_1-x_2+5x_3-x_4=0\\x_1+x_2-2x_3+3x_4=0\\3x_1-x_2+8x_3+x_4=0\\x_1+3x_2-9x_3+7x_4=0\end{cases}$ 的一个基础解系及全部解.

解　对方程组的系数矩阵 $\boldsymbol{A}=\begin{pmatrix}1&-1&5&-1\\1&1&-2&3\\3&-1&8&1\\1&3&-9&7\end{pmatrix}$ 作初等行变换，化简为阶梯形矩阵

$\boldsymbol{U}=\begin{pmatrix}1 & 0 & \frac{3}{2} & 1\\ 0 & 1 & -\frac{7}{2} & 2\\ 0 & 0 & 0 & 0\\ 0 & 0 & 0 & 0\end{pmatrix}$，则原方程组与以 $\boldsymbol{U}$ 为系数矩阵的齐次线性方程组：

$\begin{cases}x_1+\frac{3}{2}x_3+x_4=0\\ x_2-\frac{7}{2}x_3+2x_4=0\end{cases}$ 同解. 因为秩$(\boldsymbol{A})=2<4$，所以原方程组有非零解，其一般解为：

$\begin{cases}x_1=-\frac{3}{2}x_3-x_4\\ x_2=\frac{7}{2}x_3-2x_4\end{cases}$，其中 x_3,x_4 为自由未知量.

令 $x_3=2,x_4=0$，得一解 $\boldsymbol{\eta}_1=(-3,7,2,0)^{\mathrm{T}}$；

令 $x_3=0,x_4=1$，得一解 $\boldsymbol{\eta}_2=(-1,-2,0,1)^{\mathrm{T}}$.

于是 $\boldsymbol{\eta}_1,\boldsymbol{\eta}_2$ 是方程组的一个基础解系，它的全部解为 $X=k_1\boldsymbol{\eta}_1+k_2\boldsymbol{\eta}_2$，其中 k_1,k_2 为一组任意数.

【例 9.46】 若 $\boldsymbol{\eta}_1,\boldsymbol{\eta}_2,\boldsymbol{\eta}_3$ 为齐次线性方程组 $\boldsymbol{AX}=\boldsymbol{O}$ 的一个基础解系，证明 $\boldsymbol{\eta}_1+2\boldsymbol{\eta}_2$，$\boldsymbol{\eta}_2+2\boldsymbol{\eta}_3$，$\boldsymbol{\eta}_3+2\boldsymbol{\eta}_1$ 也为它的基础解系.

证明 先证 $\boldsymbol{\eta}_1+2\boldsymbol{\eta}_2,\boldsymbol{\eta}_2+2\boldsymbol{\eta}_3,\boldsymbol{\eta}_3+2\boldsymbol{\eta}_1$ 均为方程组 $\boldsymbol{AX}=\boldsymbol{O}$ 的解.

由已知得，$\boldsymbol{A\eta}_1=\boldsymbol{O},\boldsymbol{A\eta}_2=\boldsymbol{O},\boldsymbol{A\eta}_3=\boldsymbol{O}$，于是

$$\boldsymbol{A}(\boldsymbol{\eta}_1+\boldsymbol{\eta}_2)=\boldsymbol{A\eta}_1+\boldsymbol{A\eta}_2=\boldsymbol{O}+\boldsymbol{O}=\boldsymbol{O},$$

同理

$$\boldsymbol{A}(\boldsymbol{\eta}_2+2\boldsymbol{\eta}_3)=\boldsymbol{O},\quad \boldsymbol{A}(\boldsymbol{\eta}_3+2\boldsymbol{\eta}_1)=\boldsymbol{O},$$

所以 $\boldsymbol{\eta}_1+2\boldsymbol{\eta}_2,\boldsymbol{\eta}_2+2\boldsymbol{\eta}_3,\boldsymbol{\eta}_3+2\boldsymbol{\eta}_1$ 均为 $\boldsymbol{AX}=\boldsymbol{O}$ 的解.

已知 $\boldsymbol{\eta}_1,\boldsymbol{\eta}_2,\boldsymbol{\eta}_3$ 是 $\boldsymbol{AX}=\boldsymbol{O}$ 的一个基础解系，于是该方程组的其他基础解系也只含有 3 个向量，所以要证明 $\boldsymbol{\eta}_1+2\boldsymbol{\eta}_2,\boldsymbol{\eta}_2+2\boldsymbol{\eta}_3,\boldsymbol{\eta}_3+2\boldsymbol{\eta}_1$ 是基础解系，我们只要证明它们线性无关即可.

设 $k_1(\boldsymbol{\eta}_1+2\boldsymbol{\eta}_2)+k_2(\boldsymbol{\eta}_2+2\boldsymbol{\eta}_3)+k_3(\boldsymbol{\eta}_3+2\boldsymbol{\eta}_1)=\boldsymbol{O}$，整理得

$$(k_1+2k_3)\boldsymbol{\eta}_1+(2k_1+k_2)\boldsymbol{\eta}_2+(2k_2+k_3)\boldsymbol{\eta}_3=\boldsymbol{O}$$

因为 $\boldsymbol{\eta}_1,\boldsymbol{\eta}_2,\boldsymbol{\eta}_3$ 为 $\boldsymbol{AX}=\boldsymbol{O}$ 的基础解系，所以它们线性无关，于是

$$k_1+2k_3=0,\ 2k_1+k_2=0,\ 2k_2+k_3=0,$$

解得 $k_1=k_2=k_3=0$，因此 $\boldsymbol{\eta}_1+2\boldsymbol{\eta}_2,\boldsymbol{\eta}_2+2\boldsymbol{\eta}_3,\boldsymbol{\eta}_3+2\boldsymbol{\eta}_1$ 线性无关，从而它们是 $\boldsymbol{AX}=\boldsymbol{O}$ 的基础解系.

【例 9.47】 设 4 元齐次线性方程组(Ⅰ)：$\begin{cases}x_1+x_2=0\\ x_2-x_4=0\end{cases}$，又已知某线性齐次方程组(Ⅱ)的全部解为 $k_1(0,1,1,0)^{\mathrm{T}}+k_2(-1,2,2,1)^{\mathrm{T}}$，其中 k_1,k_2 为一组任意数.

(1) 求齐次线性方程组(Ⅰ)的基础解系；

(2) 问线性方程组(Ⅰ)和(Ⅱ)是否有非零公共解？若有，则求出所有的非零公共解；若没有，则说明理由.

解　(1) 易求得线性方程组(Ⅰ)的基础解系为(0,0,1,0),(−1,1,0,1),于是(Ⅰ)的全部解为 $\boldsymbol{X}=k_3(0,0,1,0)+k_4(-1,1,01)$,其中 k_3,k_4 为一组任意实数.

(2) 令 $k_1(0,1,1,0)+k_2(-1,2,2,1)=k_3(0,0,1,0)+k_4(-1,1,01)$,两边比较得

$$\begin{cases}k_2=k_4\\k_1+2k_2=k_4\\k_1+2k_2=k_3\\k_2=k_4\end{cases}$$

解得 $k_1=-k_2=-k_3=-k_4$,故(Ⅰ)和(Ⅱ)有公共的非零解,且所有公共非零解为 $k(-1,1,1,1)^{\mathrm{T}}$,其中 k 为任意非零数.

现研究非齐次线性方程组解的结构.

定义 9.28　称 n 元齐次线性方程组 $\boldsymbol{AX}=\boldsymbol{O}$ 为 n 元非齐次线性方程组 $\boldsymbol{AX}=\boldsymbol{\beta}$ 的导出方程组,简称导出组.

定理 9.17　设 n 元非齐次线性方程组 $\boldsymbol{AX}=\boldsymbol{\beta}$,

(1) 若 $\boldsymbol{\xi}_1,\boldsymbol{\xi}_2$ 均为 $\boldsymbol{AX}=\boldsymbol{\beta}$ 的解,则 $\boldsymbol{\xi}_1-\boldsymbol{\xi}_2$ 为它的导出组 $\boldsymbol{AX}=\boldsymbol{O}$ 的解;

(2) 若 $\boldsymbol{\xi}$ 为 $\boldsymbol{AX}=\boldsymbol{\beta}$ 的一个解,$\boldsymbol{\eta}$ 为它的导出组 $\boldsymbol{AX}=\boldsymbol{O}$ 的一个解,则 $\boldsymbol{\xi}+\boldsymbol{\eta}$ 为 $\boldsymbol{AX}=\boldsymbol{\beta}$ 的一个解.

证明:(1) 由已知得,$\boldsymbol{A\xi}_1=\boldsymbol{\beta}$,$\boldsymbol{A\xi}_2=\boldsymbol{\beta}$,因为

$$\boldsymbol{A}(\boldsymbol{\xi}_1-\boldsymbol{\xi}_2)=\boldsymbol{A\xi}_1-\boldsymbol{A\xi}_2=\boldsymbol{\beta}-\boldsymbol{\beta}=\boldsymbol{O},$$

所以 $\boldsymbol{\xi}_1-\boldsymbol{\xi}_2$ 是 $\boldsymbol{AX}=\boldsymbol{O}$ 的解.

(2) 由已知得,$\boldsymbol{A\xi}=\boldsymbol{\beta}$,$\boldsymbol{A\eta}=\boldsymbol{O}$,因为

$$\boldsymbol{A}(\boldsymbol{\xi}+\boldsymbol{\eta})=\boldsymbol{A\xi}+\boldsymbol{A\eta}=\boldsymbol{\beta}+\boldsymbol{O}=\boldsymbol{\beta},$$

所以 $\boldsymbol{\xi}+\boldsymbol{\eta}$ 是 $\boldsymbol{AX}=\boldsymbol{\beta}$ 的一个解.

定理 9.17 告诉我们,若已求得非齐次线性方程组 $\boldsymbol{AX}=\boldsymbol{\beta}$ 的一个解 $\boldsymbol{\gamma}_0$,则对于它的任一个解 X 知,$X-\boldsymbol{\gamma}_0$ 就是其导出组 $\boldsymbol{AX}=\boldsymbol{O}$ 的一个解,于是 $\boldsymbol{X}-\boldsymbol{\gamma}_0$ 可由其导出组的一个基础解系 $\boldsymbol{\eta}_1,\boldsymbol{\eta}_2,\cdots,\boldsymbol{\eta}_t$ 线性表示,故非齐次线性方程组 $\boldsymbol{AX}=\boldsymbol{\beta}$ 的全部解(或称通解)为

$$\boldsymbol{X}=\boldsymbol{\gamma}_0+k_1\boldsymbol{\eta}_1+k_2\boldsymbol{\eta}_2+\cdots+k_t\boldsymbol{\eta}_t,\tag{9.20}$$

其中 $k_1,k_2,\cdots,k_t$ 为一组任意数.

因此,式(9.20)就是非齐次线性方程组 $\boldsymbol{AX}=\boldsymbol{\beta}$ 解的结构.

【例 9.48】　设有线性方程组$\begin{cases}x_1+3x_2+3x_3-2x_4+x_5=3\\2x_1+6x_2+x_3-3x_4=2\\x_1+3x_2-2x_3-x_4-x_5=-1\\3x_1+9x_2+4x_3-5x_4+x_5=5\end{cases}$,试用其中一个特解与其导出方程组的基础解系表出其全部解.

解　线性方程组的增广矩阵 $\boldsymbol{B}=\begin{pmatrix}1&3&3&-2&1&3\\2&6&1&-3&0&2\\1&3&-2&-1&-1&-1\\3&9&4&-5&1&5\end{pmatrix}$,

对 $\boldsymbol{B}$ 作初等行变换,化为简化的阶梯形矩阵 $\boldsymbol{U}=\begin{pmatrix}1 & 3 & 0 & -\frac{7}{5} & -\frac{1}{5} & \frac{3}{5}\\ 0 & 0 & 1 & -\frac{1}{5} & \frac{2}{5} & \frac{4}{5}\\ 0 & 0 & 0 & 0 & 0 & 0\\ 0 & 0 & 0 & 0 & 0 & 0\end{pmatrix}$,

显然原方程组有解,其一般解为 $\begin{cases}x_1=\frac{3}{5}-3x_2+\frac{7}{5}x_4+\frac{1}{5}x_5\\ x_3=\frac{4}{5}+\frac{1}{5}x_4-\frac{2}{5}x_5\end{cases}$,其中 x_2,x_4,x_5 为自由未知量.

令 $x_2=x_4=x_5=0$,得方程组的一个解 $\boldsymbol{\gamma}_0=\left(\frac{3}{5},0,\frac{4}{5},0,0\right)^{\mathrm{T}}$.

显然原方程组的导出组的一般解为 $\begin{cases}x_1=-3x_2+\frac{7}{5}x_4+\frac{1}{5}x_5\\ x_3=\frac{1}{5}x_4-\frac{2}{5}x_5\end{cases}$,其中 x_2,x_4,x_5 为自由未知量.

令 $x_2=1,x_4=x_5=0$,得一解 $\boldsymbol{\eta}_1=(-3,1,0,0,0)^{\mathrm{T}}$,

令 $x_2=0,x_4=5,x_5=0$,得一解 $\boldsymbol{\eta}_2=(7,0,1,5,0)^{\mathrm{T}}$,

令 $x_2=0,x_4=0,x_5=5$,得一解 $\boldsymbol{\eta}_3=(1,0,-2,0,5)^{\mathrm{T}}$,

于是 $\boldsymbol{\eta}_1,\boldsymbol{\eta}_2,\boldsymbol{\eta}_3$ 是原方程组的导出组的一个基础解系,故原方程组的全部解为 $\boldsymbol{X}=\boldsymbol{\gamma}_0+k_1\boldsymbol{\eta}_1+k_2\boldsymbol{\eta}_2+k_3\boldsymbol{\eta}_3$,其中 k_1,k_2,k_3 为一组任意数.

【例 9.49】 已知非齐次线性方程组 $\begin{cases}x_1+x_2+x_3+x_4=-1\\ 4x_1+3x_2+5x_3-x_4=-1\\ ax_1+x_2+3x_3+bx_4=1\end{cases}$ 有三个线性无关的解,

(1) 证明方程组系数矩阵 $\boldsymbol{A}$ 的秩为 2;

(2) 求 a,b 的值及方程组的全部解.

证明 (1) 设 $\boldsymbol{\alpha}_1,\boldsymbol{\alpha}_2,\boldsymbol{\alpha}_3$ 是已知非齐次线性方程组的三个线性无关的解,则 $\boldsymbol{\alpha}_1-\boldsymbol{\alpha}_2$,$\boldsymbol{\alpha}_1-\boldsymbol{\alpha}_3$ 是导出组 $\boldsymbol{AX}=\boldsymbol{O}$ 的两个线性无关的解,于是 $2\leqslant 4-$秩$(\boldsymbol{A})$,即秩$(\boldsymbol{A})\leqslant 2$;显然 $\boldsymbol{A}$ 有一个二阶非零子式 $\begin{vmatrix}1 & 1\\ 4 & 3\end{vmatrix}(=-1)$,因此秩$(\boldsymbol{A})\geqslant 2$,故秩$(\boldsymbol{A})=2$.

(2) 设 $\boldsymbol{B}$ 是非齐次线性方程组的增广矩阵,对 B 作初等行变换如下:

$$\boldsymbol{B}=\begin{pmatrix}1 & 1 & 1 & 1 & -1\\ 4 & 3 & 5 & -1 & -1\\ a & 1 & 3 & b & 1\end{pmatrix}\rightarrow\begin{pmatrix}1 & 0 & 2 & -4 & 2\\ 0 & 1 & -1 & 5 & -3\\ 0 & 0 & 4-2a & 4a+b-5 & 4-2a\end{pmatrix}.$$

因为原方程组有解,所以秩$(\boldsymbol{B})=$秩$(\boldsymbol{A})=2$,所以必须满足 $\begin{cases}4-2a=0\\ 4a+b-5=0\end{cases}$,解得 $a=2$,$b=-3$.

当 $a=2,b=-3$ 时,易求得方程组的全部解为:

$\boldsymbol{X}=(2,-3,0,0)^{\mathrm{T}}+k_1(-2,1,1,0)^{\mathrm{T}}+k_2(4,-5,0,1)^{\mathrm{T}}$,其中 k_1,k_2 为一组任意实数.

习题 9.4

1. 设 $\boldsymbol{v}_1=(1,1,0)^{\mathrm{T}}$，$\boldsymbol{v}_2=(0,1,1)^{\mathrm{T}}$，$\boldsymbol{v}_3=(3,4,0)^{\mathrm{T}}$，求 $\boldsymbol{v}_1-\boldsymbol{v}_2$ 及 $3\boldsymbol{v}_1+2\boldsymbol{v}_2-\boldsymbol{v}_3$.

2. 试把 $\boldsymbol{\beta}=(1,2,1,1)^{\mathrm{T}}$ 表示成 $\boldsymbol{\alpha}_1,\boldsymbol{\alpha}_2,\boldsymbol{\alpha}_3,\boldsymbol{\alpha}_4$ 的线性组合，其中：$\boldsymbol{\alpha}_1=(1,1,1,1)^{\mathrm{T}}$，$\boldsymbol{\alpha}_2=(1,1,-1,-1)^{\mathrm{T}}$，$\boldsymbol{\alpha}_3=(1,-1,1,-1)^{\mathrm{T}}$，$\boldsymbol{\alpha}_4=(1,-1,-1,1)^{\mathrm{T}}$.

3. 判断下列向量组的线性相关性.

(1) $\boldsymbol{\alpha}_1=(1,1,0,0)^{\mathrm{T}}$，$\boldsymbol{\alpha}_2=(1,0,1,0)^{\mathrm{T}}$，$\boldsymbol{\alpha}_3=(0,0,1,0)^{\mathrm{T}}$，$\boldsymbol{\alpha}_4=(0,1,0,1)^{\mathrm{T}}$；

(2) $\boldsymbol{\alpha}_1=(1,1,0,0)^{\mathrm{T}}$，$\boldsymbol{\alpha}_2=(1,0,0,4)^{\mathrm{T}}$，$\boldsymbol{\alpha}_3=(0,0,1,1)^{\mathrm{T}}$，$\boldsymbol{\alpha}_4=(0,0,0,2)^{\mathrm{T}}$；

(3) $\boldsymbol{\alpha}_1=(1,3,-5,1)^{\mathrm{T}}$，$\boldsymbol{\alpha}_2=(2,6,1,4)^{\mathrm{T}}$，$\boldsymbol{\alpha}_3=(3,9,7,10)^{\mathrm{T}}$；

(4) $\boldsymbol{\alpha}_1=(1,2,2,3)^{\mathrm{T}}$，$\boldsymbol{\alpha}_2=(2,5,-1,4)^{\mathrm{T}}$，$\boldsymbol{\alpha}_3=(1,4,-8,-1)^{\mathrm{T}}$.

4. 给定向量组 $\boldsymbol{\alpha}_1=(2,2,7,-1)^{\mathrm{T}}$，$\boldsymbol{\alpha}_2=(3,-1,2,4)^{\mathrm{T}}$，$\boldsymbol{\alpha}_3=(1,1,3,1)^{\mathrm{T}}$，证明 $\boldsymbol{\alpha}_1,\boldsymbol{\alpha}_2,\boldsymbol{\alpha}_3$ 线性无关.

5. 设向量组 $\boldsymbol{\alpha}_1,\boldsymbol{\alpha}_2,\boldsymbol{\alpha}_3$ 线性无关，$\boldsymbol{\beta}_1=\boldsymbol{\alpha}_1+\boldsymbol{\alpha}_2-2\boldsymbol{\alpha}_3$，$\boldsymbol{\beta}_2=\boldsymbol{\alpha}_1-\boldsymbol{\alpha}_2-\boldsymbol{\alpha}_3$，$\boldsymbol{\beta}_3=\boldsymbol{\alpha}_1+\boldsymbol{\alpha}_3$，试证明 $\boldsymbol{\beta}_1,\boldsymbol{\beta}_2,\boldsymbol{\beta}_3$ 线性无关.

6. 若 $\boldsymbol{\alpha}_1,\boldsymbol{\alpha}_2,\cdots,\boldsymbol{\alpha}_s$ 线性无关，而 $\boldsymbol{\beta},\boldsymbol{\alpha}_1,\boldsymbol{\alpha}_2,\cdots\boldsymbol{\alpha}_s$ 线性相关，试证明：$\boldsymbol{\beta}$ 是 $\boldsymbol{\alpha}_1,\boldsymbol{\alpha}_2,\cdots,\boldsymbol{\alpha}_s$ 的线性组合.

7. 讨论向量组 $\boldsymbol{\alpha}_1=(1,1,0)^{\mathrm{T}}$，$\boldsymbol{\alpha}_2=(1,3,-1)^{\mathrm{T}}$，$\boldsymbol{\alpha}_3=(5,3,t)^{\mathrm{T}}$ 的线性无关性，当 t 取何值时，该向量组线性无关？t 又取何值时，该向量组线性相关？

8. 求下列向量组的秩及一个极大线性无关组，并将其余向量用极大线性无关组线性表出.

(1) $\boldsymbol{\alpha}_1=(1,-2,5)^{\mathrm{T}}$，$\boldsymbol{\alpha}_2=(3,2,-1)^{\mathrm{T}}$，$\boldsymbol{\alpha}_3=(3,10,-17)^{\mathrm{T}}$；

(2) $\boldsymbol{\alpha}_1=(1,-1,0,4)^{\mathrm{T}}$，$\boldsymbol{\alpha}_2=(2,1,5,6)^{\mathrm{T}}$，$\boldsymbol{\alpha}_3=(1,-1,-2,0)^{\mathrm{T}}$，$\boldsymbol{\alpha}_4=(3,0,7,14)^{\mathrm{T}}$.

9. 求下列齐次线性方程组的一个基础解系及全部解.

(1) $\begin{cases}x_1-x_2+x_3-x_4=0\\x_1-x_2-x_3+x_4=0\\x_1-x_2-2x_3+2x_4=0\end{cases}$；　(2) $\begin{cases}x_1-x_2+5x_3-x_4=0\\x_1+x_2-2x_3+3x_4=0\\3x_1-x_2+8x_3+x_4=0\\x_1+3x_2-9x_3+7x_4=0\end{cases}$.

10. 对下列非齐次线性方程组，试用其中一个特解与其导出方程组的基础解系表出其全部解.

(1) $\begin{cases}x_1+x_2=5,\\2x_1+x_2+x_3+2x_4=1,\\5x_1+3x_2+2x_3+2x_4=3;\end{cases}$　(2) $\begin{cases}x_1-5x_2+2x_3-3x_4=11,\\5x_1+3x_2+6x_3-x_4=-1,\\2x_1+4x_2+2x_3+x_4=-6.\end{cases}$

本章小结

一、本章重难点

1. 代数余子式的计算以及行列式计算的方法.

2. 矩阵的初等变换以及求逆矩阵的方法.

3. 向量组线性相关与线性无关的判断以及求极大无关组的方法.

4. 线性方程组的解法(齐次与非齐次方程组).

二、知识点概览

本章知识点请微信扫描右侧二维码阅览.

三、疑难解析与例题分析

本章疑难解析与例题分析请微信扫描右侧二维码阅览.

本章习题

一、单项选择题

1. 设 $\boldsymbol{A},\boldsymbol{B}$ 为同阶方阵,且 $\boldsymbol{AB}=\boldsymbol{O}$,则 ( )

A. $\boldsymbol{A}=\boldsymbol{O}$　　B. $\boldsymbol{B}=\boldsymbol{O}$

C. $|\boldsymbol{A}|,|\boldsymbol{B}|$ 中至少有一个为 $\boldsymbol{O}$　　D. $\boldsymbol{A},\boldsymbol{B}$ 中至少有一个为 $\boldsymbol{O}$

2. 设 $\boldsymbol{A},\boldsymbol{B},\boldsymbol{C}$ 为同阶方阵,下面矩阵的运算中不成立的是 ( )

A. $(\boldsymbol{A}+\boldsymbol{B})^{\mathrm{T}}=\boldsymbol{A}^{\mathrm{T}}+\boldsymbol{B}^{\mathrm{T}}$　　B. $|\boldsymbol{AB}|=|\boldsymbol{A}||\boldsymbol{B}|$

C. $\boldsymbol{A}(\boldsymbol{B}+\boldsymbol{C})=\boldsymbol{BA}+\boldsymbol{CA}$　　D. $(\boldsymbol{AB})^{\mathrm{T}}=\boldsymbol{B}^{\mathrm{T}}\boldsymbol{A}^{\mathrm{T}}$

3. 设 $\boldsymbol{A}$ 为 3 阶方阵,且 $\left|-\dfrac{1}{3}\boldsymbol{A}\right|=\dfrac{1}{3}$,则 $|\boldsymbol{A}|=$ ( )

A. -9　　B. -3　　C. -1　　D. 9

4. 若矩阵 $\boldsymbol{A}$ 可逆,则下列等式成立的是 ( )

A. $\boldsymbol{A}=\dfrac{1}{|\boldsymbol{A}|}\boldsymbol{A}^*$　　B. $|\boldsymbol{A}|=0$

C. $(\boldsymbol{A}^2)^{-1}=(\boldsymbol{A}^{-1})^2$　　D. $(3\boldsymbol{A})^{-1}=3\boldsymbol{A}^{-1}$

5. 如果方程组 $\begin{cases}3x_1+kx_2-x_3=0,\\4x_2-x_3=0,\\4x_2+kx_3=0\end{cases}$ 有非零解,则 $k=$ ( )

A. -2　　B. -1　　C. 1　　D. 2

6. 设 $\boldsymbol{A}=(\boldsymbol{\alpha}_1,\boldsymbol{\alpha}_2,\boldsymbol{\alpha}_3,\boldsymbol{\alpha}_4)$,若 $(1,0,0,0)^{\mathrm{T}}$ 是方程组 $\boldsymbol{AX}=\boldsymbol{O}$ 的一个基础解系,$\boldsymbol{A}^*$ 为 $\boldsymbol{A}$ 的伴随矩阵,则 $\boldsymbol{A}^*\boldsymbol{X}=\boldsymbol{O}$ 的基础解系为 ( )

A. $\boldsymbol{\alpha}_1,\boldsymbol{\alpha}_2$　　B. $\boldsymbol{\alpha}_1,\boldsymbol{\alpha}_3$　　C. $\boldsymbol{\alpha}_1,\boldsymbol{\alpha}_2,\boldsymbol{\alpha}_3$　　D. $\boldsymbol{\alpha}_2,\boldsymbol{\alpha}_3,\boldsymbol{\alpha}_4$

7. 设有向量组 $\boldsymbol{A}:\boldsymbol{\alpha}_1,\boldsymbol{\alpha}_2,\boldsymbol{\alpha}_3,\boldsymbol{\alpha}_4$,其中 $\boldsymbol{\alpha}_1,\boldsymbol{\alpha}_2,\boldsymbol{\alpha}_3$ 线性无关,则 ( )

A. $\boldsymbol{\alpha}_1,\boldsymbol{\alpha}_3$ 线性无关　　B. $\boldsymbol{\alpha}_1,\boldsymbol{\alpha}_2,\boldsymbol{\alpha}_3,\boldsymbol{\alpha}_4$ 线性无关

C. $\boldsymbol{\alpha}_1,\boldsymbol{\alpha}_2,\boldsymbol{\alpha}_3,\boldsymbol{\alpha}_4$ 线性相关　　D. $\boldsymbol{\alpha}_2,\boldsymbol{\alpha}_3,\boldsymbol{\alpha}_4$ 线性相关

8. 设 $\boldsymbol{A}$ 为 $m\times n$ 矩阵,则 n 元齐次线性方程 $\boldsymbol{AX}=\boldsymbol{O}$ 存在非零解的充要条件是 ( )

A. $\boldsymbol{A}$ 的行向量组线性相关　　B. $\boldsymbol{A}$ 的列向量组线性相关

C. $\boldsymbol{A}$ 的行向量组线性无关　　D. $\boldsymbol{A}$ 的列向量组线无关

二、填空题

1. 行列式 $\begin{vmatrix}a_1&0&0&a_2\\0&a_3&a_4&0\\0&a_5&a_6&0\\a_7&0&0&a_8\end{vmatrix}$ 中元素 a_7 的代数余子式为________.

2. 已知 $\boldsymbol{A}$ 为三阶方阵,且 $|\boldsymbol{A}|=\dfrac{1}{2}$, 则 $|(3\boldsymbol{A})^{-1}-\boldsymbol{A}^*|=$________.

3. 已知 $\boldsymbol{A}^2-2\boldsymbol{A}-8\boldsymbol{E}=\boldsymbol{O}$,则 $(\boldsymbol{A}+\boldsymbol{E})^{-1}=$________.

4. 已知线性方程组 $\begin{pmatrix}1&2&1\\2&3&a+2\\1&a&-2\end{pmatrix}\begin{pmatrix}x_1\\x_2\\x_3\end{pmatrix}=\begin{pmatrix}1\\3\\0\end{pmatrix}$ 无解,则 $a=$________.

5. 已知向量组 $\boldsymbol{\alpha}_1=\begin{pmatrix}1\\0\\0\\2\end{pmatrix}$,$\boldsymbol{\alpha}_2=\begin{pmatrix}0\\1\\5\\0\end{pmatrix}$,$\boldsymbol{\alpha}_3=\begin{pmatrix}2\\1\\t+2\\4\end{pmatrix}$ 的秩为 2,则数 $t=$ ________.

6. 若 $\boldsymbol{\beta}=(0,k,k^2)$ 能由 $\boldsymbol{\alpha}_1=(1+k,1,1)$,$\boldsymbol{\alpha}_2=(1,1+k,1)$,$\boldsymbol{\alpha}_3=(1,1,1+k)$ 唯一线性表示,则 $k=$________.

三、计算题

1. 求行列式 $D=\begin{vmatrix}1&-3&4&0\\4&0&3&5\\2&0&2&-2\\7&6&-2&2\end{vmatrix}$ 的值.

2. 设 $3(\boldsymbol{\alpha}_1-\boldsymbol{\alpha})+2(\boldsymbol{\alpha}_2+\boldsymbol{\alpha})=5(\boldsymbol{\alpha}_3+\boldsymbol{\alpha})$ 其中 $\boldsymbol{\alpha}_1=(2,5,1,3)^{\mathrm{T}}$,$\boldsymbol{\alpha}_2=(10,1,5,10)^{\mathrm{T}}$,$\boldsymbol{\alpha}_3=(4,1,-1,1)^{\mathrm{T}}$,求 $\boldsymbol{\alpha}$.

3. 设 $\boldsymbol{A}=\begin{pmatrix}4&1&-2\\2&2&1\\3&1&-1\end{pmatrix}$,$\boldsymbol{B}=\begin{pmatrix}1&-3\\2&2\\3&-1\end{pmatrix}$,求 $\boldsymbol{X}$ 使 $\boldsymbol{AX}=\boldsymbol{B}$.

4. 求作一个秩是 4 的方阵,它的两个行向量是 $(1,0,1,0,0)$,$(1,-1,0,0,0)$.

5. 试确定当 k 取何值时 $\boldsymbol{\beta}$ 能由 $\boldsymbol{\alpha}_1$,$\boldsymbol{\alpha}_2$,$\boldsymbol{\alpha}_3$ 线性表出,并写出表示式,向量如下:

$\boldsymbol{\alpha}_1=(1,1,1,1)^{\mathrm{T}}$,$\boldsymbol{\alpha}_2=(1,2,1,1)^{\mathrm{T}}$,$\boldsymbol{\alpha}_3=(k+1,1,k,k+1)^{\mathrm{T}}$,$\boldsymbol{\beta}=(k^2+1,1,1,1)^{\mathrm{T}}$.

6. 已知向量组 $\boldsymbol{\alpha}_1=(1,2,-1,1)^{\mathrm{T}}$,$\boldsymbol{\alpha}_2=(2,0,t,0)^{\mathrm{T}}$,$\boldsymbol{\alpha}_3=(0,-4,5,-2)^{\mathrm{T}}$,$\boldsymbol{\alpha}_4=(3,2,t+4,-1)^{\mathrm{T}}$(其中 t 为参数),求向量组秩和一个极大无关组.

7. 求解齐次线性方程组:$\begin{cases}x_1+x_2+2x_3-x_4=0,\\2x_1+x_2+x_3-x_4=0,\\2x_1+2x_2+x_3+2x_4=0.\end{cases}$

8. 设线性方程组 $\begin{cases}x_1+x_2-2x_4=-6,\\4x_1-x_2-x_3-x_4=1,\\3x_1-x_2-x_3=3,\end{cases}$ 求出对应的齐次线性方程组的基础解系以及该非齐次线性方程组的通解.

四、证明题

证明:若向量组 $\boldsymbol{\alpha}_1,\boldsymbol{\alpha}_2,\cdots,\boldsymbol{\alpha}_n$ 线性无关,而 $\boldsymbol{\beta}_1=\boldsymbol{\alpha}_1+\boldsymbol{\alpha}_n$,$\boldsymbol{\beta}_2=\boldsymbol{\alpha}_1+\boldsymbol{\alpha}_2$,$\boldsymbol{\beta}_3=\boldsymbol{\alpha}_2+\boldsymbol{\alpha}_3$,$\cdots$,$\boldsymbol{\beta}_n=\boldsymbol{\alpha}_{n-1}+\boldsymbol{\alpha}_n$ 则向量组 $\boldsymbol{\beta}_1,\boldsymbol{\beta}_2,\cdots,\boldsymbol{\beta}_n$ 线性无关的充要条件是 n 为奇数.

五、综合题

1. 设 $\boldsymbol{A}=\begin{bmatrix}-1 & 1 & 0\\ 0 & 0 & 2\\ 0 & 0 & 2\end{bmatrix}$，$\boldsymbol{B}=\begin{bmatrix}1 & 1 & 0\\ 0 & 2 & 2\\ 0 & 0 & 3\end{bmatrix}$，且 $\boldsymbol{A},\boldsymbol{B},\boldsymbol{X}$ 满足 $(\boldsymbol{E}-\boldsymbol{B}^{-1}\boldsymbol{A})^{\mathrm{T}}\boldsymbol{B}^{\mathrm{T}}\boldsymbol{X}=\boldsymbol{E}$. 求 $\boldsymbol{X},\boldsymbol{X}^{-1}$.

2. 求 λ 取何值时，齐次方程组 $\begin{cases}(\lambda+4)x_1+3x_2=0,\\ 4x_1+x_3=0,\\ -5x_1+\lambda x_2-x_3=0\end{cases}$ 有非零解？并在有非零解时求出方程组的通解.

思政案例

数学之美——杨辉三角

“杨辉三角”是二项式 $(a+b)^n$ 展开式的二项式系数在三角形中的一种几何排列，当 n 依次取 1,2,3…时，列出的一张表，叫作二项式系数表，因它形如三角形，南宋的杨辉对其有过深入研究，所以我们称它为杨辉三角.

1

1　1

1　2　1

1　3　3　1

1　4　6　4　1

1　5　10　10　5　1

1　6　15　20　15　6　1

1　7　21　35　35　21　7　1

… … … … … … … … … … … … … … … …

杨辉，杭州钱塘人. 中国南宋末年数学家，数学教育家. 著作甚多，他编著的数学书共五种二十一卷，著有《详解九章算法》十二卷(1261 年)、《日用算法》二卷、《乘除通变本末》三卷、《田亩比类乘除算法》二卷、《续古摘奇算法》二卷. 其中后三种合称《杨辉算法》，朝鲜、日本等国均有译本出版，流传世界.

在欧洲，这个表被认为是法国数学家物理学家帕斯卡首先发现的(Blaise Pascal，1623 年—1662 年)，他们把这个表叫作**帕斯卡三角**. 事实上，杨辉三角的发现要比欧洲早 500 年左右. 近年来国外也逐渐承认这项成果属于中国，所以有些书上称这是**“中国三角”**(Chinese triangle).

杨辉三角基本性质

(1) 表中每个数都是组合数,第 n 行的第 $r+1$ 个数是 $C_n^r=\dfrac{n!}{r!(n-r)!}$.

(2) 三角形的两条斜边上都是数字 1,而其余的数都等于它肩上的两个数字相加,也就是 $C_n^r=C_{n-1}^{r-1}+C_{n-1}^r$.

(3) 杨辉三角具有对称性(对称美),即 $C_n^r=C_n^{n-r}$.

(4) 杨辉三角的第 n 行是二项式 $(a+b)^n$ 展开式的**二项式系数**,即

$$(a+b)^n=C_n^0a^n+C_n^1a^{n-1}b^1+\cdots+C_n^ra^{n-r}b^r+\cdots+C_n^nb^n$$

仔细观察杨辉三角形,不难发现,它是部分数字按一定的规律构成的行列式,

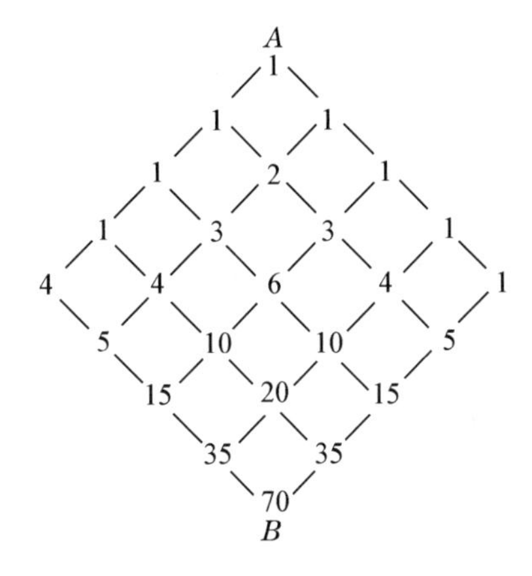

$$D_1=|1|=1,D_2=\begin{vmatrix}1&1\\1&2\end{vmatrix}=1,$$

$$D_3=\begin{vmatrix}1&1&1\\1&2&3\\1&3&6\end{vmatrix}=1,D_4=\begin{vmatrix}1&1&1&1\\1&2&3&4\\1&3&6&10\\1&4&10&20\end{vmatrix}=1,\cdots$$

第十章　MATLAB 实验

第一节　MATLAB 简介与函数运算实验

一、MATLAB 简介

MATLAB 是 Matrix Laboratory 的简写，是三大数学软件之一(另两个为 Mathematica 和 Maple)，主要用于算法开发、数据可视化、数据分析以及数值计算的高级技术计算语言和交互式环境. MATLAB 的基本数据单位是矩阵，它的指令表达式与数学、工程中常用的形式十分相近. 作为一个软件，MATLAB 具备高效的数值计算及符号计算功能，能使用户从繁杂的数学运算分析中解脱出来，且它具有完备的图形处理功能，使得计算结果和编程可视化. 同时它还具备功能丰富的应用工具箱，为用户提供了大量方便实用的处理工具. 直观的用户界面以及接近数学表达式的自然化语言受到国内外专家学者的欢迎和重视，并成为工程计算的重要工具.

1. MATLAB 工作环境

MATLAB 是一门高级编程语言，它提供了良好的编程环境. MATLAB 提供了很多方便用户管理变量、输入输出数据以及生成管理 M 文件的工具，下面首先简单介绍 MATLAB 的界面，启动 MATLAB 后对话框如图 10.1 所示，它大致包括以下几个部分：

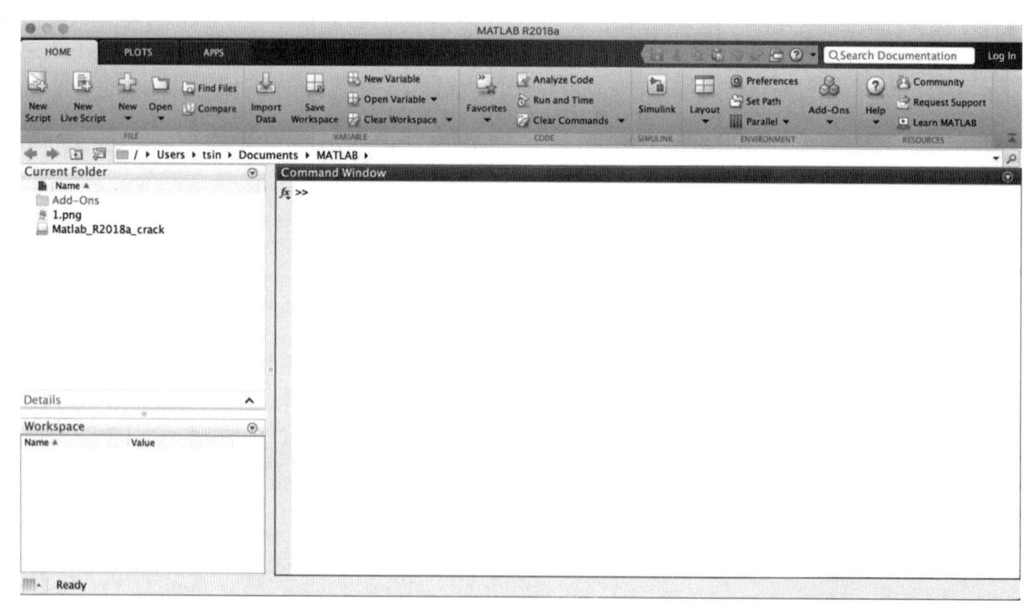

图 10.1

其中 New Script——新建一个 M 文件;New Live Script——新建一个实时脚本,它能将代码和运行输出分开,方便查看运行过的命令;New——点击后可以新建用户需要的内容,例如脚本、函数甚至是图;Open——点击后可以选择打开需要的文件夹;Import Data——导入数据;Command Windows——命令窗口,用来输入代码显示计算结果(图 10.2).

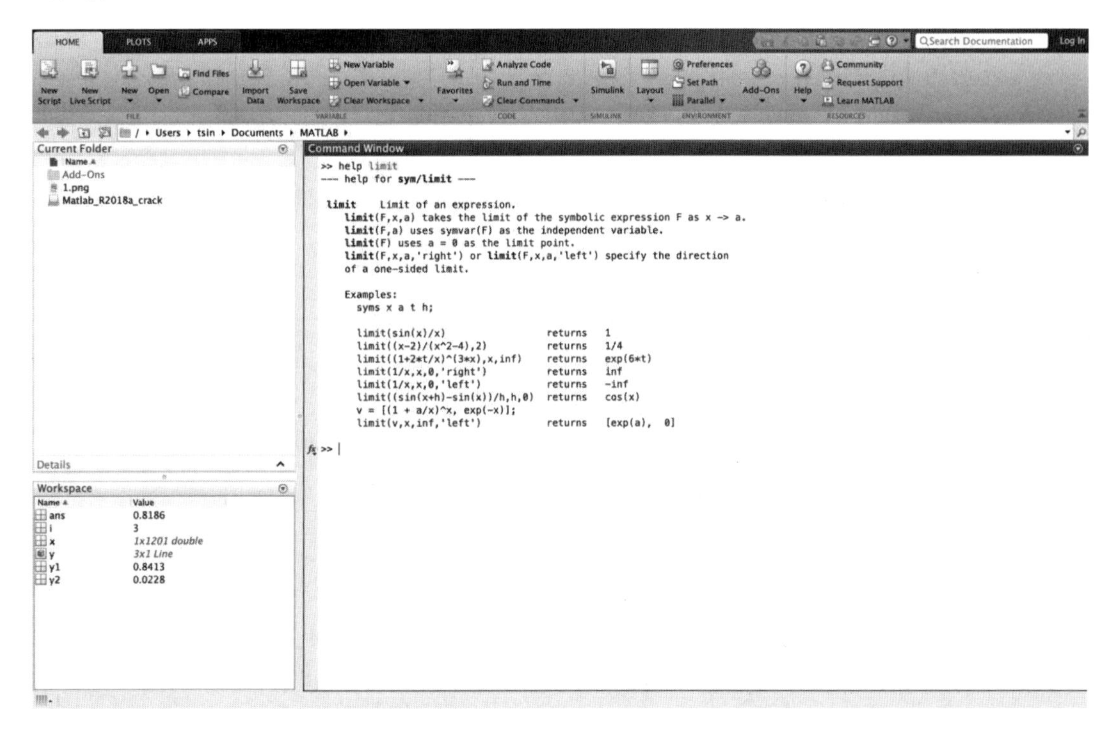

图 10.2

MATLAB 向用户提供帮助命令、帮助窗口等帮助方法,只需要知道所求助的主题词或指令名称,就能获得在线帮助. 例如要获得关于函数 limit 的使用说明,可直接输入命令

≫ help limit

它显示为

limit - Limit of symbolic expression

This MATLAB function returns the Bidirectional Limit of the symbolic expression

f when var approaches a.

limit(f,var,a)

limit(f,a)

limit(f)

limit(f,var,a,'left')

limit(f,var,a,'right')

%这些都是 limit 函数几种不同的具体用法

See also diff, poles,taylor

Reference page for limit

2. MATLAB语言的基本要素

(1) 变量名的命名规则

① 以字母开头,后面可跟字母、数字和下划线,但不能使用标点.

② 变量要区分大小写字母.

③ 不超过 31 个字符.

例如"abc"、"abc12"都是变量名,数字"123"是常量不是变量.

(2) MATLAB 的常量

MATLAB 语言本身也具有一些预定义的变量,这些特殊的变量称之为常量. 表 10.1 是 MATLAB 中常用的预定义的变量(常量).

表 10.1

ans	用于结果的缺省变量名	i 或 j	-1 的平方根$=\sqrt{-1}$
pi	圆周率 π	realmin	最小可用正实数$=2.2251\times10^{-308}$
eps	计算机的最小数$=2.2204\times10^{-16}$	realmax	最大可用正实数$=1.7977\times10^{308}$
inf	无穷大∞	2.220 4e−16	2.2204×10^{-16}
NaN	不定值		

(3) 数值

MATLAB 语言中数值有多种显示形式,在默认情况下,若数据为整数,则以整数表示;若数据为实数,则以保留小数点后 4 位的精度近似表示. MATLAB 语言提供了 10 种数据显示格式,见表 10.2.

表 10.2

数据显示格式	说　明	范　例
+	+,−,空格	+
Bank	金融数据	3.14
Hex	十六进制数	123a23bcf
long	15 位原始形式	3.14159265358979
Long e	15 位指数形式	3.14159265358979e+00
Long g	15 位最优形式	3.14159265358979
rational	最小整数比形式	355/113
short	5 位原始形式	3.1415
Short e	5 位指数形式	3.1415e+00
Short g	5 位最优形式	3.1415

（4）MATLAB 的变量管理（见表 10.3）

表 10.3

who	查询 MATLAB 内存变量	whos	查询全部变量详细情况
clc	清空命令行中的所有内容	clear	清除内存所有变量与函数
clf	清除图形窗口	help	列出所有基础的帮助主题
save（'a.mat'，'X'）	将变量 X 保存为 a.mat 文件	load（'a.mat'）	读取 a.mat 文件调用变量 X

注：save 只对数据和变量保存，不能保存命令.

3. MATLAB 基本运算符

（1）算术运算符（见表 10.4）

表 10.4

	数学表达式	MATLAB 运算符	MATLAB 表达式
加	a+b	+	a+b
减	a−b	−	a−b
乘	a×b	*	a*b
除	a÷b	/ 或 \	a/b 或 b\a
幂	a^b	^	a^b

（2）关系运算符（见表 10.5）

表 10.5

数学关系	MATLAB 运算符	数学关系	MATLAB 运算符
小于	<	大于	>
小于或等于	<=	大于或等于	>=
等于	==	不等于	~=

（3）逻辑运算符（表 10.6）

表 10.6

逻辑关系	与	或	非
MATLAB 运算符	&	|	~

4. MATLAB 函数（见表 10.7）

表 10.7

函数名	解　释	MATLAB 命令	函数名	解　释	MATLAB 命令
三角函数	sin x	sin(x)	三角函数	cot x	cot(x)
	cos x	cos(x)		sec x	sec(x)
	tan x	tan(x)		csc x	csc(x)

（续表）

函数名	解　释	MATLAB命令	函数名	解　释	MATLAB命令
幂函数	x^a	x^a	反三角函数	arccot x	acot(x)
	$\sqrt{x}$	sqrt(x)		arcsec x	asec(x)
指数函数	a^x	a^x		arccsc x	acsc(x)
	e^x	exp(x)	对数函数	ln x	log(x)
反三角函数	arcsin x	asin(x)		$\log_2 x$	log 2(x)
	arccos x	acos(x)		$\log_{10} x$	log 10(x)
	arctan x	atan(x)	绝对值函数	$\lvert x\rvert$	abs(x)

5. 命令行基础

MATLAB的命令窗口是其最基础、最经典的基本表现形式和操作方式，命令窗口可以看作是一个草稿本或者计算器，在命令行中输入命令和数据后按回车键，就能立刻执行命令并得到运算结果. 默认情况下，MATLAB 每次执行完一句命令都会得到相应的结果，如果不需要某一行命令的结果，在这行命令后加上分号则结果不会显示；如果需要显示该行的结果，则在该行命令后不加分号就能显示运行结果.

（1）命令行的编辑

表 10.8　常用操作键

键盘操作及快捷键		功能
↑	Ctrl+p	调用前一个命令
↓	Ctrl+n	调用后一个命令
←	Ctrl+b	光标左移一个字符
→	Ctrl+f	光标右移一个字符
home	Ctrl+a	光标移至行首
end	Ctrl+e	光标移至行尾
esc	Ctrl+u	清除当前行

（2）M 文件编辑器

对于很多较为简单的问题，可以通过命令行来直接进行快捷的求解. 但随着学习的深入可能会碰到许多更复杂的问题，需要计算机逐条解决很多的命令. 过程中若代码存在错误运行，报错后无法在原代码上修改，则需要重新编辑代码再次运行. 而 MATLAB 自带的 M 文件编辑器能解决这个问题，因此当命令较多且杂时，一般采用 M 文件编辑器.

MATLAB 自带 M 文件编辑器，在主页选项卡下面有个新建脚本按钮，点击后就可以编辑一个新的脚本文件. 在脚本文件中，可以对代码进行编辑修改，即使出错也只需要对局部报错的代码进行修改而不需要像在命令行中那样从头再来. 因此，可以利用编辑器的一组命令通过改变参数来解决不同的问题. 脚本文件的命令格式与命令行相同，它通过点击“运行”按钮来执行代码.

通过点击 New Script 就可以很方便地建立一个如图 10.3 所示的新的脚本文件.

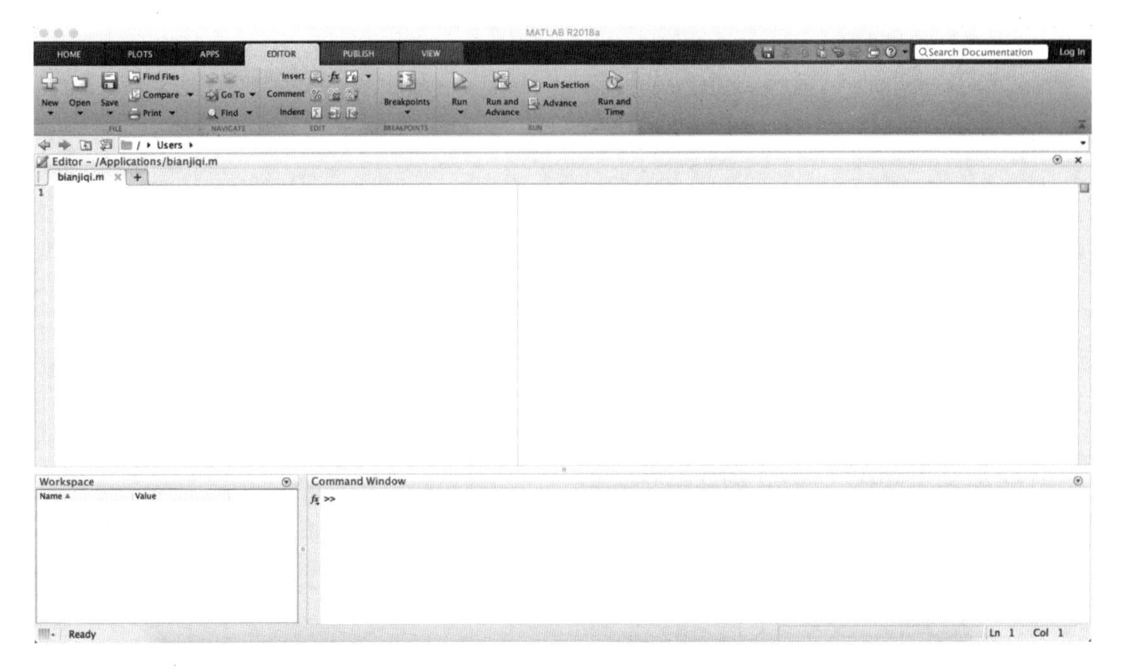

图 10.3

此外,M 文件编辑器还包括 M 函数文件,相比于脚本文件它更复杂一些.一个函数文件可以包含一个或多个函数,其中每个函数以必不可少的函数声明行开头实现一个独立的子任务,并通过函数间的相互调用完成复杂的功能.

(3) 简单的运算

【例 10.1】 求 $[10+4\times(7-3)]\div4^2$.

解 用键盘在命令窗口输入以下内容:

≫(10+4＊(7−3))/4^2

按“回车”键,该指令就被执行;命令窗口显示所得结果.

ans=

1.6250

(4) MATLAB 表达式的输入

MATLAB 中表达式的输入有两种常见的形式:① 表达式;② 变量=表达式.

【例 10.2】 求 $[12+2\times(7-4)]\div3^2$.

解 输入:

≫ y=(12+2＊(7−4))/3^2

按“回车”键,显示结果为:

y=

2

(5) 指令的续行输入

若一个表达式在一行写不下,可换行,但必须在行尾加上四个英文句号.

【例 10.3】 求 $s=1-\frac{1}{2}+\frac{1}{3}-\frac{1}{4}+\frac{1}{5}-\frac{1}{6}+\frac{1}{7}-\frac{1}{8}$.

解 输入：

```
≫ s=1-1/2+1/3-1/4+1/5-1/6+····
    1/7-1/8
```

按“回车”键，显示结果为：

```
s=
0.6345
```

二、函数运算实验

1. 实验目的

(1) 会利用 MATLAB 求函数极限.
(2) 会利用 MATLAB 作函数图形.
(3) 会利用 MATLAB 求解方程.

2. 实验指导

(1) 符号运算格式

≫ syms x y (生成符号变量 x,y)
≫关系式
≫命令

(2) 极限命令

表 10.9

MATLAB 求极限命令	数学运算解释
limit(F,x,a)	$\lim\limits_{x\to a} F$
limit(F,x,a,'right')	$\lim\limits_{x\to a^+} F$
limit(F,x,a,'left')	$\lim\limits_{x\to a^-} F$

(3) 绘图命令

绘图命令“fplot”专门用于绘制一元函数曲线，格式如下：

fplot('fun',[a,b])

功能：绘制区间[a,b]上函数 y=fun 的图形.

(4) 解方程命令

解一元方程

slove(eq, var) % eq 代表待解的方程，var 代表方程的变量

解多元方程

solve(eq1, eq2,… ,eqn,valr, var2, …,varn) %解 n 个方程 eq1,eq2, …,eq,其中含有 n 个变量 var1,var2, …,varn.

【例 10.4】　求函数的极限.

(1) $\lim\limits_{x\to\infty}\left(\dfrac{2x-1}{2x+1}\right)^{x+\frac{5}{2}}$；　　(2) $\lim\limits_{x\to 0}\dfrac{1-\cos x}{x^2}$.

解　(1) 输入：

```
>> syms x
>> limit(((2*x-1)/(2*x+1))^(x+5/2),x,inf)
```

按“回车”键，显示结果为：

```
ans=
exp(-1)
```

所以
$$\lim_{x\to\infty}\left(\frac{2x-1}{2x+1}\right)^{x+\frac{5}{2}}=e^{-1}.$$

(2) 输入：

```
>> clear
>> syms x
>> limit((1-cos(x))/x^2,x,0)
```

按“回车”键，显示结果为：

```
ans=
1/2
```

所以
$$\lim_{x\to 0}\frac{1-\cos x}{x^2}=\frac{1}{2}.$$

【例 10.5】　求 $\lim\limits_{x\to 0^+}\left(\dfrac{1}{x}\right)^{\tan x}$.

解　输入：

```
>> clear
>> syms x
>> limit((1/x)^tan(x),x,0,'right')
```

按“回车”键，显示结果为：

```
ans=
1
```

所以
$$\lim_{x\to 0^+}\left(\frac{1}{x}\right)^{\tan x}=1.$$

【例 10.6】　绘出函数(1) $y=x+\sin x$；(2) $y=x^2e^{-x^2}$ 图形，说明其奇偶性，并根据图形判断这些函数在$[-2,2]$上是否连续.

解　(1) 输入：

```
>> fplot('x+sin(x)',[-5,5])
```

按“回车”键，出现如图 10.4 所示窗口.

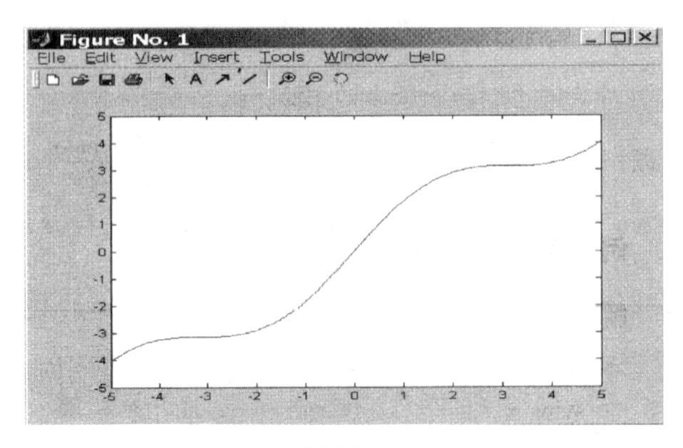

图 10.4

(2) 输入:

≫ fplot('x^2 * exp(－x^2)',[－6,6])

按"回车"键,出现如图 10.5 所示窗口.

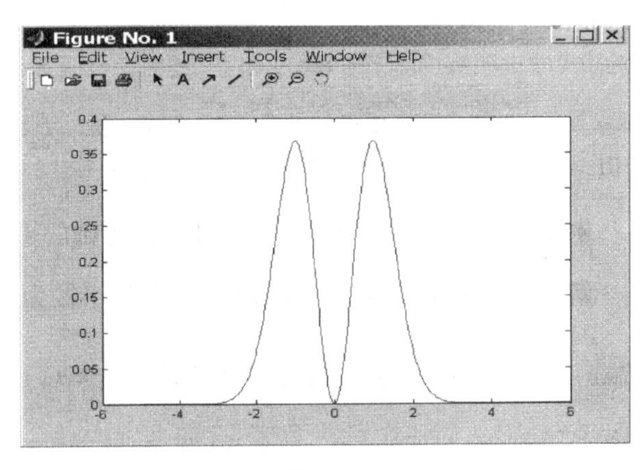

图 10.5

从以上两图形可知,$y=x+\sin x$ 是奇函数,$y=x^2e^{-x^2}$ 是偶函数,且在区间[－2,2]上都是连续的.

【例 10.7】 解一元二次方程 $x^2+5x-14=0$.

解

≫ syms x

≫ eq＝x^2＋5 * x－14;

≫ solve(eq,x)

按"回车键",显示结果为:

ans＝

　　－7

　　2

即方程 $x^2+5x-14=0$ 的两个解为－7 和 2.

【例 10.8】 解方程组$\begin{cases}2x+3y=23\\3x+7y=52\end{cases}$.

解

```
≫ syms x y
≫ eq1=2*x+3*y-23;
≫ eq2=3*x+7*y-52;
≫ s=solve(eq1,eq2,x,y)
```

按“回车键”,显示结果为:

```
s=
    struct with fields:
    x: [1×1 sym]
    y: [1×1 sym]      %代表 x,y 各有一解
%解多元函数方程组的答案都存储在 s 中,可以用 s.x 和 s.y 调出方程的具体解
```

继续在 MATLAB 中输入:

```
≫ s.x
ans=
    1
≫ s.y
ans=
    7
```

即原方程组的解为 $x=1,y=7$.

习题 10.1

1. 利用 MATLAB 计算下列各极限.

(1) $\lim\limits_{x\to 2}\dfrac{x^2-4}{\sqrt{x-1}-1}$;

(2) $\lim\limits_{x\to 0}\dfrac{x}{\ln(2+x)}$;

(3) $\lim\limits_{x\to 1}\dfrac{\sin(1-x)}{1-x^2}$;

(4) $\lim\limits_{x\to \frac{\pi}{2}}(1+\cos x)^{5\sec x}$;

(5) $\lim\limits_{x\to \infty}\left(\dfrac{x+3}{x-1}\right)^{x+2}$;

(6) $\lim\limits_{x\to \infty}\left(\dfrac{x}{1+x}\right)^{x}$.

2. 讨论函数 $f(x)=\begin{cases}x^2-1, & 0\leqslant x\leqslant 1,\\ x+3, & x>1\end{cases}$在点 $x=1$ 处的连续性,并利用 MATLAB 进行验证.

3. 利用 MATLAB 画出函数 $y=\sin x^2+\cos x$ 的图像,并根据图像判断其奇偶性.

4. 求函数 $y=\tan 2x-\sin x$ 的周期性,并利用 MATLAB 进行验证.

5. 利用 MATLAB 求解方程 $x^2+x-12=0$.

6. 利用 MATLAB 解方程组$\begin{cases}x+8y=24,\\4x-9y=21.\end{cases}$

第二节　导数运算实验

一、实验目的

(1) 会利用 MATLAB 求函数的导数.

(2) 会利用 MATLAB 求函数的极值.

二、实验指导

(1) 求导运算在 MATLAB 里由命令函数 diff( )来完成,其具体形式为:

diff(function,variable,n)

参数 function 为需要进行求导运算的函数,variable 为求导运算的独立变量,n 为求导的阶次. 命令函数 diff( )默认求导的阶次为 1 阶;如果表达式里有多个符号变量,并且没有在参数里说明,则按人们习惯的独立变量顺序确定进行求导的变量.

(2) 求 n 个方程 n 个未知数的方程组解的命令格式为:

[var1,var2,…,var$n$]=solve(eqn1,eqn2,…,eqn$n$,var1,var2,…,var$n$)

其中 eqn$n$ 表示第 n 个方程,var$n$ 为第 n 个变量.

(3) MATLAB 也提供了另一个功能强大的画图函数 ezplot,格式为:

ezplot(fun,[a,b])

其中[a,b]可省略,缺省状态下为[$-\pi$,π].

【例 10.9】 求函数 $y=x^5+4\sin x-\cos x+7$ 的导数.

解 在命令窗口中输入:

```
>> syms x
>> y=x^5+4*sin(x)-cos(x)+7;
>> diff(y, x)
```

按"回车"键,显示结果为:

```
ans=
5*x^4+4*cos(x)+sin(x)
```

所以 $y'=5x^4+4\cos x+\sin x$

【例 10.10】 求 $s=e^{-t}\cos t$ 的二阶导数.

解 在命令窗口中输入:

```
>> clear
>> syms t;
>> s=exp(-t)*cos(t);
>> diff(s,t,2)
```

按"回车"键,显示结果为:

```
ans=
2*exp(-t)*sin(t)
```

所以 $s''=2e^{-t}\sin t$.

【例 10.11】　以初速度 v_0、发射角 α 发射炮弹，其运动方程为

$$\begin{cases} x=(v_0\cos\alpha)t, \\ y=(v_0\sin\alpha)t-\dfrac{1}{2}gt^2. \end{cases}$$

求炮弹在任何时刻的运动速度的大小和方向.

解　在命令窗口中输入以下命令：

```
≫ syms a v0 t g;
≫ x=v0 * cos(a) * t;
≫ y=v0 * sin(a) * t-1/2 * g * t^2;
≫ vx=diff(x,t);
≫ vy=diff(y,t);
≫ v=sqrt(vx^2+vy^2);%求炮弹的运动速度
≫ v=simplify(v);%  simplify 表示对函数 v 进行化简
```

按"回车"键，显示结果为：

```
v=(v0^2-2 * v0 * sin(a) * g * t+g^2 * t^2) ^(1/2)
≫ tanb=vy/vx;  %求炮弹的方向
≫ pretty(tanb)
```

按"回车"键，显示结果为：

tanb=

$$\frac{\text{v0sin(a)}-gt}{\text{v0cos(a)}}$$

所以

$$v=\sqrt{v_0^2-2(v_0\sin\alpha)gt+(gt)^2},$$

$$\tan\theta=\frac{v_0\sin\alpha-gt}{v_0\cos\alpha}.$$

【例 10.12】　求函数 $f(x)=(x^2-1)^3+1$ 的极值.

解　在命令窗口中输入：

```
≫ clear
≫ syms x;
≫ y=(x^2-1)^3+1;
≫ yx=diff(y);
≫ X=solve(yx)
```

按"回车"键，显示结果为：

```
X=
-1
 1
 0
```

所以驻点为 $x=-1,0,1$

再在命令窗口中输入：

```
≫ ezplot(y)
```

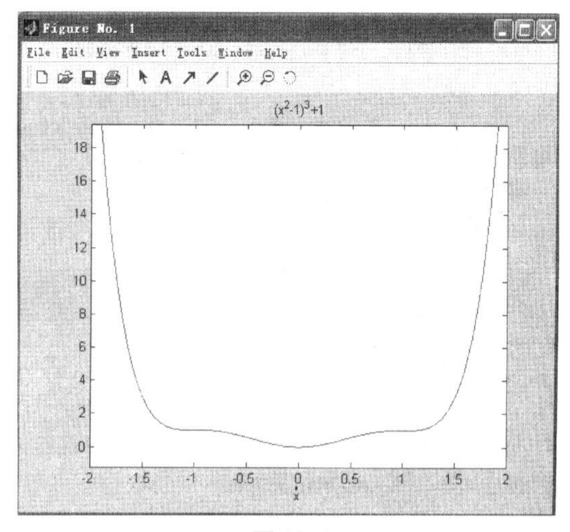

图 10.6

从函数图形(图 10.6)中可以看出，

$x=0$ 取得函数的极小值.

所以函数的极小值为：

```
≫(0^3－1)^3＋1
ans＝
0
```

从函数的图形中也可以观察出函数的极小值为 $f(0)=0$.

【例 10.13】 铁路线上 AB 段的距离为 100 km，工厂 C 距离 A 处为 20 km，AC 垂直于 AB(图 10.7). 为了运输需要，要在 AB 线上选定一点 D 向工厂修一条公路. 已知铁路上每千米货运的费用与公路上每千米的货运费用之比为 3∶5，为了使货物从供应站 B 到工厂 C 的总运费最省，问 D 应选在何处？

解 通过建模过程可知：

$y=5k\sqrt{400+x^2}+3k(100-x)(0\leqslant x\leqslant 100)$.

问题归结为：求 x 取何值时，函数 y 在区间 $[0,100]$ 内取得最小值.

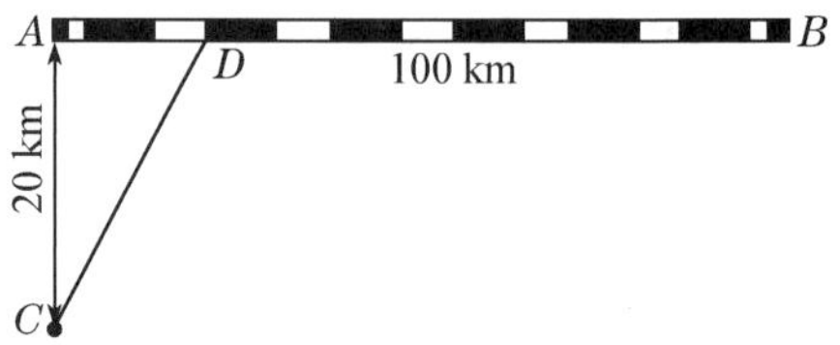

A D B 100 km 20 km C

图 10.7

在命令窗口中输入：

```
≫ clear
≫ syms k x;
≫ y＝5 * k * sqrt(400＋x^2)＋3 * k * (100－x);
≫ yx＝diff(y,x);
≫ x＝solve(yx)
```

(solve( )是命令窗口中解方程的一个函数，格式为 solve(function))

按“回车”键，显示结果为：

```
x＝15
```

函数 y 在$[0,100]$内只有一个驻点，因此，当 $x=15$ 时，函数有最小值，即运费最省.

习题 10.2

1. 利用 MATLAB 计算下列函数的一、二阶导数.

(1) $y=(x^3+1)^2$；　　(2) $y=\sin 2^x$.

2. 利用 MATLAB 计算下列函数的近似值.

(1) $\cos 30°12'$；　　(2) $e^{1.02}$.

3. 利用 MATLAB 计算下列函数的极值.

(1) $y=4x^3-3x^2-6x+2$；　　(2) $y=x-\ln(1+x)$.

第三节 积分运算实验

一、实验目的

会利用 MATLAB 求函数的不定积分和定积分.

二、实验指导

在 MATLAB 中,用符号工具箱中的 int 函数求函数的不定积分和定积分,int 函数的调用格式见表 10.10.

表 10.10

	数学表达式	MATLAB 命令格式
不定积分	$\int f(x)\mathrm{d}x$	int(f(x))或 int(f(x),x) 注意:积分表达式只是函数 $f(x)$ 的一个原函数,后面没有带任意常数 C
定积分	$\int_a^b f(x)\mathrm{d}x$	int(f(x),a,b)或 int(f(x),x,a,b) 对函数 $f(x)$ 中指定的符号变量 x 计算从 a 到 b 的定积分

【例 10.14】　求不定积分 $\int \frac{x^4}{1+x^2}\mathrm{d}x$.

解　在 MATLAB 中输入以下命令:

```
≫ syms x
≫ int(x^4/(1+x^2))
```

按"回车"键,显示结果为:

```
ans=
1/3* x^3-x+atan(x)
```

所以　$\int \frac{x^4}{1+x^2}\mathrm{d}x = \frac{x^3}{3} - x + \arctan x + C.$

【例 10.15】　求不定积分 $\int \frac{1}{\sin^2 x \cos^2 x}\mathrm{d}x$.

解　在 MATLAB 中输入以下命令:

```
≫ syms x
≫ int(1/((sin(x)^2)* (cos(x)^2)))
```

按"回车"键,显示结果为:

```
ans=
-2cot(2 * x)
```

所以　$\int \frac{1}{\sin^2 x \cdot \cos^2 x}\mathrm{d}x = \tan x - \cot x + C.$

【例 10.16】　求不定积分 $\int \frac{\mathrm{d}x}{\sqrt{x^2+a^2}}(a > 0)$.

解　在 MATLAB 中输入以下命令:

```
≫ syms x a
≫ int(1/((x^2+a^2)^(1/2)))
```

按"回车"键,显示结果为:

```
ans=
log(x+(x^2+a^2)^(1/2))
```

所以 $\int \frac{dx}{\sqrt{x^2+a^2}} = \ln(x+\sqrt{a^2+x^2})+C.$

【例 10.17】 计算定积分 $\int_0^{\pi} \sqrt{\sin^3 x - \sin^5 x}dx.$

解 在 MATLAB 中输入以下命令：

```
≫ syms x
≫ k=int(sqrt(sin(x)^3-sin(x)^5),0,pi);
≫ simplify(k)
```

按“回车”键，显示结果为：

```
ans=
4/5
```

所以 $\int_0^{\pi} \sqrt{\sin^3 x - \sin^5 x}dx = \frac{4}{5}.$

【例 10.18】 计算定积分 $\int_{-\frac{1}{2}}^{\frac{1}{2}} x^2 \ln\frac{1-x}{1+x}dx.$

解 在 MATLAB 中输入以下命令：

```
≫ syms x
≫ int(x^2*log((1-x)/(1+x)),-1/2,1/2)
```

按“回车”键，输出结果为：

```
ans=
0
```

所以 $\int_{-\frac{1}{2}}^{\frac{1}{2}} x^2 \ln\frac{1-x}{1+x}dx = 0.$

【例 10.19】 一圆柱形水池，直径是 20 m，高 10 m，内盛满了水，现将水抽尽，求克服重力所做的功.

解 $W=\int_0^{10} 10^5 \pi g x dx.$

在 MATLAB 中输入以下命令：

```
≫ syms x g
≫ int(10^5*pi*g*x,0,10)
```

按“回车”键，显示结果为：

```
ans=
5000000*pi*g
```

所以将水抽尽，克服重力所做的功为 $W=5\times10^6\pi g$(J).

【例 10.20】 计算反常积分：(1) $\int_{-\infty}^{+\infty} \frac{1}{1+x^2}dx$；(2) $\int_0^2 \frac{1}{\sqrt{4-x^2}}dx$；(3) $\int_{-1}^1 \frac{1}{x^2}dx.$

解 MATLAB 中输入以下命令：

```
≫ syms x
≫ a1=int(1/(1+x^2),-inf,+inf),a2=int(1/(sqrt(4-x^2)),0,2),a3=int(1/x^2,
-1,1)
```

按“回车”键，显示结果为：

```
al=
pi
a2=
1/2 * pi
a3=
Inf
```

所以：(1) $\int_{-\infty}^{+\infty}\frac{1}{1+x^2}\mathrm{d}x=\pi$；(2) $\int_0^2\frac{1}{\sqrt{4-x^2}}\mathrm{d}x=\frac{\pi}{2}$；(3) $\int_{-1}^{1}\frac{1}{x^2}\mathrm{d}x$ 是发散的.

习题 10.3

1. 利用 MATLAB 计算下列函数的不定积分.

(1) $\int x(x^2-1)^{49}\mathrm{d}x$；　　(2) $\int \mathrm{e}^{\sin x}\cos x\mathrm{d}x$；

(3) $\int x^2\mathrm{e}^x\mathrm{d}x$；　　(4) $\int \arctan x\mathrm{d}x$.

2. 利用 MATLAB 计算下列定积分.

(1) $\int_0^1\frac{2x}{2+x^2}\mathrm{d}x$；　　(2) $\int_0^1 x\sqrt{1+2x^2}\mathrm{d}x$；

(3) $\int_0^{\pi}x\cos x\mathrm{d}x$；　　(4) $\int_1^{\mathrm{e}}x\ln x\mathrm{d}x$.

3. 利用 MATLAB 计算下列反常积分.

(1) $\int_1^{+\infty}\frac{1}{x^3}\mathrm{d}x$；　　(2) $\int_{-\infty}^{0}\cos x\mathrm{d}x$.

第四节　微分方程求解实验

一、实验目的

会利用 MATLAB 求解一阶和二阶微分方程.

二、实验指导

微分方程可以通过函数 dsolve 求解，该函数的调用格式为：

```
r=dsolve('eq1, eq2, …','cond1, cond2,…','v')
```

或

```
r=dsolve('eq1', 'eq2', …,'cond1', 'cond2',…,'v')
```

输入参数 eq1, eq2,…表示微分方程，v 为独立变量，cond1, cond2,…表示边界和初始条件. 默认的独立变量是 t，用户也可以使用别的变量来代替 t，只要把别的变量放在输入变量的最后即可. 字母 D 代表微分算子，即 $\mathrm{d}/\mathrm{d}t$，字母 D 后面所跟的数字代表几阶微分，如 D $=\mathrm{d}/\mathrm{d}x$，D2$=\mathrm{d}^2/\mathrm{d}x^2$，…跟在微分算子后面的字母是被微分的变量，如 D3y 代表对 $y(t)$ 的三阶微分. 初始和边界条件由字符串表示，如 y(a)=b, Dy(c)=d, D2y(e)=f 分别表示

$y(x)|_{x=a}=b$，$y'(x)|_{x=c}=d$，$y''(x)|_{x=e}=f$.

例如，在 MATLAB 输入以下命令：

```
≫ D1=dsolve('D2y-Dy=exp(x)')
≫ D2=dsolve('(Dy)^2+y^2=1','s')
≫ D3=dsolve('Dy=a*y','y(0)=b')                    %带一个定解条件
```

计算结果分别为：

```
D1=
-exp(x)*t+C1+C2*exp(t)
D2=
[         -1]
[          1]
[sin(s-C1)]
[-sin(s-C1)]
D3=
b*exp(a*t)
```

【例 10.21】 求解微分方程 $\frac{\mathrm{d}y}{\mathrm{d}x}=1+y^2$ 的通解.

解 在 MATLAB 中输入以下命令：

```
≫ dsolve('Dy=1+y^2','x')
```

按"回车"键，显示结果为：

```
ans=
tan(x+C1)
```

【例 10.22】 求 $y'=(\sin x-\cos x)\sqrt{1-y^2}$的通解.

解 在 MATLAB 中输入以下命令：

```
≫ y=dsolve('Dy=(sin(x)-cos(x))*sqrt(1-y^2)','x')
```

按"回车"键，显示结果为：

```
y=
sin(-cos(x)-sin(x)+C1)
```

【例 10.23】 求方程 $y'=\frac{2xy}{x^2+1}$满足条件 $y|_{x=0}=1$ 的特解.

解 在 MATLAB 中输入以下命令：

```
≫ y=dsolve('Dy=2*x*y/(x^2+1)','y(0)=1','x')
```

按"回车"键，显示结果为：

```
y=
x^2+1
```

【例 10.24】 求微分方程 $y'-2y=\mathrm{e}^{-x}$的通解.

解 在 MATLAB 中输入以下命令：

```
≫ y=dsolve('Dy-2*y=exp(-x)','x')
```

按"回车"键，显示结果为：

```
y=
(-1/3*exp(-3*x)+C1)*exp(2*x)
```

【例 10.25】　求微分方程 $xy'+y=\cos x$ 满足初始条件 $y|_{x=\pi}=1$ 的特解.

解　在 MATLAB 中输入以下命令:

```
>> y=dsolve('x*Dy+y=cos(x)','y(pi)=1','x')
```

按"回车"键,显示结果为:

```
y=
(sin(x)+pi)/x
```

【例 10.26】　求方程 $y''+4y=0$ 满足初始条件 $y|_{x=0}=1,y'|_{x=0}=0$ 的特解.

解　在 MATLAB 中输入以下命令:

```
>> y=dsolve('D2y+4*y=0','y(0)=1,Dy(0)=0','x')
```

按"回车"键,显示结果为:

```
y=
cos(2*x)
```

【例 10.27】　求方程 $y''+y=\sin x$ 的通解.

解　在 MATLAB 中输入以下命令:

```
>> y=dsolve('D2y+y=sin(x)','x')
```

按"回车"键,显示结果为:

```
y=
sin(x)*C2+cos(x)*C1+1/2*sin(x)-1/2*cos(x)*x
```

习题 10.4

1. 利用 MATLAB 求一阶微分方程 $y'+y+xy^2=0$ 的通解.
2. 利用 MATLAB 求二阶微分方程 $y''-y'=x$,满足 $y(0)=0,y'(0)=1$ 的特解.

第五节　无穷级数实验

一、实验目的

(1) 会利用 MATLAB 判断级数的收敛性.
(2) 会利用 MATLAB 求级数的和.
(3) 会利用 MATLAB 对常数项级数与数项级数进行符号运算.
(4) 会利用 MATLAB 将函数展开成幂级数.

二、实验指导

(1) 在 MATLAB 中求和用 sum 函数来实现,若 **A** 是向量,则 sum(**A**)返回向量 **A** 的各元素之和;若 **A** 是矩阵,则 sum(**A**)将 **A** 的每一列视为向量,返回每列之和的一个行向量.

(2) 求级数的和利用函数 symsum(f,k,m,n),其中 f 表示函数,k 为变量,m 表示下界,n 表示上界.

(3) 将函数展开成幂级数通过函数 taylor(f,x,x_0,'Order',a)来实现(新版本),其中 f 代表待展开的函数,x 代表待展开的变量,x_0 代表函数在 x_0 处展开,a 代表展开到 $a-1$ 阶,若 x_0 省略不写则默认为函数在 0 点处展开;若用老的 MATLAB 版本时,用新版本的命令会出现报错的情况,其老版本的泰勒展开命令为 taylor(f,x,x_0,a),即把 x_0 和 a 中间的 'Order' 去掉.

【例 10.28】 求 $\sum_{n=1}^{100}\frac{1}{n}$ 的和.

解 在 MATLAB 中输入:

```
>>n=1:100          %生成正整数 1,2,3,…,100 的一个数组
>>n1=1./n          %将数组中的每个元素取倒数,特别注意一定要点除
>>s=sum(n1)        %求 1+1/2+1/3+…+1/100 的和
s=
    5.1874
```

即 $\sum_{n=1}^{100}\frac{1}{n}=5.1874$.

【例 10.29】 求 $\sum_{n=1}^{100}\frac{1}{n^2}$ 的和.

```
>>n=1:100          %生成正整数 1,2,3,…,100 的一个数组
>>n2=1./n.^2       %将数组中的每个元素先平方再取倒数,特别注意取平方与倒数都一定要是点除
>>s=sum(n2)        %进行整体求和
s=
    1.6350
```

即 $\sum_{n=1}^{100}\frac{1}{n}=1.6350$.

【例 10.30】 求级数 $\sum_{n=1}^{\infty}\frac{1}{n}$,$\sum_{n=1}^{\infty}\frac{1}{n^2}$.

解

```
>>syms n
>>s1=symsum(1/n,1,inf)
```

按下“回车键”,显示结果为:

```
s1=
    Inf                        %表示计算结果为无穷
```

即级数 $\sum_{n=1}^{\infty}\frac{1}{n}$ 是发散的.

```
>>syms n
>>s2=symsum(1/n^2,1,inf)
```

按下“回车键”,显示结果为:

```
s2=
```

    pi^2/6

即级数 $\sum_{n=1}^{\infty}\frac{1}{n^2}$ 是收敛的,它的和为$\frac{\pi^2}{6}$.

【例 10.31】 判断级数 $\sum_{n=1}^{\infty}\frac{1}{2n-1}$ 的收敛性.

解 在 MATLAB 中输入:

```
≫syms n
≫f1=1/(2*n-1)%构造函数 f1=1/(2n-1)
≫f2=1/n          %构造函数 f2=1/n
≫f=f1/f2         %计算两个函数的比值
≫limit(f,n,inf)
```

按下"回车键",显示结果为

```
ans=
    1/2
```

$\lim\limits_{n\to\infty}\dfrac{\frac{1}{2n-1}}{\frac{1}{n}}=\frac{1}{2}$,又级数 $\sum_{n=1}^{\infty}\frac{1}{n}$ 发散,所以级数$\sum_{n=1}^{\infty}\frac{1}{2n-1}$ 也发散.

【例 10.32】 判断级数 $\sum_{n=1}^{\infty}\frac{n^2}{\left(2+\frac{1}{n}\right)^n}$ 的敛散性.

解

```
≫syms x
≫f=(n^2/(2+1/n)^n)^(1/n)
≫limit(f,n,inf)                %求 ⁿ√u_n 的极限
```

按下"回车键",显示结果为

```
ans=
    1/2
```

即 $\sum_{n=1}^{\infty}\sqrt[n]{u_n}=\frac{1}{2}$,因此级数$\sum_{n=1}^{\infty}\frac{n^2}{\left(2+\frac{1}{n}\right)^n}$ 收敛.

【例 10.33】 将 $f(x)=\ln(1+x)$展开成 x 的幂函数,分别展开到第五阶和第八阶.

解 在 MATLAB 中输入:

```
≫syms x
≫f=log(x+1)
≫s1=taylor(f,x,0,'Order',6)(老版本的泰勒展开命令为 taylor(f,x,x0,a))
```

下"回车键",显示结果为

```
s1=
    x^5/5-x^4/4+x^3/3-x^2/2+x
```

即 $\ln(1+x)$的五阶展开式为：

$$x-\frac{x^2}{2}+\frac{x^3}{3}-\frac{x^4}{4}+\frac{x^5}{5}$$

```
>>syms x
>>f=log(x+1)
>>s1=taylor(f,x,0,'Order',9)
```

按下“回车键”，显示结果为

```
s1=
    -x^8/8+x^7/7-x^6/6+x^5/5-x^4/4+x^3/3-x^2/2+x
```

即 $\ln(1+x)$的八阶展开式为：

$$x-\frac{x^2}{2}+\frac{x^3}{3}-\frac{x^4}{4}+\frac{x^5}{5}-\frac{x^6}{6}+\frac{x^7}{7}-\frac{x^8}{8}.$$

习题 10.5

1. 利用 MATLAB 计算下列级数的部分和，计算到 100 项.

(1) $\sum\limits_{n=1}^{\infty}\frac{e^n}{3}$；　　(2) $\sum\limits_{n=1}^{\infty}\frac{1}{\sqrt{n}}$.

2. 判断下列级数的敛散性.

(1) $\sum\limits_{n=1}^{\infty}\frac{n^n}{(n+1)!}$；　　(2) $\sum\limits_{n=1}^{\infty}\frac{n!}{20^n}$.

3. 利用 MATLAB 将函数 $f(x)=\arcsin x$ 展开成 x 的幂级数，分别展开到第五项和第十项.

4. 利用 MATLAB 将函数 $f(x)=x^2\mathrm{e}^x$ 在展开成 x 的幂级数，分别展开到五阶和九阶.

第六节　向量代数与空间解析几何实验*

第七节　多元函数微分运算实验

一、实验目的

(1) 会利用 MATLAB 求多元函数的极限、偏导数.

(2) 会利用 MATLAB 求全微分.

(3) 会利用 MATLAB 求多元隐函数的偏导数.

(4) 会利用 MATLAB 求函数的极值.

二、实验指导

(1) 多元函数的极限要比一元函数的极限复杂，这一功能是由多个命令函数 limit( )来完成.

（2）求偏导数用命令函数 diff( ).

（3）求全微分用命令函数 diff( ).

（4）求多元函数的极值用命令函数 diff( ).

【例 10.38】 已知 $f(x,y)=\dfrac{x^2+y^2}{\sin(x^2+y^2)}$，计算极限 $\lim\limits_{\substack{x\to0\\y\to0}}f(x,y)$.

解 在命令窗口中输入：

```
>>syms x y
>>f=limit(limit((x^2+y^2)/sin(x^2+y^2),x,0),y,0)
```

按"回车键"，显示结果为

```
f=
    1
```

【例 10.39】 求 $z=(1+xy)^y$ 的偏导数.

解 在命令窗口中输入：

```
>>syms x y
>>F=(1+x*y)^y
>>pretty(diff(F,x))
```

按"回车键"，显示结果为：

ans=

$y^2(xy+1)^{y-1}$

继续在命令窗口中输入：

```
>>pretty(diff(F,y))
```

按"回车键"，显示结果为：

ans=

$\quad\ln(xy+1)(xy+1)^y+xy(xy+1)^{y-1}$

【例 10.40】 计算 $(1.04)^{2.02}$ 的近似值.

解 在命令窗口中输入：

```
>>syms x y dx dy
>>z1=x^y
>>dz1=diff(z1,x)*dx+diff(z1,y)*dy
```

按"回车键"，显示结果为

```
dz1=
    dx*x^(y-1)*y+dy*x^y*log(x)
```

继续在命令窗口中输入：

```
>>dz2=subs(dz1,{x,y,dx,dy},{1,2,0.04,0.02})    % subs(f,a,b)是在式子 f 中,将 b 中的值带入 a 中
```

按"回车键"，显示结果为

```
dz2=
    2/25
```

继续在命令窗口中输入：

```
>>z3=subs(z1,{x,y},{1,2})+dz2
```

按“回车键”,显示结果为:

```
z3=
    27/25
```

【例 10.41】 设 $z=e^u\sin v$,而 $u=xy,v=x+y$,求$\frac{\partial z}{\partial x}$和$\frac{\partial z}{\partial y}$.

解 在命令窗口中输入:

```
>>syms x y
>>u=x*y
>>v=x+y
>>z=exp(u)*sin(v)
>>dzdx=diff(z,x)
```

按“回车键”,显示结果为:

```
dzdx=
    exp(x*y)*cos(x+y)+y*exp(x*y)*sin(x+y)
```

继续在命令窗口中输入:

```
>>dzdy=diff(z,y)
```

按“回车键”,显示结果为:

```
dzdy=
    exp(x*y)*cos(x+y)+x*exp(x*y)*sin(x+y)
```

【例 10.42】 设函数 $z=f(x,y)$由方程 $xyz^6-\cos(xy^2z)=1$ 确定,求$\frac{\partial z}{\partial x},\frac{\partial z}{\partial y}$.

解 在命令窗口中输入:

```
>>syms x y z
>>f=x*y*z^6-cos(x*y^2*z)-1
>>pretty(-diff(f,x)/diff(f,z))
```

按“回车键”,显示结果为:

$$-\frac{yz^6+y^2z\sin(xy^2z)}{6xyz^5+xy^2\sin(xy^2z)}$$

继续在命令窗口中输入:

```
>>pretty(-diff(f,y)/diff(f,z))
```

按“回车键”,显示结果为:

$$-\frac{xz^6+2xyz\sin(xy^2z)}{6xyz^5+xy^2\sin(xy^2z)}$$

【例 10.43】 将正数 12 分成三个正数 x,y,z 之和,使得 $u=x^3y^3z$ 为最大.

解 在命令窗口中输入:

```
>>syms x y z l      % “l”代表λ,lambda 的简写
>>u=x^3*y^2*z
>>v=x+y+z-12
>>F=u+l*v
```

≫dFdx=simplify(diff(F,x))　　　%simplify 将函数化简

≫dFdy=simplify(diff(F,y))

≫dFdz=simplify(diff(F,z))

≫S=solve(v,dFdx,dFdy,dFdz,x,y,z,l)　% solve 是解方程,前四个是四个方程,后四个是未知数,通过这四个方程解四个未知数.

按"回车键",显示结果为:

S=

　　x:[3×1 sym]

　　y:[3×1 sym]

　　z:[3×1 sym]

　　l:[3×1 sym]　　%表示 x,y,z,l 都有三个解

继续在命令行中输入:

≫$S.x$　　　　　　　%用 $S.x$ 调出方程的具体解

按"回车键",显示结果为:

ans=

　　12

　　0

　　6

≫$S.y$

ans=

　　0

　　12

　　4

≫$S.z$

ans=

　　0

　　0

　　2

所以得到三组解分别为(12,0,0)、(0,12,0)以及(6,4,2)

满足条件的一组解为(6,4,2),所以最大值为 $u_{max}=6^3\cdot 4^2\cdot 2=6912$.

习题 10.7

1. 利用 MATLAB 计算下列各极限.

(1) $\lim\limits_{\substack{x\to 0\\ y\to 1}}\arcsin\sqrt{x^2+y^2}$;　　　　(2) $\lim\limits_{\substack{x\to 0\\ y\to 0}}\dfrac{\sin(xy)}{x}$.

2. 利用 MATLAB 计算下列函数的偏导数.

(1) $z=\dfrac{\cos x^2}{y}$;　　　　(2) $z=(1+xy)^x$.

3. 利用 MATLAB 计算复合函数的偏导数.

(1) 设 $z=u^2\ln v, u=\frac{x}{y}, v=2x-3y$,求$\frac{\partial z}{\partial x}$和$\frac{\partial z}{\partial y}$;

(2) 设 $z=u\mathrm{e}^{2v}$,其中 $u=x^2y+xy^3, v=xy$,求$\frac{\partial z}{\partial x}$和$\frac{\partial z}{\partial y}$.

4. 利用 MATLAB 计算下列全微分.

(1) $z=\mathrm{e}^{x+y}\sin y$;

(2) $u=\cos xyz+\mathrm{e}^x\sin z+\tan\frac{y}{2}$.

5. 利用 MATLAB 计算方程 $x^2+y^2+z^2-4z=0$ 所确定的隐函数 $z=f(x,y)$,求$\frac{\partial z}{\partial x},\frac{\partial z}{\partial y}$.

6. 建造一个容积为 18 m^3 的长方体无盖水池,已知侧面单位造价分别为底面单位造价的$\frac{3}{4}$,问如何选择尺寸才能使造价最低?

第八节　多元函数积分运算实验

一、实验目的

会利用 MATLAB 计算二重积分.

二、实验指导

二重积分计算是转化为两次定积分来进行的,因此关键是确定积分限. MATLAB 没有提供专门的命令函数来处理这些积分,仍然使用 int( )命令,只是在处理之前先根据积分公式将这些积分转化为两次积分.

【例 10.44】 计算二重积分$\iint\limits_D\frac{x}{1+xy}\mathrm{d}x\mathrm{d}y$,其中 D:$0\leqslant x\leqslant 1, 0\leqslant y\leqslant 1$.

解　在 MATLAB 中输入以下命令:

```
>>syms x y
>>I=int(int(x/(1+x*y),x,0,1),y,0,1)
```

按"回车键",显示结果为:

```
I=
    2log(2)-1
```

【例 10.45】 计算二重积分$\iint\limits_D\mathrm{e}^{-y^2}\mathrm{d}x\mathrm{d}y$,其中 D 是以(0,0),(1,1),(0,1) 为顶点的三角形.

解　在 MATLAB 中输入以下命令:

```
>>syms x y
>>I=int(int(exp(-y^2),x,0,y),y,0,1)        %积分∫e^(-y^2)dxdy 无法用初等函数表
```

示,所以积分时考虑次序先对 x 进行积分.

按"回车键",显示结果为:

```
I=
    1/2-exp(-1)/2
```

【例 10.46】 计算 $\iint_D (2x+y-1)\mathrm{d}x\mathrm{d}y$,其中 D 是由直线 $x=0, y=0$ 及 $2x+y=1$ 所围区域.

解 在 MATLAB 中输入:

```
>>syms x
>>x1=solve(1-2*x==0,x)    %求直线2x+y=1与x轴的交点
```

按"回车键",显示结果为:

```
x1=
    1/2
```

所以积分区域是以(0,0),(1/2,0),(0,1)为顶点的三角形.

```
>>syms x y
>>I=int(int(2*x+y-1,y,0,1-2*x),x,0,1/2)
```

按"回车键",显示结果为:

```
I=
    -1/12
```

【例 10.47】 计算由锥面 $z=\sqrt{x^2+y^2}$ 与旋转抛物面 $z=6-x^2-y^2$ 所围成的立体的体积.

解 首先通过 MATLAB 作出积分区域,在 MATLAB 中输入命令:

```
>>[x,y]=meshgrid(-2:0.2:2)       %在[-2,2]×[-2,2]区域生成网格坐标
>>z=sqrt(x.^2+y.^2)
>>mesh(x,y,z)                    %画出锥面的曲面图
>>axis([-2 2 -2 2 0 6])          %设置坐标轴的范围
>>hold on                        %将新图与第一幅图共存放在一幅图上
>>z2=6-x.^2-y.^2
>>mesh(x,y,z2)                   %画出抛物面面的曲面图
>>axis([-2 2 -2 2 0 6])          %设置坐标轴的范围
```

按下"回车键",得到结果如图 10.8 所示。

由图可以得到所求立体体积为:

$$V=\iint(6-x^2-y^2-\sqrt{x^2+y^2})\mathrm{d}\sigma$$

$$=\iint(6-\rho^2-\rho)\mathrm{d}\rho\mathrm{d}\theta$$

在 MATLAB 中输入以下命令:

```
>>syms theta rho
>>I=int(int(6-rho^2-rho,theta,0,2*pi)*rho,0,2)
```

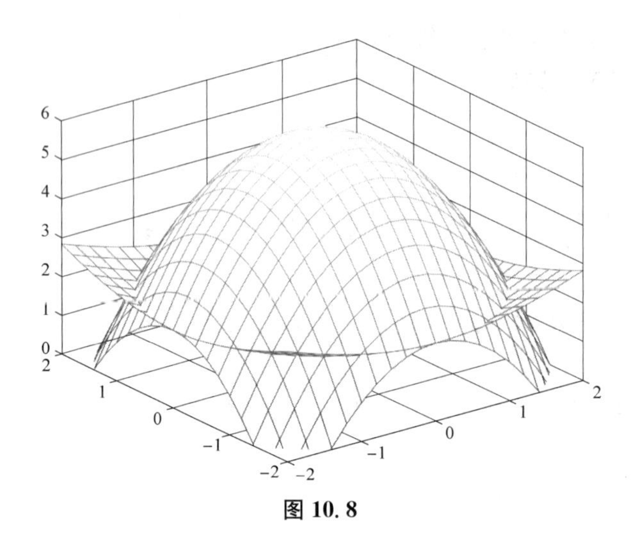

图 10.8

按下“回车键”,得到结果为：

$I=$

(32 * pi)/3

即锥面与旋转抛物面所围成的体积为$\frac{32\pi}{3}$.

习题 10.8

利用 MATLAB 计算下列二重积分.

(1) $\iint\limits_D \frac{x^2}{y}\mathrm{d}\sigma$,其中 D 是由曲线 $xy=1$ 和直线 $y=x,x=2$ 所围区域；

(2) $\iint\limits_D (x^2+y^2)\mathrm{d}\sigma$,其中 D 是由圆 $x^2+y^2=2y$ 所围区域；

(3) 计算$\iint \frac{y^2}{x^2}\mathrm{d}x\mathrm{d}y$,其中 D 是由曲线 $y=\frac{1}{x}$ 和直线 $y=x,y=2$ 所围区域；

(4) 计算二重积分$\iint\limits_D x^2\mathrm{d}x\mathrm{d}y$,其中 D 是以曲线 $y=x^2$ 和 $y=2-x^2$ 所围成的闭区域；

(5) 计算二重积分$\iint\limits_D xy\mathrm{d}x\mathrm{d}y$, 其中 D 是以曲线 $y=x-2$ 和 $y^2=x$ 所围成的区域.

第九节　线性代数初步实验

一、实验目的

1. 熟悉 MATLAB 中关于矩阵运算的各种命令.
2. 会利用 MATLAB 计算行列式.
3. 会利用 MATLAB 求解线性方程组.

二、实验指导

表 10.11 矩阵的基本运算

命 令	功 能	命 令	功 能
$A+B$	矩阵 **A** 加矩阵 **B** 之和	inv(A)	求矩阵 **A** 的逆
$A-B$	矩阵 **A** 减矩阵 **B** 之差	det(A)	求矩阵 **A** 的行列式
$k*A$	常数 k 乘以矩阵 **A**	A^n	求矩阵 **A** 的 n 次幂
A'	求矩阵 **A** 的转置	A.^n	矩阵 **A** 每个元素的 n 次幂所得的矩阵
$A*B$	矩阵 **A** 为矩阵 **B** 相乘	a.^A	以 a 为底取矩阵 **A** 每个元素次幂所得矩阵
$A\backslash B$	矩阵 **A** 左除矩阵 **B**	zeros(m,n)	$m\times n$ 阶全 0 矩阵
$A.\backslash B$ 或 $B./A$	矩阵 **A**、**B** 对应元素相除	ones(m,n)	$m\times n$ 阶全 1 矩阵
B/A	矩阵 **B** 右除矩阵 **A**	eye(n)	n 阶单位矩阵(方阵)
rank(A)	求矩阵 **A** 的秩	sym('[ ]')	构造符号矩阵 **A**

矩阵的输入格式：

$$A=[a_{11}\cdots\ a_{1n};\ \cdots;\ a_{m1}\cdots\ a_{mn}]$$

输入矩阵时要注意：

(1) 用中标号[ ]把所有矩阵元素标起来；

(2) 同一行的不同数据元素之间用空格或逗号隔开；

(3) 用分号指定一行结束.

【例 10.48】 已知矩阵 $\boldsymbol{A}=\begin{pmatrix}1&2&3\\4&5&6\\7&8&9\end{pmatrix}$，$\boldsymbol{B}=\begin{pmatrix}1&1&1\\2&2&2\\3&3&3\end{pmatrix}$.

求：(1) $\boldsymbol{A}+\boldsymbol{B}$，$\boldsymbol{A}-\boldsymbol{B}$，$\boldsymbol{A}'$；

(2) $3\boldsymbol{A}$，$\boldsymbol{AB}$；

(3) $\boldsymbol{A}$，$\boldsymbol{A}-\boldsymbol{E}$ 的行列式(其中 $\boldsymbol{E}$ 为单位矩阵).

解 首先输入矩阵 **A** 和 **B**：

```
>>A=[1 2 3;4 5 6;7 8 9]          %输入矩阵A
A=
    1   2   3
    4   5   6
    7   8   9
>>B=[1 1 1;2 2 2;3 3 3]          %输入矩阵B
B=
    1   1   1
    2   2   2
    3   3   3
>>c1=A+B                         %求矩阵A+B
```

```
c1=
      2    3    4
      6    7    8
     10   11   12
≫c2=A-B                          %求矩阵 A-B
c2=
     0   1   2
     2   3   4
     4   5   6
≫c3=A'                           %求矩阵 A 的转置
c3=
     1   4   7
     2   5   8
     3   6   9
≫c4=3*A                          %求矩阵 3A
c4=
      3    6    9
     12   15   18
     21   24   27
≫c5=A*B                          %求矩阵 AB
c5=
     14   14   14
     32   32   32
     50   50   50
≫d=det(A)                        %求矩阵 A 的行列式
D=
     0
≫D=det(A-eye(3))                 %求矩阵 A-E 的行列式
D=
     32
```

【例 10.49】 已知矩阵 $\boldsymbol{A}=\begin{pmatrix}3 & 1 & 1\\2 & 1 & 2\\1 & 2 & 3\end{pmatrix}$，求矩阵 $\boldsymbol{A}$ 的秩和逆.

解 程序如下：

```
≫A=[3 1 1;2 1 2;1 2 3];
≫R=rank(A)                       %求矩阵 A 的秩
R=
     3
≫Ainv=inv(A)                     %求矩阵 A 的逆阵
```

```
Ainv=
    0.2500    0.2500   -0.2500
    1.0000   -2.0000    1.0000
   -0.7500    1.2500   -0.2500
```

【例 10.50】 解线性方程组

$$\begin{cases}2x_1+x_2-5x_3+x_4=8,\\x_1-3x_2-6x_4=9,\\2x_2-x_3+2x_4=-5,\\x_1+4x_2-7x_3+6x_4=0.\end{cases}$$

解 程序如下：

```
>>A=[2 1 -5 1;1 -3 0 -6;0 2 -1 2;1 4 -7 6];       %输入矩阵A
>>b=[8 9 -5 0]';          %输入右端向量b
>>x1=A\b                  %求方程组的解,注意是反除号"\"
x1=
    3.0000
   -4.0000
   -1.0000
    1.0000
>>x2=inv(A)*b             %同样是求方程组的解,注意是A的逆与b相乘
x2=
    3.0000
   -4.0000
   -1.0000
    1.0000
```

即

$$x_1=3,\ x_2=-4,\ x_3=-1,\ x_4=1.$$

【例 10.51】 解线性方程组

$$\begin{cases}2x_1-7x_2+3x_3+x_4=6,\\3x_1+5x_2+2x_3+2x_4=4,\\9x_1+4x_2+x_3+7x_4=2.\end{cases}$$

解 程序如下：

```
>>A=[2 -7 3 1;3 5 2 2;9 4 1 7];
>>b=[6 4 2]';
>>RA=rank(A)              %求矩阵A的秩
>>RB=rank([A b])          %求增广矩阵B=[A b]的秩
```

结果为：

```
RA=
    3
RB=
```

3

由于系数矩阵与增广矩阵有相同的秩 3，且秩 3 小于未知量的个数 4，故方程组有无穷多解. 再输入

```
>>rref([A b])
ans=
    1.0000         0         0    0.8000         0
         0    1.0000         0         0         0
         0         0    1.0000   -0.2000    2.0000
```

表示行最简形矩阵，得通解为

$$x_1=-0.8x_4,\ x_2=0,\ x_3=2+0.2x_4\ (x_4\text{ 为自由未知量}).$$

习题 10.9

1. 已知 $\boldsymbol{A}=\begin{pmatrix}3&2&5\\1&6&1\\4&5&7\end{pmatrix}$，$\boldsymbol{B}=\begin{pmatrix}4&3&7\\1&8&1\\6&7&10\end{pmatrix}$，利用 MATLAB 计算 $3\boldsymbol{A}+2\boldsymbol{B}$ 及 $3\boldsymbol{A}-2\boldsymbol{B}$.

2. 已知 $\boldsymbol{A}=\begin{pmatrix}-1&3&1\\0&4&2\end{pmatrix}$，$\boldsymbol{B}=\begin{pmatrix}4&1\\2&5\\3&4\end{pmatrix}$，利用 MATLAB 计算 $(\boldsymbol{AB})^{\mathrm{T}}$ 及 $\boldsymbol{B}^{\mathrm{T}}\boldsymbol{A}^{\mathrm{T}}$.

3. 利用 MATLAB 计算矩阵 $\boldsymbol{A}=\begin{pmatrix}1&-1&2\\0&1&-1\\2&1&0\end{pmatrix}$ 的逆矩阵.

4. 利用 MATLAB 求解下列线性方程组：

(1) $\begin{cases}x_1+x_2+2x_3+x_4=5,\\2x_1+3x_2-x_3-2x_4=2,\\4x_1+5x_2+3x_3=7;\end{cases}$　　(2) $\begin{cases}x_1-2x_2+3x_3-x_4=1,\\3x_1-x_2+5x_3-3x_4=2,\\2x_1+x_2+2x_3-2x_4=1.\end{cases}$

第十一章　傅里叶级数与积分变换*

扫码阅览

第十二章　概率论与数理统计初步*

扫码阅览

第十三章　图论初步*

扫码阅览

* 表示选学内容，微信扫右侧二维码线上阅览。

附录　初等数学中的常用公式

一、乘法与因式分解公式

1. $(x+a)(x+b)=x^2+(a+b)x+ab$
2. $(a\pm b)^2=a^2\pm 2ab+b^2$
3. $(a\pm b)^3=a^3\pm 3a^2b+3ab^2\pm b^3$
4. $(a+b+c)^2=a^2+b^2+c^2+2ab+bc+2ca$
5. $a^2-b^2=(a+b)(a-b)$
6. $a^3\pm b^3=(a\pm b)(a^2\mp ab+b^2)$

二、一元二次方程

$ax^2+bx+c=0(a\neq 0)$

设 x_1,x_2 为方程的两根,根的判别式 $\Delta=b^2-4ac$,则

① 当 $\Delta>0$ 时,方程有两个不同的实根,求根公式为

$$x_1=\frac{-b+\sqrt{\Delta}}{2a}=\frac{-b+\sqrt{b^2-4ac}}{2a},x_2=\frac{-b-\sqrt{\Delta}}{2a}=\frac{-b-\sqrt{b^2-4ac}}{2a}$$

② 当 $\Delta=0$ 时,方程有一个实根,求根公式为

$$x_1=x_2=\frac{-b}{2a}$$

③ 当 $\Delta<0$ 时,方程有一对共轭复根,求根公式为

$$x_1=\frac{-b+i\sqrt{4ac-b^2}}{2a},x_2=\frac{-b-i\sqrt{4ac-b^2}}{2a}$$

韦达定理(Vieta's Theorem):$x_1+x_2=-\frac{b}{a},x_1\cdot x_2=\frac{c}{a}$

三、阶乘和有限项级数求和公式

1. $n!=1\times 2\times 3\cdots(n-1)\times n(n\in\mathbf{N}),0!=1$
2. $1+2+3+\cdots+(n-1)+n=\frac{n(n+1)}{2}$
3. $1^2+2^2+3^2+\cdots+(n-1)^2+n^2=\frac{n(n+1)(2n+1)}{6}$
4. $1^3+2^3+3^3+\cdots+(n-1)^3+n^3=\frac{1}{4}n^2(n+1)^2$
5. $1\times 2+2\times 3+3\times 4+\cdots+n\times(n+1)=\frac{1}{3}n(n+1)(n+2)$
6. $a+(a+d)+(a+2d)+\cdots+(a+nd)=(n+1)\left(a+\frac{1}{2}nd\right)$

7. $a+aq+aq^2+\cdots+aq^{n-1}=\dfrac{a(1-q^n)}{1-q}(q\neq 1)$

四、指数运算

设 a,b 是正实数,m,n 是任意实数,则

$a^m \cdot a^n=a^{m+n}$　$\dfrac{a^m}{a^n}=a^{m-n}$　$(a^m)^n=a^{mn}$　$\left(\dfrac{a}{b}\right)^m=\dfrac{a^m}{b^m}$　$(ab)^m=a^m \cdot b^m$

五、对数

1. $a^{\log_a N}=N(a>0,a\neq 1,N>0)$
2. $\log_a(M \cdot N)=\log_a M+\log_a N(M>0,N>0)$
3. $\log_a\left(\dfrac{M}{N}\right)=\log_a M-\log_a N$
4. $\log_a M^b=b \cdot \log_a M$
5. $\log_a M=\dfrac{\log_b M}{\log_b a}(a>0,a\neq 1,b>0,b\neq 1)$——换底公式

六、二项式定理

$(a+b)^n=C_n^0a^n+C_n^1a^{n-1}b+C_n^2a^{n-2}b^2+\cdots+C_n^{n-1}ab^{n-1}+C_n^nb^n$,其中 n 为正整数

$C_n^k=\dfrac{n!}{(n-k)! \cdot k!}=\dfrac{n \cdot (n-1)\cdots(n-k+1)}{k!},k=0,1,2,\cdots,n$

七、初等几何

1. 圆周长=圆周率×直径($C=\pi d=2\pi r$)
2. 圆面积=圆周率×半径×半径($S=\pi r^2$)
3. 扇形面积$=\dfrac{1}{2}$×半径×半径×圆心角$\left(S=\dfrac{1}{2}r^2\theta\right)$,其中 θ 为弧度,且 $1°=\dfrac{\pi}{180}\text{rad}$
4. 圆柱体体积=底面积×高($V=S \cdot h=\pi r^2 h$)
5. 圆锥体体积$=\dfrac{1}{3}$×底面积×高$\left(V=\dfrac{1}{3}S \cdot h=\dfrac{1}{3}\pi r^2 h\right)$
6. 球体的体积$=\dfrac{4}{3}$×圆周率×半径×半径×半径$\left(V=\dfrac{4}{3}\pi r^3\right)$
7. 球的表面积=4×圆周率×半径×半径($S=4\pi r^2$)

八、三角公式

1. 三角恒等式

$\sin^2\alpha+\cos^2\alpha=1$　$\sec^2\alpha-\tan^2\alpha=1$　$\csc^2\alpha-\cot^2\alpha=1$

$\dfrac{\sin\alpha}{\cos\alpha}=\tan\alpha$　$\dfrac{\cos\alpha}{\sin\alpha}=\cot\alpha$　$\dfrac{1}{\cos\alpha}=\sec\alpha$　$\dfrac{1}{\sin\alpha}=\csc\alpha$

2. 加法与减法公式

$\sin(\alpha\pm\beta)=\sin\alpha\cos\beta\pm\cos\alpha\sin\beta$　$\cos(\alpha\pm\beta)=\cos\alpha\cos\alpha\cos\beta\mp\sin\alpha\sin\beta$

$$\tan(\alpha\pm\beta)=\frac{\tan\alpha\pm\tan\beta}{1\mp\tan\alpha\tan\beta}$$

3. 倍角公式

$$\sin 2\alpha=2\sin\alpha\cos\alpha \quad \cos 2\alpha=\cos^2\alpha-\sin^2\alpha=2\cos^2\alpha-1=1-2\sin^2\alpha$$

$$\tan 2\alpha=\frac{2\tan\alpha}{1-\tan^2\alpha}$$

4. 半角公式

$$\sin\frac{\alpha}{2}=\pm\sqrt{\frac{1-\cos\alpha}{2}} \qquad \cos\frac{\alpha}{2}=\pm\sqrt{\frac{1+\cos\alpha}{2}}$$

$$\tan\frac{\alpha}{2}=\pm\sqrt{\frac{1-\cos\alpha}{1+\cos\alpha}}=\frac{1-\cos\alpha}{\sin\alpha}=\frac{\sin\alpha}{1+\cos\alpha}$$

5. 和差化积公式

$$\sin\alpha+\sin\beta=2\sin\frac{\alpha+\beta}{2}\cos\frac{\alpha-\beta}{2} \qquad \sin\alpha-\sin\beta=2\cos\frac{\alpha+\beta}{2}\sin\frac{\alpha-\beta}{2}$$

$$\cos\alpha+\cos\beta=2\cos\frac{\alpha+\beta}{2}\cos\frac{\alpha-\beta}{2} \qquad \cos\alpha-\cos\beta=-2\sin\frac{\alpha+\beta}{2}\sin\frac{\alpha-\beta}{2}$$

6. 积化和差公式

$$\sin\alpha\sin\beta=\frac{1}{2}[\sin(\alpha+\beta)+\sin(\alpha-\beta)] \qquad \cos\alpha\sin\beta=\frac{1}{2}[\sin(\alpha+\beta)-\sin(\alpha-\beta)]$$

$$\cos\alpha\cos\beta=\frac{1}{2}[\cos(\alpha+\beta)+\cos(\alpha-\beta)] \qquad \sin\alpha\sin\beta=-\frac{1}{2}[\cos(\alpha+\beta)-\cos(\alpha-\beta)]$$

九、复数

复数 z 一般表示 $z=a+bi$,其中 $i=\sqrt{-1}$称为虚数单位,a、b 均为实数,分别称为 z 的实部和虚部,记为 $a=\mathrm{Re}z,b=\mathrm{Im}z$.

$|z|=\sqrt{a^2+b^2}$称为复数 z 的模.

$\mathrm{Arg}\,z=\arctan\frac{b}{a}$称为复数 z 的辐角. $\theta=\arg z\in[0,2\pi)$称为主辐角.

$$z=a+bi=|z|(\cos\theta+i\sin\theta)=r(\cos\theta+i\sin\theta)=|z|e^{i\theta}=re^{i\theta}$$

十、不等式

1. $|a\pm b|\leqslant|a|+|b|$
2. $|a|-|b|\leqslant|a-b|\leqslant|a|+|b|$
3. $\left|\frac{a_1+a_2+\cdots+a_n}{n}\right|\leqslant\sqrt{\frac{a_1^2+a_2^2+\cdots+a_n^2}{n}}$
4. $\sqrt[n]{a_1\cdot a_2\cdots a_n}\leqslant\frac{a_1+a_2+\cdots+a_n}{n}\ (a_i>0,i=1,2,\cdots,n)$

习题参考答案与提示

第一章

习题 1.1

1. (1) $(-5,5)$ (2) $\left[\frac{17}{6},\frac{19}{6}\right]$ (3) $(-\infty,-10)\cup(10,+\infty)$ (4) $(0.99,1)\cup(1,1.01)$

2. (1) $(3,+\infty)$ (2) $(4,5)$

3. (1) 不同 (2) 不同 (3) 相同 (4) 不同

4. (1) $[0,3]$ (2) $(-\infty,1)\cup(1,2)\cup(2,+\infty)$ (3) $[-5,5)$ (4) $[-1,2)$

5. (1) 奇函数 (2) 奇函数 (3) 非奇非偶函数 (4) 偶函数

6. (1) $y=\ln u, u=\tan x$ (2) $y=e^u, u=x^3$ (3) $y=\cos u, u=e^v, v=\sqrt{x}$ (4) $y=\sqrt{u}, u=\ln v, v=\sqrt{x}$
(5) $y=\tan u, u=x^2+1$ (6) $y=\arctan u, u=\dfrac{x-1}{x+1}$

7. $f[g(x)]=\begin{cases}2\ln x, & 1\leqslant x\leqslant e\\ \ln^2 x, & e<x\leqslant e^2\end{cases}$ $g[f(x)]=\begin{cases}\ln 2x, & 0\leqslant x\leqslant 1\\ 2\ln x, & 1<x\leqslant 2\end{cases}$

8. $y=\begin{cases}150x, & 0\leqslant x\leqslant 800\\ 12\,000+120(x-800), & 800<x\leqslant 1\,600\end{cases}$

9. $P=P(r)=a\left(5\pi r^2+\dfrac{80}{r}\pi\right)$(元)

10. $y=-\dfrac{x^2}{25}+4$ $(-10<x<10)$

习题 1.2

1 (1) 收敛 0 (2) 收敛 0 (3) 收敛 3 (4) 收敛 1 (5) 发散 (6) 发散

2. 不存在

3. $b=2$

4. (1) 无穷小 (2) 无穷大 (3) 无穷小 (4) 既不是无穷小也不是无穷大

5. (1) 0 (2) 0

6. (1) -1 (2) $\dfrac{2}{3}$ (3) 12 (4) $\dfrac{1}{2}$ (5) 2 (6) 1

7. (1) $2\sqrt{5}$ (2) $\dfrac{\pi}{4}$ (3) 0 (4) $\sqrt{2}$

8. $a=-3$ $b=2$

9. (1) 4 (2) $\dfrac{2}{5}$ (3) $\dfrac{9}{2}$ (4) x

10. (1) e^{-3} (2) e^3 (3) e^{-1} (4) e^2

习题 1.3

1. (1) 1 (2) $\Delta x^2+2\Delta x$ (3) $\Delta x^2+2x_0\Delta x-2\Delta x$

2. 连续

3. e^{-1}

4. $a=3$ $b=2$

5. 是连续函数. $\lim\limits_{x\to 7}f(x)=13.4$

6. (1) $x=-1$ 是第一类可去间断点；$x=3$ 是第二类无穷间断点　(2) $x=2k\pi\pm\frac{\pi}{2}, k\in\mathbf{N}$ 是第二类振荡间断点　(3) $x=1$ 是第一类跳跃间断点

7. 函数 $f(x)$ 在 $x=0$ 处不连续. 冰化成水要吸收大量的热量，但温度始终为 0℃

8. $x=1$　$x=4$

9. $f(x)$ 在 $(-\infty,-1)$ 与 $(-1,+\infty)$ 内连续，$x=-1$ 为第一类跳跃间断点

10. 略

本章习题

一、1. B　2. B　3. B　4. D　5. C　6. A　7. A　8. C

二、1. $2e^{-1}$　2. $\ln 2$　3. $\frac{1}{2}$　4. e^{-2}　5. e^{-1}　6. $y=\frac{1}{2}$

三、1. e^2　2. 4　3. $\frac{1}{2}$　4. 3　5. e^{-6}　6. $\frac{1}{3}$　7. 2　8. e^2

四、提示：零点定理.

五、1. (1) $a=2$. 提示：函数在一点处连续的定义，等价无穷小因子替换.　(2) $a=-1$.　(3) $a\neq-1$ 且 $a\neq 2$.

2. $a=3$. 提示：函数在一点处连续的定义，两个重要极限.

第二章

习题 2.1

1. (1) $3x^2$　(2) $-\frac{2}{x^2}$　　2. (1) 不可导　(2) 可导

3. (1) $-f'(x_0)$　(2) $2f'(x_0)$　(3) $2f'(x_0)$

4. $a=2$　$b=-2$　　5. 连续　可导

6. 切线方程 $4x-y-4=0$，法线方程 $x+4y-18=0$

7. $x=0$　$x=\frac{2}{3}$　　8. 18　　9. $m'(x_0)$

习题 2.2

1. (1) $\pi x^{\pi-1}+\pi^x\ln\pi-\frac{1}{x}$　(2) $\ln x+1$　(3) $\frac{1-x}{2\sqrt{x}(1+x)^2}$　(4) $\frac{\cos x-\sin x-1}{(1-\cos x)^2}$　(5) $\tan x\cdot\sec x\cdot\arcsin x+\frac{1+\sec x}{\sqrt{1-x^2}}$　(6) $\frac{9}{2}\sqrt{x}+\frac{1}{\sqrt{x}}-\frac{1}{2}x^{-\frac{3}{2}}$　(7) $e^x\csc x+xe^x\csc x-xe^x\cot x\cdot\csc x$　(8) $\frac{1}{3}x^{-\frac{2}{3}}e^x+\sqrt[3]{x}e^x+3^x\ln 3\cdot\log_2 x+\frac{3^x}{x\ln 2}$

2. (1) $900x^8(x^9-1)^{99}$　(2) $\frac{x}{\sqrt{1+x^2}}$　(3) $\frac{1}{\sqrt{1+x^2}}$　(4) $\frac{1}{2\sqrt{x+\sqrt{x}}}\left(1+\frac{1}{2\sqrt{x}}\right)$　(5) $\sqrt{x^2+1}+\frac{(x-1)x}{\sqrt{x^2+1}}$　(6) $3\sin(4-3x)$　(7) $-\frac{2}{(1+x)^2}\sec^2\frac{1-x}{1+x}$　(8) $-\frac{\sin(2x+1)}{\sqrt{1+\cos(2x+1)}}$

3. (1) $\frac{1}{2}$　(2) 0,2　(3) $\ln 7$　(4) $4\ln 2$　(5) -2　(6) $n!$　(7) $\frac{1}{3}$　(8) $-\frac{1}{2}$

4. $a=2$　$b=-3$　　5. $\frac{1}{4\pi}$(cm/s)　　6. 600

习题 2.3

1. (1) $20(x+10)^3$　(2) $4+9\cos 3x$　(3) $\frac{-3+6x^2}{\sqrt{1-x^2}}$　(4) $2x(3+2x^2)e^{x^2}$

2. (1) $y'=5x^4+3x^2+1$　$y''=20x^3+6x$　$y'''=60x^2+6$　$y^{(4)}=120x$　$y^{(5)}=120$　$y^{(n)}=0(n=6,$

7,…)　(2) $\frac{(-1)^n 2n!}{(1+x)^{n+1}}(n=1,2,\cdots)$　(3) $2^{n-1}\sin\left[2x+(n-1)\frac{\pi}{2}\right](n\geqslant 1)$　(4) $(-1)^{n-1}\frac{(n-1)!}{x^n}$

3. $-\frac{\sqrt{3}}{6}\pi A$　$-\frac{1}{18}\pi^2 A$

习题 2.4

1. (1) $\frac{e^{x+y}-y}{x-e^{x+y}}$　(2) $\frac{e^y}{1+xe^y}$　(3) $\frac{1-ye^{xy}}{xe^{xy}+2y}$　(4) $\frac{x}{\cos\frac{y}{x}}+\frac{y}{x}$　(5) 1　(6) $\frac{\ln 2}{1-2\ln 2}=y'(1,1)$, $y'(1,0)=0$

2. $y-3x-4=0$

3. (1) $x^{\sin x}\left[\cos x\cdot\ln x+\frac{\sin x}{x}\right]$　(2) $\left(\frac{x}{x+1}\right)^x\left[\ln\frac{x}{x+1}+\frac{1}{x+1}\right]$　(3) $\frac{1}{2}\sqrt{x\sin x\sqrt{e^x}}\left(\frac{1}{x}+\cot x+\frac{1}{2}\right)$　(4) $-\frac{1}{x^2}(1+\cos x)^{\frac{1}{x}}\left[\ln(1+\cos x)+\frac{x\sin x}{1+\cos x}\right]$

4. (1) $\frac{\sin t}{1-\cos t}$　(2) 0　　5. $a=\frac{1}{2}e-2$　$b=1-\frac{1}{2}e$　$c=1$

习题 2.5

1. (1) $\frac{1}{2}x^2+C$　(2) $\frac{1}{3}\sin 3x+C$　(3) x^3+C　(4) $\arctan x+C$　(5) $\ln(x-1)+C$　(6) $\frac{1}{2}e^{x^2}+C$

2. -1.414　-1.2　0.119 401　0.12

3. (1) $\frac{1}{2}\cot\frac{x}{2}dx$　(2) $\ln x dx$　(3) $e^{-x}[\sin(3-x)-\cos(3-x)]dx$　(4) $(2x\cos 2x-2x^2\sin 2x)dx$　(5) $\frac{y\cos(xy)}{2y-x\cos(xy)}dx$　(6) $(1+x)^{\sec x}\left[\sec x\cdot\tan x\cdot\ln(1+x)+\frac{\sec x}{1+x}\right]dx$

4. (1) 1.05　(2) 5.013　　5. 39.27 cm^3

习题 2.6

1. $\xi=1$　2. $\xi=e-1$

4. (1) 提示:将 $f(x)=e^x$ 在$[0,x]$上用拉格朗日中值定理　(2) 提示:将 $f(x)=\sin x$ 在以a,b为端点的区间上用拉格朗日中值定理

6. (1) $\frac{5}{8}$　(2) $-\frac{3}{5}$　(3) $1-\ln 2$　(4) 1　(5) $\frac{1}{6}$　(6) 1　(7) $+\infty$　(8) $\frac{1}{3}$　(9) $-\frac{1}{4}$　(10) 0　(11) $\frac{1}{2}$　(12) 1

7. (1) 极限为 1　(2) 极限为 0

习题 2.7

1. (1) 单调增区间为$(-\infty,0)$　单调减区间为$(0,+\infty)$　(2) 单调增区间为$\left(\frac{1}{2},+\infty\right)$　单调减区间为$\left(0,\frac{1}{2}\right)$　(3) 单调增区间为$(0,1)$　单调减区间为$(1,2)$　(4) 单调增区间为$(-\infty,-1]$和$[3,+\infty)$　单调减区间为$(-1,3)$

3. (1) 极大值为 $y(0)=7$　极小值为 $y(2)=3$　(2) 极大值为 $y(2)=\frac{4}{e^2}$　极小值为$y(0)=0$　(3) 极小值为 $y(\pm 1)=1$　(4) 极大值为 $y\left(\frac{1}{3}\right)=\frac{\sqrt[3]{4}}{3}$　极小值为 $y(1)=0$

4. (1) 最大值为 $f(2)=\ln 5$　最小值为 $f(0)=0$　(2) 最大值为 $f\left(\frac{\pi}{4}\right)=-1$　最小值为 $f\left(-\frac{\pi}{4}\right)=-3$　(3) 最大值为 $f(4)=8$　最小值为 $f(0)=0$　(4) 最大值为 $f(1)=\frac{1}{2}$　最小值为 $f(0)=0$

5. $r=\frac{2}{\sqrt[3]{\pi}}$ $h=\frac{4}{\sqrt[3]{\pi}}$

6. 长为 10 m,宽为 5 m

7. 这两个数均为 4 时,它们的立方和最大

8. 经过 5 小时,两船相距最近

习题 2.8

1. (1) 凸区间为$(-\infty,2)$ 凹区间为$(2,+\infty)$,拐点为$(2,12)$ (2) 凸区间为$(-\infty,2)$ 凹区间为$(2,+\infty)$,拐点为$\left(2,\frac{2}{e^2}\right)$ (3) 凸区间为$(-\infty,-1)\cup(1,+\infty)$ 凹区间为$(-1,1)$,拐点为$(\pm1,\ln2)$ (4) 凹区间为$(-\infty,3)$ 凸区间为$(3,+\infty)$,拐点为$(3,1)$

2. (1) 水平渐近线为 $y=0$ (2) 铅直渐近线为 $x=-3$ (3) 水平渐近线为 $y=0$,铅直渐近线为 $x=1$ (4) 水平渐近线为 $y=2$,铅直渐近线为 $x=\pm1$

3. $a=-1$ $b=3$ 4. $a=-3$ $b=0$ $c=1$

本章习题

一、1. A 2. D 3. A 4. C 5. D 6. B 7. A 8. C

二、1. 2^n 2. 5 3. $y=-x$ 4. 2 019 5. $y'=x^{\sqrt{x}}\left(\frac{\ln x}{2\sqrt{x}}+\frac{1}{\sqrt{x}}\right)$ 6. $\left(-1,\frac{1}{3}\right)$ 7. $f''(x)=2e^{2x}$ 8. $f(1)=5$

三、1. 2 2. $-\frac{1}{2}$ 3. -3 4. $f'(x)=\begin{cases}\frac{-x-x\cos x+2\sin x}{x^3}, & x\neq0\\ \frac{1}{6}, & x=0\end{cases}$ 5. $-\frac{1}{6}$ 6. $\frac{3}{2}$ 7. $\frac{dy}{dx}=2t$, $\frac{d^2y}{dx^2}=\frac{2t^2}{t^2+1}$ 8. $\frac{dy}{dx}=\frac{2-e^{x+y}}{1+e^{x+y}}$, $\frac{d^2y}{dx^2}=-\frac{9e^{x+y}}{(1+e^{x+y})^3}$

四、略

五、1. (1) $a=3,b=2,c=1$ (2) 单减区间为$\left(-\infty,-\frac{1}{3}\right)$,$(1,+\infty)$,单增区间为$\left(-\frac{1}{3},1\right)$;极小值为 $f\left(-\frac{1}{3}\right)=-\frac{1}{8}$.

2. (1) $a=1,b=-4$ (2) 凹区间为$(-\infty,0)$,$(2,+\infty)$,凸区间为$(0,2)$,拐点为$(0,0)$,$(2,-16)$ (3) 水平渐近线为 $y=0$,铅垂渐近线为 $x=0$ 与 $x=4$.

3. (1) $a=-1,b=0$ (2) 凹区间为$(-\infty,-1)$,$(-1,2)$,凸区间为$(2,+\infty)$,拐点为$\left(2,-\frac{2}{9}\right)$ (3) 水平渐近线为 $y=0$,铅垂渐近线为 $x=-1$.

4. (1) 单减区间为$[-1,1]$,单增区间为$(-\infty,-1]$,$[1,+\infty)$,极大值为 $f(-1)=3$,极小值为 $f(1)=-1$ (2) 凹区间为$(0,+\infty)$,凸区间为$(-\infty,0)$,拐点为$(0,1)$ (3) 最大值为 $f(3)=19$,最小值为$f(1)=f(-2)=-1$.

第三章

习题 3.1

1. (1) $-\frac{1}{2x^2}+C$ (2) $\frac{1}{2}x^6-2x^2+x+C$ (3) $\frac{2}{7}x^3\sqrt{x}+C$ (4) $e^x-3\sin x+C$ (5) $\frac{2^xe^x}{1+\ln2}+C$ (6) $\frac{1}{3}x^3-2x^2+4x+C$ (7) $2\arcsin x+3\arctan x+C$ (8) $2\sin x-3\cot x+C$

2. (1) $\frac{1}{2}x^2-3x+3\ln|x|+\frac{1}{x}+C$ (2) $x+2\arctan x+C$ (3) $\frac{1}{2}(x-\sin x)+C$ (4) $-\frac{1}{x}-$

$\arctan x+C$ (5) $\frac{1}{3}x^3+\frac{1}{2}x^2-2x+C$ (6) $\tan x-\sec x+C$ (7) $\sin x-\cos x+C$ (8) $-\cot x-\tan x+C$ (9) $x-\cos x+C$ (10) $2(x+\sin x)+C$

3. $f(x)=x^4+C, f(x)=x^4$

习题 3.2

1. (1) $-\frac{1}{3}\cos(3x+4)+C$ (2) $\frac{1}{8}(2x+1)^4+C$ (3) $-\frac{1}{3(3x+2)}+C$ (4) $\frac{1}{2}\ln|2x+5|+C$ (5) $\frac{1}{2}(3x+2)^{\frac{2}{3}}+C$ (6) $-\frac{1}{5}e^{-5x}+C$

2. (1) $2e^{\sqrt{x}}+C$ (2) $-\frac{1}{3}(1-x^2)^{\frac{3}{2}}+C$ (3) $e^{x^2}+c$ (4) $\ln|\ln x|+c$ (5) $-\frac{1}{\ln x}-\frac{1}{x}+C$ (6) $\frac{1}{2}x-\frac{3}{4}\ln|2x+3|+C$ (7) $\frac{1}{\ln 2}\ln(1+2^x)+C$ (8) $\frac{1}{2}x^2-x-2\ln|x+1|+C$ (9) $\frac{1}{3}\cos\frac{3}{x}+C$ (10) $\ln|x-1|-\frac{2}{x-1}+C$ (11) $\frac{1}{2}[\ln(x^2+1)+\arctan^2 x]+C$ (12) $\frac{1}{2}[x^2-\ln(1+x^2)]+C$

3. (1) $-\cos x+\frac{1}{3}\cos^3 x+C$ (2) $\frac{1}{3}\sin^3 x-\frac{2}{5}\sin^5 x+\frac{1}{7}\sin^7 x+C$ (3) $\frac{1}{2}x+\frac{1}{4}\sin 2x+C$ (4) $\frac{3}{8}x+\frac{1}{4}\sin 2x+\frac{1}{32}\sin 4x+C$ (5) $\frac{1}{2}\tan^2 x+C$ (6) $-\cot x+\csc x+C$ (7) $-\frac{1}{2}\ln(1+\cos^2 x)+C$ (8) $\ln|\cos x|+\frac{1}{2}\tan^2 x+C$ (9) $3\tan x+\cot x+C$ (10) $\ln|x-\sin x|+C$ (11) $\frac{1}{\sqrt{2}}\arcsin\left(\frac{\sin x}{2}\right)+C$ (12) $\tan x-\sec x+C$

4. (1) $\frac{1}{2}\arctan 2x+C$ (2) $\frac{1}{6}\arctan\frac{x^3}{2}+C$ (3) $\arctan(e^x)+C$ (4) $\arctan\ln x+C$ (5) $\arcsin\frac{x}{3}+C$ (6) $\frac{1}{2}\arcsin\frac{2}{3}x+\frac{1}{4}\sqrt{9-4x^2}+C$ (7) $\frac{1}{3}\ln\left|\frac{x-4}{x-1}\right|+C$ (8) $\frac{1}{4a^2}\ln\left|\frac{x^2+a^2}{x^2-a^2}\right|+C$ (9) $\arcsin\frac{x+1}{\sqrt{2}}+C$ (10) $\frac{1}{2}\arctan\frac{x+1}{2}+C$

5. (1) $2(\sqrt{x-1}-\arctan\sqrt{x-1})+C$ (2) $\frac{3}{2}\sqrt[3]{(x+2)^2}-3\sqrt[3]{x+2}+3\ln|1+\sqrt[3]{x+2}|+C$ (3) $2[\sqrt{x}-2\ln(\sqrt{x}+2)]+C$ (4) $-2\sqrt{\frac{1+x}{x}}-\ln\frac{\sqrt{1+x}-\sqrt{x}}{\sqrt{1+x}+\sqrt{x}}+C$ (5) $\ln\left|\frac{1-\sqrt{1-x^2}}{x}\right|+\sqrt{1-x^2}+C$ (6) $\sqrt{x^2-1}-\arccos\frac{1}{x}+C$ (7) $-\frac{\sqrt{1-x^2}}{x}-\arcsin x+C$ (8) $-\ln\frac{\sqrt{1+x^2}-1}{x}+C$ (9) $\frac{x}{4\sqrt{4+x^2}}+C$ (10) $\frac{2-x^2}{\sqrt{1-x^2}}+C$ (11) $\frac{2x-1}{10(3-x)^6}+C$ (12) $\frac{1}{25}\left[\frac{1}{17}(5x-1)^{17}+\frac{1}{16}(5x-1)^{16}\right]+C$

习题 3.3

1. (1) $x\tan x+\ln|\cos x|+C$ (2) $x\tan x+\ln|\cos x|-\frac{1}{2}x^2+C$ (3) $x\sin x+\cos x+C$ (4) $x^2\sin x+2x\cos x-2\sin x+C$ (5) $-\frac{1}{4}x\cos 2x+\frac{1}{8}\sin 2x+C$ (6) $\frac{1}{4}x^2-\frac{x}{4}\sin 2x-\frac{1}{8}\cos 2x+C$ (7) $-2\sqrt{x}\cos\sqrt{x}+2\sin\sqrt{x}+C$ (8) $-\frac{1}{2}x^4\cos x^2+x^2\sin x^2+\cos x^2+C$ (9) $-\frac{1}{2}\left(\frac{x}{\sin^2 x}+\cot x\right)+C$ (10) $-\sqrt{1-x^2}\arcsin x+x+C$

2. (1) $\frac{1}{4}x^4\ln x-\frac{1}{16}x^4+C$ (2) $-\frac{\ln x+1}{x}+C$ (3) $x\ln(1+x^2)-2x+2\arctan x+C$ (4) $\frac{1}{2}\left[x^2\ln(x-1)-\frac{1}{2}x^2-x-\ln(x-1)\right]+C$

3. (1) xe^x-e^x+C (2) $-\frac{1}{2}xe^{-2x}-\frac{1}{4}e^{-2x}+C$ (3) $\frac{5^x}{\ln5}\left(x-1-\frac{1}{\ln5}\right)+C$ (4) $-\frac{x^2+1}{2}e^{-x^2}+C$ (5) $-2\sqrt{x}e^{\sqrt{x}}+4e^{\sqrt{x}}+C$ (6) $2xe^{\sqrt{x}}-4\sqrt{x}e^{\sqrt{x}}+4e^{\sqrt{x}}+C$

4. (1) $x\arcsin x+\sqrt{1-x^2}+C$ (2) $2\sqrt{x}\arcsin\sqrt{x}+2\sqrt{1-x}+C$ (3) $x\arctan x-\frac{1}{2}\ln|1+x^2|+C$ (4) $\frac{1}{2}x^2\arctan x-\frac{1}{2}x+\frac{1}{2}\arctan x+C$ (5) $(x+1)\arctan\sqrt{x}-\sqrt{x}+C$ (6) $\frac{1}{3}x^3\arctan x-\frac{1}{6}x^2+\frac{1}{6}\ln(1+x^2)+C$

5. (1) $\frac{1}{2}e^x(\cos x+\sin x)+C$ (2) $\frac{1}{5}e^x(\sin2x-2\cos2x)+C$ (3) $\frac{1}{2}e^x+\frac{1}{10}e^x(\cos2x+2\sin2x)+C$ (4) $\frac{1}{2}x(\cos\ln x+\sin\ln x)+C$

习题 3.4

(1) $\frac{1}{2}\ln\left|\frac{x}{x+2}\right|+C$ (2) $\frac{1}{3}x^3-\frac{3}{2}x^2+9x-27\ln|x+3|+C$ (3) $\frac{1}{2}[\ln x^2-\ln(x^2+1)]+C$ (4) $7\ln|x-2|-4\ln|x-1|+C$ (5) $\frac{1}{2}\ln(x^2+2x+3)-\frac{3}{\sqrt{2}}\arctan\frac{x+1}{\sqrt{2}}+C$ (6) $\frac{1}{x+1}+\frac{1}{2}\ln|x^2-1|+C$ (7) $\frac{1}{2}x^2+x+\frac{1}{3}\arctan\frac{x}{3}+C$ (8) $\ln\frac{(x+1)^2}{x^2+2}-\frac{3}{x+1}+C$ (9) $2\ln|x+2|-\frac{1}{2}\ln|x+1|-\frac{3}{2}\ln|x+3|+C$ (10) $\ln|x|-\frac{1}{2}\ln|x+1|-\frac{1}{4}\ln|x^2+1|-\frac{1}{2}\arctan x+C$

习题 3.5

1. (1) 正 (2) 正　2. (1) $\leqslant$ (2) $\geqslant$ (3) $\geqslant$ (4) $\geqslant$

3. (1) $\int_0^1(x^2+1)dx$ (2) $\int_1^e\ln x dx$ (3) $\int_0^2 xdx-\int_0^1(x-x^2)dx$ 或 $\int_0^1 x^2dx+\int_1^2 xdx$

4. (1) $[1,\sqrt{2}]$ (2) $\left[\frac{\pi}{2},\pi\right]$　5. (1) 1 (2) $f(x)=x^2+\frac{2}{3}$

习题 3.6

1. (1) e^{-x} (2) $2xe^{-x^2}$ (3) $2xe^{-x^2}-e^{-x}$　2. (1) $\frac{1}{2}$ (2) e (3) $\frac{1}{2e}$

3. (1) $-\ln2$. (2) $\frac{3}{8}$ (3) $2\ln3-3\ln2$ (4) $\pi-\frac{4}{3}$ (5) $\frac{\pi}{4}$ (6) $\frac{\pi}{3}$ (7) $\frac{1}{2}$ (8) $\frac{3}{2}$ (9) $\frac{4}{3}$ (10) $\frac{1}{100}$ (11) 2 (12) $\frac{5}{2}$

4. $\frac{\sqrt{3}}{3}$　5. $-\arctan2$　6. $\frac{17}{2}$

习题 3.7

1. (1) $2(2-\ln3)$ (2) $\frac{5}{2}$ (3) π (4) $\frac{1}{5}$ (5) $\frac{4}{5}$ (6) $\frac{\pi}{4}+\frac{\sqrt{2}}{2}-1$ (7) $\frac{22}{3}$ (8) $\frac{\pi}{2}$

2. (1) 2. (2) $\frac{1}{2}(1-\ln2)$ (3) $\frac{3}{5}(e^{\pi}-1)$ (4) $\frac{1}{4}\pi^2$ (5) $5\ln5-3\ln3-2$ (6) $\frac{9-4\sqrt{3}}{36}\pi+\frac{1}{2}\ln\frac{3}{2}$

3. (1) 0 (2) $\frac{\pi}{2}$ (3) $4-\pi$ (4) $\frac{2\sqrt{3}\pi}{3}-2\ln2$

4. $\ln2-\frac{1}{2}e^{-4}+\frac{1}{2}$　5. (1) 略 (2) $\frac{\pi^2}{4}$

习题 3.8

1. (1) $\frac{1}{6}$ (2) 2 (3) $\left(\frac{3}{2}-\ln 2\right)a^2$ (4) $2\sqrt{2}$ (5) 2 (6) $2\pi+\frac{4}{3}, 6\pi-\frac{4}{3}$ (7) $\frac{49}{15}$ (8) $\frac{1}{2}(6-3\sqrt{3}+\pi)$

2. (1) $8\pi a^3$ (2) $\frac{\pi}{2}(e^2-1)$ (3) $\frac{3}{10}\pi$ (4) 56π (5) $\frac{43}{96}\pi$ (6) $\frac{16}{3}\pi, \pi$ (7) $\frac{\pi}{2}, 2\pi$

3. (1) $1+\frac{1}{2}\ln\frac{3}{2}$ (2) $\frac{1}{2}-\ln 3$ (3) $\frac{1}{2}\pi^2$ (4) $\ln(1+\sqrt{2})$

4. (1) 10 m (2) 1 250 焦耳 (3) $\frac{14}{3}$

习题 3.9

(1) $\frac{1}{3}$ (2) 发散 (3) 发散 (4) $\frac{1}{2}\ln 3$ (5) π (6) $\frac{1}{2}$

本章习题

一、1. $\frac{1}{4}\arcsin^4 x+C$ 2. $-\cos x+\frac{1}{2}x+C$ 3. $\frac{2}{5}$ 4. 2π 5. $\ln|4x|$ 6. -1

二、1. D 2. A 3. C 4. B 5. B 6. A 7. D 8. B

三、1. $-\sqrt{2x+1}\cos\sqrt{2x+1}+\sin\sqrt{2x+1}+C$ 2. $2x\tan x+2\ln|\cos x|+\tan x+C$ 3. $4-2\ln 3$ 4. $\frac{\pi}{3}+1-\sqrt{3}$ 5. $\frac{1}{24}$ 6. 1 7. $k=\frac{1}{\pi}$ 8. $x\sin x-\cos x+C$

四、提示:(1) 用换元法令 $x=\pi-t$ 即可证出 (2) $\frac{\pi^2}{4}$

五、1. (1) $f(x)=\frac{1}{x^2}-1$ (2) 发散 2. (1) $(2,4), y=4$ (2) $\frac{8}{3}$ (3) $\frac{224}{15}\pi$

第四章

习题 4.1

1. (1) 1 (2) 2 (3) 2 (4) 1
2. (1) 不是解 (2) 不是解 (3) 不是解 (4) 是通解 (5) 是解但不是通解

习题 4.2

1. (1) $y\sqrt{x^2+1}=C$ (2) $(e^x+C)e^y+1=0$ (3) $\ln|y|=\frac{x^2}{2y^2}+C$ (4) $\ln|y|=x\ln x-x+C$

2. (1) $y=(x+C)e^x$ (2) $y=(x+C)\cos x$ (3) $y=x^2\left(\frac{1}{2}\ln|x|+C\right)$ (4) $y=(x+C)e^{-\sin x}$

3. (1) $\cos y=\frac{\sqrt{2}}{2}\cos x$ (2) $y=\frac{2}{3}(4-e^{-3x})$

4. $y=x-x\ln x$

5. 现存量 M 与时间 t 的关系为 $M=M_0\cdot e^{-0.000\,433t}$

习题 4.3

1. (1) $y=C_1e^{5x}+C_2e^{-x}$ (2) $y=C_1+C_2e^{-2x}$ (3) $y=(C_1+C_2x)e^{3x}$ (4) $y=e^{\frac{1}{2}x}\left(C_1\cos\frac{\sqrt{3}}{2}x+C_2\sin\frac{\sqrt{3}}{2}x\right)$

2. (1) $y=(2+x)e^{-\frac{x}{2}}$ (2) $y=e^{-x}(\cos 3x+\sin 3x)$

3. (1) $y=-2x+C_1\cos x+C_2\sin x$ (2) $y=C_1e^{-2x}+C_2e^{2x}+\frac{1}{4}xe^{2x}$ (3) $y=C_1e^x+C_2e^{2x}+2xe^{2x}$

(4) $y=C_1+C_2e^{4x}+\left(-\frac{1}{3}x+\frac{2}{9}\right)e^x$ (5) $y=C_1e^{-x}+C_2e^{-2x}-\cos 2x+3\sin 2x$ (6) $y=C_1\cos 2x+C_2\sin 2x-\frac{1}{4}x\cos 2x$

4. $y=\frac{1}{2}(e^x-e^{-x})$ 5. $x(t)=a+\frac{A}{m\cdot\omega^2}(1-\cos\omega t)$

本章习题

一、1. A 2. B 3. C 4. C 5. B 6. D 7. A 8. B

二、1. $y^2=-2e^{-x}+3$ 2. $y+\ln\left|\frac{x}{y^2}\right|+\frac{1}{2}x^2+C=0$ 3. $y=(x+1)x$ 4. $y=C_1e^{-x}+C_2e^x-x$
5. $y=e^{3x}(C_1\cos 2x+C_2\sin 2x)$ 6. $y''-5y'+6y=0$

三、1. $\frac{x}{y}=\ln|Cx|$ 2. $y=(e^x+D)x$ 3. $y=(C_1\cos\sqrt{2}x+C_2\sin\sqrt{2}x)e^x+\left(x+\frac{2}{3}\right)$ 4. $y=C_1e^{-x}+C_2e^{-2x}+\left(\frac{1}{2}x+\frac{1}{4}\right)e^x$ 5. $y=C_1e^x+C_2e^{2x}-xe^x$ 6. $y=(C_1+C_2x)e^{-2x}+\left(\frac{1}{9}x+\frac{1}{27}\right)e^x$
7. $p=1,q=-2,y=C_1e^x+C_2e^{-2x}+\frac{1}{3}xe^x$ 8. $y''-3y'+2y=e^{3x}(2x+3)$

四、提示:先求出 $y'(x)$ 得到二阶的微分方程,再求解此二阶微分方程,即可求出.

五、1. $f(x)=2+Ce^{\frac{1}{2}x^2}$ 2. 提示:利用一阶非齐次解法,解出 $f(x)=e^x+e^{-x}$,然后得到 $y=1-\frac{2}{e^{2x}+1}$,求出 $A(t)=\int_0^t\left[1-\left(1-\frac{2}{e^{2x}+1}\right)\right]dx=\ln\frac{e^{2t}}{1+e^{2t}}+\ln 2$,从而 $\lim\limits_{t\to+\infty}A(t)=\lim\limits_{t\to+\infty}\left(\ln\frac{e^{2t}}{1+e^{2t}}+\ln 2\right)=\ln 2$

第五章

习题 5.1

1. (1) $S_n=\frac{1}{2}\left(1-\frac{1}{2n+1}\right),S=\frac{1}{2}$ (2) $S_n=\frac{1}{3}\left[1-\left(-\frac{1}{2}\right)^n\right],S=\frac{1}{3}$ (3) $S_n=\sqrt{n+1}-1$ (4) $S_n=\frac{1}{4}-\frac{1}{n+4},S=\frac{1}{4}$

2. (1) 收敛 (2) 发散 (3) 发散 (4) 收敛 (5) 发散 (6) 发散 (7) 发散 (8) 收敛

习题 5.2

1. (1) 收敛 (2) 发散 (3) 收敛 (4) 收敛
2. (1) 发散 (2) 收敛 (3) 收敛 (4) 发散
3. (1) 绝对收敛 (2) 条件收敛 (3) 绝对收敛 (4) 绝对收敛

习题 5.3

1. 不是 是 收敛 发散

2. (1) $R=1,(-1,1)$ (2) $R=6,(-6,6)$ (3) $R=3,[-3,3)$ (4) $R=\frac{1}{2},\left[-\frac{1}{2},\frac{1}{2}\right]$ (5) $R=+\infty,(-\infty,+\infty)$ (6) $R=0$,仅在 $x=0$ 处收敛 (7) $R=2,(-2,2)$ (8) $R=2,(0,4)$

3. (1) $\sum\limits_{n=1}^{+\infty}\frac{x^n}{n}=-\ln(1-x),\sum\limits_{n=1}^{+\infty}\frac{1}{n\cdot 2^n}=\ln 2$ (2) $\sum\limits_{n=1}^{+\infty}(n\cdot x^{n-1})=\frac{1}{(1-x)^2},\sum\limits_{n=1}^{+\infty}\frac{n}{3^{n-1}}=\frac{9}{4}$

本章习题

一、1. D 2. D 3. D 4. B 5. D 6. C 7. C 8. C

二、1. 收敛 2. 收敛 3. $\frac{1}{3}$ 4. 2 5. $(0,6]$ 6. $(-1,1)$

三、1. 发散,收敛,收敛　2. 24　3. $(-1,1)$,$S=\frac{1}{(1-x)^2}$　4. $x\in(-1,1)$,$S=\frac{1}{2}\ln\frac{1+x}{1-x}$　5. $(-1,3)$,$\sum_{n=0}^{\infty}(-1)^n\left(\frac{1}{2^{n+2}}-\frac{1}{2^{2n+3}}\right)(x-1)^n$　6. $\sum_{n=0}^{\infty}\frac{(-1)^n}{5^{n+1}}x^n$,$\frac{1}{5^{2021}}$

四、收敛,不成立

五、1. 8　2. $\ln 2-\sum_{n=1}^{\infty}\frac{1}{n}\left[1+\left(-\frac{3}{2}\right)^n\right]x^n$　$\left(-\frac{2}{3},\frac{2}{3}\right]$

第六章

习题 6.1

1. Ⅷ、Ⅰ、Ⅳ、Ⅴ
2. (1) $(2,-1,5)(-2,-1,-5)(2,1,-5)$　(2) $(2,1,5)(-2,-1,5)(-2,1,-5)$　(3) $(-2,1,5)$
3. $(1,-2,-2)$　3　$\left(\frac{1}{3},-\frac{2}{3},-\frac{2}{3}\right)$　4. $(2,0,-3)$
5. (1) 3　(2) $5\boldsymbol{i}+\boldsymbol{j}+7\boldsymbol{k}$　(3) $\cos(\widehat{\boldsymbol{a},\boldsymbol{b}})=\frac{3}{2\sqrt{21}}$　7. (1) $\frac{\pi}{4}$　(2) $\frac{35}{\sqrt{29}}$
8. $\frac{\sqrt{474}}{2}$　9. $m=15,n=-\frac{1}{5}$　10. $\pm\frac{1}{\sqrt{17}}(3\boldsymbol{i}-2\boldsymbol{j}-2\boldsymbol{k})$

习题 6.2

1. 经过点 A,B,C.
2. (1) 与 y 轴平行　(2) 过 x 轴　(3) 过原点　(4) 与 zOx 面平行　(5) yOz 面
3. (1) $x-4y+5z+15=0$　(2) $-2x+y+z=0$　(3) $4x-11y-3z-11=0$
4. (1) $3x+2y+6z-12=0$　(2) $x-3y-2z=0$
5. (1) $\frac{x-2}{3}=\frac{y+1}{-1}=\frac{z-4}{2}$　(2) $\frac{x-2}{9}=\frac{y+3}{-4}=\frac{z-5}{2}$　(3) $\frac{x-3}{0}=\frac{y-4}{-1}=\frac{z+4}{1}$
6. (1) $\frac{x+2}{1}=\frac{y-3}{-2}=\frac{z}{-1}$　(2) $\frac{x+5}{2}=\frac{y-7}{6}=\frac{z}{1}$　(3) $\frac{x}{-3}=\frac{y-\frac{1}{3}}{2}=\frac{z-1}{0}$
7. (1) 平行　(2) 垂直　(3) 直线在平面上　8. 0　9. $22x-19y-18z-27=0$　10. $\frac{3}{2}$

习题 6.3

1. $x^2+y^2+z^2-2x-6y+4z=0$
2. $2x^2+2y^2+z=1$
3. (1) 椭球面　(2) 椭圆抛物面　(3) 椭圆抛物面　(4) 球面
4. (1) xOy 平面上的椭圆$\frac{x^2}{4}+\frac{y^2}{9}=1$绕 x 轴旋转一周　(2) xOy 平面上的双曲线 $x^2-\frac{y^2}{4}=1$ 绕 y 轴旋转一周　(3) xOy 平面上的双曲线 $x^2-y^2=1$ 绕 x 轴旋转一周　(4) yOz 平面上的直线 $z=y+a$ 绕中 z 轴旋转一周

6. (1) 椭圆　(2) 圆　(3) 圆

7. $\begin{cases}2x^2-2x+y^2=8,\\z=0\end{cases}$　8. $\begin{cases}2x^2+y^2=8,\\z=0;\end{cases}$ $\begin{cases}2y^2-z^2=8,\\x=0;\end{cases}$ $\begin{cases}2x^2+z^2=8,\\y=0\end{cases}$

9. $\begin{cases}x=2,\\y=2+2\cos t,\text{其中 } t \text{ 为参数}\\z=-1+2\sin t,\end{cases}$　10. $\begin{cases}\frac{x^2}{16}+\frac{y^2}{9}=1,\\3z=2y\end{cases}$

本章习题

一、1. A　2. C　3. A　4. B　5. A　6. B　7. B　8. A

二、1. $\frac{\pi}{3}$　2. $\frac{\sqrt{6}}{2}$　3. $\frac{\sqrt{3}}{2}$　4. 5　5. $-y+3z=0$　6. $2\sqrt{3}$

三、1. $2x+y-3z+5=0$　2. $x-2y+z=0$　3. $x-2y+z=0$　4. $7x-2y-z-4=0$　5. $-5x+y+z-7=0$　6. $\frac{x-3}{2}=\frac{y-1}{3}=\frac{z+2}{1}$　7. $\frac{x-1}{-2}=\frac{y-1}{7}=\frac{z-1}{-4}$　8. $\frac{x-1}{15}=\frac{y-2}{10}=\frac{z-1}{6}$

四、证明略，直线：$\frac{x-2}{2}=\frac{y-1}{-1}=\frac{z-3}{4}$

五、1. 5，$15x+12y+16z-35=0$　2. $\frac{x-1}{0}=\frac{y-1}{2}=\frac{z-1}{3}$

第七章

习题 7.1

1. 1　$2(x^2-y^2)-\frac{x}{x-y}$

3. (1) $\{(x,y)\mid x^2+y^2<9\}$　(2) $\{(x,y)\mid x>y^2\}$　(3) $\{(x,y)\mid |x|\leqslant 1,|y|\geqslant 1\}$　(4) $\{(x,y)\mid x>y,|y|\leqslant 1\}$

4. (1) $\frac{1}{3}$　(2) 8　(3) 3　(4) e^2

习题 7.2

1. 不能，例如 $f(x,y)=\sqrt{x+y}$ 在 $(0,0)$ 点.

2. (1) $\frac{\partial z}{\partial x}=\frac{y}{1+x^2y^2},\frac{\partial z}{\partial y}=\frac{x}{1+x^2y^2}$　(2) $\frac{\partial z}{\partial x}=y+\frac{1}{y},\frac{\partial z}{\partial y}=x-\frac{x}{y^2}$　(3) $\frac{\partial z}{\partial x}=\frac{1}{xy},\frac{\partial z}{\partial y}=\frac{1-\ln(xy)}{y^2}$　(4) $\frac{\partial z}{\partial x}=y^2(1+xy)^{y-1},\frac{\partial z}{\partial y}=(1+xy)^y\left[\ln(1+xy)+\frac{xy}{1+xy}\right]$　(5) $\frac{\partial z}{\partial x}=e^x\cos(x+y^2)-e^x\sin(x+y^2)$，$\frac{\partial z}{\partial y}=-2ye^x\sin(x+y^2)$　(6) $\frac{\partial u}{\partial x}=y^2+2xz,\frac{\partial u}{\partial y}=2xy+z^2,\frac{\partial u}{\partial z}=2yz+x^2$

3. (1) $\frac{\partial^2 z}{\partial x^2}=4y,\frac{\partial^2 z}{\partial y^2}=6x,\frac{\partial^2 z}{\partial x\partial y}=4x+6y$　(2) $\frac{\partial^2 z}{\partial x^2}=e^x\sin y,\frac{\partial^2 z}{\partial y^2}=-e^x\sin y,\frac{\partial^2 z}{\partial x\partial y}=e^x\cos y$　(3) $\frac{\partial^2 z}{\partial x^2}=y^x\ln^2 y,\frac{\partial^2 z}{\partial y^2}=x(x-1)y^{x-2},\frac{\partial^2 z}{\partial x\partial y}=y^{x-1}(1+x\ln y)$　(4) $\frac{\partial^2 z}{\partial x^2}=\frac{1}{x},\frac{\partial^2 z}{\partial y^2}=-\frac{x}{y^2},\frac{\partial^2 z}{\partial x\partial y}=\frac{1}{y}$

4. $f_x\left(\frac{\sqrt{\pi}}{2},1\right)=\frac{\sqrt{2\pi}}{2}$　5. $f_{xx}\left(\frac{\pi}{2},0\right)=-1,f_{xy}\left(\frac{\pi}{2},0\right)=0$

6. $f_{xx}(0,0,1)=2,f_{xz}(1,0,2)=2,f_{yz}(0,-1,0)=0,f_{zx}(2,0,1)=4$

习题 7.3

1. (1) $dz=\left(y+\frac{1}{y}\right)dx+\left(x-\frac{x}{y^2}\right)dy$　(2) $dz=\frac{1}{x^2+y^2}(-ydx+xdy)$　(3) $dz=e^{xy}[y\cos(x+y)-\sin(x+y)]dx+e^{xy}[x\cos(x+y)-\sin(x+y)]dy$　(4) $du=yz^{xy}\ln z dx+xz^{xy}\ln z dy+xyz^{xy-1}dz$.

2. $\Delta z=-0.119,dz=-0.125$　3. $du=dx+8dy+12dz$

4. 2.039　5. -5 cm

习题 7.4

1. $\frac{\partial z}{\partial x}=e^{x+y}\sin(x-y^2)+e^{x+y}\cos(x-y^2)$　$\frac{\partial z}{\partial y}=e^{x+y}\sin(x-y^2)-2ye^{x+y}\cos(x-y^2)$

2. $\frac{\partial z}{\partial x}=(1+x^2+y^2)^{xy}\left[y\ln(1+x^2+y^2)+\frac{2x^2y}{1+x^2+y^2}\right]$

$\frac{\partial z}{\partial y}=(1+x^2+y^2)^{xy}\left[x\ln(1+x^2+y^2)+\frac{2xy^2}{1+x^2+y^2}\right]$

3. $\frac{dz}{dt}=\frac{3t^2+6t}{t^3+3t^2+1}$　4. $\frac{dz}{dx}=2x+\frac{\cos x}{2\sqrt{\sin x}}$　5. $\frac{\partial z}{\partial x}=2xf_1'$　$\frac{\partial z}{\partial y}=4yf_1'+f_2'$

6. (1) $\frac{\partial z}{\partial x}=f_1'-\frac{y}{x^2}f_2'$　$\frac{\partial z}{\partial y}=\frac{1}{x}f_2'$　(2) $\frac{\partial z}{\partial x}=f(\sin x,xy)+x[f_1'\cos x+yf_2']$　$\frac{\partial z}{\partial y}=x^2f_2'$

7. $\frac{dy}{dx}=-\frac{3x^2-2xy^4}{8y-4x^2y^3}$　8. $\frac{dy}{dx}=\frac{y-x}{y+x}$　9. $\frac{\partial z}{\partial x}=\frac{yz}{e^z-xy}$　$\frac{\partial z}{\partial y}=\frac{xz}{e^z-xy}$

10. $\frac{\partial z}{\partial x}=-\frac{z+4yz\sqrt{xz}}{x+4xy\sqrt{xz}}$　$\frac{\partial z}{\partial y}=-\frac{5y^4+2xz}{\frac{\sqrt{x}}{2\sqrt{z}}+2xz}$

习题 7.5

1. (1) 极小值 $z(-4,1)=-9$　(2) 极小值 $z(0,-1)=-1$
2. 最大值为圆周 $x^2+y^2-2x=2$ 上任一点，函数值为 4，最小值为 $z(1,0)=1$
3. 所求点为 $M(1,2,-2)$，最短距离为 $d=3$
4. 当底半径和高均为$\sqrt[3]{\frac{V}{\pi}}$时，用料最省
5. 当长、宽、高均为$\frac{2R}{\sqrt{3}}$时，可得最大体积
6. 当 $x=y=\frac{3}{2}$时，极值为 $z=\frac{11}{2}$
7. 当矩形长为$\frac{2}{3}p$，宽为$\frac{1}{3}p$，绕宽边旋转时，体积最大
8. 当高 $x=\frac{L}{3}$，腰与上底边夹角 $\theta=\frac{\pi}{3}$时，此水槽的过水面积最大，$S_{\max}=\frac{\sqrt{3}}{12}L^2$

本章习题

一、1. B　2. B　3. A　4. B　5. A

二、1. $-\frac{yz}{2z+xy}$　2. $\frac{1}{x^2+y^2}(-y\mathrm{d}x+x\mathrm{d}y)$　3. $\mathrm{d}x+2\mathrm{d}y$　4. $-\frac{z^2}{2xz+y}$　5. $e^{xy}(y\sin x+\cos x)$

三、1. $\frac{\partial^2 z}{\partial y^2}=9f_{11}''+12yf_{12}''+2f_2'+4y^2f_{22}''$　2. $\frac{\partial z}{\partial x}=\frac{z}{yz+1},\frac{\partial z}{\partial y}=\frac{-z}{yz+1}$　3. $\frac{\partial^2 z}{\partial x^2}=2yf_1'+4x^2y^2f_{11}''+4xyf_{12}''+f_{22}''$　4. $\frac{\partial z}{\partial x}=-\frac{y}{\cos(y+z)+2z},\frac{\partial z}{\partial y}=-\frac{\cos(y+z)+x}{\cos(y+z)+2z}$　5. $\mathrm{d}z=\left(f+\frac{x}{y}f_2'\right)\mathrm{d}x+x\left(f_1'-\frac{x}{y^2}f_2'\right)\mathrm{d}y$

6. $\frac{\partial^2 z}{\partial x^2}=\frac{zy^2}{(z+1)^3}$　7. $\frac{\partial^2 z}{\partial x\partial y}=2yf_2'+2y^3f_{21}''+xy^2f_{22}''$　8. $\frac{\partial^2 z}{\partial x\partial y}=-\frac{1}{y^2}f_1'-\frac{x}{y^3}f_{11}''-\frac{x}{y^2}\varphi'f_{21}''$

四、略

五、当切点为(1,1)时，切线在两坐标轴上的截距之和为最小，最小值等于 4.

第八章

习题 8.1

1. (1) $\iint_D q(x,y)\mathrm{d}\sigma$　(2) $\iint_D (1-x-y)\mathrm{d}\sigma, D=\{(x,y)\mid 0\leqslant x\leqslant 1,0\leqslant y\leqslant 1-x\}$　(3) 45π　(4) $\frac{250}{3}\pi$
2. (1) $\iint_D (x+y)\mathrm{d}\sigma\leqslant\iint_D \sqrt{x+y}\,\mathrm{d}\sigma$　(2) $\iint_D (x+y)^2\mathrm{d}\sigma\leqslant\iint_D (x+y)^3\mathrm{d}\sigma$
3. (1) $2\leqslant\iint_D (x+y+1)\mathrm{d}\sigma\leqslant 8$　(2) $2\pi\leqslant\iint_D (x^2+y^2+1)\mathrm{d}\sigma\leqslant 3\pi$

习题 8.2

1. (1) $\int_2^3 \mathrm{d}x\int_1^4 f(x,y)\mathrm{d}y=\int_1^4 \mathrm{d}y\int_2^3 f(x,y)\mathrm{d}x$　(2) $\int_0^2 \mathrm{d}x\int_x^{\sqrt{2x}} f(x,y)\mathrm{d}y=\int_0^2 \mathrm{d}y\int_{\frac{y^2}{2}}^{y} f(x,y)\mathrm{d}x$

2. (1) 9 (2) 1 (3) $\frac{20}{3}$ (4) $\frac{64}{15}$ (5) -2 (6) $\frac{13}{5}$

3. (1) $\int_0^1 dy\int_{\frac{y}{2}}^{y} f(x,y)dx+\int_1^2 dy\int_{\frac{y}{2}}^{1} f(x,y)dx$ (2) $\int_{-1}^{1} dx\int_0^{\sqrt{1-x^2}} f(x,y)dy$

(3) $\int_0^1 dy\int_{e^y}^{e} f(x,y)dx$ (4) $\int_0^1 dy\int_{\sqrt{y}}^{3-2y} f(x,y)dx$

4. $\int_0^{\frac{\pi}{2}} d\theta\int_0^{2\sin\theta} f(\rho^2)\rho d\rho$

5. (1) 9 (2) $\frac{8}{3}\pi$ (3) $\frac{2\pi}{3}(b^3-a^3)$ (4) $\frac{3}{64}\pi^2$

习题 8.3

1. (1) $\frac{5}{6}$ (2) 9 (3) $\frac{32}{9}$ (4) 8π 2. $\sqrt{2}\pi$ 3. 4π 4. $\frac{1}{12}$ 5. $\frac{5}{3}$

6. $\bar{x}=\frac{35}{48},\bar{y}=\frac{35}{54}$ 7. $\bar{x}=\frac{28}{9\pi}R,\bar{y}=\frac{28}{9\pi}R$ 8. $I_x=3^5\frac{31}{28},I_y=3^7\frac{19}{8},I_0=3^5\frac{1\,259}{56}$ 9. $\frac{a^4}{3}$

本章习题

一、1. D 2. D 3. D 4. B 5. B

二、1. 1 2. $\int_0^1 dy\int_{-\sqrt{1-y^2}}^{y-1} f(x,y)dx$ 3. $\int_0^1 dy\int_0^{\sqrt{y}} f(x,y)dx+\int_1^2 dy\int_0^{2-y} f(x,y)dx$ 4. $\int_0^2 dx\int_{\frac{x}{2}}^{3-x} f(x,y)dy$

5. $\int_1^e dx\int_0^{\ln x} f(x,y)dy$

三、1. $\frac{2}{3}$ 2. $\frac{1}{6}$ 3. $\frac{7}{12}$ 4. $10\ln 2-\frac{11}{2}$ 5. 1 6. $\frac{1}{6}$ 7. $9-\frac{4}{3}\sqrt{2}$ 8. $\frac{\pi}{12}$

四、略

五、(1) $F(u)=\int_1^u dx\int_1^x f(x)dy=\int_1^u (x-1)f(x)dx$; (2) $F'(u)=(u-1)f(u),F'(2)=f(2)=1$.

第九章

习题 9.1

1. (1) 1 (2) $ab(b-a)$ (3) 18 (4) 0

2. (1) -7 (2) 160 (3) $abcd+ab+cd+ad+1$ (4) $[a+(n-1)b](a-b)^{n-1}$

3. $x\neq 0$ 且 $x\neq 2$ 4. $x_1=-1,x_2=3$ 6. 0 29 7. -18

8. (1) $x_1=1,x_2=2,x_3=3$ (2) $x_1=1,x_2=2,x_3=3,x_4=-1$

9. $\mu=0$ 或 $\lambda=1$ 10. $k\neq 1$ 且 $k\neq -2$

习题 9.2

1. (1) $\begin{pmatrix}-1 & 6 & 5\\ -2 & -1 & 12\end{pmatrix}$ (2) $\begin{pmatrix}-1 & 4\\ 0 & -2\end{pmatrix}$ (3) $\begin{pmatrix}2a+3c & -4b+c\\ -2b-c & a+b\\ 3a-b+8c & -a-5b\end{pmatrix}$

2. (1) $\begin{pmatrix}35\\ 6\\ 49\end{pmatrix}$ (2) (10) (3) $\begin{pmatrix}-2 & 4\\ -1 & 2\\ -3 & 6\end{pmatrix}$ (4) $\begin{pmatrix}6 & -7 & 8\\ 20 & -5 & 6\end{pmatrix}$

(5) $a_{11}x_1^2+a_{22}x_2^2+a_{33}x_3^2+2a_{12}x_1x_2+2a_{13}x_1x_3+2a_{23}x_2x_3$

3. $\begin{pmatrix}-2 & 13 & 22\\ -2 & -17 & 20\\ 4 & 29 & -2\end{pmatrix}$ $\begin{pmatrix}0 & 5 & 8\\ 0 & -5 & 6\\ 2 & 9 & 0\end{pmatrix}$

4. 工厂Ⅱ的生产成本最低.

5. (1) $\begin{pmatrix} 5 & -2 \\ -2 & 1 \end{pmatrix}$ (2) $\begin{pmatrix} -2 & 1 & 0 \\ -\frac{13}{2} & 3 & -\frac{1}{2} \\ -16 & 7 & -1 \end{pmatrix}$ (3) $\frac{1}{6}\begin{pmatrix} 4 & 2 & 1 & -1 \\ -4 & -10 & 7 & -1 \\ 8 & 2 & -2 & 2 \\ -2 & 4 & -1 & 1 \end{pmatrix}$

(4) $\begin{pmatrix} -2 & -7 & -2 & 9 \\ -2 & -6 & -1 & 7 \\ \frac{4}{5} & 3 & \frac{4}{5} & -\frac{18}{5} \\ 1 & 3 & 1 & -4 \end{pmatrix}$

6. (1) $\begin{pmatrix} 2 & -23 \\ 0 & 8 \end{pmatrix}$ (2) $\begin{pmatrix} -2 & 2 & 1 \\ -\frac{8}{3} & 5 & -\frac{2}{3} \end{pmatrix}$ (3) $\begin{pmatrix} 1 & 1 \\ \frac{1}{4} & 0 \end{pmatrix}$ (4) $\begin{pmatrix} 2 & -1 & 0 \\ 1 & 3 & -4 \\ 1 & 0 & -2 \end{pmatrix}$

7. (1) $\begin{cases} x_1=1, \\ x_2=0, \\ x_3=0 \end{cases}$ (2) $\begin{cases} x_1=5, \\ x_2=0, \\ x_3=3 \end{cases}$ 8. $\boldsymbol{A}^{-1}=\frac{1}{2}(\boldsymbol{A}-\boldsymbol{E}),(\boldsymbol{A}+2\boldsymbol{E})^{-1}=\frac{1}{4}(3\boldsymbol{E}-\boldsymbol{A})$

9. (1) 2 (2) 4 (3) 4 (4) 3 10. $a=-1,b=-2$

习题 9.3

1. (1) $\begin{cases} x_1=\frac{4}{3}x_4, \\ x_2=-3x_4, \\ x_3=\frac{4}{3}x_4, \\ x_4=x_4 \end{cases}$ (2) $\begin{cases} x_1=-2x_2+x_4, \\ x_2=x_2, \\ x_3=0, \\ x_4=x_4 \end{cases}$ (3) $\begin{cases} x_1=0, \\ x_2=0, \\ x_3=0, \\ x_4=0 \end{cases}$ (4) $\begin{cases} x_1=\frac{3}{17}x_3-\frac{13}{17}x_4, \\ x_2=\frac{19}{17}x_3-\frac{20}{17}x_4, \\ x_3=x_3, \\ x_4=x_4 \end{cases}$

2. (1) 无解 (2) $\begin{cases} x=-2z-1, \\ y=z+2, \\ z=z \end{cases}$ (3) $\begin{cases} x=-\frac{1}{2}y+\frac{1}{2}z+\frac{1}{2}, \\ y=y, \\ z=z, \\ w=0 \end{cases}$ (4) $\begin{cases} x=\frac{1}{7}z+\frac{1}{7}w+\frac{6}{7}, \\ y=\frac{5}{7}z-\frac{9}{7}w-\frac{5}{7}, \\ z=z, \\ w=w \end{cases}$

3. 当 $a=1$ 时,解为 $\begin{cases} x_1=-x_2-x_3, \\ x_2=x_2, \\ x_3=x_3; \end{cases}$ 当 $a=-2$ 时,解为 $\begin{cases} x_1=x_3, \\ x_2=x_3, \\ x_3=x_3; \end{cases}$ 当 $a\neq1$ 且 $a\neq-2$ 时,只有零解

4. $m=2$

5. (1) $\lambda\neq1,-2$ 时方程组有唯一解 (2) $\lambda=-2$ 时,方程组无解 (3) $\lambda=1$ 时,方程组有无穷多个解

6. 当 $\lambda=1$ 时,方程组解为 $\begin{cases} x_1=x_3+1, \\ x_2=x_3, \end{cases}$ (x_3 可取任意值);

当 $\lambda=-2$ 时,方程组解为 $\begin{cases} x_1=x_3+2, \\ x_2=x_3+2, \end{cases}$ (x_3 可取任意值)

7. 当 $\lambda\neq1$ 且 $\lambda\neq10$ 时,有唯一解;

当 $\lambda=10$ 时,无解;

当 $\lambda=1$ 时,有无穷多解,解为 $x_1=-2x_2+2x_3+1$ (x_2,x_3 可取任意值)

8. $P=225,M=450,I=325$

9. 甲、乙、丙三种化肥各需 3 千克,5 千克,15 千克

10. (150,350,50,100,150,200)

习题 9.4

1. $(1,\ 0,\ -1)^{T}$ $(0,\ 1,\ 2)^{T}$ 2. $\boldsymbol{\beta}=\frac{5}{4}\boldsymbol{\alpha}_1+\frac{1}{4}\boldsymbol{\alpha}_2-\frac{1}{4}\boldsymbol{\alpha}_3-\frac{1}{4}\boldsymbol{\alpha}_4$

3. (1)、(2)线性相关;(3)、(4)线性无关

7. $t\neq 1$ 时,线性无关;$t=1$ 时,线性相关

8. (1) $\boldsymbol{\alpha}_1,\boldsymbol{\alpha}_2$是一个极大线性无关组,秩为 2,$\boldsymbol{\alpha}_3=-3\boldsymbol{\alpha}_1+2\boldsymbol{\alpha}_2$

(2) $\boldsymbol{\alpha}_1,\boldsymbol{\alpha}_2,\boldsymbol{\alpha}_3$是一个极大线性无关组,秩为 3,$\boldsymbol{\alpha}_4=-2\boldsymbol{\alpha}_1+\boldsymbol{\alpha}_2-\boldsymbol{\alpha}_3$

9. (1) 基础解系为 $\boldsymbol{\eta}_1=(1,1,0,0)^{T}$,$\boldsymbol{\eta}_2=(0,0,1,1)^{T}$,全部解 $\boldsymbol{X}=k_1\boldsymbol{\eta}_1+k_2\boldsymbol{\eta}_2$,其中 k_1,k_2 是一组任意数

(2) 基础解系为 $\boldsymbol{\eta}_1=\left(-\frac{3}{2},\frac{7}{2},1,0\right)^{T}$,$\boldsymbol{\eta}_2(-1,-2,0,1)^{T}$,全部解 $\boldsymbol{X}=k_1\boldsymbol{\eta}_1+k_2\boldsymbol{\eta}_2$,其中 k_1,k_2 是任意数

10. (1)$\boldsymbol{X}=\boldsymbol{\eta}+k\boldsymbol{\xi}$,$\boldsymbol{\eta}=(-8,13,0,2)^{T}$,$\boldsymbol{\xi}=(-1,1,1,0)^{T}$,$k$ 是任意数

(2) $\boldsymbol{X}=\boldsymbol{\eta}+k_1\boldsymbol{\xi}_1+k_2\boldsymbol{\xi}_2$,其中 $\boldsymbol{\eta}=(-1,-2,0,0)^{T}$,$\boldsymbol{\xi}_1=(-9,1,7,0)^{T}$,$\boldsymbol{\xi}_2=(1,-1,0,2)^{T}$,$k_1,k_2$ 是任意数

本章习题

一、1. C 2. C 3. A 4. C 5. B 6. D 7. A 8. B

二、1. $a_2a_4a_5-a_2a_3a_6$ 2. $-\frac{1}{108}$ 3. $\frac{1}{5}(A-3E)$ 4. -1 5. 3 6. $k\neq 0$ 或-3.

三、1. -96 2. $(1,2,3,4)^{T}$ 3. $\begin{pmatrix}10 & 2\\ -15 & -3\\ 12 & 4\end{pmatrix}$ 4. $\begin{pmatrix}1&0&1&0&0\\1&-1&0&0&0\\0&0&0&1&0\\0&0&0&0&1\\0&0&0&0&0\end{pmatrix}$ 5. $k=0,\boldsymbol{\beta}=\boldsymbol{\alpha}_1$ 6. 当 $t=3$ 时,秩$(\boldsymbol{\alpha}_1,\boldsymbol{\alpha}_2,\boldsymbol{\alpha}_3,\boldsymbol{\alpha}_4)=2$,$\boldsymbol{\alpha}_1,\boldsymbol{\alpha}_2$是一个极大无关组. 当 $t\neq 3$ 时,秩$(\boldsymbol{\alpha}_1,\boldsymbol{\alpha}_2,\boldsymbol{\alpha}_3,\boldsymbol{\alpha}_4)=3$,$\boldsymbol{\alpha}_1,\boldsymbol{\alpha}_2,\boldsymbol{\alpha}_3$是一个极大无关组.(极大无关组不唯一) 7. $\begin{pmatrix}x_1\\x_2\\x_3\\x_4\end{pmatrix}=k\begin{pmatrix}\frac{4}{3}\\-3\\\frac{4}{3}\\1\end{pmatrix}$ 8. 基础解系为:$\begin{pmatrix}1\\1\\2\\1\end{pmatrix}$;通解为:$\begin{pmatrix}x_1\\x_2\\x_3\\x_4\end{pmatrix}=\begin{pmatrix}-2\\-4\\-5\\0\end{pmatrix}+k\begin{pmatrix}1\\1\\2\\1\end{pmatrix}$,其中 k 为任意常数.

四、略

五、1. $\begin{pmatrix}1/2&0&0\\0&1/2&0\\0&0&1\end{pmatrix}\cdot\begin{pmatrix}2&0&0\\0&2&0\\0&0&1\end{pmatrix}$ 2. $\lambda=-3$ 或 $\lambda=-1$ 时,方程组有非零解;$\lambda=-3$ 时,$k\begin{pmatrix}-\frac{1}{4}\\\frac{1}{12}\\1\end{pmatrix}$,$k$ 为任意实数;$\lambda=-1$ 时,通解为 $l\begin{pmatrix}-\frac{1}{4}\\\frac{1}{4}\\1\end{pmatrix}$,$l$ 为任意实数.

第十章

习题 10.1

1. (1) 8　(2) 0　(3) $\frac{1}{2}$　(4) e^5　(5) e^4　(6) e^{-1}

2. 不连续　3. 偶函数,图像略

4. 单调减区间$(-\infty,0.631\,2)$　单调增区间$(0.631\,2,\infty)$

5. $x_1=-4,x_2=3$　6. $\frac{384}{41},\frac{75}{41}$

习题 10.2

1. (1) $y'=6x^2(x^3+1),y''=30x^4+12x$　(2) $y'=2^x\ln2\cdot\cos2^x,y''=2^x(\ln2)^2\cos2^x-(2^x\ln2)^2\sin2^x$

2. (1) 0.761 3　(2) 2.773

3. (1) 极大值为 $y\left(-\frac{1}{2}\right)=\frac{15}{4}$　极小值为 $y(1)=-3$　(2) 极小值为 $y(0)=0$

习题 10.3

1. (1) $\frac{1}{100}(x^2-1)^{50}+C$　(2) $e^{\sin x}+C$　(3) $e^x(x^2-2x+2)+C$　(4) $x\arctan x-\frac{1}{2}\ln(x^2+1)+C$

2. (1) $\ln\frac{3}{2}$　(2) $\frac{\sqrt{3}}{2}-\frac{1}{6}$　(3) 2　(4) $\frac{1}{4}(e^2+1)$

3. (1) $\frac{1}{2}$　(2) 发散

习题 10.4

1. $\frac{1}{y}=Ce^x+x+1$　2. $y=-2+2e^x-\frac{1}{2}x^2-x$

习题 10.5

1. (1) 8.960 4　(2) 18.589 6

2. (1) 发散　(2) 发散

3. 第五项:$\frac{x^3}{6}+x$;第十项:$\frac{35x^9}{1152}+\frac{5x^7}{112}+\frac{3x^5}{40}+\frac{x^3}{6}+x$

4. 五阶:x^5/6+x^4/2+x^3+x^2　九阶:x^9/5040+x^8/720+x^7/120+x^6/24+x^5/6+x^4/2+x^3+x^2

习题 10.6

1. (1) 5　7　9　11　13　(2) 10　12.571 4　15.142 9　17.714 3　20.285 7　22.857 1　25.428 6　28

2. (1) (5　16　9)　(2) 8.602 3　10.488 1　(3) (−1, −7, 13)　(4) 89　(5) (6,63,20)

3. (1) $\left(\frac{2x_2+x_1}{3}\quad\frac{2y_2+y_1}{3}\quad\frac{2z_2+z_1}{3}\right)$　(2) (−0.408 2,0.408 2,0.816 5)

4. (1) $\frac{x-1}{-5}=\frac{y-2}{1}=\frac{z-1}{5}$　(2) $\frac{x-2}{26}=\frac{y-1}{-7}=\frac{z-2}{25}$

5. (1) $7x-16(y-2)+10(z-2)=0$　(2) $2x-7y-3z+35=0$

6. (1) 1.465 2　(2) $\frac{\pi}{2}$,垂直　(3) $50.85°$

习题 10.7

1. (1) $\frac{\pi}{2}$　(2) 0

2. (1) $\frac{\partial z}{\partial x}=-\frac{2x\sin x^2}{y},\frac{\partial z}{\partial y}=-\frac{\cos x^2}{y^2}$ (2) $\frac{\partial z}{\partial x}=x^2(1+xy)^{x-1},\frac{\partial z}{\partial y}=(1+xy)^x[\ln(1+xy)+\frac{xy}{1+xy}]$

3. (1) $\frac{\partial z}{\partial x}=\frac{2x\ln(2x-3y)}{y^2}+\frac{2x^2}{y^2(2x-3y)}$ $\frac{\partial z}{\partial y}=-\frac{3x^2}{y^2(2x-3y)}-\frac{2x^2\ln(2x-3y)}{y^3}$

(2) $\frac{\partial z}{\partial x}=e^{2xy}(y^3+2xy)+2ye^{2xy}(x^2y+xy^3)$ $\frac{\partial z}{\partial y}=e^{2xy}(x^2+3xy^2)+2xe^{2xy}(x^2y+xy^3)$

4. (1) $(e^{x+y}\sin y+e^{x+y}\cos y)dy+(e^{x+y}\sin y)dx$ (2) $e^x\sin z-yz\sin(xyz)dx+\left(\frac{\tan\left(\frac{y}{2}\right)^2}{2}-xz\sin(xyz)+\frac{1}{2}\right)dy+(e^x\cos z-xy\sin(xyz)dz$

5. $\frac{\partial z}{\partial x}=-\frac{x}{z-2}$ $\frac{\partial z}{\partial y}=-\frac{y}{z-2}$

6. 长为 3 米,宽为 3 米,高为 2 米

习题 10.8

(1) $\frac{16}{3}\ln^2-\frac{14}{9}$ (2) 3π (3) $\frac{9}{4}$ (4) $\frac{8}{15}$ (5) $\frac{45}{8}$

习题 10.9

1. $3\boldsymbol{A}+2\boldsymbol{B}=\begin{pmatrix}17&12&29\\5&34&5\\24&29&41\end{pmatrix},3\boldsymbol{A}-2\boldsymbol{B}=\begin{pmatrix}1&0&1\\1&2&1\\0&1&1\end{pmatrix}$

2. $(\boldsymbol{AB})^{\mathrm{T}}=\begin{pmatrix}5&14\\18&28\end{pmatrix},\boldsymbol{B}^{\mathrm{T}}\boldsymbol{A}^{\mathrm{T}}=\begin{pmatrix}5&14\\18&28\end{pmatrix}$

3. $\boldsymbol{A}^{-1}=\begin{pmatrix}-1&-2&1\\2&4&-1\\2&3&-1\end{pmatrix}$

4. (1) 无解 (2) $\begin{cases}x_1=-\frac{7}{5}x_3+x_4+\frac{3}{5},\\x_2=\frac{4}{5}x_3-\frac{1}{5}\end{cases}$ (x_3,x_4 为任意实数)

参考文献

[1] 同济大学数学系. 高等数学(上、下册)[M]. 第 7 版. 北京:高等教育出版社,2014.
[2] 柳重堪. 高等数学(上、下册)[M]. 北京:中央广播电视大学出版社,1999.
[3] 戴振强. 高等数学[M]. 合肥:中国科学技术大学出版社,2007.
[4] 万金保. 工程应用数学[M]. 第 2 版. 北京:机械工业出版社,2009.
[5] 同济大学应用数学系. 线性代数[M]. 第 4 版. 北京:高等教育出版社,2003.
[6] 盛骤,谢式千,潘承毅. 概率论与数理统计[M]. 第 3 版. 北京:高等教育出版社,2001.
[7] 李林曙,施光燕. 概率论与数理统计[M]. 北京:中央广播电视大学出版社,2002.
[8] 王朝瑞. 图论[M]. 第 3 版. 北京:北京理工大学出版社,2001.
[9] 同济大学,天津大学,浙江大学,重庆大学. 高等数学(上、下册)[M]. 第 3 版. 北京:高等教育出版社,2008.